《机械设计手册》（第六版）单行本卷目

机械设计手册

第六版

单 行 本

轴及其连接

主编单位　　中国有色工程设计研究总院

主　　编　　成大先

副 主 编　　王德夫　姬奎生　韩学铨

　　　　　　姜　勇　李长顺　王雄耀

　　　　　　虞培清　成　杰　谢京耀

HANDBOOK OF MECHANICAL DESIGN

化学工业出版社

·北京·

《机械设计手册》第六版单行本共 16 分册，涵盖了机械常规设计的所有内容。各分册分别为《常用设计资料》《机械制图·精度设计》《常用机械工程材料》《机构·结构设计》《连接与紧固》《轴及其连接》《轴承》《起重运输件·五金件》《润滑与密封》《弹簧》《机械传动》《减（变）速器·电机与电器》《机械振动·机架设计》《液压传动》《液压控制》《气压传动》。

本书为《轴及其连接》，包括轴、曲轴和软轴，联轴器，离合器，制动器。主要介绍了轴及其连接的材料、分类、特点、性能及应用，以及常用的各种轴及其连接的结构、规格、参数和相关计算等。

本书可作为机械设计人员和有关工程技术人员的工具书，也可供高等院校有关专业师生参考使用。

图书在版编目（CIP）数据

机械设计手册：单行本. 轴及其连接/成大先主编. —6
版. —北京：化学工业出版社，2017.1（2020.7重印）
ISBN 978-7-122-28703-8

Ⅰ.①机… Ⅱ.①成… Ⅲ.①机械设计-技术手册
②连接轴-技术手册 Ⅳ.①TH122-62②TH131-62

中国版本图书馆 CIP 数据核字（2016）第 309036 号

责任编辑：周国庆 张兴辉 贾 娜 曾 越　　　　　装帧设计：尹琳琳
责任校对：王素芹

出版发行：化学工业出版社（北京市东城区青年湖南街 13 号　邮政编码 100011）
印　　装：北京虎彩文化传播有限公司
787mm×1092mm　1/16　印张 29¼　字数 1043 千字　2020 年 7 月北京第 1 版第 3 次印刷

购书咨询：010-64518888　　　　　　售后服务：010-64518899
网　　址：http://www.cip.com.cn
凡购买本书，如有缺损质量问题，本社销售中心负责调换。

定　　价：79.00 元　　　　　　　　　　　　　　　　版权所有　违者必究
京化广临字 2016——26

撰 稿 人 员

成大先	中国有色工程设计研究总院	孙永旭	北京古德机电技术研究所
王德夫	中国有色工程设计研究总院	丘大谋	西安交通大学
刘世参	《中国表面工程》杂志、装甲兵工程学院	诸文俊	西安交通大学
姬奎生	中国有色工程设计研究总院	徐 华	西安交通大学
韩学铨	北京石油化工工程公司	谢振宇	南京航空航天大学
余梦生	北京科技大学	陈应斗	中国有色工程设计研究总院
高淑之	北京化工大学	张奇芳	沈阳铝镁设计研究院
柯蕊珍	中国有色工程设计研究总院	安 剑	大连华锐重工集团股份有限公司
杨 青	西北农林科技大学	迟国东	大连华锐重工集团股份有限公司
刘志杰	西北农林科技大学	杨明亮	太原科技大学
王欣玲	机械科学研究院	邹舜卿	中国有色工程设计研究总院
陶兆荣	中国有色工程设计研究总院	邓述慈	西安理工大学
孙东辉	中国有色工程设计研究总院	周凤香	中国有色工程设计研究总院
李福君	中国有色工程设计研究总院	朴树寰	中国有色工程设计研究总院
阮忠唐	西安理工大学	杜子英	中国有色工程设计研究总院
熊绮华	西安理工大学	汪德涛	广州机床研究所
雷淑存	西安理工大学	朱 炎	中国航宇救生装置公司
田惠民	西安理工大学	王鸿翔	中国有色工程设计研究总院
殷鸿樑	上海工业大学	郭 永	山西省自动化研究所
齐维浩	西安理工大学	厉海祥	武汉理工大学
曹惟庆	西安理工大学	欧阳志喜	宁波双林汽车部件股份有限公司
吴宗泽	清华大学	段慧文	中国有色工程设计研究总院
关天池	中国有色工程设计研究总院	姜 勇	中国有色工程设计研究总院
房庆久	中国有色工程设计研究总院	徐永年	郑州机械研究所
李建平	北京航空航天大学	梁桂明	河南科技大学
李安民	机械科学研究院	张光辉	重庆大学
李维荣	机械科学研究院	罗文军	重庆大学
丁宝平	机械科学研究院	沙树明	中国有色工程设计研究总院
梁全贵	中国有色工程设计研究总院	谢佩娟	太原理工大学
王淑兰	中国有色工程设计研究总院	余 铭	无锡市万向联轴器有限公司
林基明	中国有色工程设计研究总院	陈祖元	广东工业大学
王孝先	中国有色工程设计研究总院	陈仕贤	北京航空航天大学
童祖楹	上海交通大学	郑自求	四川理工学院
刘清廉	中国有色工程设计研究总院	贺元成	泸州职业技术学院
许文元	天津工程机械研究所	季泉生	济南钢铁集团

方 正	中国重型机械研究院	申连生	中冶迈克液压有限责任公司
马敬勋	济南钢铁集团	刘秀利	中国有色工程设计研究总院
冯彦宾	四川理工学院	宋天民	北京钢铁设计研究总院
袁 林	四川理工学院	周 堉	中冶京城工程技术有限公司
孙夏明	北方工业大学	崔桂芝	北方工业大学
黄吉平	宁波市镇海减变速机制造有限公司	佟 新	中国有色工程设计研究总院
陈宗源	中冶集团重庆钢铁设计研究院	褚有雄	天津大学
张 翌	北京太富力传动机器有限责任公司	林少芬	集美大学
陈 涛	大连华锐重工集团股份有限公司	卢长耿	厦门海德科液压机械设备有限公司
于天龙	大连华锐重工集团股份有限公司	容同生	厦门海德科液压机械设备有限公司
李志雄	大连华锐重工集团股份有限公司	张 伟	厦门海德科液压机械设备有限公司
刘 军	大连华锐重工集团股份有限公司	吴根茂	浙江大学
蔡学熙	连云港化工矿山设计研究院	魏建华	浙江大学
姚光义	连云港化工矿山设计研究院	吴晓雷	浙江大学
沈益新	连云港化工矿山设计研究院	钟荣龙	厦门厦顺铝箔有限公司
钱亦清	连云港化工矿山设计研究院	黄 畲	北京科技大学
于 琴	连云港化工矿山设计研究院	王雄耀	费斯托（FESTO）（中国）有限公司
蔡学坚	邢台地区经济委员会	彭光正	北京理工大学
虞培清	浙江长城减速机有限公司	张百海	北京理工大学
项建忠	浙江通力减速机有限公司	王 涛	北京理工大学
阮劲松	宝鸡市广环机床责任有限公司	陈金兵	北京理工大学
纪盛青	东北大学	包 钢	哈尔滨工业大学
黄效国	北京科技大学	蒋友谅	北京理工大学
陈新华	北京科技大学	史习先	中国有色工程设计研究总院
李长顺	中国有色工程设计研究总院		

—— 审 稿 人 员 ——

刘世参	成大先	王德夫	郭可谦	汪德涛	方 正	朱 炎	李钊刚
姜 勇	陈谌闻	饶振纲	季泉生	洪允楣	王 正	詹茂盛	姬奎生
张红兵	卢长耿	郭长生	徐文灿				

《机械设计手册》（第六版）单行本

出版说明

重点科技图书《机械设计手册》自 1969 年出版发行以来，已经修订至第六版，累计销售量超过 130 万套，成为新中国成立以来，在国内影响力最大的机械设计工具书，多次获得国家和省部级奖励。

《机械设计手册》以其技术性和实用性强、标准和数据可靠、便于使用和查询等特点，赢得了广大机械设计工作者和工程技术人员的首肯和好评。自出版以来，收到读者来信数千封。广大读者在对《机械设计手册》给予充分肯定的同时，也指出了《机械设计手册》装帧太厚、太重，不便携带和翻阅，希望出版篇幅小些的单行本，诸多读者建议将《机械设计手册》以篇为单位改编为多卷本。

根据广大读者的反映和建议，化学工业出版社组织编辑人员深入设计科研院所、大中专院校、制造企业和有一定影响的新华书店进行调研，广泛征求和听取各方面的意见，在与主编单位协商一致的基础上，于 2004 年以《机械设计手册》第四版为基础，编辑出版了《机械设计手册》单行本，并在出版后很快得到了读者的认可。2011 年，《机械设计手册》第五版单行本出版发行。

《机械设计手册》第六版（5 卷本）于 2016 年初面市发行，在提高产品开发、创新设计方面，在促进新产品设计和加工制造的新工艺设计方面，在为新产品开发、老产品改造创新提供新型元器件和新材料方面，在贯彻推广标准化工作等方面，都较第五版有很大改进。为更加贴合读者需求，便于读者有针对性地选用《机械设计手册》第六版中的部分内容，化学工业出版社在汲取《机械设计手册》前两版单行本出版经验的基础上，推出了《机械设计手册》第六版单行本。

《机械设计手册》第六版单行本，保留了《机械设计手册》第六版（5 卷本）的优势和特色，从设计工作的实际出发，结合机械设计专业具体情况，将原来的 5 卷 23 篇调整为 16 分册 21 篇，分别为《常用设计资料》《机械制图·精度设计》《常用机械工程材料》《机构·结构设计》《连接与紧固》《轴及其连接》《轴承》《起重运输件·五金件》《润滑与密封》《弹簧》《机械传动》《减（变）速器·电机与电器》《机械振动·机架设计》《液压传动》《液压控制》《气压传动》。这样，各分册篇幅适中，查阅和携带更加方便，有利于设计人员和广大读者根据各自需要

灵活选购。

　　《机械设计手册》第六版单行本将与《机械设计手册》第六版（5卷本）一起，成为机械设计工作者、工程技术人员和广大读者的良师益友。

　　借《机械设计手册》第六版单行本出版之际，再次向热情支持和积极参加编写工作的单位和个人表示诚挚的敬意！向长期关心、支持《机械设计手册》的广大热心读者表示衷心感谢！

　　由于编辑出版单行本的工作量较大，时间较紧，难免存在疏漏，恳请广大读者给予批评指正。

化学工业出版社

2017 年 1 月

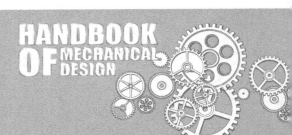

《机械设计手册》自 1969 年第一版出版发行以来，已经修订了五次，累计销售量 130 万套，成为新中国成立以来，在国内影响力强、销售量大的机械设计工具书。作为国家级的重点科技图书，《机械设计手册》多次获得国家和省部级奖励。其中，1978 年获全国科学大会科技成果奖，1983 年获化工部优秀科技图书奖，1995 年获全国优秀科技图书二等奖，1999 年获全国化工科技进步二等奖，2002 年获石油和化学工业优秀科技图书一等奖，2003 年获中国石油和化学工业科技进步二等奖。1986~2015 年，多次被评为全国优秀畅销书。

与时俱进、开拓创新，实现实用性、可靠性和创新性的最佳结合，协助广大机械设计人员开发出更好更新的产品，适应市场和生产需要，提高市场竞争力和国际竞争力，这是《机械设计手册》一贯坚持、不懈努力的最高宗旨。

《机械设计手册》（以下简称《手册》）第五版出版发行至今已有 8 年的时间，在这期间，我们进行了广泛的调查研究，多次邀请机械方面的专家、学者座谈，倾听他们对第六版修订的建议，并深入设计院所、工厂和矿山的第一线，向广大设计工作者了解《手册》的应用情况和意见，及时发现、收集生产实践中出现的新经验和新问题，多方位、多渠道跟踪、收集国内外涌现出来的新技术、新产品，改进和丰富《手册》的内容，使《手册》更具鲜活力，以最大限度地提高广大机械设计人员自主创新的能力，适应建设创新型国家的需要。

《手册》第六版的具体修订情况如下。

一、在提高产品开发、创新设计方面

1. 新增第 5 篇 "机械产品结构设计"，提出了常用机械产品结构设计的 12 条常用准则，供产品设计人员参考。

2. 第 1 篇 "一般设计资料" 增加了机械产品设计的巧（新）例与错例等内容。

3. 第 11 篇 "润滑与密封" 增加了稀有润滑装置的设计计算内容，以适应润滑新产品开发、设计的需要。

4. 第 15 篇 "齿轮传动" 进一步完善了符合 ISO 国际标准的渐开线圆柱齿轮设计，非零变位锥齿轮设计，点线啮合传动设计，多点啮合柔性传动设计等内容，例如增加了符合 ISO 标准的渐开线齿轮几何计算及算例，更新了齿轮精度等。

5. 第 23 篇 "气压传动" 增加了模块化电/气混合驱动技术、气动系统节能等内容。

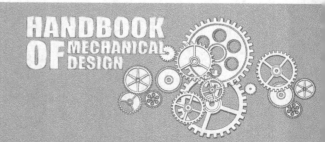

二、在为新产品开发、老产品改造创新，提供新型元器件和新材料方面

1. 介绍了相关节能技术及产品，例如增加了气动系统的节能技术和产品、节能电机等。

2. 各篇介绍了许多新型的机械零部件，包括一些新型的联轴器、离合器、制动器、带减速器的电机、起重运输零部件、液压元件和辅件、气动元件等，这些产品均具有技术先进、节能等特点。

3. 新材料方面，增加或完善了铜及铜合金、铝及铝合金、钛及钛合金、镁及镁合金等内容，这些合金材料由于具有优良的力学性能、物理性能以及材料回收率高等优点，目前广泛应用于航天、航空、高铁、计算机、通信元件、电子产品、纺织和印刷等行业。

三、在贯彻推广标准化工作方面

1. 所有产品、材料和工艺均采用新标准资料，如材料、各种机械零部件、液压和气动元件等全部更新了技术标准和产品。

2. 为满足机械产品通用化、国际化的需要，遵照立足国家标准、面向国际标准的原则来收录内容，如第 15 篇"齿轮传动"更新并完善了符合 ISO 标准的渐开线齿轮设计等。

《机械设计手册》第六版是在前几版的基础上编写而成的。借《机械设计手册》第六版出版之际，再次向参加每版编写的单位和个人表示衷心的感谢！同时也感谢给我们提供大力支持和热忱帮助的单位和各界朋友们！

由于编者水平有限，调研工作不够全面，修订中难免存在疏漏和缺点，恳请广大读者继续给予批评指正。

主　编

目录
CONTENTS

第 7 篇　轴及其连接

机械设计手册

第六版

第 **2** 卷

HANDBOOK OF MECHANICAL DESIGN

第 7 篇 轴及其连接

主要撰稿　王德夫　王孝先　姬奎生　王淑兰　林基明　童祖楹

审　稿　蔡学熙　姬奎生

第 **1** 章 轴、曲轴和软轴

1 轴

轴是重要的机械零件之一。许多零件（如齿轮、带轮等）都需装在轴上并和轴一起在轴承的支承下绕轴心线回转，传递转矩，它们共同组成一个轴系。这些装在轴上的零部件与轴的设计有关。所以，在轴的设计中，不能只考虑轴本身，还必须和装在轴上的零部件一起考虑。

1.1 轴的分类

按轴受载情况分为：

① 转轴 支承传动零件又传递动力，即同时承受转矩和弯矩。

② 心轴 只支承回转零件而不传递动力，即只承受弯矩。心轴又分为固定心轴（工作时轴不转动）和转动心轴（工作时轴转动）。

③ 传动轴 主要起传递动力作用，即主要承受转矩。

按结构形状分为：光轴和阶梯轴；实心轴和空心轴。按几何轴线形状分为：直轴、曲轴和钢丝软轴。

1.2 轴的设计

轴的设计包括轴的结构设计和轴的计算。轴的计算包括轴的强度计算、轴的刚度计算和轴的临界转速计算。

轴设计的原则是，在满足结构要求和强度、刚度要求的条件下，设计出尺寸小、重量轻、安全可靠，工艺上经济合理，又便于维护检修的轴。

轴的设计程序如下。

① 根据机械传动方案的整体布局，确定轴上零、部件的布置和装配方案；

② 选择轴的材料；

③ 在力的作用点及支点间跨距尚不能精确确定的情况下，按纯扭工况初步估算轴的直径；

④ 进行轴的结构设计（确定各轴段的长度与轴径及轴肩、键槽、圆角等）；

⑤ 根据轴的受载情况及使用工况，进行轴的强度验算、刚度验算；

⑥ 必要时进行轴强度的精确校核计算；

⑦ 对于转速较高、跨度较大、外伸端较长的轴要进行临界转速计算；

⑧ 如果计算结果不能满足强度、刚度等要求时，必须采取措施修改轴的设计；

⑨ 绘制轴的工作图。

一般是按照"结构设计→承载能力验算→结构改进→承载能力再验算……"的顺序进行。

1.3 轴的常用材料

（1）轴毛坯的选择

对于光轴或轴段直径变化不大的轴、不太重要的轴，可选用轧材圆棒做轴的毛坯，有条件的可直接用冷拔圆钢；直径大的轴可采用空心轴；对于重要的轴、受载较大的轴、直径变化较大的阶梯轴，一般采用锻坯；对于形状复杂的轴可用铸造毛坯。

（2）根据使用条件选用轴的材质

多数轴既承受转矩又承受弯矩，多处于变应力条件下工作，因此轴的材料应具有较好的强度和韧性，用于滑动轴承时，还要具有较好的耐磨性。

轴的常用材料见表 7-1-1。其中优质碳素结构钢使用广泛，45 钢最为常用，它调质后具有优良的综合力学性能。不太重要的轴也用 Q235、Q275 等普通碳素结构钢。高速、重载的轴、受力较大而要求尺寸小的轴以及有特殊要求的轴，要用合金结构钢，如铬钢、铬镍钢、硅锰钢及硼钢等。合金钢对应力集中的敏感性高，所以采用合金钢的轴的结构形状应尽量减少应力集中源，并要求表面粗糙度值低。在一般工作温度下，若仅为了提高轴的刚度，不宜选用合金钢，因弹性模量和碳素钢相近。

对于形状复杂的轴，如汽车、拖拉机的轴类零件可用铸造方法，常用的铸材有球墨铸铁、稀土-镁球墨铸铁等，由于其强度较高、冲击韧度较好，具有减摩、吸振和对应力集中敏感性小、价廉等优点，在机械行业应用日益增多。

在高温和腐蚀条件下工作的轴，应用耐热钢和不锈钢，常用的如 1Cr18Ni9Ti。

（3）用热处理和表面处理工艺提高材料的力学性能

轴类零件的热处理工艺和表面处理工艺详见本手册第 1 卷第 1 篇第 6 章。本章表 7-1-2、表 7-1-3 的内容可供参考。

冷作硬化是一种机械表面处理工艺，也可以用来改善轴的表面质量，提高疲劳强度，其方法有喷丸和滚压等。喷丸表面产生薄层塑性变形和残余压缩应力，能消除微裂纹和其他加工方法造成的残余应力，多用于热处理或锻压后不需要精加工的表面。滚压使表面产生薄层塑性变形，并大大降低表面粗糙度，硬化表层，也能消除微裂纹，使表面产生残余压应力。

表 7-1-1　　　　　　　　　　　轴的常用材料及其主要力学性能

材料牌号	热处理	毛坯直径 /mm	硬度 HB	抗拉强度 $R_m(\sigma_b)$	屈服点 σ_s	弯曲疲劳极限 σ_{-1}	扭转疲劳极限 τ_{-1}	备注
				N/mm^2 不小于				
Q235,Q235F				440	240	180	105	用于不重要或载荷不大的轴
20	正火	25	≤156	420	250	180	100	用于载荷不大，要求韧性较高的轴
	正火	≤100	103~156	400	220	165	95	
		>100~300		380	200	155	90	
		>300~500		370	190	150	85	
	回火	>500~700		360	180	145	80	
35	正火	25	≤187	540	320	230	130	应用较广泛
	正火	≤100	149~187	520	270	210	120	
		>100~300		500	260	205	115	
		>300~500	143~187	480	240	190	110	
	回火	>500~750	137~187	460	230	185	105	
		>750~1000		440	220	175	100	
	调质	≤100	156~207	560	300	230	130	
		>100~300		540	280	220	125	
45	正火	25	≤241	610	360	260	150	应用最广泛
	正火	≤100	170~217	600	300	240	140	
		>100~300		580	290	235	135	
	回火	>300~500	162~217	560	280	225	130	
		>500~750	156~217	540	270	215	125	
	调质	≤200	217~255	650	360	270	155	
40Cr	调质	25		1000	800	485	280	用于载荷较大，而无很大冲击的重要轴
		≤100	241~286	750	550	350	200	
		>100~300	229~269	700	500	320	185	
		>300~500		650	450	295	170	
		>500~800	217~255	600	350	255	145	

续表

材料牌号	热处理	毛坯直径/mm	硬度 HB	抗拉强度 $R_m(\sigma_b)$	屈服点 σ_s	弯曲疲劳极限 σ_{-1}	扭转疲劳极限 τ_{-1}	备 注
				N/mm² 不小于				
35SiMn（42SiMn）	调质	25		900	750	445	255	性能接近于40Cr,用于中小型轴
		≤100	229~286	800	520	355	205	
		>100~300	217~269	750	450	320	185	
		>300~400	217~255	700	400	295	170	
		>400~500	196~255	650	380	275	160	
40MnB	调质	25		1000	800	485	280	性能接近于40Cr,用于重要的轴
		≤200	241~286	750	500	335	195	
40CrNi	调质	25		1000	800	485	280	用于很重要的轴
35CrMo	调质	25		1000	850	500	285	性能接近于40CrNi,用于重载荷的轴
		≤100		750	550	350	200	
		>100~300	207~269	700	500	320	185	
		>300~500		650	450	295	170	
		>500~800		600	400	270	155	
38SiMnMo	调质	≤100	229~286	750	600	360	210	性能接近于35CrMo
		>100~300	217~269	700	550	335	195	
		>300~500	196~241	650	500	310	175	
		>500~800	187~241	600	400	270	155	
37SiMn2MoV	调质	25		1000	850	495	285	用于高强度、大尺寸及重载荷的轴
		≤200	269~302	880	700	425	245	
		>200~400	241~286	830	650	395	230	
		>400~600	241~269	780	600	370	215	
38CrMoAlA	调质	30	229	1000	850	495	285	用于要求高耐磨性、高强度且热处理变形很小的(氮化)轴
20Cr	渗碳淬火回火	15	表面56~62 HRC	850	550	375	215	用于要求强度和韧性均较高的轴(如某些齿轮轴、蜗杆等)
		30		650	400	280	160	
		≤60		650	400	280	160	
20CrMnTi	渗碳淬火回火	15	表面56~62 HRC	1100	850	525	300	
1Cr13	调质	≤60	187~217	600	420	275	155	用于在腐蚀条件下工作的轴
2Cr13	调质	≤100	197~248	660	450	295	170	
1Cr18Ni9Ti	淬火	≤60	≤192	550	220	205	120	用于在高、低温及强腐蚀条件下工作的轴
		>60~180		540	200	195	115	
		>100~200		500	200	185	105	
QT400-15			156~197	400	300	145	125	用于结构形状复杂的轴
QT450-10			170~207	450	330	160	140	
QT500-7			187~255	500	380	180	155	
QT600-3			197~269	600	420	215	185	

注：1. 表中所列疲劳极限数值，均按下式计算 $\sigma_{-1} \approx 0.27(\sigma_b + \sigma_s)$，$\tau_{-1} \approx 0.156(\sigma_b + \sigma_s)$。

2. 其他性能，一般可取 $\tau_s \approx (0.55 \sim 0.62)\sigma_s$，$\sigma_0 \approx 1.4\sigma_{-1}$，$\tau_0 \approx 1.5\tau_{-1}$。

3. 球墨铸铁 $\sigma_{-1} \approx 0.36\sigma_b$，$\tau_{-1} \approx 0.31\sigma_b$。

4. 表中抗拉强度符号 σ_b 在 GB/T 228.1—2010 中规定为 R_m。

第 7 篇

表 7-1-2　　　　　　　　　　　　　　　轴表面淬火处理的淬硬层深度

性能要求	工作条件	淬硬层深度/mm	备注	性能要求	工作条件	淬硬层深度/mm	备注
耐磨	载荷不大	0.5~1.5		抗疲劳	周期性弯曲或扭转	3.0~12	中小型轴淬硬层深度可按轴径的 10%~20% 计算（直径 40mm 以上轴取上限）
	载荷较大，或有冲击载荷作用	2.0~6.5					

表 7-1-3　　　　　　　　　　　　　　　轴的化学热处理方法

渗入元素	工艺方法	常用钢材	渗层组织	渗层深度/mm	表面硬度	作用与特点
C	渗碳	低碳钢，低碳合金钢	淬火后为碳化物+马氏体+残余奥氏体	0.3~1.6（一般为0.8~1.2）	57~63HRC（一般为58~62）	渗碳淬火能提高表面硬度、耐磨性、疲劳强度、能承受重载荷。但处理温度较高，工件变形较大
N	渗氮（氮化）	含铝低和中合金钢，中碳含铬合金钢，奥氏体不锈钢等	合金氮化物+含氮固溶体	0.1~0.6（一般为0.2~0.3）	700~900 HV	提高表面硬度、耐磨性、抗胶合能力、疲劳强度、耐腐蚀性（不锈钢例外），以及抗回火软化能力。硬度和耐磨性比渗碳者高，费用也较高，但渗氮温度低，工件变形小。但渗氮时间长，渗层脆性较大
C,N	氮碳共渗	低、中碳钢，低、中碳合金钢	淬火后为碳氮化合物+含氮马氏体+残余奥氏体	0.25~0.6（一般为0.3~0.4）	58~63 HRC	提高表面硬度、耐磨性和疲劳强度。共渗温度比渗碳低，工件变形小。要渗层厚时较困难
	低温氮碳共渗（软氮化）	碳钢，合金钢，铸铁，不锈钢	碳氮化合物+含氮固溶体	0.007~0.02	50~68 HRC	提高表面硬度、耐磨性、疲劳强度。温度低，工件变形小。硬度较一般渗氮低

1.4　轴的结构设计

　　在轴的具体结构未确定之前，轴上力的作用点难以确定，所以轴的设计计算必须先初步完成结构设计。

　　轴的结构设计主要是定出轴的合理外形和轴各段的直径、长度和局部结构。

　　轴的结构取决于轴的承载性质、大小、方向以及传动布置方案，轴上零件的布置与固定方式，轴承的类型与尺寸，轴毛坯的型式，制造工艺与装配工艺，安装运输条件及制造经济性等。设计轴的合理结构，要考虑的主要因素如下。

　　① 使轴受力合理，使扭矩合理分流，弯矩合理分配；

　　② 应尽量减质量，节约材料，尽量采用等强度外形尺寸；

　　③ 轴上零、部件定位应可靠（如轮毂应长出相关轴段 2~3mm 等），见本章 1.4.1 节；

　　④ 尽量减少应力集中，提高疲劳强度，见本章 1.4.3 节；

　　⑤ 要考虑加工工艺所必需的结构要素（如中心孔、螺尾退刀槽、砂轮越程槽等），尽量减少加工刀具的种类，轴上的倒角、圆角、键槽等应尽可能取相同尺寸，键槽应尽量开在一条线上，直径相差不大的轴段上的键槽截面应一致，以减少加工装卡次数；

　　⑥ 要便于装拆和维修，要留有拆卸或调整所需的空间和零件所需的滑动距离，轴端或轴的台阶处应有方便装拆的倒角，轴上所有零件应无过盈地装配到位，可采用锥套等易拆的结构；

　　⑦ 对于要求刚度大的轴，要考虑减小变形的措施；

　　⑧ 在满足使用要求的条件下，合理确定轴的加工精度和表面粗糙度，合理确定轴与轴上零件的配合性质；

　　⑨ 要符合标准零、部件及标准尺寸的规定。

1.4.1 零件在轴上的定位与固定

零件在轴上的定位与固定方法，参见表7-1-4～表7-1-6。

表 7-1-4   **轴向定位与固定方法**

方法	简 图	特 点 与 应 用
轴肩、轴环	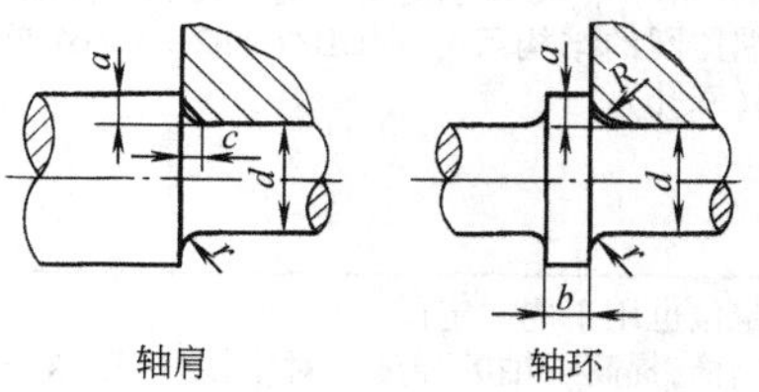 轴肩 轴环	结构简单、定位可靠，可承受较大轴向力。常用于齿轮、带轮、链轮、联轴器、轴承等的轴向定位 为保证零件紧靠定位面，应使 $r<c$ 或 $r<R$ 轴肩高度 a 应大于 R 或 c，通常可取 $$a=(0.07\sim0.1)d$$ 轴环宽度 $b\approx1.4a$ 与滚动轴承相配合处的 a 与 r 值应根据滚动轴承的类型与尺寸确定（见本卷滚动轴承章），轴肩及轴环将增大轴的坯料直径，增加切削量
套筒	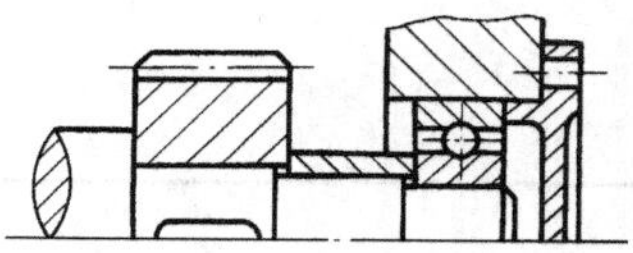	结构简单、定位可靠，轴上不需开槽、钻孔和切制螺纹，因而不影响轴的疲劳强度。一般用于零件间距离较小的场合，以免增加结构重量。轴的转速很高时不宜采用 套筒两端面的表面粗糙度要与配合面匹配
轴端挡板	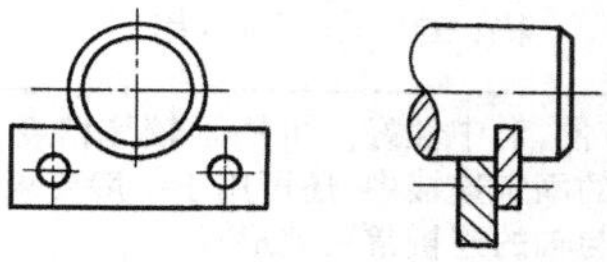	适用于心轴的轴端固定，见 GB/T 892—1986（单孔）及 JB/ZQ 4348—2006（双孔），既可轴向定位又可周向定位，只能承受小的轴向力
弹性挡圈	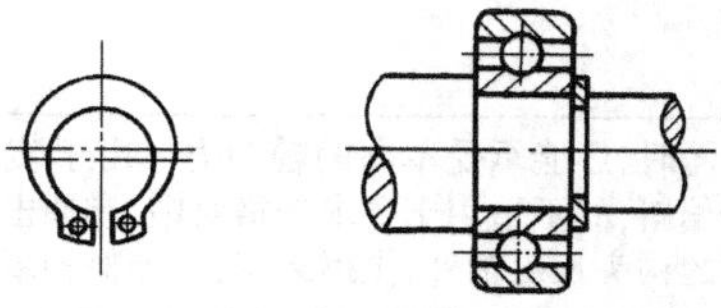	结构简单紧凑，只能承受很小的轴向力，常用于固定滚动轴承 轴用弹性挡圈的结构尺寸见 GB/T 894.1—1986～GB/T 894.2—1986，轴上需开槽，强度被削弱
紧定螺钉	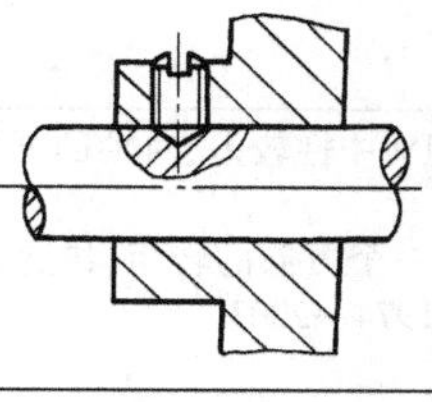	适用于轴向力很小、转速很低或仅为防止零件偶然沿轴向滑动的场合。为防止螺钉松动，可加锁圈 紧定螺钉亦可起周向固定作用 紧定螺钉用孔的结构尺寸见 GB/T 71—1985
锁紧挡圈	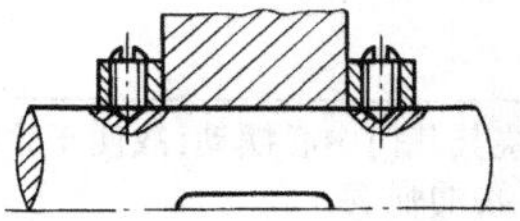	结构简单，但不能承受大的轴向力。常用于光轴上零件的固定，有冲击、振动时应有防松措施。螺钉锁紧挡圈的结构尺寸见 GB/T 884—1986
圆锥面	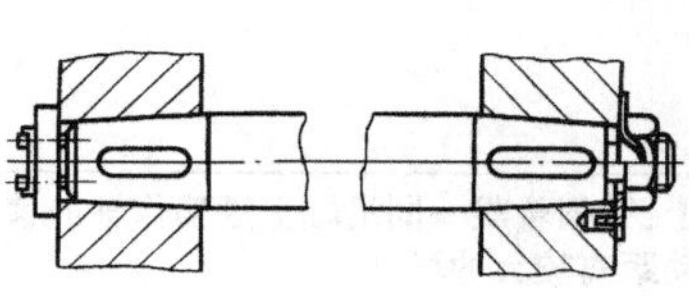	能消除轴与轮毂间的径向间隙，装拆较方便，可兼作周向固定，能承受冲击载荷。大多用于轴端零件固定，常与轴端压板或螺母联合使用，使零件获得双向轴向固定。轮毂要长出锥轴段 2mm 左右，以确保压紧。锥轴及孔加工较难，轴向定位不很准确。高速轻载时可不用键 圆锥形轴伸见 GB/T 1570—2005

方法	简 图	特 点 与 应 用
圆螺母	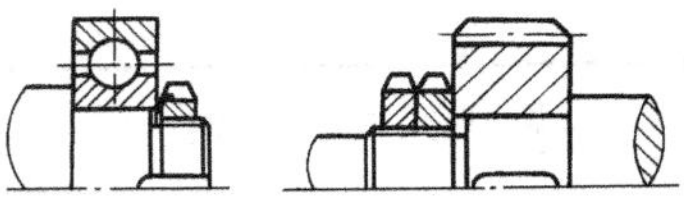	固定可靠,装拆方便,可承受较大的轴向力。由于轴上切制螺纹,使轴的疲劳强度有所降低。常用双圆螺母或圆螺母与止动垫圈固定轴端零件,当零件间距离较大时,亦可采用圆螺母代替套筒,以减小结构重量,与轴肩配合达到双向定位。见 GB/T 810—1988、GB/T 812—1988 及 GB/T 858—1988
轴端挡圈	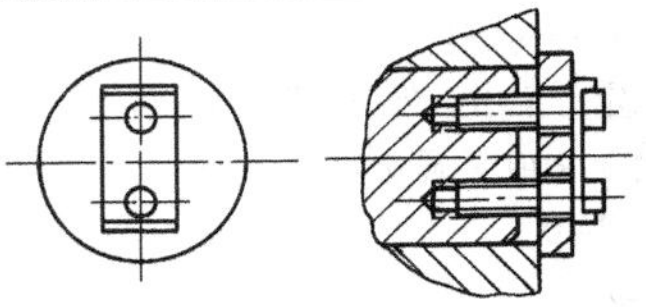	常用于固定轴端零件。可以承受剧烈的振动和冲击载荷 螺栓紧固轴端挡圈的结构尺寸见 GB/T 892—1986(单孔)及 JB/ZQ 4347—2006(双孔)
胀紧连接套	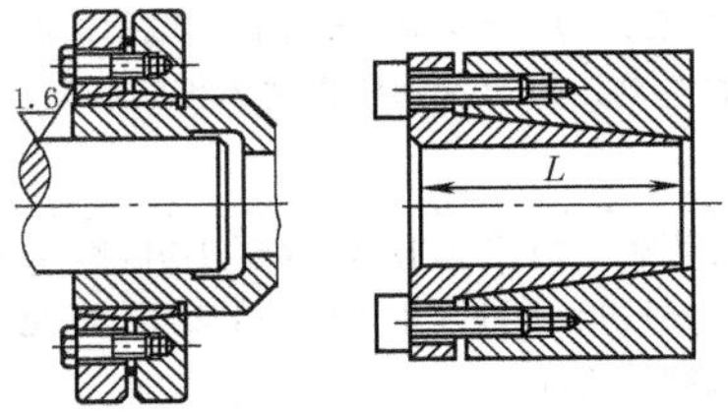	既用于轴向定位也用于周向定位 轴不需加工键槽,提高了轴的强度。对中性好,压紧力可调整,多次拆卸能保持良好的配合性质。轴的加工精度要求不高 可方便地在轴向和周向调整安装位置,拆装方便

表 7-1-5 周向定位与固定方法

方法	简 图	特 点 与 应 用
平键	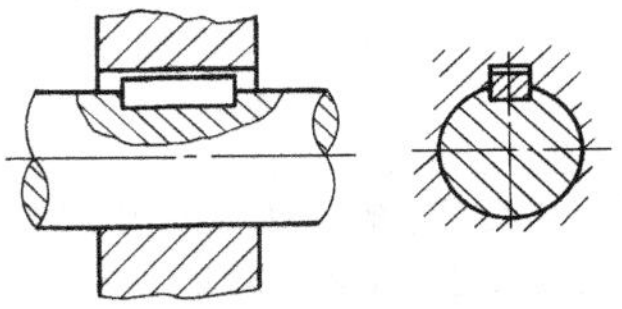	制造简单,装拆方便,对中性好。可用于较高精度、高转速及受冲击或变载荷作用下的固定连接中,还可用于一般要求的导向连接中 齿轮、蜗轮、带轮与轴的连接常用此形式 平键剖面及键槽见 GB/T 1096—2003,导向平键见 GB/T 1097—2003
楔键	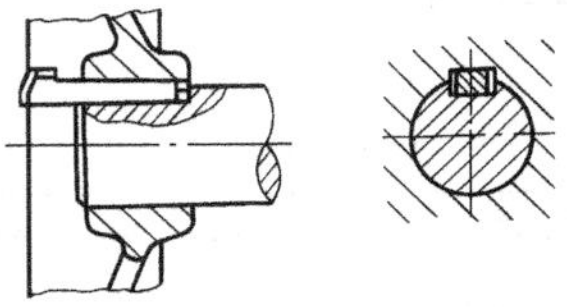	在传递转矩的同时,还能承受单向的轴向力。由于装配后造成轴上零件的偏心或偏斜,故不适用于要求严格对中、有冲击载荷及高速传动的连接。键的钩头长出轴外,供拆卸用,应加保护罩 楔键及键槽见 GB/T 1563—2003～GB/T 1565—2003
切向键	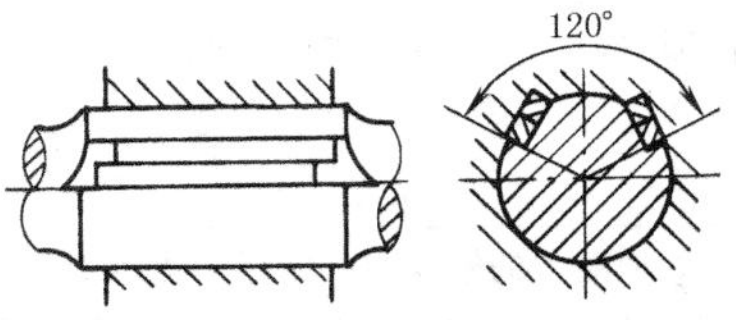	可传递较大的转矩,但对中性较差,对轴的削弱较大,常用于重型机械中 一个切向键只能传递一个方向的转矩,传递双向转矩时,要用两个,互成 120°,见 GB/T 1974—2003
半圆键	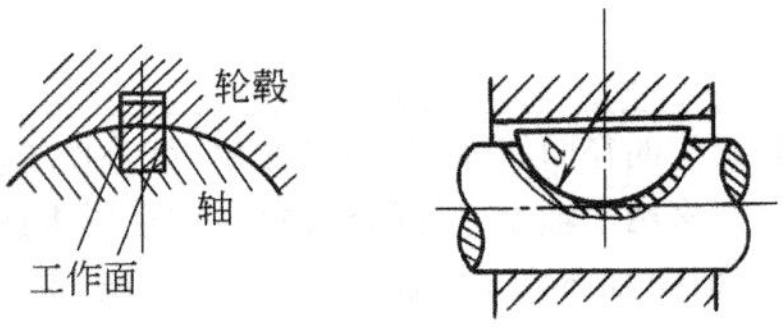	键在轴上键槽中能绕其几何中心摆动,故便于轮毂往轴上装配,但轴上键槽很深,削弱了轴的强度 用于载荷较小的连接或作为辅助性连接,也用于锥形轴及轮毂连接,见 GB/T 1098—2003～GB/T 1099.1—2003
滑键	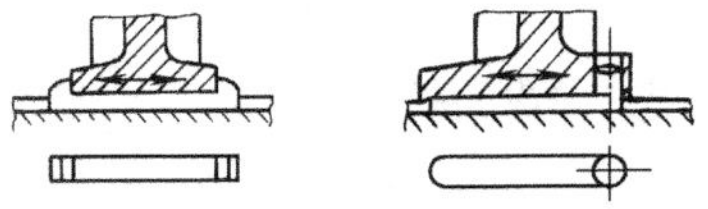	键固定在轮毂上,键随轮毂一同沿轴上键槽作轴向移动 常用于轴向移动距离较大的场合

方法	简 图	特 点 与 应 用
花键	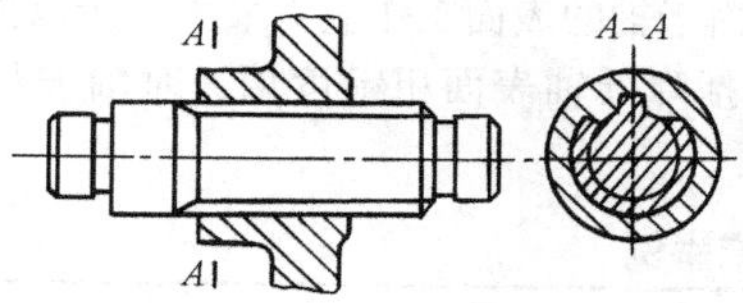	有矩形、渐开线及三角形花键之分 承载能力高,定心性及导向性好,但制造困难,成本较高。适用于载荷较大和对定心精度要求较高的滑动连接或固定连接 三角形齿细小,适用于轴径小、轻载或薄壁套筒的连接,见 GB/T 1144—2001
圆柱销	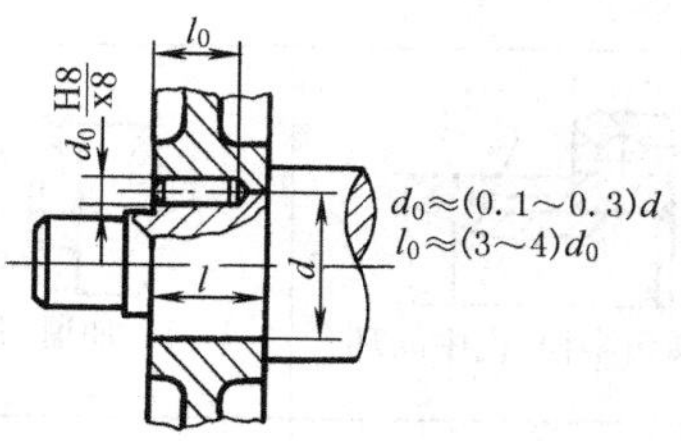 $d_0 \approx (0.1 \sim 0.3)d$ $l_0 \approx (3 \sim 4)d_0$	适用于轮毂宽度较小(例如 $l/d < 0.6$),用键连接难以保证轮毂和轴可靠固定的场合。这种连接一般采用过盈配合,并可同时采用几个圆柱销。为避免钻孔时钻头偏斜,要求轴和轮毂的硬度差不能太大
圆锥销	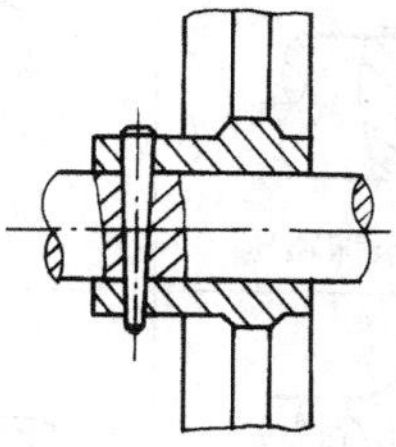	用于固定不太重要、受力不大但同时需要轴向固定的零件,或作安全装置用。由于在轴上钻孔,对强度削弱较大,故对重载的轴不宜采用。有冲击或振动时,可采用开尾圆锥销以防松脱
过盈配合	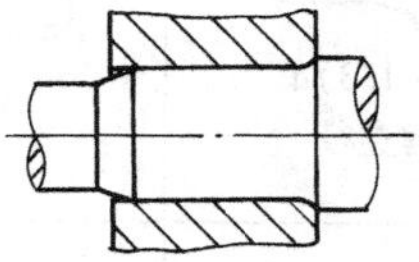	结构简单,对中性好,承载能力高,可同时起周向和轴向固定作用,但不宜用于经常拆卸的场合。对于过盈量在中等以下的配合$\left(例如\dfrac{H7}{s6}、\dfrac{H7}{r6}等\right)$,常与平键连接同时采用,以承受较大的交变、振动和冲击载荷 过盈配合轴的倒角尺寸见本手册第2卷第6篇

表 7-1-6   轴上固定螺钉用孔（摘自 JB/ZQ 4251—2006）   mm

	d	3	4	6	8	10	12	16	20	24	说 明
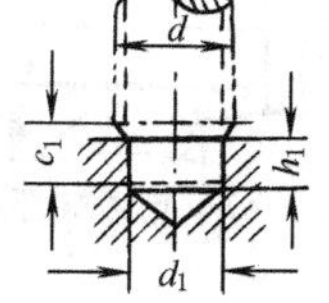	d_1			4.5	6	7	9	12	15	18	用于承受较大轴向力处
	$h_1 \geqslant$			4	5	6	7	8	10	12	
	c_1			4	5	6	7	8	10	12	
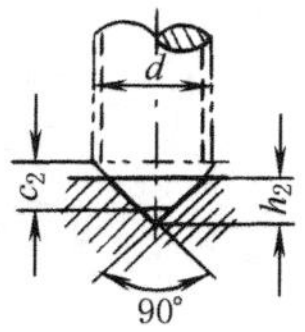	h_2	1.5	2	3	3	3.5	4	5	6		用于轴向力较小、轴径较小处
	c_2	1.5	2	3	3	3.5	4	5	6		
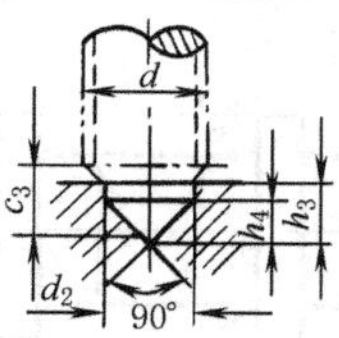	d_2					7	9	12	15		
	$h_3 \leqslant$					6	7	8	10		
	h_4					3.5	4.5	6	7.5		
	c_3					6	7	8	10		

注：工作图上除 C_1、C_2 和 C_3 外,其他尺寸应全部注出。

1.4.2 提高轴疲劳强度的结构措施

在轴截面变化处（如台阶、横孔、键槽等），会产生应力集中、引起轴的疲劳破坏，所以设计轴的结构时，应考虑降低应力集中的措施。表 7-1-7 提供的主要措施可供参考。由于轴的表面工作应力最大，所以提高轴的表面质量也是提高轴的疲劳强度的重要措施。提高轴的表面质量包括降低轴表面粗糙度值、对轴进行表面处理（如表面热处理、化学处理、机械处理等），均能提高轴的疲劳强度。

表 7-1-7　　　　　　　　　　　降低轴应力集中的主要措施举例

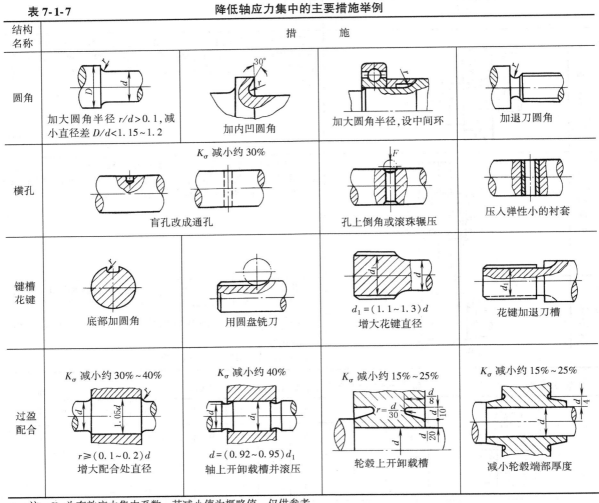

结构名称	措施			
圆角	加大圆角半径 $r/d>0.1$，减小直径差 $D/d<1.15\sim1.2$	加内凹圆角	加大圆角半径，设中间环	加退刀圆角
横孔	盲孔改成通孔（K_σ 减小约 30%）		孔上倒角或滚珠辗压	压入弹性小的衬套
键槽花键	底部加圆角	用圆盘铣刀	增大花键直径 $d_1=(1.1\sim1.3)d$	花键加退刀槽
过盈配合	K_σ 减小约 30%~40% 增大配合处直径 $r\geqslant(0.1\sim0.2)d$	K_σ 减小约 40% 轴上开卸载槽并滚压 $d=(0.92\sim0.95)d_1$	K_σ 减小约 15%~25% 轮毂上开卸载槽 $r=\dfrac{d}{30}$	K_σ 减小约 15%~25% 减小轮毂端部厚度

注：K_σ 为有效应力集中系数，其减小值为概略值，仅供参考。

1.4.3 轴颈及轴伸结构

（1）滑动轴承的轴颈结构尺寸及轴端润滑油孔

向 心 轴 颈

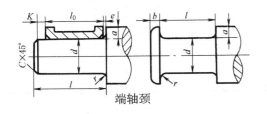

端轴颈

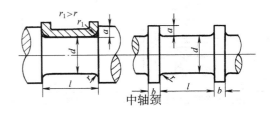

中轴颈

表 7-1-8

代 号	名 称	说 明
d	轴颈直径	由计算确定,并按标准尺寸 GB/T 2822—2005 圆整为标准直径
a	轴肩(环)高度	$a \approx (0.07 \sim 0.1)d$,$d+2a$ 最好圆整为整数值
b	轴环宽度	$b \approx 1.4a$,圆整为整数
r、r_1	圆角半径	见第 1 卷第 1 篇第 5 章零件的倒圆与倒角(GB/T 6403.4—2008)
l	轴颈长度	$l = l_0 + K + e + C$,l_0 由轴承工作能力的需要确定,e 和 K 分别由热膨胀量和安装误差确定,C 按 GB/T 6403.4 选取。对于固定轴的轴颈 $l = l_0$

止 推 轴 颈

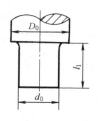 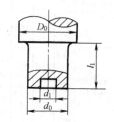 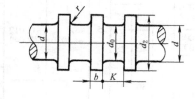

表 7-1-9

代号	名 称	说 明	代号	名 称	说 明
D_0	轴直径	由计算确定	b	轴环宽度	$b = (0.1 \sim 0.15)d$
d	轴直径	由计算确定	K	轴环距离	$K = (2 \sim 3)b$
d_0	止推轴颈直径	由计算确定,并按标准尺寸 GB/T 2822—2005 圆整为标准直径	l_1	止推轴颈长度	由计算和止推轴承结构确定
d_1	空心轴颈内径	$d_1 = (0.4 \sim 0.6)d_0$	n	轴环数	$n \geqslant 1$,由计算和止推轴承结构确定
d_2	轴环外径	$d_2 = (1.2 \sim 1.6)d$	r	轴环根部圆角半径	按 GB/T 6403.4—2008 选取

表 7-1-10　　　　　　　　　　　轴端润滑油孔　　　　　　　　　　　　　　mm

螺纹直径 d	d_1	d_2	L_{max}	L_{1min}	L_{2min}	C
M6-7H	5	5	100	10	15	0.5
M10×1-7H	9		150	12		
M14×1.5-7H	12.5	10	400	20	25	1
M20×1.5-7H	18.5	12	800	25	30	

（2）旋转电机圆柱形轴伸（摘自 GB/T 756—2010）

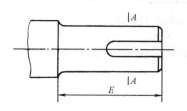 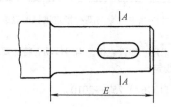 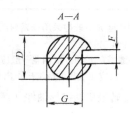

表 7-1-11

mm

第 7 篇

D 基本尺寸	D 极限偏差	E 长系列	E 短系列	F 基本尺寸	F 极限偏差 一般键连接 N9	F 极限偏差 较紧键连接 P9	G 基本尺寸	G 极限偏差
6	+0.006 −0.002	16		2	−0.004 −0.029	−0.006 −0.031	4.8	
7							5.8	
8	+0.007 −0.002	20		3			6.8	
9							7.2	
(10)		23	20				8.2	
11	+0.008 −0.003			4			8.5	0 −0.1
(12)		30	25				9.5	
14				5	0 −0.030	−0.012 −0.042	11.0	
16	+0.008 −0.003 (j6)	40	28				13.0	
18				6			14.5	
19							15.5	
(20)		50	36				16.5	
22	+0.009 −0.004						18.5	
24							20.0	
(25)		60	42	8	0 −0.036	−0.015 −0.051	21.0	
28							24.0	
(30)							26.0	
32		80	58				27.0	
(35)				10			30.0	
38							33.0	0 −0.2
(40)	+0.018 +0.002 (k6)			12			35.0	
42		110	82				37.0	
(45)				14			39.5	
48							42.5	
(50)				16	0 −0.043	−0.018 −0.061	44.5	
55							49.0	
60	+0.030 +0.011 (m6)	140	105	18			53.0	
65							58.0	
70	+0.030 +0.011	140	105	20			62.5	
75							67.5	
80				22	0 −0.052	−0.022 −0.074	71.0	
85		170	130				76.0	
90				25			81.0	0 −0.2
95	+0.035 +0.013						86.0	
100							90.0	
110		210	165	28			100	
120							109	
130				32	0 −0.062	−0.026 −0.088	119	
140		250	200	36			128	
150	+0.040 +0.015						138	
160							147	
170		300	240	40			157	
180	(m6)						165	
190				45	0 −0.062	−0.026 −0.088	175	
200	+0.046 +0.017	350	280				185	
220				50			203	
240		410	330	56			220	0 −0.3
250							230	
260	+0.052 +0.020			63	0 −0.074	−0.032 −0.100	240	
280		470	380	70			260	
300							278	
320							298	
340	+0.057 +0.021	550	450	80			315	
360							335	
380							355	
400	+0.057 +0.021	650	540	90	0 −0.087	−0.037 −0.124	372	0 −0.3

注：1. 本表未摘录标准中轴伸直径（D）420~630mm 部分，带括号的直径应尽量不用。

2. 轴伸直径大于 500mm 者，键槽尺寸及其公差由用户与制造厂协商确定。

3. 轴伸键槽的对称度公差值应不超过下表规定：

mm

键槽宽 F	公差值	键槽宽 F	公差值	键槽宽 F	公差值	键槽宽 F	公差值
>1~3	0.020	>6~10	0.030	>18~30	0.050	>50~100	0.080
>3~6	0.025	>10~18	0.040	>30~50	0.060		

4. 轴伸长度 E 一般应采用长系列尺寸。当电机专与某种指定机械配套或有特殊使用要求时，允许采用短系列尺寸，但应在电机的标准中作出规定。

5. 轴伸键槽宽 F 的极限偏差一般应采用一般键连接。当对传动有特殊要求时，如频繁启动或经常承受冲击负载，允许采用较紧键连接，但应在电机的标准中作出规定。

（3）旋转电机圆锥形轴伸（摘自 GB/T 757—2010）

表 7-1-12　　　　　长、短系列圆锥形轴伸尺寸　　　　　mm

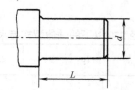

D	E (js14)	E_1	F	G 尺寸	G 偏差	D_1	D	E (js14)	E_1	F	G 尺寸	G 偏差	D_1
16	40/28	28/16	$3_{-0.029}^{-0.004}$	5.5		M10×1.25	70	140/105	105/70	$18_{-0.043}^{0}$	25.4		M48×3
18				5.8			75				27.9		
19				6.3			80	170/130	130/90	$20_{-0.052}^{0}$	29.2		M56×4
20	50/36	36/22	$4_{-0.03}^{0}$	6.6		M12×1.25	85				31.7		
22				7.6			90			$22_{-0.052}^{0}$	32.7		M64×4
24				8.1			95				35.2		
25	60/42	42/24	$5_{0.03}^{0}$	8.4	$0 / -0.1$	M16×1.5	100	210/165	165/120	$25_{-0.052}^{0}$	36.9	$0 / -0.2$	M72×4
28				9.9			110				41.9		M80×4
30				10.5			120			$28_{-0.052}^{0}$	45.9		M90×4
32				11.0		M20×1.5	130	250/200	200/150		50		M100×4
35	80/58	58/36	$6_{-0.03}^{0}$	12.5			140			$32_{-0.062}^{0}$	54		M110×4
38				14.0			150				59		
40	110/82	82/54	$10_{-0.036}^{0}$	12.9		M24×2	160	300/240	240/180	$36_{-0.062}^{0}$	62		M125×4
42				13.9			170				67		
45			$12_{-0.043}^{0}$	15.4			180			$40_{-0.062}^{0}$	71	$0 / -0.3$	M140×6
48				16.9	$0 / -0.2$	M30×2	190	350/280	280/210		75		
50			$14_{-0.043}^{0}$	17.9		M36×3	200				80		
55				19.9			220			$45_{-0.062}^{0}$	88		M160×6
60	140/105	105/70	$16_{-0.043}^{0}$	21.4		M42×3							
65				23.9									

注：1. 当电机专与某种指定机械配套或有特殊使用要求用短系列时，轴伸长度的短系列尺寸见斜线下面的数据。
2. 尺寸 D 的公差选用 GB/T 1800.2—2009 中的 IT8，尺寸 E_1 的极限偏差应符合下表

直径 D	E_1 的轴向极限偏差	直径 D	E_1 的轴向极限偏差
16~18	$0 / -0.27$	85~120	$0 / -0.54$
19~30	$0 / -0.33$	130~180	$0 / -0.63$
32~50	$0 / -0.39$	190~220	$0 / -0.72$
55~80	$0 / -0.46$		

（4）圆柱形轴伸（摘自 GB/T 1569—2005）

表 7-1-13　　　　　　　　　　　　　　　　mm

基本尺寸 d	极限偏差		L 长系列	L 短系列	基本尺寸 d	极限偏差		L 长系列	L 短系列	基本尺寸 d	极限偏差		L 长系列	L 短系列
6	$+0.006 / -0.002$	j6	16	—	10	$+0.007 / -0.002$	j6	23	20	18	$+0.008 / -0.003$	j6	40	28
7	$+0.007 / -0.002$				11					19				
8			20		12	$+0.008 / -0.003$		30	25	20	$+0.009 / -0.004$		50	36
9					14					22				
					16			40	28	24				

第 7 篇

d 基本尺寸	d 极限偏差	L 长系列	L 短系列	d 基本尺寸	d 极限偏差	L 长系列	L 短系列	d 基本尺寸	d 极限偏差	L 长系列	L 短系列
25	+0.009/-0.004 j6	60	42	80	+0.030/+0.011 m6	170	130	240	+0.046/+0.017 m6	410	330
28				85	+0.035/+0.013 m6			250			
30		80	58	90				260	+0.052/+0.020 m6		
32	+0.018/+0.002 k6			95				280		470	380
35				100				300			
38				110		210	165	320	+0.057/+0.021 m6		
40		110	82	120				340		550	450
42				125	+0.040/+0.015 m6			360			
45				130				380			
48				140				400		650	540
50				150		250	200	420	+0.063/+0.023 m6		
55	+0.030/+0.011 m6			160				440			
56				170				450			
60		140	105	180		300	240	460			
63				190	+0.046/+0.017 m6			480			
65				200				500			
70				220		350	280	530	+0.070/+0.026 m6	800	680
71								560			
75								600			
								630			

注：1. 直径大于 630~1250mm 的轴伸直径和长度系列可参见原标准附录 A，本表未摘录。

2. 本表适用于一般机器之间的连接并传递转矩的场合。

（5）圆锥形轴伸（摘自 GB/T 1570—2005）

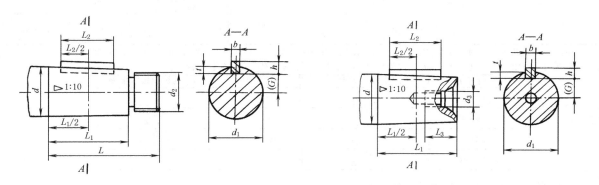

表 7-1-14　　　　直径 220 以下的轴伸型式与尺寸　　　　mm

d	L	L_1	L_2	b	h	d_1	t	(G)	d_2	d_3	L_3
长 系 列											
6	16	10	6			5.5			M4		
7						6.5					
8	20	12	8	—	—	7.4	—	—		—	—
9						8.4					
10	23	15	12			9.25			M6		
11				2	2	10.25	1.2	3.9			

续表

d	L	L_1	L_2	b	h	d_1	t	(G)	d_2	d_3	L_3
长 系 列											
12	30	18	16	2	2	11.1	1.2	4.3	M8×1	M4	10
14				3	3	13.1	1.8	4.7			
16						14.6		5.5			
18	40	28	25			16.6		5.8	M10×1.25	M5	13
19				4	4	17.6		6.3			
20						18.2	2.5	6.6			
22	50	36	32			20.2		7.6	M12×1.25	M6	16
24						22.2		8.1			
25	60	42	36	5	5	22.9		8.4	M16×1.5	M8	19
28						25.9	3	9.9			
30						27.1		10.5			
32	80	58	50	6	6	29.1		11.0	M20×1.5	M10	22
35						32.1	3.5	12.5			
38						35.1		14.0			
40				10	8	35.9		12.9	M24×2	M12	28
42						37.9		13.9			
45				12	8	40.9	5	15.4			
48	110	82	70			43.9		16.9	M30×2	M16	36
50						45.9		17.9			
55				14	9	50.9	5.5	19.9	M36×3		
56						51.9		20.4			
60				16	10	54.75		21.4	M42×3	M20	42
63						57.75	6	22.9			
65	140	105	100			59.75		23.9			
70						64.75		25.4			
71				18	11	65.75	7	25.9	M48×3	M24	50
75						69.75		27.9			
80				20	12	73.5	7.5	29.2	M56×4	—	—
85	170	130	110			78.5		31.7			
90				22	14	83.5		32.7	M64×4		
95						88.5	9	35.2			
100	210	165	140	25	14	91.75		36.9	M72×4		
110						101.75		41.9	M80×4		
120	210	165	140	28	16	111.75		45.9	M90×4	—	—
125						116.75	10	48.3			
130						120		50	M100×4		
140	250	200	180	32	18	130		54			
150						140	11	59	M110×4		
160				36	20	148	12	62	M125×4	—	—
170	300	240	220			158		67			
180				40	22	168	13	71	M140×6		

续表

d	L	L_1	L_2	b	h	d_1	t	(G)	d_2	d_3	L_3
长 系 列											
190	350	280	250	40	22	176	13	75	M140×6	—	—
200						186		80	N160×6		
220				45	25	206	15	88			
短 系 列											
16	28	16	14	3	3	15.2	1.8	5.8	M10×1.25	M4	10
18						17.2		6.1		M5	13
19				4	4	18.2	2.5	6.6			
20	36	22	20			18.9		6.9	M12×1.25	M6	16
22						20.9		7.9			
24						22.9		8.4			
25	42	24	22	5	5	23.8	3	8.9	M16×1.5	M8	19
28						26.8		10.4			
30	58	36	32			28.2		11.1	M20×1.5	M10	22
32						30.2		11.6			
35				6	6	33.2	3.5	13.1			
38						36.2		14.6			
40	82	54	50	10	8	37.3		13.6	M24×2	M12	28
42						39.3		14.6			
45				12	8	42.3	5	16.1	M30×2	M16	36
48						45.3		17.6			
50						47.3		18.6			
55				14	9	52.3	5.5	20.6	M36×3	M20	42
56						53.3		21.1			
60	105	70	63	16	10	56.5	6	22.2	M42×3		
63						59.5		23.7			
65						61.5		24.7			
70				18	11	66.5	7	26.2	M48×3	M24	50
71						67.5		26.7			
75						71.5		28.7			
80	130	90	80	20	12	75.5	7.5	30.2	M56×4		
85						80.5		32.7			
90				22	14	85.5		33.7	M64×4		
95						90.5	9	36.2			
100	165	120	110	25	14	94		38	M72×4	—	—
110						104		43	M80×4		
120				28	16	114		47	M90×4		
125						119	10	49.5			
130	200	150	125			122.5		51.2	M100×4		
140				32	18	132.5	11	55.2			
150						142.5		60.2	M110×4		
160	240	180	160	36	20	151	12	63.5	M125×4	—	—
170						161		68.5			
180				40	22	171	13	72.5	M140×6		

续表

d	L	L_1	L_2	b	h	d_1	t	(G)	d_2	d_3	L_3
					短	系	列				
190				40	22	179.5	13	76.7	M140×6		
200	280	210	180			189.5		81.7			—
220				45	25	209.5	15	89.7	M160×6	—	

注：1. 键槽深度 t，可用测量 G 来代替，或按表 7-1-16 的规定。

2. L_2 可根据需要选取小于表中的数值。

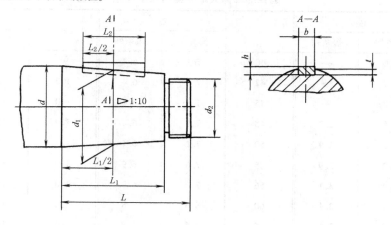

表 7-1-15   **直径 220 以上的轴伸型式与尺寸**   mm

d	L	L_1	L_2	b	h	d_1	t	d_2
240						223.5		M180×6
250	410	330	280	50	28	233.5	17	
260						243.5		M200×6
280				56		261		M220×6
300	470	380	320		32	281	20	
320				63		301		M250×6
340						317.5		M280×6
360	550	450	400	70	36	337.5	22	
380						357.5		M300×6
400						373		M320×6
420				80	40	393	25	
440						413		
450	650	540	450			423		M350×6
460						433		
480				90	45	453	28	M380×6
500						473		
530						496		M420×6
560						526		M450×6
600	800	680	500	100	50	566	31	M500×6
630						596		M550×6

注：1. L_2 可根据需要选取小于表中的数值。

2. 本标准规定了 1:10 圆锥形轴伸的型式和尺寸，适用于一般机器之间的连接并传递转矩的场合。

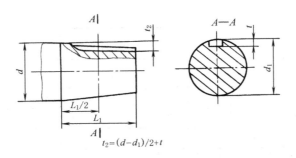

$$t_2=(d-d_1)/2+t$$

表 7-1-16 　　　　　　　圆锥形轴伸大端处键槽深度尺寸（参考）　　　　　　　mm

d	t_2		d	t_2		d	t_2	
	长系列	短系列		长系列	短系列		长系列	短系列
11	1.6	—	40	7.1	6.4	95	12.3	11.3
12	1.7	—	42	7.1	6.4	100	13.1	12.0
14	2.3	—	45	7.1	6.4	110	13.1	12.0
16	2.5	2.2	48	7.1	6.4	120	14.1	13.0
18	3.2	2.9	50	7.1	6.4	125	14.1	13.0
19	3.2	2.9	55	7.6	6.9	130	15.0	13.8
20	3.4	3.1	56	7.6	6.9	140	16.0	14.8
22	3.4	3.1	60	8.6	7.8	150	16.0	14.8
24	3.9	3.6	65	8.6	7.8	160	18.0	16.5
25	4.1	3.6	70	9.6	8.8	170	18.0	16.5
28	4.1	3.6	71	9.6	8.8	180	19.0	17.5
30	4.5	3.9	75	9.6	8.8	190	20.0	18.3
32	5.0	4.4	80	10.8	9.8	200	20.0	18.3
35	5.0	4.4	85	10.8	9.8	220	22.0	20.3
38	5.0	4.4	90	12.3	11.3			

注：t_2 的极限偏差与 t 的极限偏差相同，按大端直径检验键槽深度时，表 7-1-14 中的 t 作为参考尺寸。

表 7-1-17 　　　　　　　圆锥形轴伸 L_1 的偏差及圆锥角公差　　　　　　　mm

直径 d	L_1 的轴向极限偏差	直径 d	L_1 的轴向极限偏差	直径 d	L_1 的轴向极限偏差
6~10	0 −0.22	55~80	0 −0.46	260~300	0 −0.81
11~18	0 −0.27	85~120	0 −0.54	320~400	0 −0.89
19~30	0 −0.33	125~180	0 −0.63	420~500	0 −0.97
32~50	0 −0.39	190~250	0 −0.72	530~630	0 −1.10

注：1. 基本直径 d 的公差选用 GB/T 1800.1—2009 及 GB/T 1800.2—2009 中的 IT 8。
2. 1∶10 的圆锥角公差选用 GB/T 11334—2005 中的 AT6。

1.4.4　轴的结构示例

图 7-1-1 为滚动轴承支承的轴的典型结构，各部分结构尺寸及公差等可参阅本手册有关篇章。

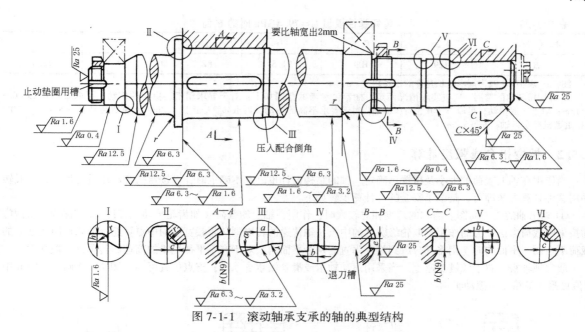

图 7-1-1 滚动轴承支承的轴的典型结构

1.5 轴的强度计算

轴的强度计算分三种情况：①按扭转强度或刚度计算；②按弯扭合成强度计算；③精确强度校核计算。

1.5.1 按扭转强度或刚度计算

用于只传递转矩不承受弯矩轴的计算。另外，当轴上还作用不大的弯矩，且轴的跨度及载荷的位置尚不能准确确定时，也可用降低许用应力的办法按扭转强度估算轴径。估算轴径后，再作轴的结构设计。

表 7-1-18 **按扭转强度及刚度计算轴径的公式**

轴的类型	按 扭 转 强 度 计 算	按 扭 转 刚 度 计 算
实心轴	$d \geqslant 17.2 \sqrt[3]{\dfrac{T}{\tau_p}} = A\sqrt[3]{\dfrac{P}{n}}$	$d \geqslant 9.3 \sqrt[4]{\dfrac{T}{\phi_p}} = B\sqrt[4]{\dfrac{P}{n}}$
空心轴	$d \geqslant 17.2 \sqrt[3]{\dfrac{T}{\tau_p}} \times \dfrac{1}{\sqrt[3]{1-\alpha^4}} = A\sqrt[3]{\dfrac{P}{n}} \times \dfrac{1}{\sqrt[3]{1-\alpha^4}}$	$d \geqslant 9.3 \sqrt[4]{\dfrac{T}{\phi_p}} \times \dfrac{1}{\sqrt[4]{1-\alpha^4}} = B\sqrt[4]{\dfrac{P}{n}} \times \dfrac{1}{\sqrt[4]{1-\alpha^4}}$
说 明	d ——轴端直径，mm T ——轴所传递的转矩，N·m 　　$T = 9550\dfrac{P}{n}$ P ——轴所传递的功率，kW n ——轴的工作转速，r/min τ_p ——许用扭转切应力，MPa，按 7-1-19 选取 ϕ_p ——许用扭转角，(°)/m，按表 7-1-20 选取	A ——系数，$A = 17.2\sqrt[3]{\dfrac{9550}{\tau_p}}$ 按表 7-1-19 选取 B ——系数，按表 7-1-20 选取 α ——空心轴的内径 d_1 与外径 d 之比 　　$\alpha = \dfrac{d_1}{d}$，通常取 0.5~0.6

注：当截面上有键槽时，应将求得的轴径增大，其增大值见表 7-1-23。

表 7-1-19 **几种常用轴材料的 τ_p 及 A 值**

轴的材料	Q235-A、20	Q275、35 (1Cr18Ni9Ti)	45	1Cr18Ni9Ti	40Cr、35SiMn、42SiMn 40MnB、38SiMnMo、3Cr13
τ_p/MPa	15~25	20~35	25~45	15~25	35~55
A	149~126	135~112	126~103	148~125	112~97

注：1. 表中所给出的 τ_p 值是考虑了弯曲影响而降低的许用扭转切应力。

2. 在下列情况下 τ_p 取较大值，A 取较小值：弯矩较小或只受扭矩作用、载荷较平稳、无轴向载荷或只有较小的轴向载荷、减速器的低速轴、轴单向旋转。反之，τ_p 取较小值，A 取较大值。当用 Q235 或 35SiMn 时，τ_p 取较小值，A 取较大值。

3. 在计算减速器中间轴的危险截面处（安装小齿轮处）的直径时，若轴的材料为 45 钢，可取 $A = 130\sim165$。其中二级减速器的中间轴及三级减速器的高速中间轴取 $A = 155\sim165$，三级减速器的低速中间轴取 $A = 130$。

表 7-1-20　　　　　　　　　　　　　　剪切弹性模量 $G=79.4$GPa 时的 B 值

ϕ_p,(°)/m	0.25	0.5	1	1.5	2	2.5
B	129	109	91.5	82.7	77	72.8

注：1. 表中 ϕ_p 值为每米轴长允许的扭转角。

2. 许用扭转角的选用，应按实际情况而定。推荐供参考的范围如下：对于要求精密、稳定的传动，可取 $\phi_p=0.25\sim0.5$ (°)/m；对于一般传动，可取 $\phi_p=0.5\sim1$(°)/m；对于要求不高的传动，可取 ϕ_p 大于 1(°)/m；起重机传动轴，$\phi_p=15'\sim20'/$ m；重型机床走刀轴，$\phi_p=5'/$m。

1.5.2　按弯扭合成强度计算

当作用在轴上载荷的大小及位置已确定，轴的结构设计也已基本确定时，可按弯扭合成法进行计算，一般转轴用这种计算方法即可，是偏于安全的。计算步骤如下。

① 画出轴的受力简图。当轴的跨度相对较大时，作用在轴上的载荷（如齿轮传动或带传动作用在轴上的力）均按集中载荷考虑，力的作用点取轮缘宽度的中点；轴传递的转矩则从轮毂宽度的中点算起。如果作用在轴上的载荷不在同一平面内时，则将其分解到相互垂直的两个平面内。对于有不平衡重量的高速回转须计入惯性力。

通常把轴视为置于铰链支座上。当采用滚动轴承或滑动轴承支承时，支点位置可参考图 7-1-2 确定，图 b 中 a 值见第 8 篇第 2 章滚动轴承。

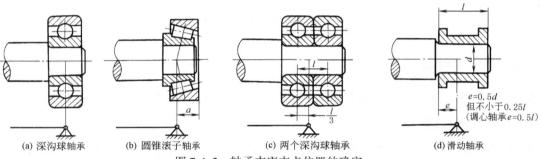

(a) 深沟球轴承　　　(b) 圆锥滚子轴承　　　(c) 两个深沟球轴承　　　(d) 滑动轴承

图 7-1-2　轴承支座支点位置的确定

② 作出垂直面和水平面内的受力图及相应的弯矩图 M_z，M_x，再按矢量法求得合成弯矩 $M=\sqrt{M_x^2+M_z^2}$。当轴上的轴向力较大时，还应计算由此引起的正应力。

③ 画出轴的扭矩图 T。

④ 作出轴的当量弯矩图 $M_v=\sqrt{M^2+(\psi T)^2}$

⑤ 确定危险截面。危险截面应取当量弯矩大，截面尺寸较小，应力集中较严重的截面。

⑥ 按本章第 1.3 节选择轴的材料，并根据表 7-1-21 选取许用弯曲应力。

⑦ 按表 7-1-22 所列公式进行弯扭合成强度计算。

⑧ 将计算出的轴径圆整成标准直径。

表 7-1-21　　　　　　　　　　　　　　　　轴的许用弯曲应力　　　　　　　　　　　　　　　　MPa

材质	$R_m(\sigma_b)$	σ_{+1p}	σ_{0p}	σ_{-1p}
碳素钢	400	130	70	40
	500	170	75	45
	600	200	95	55
	700	230	110	65
合金钢	800	270	130	75
	1000	330	150	90
铸钢	400	100	50	30
	500	120	70	40
灰铸铁	400	65	35	25

注：σ_{+1p}、σ_{0p}、σ_{-1p} 分别为材料在静应力、脉动循环应力和对称循环应力状态下的许用弯曲应力。

表 7-1-22 **按弯扭合成强度计算轴径的公式**

		心　　轴	转　　轴		
计算公式	实 心 轴	$d \geqslant 21.68 \sqrt[3]{\dfrac{M}{\sigma_p}}$	实 心 轴		$d \geqslant 21.68 \sqrt[3]{\dfrac{\sqrt{M^2+(\psi T)^2}}{\sigma_{-1p}}}$
	空 心 轴	$d \geqslant 21.68 \sqrt[3]{\dfrac{M}{\sigma_p}} \times \dfrac{1}{\sqrt[3]{1-\alpha^4}}$	空 心 轴		$d \geqslant 21.68 \sqrt[3]{\dfrac{\sqrt{M^2+(\psi T)^2}}{\sigma_{-1p}}} \times \dfrac{1}{\sqrt[3]{1-\alpha^4}}$
许用应力 σ_p	转动心轴	$\sigma_p = \sigma_{-1p}$	校正系数 ψ	单向旋转	$\psi = 0.3$ 或 $\psi = 0.6$
	固定心轴	载荷平稳：$\sigma_p = \sigma_{+1p}$ 载荷变化：$\sigma_p = \sigma_{0p}$		双向旋转	$\psi = 1$
说明		d——轴的直径，mm M——轴在计算截面所受弯矩，N·m σ_{+1p}、σ_{0p}、σ_{-1p}——轴的许用弯曲应力，MPa，按表 7-1-21 选取			α——空心轴内径 d_1 与外径 d 之比，$\alpha = \dfrac{d_1}{d}$ T——轴在计算截面所受扭矩，N·m

注：校正系数 ψ 值是由扭转切应力的变化来决定的：扭转切应力不变时，$\psi = \dfrac{\sigma_{-1p}}{\sigma_{+1p}} \approx 0.3$；扭转切应力按脉动循环变化时，$\psi = \dfrac{\sigma_{-1p}}{\sigma_{0p}} \approx 0.6$；扭转切应力按对称循环变化时，$\psi = \dfrac{\sigma_{-1p}}{\sigma_{-1p}} = 1$。$\sigma_{+1p}$、$\sigma_{0p}$、$\sigma_{-1p}$ 见表 7-1-21。

如果同一截面上有键槽，应将求得的轴径增大，其增大值见表 7-1-23。

如果轴端装有补偿式联轴器或弹性联轴器，由于安装误差和弹性元件的不均匀磨损，将会使轴及轴承受到附加载荷，附加载荷的方向不定。附加载荷计算公式见表 7-1-24。

表 7-1-23 **有键槽时轴径的增大值**

轴径/mm	<30	30~100	>100
有一个键槽时的增大值/%	7	5	3
有两个相隔 180° 键槽时的增大值/%	15	10	7

表 7-1-24 **附加载荷计算公式**

联轴器名称	计 算 公 式	说　　明
齿式联轴器	$M' = K'T$	M'——附加弯矩，N·m T——传递转矩，N·m K'——系数，按下述原则选取： 用稀油或清洁的干油润滑 $K' = 0.07$ 用脏干油润滑 $K' = 0.13$ 不能保证及时润滑 $K' = 0.3$ F_r'——附加径向力，N D——联轴器外径，mm D_0——柱销中心圆直径，mm
十字滑块联轴器	$F_r' = (0.2 \sim 0.4)\dfrac{2000T}{D}$	
NZ 挠性爪型联轴器	$F_r' = (0.1 \sim 0.3)\dfrac{2000T}{D}$	
弹性圈柱销联轴器	$F_r' = (0.2 \sim 0.35)\dfrac{2000T}{D_0}$	

1.5.3　精确强度校核计算

主要的轴和批量生产的轴通常采用安全系数法进行校核计算，包括疲劳强度安全系数校核和静强度安全系数校核。

（1）疲劳强度安全系数校核

疲劳强度安全系数校核，是在轴经过初步计算和结构设计后，根据轴的实际尺寸，考虑零件的表面质量、应力集中、尺寸影响以及材料的疲劳极限等因素，验算轴的危险截面处的疲劳安全系数。校核公式见表7-1-25。

表7-1-25 危险截面安全系数 S 的校核公式

公式	$$S = \frac{S_\sigma S_\tau}{\sqrt{S_\sigma^2 + S_\tau^2}} \geq S_p$$	
	$$S_\sigma = \frac{\sigma_{-1}}{\frac{K_\sigma}{\beta \, \varepsilon_\sigma}\sigma_a + \psi_\sigma \sigma_m}$$	$$S_\tau = \frac{\tau_{-1}}{\frac{K_\tau}{\beta \, \varepsilon_\tau}\tau_a + \psi_\tau \tau_m}$$
说明	S_σ——只考虑弯矩作用时的安全系数 S_p——按疲劳强度计算的许用安全系数，见表7-1-27 σ_{-1}——对称循环应力下的材料弯曲疲劳极限，MPa，见表7-1-1 τ_{-1}——对称循环应力下的材料扭转疲劳极限，MPa，见表7-1-1 K_σ，K_τ——弯曲和扭转时的有效应力集中系数，见表7-1-31~表7-1-33 β——表面质量系数，一般用表7-1-37；轴表面强化处理后用表7-1-39；有腐蚀情况时用表7-1-36或表7-1-38	S_τ——只考虑扭矩作用时的安全系数 ε_σ，ε_τ——弯曲和扭转时的尺寸影响系数，见表7-1-35 ψ_σ，ψ_τ——材料拉伸和扭转的平均应力折算系数，见表7-1-34 σ_a，σ_m——弯曲应力的应力幅和平均应力，MPa，见表7-1-26 τ_a，τ_m——扭转应力的应力幅和平均应力，MPa，见表7-1-26

如果计算结果不能满足 $S \geq [S]$，应改进轴的结构，降低应力集中，提高轴的表面质量，采用热处理或表面强化处理等措施或改用强度较高的材质以及加大轴径的方法解决。

一般，轴的疲劳强度是根据长期作用在轴上的最大变载荷进行校核计算的，即按无限疲劳进行设计。其材料的疲劳极限 σ_{-1} 和 τ_{-1} 是应力循环数为 10^7（即循环基数 N_0）时的数值，如果轴在全服务期内，其应力循环数 $N < N_0$，则按有限寿命设计轴的结构，详细内容可参考有关抗疲劳专著。

表7-1-26 应力幅及平均应力计算公式

循环特性	应力名称	弯 曲 应 力	扭 转 应 力
对称循环	应力幅	$\sigma_a = \sigma_{max} = \dfrac{M}{Z}$	$\tau_a = \tau_{max} = \dfrac{T}{Z_p}$
	平均应力	$\sigma_m = 0$	$\tau_m = 0$
脉动循环	应力幅	$\sigma_a = \dfrac{\sigma_{max}}{2} = \dfrac{M}{2Z}$	$\tau_a = \dfrac{\tau_{max}}{2} = \dfrac{T}{2Z_p}$
	平均应力	$\sigma_m = \sigma_a$	$\tau_m = \tau_a$
说明	M，T——轴危险截面上的弯矩和扭矩，N·m Z，Z_p——轴危险截面的抗弯和抗扭的截面系数，cm³，见表7-1-28~表7-1-30		

表7-1-27 许用安全系数 S_p

	条 件	S_p
材料的力学性能符合标准规定（或有实验数据），加工质量能满足设计要求	载荷确定精确，应力计算准确	1.3~1.5
	载荷确定不够精确，应力计算较近似	1.5~1.8
	载荷确定不精确，应力计算较粗略或轴径较大（$d > 200$mm）	1.8~2.5
	脆性材料制造的轴	2.5~3

注：如果轴的损坏会引起严重事故，S_p 值应适当加大。

表 7-1-28 　　　　　　　　　　　　**截面系数计算公式** 　　　　　　　　　　　　cm^3

截 面	Z	Z_p	截 面	Z	Z_p
	$Z=\dfrac{\pi d^3}{32}$	$Z_p=\dfrac{\pi d^3}{16}=2Z$		$Z=\dfrac{\pi d^3}{32}-\dfrac{bt(d-t)^2}{d}$	$Z_p=\dfrac{\pi d^3}{16}-\dfrac{bt(d-t)^2}{d}$
	$Z=\dfrac{\pi d^3}{32}(1-\alpha^4)$ $\alpha=d_1/d$	$Z_p=\dfrac{\pi d^3}{16}(1-\alpha^4)=2Z$		$Z=\dfrac{\pi d^3}{32}\left(1-1.54\dfrac{d_0}{d}\right)$	$Z_p=\dfrac{\pi d^3}{16}\left(1-\dfrac{d_0}{d}\right)$
	$Z=\dfrac{\pi d^3}{32}-\dfrac{bt(d-t)^2}{2d}$	$Z_p=\dfrac{\pi d^3}{16}-\dfrac{bt(d-t)^2}{2d}$		$Z=$ $\dfrac{\pi d^4+bz(D-d)(D+d)^2}{32D}$ (z——花键齿数)	$Z_p=$ $\dfrac{\pi d^4+bz(D-d)(D+d)^2}{16D}$ $=2Z$

注：公式中各几何尺寸均以 cm 计。

表 7-1-29 　　　　　　　　　　　　**带有平键槽轴的截面系数 Z、Z_p**

d /mm	$b×h$ /mm	Z	Z_p	Z	Z_p	d /mm	$b×h$ /mm	Z	Z_p	Z	Z_p
			cm^3						cm^3		
20	6×6	0.642	1.43	0.499	1.28	75	20×12	36.9	78.3	32.3	73.7
21		0.756	1.66	0.603	1.51	78		40.5	87.1	34.5	81.1
22		0.882	1.92	0.718	1.76	80	22×14	44.0	94.3	37.8	88.1
23	8×7	0.943	2.14	0.692	1.87	82		47.7	102	41.3	95.4
24		1.09	2.45	0.824	2.18	85		53.6	114	46.8	107
25		1.25	2.78	0.970	2.50	88		58.9	126	50.9	118
26		1.43	3.15	1.13	2.85	90	25×14	63.4	135	55.2	127
28		1.83	3.98	1.50	3.65	92		68.0	144	59.6	136
30		2.29	4.94	1.93	4.58	95		75.4	160	66.7	151
32	10×8	2.65	5.86	2.08	5.29	98		81.3	174	70.3	163
34		3.24	7.10	2.62	6.48	100	28×16	86.8	185	75.5	174
35		3.57	7.78	2.92	7.13	105		102	215	89.6	203
36		3.91	8.49	3.25	7.83	110		118	249	105	236
38		5.39	11.5	4.67	10.8	115		133	282	116	266
40	12×8	5.36	11.6	4.45	10.7	120	32×18	152	322	135	304
42		6.30	13.6	5.32	12.6	125		173	365	155	347
44		8.36	17.8	7.33	16.7	130		197	412	177	393
45	14×9	7.61	16.6	6.28	15.2	135		217	459	193	435
46		8.18	17.7	6.81	16.4	140	36×20	244	514	219	488
47		8.78	19.0	7.37	17.6	145		273	572	247	546
48		9.41	20.3	7.96	18.8	150		304	635	276	608
50		12.3	26.1	10.7	24.5	155		332	697	298	664
52	16×10	11.9	25.7	9.90	23.7	160	40×22	367	769	332	734
55		14.2	30.6	12.1	28.5	165		405	846	368	809
58		19.2	40.5	16.9	38.3	170		445	927	407	889
60	18×11	18.3	39.5	15.3	36.5	175		477	1003	427	954
62		20.3	43.7	17.3	40.6	180		522	1094	470	1043
65		23.7	50.7	20.4	47.4	185	45×25	569	1190	516	1138
68	20×12	26.8	57.7	22.8	53.6	190		619	1292	565	1238
70		29.5	63.2	25.3	59.0	195		672	1340	616	1344
72		32.3	69.0	28.0	64.6	200		728	1513	670	1455

注：表内数据适用于 GB/T 1095—2003 规定的平键、导向平键的键槽剖面尺寸。

第 **7** 篇

表 7-1-30 　　　　　矩形花键轴的抗弯及抗扭截面系数 Z、Z_p（$Z_p = 2Z$）

公称尺寸/mm	Z/cm^3		公称尺寸/mm	Z/cm^3	
$z-D×d×b$	按 D 定心	按 d 定心	$z-D×d×b$	按 D 定心	按 d 定心
轻 系 列			10-102×92×14	78.5	85.1
4-20×17×6	0.529	0.564	10-112×102×16	108	115
4-22×19×8	0.774	0.811	10-125×112×18	145	156
6-26×23×6	1.28	1.37	重 系 列		
6-30×26×6	1.79	1.97	10-26×21×3	0.968	1.13
6-32×28×7	2.30	2.48	10-29×23×4	1.48	1.65
8-36×32×6	3.34	3.63	10-32×26×4	1.92	2.19
8-40×36×7	4.79	5.13	10-35×28×4	2.32	2.72
8-46×42×8	7.53	7.99	10-40×32×5	3.68	4.19
8-50×46×9	9.94	10.5	10-45×36×5	4.86	5.71
8-58×52×10	14.4	15.5	10-52×42×6	7.77	9.06
8-62×56×10	17.5	18.9	10-56×46×7	10.5	11.9
8-68×62×12	24.3	25.8	16-60×52×5	14.2	16.1
10-78×72×12	38.3	40.3	16-65×56×5	17.3	19.9
10-88×82×12	54.5	57.8	16-72×62×6	24.2	27.6
10-98×92×14	77.8	81.4	16-82×72×7	37.5	42.3
10-108×102×16	106	111	20-92×82×6	53.3	60.6
10-120×112×18	142	149	20-102×92×7	76.8	85.1
10-140×125×20	202	218	补 充 系 列		
10-160×145×22	306	331	6-35×30×10	3.27	3.40
10-180×160×24	413	454	6-38×33×10	4.10	4.30
10-200×180×30	608	651	6-40×35×10	4.77	5.00
10-220×200×30	800	864	6-42×36×10	5.20	5.55
10-240×220×35	1084	1151	6-45×40×12	7.10	7.39
10-260×240×35	1363	1463	6-48×42×12	8.28	8.64
中 系 列			6-50×45×12	9.61	10.0
6-16×13×3.5	0.254	0.279	6-55×50×14	13.2	13.7
6-20×16×4	0.462	0.516	6-60×54×14	16.4	17.3
6-22×18×5	0.682	0.741	6-65×58×16	20.9	21.9
6-25×21×5	0.976	1.08	6-70×62×16	25.1	26.7
6-28×23×6	1.37	1.50	6-75×65×16	28.7	31.2
6-32×26×6	1.86	2.11	6-80×70×20	37.9	40.0
6-34×28×7	2.41	2.67	6-90×80×20	53.2	56.7
8-38×32×6	3.47	3.87	10-30×26×4	1.81	2.01
8-42×36×7	4.95	5.45	10-32×28×5	2.40	2.58
8-48×42×8	7.67	8.39	10-35×30×5	2.92	3.21
8-54×46×9	10.4	11.5	10-38×33×6	4.00	4.30
8-60×52×10	14.7	16.1	10-40×35×6	4.63	5.00
8-65×56×10	17.9	19.9	10-42×36×6	5.06	5.55
8-72×62×12	25.1	27.6	10-45×40×7	6.85	7.34
10-82×72×12	39.6	43.0	16-38×33×3.5	3.80	4.22
10-92×82×12	55.0	60.6	16-50×43×5	8.91	9.74

注：表内数据适用于 GB/T 1144—2001 规定的矩形花键。

表 7-1-31　　　　螺纹、键、花键、横孔处及配合的边缘处的有效应力集中系数

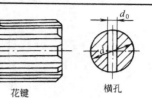

| A 型 | B 型 | 花键 | 横孔 |

σ_b /MPa	螺纹 $(K_\tau=1)$ K_σ	键槽 K_σ A 型	键槽 K_σ B 型	键槽 K_τ A、B 型	花键 K_σ	花键 K_τ 矩形	花键 K_τ 渐开线形	横孔 K_σ $\frac{d_0}{d}=0.05\sim0.15$	横孔 K_σ $\frac{d_0}{d}=0.15\sim0.25$	横孔 K_τ $\frac{d_0}{d}=0.05\sim0.25$	配合 H7/r6 K_σ	配合 H7/r6 K_τ	配合 H7/k6 K_σ	配合 H7/k6 K_τ	配合 H7/h6 K_σ	配合 H7/h6 K_τ
400	1.45	1.51	1.30	1.20	1.35	2.10	1.40	1.90	1.70	1.70	2.05	1.55	1.55	1.25	1.33	1.14
500	1.78	1.64	1.38	1.37	1.45	2.25	1.43	1.95	1.75	1.75	2.30	1.69	1.72	1.36	1.49	1.23
600	1.96	1.76	1.46	1.54	1.55	2.35	1.46	2.00	1.80	1.80	2.52	1.82	1.89	1.46	1.64	1.31
700	2.20	1.89	1.54	1.71	1.60	2.45	1.49	2.05	1.85	1.80	2.73	1.96	2.05	1.56	1.77	1.40
800	2.32	2.01	1.62	1.88	1.65	2.55	1.52	2.10	1.90	1.85	2.96	2.09	2.22	1.65	1.92	1.49
900	2.47	2.14	1.69	2.05	1.70	2.65	1.55	2.15	1.95	1.90	3.18	2.22	2.39	1.76	2.08	1.57
1000	2.61	2.26	1.77	2.22	1.72	2.70	1.58	2.20	2.00	1.90	3.41	2.36	2.56	1.86	2.22	1.66
1200	2.90	2.50	1.92	2.39	1.75	2.80	1.60	2.30	2.10	2.00	3.87	2.62	2.90	2.05	2.5	1.83

注：1. 滚动轴承与轴的配合按 H7/r6 配合选择系数。

2. 蜗杆螺旋根部有效应力集中系数可取 $K_\sigma=2.3\sim2.5$；$K_\tau=1.7\sim1.9$。

表 7-1-32　　　　　　圆角处的有效应力集中系数

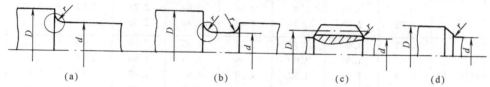

| (a) | (b) | (c) | (d) |

$\dfrac{D-d}{r}$	$\dfrac{r}{d}$	K_σ 400	500	600	700	800	900	1000	1200	K_τ 400	500	600	700	800	900	1000	1200
2	0.01	1.34	1.36	1.38	1.40	1.41	1.43	1.45	1.49	1.26	1.28	1.29	1.29	1.30	1.30	1.31	1.32
	0.02	1.41	1.44	1.47	1.49	1.52	1.54	1.57	1.62	1.33	1.35	1.36	1.37	1.37	1.38	1.39	1.42
	0.03	1.59	1.63	1.67	1.71	1.76	1.80	1.84	1.92	1.39	1.40	1.42	1.44	1.45	1.47	1.48	1.52
	0.05	1.54	1.59	1.64	1.69	1.73	1.78	1.83	1.93	1.42	1.43	1.44	1.46	1.47	1.50	1.51	1.54
	0.10	1.38	1.44	1.50	1.55	1.61	1.66	1.72	1.83	1.37	1.38	1.39	1.42	1.43	1.45	1.46	1.50
4	0.01	1.51	1.54	1.57	1.59	1.62	1.64	1.67	1.72	1.37	1.39	1.40	1.42	1.43	1.44	1.46	1.47
	0.02	1.76	1.81	1.86	1.91	1.96	2.01	2.06	2.16	1.53	1.55	1.58	1.59	1.61	1.62	1.65	1.68
	0.03	1.76	1.82	1.88	1.94	1.99	2.05	2.11	2.23	1.52	1.54	1.57	1.59	1.61	1.64	1.66	1.71
	0.05	1.70	1.76	1.82	1.88	1.95	2.01	2.07	2.19	1.50	1.53	1.57	1.59	1.62	1.65	1.68	1.74
6	0.01	1.86	1.90	1.94	1.99	2.03	2.08	2.12	2.21	1.54	1.57	1.61	1.64	1.66	1.68	1.73	
	0.02	1.90	1.96	2.02	2.08	2.13	2.19	2.25	2.37	1.59	1.62	1.66	1.69	1.72	1.75	1.79	1.86
	0.03	1.89	1.96	2.03	2.10	2.16	2.23	2.30	2.44	1.61	1.65	1.68	1.72	1.74	1.77	1.81	1.88
10	0.01	2.07	2.12	2.17	2.23	2.28	2.34	2.39	2.50	2.12	2.18	2.24	2.30	2.37	2.42	2.48	2.60
	0.02	2.09	2.16	2.23	2.30	2.38	2.45	2.52	2.66	2.03	2.08	2.12	2.17	2.22	2.26	2.31	2.40

第 7 篇

表 7-1-33　　　　　　　　　　　环槽处的有效应力集中系数

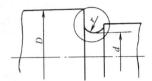

系数	$\dfrac{D-d}{r}$	$\dfrac{r}{d}$	σ_b/MPa							
			400	500	600	700	800	900	1000	1200
K_σ	1	0.01	1.88	1.93	1.98	2.04	2.09	2.15	2.20	2.31
		0.02	1.79	1.84	1.89	1.95	2.00	2.06	2.11	2.22
		0.03	1.72	1.77	1.82	1.87	1.92	1.97	2.02	2.12
		0.05	1.61	1.66	1.71	1.77	1.82	1.88	1.93	2.04
		0.10	1.44	1.48	1.52	1.55	1.59	1.62	1.66	1.73
	2	0.01	2.09	2.15	2.21	2.27	2.37	2.39	2.45	2.57
		0.02	1.99	2.05	2.11	2.17	2.23	2.28	2.35	2.49
		0.03	1.91	1.97	2.03	2.08	2.14	2.19	2.25	2.36
		0.05	1.79	1.85	1.91	1.97	2.03	2.09	2.15	2.27
	4	0.01	2.29	2.36	2.43	2.50	2.56	2.63	2.70	2.84
		0.02	2.18	2.25	2.32	2.38	2.45	2.51	2.58	2.71
		0.03	2.10	2.16	2.22	2.28	2.35	2.41	2.47	2.59
	6	0.01	2.38	2.47	2.56	2.64	2.73	2.81	2.90	3.07
		0.02	2.28	2.35	2.42	2.49	2.56	2.63	2.70	2.84
K_τ	任何比值	0.01	1.60	1.70	1.80	1.90	2.00	2.10	2.20	2.40
		0.02	1.51	1.60	1.69	1.77	1.86	1.94	2.03	2.20
		0.03	1.44	1.52	1.60	1.67	1.75	1.82	1.90	2.05
		0.05	1.34	1.40	1.46	1.52	1.57	1.63	1.69	1.81
		0.10	1.17	1.20	1.23	1.26	1.28	1.31	1.34	1.40

表 7-1-34　　　　　　　　　钢的平均应力折算系数 ψ_σ 及 ψ_τ 值

应力种类	系 数	表 面 状 态				
		抛 光	磨 光	车 削	热 轧	锻 造
弯曲	ψ_σ	0.50	0.43	0.34	0.215	0.14
拉压	ψ_σ	0.41	0.36	0.30	0.18	0.10
扭转	ψ_τ	0.33	0.29	0.21	0.11	

表 7-1-35　　　　　　　　　　绝对尺寸影响系数 ε_σ、ε_τ

直径 d/mm		>20~30	>30~40	>40~50	>50~60	>60~70	>70~80	>80~100	>100~120	>120~150	>150~500
ε_σ	碳钢	0.91	0.88	0.84	0.81	0.78	0.75	0.73	0.70	0.68	0.60
	合金钢	0.83	0.77	0.73	0.70	0.68	0.66	0.64	0.62	0.60	0.54
ε_τ	各种钢	0.89	0.81	0.78	0.76	0.74	0.73	0.72	0.70	0.68	0.60

表 7-1-36   表面有防腐层轴的表面状态系数 β

材　料	表面处理方法	表层厚度/μm	腐蚀介质	试验应力循环数 N 及转速 $n/r \cdot min^{-1}$	β
碳钢 （0.3%~0.5%C）	电镀铬或镍	5~15 15~30	3%NaCl 溶液	$N=10^7$ $n=1500$	0.25~0.45 0.8~0.95
	喷铝	50		$N=2\times10^7$, $n=2200$	0.8
	滚子滚压	—	淡　水	$N=10^7$, $n=1500$	1
渗氮钢 （$\sigma_b=700~1200N/mm^2$）	渗氮			$N=10^7~10^8$	1.2~1.4

注：1. 表中数据为小直径（$d=8~10mm$）试样的试验数据。

2. 电镀铬和镍的轴，在空气中的疲劳极限将降低，$\beta=0.65~0.9$。

表 7-1-37   不同表面粗糙度的表面质量系数 β

加 工 方 法	轴表面粗糙度/μm	σ_b/MPa		
		400	800	1200
磨削	R_a 0.4~0.2	1	1	1
车削	R_a 3.2~0.8	0.95	0.90	0.80
粗车	R_a 25~6.3	0.85	0.80	0.65
未加工的表面		0.75	0.65	0.45

表 7-1-38   各种腐蚀情况的表面质量系数 β

工 作 条 件	抗拉强度 σ_b/MPa										
	400	500	600	700	800	900	1000	1100	1200	1300	1400
淡水中,有应力集中	0.7	0.63	0.56	0.52	0.46	0.43	0.40	0.38	0.36	0.35	0.33
淡水中,无应力集中 海水中,有应力集中	0.58	0.50	0.44	0.37	0.33	0.28	0.25	0.23	0.21	0.20	0.19
海水中,无应力集中	0.37	0.30	0.26	0.23	0.21	0.18	0.16	0.14	0.13	0.12	0.12

表 7-1-39   各种强化方法的表面质量系数 β

强 化 方 法	心 部 强 度 σ_b/MPa	β		
		光　轴	低应力集中的轴 $K_\sigma \leqslant 1.5$	高应力集中的轴 $K_\sigma \geqslant 1.8~2$
高频淬火	600~800 800~1000	1.5~1.7 1.3~1.5	1.6~1.7	2.4~2.8
氮化	900~1200	1.1~1.25	1.5~1.7	1.7~2.1
渗碳	400~600 700~800 1000~1200	1.8~2.0 1.4~1.5 1.2~1.3	3 2.3 2	2.5 2.7 2.3
喷丸硬化	600~1500	1.1~1.25	1.5~1.6	1.7~2.1
滚子滚压	600~1500	1.1~1.3	1.3~1.5	1.6~2.0

注：1. 高频淬火是根据直径为 10~20mm，淬硬层厚度为 （0.05~0.20）d 的试件实验求得的数据；对大尺寸的试件强化系数的值会有某些降低。

2. 氮化层厚度为 0.01d 时用小值；在 （0.03~0.04）d 时用大值。

3. 喷丸硬化是根据 8~40mm 的试件求得的数据。喷丸速度低时用小值；速度高时用大值。

4. 滚子滚压是根据 17~130mm 的试件求得的数据。

（2）静强度安全系数校核

本方法的目的是校验轴对塑性变形的抵抗能力，即校核危险截面的静强度安全系数。轴的静强度是根据轴上作用的最大瞬时载荷（包括动载荷和冲击载荷）来计算的。一般，对于没有特殊安全保护装置的传动，最大瞬时载荷可按电机最大过载能力确定。危险截面应是受力较大、截面较小即静应力较大的若干截面。校核公式见表7-1-40。

表 7-1-40   **危险截面安全系数 S_s 的校核公式**

$$S_s = \frac{S_{s\sigma} S_{s\tau}}{\sqrt{S_{s\sigma}^2 + S_{s\tau}^2}} \geqslant S_{sp}$$

公式	弯曲时	$S_{s\sigma} = \dfrac{\sigma_s}{\dfrac{M_{max}}{Z}}$	扭转时	$S_{s\tau} = \dfrac{\tau_s}{\dfrac{T_{max}}{Z_p}}$
说明	$S_{s\sigma}$——只考虑弯曲时的安全系数 $S_{s\tau}$——只考虑扭转时的安全系数 Z,Z_p——轴危险截面的抗弯和抗扭截面系数，cm³，见表 7-1-28～表 7-1-30 S_{sp}——静强度的许用安全系数，见表 7-1-41，如轴的损坏会引起严重事故，该值应适当加大		σ_s——材料的拉伸屈服点，见表 7-1-1 τ_s——材料的扭转屈服点，一般取 $\tau_s \approx (0.55\sim 0.62)\sigma_s$ M_{max},T_{max}——轴危险截面上的最大弯矩和最大扭矩，N·m	

表 7-1-41   **静强度的许用安全系数 S_{sp}**

σ_s/σ_b	0.45~0.55	0.55~0.7	0.7~0.9	铸造轴
S_{sp}	1.2~1.5	1.4~1.8	1.7~2.2	1.6~2.5

注：如最大载荷只能近似求得及应力无法准确计算时，上述 S_{sp} 值应增大 20%~50%。如果校核计算结果表明安全系数太低，可通过增大轴径尺寸及改用较好的材料等措施，以提高轴的静强度安全系数。

1.6 轴的刚度校核

轴在载荷的作用下会产生弯曲和扭转变形，当这些变形超过某个允许值时，会使机器的零部件工作状况恶化，甚至使机器无法正常工作，故对精密机器的传动和对刚度要求高的轴，要进行刚度校核，以保证轴的正常工作。轴的刚度分为扭转刚度和弯曲刚度两种，前者是用扭转角 ϕ 来度量，后者以挠度 y 和偏转角 θ 来度量。

1.6.1 轴的扭转刚度

轴的扭转刚度校核是计算轴在工作时的扭转变形量，是用每米轴长的扭转角 ϕ 度量的。轴的扭转变形会影响机器的性能和工作精度，如内燃机凸轮轴的扭转角过大，会影响气门的正确启闭时间；龙门式起重机运行机构传动轴的扭转角会影响驱动轮的同步性；对有发生扭转振动危险的轴以及操纵系统中的轴，都需具有较大的扭转刚度。对传动精度有严格要求的机床（如齿轮机床、螺纹机床、刻线机等），轴的过大的扭转变形会严重影响机床的工作精度。但对于一般机器，轴的扭转刚度不是主要考虑的因素。轴的扭转角 ϕ 的计算公式列于表 7-1-42。

1.6.2 轴的弯曲刚度

轴在受载的情况下会产生弯曲变形，过大的弯曲变形也会影响轴上零件的正常工作，对于工作要求高的精密机械如机床等，安装齿轮的轴会因轴的变形影响齿轮的正确啮合发生偏载及工作平稳性；轴的偏转角 θ 会使滚动轴承的内外圈相互倾斜，如偏转角超过滚动轴承允许的转角，就显著降低滚动轴承的寿命；会使滑动轴承所受的压力集中在轴承的一侧，使轴径和轴承发生边缘接触，加剧磨损和导致胶合；轴的变形还会使高速轴回转时产生振动和噪声，影响机器的正常工作。又如机床的进给机构中的轴，过大的弯曲变形将使运动部件产生爬行，不能均匀进给，影响加工质量。在电机中，轴的过大挠度会改变电机转子和定子间的间隙，使电机性能恶化。

表 7-1-42　　　　　　　　　**圆轴扭转角 ϕ 的计算公式**　　　　　　　$(°)\cdot m^{-1}$

轴的类型	实 心 轴	空 心 轴	每米轴长许用扭转角 ϕ_p	
等直径轴	每米长 $\phi=7350\dfrac{T}{d^4}$	每米长 $\phi=7350\dfrac{T}{d^4(1-\alpha^4)}$	一般轴	$0.5°\sim1°$
			精密传动轴	$0.25°\sim0.5°$
阶梯轴	$\phi=\dfrac{7350}{l}\sum\dfrac{T_il_i}{d_i^4}$	$\phi=\dfrac{7350}{l}\sum\dfrac{T_il_i}{d_i^4(1-\alpha^4)}$	精度要求不高的传动轴	$\geqslant1°$
			起重机传动轴	$15'\sim20'$
			重型机床走刀轴	$5'$
说　明	T——轴所传递的转矩，$N\cdot m$ l——轴受转矩作用部分的长度，mm α——空心轴的内径 d_1（或 d_{1i}）与外径 d（或 d_i）之比， 　　$\alpha=\dfrac{d_1}{d}\left(\text{或}\ \alpha=\dfrac{d_{1i}}{d_i}\right)$		d——轴的直径，mm d_1——空心轴内径，mm l_i,d_i,d_{1i}——第 i 段轴的长度、直径、空心轴内径，mm T_i——第 i 段轴所受转矩，$N\cdot m$	

注：本表公式适用于剪切弹性模量 $G=79.4GPa$ 的钢轴。

因此，对于精密机器的轴要进行弯曲刚度的校核，它用弯曲变形时所产生的挠度和偏转角来度量。轴的弯曲变形的精确计算较复杂，除受载荷的影响外，轴承以及各种轴上零件刚度、轴的局部削弱等因素对轴的变形都有影响。

等直径轴的挠度和偏转角一般按双支点梁计算，计算公式列于表 7-1-45。对于阶梯轴，可近似按当量直径为 d_v 的等直径轴计算。d_v 值按表 7-1-44 所列公式计算。按当量直径法计算阶梯轴的挠度 y 与偏转角 θ 时，误差可能达到 $+20\%$。所以对于十分重要的轴应采用更准确的计算法，详见材料力学。

在计算有过盈配合轴段的挠度时，应将该轴段与轮毂当作一个整体来考虑，即取轴上零件轮毂的外径作为轴的直径。

如果轴上作用的载荷不在同一平面内，则应将载荷分解为两互相垂直平面上的分量，分别计算出两个平面内各截面的挠度（y_x、y_y）和偏转角（θ_x、θ_y），然后用几何法相加（即 $y=\sqrt{y_x^2+y_y^2}$，$\theta=\sqrt{\theta_x^2+\theta_y^2}$）。如果在同一平面内作用有几个载荷，其任一截面的挠度和偏转角等于各载荷分别作用时该截面的挠度和偏转角的代数和（即 $y=\sum y_i$，$\theta=\sum\theta_i$）。

一般机械中轴的允许挠度 y_p 及允许偏转角 θ_p 可按表 7-1-43 选取。

表 7-1-43　　　　　　　　　**轴的允许挠度 y_p 及允许偏转角 θ_p**

条　　件	y_p	条　　件	θ_p/rad
一般用途的轴	$y_{maxp}=(0.0003\sim0.0005)l$	滑动轴承处	$\theta_p=0.001$
金属切削机床主轴	$y_{maxp}=0.0002l$	向心球轴承处	$\theta_p=0.005$
	（l——支承间跨距）	向心球面轴承处	$\theta_p=0.05$
安装齿轮处	$y_p=(0.01\sim0.03)m_n$	圆柱滚子轴承处	$\theta_p=0.0025$
安装蜗轮处	$y_p=(0.02\sim0.05)m_t$	圆锥滚子轴承处	$\theta_p=0.0016$
	（m_n,m_t——齿轮法面模数及蜗轮端面模数）	安装齿轮处	$\theta_p=0.001\sim0.002$

表 7-1-44　　　　　　　　　**阶梯轴的当量直径 d_v 计算公式**　　　　　　　mm

载荷位置(参见表 7-1-45 简图)	载荷作用于支点间时	载荷作用于外伸端时
d_v 计算公式	$d_{v1}^4=\dfrac{l}{\displaystyle\sum_{i=1}^{n}\dfrac{l_i}{d_i^4}}$	$d_{v2}^4=\dfrac{c+l}{\displaystyle\sum_{i=1}^{n}\dfrac{l_i}{d_i^4}}$
说　明	l——支点间距离，mm c——外伸端长度，mm l_i,d_i——轴上第 i 段的长度和直径，mm	

注：为计算方便，当量直径以 d_v^4 形式保留不必开方（见表 7-1-45 中的公式）。

第 7 篇

表 7-1-45 轴的挠度及偏转角计算公式

梁的类型及载荷简图	偏转角 θ/rad	挠度 y/mm
	$\theta_A = \dfrac{Fcl}{6\times10^4 d_{v2}^4}$ $\theta_B = -\dfrac{Fcl}{3\times10^4 d_{v2}^4} = -2\theta_A$ $\theta_C = \theta_B - \dfrac{Fc^2}{2\times10^4 d_{v2}^4}$ $\theta_x = \theta_A\left[1 - 3\left(\dfrac{x}{l}\right)^2\right]$ （在 A—B 段）	$y_C = \theta_B c - \dfrac{Fc^3}{3\times10^4 d_{v2}^4}$ $y_x = \theta_A x\left[1 - \left(\dfrac{x}{l}\right)^2\right]$ （在 A—B 段） $y_{max} = \dfrac{Fcl^2}{9\sqrt{3}\times10^4 d_{v2}^4} \approx 0.384 l\theta_A$ （在 $x = \dfrac{l}{\sqrt{3}} \approx 0.577l$ 处）
	$\theta_A = -\dfrac{Ml}{6\times10^4 d_{v2}^4}$ $\theta_B = \dfrac{Ml}{3\times10^4 d_{v2}^4} = -2\theta_A$ $\theta_C = \theta_B + \dfrac{Mc}{10^4 d_{v2}^4}$ $\theta_x = \theta_A\left[1 - 3\left(\dfrac{x}{l}\right)^2\right]$ （在 A—B 段）	$y_C = \theta_B c + \dfrac{Mc^2}{2\times10^4 d_{v2}^4}$ $y_x = \theta_A x\left[1 - \left(\dfrac{x}{l}\right)^2\right]$ （在 A—B 段） $y_{max} = -\dfrac{Ml^2}{9\sqrt{3}\times10^4 d_{v2}^4} \approx 0.384 l\theta_A$ （在 $x = \dfrac{l}{\sqrt{3}} \approx 0.577l$ 处）
	$\theta_A = -\dfrac{Fab}{6\times10^4 d_{v1}^4}\left(1 + \dfrac{b}{l}\right)$ $\theta_B = \dfrac{Fab}{6\times10^4 d_{v1}^4}\left(1 + \dfrac{a}{l}\right)$ $\theta_C = \theta_B$ $\theta_D = -\dfrac{Fab}{3\times10^4 d_{v1}^4}\left(1 - 2\dfrac{a}{l}\right)$ $\theta_x = -\dfrac{Fbl}{6\times10^4 d_{v1}^4}\left[1 - \left(\dfrac{b}{l}\right)^2 - 3\left(\dfrac{x}{l}\right)^2\right]$ （在 A—D 段） $\theta_{x1} = \dfrac{Fal}{6\times10^4 d_{v1}^4}\left[1 - \left(\dfrac{a}{l}\right)^2 - 3\left(\dfrac{x_1}{l}\right)^2\right]$ （在 B—D 段）	$y_C = \theta_B c$ $y_x = -\dfrac{Fblx}{6\times10^4 d_{v1}^4}\left[1 - \left(\dfrac{b}{l}\right)^2 - \left(\dfrac{x}{l}\right)^2\right]$ （在 A—D 段） $y_{x1} = -\dfrac{Falx_1}{6\times10^4 d_{v1}^4}\left[1 - \left(\dfrac{a}{l}\right)^2 - \left(\dfrac{x_1}{l}\right)^2\right]$ （在 B—D 段） $y_D = -\dfrac{Fa^2 b^2}{3\times10^4 l d_{v1}^4}$ $y_{max}^* = -\dfrac{Fbl^2}{9\sqrt{3}\times10^4 d_{v1}^4}\left[1 - \left(\dfrac{b}{l}\right)^2\right]^{3/2}$ $\approx 0.384 l\theta_A\sqrt{1 - \left(\dfrac{b}{l}\right)^2}$ $\left(在 x = \sqrt{\dfrac{l^2 - b^2}{3}} \approx 0.577\sqrt{l^2 - b^2} 处\right)$
	$\theta_A = -\dfrac{Ml}{6\times10^4 d_{v1}^4}\left[1 - 3\left(\dfrac{b}{l}\right)^2\right]$ $\theta_B = -\dfrac{Ml}{6\times10^4 d_{v1}^4}\left[1 - 3\left(\dfrac{a}{l}\right)^2\right]$ $\theta_C = \theta_B$ $\theta_D = \dfrac{Ml}{3\times10^4 d_{v1}^4}\left[1 - 3\left(\dfrac{a}{l}\right) + 3\left(\dfrac{a}{l}\right)^2\right]$ $\theta_x = \dfrac{Ml}{6\times10^4 d_{v1}^4}\left[1 - 3\left(\dfrac{b}{l}\right)^2 - 3\left(\dfrac{x}{l}\right)^2\right]$ （在 A—D 段） $\theta_{x1} = -\dfrac{Ml}{6\times10^4 d_{v1}^4}\left[1 - 3\left(\dfrac{a}{l}\right)^2 - 3\left(\dfrac{x_1}{l}\right)^2\right]$ （在 B—D 段）	$y_C = \theta_B c$ $y_x = -\dfrac{Mlx}{6\times10^4 d_{v1}^4}\left[1 - 3\left(\dfrac{b}{l}\right)^2 - \left(\dfrac{x}{l}\right)^2\right]$ （在 A—D 段） $y_{x1} = \dfrac{Mlx_1}{6\times10^4 d_{v1}^4}\left[1 - 3\left(\dfrac{a}{l}\right)^2 - \left(\dfrac{x_1}{l}\right)^2\right]$ （在 B—D 段） $y_D = -\dfrac{Mab}{3\times10^4 d_{v1}^4}\left(1 - 2\dfrac{b}{l}\right)$ $y_{max}^* = -\dfrac{Ml^2}{9\sqrt{3}\times10^4 d_{v1}^4}\left[1 - 3\left(\dfrac{b}{l}\right)^2\right]^{3/2}$ $\approx 0.384 l\theta_A\sqrt{1 - 3\left(\dfrac{b}{l}\right)^2}$ $\left(在 x = \sqrt{\dfrac{l^2 - 3b^2}{3}} \approx 0.577\sqrt{l^2 - 3b^2} 处\right)$

续表

梁的类型及载荷简图	偏转角 θ/rad	挠度 y/mm

说　　明

F ——集中载荷，N

M ——外力矩，N·mm

a,b ——载荷至左及右支点的距离，mm

x,x_1 ——截面至左及右支点的距离，mm

d_{v2} ——载荷作用于外伸端时的当量直径，mm

l ——支点间距，mm

c ——外伸端长度，mm

d_{v1} ——载荷作用于支点间时的当量直径，mm

下角标：A、B、C、D、x、x_1 等表示各处截面

注：1. 如果实际作用载荷的方向与图示相反，则公式中的正负号应相应改变。

2. 表中公式适用于弹性模量 $E = 206 \times 10^3$ MPa。

3. 标有"＊"的 y_{max} 计算公式适用于 $a>b$ 的场合，y_{max} 产生在 A-D 段。当 $a<b$ 时，y_{max} 产生在 B-D 段，计算时应将式中的 b 换成 a，x 换成 x_1，θ_A 换成 θ_B。

4. 表中所列的受载情况为较典型的几种，其他轴受载情况下的偏转角及挠度计算见有关材料力学图书。

1.7　轴的临界转速校核

轴系（轴和轴上零件）是一个弹性体，当其回转时，一方面由于本身的质量（或转动惯量）和弹性产生自然振动，有其自振频率；另一方面由于轴系各零件的材料组织不均匀、制造误差及安装误差等原因造成轴系重心偏移，导致回转时产生离心力，从而产生以离心力为周期性干扰外力所引起的强迫振动，有其强迫振动频率。当强迫振动的频率与轴的自振频率接近或相同时，就会产生共振现象，轴的变形将迅速增大，严重时会造成轴系甚至整台机器破坏。产生共振现象时轴的转速称为轴的临界转速。临界转速的校核就是计算出轴的临界转速，以便使工作转速避开临界转速。

轴的振动的主要类型有横向振动（弯曲振动）、扭转振动和纵向振动。一般轴最常见的是横向振动，故本节仅介绍横向振动临界转速的校核。

临界转速在数值上与轴横向振动的固有频率相同。一个轴在理论上有无穷多个临界转速。按其数值由小到大分别称一阶、二阶、三阶……临界转速。为避免轴在运转中产生共振现象，所设计的轴不得与任何临界转速相接近，也不能与一阶临界转速的简单倍数重合。

转速低于一阶临界转速的轴一般称为刚性轴，高于一阶临界转速的轴称为挠性轴，机械中多采用刚性轴；但转速很高的某些轴（如离心机、汽轮机的轴），如采用刚性轴，则所需直径可能过大，使结构过于笨重，故常用挠性轴。

对转速较高、跨度较大而刚性较小，或外伸端较长的轴，一般应进行临界转速的校核计算，使工作转速避开临界转速，并使其在各阶临界转速一定范围之外。对于刚性轴，应使 $n < 0.75 n_{cr1}$，对于挠性轴，应使 $1.4 n_{cr1} < n < 0.7 n_{cr2}$（$n$ 为轴的工作转速；n_{cr1} 为轴一阶临界转速；n_{cr2} 为轴二阶临界转速）。

轴临界转速大小与材料的弹性特性、轴的形状和尺寸、轴的支承形式和轴上零件的质量等有关，与轴的空间位置（垂直、水平或倾斜）无关。

阶梯轴临界转速的精确计算比较复杂，作为近似计算，可将阶梯轴视为当量直径为 d_v 的等直径轴进行计算，当量直径 d_v 按下式计算

$$d_v = \xi \frac{\sum d_i \Delta l_i}{\sum \Delta l_i} \quad (\text{mm}) \tag{7-1-1}$$

式中　d_i ——第 i 段轴的直径，mm；

Δl_i ——第 i 段轴的长度，mm；

ξ ——经验修正系数。若阶梯轴最粗一段或几段的轴段长度超过轴全长的 50% 时，可取 $\xi = 1$；轴段长度小于全长的 15% 时，此段当作轴环，另按次粗轴段来考虑。在一般情况下，最好按照同系列机器的计算对象，选取有准确解的轴试算几例，从中找出 ξ 值。例如一般的压缩机、离心机、鼓风机转子可取 $\xi = 1.094$。

1.7.1　不带圆盘的均匀质量轴的临界转速

各种支座情况下，等直径轴在横向振动时的第一、二、三阶临界转速计算公式见表 7-1-46。

表 7-1-46 　　　　　　　　　横向振动时轴的临界转速 n_{cr} 　　　　　　　r/min

均匀质量轴的临界转速 $$n_{crk}=946\lambda_k\sqrt{\dfrac{EI}{W_0L^3}},\ (k=1,2,3\text{ 为临界转速阶数})$$	带圆盘但不计轴自重时轴的一阶临界转速 $$n_{cr1}=946\sqrt{\dfrac{K}{W_1}}$$
$\lambda_1=3.52$ $\lambda_2=22.43$ $\lambda_3=61.83$	$K=\dfrac{3EI}{L^3}$
$\lambda_1=9.87$ $\lambda_2=39.48$ $\lambda_3=88.83$	$K=\dfrac{3EI}{\mu^2(1-\mu)^2L^3}$
$\lambda_1=15.42$ $\lambda_2=49.97$ $\lambda_3=104.2$	$K=\dfrac{12EI}{\mu^3(1-\mu)^2(4-\mu)L^3}$
$\lambda_1=22.37$ $\lambda_2=61.67$ $\lambda_3=120.9$	$K=\dfrac{3EI}{\mu^3(1-\mu)^3L^3}$

均匀质量轴的临界转速 $$n_{crk}=946\lambda_k\sqrt{\dfrac{EI}{W_0L^3}}\quad(k=1,2,3)$$	带圆盘但不计轴自重时轴的一阶临界转速 $$n_{cr1}=946\sqrt{\dfrac{K}{W_1}}$$

μ	0.5	0.55	0.6	0.65	0.7	0.75
λ_1	8.716	9.983	11.50	13.13	14.57	15.06
μ	0.8	0.85	0.9	0.95	1.0	
λ_1	14.44	13.34	12.11	10.92	9.87	

$$K=\dfrac{3EI}{(1-\mu)^2L^3}$$

注：W_0—轴自重，N；W_1—圆盘所受的重力，N；L—轴的长度，mm；λ_k—支座形式系数；E—轴材料的弹性模量，对钢，$E=206\times10^3$ MPa；I—轴截面的惯性矩，mm^4，$I=\dfrac{\pi d^4}{64}$；μ—支承间距离或圆盘处轴段长度 μL 与轴总长度 L 之比；K—轴的刚度系数，N/mm。

1.7.2 带圆盘的轴的临界转速

带单个圆盘但不计轴自重时轴的一阶临界转速 n_{cr1} 的计算公式见表 7-1-46。

带多个圆盘并需计入轴自重时，可按邓柯莱（Dunkerley）公式计算 n_{cr1}

$$\frac{1}{n_{cr1}^2}\approx\frac{1}{n_0^2}+\frac{1}{n_{01}^2}+\frac{1}{n_{02}^2}+\cdots+\frac{1}{n_{0i}^2}+\cdots \tag{7-1-2}$$

式中，n_0 为只考虑轴自重时的一阶临界转速；n_{01}，n_{02}，$\cdots$，n_{0i} 分别表示轴上只装一个圆盘（盘 1，2，$\cdots$ i）且不计轴自重时的一阶临界转速，均可按表 7-1-46 所列公式分别计算。

对双铰支多圆盘钢轴（图 7-1-3），式（7-1-2）按表 7-1-46 中所列算式简化为下式

$$\frac{1}{n_{cr1}^2}\approx\frac{W_0L^3}{9.04\times10^9\lambda_1^2d_v^4}+\frac{\sum W_ia_i^2b_i^2}{27.14\times10^9ld_v^4}+\frac{\sum G_jc_j^2(l+c_j)}{27.14\times10^9d_v^4} \tag{7-1-3}$$

式中　λ_1——一阶临界转速时的支座形式系数，查表7-1-46；

　　　W_0——轴所受的重力，N；

　　　W_i——支承间的圆盘所受的重力，N；

　　　G_j——外伸端的圆盘所受的重力，N；

　　　d_v——轴的当量直径，mm；

　　　c_j——外伸端第 j 个圆盘至支承间的距离，mm。

带多个圆盘的轴（包括阶梯轴），如果在各个圆盘重力的作用下，轴的挠度曲线或轴上各圆盘处的挠度值已知时，也可用雷利（Rayleigh）公式近似求其一阶临界转速

$$n_{\text{cr}1} = 946\sqrt{\dfrac{\displaystyle\sum_{i=1}^{n} W_i y_i}{\displaystyle\sum_{i=1}^{n} W_i y_i^2}}$$

式中　W_i——轴上所装各个零件或阶梯轴各个轴段的重力，N；

　　　y_i——在 W_i 作用的截面内，由全部载荷引起的轴的挠度，mm。

1.7.3　轴的临界转速计算举例

图7-1-4所示为由两个轴承支承的鼓风机的转子，其各段的直径与长度尺寸，以及四个圆盘所受的 $W_1 \sim W_4$ 重力均列于表7-1-47。试计算转子的一阶临界转速 $n_{\text{cr}1}$。

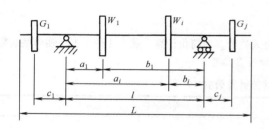

图7-1-3　双铰支多圆盘钢轴

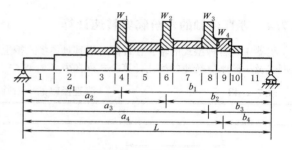

图7-1-4　鼓风机转子

解　由于 $W_1 \sim W_4$ 四个盘所受的重力远大于轴上其他零件所受的重力，故其他零件都不作为盘来考虑，而只将其重力加在相应的轴段上。

本例可利用表7-1-46所列公式分别算出只考虑轴自重及每个圆盘时的临界转速，然后用式（7-1-2）或式（7-1-3）计算转子的临界转速。阶梯轴的当量直径 d_v 用式（7-1-1）计算。计算过程及结果列于表7-1-47。

表 7-1-47

计算内容	轴段号及结果											Σ
	1	2	3	4	5	6	7	8	9	10	11	
d_i/mm	65	85	90	105	110	115	120	120	110	100	70	
l_i/mm	160	168	155	60	180	60	150	77	80	50	160	$L=1300$
$d_i l_i$/mm²	10400	14280	13950	6300	19800	6900	18000	9240	8800	5000	11200	123870
W_{0i}/N	41.6	74.8	77.4 +13.7 =91.1	40.7	134.2 +48.9 =183.1	48.9	133.2 +54.3 =187.5	68.4	59.7	30.8 +10.7 =41.5	48.3	$W_0=885.6$
W_i/N				500.4		490.3		499.5	147.3			
a_i/mm				513		753		971.5	1050			
b_i/mm				787		547		328.5	250			
$W_i a_i^2 b_i^2$ /N·mm⁴				81.56 ×10¹²		83.16 ×10¹²		50.87 ×10¹²	10.15 ×10¹²			225.74 ×10¹²

续表

计 算 内 容	轴段号及结果											Σ
	1	2	3	4	5	6	7	8	9	10	11	

d_v/mm — 最粗轴段长 $l_c = 150 + 77 = 227$（7、8 两段）

$$\frac{l_c}{L} = \frac{227}{1300} = 0.1746 < 0.5$$

取 $\xi = 1.094$
由式(7-1-1)得

$$d_v = \xi \frac{\sum d_i l_i}{\sum l_i} = 104.2$$

$n_{cr1}/r \cdot mm^{-1}$ — 由表 7-1-46，$\lambda_1 = 9.87$
由式(7-1-3)得

$$\frac{1}{n_{cr1}^2} \approx \frac{W_0 L^3}{9.04 \times 10^9 \lambda_1^2 d_v^4} + \frac{\sum W_i a_i^2 b_i^2}{27.14 \times 10^9 l d_v^4} = \frac{885.6 \times 1300^3}{9.04 \times 10^9 \times 9.87^2 \times 104.2^4} + \frac{225.74 \times 10^{12}}{27.14 \times 10^9 \times 1300 \times 104.2^4}$$

$$\approx 1.874 \times 10^{-8} + 5.427 \times 10^{-8} = 7.301 \times 10^{-8}$$

$$n_{cr1} \approx 3701$$

此值和该转子的精确解 $n_{cr1} = 3584$ 比较，误差为 3.3%

1.7.4　等直径轴的一阶临界转速计算

机器中有各种型式的轴，在计算时视其具体型式按上述公式进行。为简化计算，现将几种等直径轴典型的简化型式及一阶临界转速的简化计算公式列在表 7-1-48 中，供设计者参考。

表 7-1-48　　　　　　　　　等直径轴的一阶临界转速计算公式

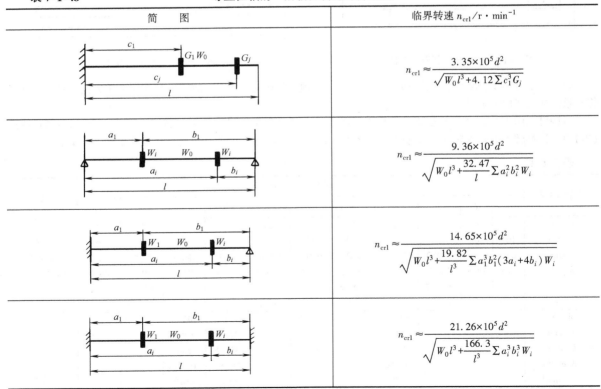

简　图	临界转速 $n_{cr1}/r \cdot min^{-1}$
	$n_{cr1} \approx \dfrac{3.35 \times 10^5 d^2}{\sqrt{W_0 l^3 + 4.12 \sum c_1^3 G_j}}$
	$n_{cr1} \approx \dfrac{9.36 \times 10^5 d^2}{\sqrt{W_0 l^3 + \dfrac{32.47}{l} \sum a_i^2 b_i^2 W_i}}$
	$n_{cr1} \approx \dfrac{14.65 \times 10^5 d^2}{\sqrt{W_0 l^3 + \dfrac{19.82}{l^3} \sum a_1^3 b_1^2 (3a_i + 4b_i) W_i}}$
	$n_{cr1} \approx \dfrac{21.26 \times 10^5 d^2}{\sqrt{W_0 l^3 + \dfrac{166.3}{l^3} \sum a_i^3 b_i^3 W_i}}$

续表

简　图	临界转速 $n_{\mathrm{cr1}}/\mathrm{r} \cdot \mathrm{min}^{-1}$
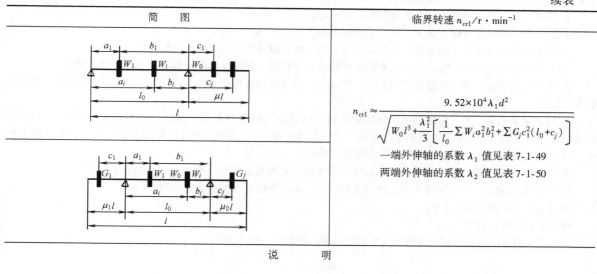	$$n_{\mathrm{cr1}} \approx \frac{9.52 \times 10^4 \lambda_1 d^2}{\sqrt{W_0 l^3 + \dfrac{\lambda_1^2}{3}\left[\dfrac{1}{l_0}\sum W_i a_i^2 b_i^2 + \sum G_j c_1^2 (l_0 + c_j)\right]}}$$ 一端外伸轴的系数 λ_1 值见表 7-1-49 两端外伸轴的系数 λ_2 值见表 7-1-50

说　明

W_i ——支承间第 i 个圆盘重力,N

G_j ——外伸端第 j 个圆盘重力,N

W_0 ——轴的重力,N。对实心钢轴 $W_0 = 60.5 \times 10^{-6} d^2 l$,

　　　　对端空心钢轴应乘以 $1-\alpha^2$

α ——空心轴的内径 d_0 与外径 d 之比

d ——轴的直径,mm

l ——轴的全长,mm

l_0 ——支承间距离,mm

μ, μ_1, μ_2 ——外伸端长度与轴长 l 之比

a_i, b_i ——支承间第 i 个圆盘至左及右支承的距离,mm

c_j ——外伸端第 j 个圆盘至支承间的距离,mm

注:1. 表列公式适用于弹性模量 $E = 206 \times 10^3 \mathrm{MPa}$ 的钢轴。

2. 当计算空心轴的临界转速时,应将表列公式乘以 $\sqrt{1-\alpha^2}$。

表 7-1-49　　　　　　　　　　　**一端外伸轴的系数 λ_1 值**

μ	0	0.05	0.10	0.15	0.20	0.25	0.30	0.35	0.40	0.45	0.50	0.55	0.60	0.65	0.70	0.75	0.80	0.85	0.90	0.95	1
λ_1	9.87	10.9	12.1	13.3	14.4	15.1	14.6	13.1	11.5	10	8.7	7.7	6.9	6.2	5.6	5.2	4.8	4.4	4	3.7	3.5

表 7-1-50　　　　　　　　　　　**两端外伸轴的系数 λ_2 值**

μ_2	μ_1									
	0.05	0.10	0.15	0.20	0.25	0.30	0.35	0.40	0.45	0.50
0.05	12.15	13.58	15.06	16.41	17.06	16.32	14.52	12.52	10.80	9.37
0.10	13.58	15.22	16.94	18.41	18.82	17.55	15.26	13.05	11.17	9.70
0.15	15.06	16.94	18.90	20.41	20.54	18.66	15.96	13.54	11.58	10.02
0.20	16.41	18.41	20.41	21.89	21.76	19.56	16.65	14.07	12.03	10.39
0.25	17.06	18.82	20.54	21.76	21.70	20.05	17.18	14.61	12.48	10.80
0.30	16.32	17.55	18.66	19.56	20.05	19.56	17.55	15.10	12.97	11.29
0.35	14.52	15.26	15.96	16.65	17.18	17.55	17.18	15.51	13.54	11.78
0.40	12.52	13.05	13.54	14.07	14.61	15.10	15.51	15.46	14.11	12.41
0.45	10.80	11.17	11.58	12.03	12.48	12.97	13.54	14.11	14.43	13.15
0.50	9.37	9.70	10.02	10.39	10.80	11.29	11.78	12.41	13.15	14.06

1.8　轴的工作图及设计计算举例

当轴经过必要的强度、刚度或临界转速校核之后,即可修改和细化轴系部件的结构和尺寸,在完成装配图的

基础上绘制轴的工作图。绘制轴工作图的主要要求如下。

① 图面清晰，表达完整，符合机械制图标准规定。

② 轴向尺寸的标注应便于加工工序的安排和测量。

a. 设计基准（标注尺寸的基准）应与测量基准相一致，避免加工时进行不必要的换算。

b. 不允许形成封闭尺寸链，一般选择最次要轴段（对长度公差没有要求的轴段）为尺寸链的缺口。

③ 根据轴的用途，标注必要的形位公差。具体标注要求见国家标准 GB/T 1182—2008、GB/T 1184—1996 中的有关规定。

④ 对于重要的轴，为了保证其加工精度和在检修时获得与制造时相同的基准，必须在轴两端制出中心孔，并予以保留，在图中应画出中心孔的形状和尺寸（或标注标准号）；当成品不允许保留中心孔时，应在"技术要求"中加以说明；对中心孔无特殊要求时，图中可不标注。

⑤ 热处理方式、热处理后的硬度要求及图面未表达清楚的其他要求，可列入"技术要求"中。

⑥ 对于重要的轴，应根据有关要求进行无损探伤，具体方法可参阅有关标准和资料。

轴的工作图示例见图 7-1-7。

轴的设计计算举例如下。

设计链式输送机传动装置中装有大齿轮的低速轴，其简图见图 7-1-5。

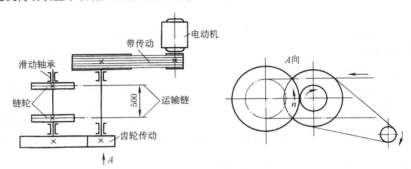

图 7-1-5　链式输送机传动装置简图

已知：①大齿轮的输入功率 $P = 4.25\text{kW}$；②链轮轴的转速 $n = 33\text{r/min}$；③每根运输链的张力 $S = 4650\text{N}$；④齿轮的圆周力 $F_t = 4790\text{N}$；⑤齿轮的径向力 $F_r = 1740\text{N}$；⑥短时过载为正常工作载荷的两倍。

解：（1）选择轴的材料

选择轴的材料为 45 钢，调质处理。由表 7-1-1 查得：$\sigma_b = 590\text{MPa}$，$\sigma_s = 295\text{MPa}$，$\sigma_{-1} = 255\text{MPa}$，$\tau_{-1} = 140\text{MPa}$

（2）初步确定轴端直径

取 $A = 103$（按表 7-1-19 选取，因转速低且单向旋转故取小值）。

轴的输入端直径

$$d = A\sqrt[3]{\frac{P}{n}} = 103\sqrt[3]{\frac{4.25}{33}} = 52\text{mm}$$

考虑轴端有键槽，轴径应增大 4%~5%，取 $d = 55\text{mm}$。

（3）轴的结构设计

取轴颈处的直径为 60mm，与标准轴承 H2060（JB/T 2561—2007）的孔径相同；其余各直径均按 5mm 放大。

各轴段配合及表面粗糙度选择如下：轴颈处为 $\dfrac{\text{H9}}{\text{f9}}$，$Ra$ 为 $0.8\mu\text{m}$；链轮配合处为 H8/t7，Ra 为 $3.2\mu\text{m}$；齿轮配合处为 H9/h8，Ra 为 $3.2\mu\text{m}$。

齿轮的轴向固定采用轴肩和双孔轴端挡圈 JB/ZQ 4349—2006。

轴的结构草图见图 7-1-6a。

（4）键连接的强度校核

选用 A 型平键（GB/T 1096—2003），与齿轮连接处键的尺寸 $b \times h \times L = 16 \times 10 \times 90$，与链轮连接处键的尺寸 $b \times h \times L = 18 \times 11 \times 90$。

因与齿轮连接处键的尺寸及轴径均较小且受载大，故只需校验此键。链轮处键也可与齿轮处相同，以便于统一加工键的刀具。下式中：$\sigma_{pp} = 120\text{MPa}$。

键连接传递转矩 T 为

$$T = 9550 \frac{P}{n} = 9550 \times \frac{4.25}{33} \approx 1230 \text{N} \cdot \text{m}$$

键工作面的压强 p 为

$$p = \frac{2000T}{dkl} = \frac{2000 \times 1230}{55 \times 5 \times 74} = 120.9 \text{ MPa} \approx \sigma_{\text{pp}} = 120 \text{N/mm}^2$$

键连接强度满足要求。

（5）计算支承反力、弯矩及扭矩

轴的受力简图、水平面及垂直面受力简图见图 7-1-6b、c 及 e。

① 支承反力

N

作用点	水 平 面	垂 直 面	合 成
A	$R_{Ax} = \dfrac{sc + s(d+c) + F_r a}{l}$ $= \dfrac{4650 \times 100 + 4650 \times 600 + 1740 \times 90}{700}$ $= 4870$	$R_{Ay} = \dfrac{F_t a}{l}$ $= \dfrac{4790 \times 90}{700}$ $= 620$	$R_A = \sqrt{R_{Ax}^2 + R_{Ay}^2}$ $= \sqrt{4870^2 + 620^2}$ $= 4900$
B	$R_{Bx} = 2s - R_{Ax} - F_r$ $= 2 \times 4650 - 4870 - 1740$ $= 2690$	$R_{By} = R_{Ay} + F_t$ $= 620 + 4790$ $= 5410$	$R_B = \sqrt{R_{Bx}^2 + R_{By}^2}$ $= \sqrt{2690^2 + 5410^2}$ $= 6040$

② 弯矩

N · m

作用点	水 平 面	垂 直 面	合 成
B	$M_{Bx} = \dfrac{F_r a}{1000} = \dfrac{1740 \times 90}{1000} = 157$	$M_{By} = \dfrac{F_t a}{1000} = \dfrac{4790 \times 90}{1000} = 430$	$M_B = \sqrt{M_{Bx}^2 + M_{By}^2} = \sqrt{157^2 + 430^2}$ $= 458$
D	$M_{Dx} = \dfrac{R_{Ax} b}{1000} = \dfrac{4870 \times 100}{1000} = 487$	$M_{Dy} = \dfrac{B_{Ay} b}{1000} = \dfrac{620 \times 100}{1000} = 62$	$M_D = \sqrt{M_{Dx}^2 + M_{Dy}^2} = \sqrt{487^2 + 62^2}$ $= 490$
E	$M_{Ex} = \dfrac{F_r(a+c) + R_{Bx} c}{1000}$ $= \dfrac{1740 \times 190 + 2690 \times 100}{1000} = 600$	$M_{Ey} = \dfrac{R_{Ay}(b+d)}{1000}$ $= \dfrac{620 \times 600}{1000} = 372$	$M_E = \sqrt{M_{Ex}^2 + M_{Ey}^2} = \sqrt{600^2 + 372^2}$ $= 706$

水平面、垂直面及合成弯矩图见图 7-1-6d、f 及 g。

③ 扭矩　大齿轮传递的转矩 $T = 1230 \text{N} \cdot \text{m}$，每个链轮按 $\dfrac{1}{2} T$ 计算，转矩图见图 7-1-6h。

（6）轴的疲劳强度校核

① 确定危险截面　根据载荷分布及应力集中部位，选取轴上八个截面（Ⅰ～Ⅷ）进行分析（见图 7-1-6a）。

截面Ⅰ、Ⅱ、Ⅲ分别与截面Ⅵ、Ⅴ、Ⅳ相比，二者有相同的截面尺寸和应力集中状态，但前者载荷较小，故截面Ⅰ、Ⅱ、Ⅲ不予考虑。截面Ⅴ与Ⅳ相比，二者截面尺寸相同，弯矩相差不大，虽然截面Ⅴ的扭矩较大，但应力集中不如截面Ⅳ严重，故截面Ⅴ不予考虑。截面Ⅶ与Ⅵ相比，截面尺寸相同而Ⅶ载荷较小，故截面Ⅶ不予考虑。

最后确定截面Ⅳ、Ⅵ、Ⅷ为危险截面。

② 校核危险截面的安全系数（见下页计算表）　由表计算说明取许用安全系数 $S_p = 1.8$，计算安全系数均大于许用值，故轴的疲劳强度足够。

（7）轴的静强度校核

① 确定危险截面　根据载荷较大及截面较小的原则选取截面Ⅴ、Ⅵ、Ⅷ为危险截面。

计算内容及公式	截面 IV	截面 VI	截面 VIII	说 明
$T/\mathrm{N\cdot m}$	615	1230	1230	
$M/\mathrm{N\cdot m}$	$M_N \approx M_D + (M_E - M_D)\dfrac{500-50}{500}$ $=490+(706-490)\dfrac{450}{500}$ $=684$	$M_{VI} \approx M_B + (M_E - M_B)\dfrac{50}{100}$ $=458+(706-458)\dfrac{50}{100}$ $=582$	$M_{VIII} \approx M_B \dfrac{50}{90}$ $=458\dfrac{50}{90}$ $=254$	
$Z/\mathrm{cm^3}$	23.7	21.2	14.2	由表 7-1-29 查得
$Z_p/\mathrm{cm^3}$	50.7	42.4	30.6	由表 7-1-1 查得
$\sigma_{-1},\tau_{-1}/\mathrm{MPa}$	$\sigma_{-1}=255,\tau_{-1}=140$	$\sigma_{-1}=255,\tau_{-1}=140$	$\sigma_{-1}=255,\tau_{-1}=140$	由表 7-1-34 查得
ψ_σ,ψ_τ	$\psi_\sigma=0.34,\psi_\tau=0.21$	$\psi_\sigma=0.34,\psi_\tau=0.21$	$\psi_\sigma=0.34,\psi_\tau=0.21$	
K_σ,K_τ	圆角 $\dfrac{r}{d}=\dfrac{1}{65}\approx0.02,\dfrac{D-d}{r}=\dfrac{5}{1}=5$, $K_\sigma\approx1.94,K_\tau\approx1.62$	圆角 $\dfrac{r}{d}=\dfrac{2}{60}\approx0.03,\dfrac{D-d}{r}=\dfrac{5}{2}\approx3$, $K_\sigma\approx1.8,K_\tau\approx1.5$	圆角 $\dfrac{r}{d}=\dfrac{1}{55}\approx0.02,\dfrac{D-d}{r}=\dfrac{5}{1}=5$, $K_\sigma\approx1.94,K_\tau\approx1.62$	由表 7-1-32 查得
	配合 $K_\sigma=2.52,K_\tau=1.82$	配合 $K_\sigma=1.64,K_\tau=1.31$	配合 $K_\sigma=1.89,K_\tau=1.54$	由表 7-1-31 查得
	键槽 $K_\sigma=1.76,K_\tau=1.54$	键槽 $K_\sigma=1.76,K_\tau=1.54$	键槽 $K_\sigma=1.76,K_\tau=1.54$	由表 7-1-31 查得
β	0.93	0.93	0.93	由表 7-1-37 查得
$\varepsilon_\sigma,\varepsilon_\tau$	$\varepsilon_\sigma=0.78,\varepsilon_\tau=0.74$	$\varepsilon_\sigma=0.81,\varepsilon_\tau=0.76$	$\varepsilon_\sigma=0.81,\varepsilon_\tau=0.76$	由表 7-1-35 查得
$\sigma_a,\sigma_m/\mathrm{MPa}$	$\sigma_a=\dfrac{M}{Z}=\dfrac{684}{23.7}=28.9,\sigma_m=0$(对称)	$\sigma_a=\dfrac{M}{Z}=\dfrac{582}{21.2}=27.5,\sigma_m=0$	$\sigma_a=\dfrac{M}{Z}=\dfrac{254}{14.2}=17.9,\sigma_m=0$	表 7-1-26
$S_\sigma=\dfrac{\sigma_{-1}}{\dfrac{K_\sigma}{\beta\varepsilon_\sigma}\cdot\sigma_a+\psi_\sigma\cdot\sigma_m}$	$S_\sigma=\dfrac{255}{\dfrac{2.52}{0.93\times0.78}\times28.9+0}=2.54$	$S_\sigma=\dfrac{255}{\dfrac{1.8}{0.93\times0.81}\times27.5+0}=3.88$	$S_\sigma=\dfrac{255}{\dfrac{2}{0.93\times0.81}\times17.9+0}=5.37$	表 7-1-25
$\tau_a,\tau_m/\mathrm{MPa}$	$\tau_a=\tau_m=\dfrac{T}{2Z_p}=\dfrac{615}{2\times50.7}=6.1$(脉动)	$\tau_a=\tau_m=\dfrac{T}{2Z_p}=\dfrac{1230}{2\times42.4}=14.5$	$\tau_a=\tau_m=\dfrac{T}{2Z_p}=\dfrac{1230}{2\times30.6}=20.1$	表 7-1-26
$S_\tau=\dfrac{\tau_{-1}}{\dfrac{K_\tau}{\beta\varepsilon_\tau}\cdot\tau_a+\psi_\tau\cdot\tau_m}$	$S_\tau=\dfrac{140}{\dfrac{1.82}{0.93\times0.74}\times6.1+0.21\times6.1}=8.1$	$S_\tau=\dfrac{140}{\dfrac{1.5}{0.93\times0.76}\times14.5+0.21\times14.5}=4.14$	$S_\tau=\dfrac{140}{\dfrac{1.66}{0.93\times0.76}\times20.1+0.21\times20.1}=2.72$	表 7-1-25
$S=\dfrac{S_\sigma S_\tau}{\sqrt{S_\sigma^2+S_\tau^2}}$	$S_{IV}=\dfrac{2.54\times8.1}{\sqrt{2.54^2+8.1^2}}=2.42$	$S_{VI}=\dfrac{3.88\times4.14}{\sqrt{3.88^2+4.14^2}}=2.83$	$S_{VIII}=\dfrac{5.37\times2.72}{\sqrt{5.37^2+2.72^2}}=2.72$	表 7-1-25

注：当系数无法从各表中直接查出时，可采用插入法求出。

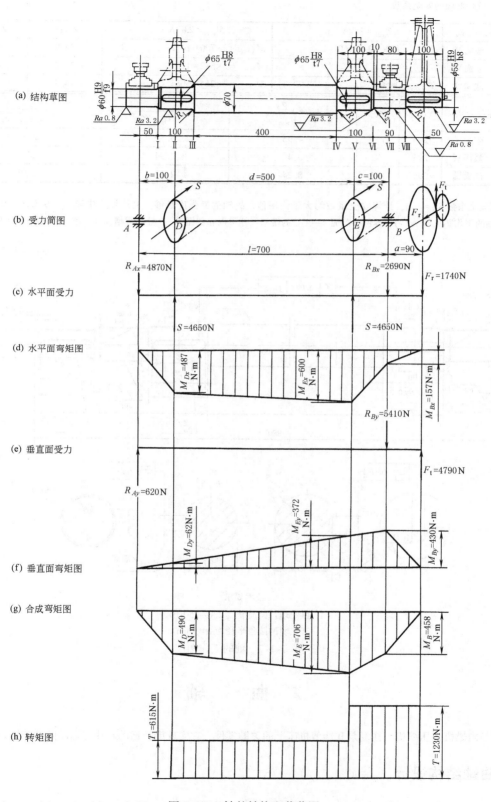

图 7-1-6　轴的结构和载荷图

② 校核危险截面的安全系数

计算内容及公式		$T_{max} = 2T/N \cdot m$	$M_{max} = 2M/N \cdot m$	Z/cm^3	Z_p/cm^3
计算值 或数据	截面V	$T_{Vmax} = 1230 \times 2 = 2460$	$M_{Vmax} = 2 \times 706 = 1412$	23.7	50.7
	截面VI	$T_{VImax} = 2460$	$M_{VImax} = 2 \times 582 = 1164$	21.2	42.4
	截面VIII	$T_{VIIImax} = 2460$	$M_{VIIImax} = 2 \times 254 = 508$	14.2	30.6

计算内容及公式		σ_s	τ_s	$S_{s\sigma} = \dfrac{\sigma_s}{M_{max}/Z}$	$S_{s\tau} = \dfrac{\tau_s}{T_{max}/Z_p}$	$S_s = \dfrac{S_{s\sigma}S_{s\tau}}{\sqrt{S_{s\sigma}^2 + S_{s\tau}^2}}$
计算值 或数据	截面V	295	171	4.95	3.52	2.87
	截面VI	295	171	5.4	2.94	2.58
	截面VIII	295	171	8.24	2.12	2.05

取许用安全系数 $S_{sp} = 1.5$，计算安全系数均大于许用值，故轴的静强度足够。上述计算中取 $\tau_s = 0.58\sigma_s = 0.58 \times 295 = 171MPa$。轴的工作图见图 7-1-7。本例中截面 A—A 处的键槽尺寸可以和截面 B—B 处的键槽尺寸一致，以便统一加工刀具。

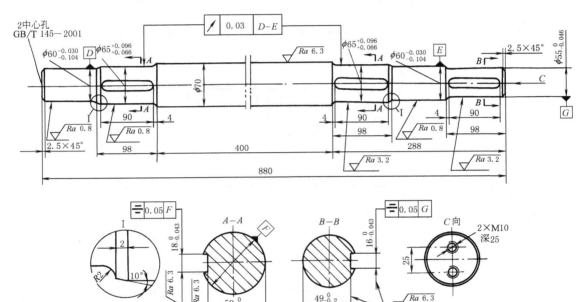

技术要求
1. 热处理：调质硬度 230~250HB。
2. 未注明的圆角半径为 $R = 1mm$。
图 7-1-7　轴的工作图

2　曲　　轴

曲轴是内燃机、压缩机、往复泵和冲剪机床上的关键零件，它实现旋转运动与往复运动间的转换。

2.1　曲轴结构设计

曲轴有整体曲轴（整体锻造曲轴和整体铸造曲轴）和组合曲轴。整体锻造应用较多，因为尺寸紧凑、重量

轻、强度高。整体铸造可节省材料、减少切削加工量、可得到较合理的形状，应力分布均匀，使用在逐步扩大。组合曲轴用于在制造、安装和维修有特殊要求的情况。

　　曲轴一般由轴端、轴颈、曲柄臂和平衡块等组成见图 7-1-8。

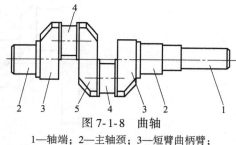

图 7-1-8　曲轴

1—轴端；2—主轴颈；3—短臂曲柄臂；
4—连杆轴颈；5—长臂曲柄臂

　　曲柄臂与连杆轴颈主轴颈的组合体称为曲柄，主轴颈中心线到连杆轴颈中心线间的距离称为曲柄半径。曲柄是曲轴的基本组成部分，它的基本结构和尺寸除保证往复运动机构的运动规律外在很大程度上决定了曲轴的强度和工作的可靠性。单位曲柄的结构设计主要是正确决定其各部分结构，如连杆轴颈、主轴颈、曲柄臂以及过渡圆角和油孔等的尺寸和形状，以保证曲轴有足够的疲劳强度和刚度，保证主轴承和连杆轴承工作可靠。

　　轴端一般是曲轴的输入端或输出端，与带轮、联轴器等连接。

　　轴颈有主轴颈、中部支承轴颈和连杆轴颈，轴颈分锻造和铸造结构。锻造曲轴的轴颈一般制成实心结构。铸造曲轴的轴颈采用空心结构较多，其内径与外径之比约为 0.4~0.5，空心结构可提高曲轴的疲劳强度，减轻曲轴的质量，也易保证铸造时的质量。空心连杆轴颈，常将其空腔中心线设计成相对连杆轴颈中心向外侧偏离一个小距离 e，e 约等于连杆轴颈直径的 1/20（见图 7-1-19）。这种结构可减小连杆轴颈的旋转质量，使圆角处的弯曲应力降低，应力分布平坦。采用较大的圆角半径，设计卸载槽（见图 7-1-19）能使应力分布均匀，从而提轴颈的弯曲强度。

　　曲柄臂是连接主轴颈与连杆轴颈或连接两相邻连杆轴颈的部位称为曲柄臂，前者称短臂曲柄臂后者称长臂曲柄臂。曲柄臂的结构有椭圆形、圆形、矩形等。较合理的结构是椭圆形（图 7-1-9），它材料利用合理，应力分布均匀，疲劳强度高，圆形结构（图 7-1-10）简单，有利于曲轴平衡，材料利用次于椭圆形。方形结构（图 7-1-11）的材料利用最差，质量与旋转质量较大。

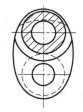

图 7-1-9　椭圆形

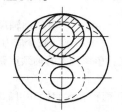

图 7-1-10　圆形

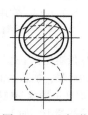

图 7-1-11　方形

　　平衡块是用来平衡曲轴的不平衡的惯性力和力矩，减轻主轴承载荷，以及减小曲轴和曲柄箱所受的内力矩。

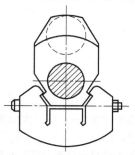

图 7-1-12　螺栓紧固连接平衡块与曲柄臂

在保证各部件正常运转互不相碰的条件下，尽量增大平衡块外缘半径和平衡块的厚度，然后调整平衡块的包角，使平衡块重心的回转半径与平衡块质量的乘积满足动力计算的要求。平衡块与曲柄臂的连接，对于锻造曲轴多采用螺栓紧固连接，如图 7-1-12 所示。这种连接采用燕尾槽结构，能防止螺栓受剪，提高了可靠性，也可设计成其他可靠的结构。铸造曲轴的平衡块一般与曲柄臂铸成一体。

　　油孔和油道的设计，不论是从轴承的润滑还是对曲轴强度的影响都很重要。曲轴的主轴颈和连杆轴颈一般采用压力油供油润滑，压力油经主油管送到各主轴承，再经曲轴内润滑油道进入连杆轴颈轴承。在决定主轴颈和连杆轴颈上油孔的位置时，既要保证供油压力和必要的冷却油量，又要使油孔对轴颈强度影响最小。因此，一般把主轴颈油孔开在最大轴颈压力作用线的垂直方向。连杆轴颈油孔多开在位于垂直曲柄平面的方向，当曲柄平面内弯曲时，这个位置接近连杆轴颈的中性平面，轴颈表面的弯曲正应力和扭转切应力均较小。此外，还应同时考虑曲轴的结构和钻孔的工艺性来确定油孔位置。油孔直径均为轴颈直径的 0.05~0.1 倍，但不小于 3~5mm。油孔孔口必须倒圆并抛光。润滑油道的布置型式如图 7-1-13 所示。

　　轴颈的过渡圆角 r 处是曲轴应力集中最严重的区域，合理设计过渡圆角的尺寸和形状十分重要。

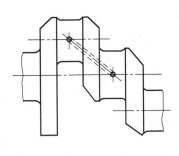 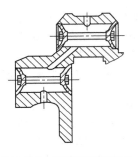

(a) 连杆轴承间的油孔　　　　(b) 主轴承与连杆轴承间的油孔

图 7-1-13　曲轴润滑油道

过渡圆角设计时应注意以下几点。

① 圆角半径越小，应力集中越大，曲轴疲劳强度越低，当圆角半径与轴颈直径的比值 $r/d \leqslant 0.05$ 时，应力集中就十分严重了，一般圆角半径通常取为轴颈直径的 5%~8%。对于合金钢曲轴最好采用较大的 r 值。但圆角半径越大，轴颈的有效工作长度变短，且圆角的加工质量也难以保证。为了增大过渡圆角半径且不缩短轴颈长度，可采用沉割或多圆弧圆角。见图 7-1-14。

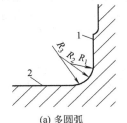

(a) 多圆弧　　(b) 曲柄上沉割　　(c) 轴颈上沉割

图 7-1-14　常用过渡圆角的形式

1—曲柄；2—轴颈

② 轴颈表面和圆角表面应一次磨成，保证衔接处有较低的表面粗糙度值。对重要曲轴，圆角表面应施以强化措施，以提高疲劳强度。

③ 同一曲轴上的圆角，包括轴颈突然变化处的圆角，应尽量取同一圆角半径，以利加工。

2.2　曲轴的设计要点

① 曲轴尺寸和形状的确定，必须满足强度和刚度的要求，减少应力集中，减少曲轴的挠曲变形，提高曲轴的自振频率，尽量避免在工作转速范围内发生共振，争取较大的轴颈重叠度 A（见图 7-1-19）和减小跨度，应尽量减小平衡块的质量，削除曲柄臂的肩部。

② 应保证主轴承和连杆轴承有足够的承压面积和耐磨性和可靠的润滑，油孔布置合理，力求润滑畅通，对曲轴的强度影响小，加工工艺易于实现。

③ 考虑制造、安装、维修方便。

④ 合理的曲柄排列，曲柄臂间错角均等，平衡块配置合理，力求曲轴几何中心线对称，以利于惯性力与惯性力矩的平衡，尽量满足动、静平衡的要求，改善轴系的扭振，使其运转平稳。

2.3　曲轴的强度计算

2.3.1　曲轴的破坏形式

曲轴的破坏主要是弯曲疲劳破坏和扭转疲劳破坏。弯曲疲劳破坏时，其裂纹首先发生在连杆轴颈和主轴颈圆角处，然后向曲柄臂发展。扭转疲劳破坏时，其裂纹发生在油孔或圆角处，然后与轴线呈 45°角一个方向发展。曲轴所受的弯曲载荷大于扭转载荷，所以破坏形式大多是弯曲疲劳。另外，随着油孔加工的日益完善和扭转减振器的应用，扭转疲劳破坏的可能性进一步降低。

曲轴破坏的主要形式见表 7-1-51。

2.3.2　曲轴的受力分析

作用在曲轴上的力比较复杂，现将作用于单位曲柄上的力进行分析（见图 7-1-15）。

（1）作用连杆轴颈上的力

表 7-1-51 曲轴主要破坏形式及原因

破坏形式	特 征	主 要 原 因
	裂纹由圆角处产生,向曲柄臂发展,造成曲柄臂断裂。这是最常见的曲轴破坏形式	① 过渡圆角半径过小 ② 过渡圆角加工不良 ③ 曲柄臂太薄 ④ 曲轴箱及支承刚度太小,主轴颈变形大,引起主轴及主轴承不均匀磨损产生过大的附加弯曲应力 ⑤ 材质不良
	裂纹起源于油孔,沿与轴线呈45°方向发展	① 过大的扭转振动 ② 油孔口过渡圆角太小,应力集中较大 ③ 油孔边缘加工不良
	裂纹起源于过渡圆角或油孔,且只沿一个方向发展,裂纹与轴线呈45°	① 由于不对称交变转矩引起最大应力,致使疲劳破坏 ② 圆角加工不良及热加工工艺不完善,造成材料组织不均匀 ③ 油孔边缘加工不良 ④ 连杆轴颈太细
	裂纹沿过渡圆角周向周时发生,断口呈径向锯齿形	① 圆角太尖锐,引起过大的应力集中 ② 材料有缺陷
腐蚀疲劳破坏	裂纹由圆角点蚀处产生	由于使用中保养不善,润滑油恶化造成腐蚀,或停机时润滑油中含有水分,造成圆角处点蚀

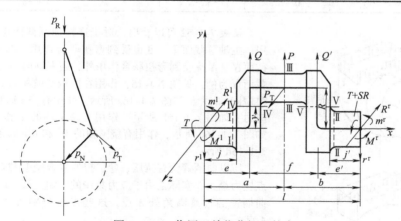

图 7-1-15 作用于单位曲柄上的力

对于压缩机和内燃机上的曲轴,其连杆轴颈上作用有气体压力和活塞连杆组往复运动惯性力所产生的径向力 p_N 和切向力 p_T,统称为连杆力,它是周期性交变的。还有连杆轴颈回转质量的离心惯性力,所有径向力作用于曲柄平面内的连杆中心处用 P 代替。

（2）作用在曲柄臂上的力

① 左曲柄臂自重的回转惯性力和平衡块的回转惯性力,二者之和用 Q 表示。

② 右曲柄臂自重的回转惯性力和平衡块的回转惯性力,二者之和用 Q' 表示。

（3）作用主轴颈上的力

① 输入转矩 T 及阻力转矩（$T+RS$）。

② 对于多曲柄曲轴,作用有相邻曲柄传来的弯矩,在曲柄平面内的分量用 m^r、m^l 表示,垂直于曲柄平面内的分量用 M^r、M^l 表示。

③ 作用于轴颈上的支反力，在曲柄平面内的支反力为 r^r、r^l，垂直于曲柄平面内的支反力为 R^r、R^l。

主轴颈上支反力由下各式求得

$$r^r = [Pa + Qe + Q'(e+f) + m^l + m^r]/l, \quad r^l = [Pb + Q(e'+f) + Q'e' - m^l - m^r]/l$$
$$R^r = [p_T a - M^l - M^r]/l, \quad R^l = (p_T b + M^l + M^r)/l$$

2.3.3 曲轴的静强度校核

曲轴的破坏多数是由于应力集中区疲劳裂纹发生、发展引起。因此，应对疲劳裂纹处（如连杆轴颈圆角、油孔等处）进行强度校核。但在低速曲轴的设计中，为了简化计算，仍采用静强度校核的方式，将曲轴所受载荷看成是应力幅等于最大应力的对称循环应力，并略去应力集中系数和尺寸系数的影响，而代之以较大的安全系数，避开复杂的疲劳强度校核，这对于低速曲轴计算是可行的。

曲轴的静强度校核主要在主轴颈Ⅰ—Ⅰ和Ⅱ—Ⅱ截面、连杆轴颈Ⅲ—Ⅲ截面和曲柄臂Ⅳ—Ⅳ和Ⅴ—Ⅴ截面处进行（见图7-1-15）。曲轴各截面的弯矩、转矩及轴向力的计算式见表7-1-52（使杆件向下弯时的力或弯矩取为正，向上弯时取为负。）

表 7-1-52   曲轴各截面的弯矩、转矩及轴向力的计算式

截面编号	绕 x 轴转矩 T_x	绕 y 轴转矩 T_y	绕 x 轴 (yz 平面内)弯矩 M_x	绕 y 轴 (zx 平面内)弯矩 M_y	绕 z 轴 (xy 平面内)弯矩 M_z	轴向力 F_a /N
Ⅰ	T	0	0	$M^l - R^l j$	$m^l + r^l j$	0
Ⅱ	$T+SR$	0	0	$-M^r - R^r j'$	$-m^r + r^r j'$	0
Ⅲ	$T+R^l R$	0	0	$M^l - R^l a$	$ar^l - (a-e)Q + m^l$	0
Ⅳ	0	$M^l - R^l e$	$T + R^l y$		$r^l e + m^l$	r^l
Ⅴ	0	$-M^r - R^r e'$	$T + SR - R^r y$		$r^r e' - m^r$	r^r

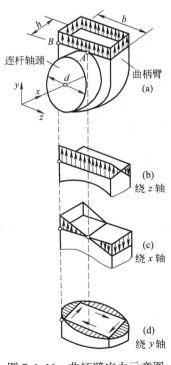

图 7-1-16   曲柄臂应力示意图

从表7-1-52可以看出，对于连杆轴颈截面Ⅲ受到弯扭联合作用，主轴颈截面Ⅰ、Ⅱ也受到弯扭联合作用，曲柄臂受力较复杂，截面Ⅳ、Ⅴ除受到弯扭联合作用外，还有轴向力的作用。以曲柄臂截面Ⅳ为例，见图7-1-15，作用在曲柄臂横断面上的 r^l 所产生的拉（或压）应力，如图7-1-16a所示。作用有绕 z 轴的 $r^l e$ 和 m^l 的弯曲应力，如图7-1-16b所示，作用有绕 x 轴的 T 和 $R^l y$ 的弯曲应力，如图7-1-16c所示，作用有绕 y 轴的 M^l 和 $R^l e$ 的扭转剪应力，如图7-1-16d所示。

所以曲柄臂受有拉压、弯、扭的复合交变载荷，名义上顶点 B 点应力最大，实际上由于应力集中的影响，最大应力在连杆轴颈与曲柄臂的过渡圆角处 A 点，这些点可分别校核，一般主要校核 A 点。

对于活塞式压缩机和往复泵曲轴，应按下面工况进行静强度校核：

① 最大输入转矩的曲柄；

② 活塞力绝对值最大的曲柄。

对于低速柴油机曲轴，应按下面工况进行静强度校核。

① 启动工况，这时惯性力不计，只考虑最大气体压力；

② 标定工况，即活塞处于上死点；曲柄的切向力最大时的位置；各曲柄的总切向力为最大值时的位置。

被校核的曲柄应取转矩为最大的一个。

轴颈和曲柄臂的静强度校核公式见表7-1-53。

表 7-1-53	轴颈和曲柄臂的静强度校核	

		说　明
安全系数	$$S=\dfrac{\sigma_{-1}}{\sqrt{\sigma^2+4\tau^2}}\geqslant S_\mathrm{p}$$	σ_{-1}——曲轴材料弯曲疲劳极限,MPa σ——危险点的正应力,MPa τ——危险点的切应力,MPa S_p——许用安全系数,推荐 $S_\mathrm{p}=3.5\sim5S_\mathrm{p}$ 的取值视材料组织的均匀程度、过渡圆角的大小以及表面粗糙度而定
轴颈危险点的应力	$$\sigma=\dfrac{\sqrt{M_\mathrm{y}^2+M_\mathrm{z}^2}}{W_\mathrm{z}}$$ $$\tau=\dfrac{T_\mathrm{x}}{W_\mathrm{x}}$$	W_x——轴颈抗扭截面系数,cm³ W_z——轴颈抗弯截面系数,cm³ $M_\mathrm{y},M_\mathrm{z}$——为绕 y 轴和绕 z 轴的弯矩,N·m T_x——绕 x 轴的转矩,N·m

曲柄臂危险点的应力

矩形截面和椭圆形截面的长短轴端点应力

截面短轴端点应力	$$\sigma=\dfrac{\vert M_\mathrm{z}\vert}{W_\mathrm{z}}+\dfrac{\vert F_\mathrm{a}\vert}{A}$$ $$\tau=\gamma\dfrac{T_\mathrm{y}}{W_\mathrm{y}}$$
截面长轴端点应力	$$\sigma=\dfrac{\vert M_\mathrm{x}\vert}{W_\mathrm{x}}+\dfrac{\vert F_\mathrm{a}\vert}{A}$$ $$\tau=\dfrac{T_\mathrm{y}}{W_\mathrm{y}}$$
矩形截面角点的应力	$$\sigma=\dfrac{\vert M_\mathrm{z}\vert}{W_\mathrm{z}}+\dfrac{\vert M_\mathrm{x}\vert}{W_\mathrm{x}}+\dfrac{\vert F_\mathrm{a}\vert}{A}$$ $$\tau=0$$

W_y——曲柄臂抗扭截面系数,cm³;W_y 按表 1-1-9b 计算
$W_\mathrm{z},W_\mathrm{x}$——曲柄臂抗弯截面系数,cm³
F_a——轴向力,N
A——曲柄臂截面面积,mm²
γ——取决于截面形状的扭转应力比值系数
椭圆形截面在纯扭转时的 r 值由下式决定:
$$r=h/b$$
矩形截面在纯扭转时,由下表决定:

$m=\dfrac{b}{h}$	1.0	1.5	2.0	3.0	4.0	6.0	8.0	10.0
γ	1.000	0.858	0.796	0.753	0.745	0.743	0.743	0.743

b——椭圆或矩形截面的长边长度,mm
h——椭圆或矩形截面的短边长度,mm

2.3.4　曲轴的疲劳强度校核

连杆轴颈与曲柄臂间的过渡圆角处及油孔处,应力集中大,是曲轴易发生疲劳破坏的部位,因此需考虑应力集中系数和尺寸系数,进行疲劳强度校核。一般采用分段法,截取受载荷最严重的一拐曲柄作为简支梁进行疲劳强度计算。内燃机是对累积扭矩变化幅度最大的曲柄进行疲劳校核。压缩机是对邻近功率输入端的曲柄进行疲劳校核。

表 7-1-54	曲轴的疲劳强度校核

$$S=\dfrac{S_\sigma S_\tau}{\sqrt{S_\sigma^2+S_\tau^2}}\geqslant S_\mathrm{p}$$

公式	只考虑弯矩作用时的安全系数	只考虑扭矩作用时安全系数
	$$S_\sigma=\dfrac{\sigma_{-1}}{\dfrac{K_\sigma}{\beta\varepsilon_\sigma}\sigma_\mathrm{a}+\psi_\sigma\sigma_\mathrm{m}}$$	$$S_\tau=\dfrac{\tau_{-1}}{\dfrac{K_\tau}{\beta\varepsilon_\tau}\tau_\mathrm{a}+\psi_\tau\tau_\mathrm{m}}$$
说明	S_p——按疲劳强度计算的许用安全系数,推荐 $S_\mathrm{p}=1.5\sim3.0$ σ_{-1}——对称循环应力下,材料弯曲疲劳极限,MPa,见表 7-1-1,铸铁见表 7-1-55 τ_{-1}——对称循环应力下,材料扭转疲劳极限,MPa,见表 7-1-1,铸铁见表 7-1-55 K_σ,K_τ——弯曲和扭转时的有效应力集中系数,见下节 2.3.5 β——表面质量系数,一般用表 7-1-37;轴表面强化处理后用表 7-1-39 　　有腐蚀情况时用表 7-1-36 或表 7-1-38 $\varepsilon_\sigma,\varepsilon_\tau$——分别为弯曲和扭转时尺寸影响系数,见表 7-1-35;球墨铸铁的尺寸影响系数可取表中相应尺寸的 0.9 倍 ψ_σ,ψ_τ——材料应力循环不对称性的敏感系数,见表 7-1-34 $\sigma_\mathrm{a},\sigma_\mathrm{m},\tau_\mathrm{a},\tau_\mathrm{m}$——弯曲和扭转时的名义应力幅和名义平均应力,MPa,见 2.3.5 节	

表 7-1-55 曲轴常用铸铁的静强度与疲劳强度

项目 材料	抗拉强度 σ_b/MPa	屈服强度 $\sigma_{0.2}$/MPa	延伸率 δ/%	冲击韧度 α_K/N·m·cm^{-2}	HB	弯曲疲劳极限 σ_{-1}/MPa	扭转疲劳极限 τ_{-1}/MPa	比率 σ_{-1}/σ_b	τ_{-1}/σ_b	τ_{-1}/σ_{-1}
未热处理(球光体-铁素体基体)	680~700	—	3.0~10	36~60	269~285	230	—	0.34	—	—
退火后(铁素体基体)	480~520	300~330	14~20	66~150	170~187	150~200	—	0.38	—	—
正火后(珠光体基体)	700~800	500~640	2.0~4.0	15~25	241~300	220~265	175~195	0.35	0.25	0.74~0.8
等温淬火后(托氏体-铁素体基体)	780~810	—	5~7	28~35	241~255	335	246	0.42	0.31	0.73

2.3.5 应力集中系数 K_σ、K_τ 及应力 σ_a、σ_m、τ_a、τ_m

应力集中系数 K_σ、K_τ 分别按图 7-1-17 和图 7-1-18 查取 $(K_\sigma)_D$、$(K_\tau)_D$ 后，按下式计算，

$$K_\sigma = (K_\sigma)_D \varepsilon_\sigma, \quad K_\tau = (K_\tau)_D \varepsilon_\tau$$

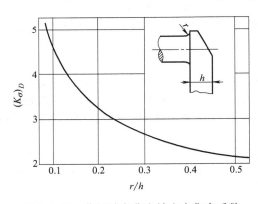

图 7-1-17 曲柄臂弯曲有效应力集中系数

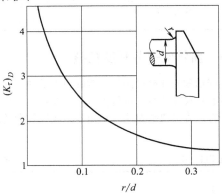

图 7-1-18 轴颈扭转有效应力集中系数

弯曲和扭转名义应力幅的计算，应根据具体截面具体点考虑，如计算曲柄臂横截面Ⅳ—ⅣA 点（图 7-1-15 及图 7-1-16），则按下式计算

$$\sigma_a = \frac{M_{zmax} - M_{zmin}}{2W_z}$$

$$\tau_a = \frac{T_{xmax} - T_{xmin}}{2W_x}$$

式中　M_{zmax}，M_{zmin}——曲轴旋转一周当中，作用在曲柄臂过渡圆角所在截面处的最大和最小的绕 z 轴的弯矩，N·m，
　　　　　见表 7-1-52 中的截面编号Ⅳ；

　　　　T_{xmax}，T_{xmin}——曲轴旋转一周当中，作用在轴颈过渡圆角所在截面处的最大和最小的绕 x 轴的转矩，N·m，
　　　　　见表 7-1-52 中的截面编号Ⅲ；

W_z——曲柄臂的抗弯截面系数，$W_z = \dfrac{bh^2}{\sigma}$，$cm^3$；

W_x——连杆轴颈抗扭截面系数，按实心轴或空心轴颈计算，cm^3；

弯曲和扭转的名义平均应力按下式计算

$$\sigma_m = \frac{M_{zmax} + M_{zmin}}{2W_z}$$

$$\tau_m = \frac{T_{xmax} + T_{xmin}}{2W_x}$$

为了简化计算，在被校核的曲柄上的法向力（图 7-1-15 中 P 主要是 P_N）为最大和最小时，近似地计算 M_{zmax} 和 M_{zmin}；在输入转矩 T 为最大和最小时计算 T_{xmax} 和 T_{xmin}。

2.3.6 提高曲轴强度的措施

（1）结构措施

① 加大轴颈重叠度 A 增大轴颈重叠度 A（见图 7-1-19）可显著提高曲轴的疲劳强度，曲柄臂越薄越窄时，效果越明显。采用短行程是增加重叠度的有效办法，它比通过加大主轴颈来增加重叠度的作用大。

② 加大过渡圆角 过渡圆角的尺寸、形状、材料组织和表面加工粗糙度对曲轴应力集中的影响十分明显。加大过渡圆角虽可减小圆角处的应力集中效应，但会使轴颈的有效承压长度缩短，一般可采用图 7-1-14 的过渡圆角形式。

③ 采用空心轴颈 若以提高曲轴弯曲强度（降低连杆轴颈圆角最大弯曲应力）为主要目标，采用主轴颈为空心的半空心结构就行了。若同时要减轻曲轴的质量和减小连杆轴颈的离心力，以降低主轴承载荷，则宜采用全空心结构，并将连杆轴颈内孔向外侧偏离 e，见图 7-1-19，一般空心 $d/D = 0.4$ 左右效果最好。此外，轴颈空心孔的缩口厚度 T（即图中 T_1，T_2）对圆角弯曲应力有一定影响，当 $T/h = 0.2 \sim 0.4$ 时，弯曲应力下降较多。

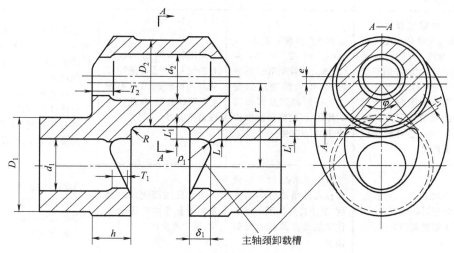

图 7-1-19 空心卸载结合的曲拐结构

r——曲柄半径；S——活塞行程；A——轴颈重叠度，$A = \dfrac{D_1 + D_2}{2} - r = 0.5(D_1 + D_2 - S)$

④ 卸载槽 卸载槽有连杆轴颈圆角卸载槽和主轴颈圆角卸载槽，图 7-1-19 为主轴颈卸载槽，其主要参数有槽边距 L_1'、槽深 δ_1、槽根圆角半径 ρ_1 及张角 φ。卸载作用随着卸载槽边距 L_1' 和槽根圆角半径 ρ_1 的减小，以及槽深 δ_1 的增大而增加，但当 $L_1' < R$，$\rho_1 < R$，卸载槽根应力可能会超过过渡圆角应力，因此应使 $\rho_1 > R$，$L_1' > R$。对于空心卸载其基本影响因素是空心边距 L，L 与 L_1' 的影响基本一致，为了求得最佳 L_1'，可通过查空心最佳边距 L^*

而得到 $L_1'^*$。由图 7-1-20 查得 L^*/R，图中 R 为过渡圆角，A 为重叠度，D 为轴颈直径。

另外，连杆轴颈圆角卸载槽使该圆角应力降低的同时，却使相邻的主轴颈圆角应力增加，主轴颈圆角卸载槽使主轴颈圆角应力减小的同时也使相邻连杆轴颈圆角应力增加。一般取 $L_1' = (1 \sim 1.5)R$；
$$\delta_1 = (0.3 \sim 0.5)h; \rho_1 \geqslant R; \varphi = 50° \sim 70°。$$
卸载槽一般与空心结构结合使用。

（2）工艺措施

工艺措施是采用局部强化的方法，使材料充分发挥其强度的潜力，使曲轴趋向等强度。使曲轴在结构不变的条件下，提高疲劳强度。曲轴的典型强化方法见表 7-1-56。

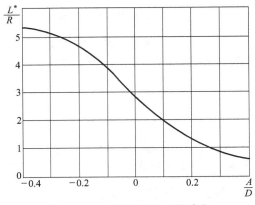

图 7-1-20　最佳边距 L^* 的确定

表 7-1-56　曲轴的典型强化方法

方法	圆角滚压加工	轴颈和圆角同时淬火	喷丸处理	软氮化处理
强化机理	在滚轮力作用下,应力超过材料屈服限时,材料产生塑性变形,发生冷作硬化,硬度提高,曲轴表层到某一深度出现残余压应力,此压应力抵消了部分工作拉应力,从而提高疲劳强度	用高频淬火使金属组织发生相变,产生马氏体、贝氏体,发生体积膨胀产生残余压应力,使硬度提高	属于冷作变形,使曲轴表面留下压应力且提高表层硬度	现一般用气体软氮化工艺,是使碳、氮原子固溶于铁而产生固溶强化,在曲轴表面形成氮化铁、碳化铁组成的化合层,使金属体积增大而产生残余压应力
效果	珠光体球铁圆角滚压后,其弯曲疲劳强度提高 50%~90%,可改善圆角表面粗糙度,消除微裂纹和针孔、气孔等铸造缺陷。钢曲轴圆角滚压后其弯曲疲劳强度可提高 20%~70%,还可钝化裂纹发展速度	淬火层深度一般为 3~7mm,硬度为 55~63HRC,一般粗磨后感应淬火,淬后精磨消除变形。一般轴颈及圆角同时淬硬,可使疲劳强度提高 30%~100%	采用粒度为 0.5mm 左右的钢丸,以很高的速度从高速旋转的喷枪中喷射到零件表面,从而产生残余压应力	氮化层深 0.2~0.3mm,氮化后表面硬度:钢曲轴达 50~70HRC 球铁达 500HV,可提高疲劳强度:碳钢:60%~80% 低合金钢:50%~90% 球铁:50%~70% 氮化层极薄,氮化后不应再加工但可抛光,改善表面粗糙度
优缺点	①冷加工,不加热节能 ②处理时间短 ③不能提高耐磨性	可局部淬火,轴承滑动部分和圆角部分一起淬硬,既能提高轴颈的耐磨性又能提高圆弧的疲劳强度	喷丸比滚压优越之处是能使整个曲轴表面强化,可大批生产	①轴承滑动部分也可强化 ②可提高耐磨性 ③处理时间长 ④稍有变形

3　软　　轴

软轴主要用于两个传动机件的轴线不在同一直线上，或工作时彼此要求有相对运动的空间传动。它可以弯曲地绕过各种障碍件，远距离传递回转运动。适合于受连续振动的场合以缓和冲击，也适用于高转速、小转矩场合。软轴有钢丝绕线式、联轴器式和钢丝弹簧式三种。本节仅涉及钢丝绕线式软轴。

软轴安装简便、结构紧凑、工作适应性强。但当转速低、转矩大时，从动轴的转速往往不均匀，且扭转刚度也不易保证。

软轴传递功率范围一般不超过 5.5kW，转速可达 20000r/min。

软轴的应用范围是：可移式机械工具、主轴可调位的机床、混凝土振动器、砂轮机、医疗器械，以及里程表、遥控仪等。

3.1 软轴的结构组成和规格

软轴通常由钢丝软轴、软管、软轴接头和软管接头四个主要部分组成。

3.1.1 软轴

软轴由几层紧密缠在一起的弹簧钢丝层构成，相邻钢丝层的缠绕方向相反。由软轴传递转矩时，相邻两层钢丝中一层趋于拧紧，另一层趋于拧松，以使各层钢丝间趋于压紧。轴的旋转方向应使表层钢丝趋于拧紧为合理，见图 7-1-21。

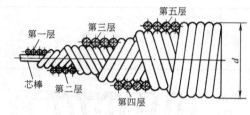

图 7-1-21　钢丝软轴

软轴结构按表层钢丝缠绕方向分为左旋和右旋。按用途分为动力传动用软轴"G 型"和控制传动用软轴"K 型"。"G 型"软轴多数无芯棒，钢丝直径较大，层数较少，耐磨性好。"K 型"软轴有芯棒，每层钢丝根数较多，钢丝直径较小，层数亦多，因而扭转刚度大。

常用软轴尺寸规格见表 7-1-57。

表 7-1-57　　常用软轴的尺寸规格　　mm

型号	公称直径	允许偏差	端头允许偏差	轴芯直径	每层钢丝头数×钢丝直径							
					1	2	3	4	5	6	7	8
G 型动力传动用	10	±0.10	+0.4	1.2	4×0.8	4×1.0	4×1.2	5×1.4				
	12	±0.15	+0.6	1.2	4×0.8	4×0.8	4×1.0	5×1.3	5×1.5			
	13	±0.15	+0.6	1.2	4×0.8	4×1.0	4×1.2	5×1.3	5×1.6			
	16	±0.15	+0.7	1.6	4×1.0	4×1.2	4×1.4	5×1.6	5×2.0			
	20	±0.20	+1.0	1.6	4×1.0	4×1.2	4×1.4	5×1.6	6×2.2	6×2.2		
	25	±0.5	+1.5	1.6	4×1.0	4×1.2	4×1.4	5×1.6	6×1.8	6×2.2	6×2.6	
	30	±1.0	+2.5	1.8	4×1.0	4×1.4	5×1.8	5×2.0	6×2.4	6×2.6	6×3.0	
	40	±1.5	+3.0	2.0	4×1.2	5×1.0	5×2.0	6×2.4	6×2.6	6×2.8	6×3.0	6×3.5
K 型控制传动用	4	±0.2	+0.4	0.6	4×0.3	6×0.3	8×0.3	8×0.4	10×0.4			
	5	±0.2	+0.4	0.6	4×0.3	6×0.3	6×0.3	8×0.4	10×0.4	10×0.4		
	6	±0.25	+0.5	0.6	4×0.4	6×0.4	6×0.4	8×0.5	8×0.5			
	6.5	±0.25	+0.5	0.7	4×0.4	6×0.4	6×0.4	8×0.5	8×0.5	10×0.6		
	8	±0.3	+0.6	0.8	4×0.4	6×0.4	6×0.4	8×0.5	8×0.6	10×0.6		

注：1. 长度可按需要订购。

2. 外层钢丝系左旋，右旋时应注明。

3. 规格系沈阳振捣器厂软轴产品。

3.1.2 软管

软管用来保护并支承软轴在其中工作，以避免与外界零件直接接触；保存轴表面的润滑油，并防止污物侵入轴内；使操作安全，防止软轴损坏。

软管尺寸的选择取决于软轴直径。一般软管的内径较软轴外径大 20%~30%，其选配尺寸见表 7-1-58。常用

软管的结构型式与规格尺寸见表 7-1-59。

表 7-1-58 　　　　　　　　　　　　软轴和软管选配尺寸　　　　　　　　　　　　mm

软轴直径	3.3[①]	4	5	6	8	10	12、13[②]	16	20	25	30
软管直径	5.5	6	8	9	11	15	18~20	22	28	32	38

①用于里程表。②用于振动器。

表 7-1-59 　　　　　　　　　　　常用软管的结构型式与规格尺寸

类　型	结　构　简　图	软管主要尺寸/mm				特　　点
		钢丝软轴直径 d	软管内径 d_0	软管外径 D	最小弯曲半径 R_{min}	
金属软管	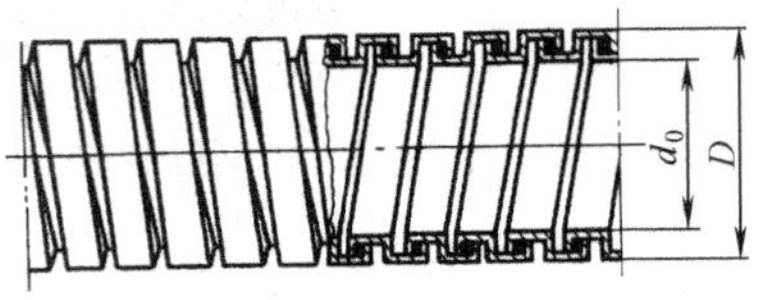	13	20 ± 0.5	25 ± 0.5	270	由镀锌的低碳钢带卷成,钢带镶口内填以石棉或棉纱绳。结构较简单、重量轻、外径小,但强度和耐磨性较差
		16	25 ± 0.5	32 ± 0.5	300	
		19	32 ± 0.5	38 ± 0.5	375	
橡胶金属软管	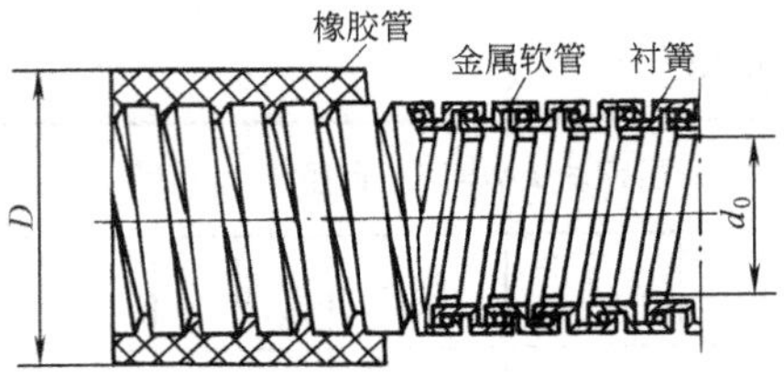	13	19 ± 0.5	36^{+1}_{0}	300	在金属软管内衬以衬簧,外面包上橡胶保护层。耐磨性及密封性均较金属软管好
			21 ± 0.5	40^{+1}_{0}	325	
衬簧橡胶软管	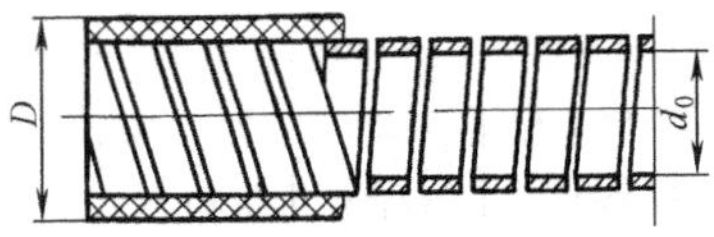	8	$14^{+0.5}_{0}$	22^{+1}_{0}	225	在橡胶管内衬以衬簧,比橡胶金属软管结构简单。混凝土振动器多用此种软管
		10	$16^{+0.5}_{0}$	30^{+1}_{0}	320	
		13	$20^{+0.5}_{0}$	36^{+1}_{0}	360	
		16	$24^{+0.5}_{0}$	40^{+1}_{0}	400	
衬簧编织软管	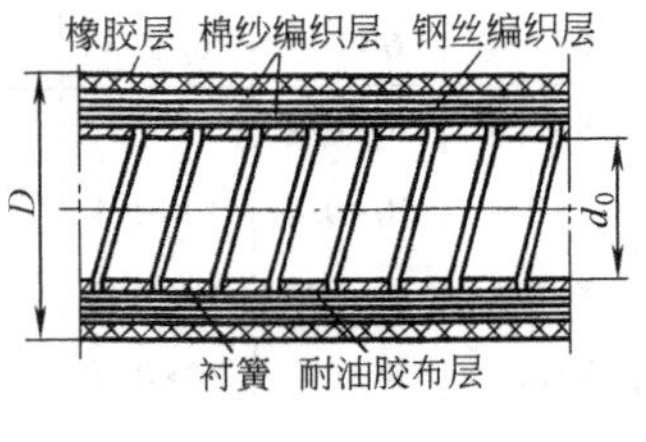	13	$20^{+0.5}_{0}$	36^{+1}_{0}	360	衬簧由弹簧钢带卷成,外面依次包上耐油胶布层、棉纱、钢丝编织层和耐磨橡胶。强度、挠度、耐磨性、密封性均较好
小金属软管	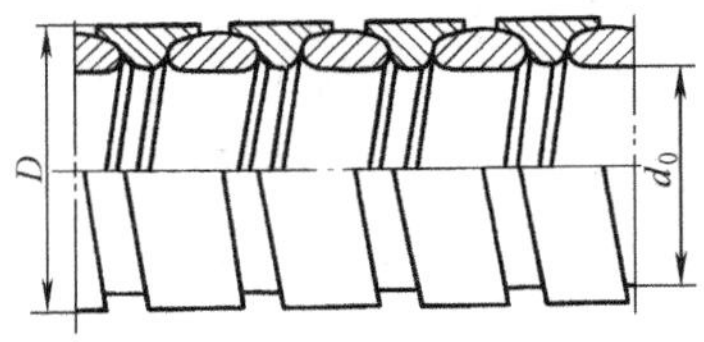	3.3	5.5 ± 0.1	8 ± 0.1	150	由两层成形钢带卷成,挠性较好,密封性较差。用于控制型软轴
		5	8 ± 0.2	10.5 ± 0.2	175	

　　注:表中所列软管规格为广东省建软轴钢窗厂、上海公利建筑机械厂、沈阳市金属软轴软管厂、上海金属软管有限公司的部分产品。由于目前尚未制定软管的统一标准,各家生产的规格尺寸不尽相同,设计选用时应以各厂的产品样本为准。

3.1.3 软轴接头

软轴接头用于连接软轴与动力输出轴及被传动部件。连接的方式有固定式和滑动式两种。固定式连接比较可靠,但当软轴工作中弯曲半径较小时容易磨损。滑动式连接允许软轴在软管内有较大的窜动,但当弯曲半径太小时接头有可能滑脱。为便于软轴的拆卸检查和润滑,软轴接头的外径尺寸要保证有一头小于软管和软管接头的内径。

常用钢丝软轴接头的结构型式见表 7-1-60,钢丝软轴接头与轴端连接方式见表 7-1-61。

表 7-1-60   常用钢丝软轴接头的结构型式

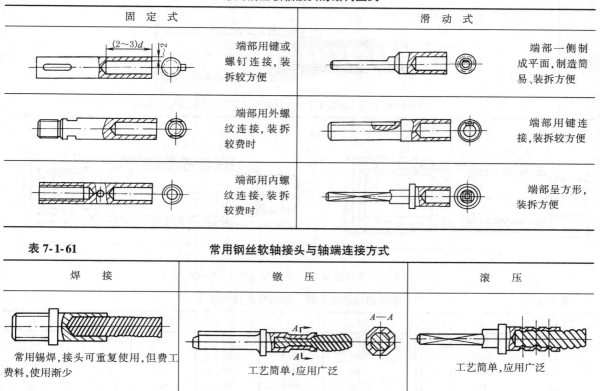

固 定 式		滑 动 式	
	端部用键或螺钉连接,装拆较方便		端部一侧制成平面,制造简易、装拆方便
	端部用外螺纹连接,装拆较费时		端部用键连接,装拆较方便
	端部用内螺纹连接,装拆较费时		端部呈方形,装拆方便

表 7-1-61   常用钢丝软轴接头与轴端连接方式

焊 接	镦 压	滚 压
常用锡焊,接头可重复使用,但费工费料,使用渐少	工艺简单,应用广泛	工艺简单,应用广泛

3.1.4 软管接头

软管接头用于连接软管和传动装置及工作部件,它也是软轴接头的轴承座。软管接头有带滑动轴承及带滚动轴承两种。带滑动轴承的管接头外形尺寸较小,但维护调整不如后者方便。软管及软管接头的连接方式有焊接、滚压、镦压连接及锥套连接,以焊接应用最多,见表 7-1-62。带滑动轴承的软管、软轴接头结构尺寸见表 7-1-63。

表 7-1-62   常用软管接头型式及连接方式

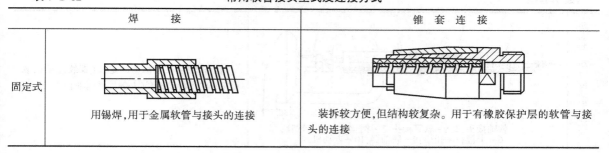

	焊 接	锥 套 连 接
固定式	用锡焊,用于金属软管与接头的连接	装拆较方便,但结构较复杂。用于有橡胶保护层的软管与接头的连接

第 7 篇

	镦　压	滚　压
固定式	工艺简单,用于金属软管与接头的连接	工艺简单,用于有橡胶保护层的软管与接头的连接
滑动式	软管接头为伸缩套式,用于钢丝软轴两端均为固定式连接的场合	

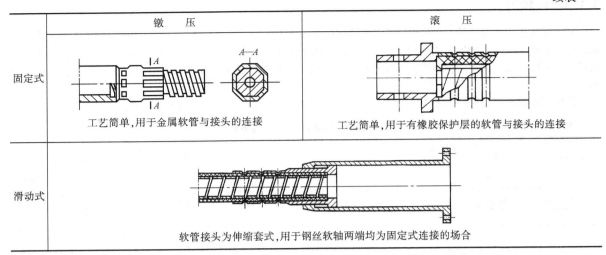

1—轴接头；2—青铜衬套；3—外壳；4—螺钉；5—软管接头

表 7-1-63　　　　　　带滑动轴承的软管、软轴接头结构尺寸　　　　　　mm

轴直径	d_1	L_1	L_2	d_2	L_3	L_4	d_3	d
8	M8	10	80	M8	10	80	$19.5^{+0.5}$	$8^{+0.4}_{+0.3}$
10	M10	13	83	M10	15	80	$21.5^{+0.5}$	$10^{+0.4}_{+0.3}$
12	M10	15	86	M12	18	84	$26.0^{+0.5}$	$12^{+0.5}_{+0.4}$
16	M12	18	96	M16	18	96	$31.5^{+0.5}$	$16^{+0.5}_{+0.4}$
20	M16	23	108	M20	22	108	$35.5^{+0.5}$	$20^{+0.5}_{+0.4}$
25	M20	23	130	M25	25	132	$42.5^{+0.5}$	$25^{+0.5}_{+0.4}$
30	M25	25	146	M28	25	150	$49.0^{+0.5}$	$30^{+0.3}_{+0.6}$

注：青铜衬套材料牌号 ZCuSn5Pb5Zn5 或 ZCuAl10Fe3Mn2。

3.2　常用软轴的典型结构

表 7-1-64

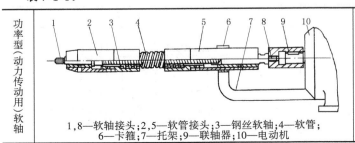

钢丝软轴接头端部为固定式(螺纹连接),软管接头内带滑动轴套(一般用青铜轴套)

功率型(动力传动用)软轴

1,8—软轴接头；2,5—软管接头；3—钢丝软轴；4—软管；
6—卡箍；7—托架；9—联轴器；10—电动机

续表

	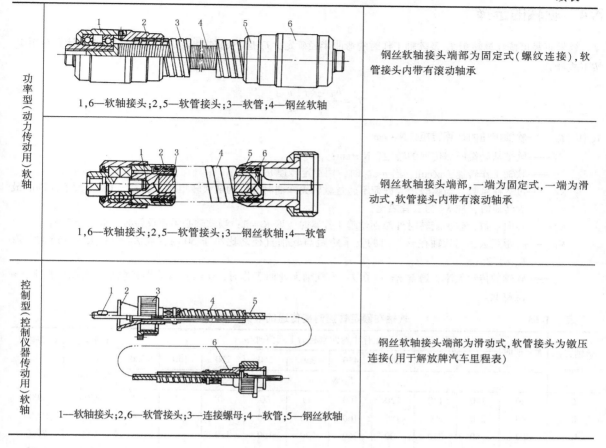
功率型（动力传动用）软轴	钢丝软轴接头端部为固定式（螺纹连接），软管接头内带有滚动轴承
	1,6—软轴接头；2,5—软管接头；3—软管；4—钢丝软轴	
	钢丝软轴接头端部，一端为固定式，一端为滑动式，软管接头内带有滚动轴承
	1,6—软轴接头；2,5—软管接头；3—钢丝软轴；4—软管	
控制型（控制仪器传动用）软轴	钢丝软轴接头端部为滑动式，软管接头为镦压连接（用于解放牌汽车里程表）
	1—软轴接头；2,6—软管接头；3—连接螺母；4—软管；5—钢丝软轴	

3.3 防逆转装置

对于传递动力的软轴，一般装有防逆转装置，以保证软轴单向转动。防逆转装置可采用各种超越离合器，图 7-1-22 为 S_3SRD-150 多速软轴砂轮机所采用的防逆转装置。

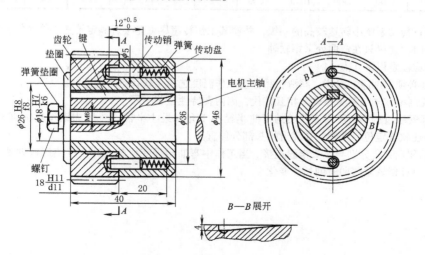

图 7-1-22 防逆转装置示例

3.4　软轴的选择

软轴直径可按计算转矩 T_c 及软轴工作时的弯曲半径确定，T_c 应不超过表 7-1-65 所规定的 T_0。计算转矩 T_c 按下式计算

$$T_c = \frac{K_1 K_2 K_3}{\eta} \times \frac{n}{n_0} T \leq T_0$$

式中　T_c——软轴传递的计算转矩，N·cm；

T——软轴从动端所需传递的转矩，N·cm；

n——软轴工作转速，r/min，当 $n < n_0$ 时，用额定转速 n_0 代入；

K_1——过载荷系数，当瞬时最大载荷不超过软轴无弯曲时允许的最大转矩时，取 $K_1 = 1$；当大于允许的最大转矩时，取 K_1 为二者之比；

K_2——转向系数，软轴旋转时外层钢丝趋于拧紧时，取 $K_2 = 1$；当软轴必须正反转时，取 $K_2 = 1.5$；

K_3——跨距系数，当软轴在软管内的支承跨距与软轴直径之比小于 50 时，取 $K_3 = 1$；大于 150 时，取 $K_3 = 1.25$；

η——软轴的传动效率，通常 $\eta = 1 \sim 0.7$；当软轴无弯曲工作时，$\eta = 1$；弯曲半径愈小、弯曲段愈多，η 值愈低。

表 7-1-65　　　　　　　　　　　软轴在额定转速时能传递的最大转矩 T_0

软轴直径 /mm	无弯曲时	工作中弯曲半径为下列值时/mm									额定转速 n_0 /r·min⁻¹	最高转速 n_{max} /r·min⁻¹
		1000	750	600	450	350	250	200	150	120		
		T_0/N·cm										
6	150	140	130	120	100	80	60	50	40	30	3200	13000
8	240	220	200	180	160	140	120	90	60	—	2500	10000
10	400	360	330	300	260	230	190	150	—	—	2100	8000
13	700	600	520	460	400	340	280	—	—	—	1750	6000
16	1300	1200	1000	800	600	450	—	—	—	—	1350	4000
19	2000	1700	1400	1100	800	550	—	—	—	—	1150	3000
25	3300	2600	1900	1300	900	—	—	—	—	—	950	2000
30	5000	3800	2500	1650	1000	—	—	—	—	—	800	1600

软轴通常用在传动系统中转速较高的一级，并使其工作转速尽可能接近额定转速。传动的长度一般是几米到十几米；如更长时，建议只在弯曲处采用软轴。

使用软轴时应注意以下几点。

① 钢丝软轴必须定期涂润滑脂。润滑脂品种按工作温度选择。软管应定期清洗。

② 切勿把控制型软轴与功率型软轴相互替代，因两者特性显著不同。

③ 在运输和安装过程中，不得使软轴的弯曲半径小于允许最小半径（一般为钢丝软轴直径的 15 ~ 20 倍）。运转时应尽可能使软管定位，并使其在靠近接头部分伸直。

④ 钢丝软轴和软管要分别与接头牢固连接。当工作中弯曲半径变化较大时，应使钢丝软轴或软管的接头有一端可以滑动，以补偿软轴弯曲时的长度变化。

第 2 章 联 轴 器

联轴器是连接两轴或连接轴和回转件的一个部件，在传递运动和动力过程中和轴一同回转不脱开。联轴器除具有连接功能之外，也可使之具有安全防护或减振缓冲等功能。

1 联轴器的分类、特点及应用

表 7-2-1   联轴器的分类、特点及应用

类别	名称、简图、特点、应用			
刚性联轴器	名称及简图	凸缘联轴器（GB/T 5843—2003）		
		GY 型—基本型	GYS 型—对中榫型	GYH 型—对中环型
	技术性能	公称转矩 T_n	N·m	25~100000
		许用转速 n_p	r·min^{-1}	12000~1600
		轴径范围	mm	12~250
	特点及应用	结构简单，成本低，无补偿性能，不能缓冲减振，对两轴安装精度要求较高 用于振动很小的工况条件，连接中、高速和刚性不大的且要求对中性较高的两轴		
	名称及简图特点及应用	胀套式联轴器	结构简单，靠摩擦力传递转矩，无键连接，要求两轴对中性好，用于小转矩传递	

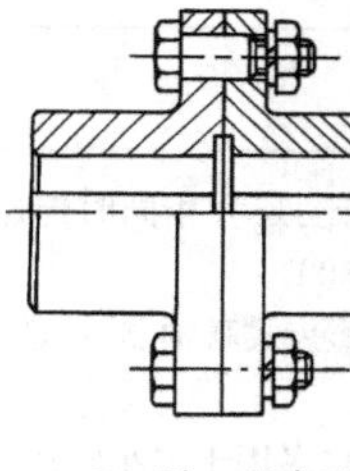

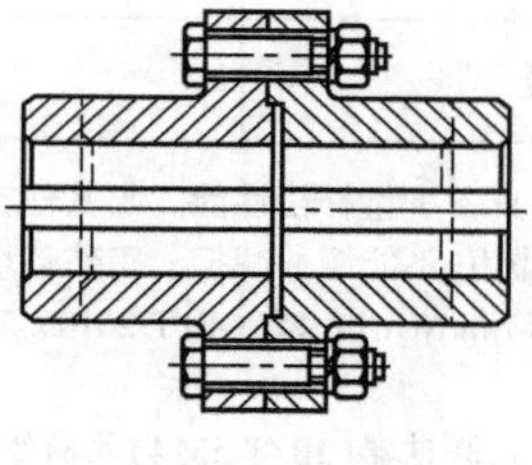

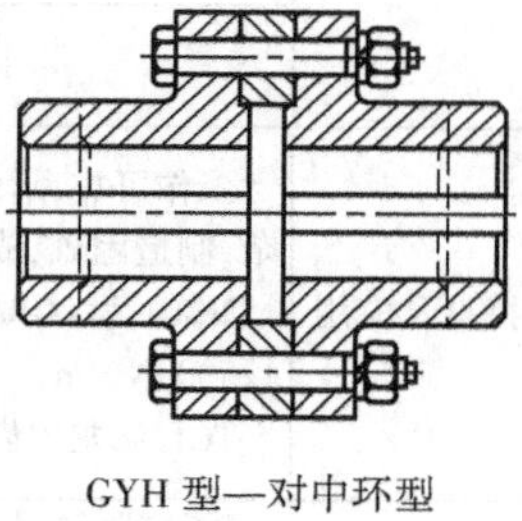

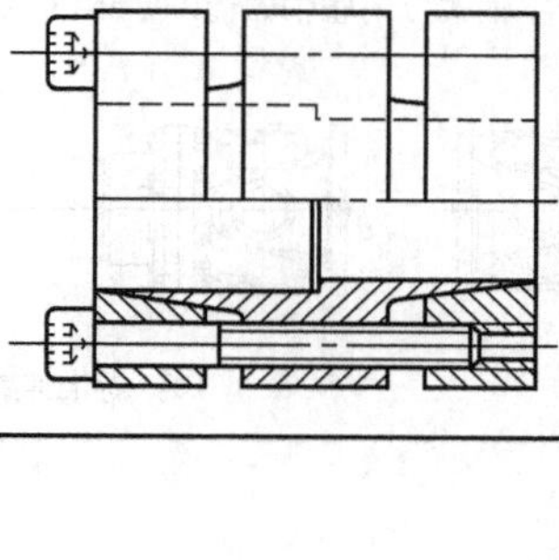

第 7 篇

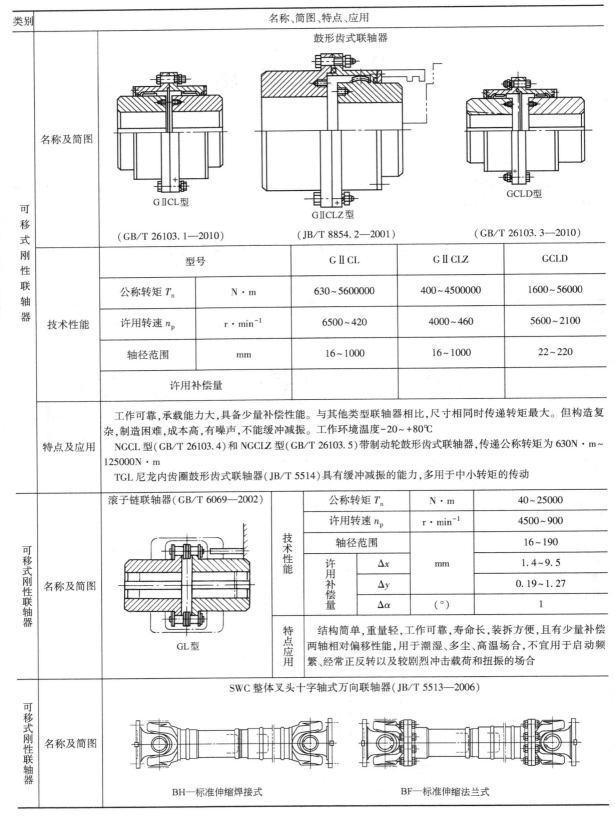

类别	名称、简图、特点、应用				

鼓形齿式联轴器

	名称及简图	G Ⅱ CL型 (GB/T 26103.1—2010)	G ⅡCLZ型 (JB/T 8854.2—2001)	GCLD型 (GB/T 26103.3—2010)	

	技术性能	型号		G Ⅱ CL	G Ⅱ CLZ	GCLD
可移式刚性联轴器		公称转矩 T_n	N·m	630~5600000	400~4500000	1600~56000
		许用转速 n_p	r·min^{-1}	6500~420	4000~460	5600~2100
		轴径范围	mm	16~1000	16~1000	22~220
		许用补偿量				

	特点及应用	工作可靠,承载能力大,具备少量补偿性能。与其他类型联轴器相比,尺寸相同时传递转矩最大。但构造复杂,制造困难,成本高,有噪声,不能缓冲减振。工作环境温度-20~+80℃ NGCL 型(GB/T 26103.4)和 NGCLZ 型(GB/T 26103.5)带制动轮鼓形齿式联轴器,传递公称转矩为630N·m~125000N·m TGL 尼龙内齿圈鼓形齿式联轴器(JB/T 5514)具有缓冲减振的能力,多用于中小转矩的传动

	名称及简图	滚子链联轴器(GB/T 6069—2002) GL型	技术性能	公称转矩 T_n	N·m	40~25000
可移式刚性联轴器				许用转速 n_p	r·min^{-1}	4500~900
				轴径范围	mm	16~190
				许用补偿量 Δx	mm	1.4~9.5
				Δy		0.19~1.27
				$\Delta \alpha$	(°)	1
			特点应用	结构简单,重量轻,工作可靠,寿命长,装拆方便,且有少量补偿两轴相对偏移性能,用于潮湿、多尘、高温场合,不宜用于启动频繁、经常正反转以及较剧烈冲击载荷和扭振的场合		

	名称及简图	SWC 整体叉头十字轴式万向联轴器(JB/T 5513—2006)
可移式刚性联轴器		BH—标准伸缩焊接式　　　　　　　　　　BF—标准伸缩法兰式

第7篇

续表

类别		名称、简图、特点、应用
可移式刚性联轴器	名称及简图	SWC 整体叉头十字轴式万向联轴器(JB/T 5513—2006)

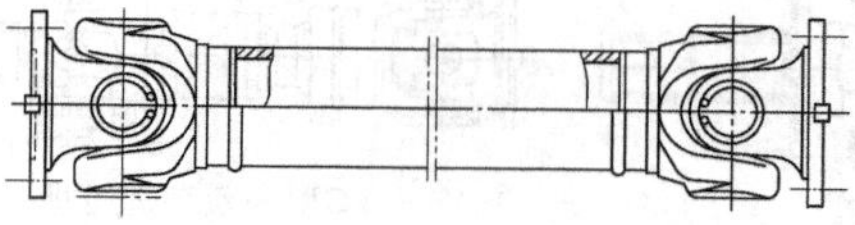

WH—无伸缩焊接式

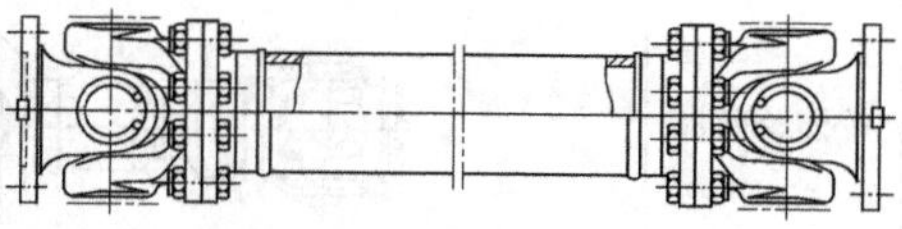

WF—无伸缩法兰式

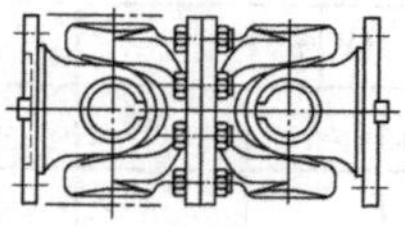

WD—无伸缩短式

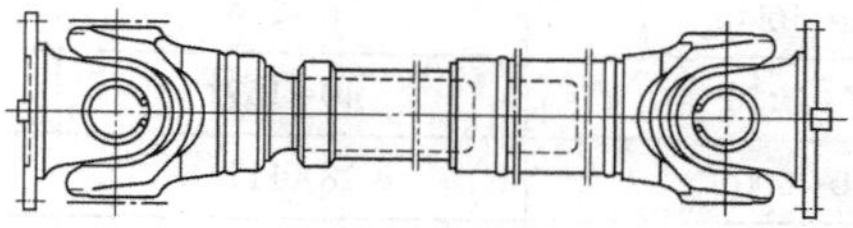

CH—长伸缩焊接式

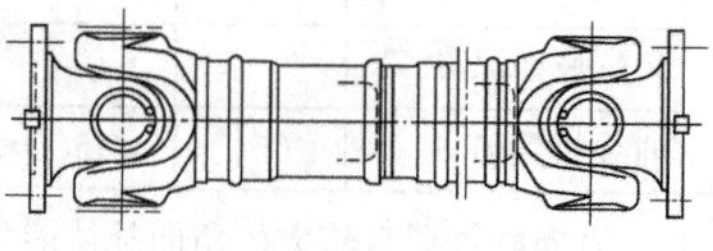

DH—短伸缩焊接式

技术性能

代号		BH、WH	BF、WF、WD	CH	DH
回转直径 D	mm	100~550	180~550	180~550	180~390
公称转矩 T_n	kN · m	2.5~1000	22.4~1000	22.4~1000	22.4~320
疲劳转矩 T_f	kN · m	1.25~500	11.2~500	11.2~500	11.2~160
轴线折角 β	(°)	≤25(D=100~150) ≤15(D=180~550)	≤15	≤15	≤15

名称及简图

SWP 型剖分轴承座十字轴式万向联轴器(JB/T 3241—2005)

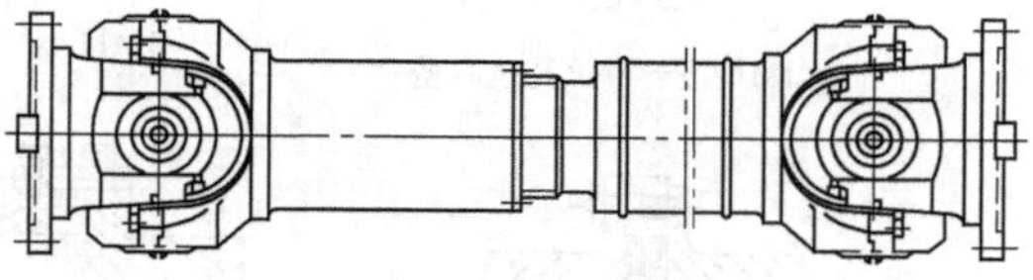

A型一有伸缩长型

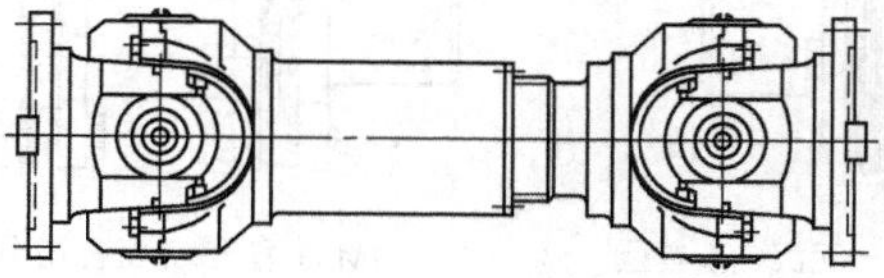

B型一有伸缩短型

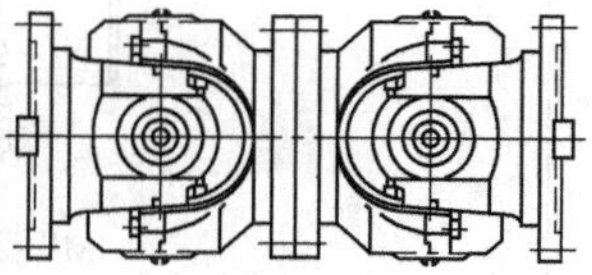

C型一无伸缩短型

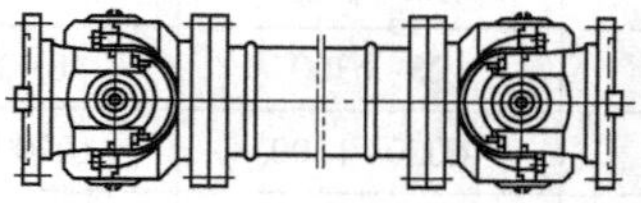

D型一无伸缩长型

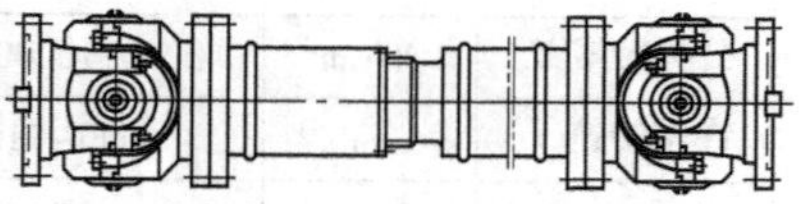

E型一有伸缩双法兰长型

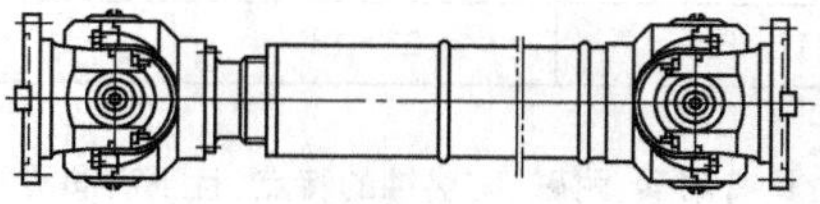

F型一大伸缩长型

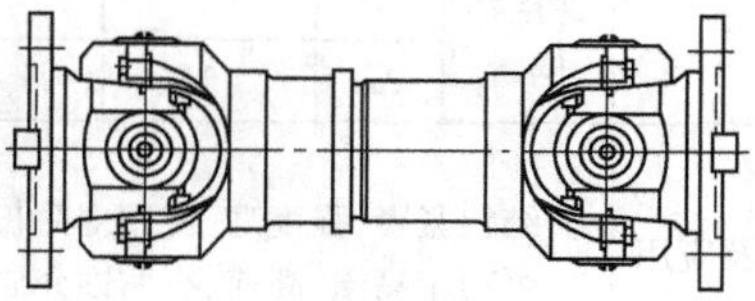

G型一有伸缩超短型

类别	名称、简图、特点、应用				

第 7 篇

可移式刚性联轴器	名称及简图	SWP 型剖分轴承座十字轴式万向联轴器(JB/T 3241—2005)				

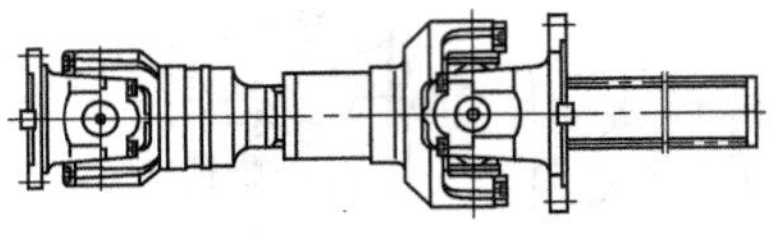

ZG型—正装贯通型 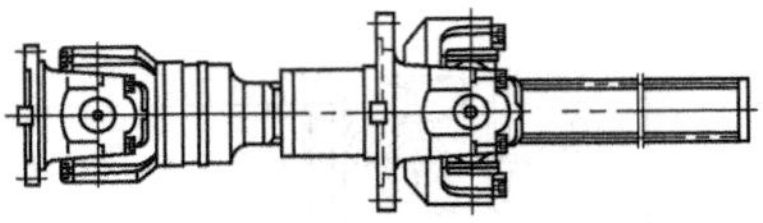　　　　FG型—反装贯通型

	技术性能	代号		A、B、C、D、E、F 型	G 型	ZG、FG 型
		回转直径 D	mm	160~650	225~350	D/D_0 200/285~600/810
		公称转矩 T_n	kN·m	20~1600	56~224	40~1120
		脉动疲劳转矩 T_p		14~1120	40~157	22~730
		交变疲劳转矩 T_f		10~800	28~112	16~520
		轴线折角 β	(°)	≤15(D≤350)、≤10(D≥390)	≤5	≤10

	特点及应用	万向联轴器有较大的角向补偿能力,能可靠地传递转矩和运动。适用于轧钢机械、起重运输机械、工程、矿山、石油以及其他重型机械 SWC 型不用螺栓固定轴承,提高了可靠度,且便于维护 SWP 型做成剖分式,用螺栓连接,便于更换轴承,但可靠度降低,可在 $\beta=5°\sim15°$ 下工作

金属弹性元件联轴器	名称及简图	膜片联轴器(JB/T 9147—1999)

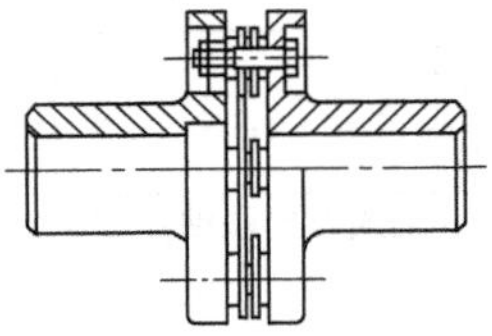

JMI 型—带沉孔基本型 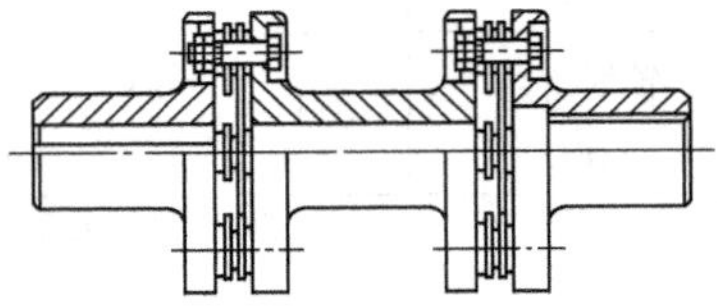　　　　JMIJ 型—带沉孔接中间轴型

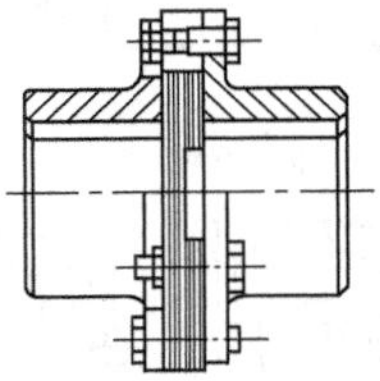

JMII 型—无沉孔基本型 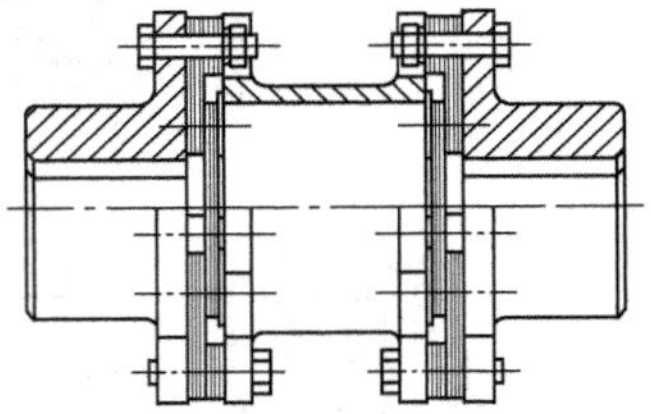　　　　JMIIJ 型—无沉孔接中间轴型

	技术性能	代号		JM I 型	JM I J 型	JM II 型	JM II J 型
		公称转矩 T_n	N·m	25~160000	25~6300	40~180000	63~1×10⁷
		许用转速 n_p	r·min⁻¹	6000~710	6000~1600	10700~1050	9300~350
		轴径范围	mm	14~320	14~125	14~340	20~950
		许用补偿量 Δx		1~2	2~4	1~6	2~12
		Δα	(°)	1°~30′	2°~1°	1°	2°

	特点及应用	结构紧凑,强度高,使用寿命长,具有耐酸、耐碱、防腐蚀的特点,且不需润滑 可用于高温、高速、有腐蚀介质的工况条件,广泛用于各种机械传动中。工作环境温度-20~+250℃

类别		名称、简图、特点、应用

蛇形弹簧联轴器（JB/T 8869—2000）

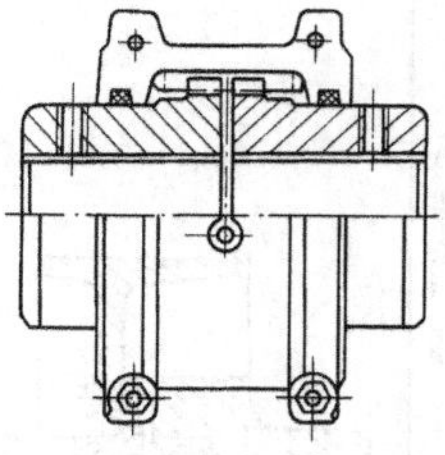

JS 型 — 罩壳径向安装型（基本型）

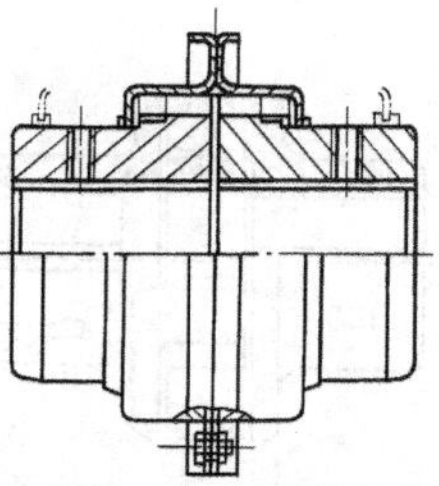

JSB 型 — 罩壳轴向安装型

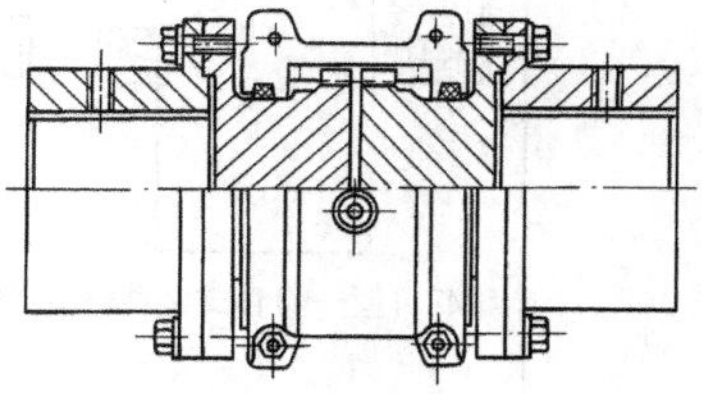

JSS 型 — 双法兰连接型

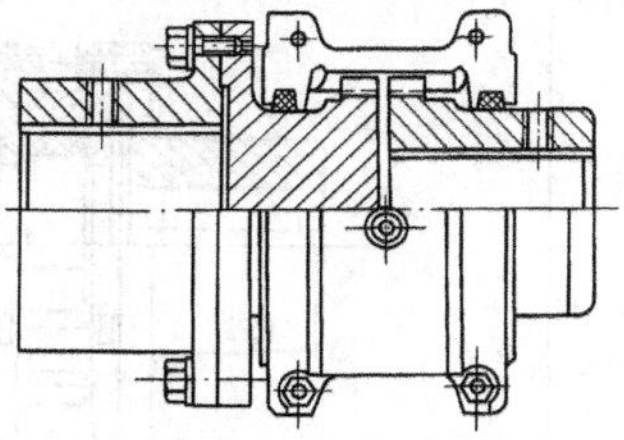

JSD 型 — 单法兰连接型

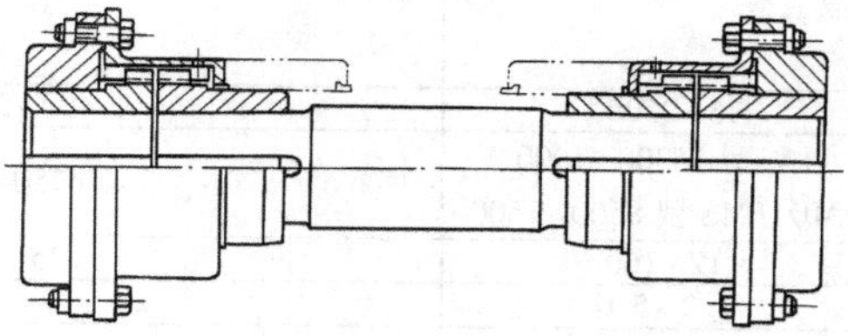

JSJ 型 — 接中间轴型

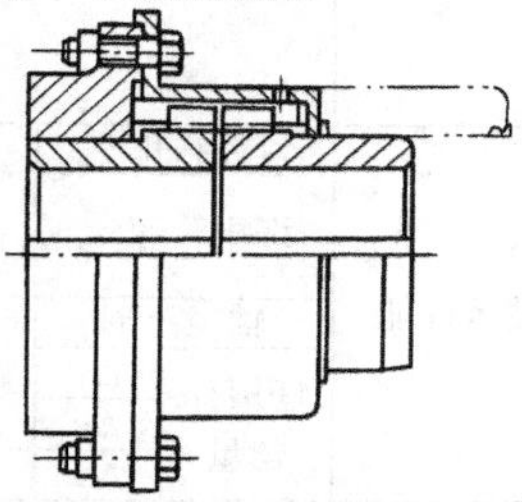

JSG 型 — 高速型

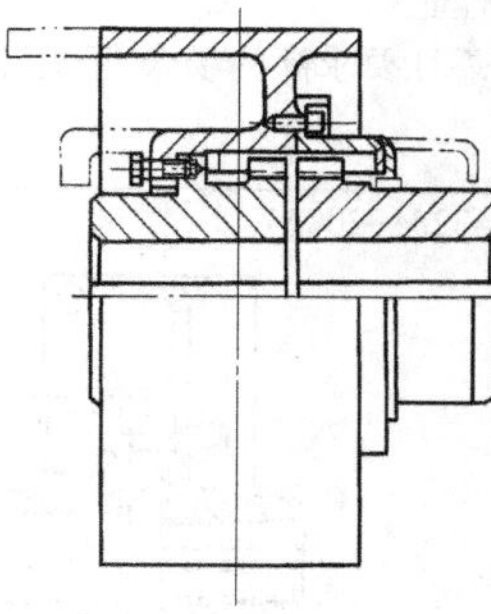

JSZ 型 — 带制动轮型

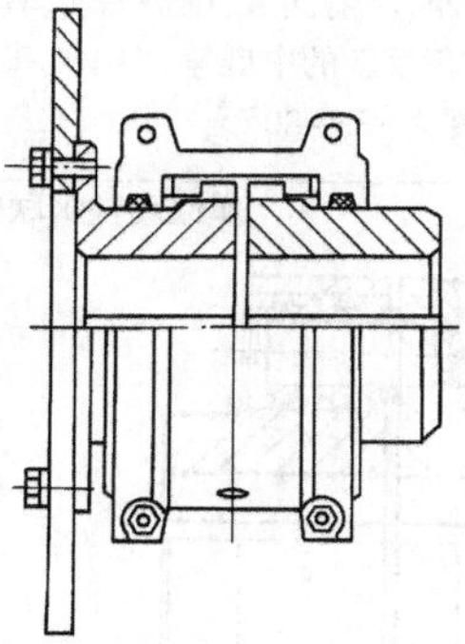

JSP 型 — 带制动盘型

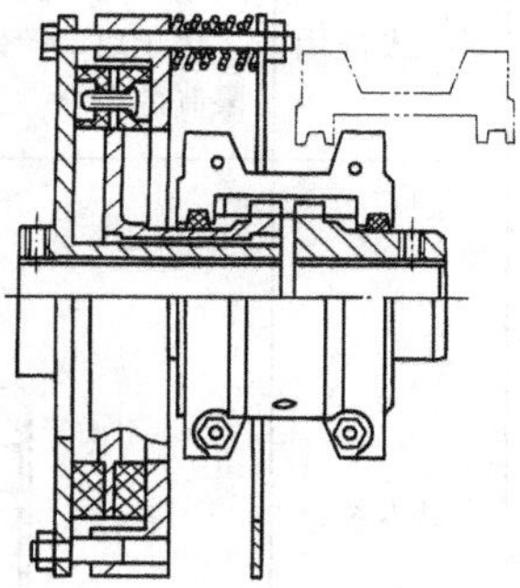

JSA 型 — 安全型

金属弹性元件联轴器 — 名称及简图

技术性能	代　号		JS 型	JSB 型	JSS 型	JSD 型	JSJ 型	JSG 型
	公称转矩 T_n	N·m	$45 \sim 8 \times 10^5$	$45 \sim 63000$	$45 \sim 16 \times 10^4$		$140 \sim 16 \times 10^4$	$140 \sim 25000$
	许用转速 n_p	r·min^{-1}	$4500 \sim 540$	$6000 \sim 1600$	$3600 \sim 900$		—	$1 \times 10^4 \sim 3300$
	轴径范围	mm	$18 \sim 500$	$18 \sim 260$	$18 \sim 380$		$22 \sim 360$	$12 \sim 200$
	许用补偿量 Δx	mm	$\pm 0.3 \sim \pm 1.3$		$\pm 0.5 \sim \pm 1$		$\pm 0.3 \sim \pm 0.6$	
	Δy		$0.31 \sim 1.02$		$0.31 \sim 0.76$		—	$0.15 \sim 0.3$
			JSZ 型	JSP 型		JSA 型		
	制动转矩 T_m	N·m	$125 \sim 9000$	$200 \sim 16 \times 10^3$		公称转矩调节范围 $(4 \sim 35.5) \sim (14000 \sim 1 \times 10^5)$		
	许用转速 n_p	r·min^{-1}	$3820 \sim 820$	$3800 \sim 1300$		$3600 \sim 670$		
	轴径范围	mm	$12 \sim 200$	$20 \sim 220$		$20 \sim 320$		

特点及应用	适用于连接传递中、大功率，具有一定补偿两轴相对偏移、减振和缓冲性能。且互换性好，型式齐全，技术先进，适用范围广泛。其工作环境温度为 $-30 \sim +150$℃

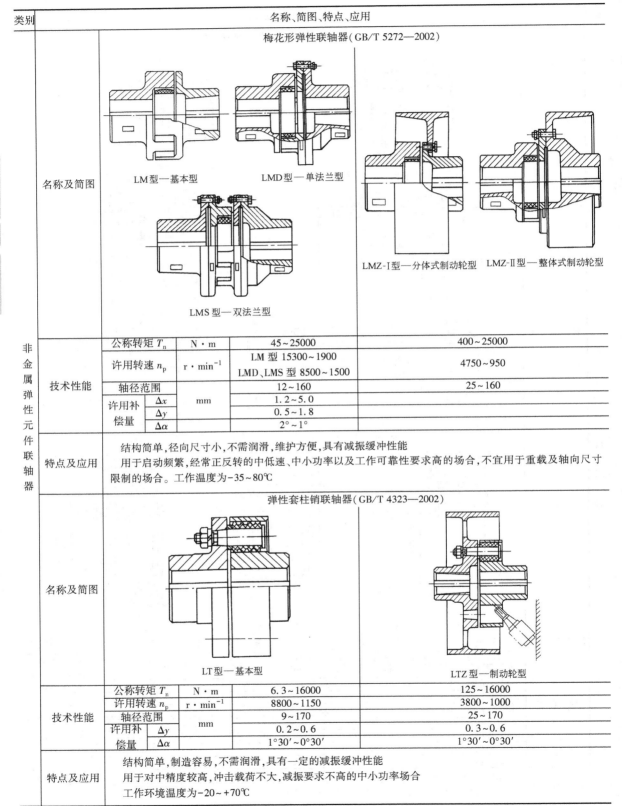

类别	名称、简图、特点、应用					
非金属弹性元件联轴器	名称及简图	梅花形弹性联轴器（GB/T 5272—2002） LM型—基本型　　LMD型—单法兰型 LMS型—双法兰型　　LMZ-I型—分体式制动轮型　　LMZ-Ⅱ型—整体式制动轮型				
	技术性能	公称转矩 T_n	N·m	45~25000	400~25000	
		许用转速 n_p	r·min^{-1}	LM 型 15300~1900 LMD、LMS 型 8500~1500	4750~950	
		轴径范围	mm	12~160	25~160	
		许用补偿量	Δx		1.2~5.0	
			Δy		0.5~1.8	
			$\Delta \alpha$		2°~1°	
	特点及应用	结构简单，径向尺寸小，不需润滑，维护方便，具有减振缓冲性能 用于启动频繁，经常正反转的中低速、中小功率以及工作可靠性要求高的场合，不宜用于重载及轴向尺寸限制的场合。工作温度为−35~80℃					
	名称及简图	弹性套柱销联轴器（GB/T 4323—2002） LT型—基本型　　LTZ型—制动轮型				
	技术性能	公称转矩 T_n	N·m	6.3~16000	125~16000	
		许用转速 n_p	r·min^{-1}	8800~1150	3800~1000	
		轴径范围	mm	9~170	25~170	
		许用补偿量	Δy		0.2~0.6	0.3~0.6
			$\Delta \alpha$		1°30′~0°30′	1°30′~0°30′
	特点及应用	结构简单，制造容易，不需润滑，具有一定的减振缓冲性能 用于对中精度较高，冲击载荷不大，减振要求不高的中小功率场合 工作环境温度为−20~+70℃					

第7篇

类别	名称、简图、特点、应用				

名称及简图

弹性柱销齿式联轴器（GB/T 5015—2003）

LZ型　　LZD型锥形轴孔　　LZJ型接中间轴　　LZZ型带制动轮

技术性能	代　　号		LZ 型	LZD 型	LZJ 型	LZZ 型
	公称转矩 T_n	N·m	$112\sim28\times10^5$	$112\sim100000$	$112\sim28\times10^5$	$250\sim31500$
	许用转速 n_p	r·min^{-1}	$5000\sim460$	$5000\sim1500$	$4500\sim430$	$4500\sim950$
	轴径范围		$12\sim850$	$16\sim220$	$12\sim850$	$16\sim180$
	许用补偿量	Δx	mm	$\pm1.5\sim\pm5.0$	$\pm1.5\sim\pm2.5$	$\pm1.0\sim\pm20$	$\pm1\sim\pm10$
		Δy		$0.3\sim1.5$	$0.3\sim0.6$	$0.15\sim0.75$	$0.15\sim0.3$
		$\Delta\alpha$		$0°30'$		$2°30'\sim0°30'$	$0°30'$

特点及应用	结构简单，维修方便，寿命长，传动转矩大。具有一定补偿两轴相对偏移和一般减振性能，可部分代替齿式联轴器，但噪声大。工作温度为$-20\sim70℃$ 对于减振、噪声要求很高的场合不宜使用

非金属弹性元件联轴器

名称及简图

轮胎式联轴器（GB/T 5844—2002）

UL型

技术性能	公称转矩 T_n	N·m	$10\sim25000$
	许用转速 n_p	r·min^{-1}	$5000\sim800$
	轴径范围		$11\sim180$
	许用补偿量	Δx	mm	$1\sim8$
		Δy		$1\sim5$
		$\Delta\alpha$	(°)	$1°\sim1°30'$

特点及应用	具有补偿两轴相对偏移和较好的减振、缓冲、电绝缘性能，寿命较长，不需润滑，装拆方便，径向尺寸大 用于有冲击、振动、启动频繁、经常正反转以及潮湿、多尘的场合工作温度$-20\sim80℃$

名称及简图

弹性块联轴器（JB/T 9148—1999）

LK型—基本型　　　　　　LKA型—安全销型

技术性能	公称转矩 T_n	N·m	$10000\sim3150000$	
	许用转速 n_p	r·min^{-1}	$1950\sim380$	$1275\sim130$
	轴径范围		$85\sim850$	
	许用补偿量	Δx	mm	$\pm1.5\sim\pm3.0$	
		Δy		$0.5\sim1$	
		$\Delta\alpha$		$0°30'\sim0°15'$	

特点及应用	节能，无噪声，不需润滑，安装维修简单，寿命长并具有补偿两轴相对偏移、减振、缓冲性能，可用于连接同轴线的大中功率、振动冲击较大的轴承传动。工作环境温度为$-30\sim120℃$

类别	名称、简图、特点、应用		
非金属弹性元件联轴器	名称及简图	新型星形联轴器 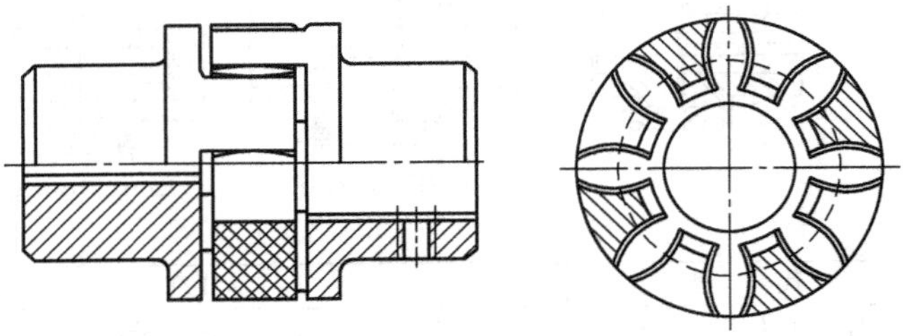	
	特点及应用	具有缓冲减振、不需润滑、维护方便的特点,有一定的补偿两轴偏移的能力,适用载荷变化不大、工作平稳、启动频繁、正反转多变的中低速、中小功率的传动	
安全联轴器	名称及简图、特点及应用	链轮摩擦式安全联轴器	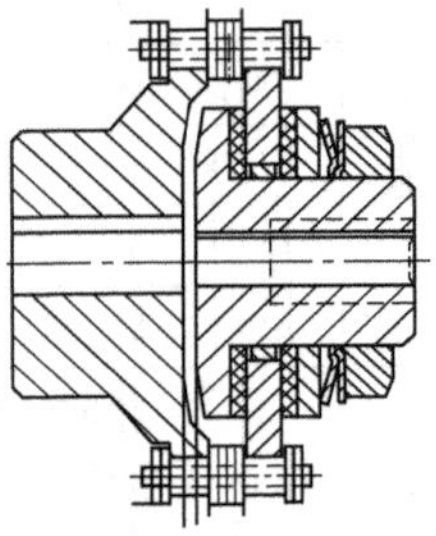 是滚子链联轴器与摩擦离合器的组合。传递的转矩可通过调整碟形弹簧的压缩量进行调整。当转矩超过限定值时,联轴器会打滑、报警,具有过载保护作用
	名称及简图	钢球安全联轴器	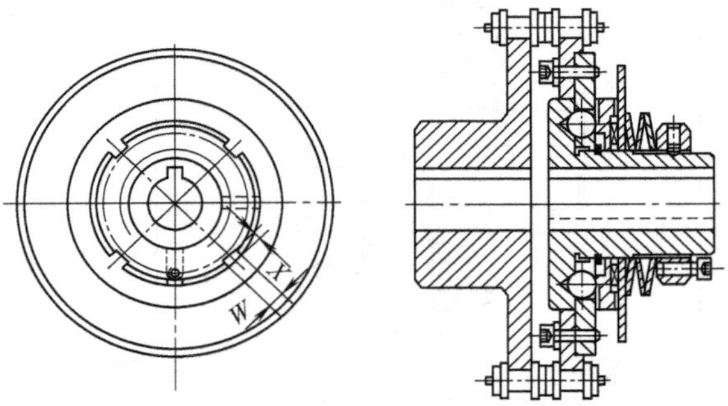
	特点及应用	是滚子链联轴器与钢球转矩限制器的组合。通过调整压紧碟形弹簧可以调整传递的转矩。当转矩超过限定值,联轴器会打滑、报警,具有过载保护作用。多用于小转矩的传动	

第7篇

续表

类别		名称、简图、特点、应用
安全联轴器	名称及简图	液力联轴器
	特点及应用	传动平稳,能隔离扭转振动,防护动力过载,可以方便地实现空载启动、离合和调速,能够均匀多台原动机之间的载荷分配。但传动中有功率损失,尺寸、重量较大,对于大功率的联轴器需要辅助设备 用于连接原动机与负载之间的传动,还可用于离合和调速

注:许用补偿量符号的意义如下图所示:

  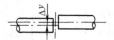

2 机械式联轴器选用计算(摘自 JB/T 7511—1994)

联轴器的计算转矩

$$T_c = T K_w K K_z K_t = 9550 \frac{P_w}{n} K_w K K_z K_t \leq T_n \quad (\text{N} \cdot \text{m}) \qquad (7\text{-}2\text{-}1)$$

式中 T[❶]——理论转矩,N·m;

P_w——驱动功率,kW;

n——工作转速,r/min;

K_w——动力机系数:电动机、透平机,$K_w = 1.0$;四缸及四缸以上内燃机,$K_w = 1.2$;二缸内燃机,$K_w = 1.4$,单缸内燃机,$K_w = 1.6$;

K——工况系数,见表 7-2-2;

K_z——启动系数:K_z 值与启动频率 f 有关:$f = \leq 120$ 次/h 时,$K_z = 1.0$;$f = >120 \sim 240$ 次/h 时,$K_z = 1.3$;>240 次/h 时,K_z 由制造厂确定;

K_t——温度系数,见表 7-2-3;

T_n——公称转矩,N·m,见各联轴器基本参数表。

表 7-2-2　　　　　　　　　　　工况系数 K

工作机名称		载荷类别	K	工作机名称		载荷类别	K	工作机名称		载荷类别	K
转向机构		均匀载荷	1.00	泵	离心泵	均匀载荷	1.00	酿造和蒸馏设备	装瓶机械	均匀载荷	1.00
加煤机					回转泵(齿轮泵、螺杆泵、滑片泵、叶形泵)		1.50		转筒过滤机		1.25
风筛				压缩机	离心式		1.25	均匀加载运输机	组装运输机		1.00
装罐机械					轴流式		1.50		带式运输机		
鼓风机	离心式			搅拌设备	纯液体		1.00		斗式运输机		
	轴流式		1.50		液体加固体		1.25		板式运输机		
风扇	离心式		1.00		液体可变密度				链条式运输机		1.25
	轴流式		1.50						链板式运输机		

[❶] 在配有制动器的传动系统中,当制动器的理论转矩大于动力机的理论转矩时,应按制动器的理论转矩计算选择联轴器。

续表

工作机名称		载荷类别	K
均匀加载运输机	箱式运输机	均匀载荷	1.25
均匀加载运输机	螺旋式运输机	均匀载荷	1.25
不均匀加载运输机	组装运输机	均匀载荷	1.25
不均匀加载运输机	带式运输机	均匀载荷	1.25
不均匀加载运输机	斗式运输机	均匀载荷	1.50
不均匀加载运输机	链条式运输机	均匀载荷	1.50
不均匀加载运输机	链板式运输机	均匀载荷	1.50
不均匀加载运输机	箱式运输机	均匀载荷	1.50
给料机	板式给料机	均匀载荷	1.25
给料机	带式给料机	均匀载荷	1.25
给料机	圆盘给料机	均匀载荷	1.25
给料机	螺旋给料机	均匀载荷	1.25
提升机械	自动升降机	均匀载荷	1.25
提升机械	重力卸料提升机	均匀载荷	1.50
废水处理设备	网筛	均匀载荷	1.25
废水处理设备	化学处理设备	均匀载荷	1.25
废水处理设备	环形集尘器	均匀载荷	1.25
废水处理设备	脱水筛	均匀载荷	1.25
废水处理设备	砂粒集尘器	均匀载荷	1.25
废水处理设备	废渣破碎机	均匀载荷	1.25
废水处理设备	快、慢搅拌机	均匀载荷	1.25
废水处理设备	污泥收集器	均匀载荷	1.25
废水处理设备	浓缩机	均匀载荷	1.25
废水处理设备	真空过滤器	均匀载荷	1.25
纺织机械	开清棉机	均匀载荷	1.00
纺织机械	定量给料机	均匀载荷	1.25
纺织机械	印花机	均匀载荷	1.25
纺织机械	浆纱机	均匀载荷	1.25
纺织机械	染色机	均匀载荷	1.25
纺织机械	压光机	均匀载荷	1.25
纺织机械	起毛机	均匀载荷	1.25
纺织机械	压榨机	均匀载荷	1.50
纺织机械	轧光机	均匀载荷	1.50
纺织机械	黄化机	均匀载荷	1.50
纺织机械	罐蒸机	均匀载荷	1.50
纺织机械	织布机	均匀载荷	1.50
纺织机械	梳理机	均匀载荷	1.50

工作机名称		载荷类别	K
纺织机械	卷取机	均匀载荷	1.50
纺织机械	棉花精整机（清洗、拉幅、碾压机等）	均匀载荷	1.50
造纸设备	漂白机	均匀载荷	1.00
造纸设备	校平机	均匀载荷	1.25
造纸设备	卷取机	均匀载荷	1.50
造纸设备	清洗机	均匀载荷	1.50
流动水进料网滤器		均匀载荷	1.25
其他机床	辅助传动装置	均匀载荷	1.25
其他机床	主动传动装置	均匀载荷	1.50
食品机械	瓶装罐装机械	均匀载荷	1.00
食品机械	谷类脱粒机	均匀载荷	1.25
石油机械冷却装置		均匀载荷	1.25
印刷机械		均匀载荷	1.50
通风机	冷却塔式	中等冲击载荷	2.00
通风机	引风机（无风门控制）	中等冲击载荷	2.00
泵	三缸或多缸单动活塞泵	中等冲击载荷	1.75
泵	双动活塞泵	中等冲击载荷	2.00
泵	单缸或双缸单动活塞泵	中等冲击载荷	2.25
往复多缸式压缩机		中等冲击载荷	2.00
搅拌机	筒形搅拌机	中等冲击载荷	1.50
搅拌机	混凝土搅拌机	中等冲击载荷	1.75
不均匀加载运输机	板式运输机	中等冲击载荷	1.50
不均匀加载运输机	螺旋运输机	中等冲击载荷	1.50
不均匀加载运输机	往复式运输机	中等冲击载荷	2.50
提升机械	离心式卸料机	中等冲击载荷	1.50
提升机械	料斗式提升机	中等冲击载荷	1.75
提升机械	普通货车用提升机	中等冲击载荷	2.00
造纸设备	卷绕机	中等冲击载荷	1.50
造纸设备	搅拌器和破碎机	中等冲击载荷	1.75
造纸设备	叠层机	中等冲击载荷	1.75
造纸设备	卷筒装置	中等冲击载荷	1.75

工作机名称		载荷类别	K
造纸设备	烘干机	中等冲击载荷	1.75
造纸设备	吸入滚轧机	中等冲击载荷	1.75
造纸设备	液压式剥皮机	中等冲击载荷	2.00
造纸设备	机械式剥皮机	中等冲击载荷	2.00
造纸设备	压光机	中等冲击载荷	2.00
造纸设备	切断机	中等冲击载荷	2.00
造纸设备	打捆机	中等冲击载荷	2.00
造纸设备	圆木拖运机	中等冲击载荷	2.00
造纸设备	压力机	中等冲击载荷	2.00
造纸设备	压皮滚筒	中等冲击载荷	2.25
食品机械	甜菜切割机	中等冲击载荷	1.75
食品机械	搅面机	中等冲击载荷	1.75
食品机械	绞肉机	中等冲击载荷	1.75
食品机械	甘蔗切割机	中等冲击载荷	2.00
木材加工机械	分料机	中等冲击载荷	1.50
木材加工机械	板坯运输机	中等冲击载荷	1.50
木材加工机械	刨床进给装置	中等冲击载荷	1.75
木材加工机械	刨面传动装置	中等冲击载荷	1.75
木材加工机械	剪切机进给装置	中等冲击载荷	1.75
木材加工机械	剥皮机（筒形）	中等冲击载荷	2.00
木材加工机械	修边机	中等冲击载荷	2.00
木材加工机械	传动辊装置	中等冲击载荷	2.00
木材加工机械	拖木机（倾斜式）	中等冲击载荷	2.00
木材加工机械	拖木机（竖式）	中等冲击载荷	2.00
木材加工机械	送料辊装置	中等冲击载荷	2.00
工具机	刨床	中等冲击载荷	1.50
工具机	弯曲机	中等冲击载荷	2.00
工具机	冲压机（齿轮驱动装置）	中等冲击载荷	2.00
工具机	攻丝机	中等冲击载荷	2.50
石油机械	石蜡过滤机	中等冲击载荷	1.75
石油机械	油井泵	中等冲击载荷	2.00
石油机械	旋转窑	中等冲击载荷	2.00
轧制设备	纵剪切机	中等冲击载荷	1.50
轧制设备	绕线机	中等冲击载荷	1.75
轧制设备	拉拔机小车架	中等冲击载荷	2.00
轧制设备	拉拔机主传动	中等冲击载荷	2.00

第7篇

续表

块一

工作机名称		载荷类别	K
轧制设备	成型机	中等冲击载荷	2.00
	拉线机和压延机		
	不可逆输送辊道		2.25
旋转式粉碎机	水泥窑		2.00
	干燥机和冷却机		
	烘干机		
	砂石粉碎机		
	棒式粉碎机		
	滚筒式粉碎机		
	球磨机		2.25
橡胶机械	橡胶压延机		2.00
	压片机		
	胶料粉碎机		2.25
	密闭式冷冻机		2.50
	轮胎式成型机		
起重机和卷扬机	斜坡式卷扬机		1.50
	抓斗起重机		1.75

块二

工作机名称		载荷类别	K
起重机和卷扬机	吊钩起重机	中等冲击载荷	1.75
	桥式起重机		
	主卷扬机		2.00
	可逆式卷扬机		
	绞车（纺织绞车）		1.75
	黏土加工机械		
	球团机（压坯机械）		2.00
	拖拉式卸货机（间断负载）		1.50
挖泥机	运输机		2.00
	通用绞车		
	电缆盘装置		
	机动绞车		
	泵		1.75
	网筛传动装置		
	堆积机		
	切割头传动装置		2.25

块三

工作机名称		载荷类别	K
挖泥机	夹具传动装置	中等冲击载荷	2.25
洗衣机	可逆式洗衣机		2.00
	滚筒式洗衣机		
	锤式粉碎机		
	旋转式筛石机		1.50
	摆动运输机	重冲击载荷	2.50
破碎机	碎矿机		2.75
	碎石机		
	往复式给料机		2.50
	可逆输送辊道		2.50
重型机械	初轧机	特重冲击载荷	>2.75
	中厚板轧机		
	机架辊		
	剪切机		
	冲压机		

注：表中所列 K 值是传动系统在不同工作状态下的平均值，根据实际情况可适当增加。

表 7-2-3　温度系数 K_t

环境温度 t /℃	天然橡胶（NR）	聚氨基甲酸乙酯弹性体（PUR）	丙烯酸烷基氢-丁二烯-生橡胶（NBR）（丁腈橡胶 N）	环境温度 t /℃	天然橡胶（NR）	聚氨基甲酸乙酯弹性体（PUR）	丙烯酸烷基氢-丁二烯-生橡胶（NBR）（丁腈橡胶 N）
−20~30	1.0	1.0	1.0	>40~60	1.4	1.5	1.0
>30~40	1.1	1.2	1.0	>60~80	1.8	不允许	1.2

　　当需要减振、缓冲、改善传动系统对中性能时，应选用弹性联轴器，且机组系统中联轴器为唯一弹性部件，主、从动机可简化为两个质量系统，此时计算请见标准 JB/T 7511 中第 4.4 节，本手册从略。

第 7 篇

3　联轴器的性能、参数及尺寸

3.1　联轴器轴孔和连接型式与尺寸（摘自 GB/T 3852—2008）

3.1.1　圆柱形轴孔和键槽型式及尺寸

轴 孔 型 式

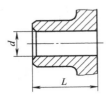

Y型—圆柱形轴孔

适用于长、短系列，推荐选用短系列

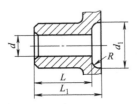

J型—有沉孔的短圆柱形轴孔

推荐选用

键 槽 型 式

A型—平键单键槽

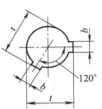

B型—120°布置平键双键槽

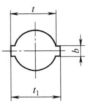

B_1型—180°布置平键双键槽

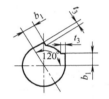

D型—圆柱形轴孔普通切向键键槽

表 7-2-4　　　　Y 型、J 型圆柱形轴孔的直径与长度及键槽尺寸　　　　　　　　　mm

直径 d		长　　度			沉孔尺寸			A 型、B 型、B_1 型键槽						B、B_1 型键槽	D 型键槽		
		L		L_1	d_1	R		b		t		t_1		T	t_3		
公称尺寸	极限偏差 H7	长系列	短系列				公称尺寸	极限偏差 P9		公称尺寸	极限偏差	公称尺寸	极限偏差	位置度公差	公称尺寸	极限偏差	b_1
6	+0.012　0	16					2			7.0		8.0					
7			—					−0.006 −0.031		8.0		9.0		—			
8	+0.015　0	20								9.0		10.0					
9							3			10.4		11.8					
10										11.4		12.8					
11		25	22				4			12.8	+0.1　0	14.6	+0.2　0				
12	+0.018　0									13.8		15.6			—	—	—
14		32	27							16.3		18.6					
16							5	−0.012 −0.042		18.3		20.6		0.03			
18		42	30	42						20.8		23.6					
19	+0.021　0				38	1.5	6			21.8		24.6					
20		52	38	52						22.8		25.6					

续表

直径 d		长 度			沉孔尺寸		A 型、B 型、B_1 型键槽						B、B_1 型键槽	D 型键槽		
公称尺寸	极限偏差 H7	L 长系列	L 短系列	L_1	d_1	R	b 公称尺寸	b 极限偏差 P9	t 公称尺寸	t 极限偏差	t_1 公称尺寸	t_1 极限偏差	T 位置度公差	t_3 公称尺寸	t_3 极限偏差	b_1
22	+0.021 0	52	38	52	38	1.5	6	−0.012 −0.042	24.8	+0.1 0	27.6	+0.2 0	0.03			
24		62	44	62	48		8	−0.015 −0.051	27.3		30.6					
25									28.3		31.6					
28									31.3		34.6					
30		82	60	82	55	2	10		33.3		36.6		0.04			
32	+0.025 0								35.3		38.6					
35									38.3		41.6					
38									41.3		44.6			—	—	—
40		112	84	112	65		12	−0.018 −0.061	43.3		46.6					
42									45.3		48.6					
45					80		14		48.8		52.6					
48									51.8		55.6					
50									53.8		57.6					
55		142	107	142	95	2.5	16		59.3		63.6		0.05			
56									60.3		64.6					
60	+0.030 0				105		18		64.4	+0.2 0	68.8	+0.4 0		7	0 −0.2	19.3
63									67.4		71.8					19.8
65									69.4		73.8					20.1
70					120		20	−0.022 −0.074	74.9		79.8					21.0
71									75.9		80.8					22.5
75									79.9		84.8					23.2
80		172	132	172	140	3.0	22		85.4		90.8		0.06	8		24.0
85									90.4		95.8					24.8
90					160		25		95.4		100.8					25.6
95	+0.035 0								100.4		105.8					27.8
100					180		28		106.4		112.8			9		28.6
110		212	167	212					116.4		122.8					30.1
120					210		32	−0.026 −0.088	127.4		134.8		0.08	10		33.2
125									132.4		139.8					33.9
130					235				137.4		144.8					34.6
140	+0.040 0	252	202	252		4.0	36		148.4		156.8			11		37.7
150					265				158.4	+0.3 0	166.8	+0.6 0				39.1
160		302	242	302			40		169.4		178.8			12	0 −0.3	42.1
170					330				179.4		188.8					43.5

第 7 篇

直径 d 公称尺寸	极限偏差 H7	长度 L 长系列	长度 L 短系列	L1	沉孔尺寸 d1	沉孔尺寸 R	A型、B型、B1型键槽 b 公称尺寸	A型、B型、B1型键槽 b 极限偏差 P9	t 公称尺寸	t 极限偏差	t1 公称尺寸	t1 极限偏差	B、B1型键槽 T 位置度公差	D型键槽 t3 公称尺寸	t3 极限偏差	D型键槽 b1
180	+0.040 0	302	242	302		4.0	45	−0.026 −0.088	190.4		200.8		0.08	12		44.9
190	+0.046 0	352	282	352	330	5.0			200.4		210.8			14		49.6
200									210.4		220.8					51.0
220				—	—	—	50		231.4		242.8		0.10	16		57.1
240		410	330						252.4		264.8					59.9
250							56		262.4		274.8			18		64.6
260	+0.052 0								272.4		284.8					66.0
280		470	380				63		292.4		304.8			20		72.1
300							70	−0.032 −0.106	314.4		328.8					74.4
320	+0.057 0								334.4		348.8			22		81.0
340		550	450						355.4		370.8					83.6
360							80		375.4	+0.30	390.8	+0.60		26	0 −0.3	93.2
380									395.4		410.8					95.9
400									417.4		434.8					98.6
420	+0.063 0						90		437.4		454.8			30		108.2
440									457.4		474.8					110.9
450		650	540						469.5		489.0					112.3
460							100		479.5		499.0			34		120.1
480								−0.037 −0.124	499.5		519.0		0.12			123.1
500									519.5		539.0					125.9
530	+0.070 0						110		552.2		574.4			38		136.7
560		800	680						582.2		604.4					140.8
600							120		624.5		649.0			42		153.1
630									654.5		679.0					157.1
670	+0.080 0						—	—	—	—	—	—	—	67	0 −0.4	201.0
710		900	780											71		213.0
750														75		225.0
800														80		240.0
850	+0.090 0	1000	880											85		255.0
900														90		270.0
950			980											95		285.0
1000		—												100		300.0
1060	+0.150 0		1100											—		—

续表

直径 d		长 度			沉孔尺寸		A 型、B 型、B₁ 型键槽						B、B₁ 型键槽	D 型键槽		
公称尺寸	极限偏差 H7	L		L_1	d_1	R	b		t		t_1		T	t_3		b_1
		长系列	短系列				公称尺寸	极限偏差 P9	公称尺寸	极限偏差	公称尺寸	极限偏差	位置度公差	公称尺寸	极限偏差	
1120	+0.150 0	—	1200	—	—	—	—	—	—	—	—	—	—	—	—	—
1180																
1250			1300													

注：b 的极限偏差，也可采用 GB/T 1095（平键、键槽的剖面尺寸）中规定的轴 N9、毂 JS9。

表 7-2-5　　　　　　　　　　圆柱形轴孔与轴的配合

直径 d/mm	>6～30	>30～50	>50
配合代号	H7/j6	H7/k6	H7/m6

注：根据使用要求，也可采用 H7/n6、H7/p6 和 H7/r6。

3.1.2　圆锥形轴孔和键槽型式及尺寸

轴　孔　型　式　　　　　　　　　　　　　键　槽　型　式

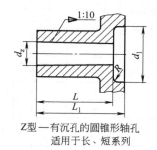 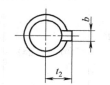

Z型—有沉孔的圆锥形轴孔
适用于长、短系列

Z₁型— 圆锥形轴孔
适用于长、短系列

C型—圆锥形轴孔平键单键槽

表 7-2-6　　　　　**Z 型、Z₁ 型圆锥形轴孔的直径与长度及键槽尺寸**　　　　　mm

直径 d_z		长 度				沉孔尺寸		C 型 键 槽				
公称尺寸	极限偏差 H8	长系列		短系列		d_1	R	b		t_2		
		L	L_1	L	L_1			公称尺寸	极限偏差 P9	长系列	短系列	极限偏差
6	+0.022 0	12	18	—	—	16	1.5	—	—	—	—	—
7												
8		14	22			24						
9												
10		17	25									
11	+0.027 0							2	−0.006 −0.031	6.1		+0.1 0
12		20	32			28				6.5		
14										7.9		
16								3		8.7	9.0	
18		30	42	18	30	38				10.1	10.4	
19	+0.033 0							4	−0.012 −0.042	10.6	10.9	
20		38	52	24	38					10.9	11.2	

续表

直径 d_z		长 度				沉孔尺寸		C 型 键 槽				
公称尺寸	极限偏差 H8	长系列		短系列		d_1	R	b		t_2		
		L	L_1	L	L_1			公称尺寸	极限偏差 P9	长系列	短系列	极限偏差
22		38	52	24	38	38		4		11.9	12.2	
24								5		13.4	13.7	
25	+0.033 0	44	62	26	44	48	1.5			13.7	14.2	+0.1 0
28									−0.012 −0.042	15.2	15.7	
30										15.8	16.4	
32		60	82	38	60	55		6		17.3	17.9	
35										18.8	19.4	
38										20.3	20.9	
40	+0.039 0					65	2.0	10	−0.015 −0.051	21.2	21.9	
42										22.2	22.9	
45		84	112	56	84	80		12		23.7	24.4	
48										25.2	25.9	
50										26.2	26.9	
55		107	142	72	107	95		14		29.2	29.9	+0.2 0
56										29.7	30.4	
60						105		16	−0.018 −0.061	31.7	32.5	
63	+0.046 0						2.5			33.2	34.0	
65										34.2	35.0	
70						120		18		36.8	37.6	
71										37.3	38.1	
75										39.3	40.1	
80		132	172	92	132	140		20		41.6	42.6	
85										44.1	45.1	
90						160		22		47.1	48.1	
95	+0.054 0						3.0			49.6	50.6	
100		167	212	122	167	180		25	−0.022 −0.074	51.3	52.4	
110										56.3	57.4	
120						210		28		62.3	63.4	
125										64.7	65.9	
130		202	252	152	202	235				66.4	67.6	
140	+0.063 0							32		72.4	73.6	
150							4.0			77.4	78.6	
160		242	302	182	242	265		36		82.4	83.9	
170									−0.026 −0.088	87.4	88.9	
180						330		40		93.4	94.9	+0.3 0
190		282	352	212	282					97.4	99.9	
200	+0.072 0						5.0			102.4	104.1	
220								45		113.4	115.1	

注：b 的极限偏差，也可采用 GB/T 1095（平键、键和键槽的剖面尺寸）中规定的 JS 9。

表 7-2-7　　　　　　　圆锥形轴孔直径及轴孔长度的极限偏差　　　　　　　　　mm

圆锥孔直径 d_z	轴、孔配合代号	L 轴向 极限偏差	圆锥孔直径 d_z	轴、孔配合代号	L 轴向 极限偏差
>6~10	H8/k8	0 −0.220	>50~80	H8/k8	0 −0.460
>10~18		0 −0.270	>80~120		0 −0.540
>18~30		0 −0.330	>120~180		0 −0.630
>30~50		0 −0.390	>180~250		0 −0.720

注：圆锥角公差应符合 GB/T 11334 圆锥公差中 AT6 级的规定。

3.1.3　其他连接型式

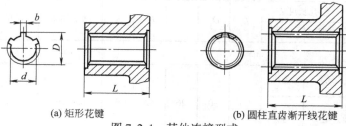

① 矩形花键尺寸应符合 GB/T 1144 中的有关规定。

② 圆柱直齿渐开线花键尺寸应符合 GB/T 3478.1 的规定。

③ 花键连接轴孔长度 L 一般应符合表 7-2-4 中轴孔长度短系列的规定。

(a) 矩形花键　　　(b) 圆柱直齿渐开线花键

图 7-2-1　其他连接型式

3.2　刚性联轴器

3.2.1　凸缘联轴器（摘自 GB/T 5843—2003）

结构简单，制造方便，成本低，装拆维护简便，传递转矩较大，常用于载荷平稳、无冲击、传动精度要求高的传动。不具备径向、轴向、角向补偿性能，所以要求两轴对中精度高。不具备减振、缓冲功能。

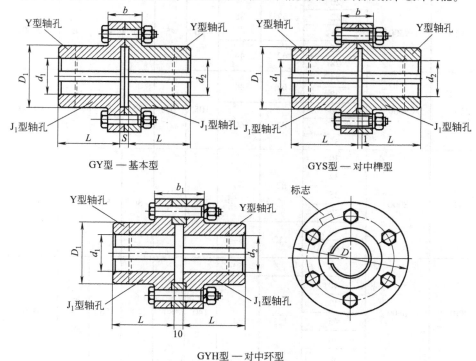

GY型 — 基本型　　　GYS型 — 对中榫型

GYH型 — 对中环型

零件名称	材料
半联轴器	35
对中环	
螺栓	性能等级 8.8 级
螺母	性能等级 8 级

标记示例:

例 1 GY5 凸缘联轴器

主动端:Y 型轴孔、A 型键槽,$d=30$,$L=82$

从动端:J_1 型轴孔、A 型键槽,$d=30$,$L=60$。标记为:

GY5 联轴器 $\dfrac{30\times82}{J_1 30\times60}$ GB/T 5843—2003

例 2 GYS6 凸缘联轴器

主动端:J_1 型轴孔、A 型键槽,$d=45$,$L=84$

从动端:J_1 型轴孔、A 型键槽,$d=45$,$L=84$。标记为:

GYS6 联轴器 $J_1 45\times84$ GB/T 5843—2003

第 7 篇

表 7-2-8 　　　　　　　　　　　　　　　　基本参数和主要尺寸

型号	公称转矩 T_n	许用转速 n_p	轴孔直径 d_1、d_2	轴孔长度 L Y 型	轴孔长度 L J_1 型	D	D_1	b	b_1	S	转动惯量	质量
	N·m	r·min^{-1}			mm						kg·m^2	kg
GY1 GYS1 GYH1	25	12000	12	32	27	80	30	26	42	6	0.0008	1.16
			14									
			16									
			18	42	30							
			19									
GY2 GYS2 GYH2	63	10000	16	42	30	90	40	28	44	6	0.0015	1.72
			18									
			19									
			20									
			22	52	38							
			24									
			25	62	44							
GY3 GYS3 GYH3	112	9500	20	52	38	100	45	30	46	6	0.0025	2.38
			22									
			24									
			25	62	44							
			28									
GY4 GYS4 GYH4	224	9000	25	62	44	105	55	32	48	6	0.003	3.15
			28									
			30									
			32	82	60							
			35									
GY5 GYS5 GYH5	400	8000	30	82	60	120	68	36	52	8	0.007	5.43
			32									
			35									
			38									
			40	112	84							
			42									
GY6 GYS6 GYH6	900	6800	38	82	60	140	80	40	56	8	0.015	7.59
			40									
			42									
			45	112	84							
			48									
			50									

续表

型号	公称转矩 T_n	许用转速 n_p	轴孔直径 d_1、d_2	轴孔长度 L		D	D_1	b	b_1	S	转动惯量	质量
				Y 型	J_1 型							
	N·m	r·min⁻¹				mm					kg·m²	kg
GY7 GYS7 GYH7	1600	6000	48 50 55 56 60 63	112 142	84 107	160	100	40	56	8	0.031	13.1
GY8 GYS8 GYH8	3150	4800	60 63 65 70 71 75 80	142 172	107 132	200	130	50	68	10	0.103	27.5
GY9 GYS9 GYH9	6300	3600	75 80 85 90 95 100	142 172 212	107 132 167	260	160	66	84	10	0.319	47.8
GY10 GYS10 GYH10	10000	3200	90 95 100 110 120 125	172 212	132 167	300	200	72	90	10	0.720	82.0
GY11 GYS11 GYH11	25000	2500	120 125 130 140 150 160	212 252 302	167 202 242	380	260	80	98	10	2.278	162.2
GY12 GYS12 GYH12	50000	2000	150 160 170 180 190 200	252 302 352	202 242 282	460	320	92	112	12	5.923	285.6
GY13 GYS13 GYH13	100000	1600	190 200 220 240 250	352 410	282 330	590	400	110	130	12	19.978	611.9

注：1. 联轴器的轴孔和键槽型式及尺寸见表 7-2-4，轴孔与轴的配合见表 7-2-5。J_1 型轴孔在 GB/T 3852（联轴器轴孔和连接型式与尺寸）中已取消。

2. 联轴器组装时，两半联轴器一端轴孔对另一端轴孔的同轴度按 GB/T 1184 中的 9 级公差的规定。

3. 质量、转动惯量是按 GY 型联轴器 Y/J_1 轴孔组合型式和最小轴孔直径计算的。

4. 凸缘联轴器应具有安全防护装置，由选用者自行设计。

5. 联轴器选用计算见本章第 2 节。

6. 生产厂家为河北省冀州市联轴器厂、沧州天硕联轴器公司。

3.2.2 ZZ1 胀套式刚性联轴器

胀套式联轴器是由胀套发展的产品。结构简单，通用性强，靠摩擦力传递转矩，无键连接，要求两轴对中性好。本产品用于小转矩的传动。

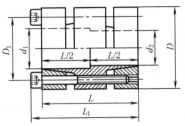

表 7-2-9 基本参数和主要尺寸

额定转矩 /N·m	许用 轴向力/N	最高转速 /r·min⁻¹	基本尺寸/mm						六角头螺栓		质量 /kg
			d_1	d_2	D	D_1	L	L_1	规格	拧紧力矩 M_A/N·m	
78.5			16	16							0.80
78.5			20	16							0.76
98.1		14500	20	20	53	41	56	61			0.77
98.1	981		22	20						17.7	0.72
118.0			22	22							0.72
98.1			25	20							0.87
118.0			25	22			58	63			0.86
127.1		12500	25	25	58	45					0.84
63.7	588		20	16			64	68.5		8.83	1.10
63.7			22	16							1.10
157.0		12000	30	25	63	50.5			6-M6×50		1.05
186.0			30	30							1.01
157.0			35	25							1.14
177.0	1180		35	28			60	65			1.19
186.0		10000	35	30	68	56					1.17
206.0			35	32						17.7	1.15
226.0			35	35							1.12
226.0			42	35	73						1.51
245.0	1270	9000	38	38		60	70	75			1.53
275.0			42	42							1.41
461.0	1860	8000	48	48	78						1.50

注：生产厂为北京古德高机电技术有限公司。该公司还生产 ZZ2（200~4280N·m）、ZZ3（30~334200N·m）、ZZ4（270~690000N·m）等型号。

3.3 鼓形齿式联轴器

鼓形齿式联轴器齿侧间隙较一般齿轮传动大，可允许一定的角位移，内外齿面周期性轴向相对滑动，因此，

这种联轴器需有良好的润滑和密封。这种联轴器径向尺寸小，承载能力大，适用于低速重载的传动。

3.3.1　GⅡCL 型鼓形齿式联轴器（摘自 GB/T 26103.1—2010）

　　GⅡCL 型联轴器适用于连接两水平同轴线的传动轴系，并具有一定补偿两轴相对位移性能。齿轮齿宽为窄型，结构紧凑，转动惯量较小，适宜于转速较高，频繁启、制动的场合。

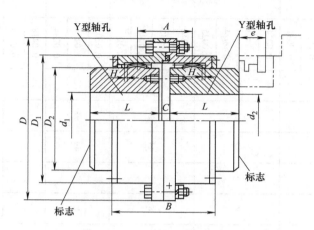

GⅡCL1~GⅡCL13 型鼓形齿式联轴器

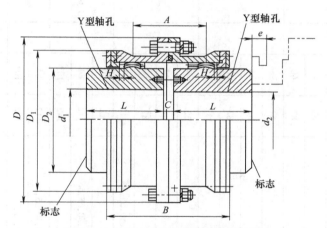

GⅡCL14~GⅡCL25 型鼓形齿式联轴器

标记示例

例1　GⅡCL4 型联轴器

主动端：Y 型轴孔（短系列），A 型键槽，$d_1 = 55$mm，$L = 84$mm

从动端：Y 型轴孔（短系列），A 型键槽，$d_2 = 60$mm，$L = 107$mm。标记为：

$$GⅡCL4\ 联轴器\frac{55×84}{60×107}GB/T\ 26103.1—2010$$

例2　GⅡCL4 型联轴器

主动端：Y 型轴孔（长系列），A 型键槽，$d_1 = 50$mm，$L = 112$mm

从动端：Y 型轴孔（长系列），A 型键槽，$d_2 = 50$mm，$L = 112$mm。标记为：

$$GⅡCL4\ 联轴器\ 50×112\ GB/T\ 26103.1—2010$$

联轴器轴孔和联结型式与尺寸应符合 GB/T 3852 的规定。其键槽型式有 A、B、B_1、D。轴孔组合型式为 $\dfrac{Y}{Y}$。

表 7-2-10　　　　　　　　　　　　　　　　　　　　G Ⅱ CL 型的基本参数和主要尺寸

型号	公称转矩 T_n kN·m	许用转速 $[n]$ r·min⁻¹	轴孔直径 d_1,d_2	轴孔长度 L Y(长系列)	Y(短系列)	D mm	D_1	D_2	C	H	A	B	e	转动惯量 kg·m²	润滑脂用量 mL	质量 kg
G Ⅱ CL1	0.63	6500	16,18,19	42	—	103	71	50	8	2	36	76	38	0.0016	51	3.4
			20,22,24	52	38									0.0030		3.2
			25,28	62	44									0.0031		3.3
			30,32,35	82	60									0.0032		3.5
G Ⅱ CL2	1.00	6000	20,22,24	52	—	115	83	60	8	2	42	88	42	0.0024	70	4.6
			25,28	62	44									0.0023		4.1
			30,32,35,38	82	60									0.0024		4.5
			40,42,45	112	84									0.0025		4.6
G Ⅱ CL3	1.60	5600	22,24	52	—	127	95	75	8	2	44	90	42	0.0044	68	6.1
			25,28	62	44									0.0042		5.5
			30,32,35,38	82	60									0.0045		6.3
			40,42,45,48,50,55,56	112	84									0.0101		6.9
G Ⅱ CL4	2.80	5100	38	82	60	149	116	90	8	2	49	98	42	0.0205	87	9.5
			40,42,45,48,50,55,56	112	84									0.0228		11.3
			60,63,65	142	107									0.0234		10.5
G Ⅱ CL5	4.50	4600	40,42,45,48,50,55,56	112	84	167	134	105	10	2.5	55	108	42	0.0418	125	15.9
			60,63,65,70,71,75	142	107									0.0444		16.0
G Ⅱ CL6	6.30	4300	45,48,50,55,56	112	84	187	153	125	10	2.5	56	110	42	0.0706	148	21.2
			60,63,65,70,71,75	142	107									0.0777		23.0
			80,85,90	172	132									0.0809		22.1
G Ⅱ CL7	8.00	4000	50,55,56	112	84	204	170	140	10	2.5	60	118	42	0.103	175	27.6
			60,63,65,70,71,75	142	107									0.115		33.1
			80,85,90,95	172	132									0.1298		39.2
			100,(105)	212	167									0.151		47.5

第 7 篇

型号	公称转矩 T_n (kN·m)	许用转速 [n] (r·min⁻¹)	轴孔直径 d_1, d_2	轴孔长度 L Y(长系列)	轴孔长度 L Y₁(短系列)	D (mm)	D_1	D_2	C	H	A	B	e	转动惯量 (kg·m²)	润滑脂用量 (mL)	质量 (kg)
G Ⅱ CL8	11.20	3700	55,56	112	84									0.167		35.5
			60,63,65,70,71,75	142	107	230	186	155	12	3	67	142	147	0.188	268	42.3
			80,85,90,95	172	132									0.210		49.7
			100,110,(115)	212	167									0.241		60.2
G Ⅱ CL9	18.00	3350	60,63,65,70,71,75	142	107									0.316		55.6
			80,85,90,95	172	132	256	212	180	12	3	69	146	47	0.356	310	65.6
			100,110,120,125	212	167									0.413		79.6
			130,(135)	252	202									0.470		95.8
G Ⅱ CL10	25.00	3000	65,70,71,75	142	107									0.511		72
			80,85,90,95	172	132	287	239	200	14	3.5	78	164	47	0.573	472	84.4
			100,110,120,125	212	167									0.659		101
			130,140,150	252	202									0.745		119
G Ⅱ CL11	35.50	2700	70,71,75	142	107									1.454		97
			80,85,90,95	172	132	325	276	235	14	3.5	81	170	47	1.096	550	114
			100,110,120,125	212	167									1.235		138
			130,140,150	252	202									1.340		161
			160,170,(175)	302	242									1.588		189
G Ⅱ CL12	56	2450	75	142	107									1.623		128
			80,85,90,95	172	132	362	313	270	16	4	89	190	49	1.828	695	150
			100,110,120,125	212	167									2.113		205
			130,140,150	252	202									2.40		213
			160,170,180	302	242									2.728		248
			190,200	352	282									3.055		285

第 7 篇

续表

型号	公称转矩 T_n kN·m	许用转速 $[n]$ r·min⁻¹	轴孔直径 d_1,d_2	轴孔长度 L		D	D_1	D_2	C	H	A	B	e	转动惯量 kg·m²	润滑脂用量 mL	质量 kg
				Y(长系列)	Y(短系列)	mm										
GⅡCL13	80	2200	150	252	202	412	350	300	18	4.5	98	208	49	3.951		222
			160,170,180,(185)	302	242									4.363	1019	246
			190,200,220,(225)	352	282									4.541		242
GⅡCL14	125	2000	170,180,(185)	302	242	462	420	335	22	5.5	172	296	63	8.025		421
			190,200,220	352	282									8.8	2900	476
			240,250	410	330									9.725		544
GⅡCL15	180	1800	190,200,220	352	282	512	470	380	22	5.5	182	316	63	14.300		608
			240,250,260	410	330									15.850	3700	696
			280,(285)	470	380									17.450		786
GⅡCL16	250	1600	220	352	282	580	522	430	28	7	209	354	67	23.925		799
			240,250,260	410	330									26.450	4500	913
			280,300,320	470	380									29.100		1027
GⅡCL17	355	1400	250,260	410	330	644	582	490	28	7	198	364	67	43.095		1176
			280,(295),300,320	470	380									47.525	4900	1322
			340,360,(365)	550	450									53.725		1532
GⅡCL18	500	1210	280,(295),300,320	470	380	726	658	540	28	8	222	430	75	78.525		1698
			340,360,380	550	450									87.750	7000	1948
			400	650	540									99.500		2278
GⅡCL19	710	1050	300,320	470	380	818	748	630	32	8	232	440	75	136.750		2249
			340,(350),360,380,(390)	550	450									153.750	8900	2591
			400,420,440,450,460,(470)	650	540									175.500		3026

续表

型号	公称转矩 T_n (kN·m)	许用转速 $[n]$ (r·min⁻¹)	轴孔直径 d_1,d_2	轴孔长度 L — Y(长系列) (mm)	Y(短系列) (mm)	D (mm)	D_1 (mm)	D_2 (mm)	C (mm)	H (mm)	A (mm)	B (mm)	e (mm)	转动惯量 (kg·m²)	润滑脂用量 (mL)	质量 (kg)
GⅡCL20	1000	910	360,380,(390)	550	450									261.750		3384
			400,420,440,450,460	650	540	928	838	720	32	10.5	247	470	75	299.000	11000	3984
			480,500	800	680									360.750		4430
GⅡCL21	1400	800	400,420,440,450,460	650	540									461.600		3912
			480,500	800	680	1022	928	810	40	11.5	255	490	75	449.400	13000	3754
GⅡCL22	1800	700	450,460,480,500	650	540									734.300		4970
			530,560,600,630	800	680	1134	1036	915	40	13	262	510	75	837.000	16000	5408
			670,(680)	—	780									785.400		4478
GⅡCL23	2500	610	530,560,600,630	800	680									1517		10013
			670,(700),710,750,(770)	—	780	1282	1178	1030	50	14.5	299	580	80	1725	28000	11553
GⅡCL24	3550	500	560,600,630	800	680									2486		12915
			670,(700),710,750	—	780	1428	1322	1175	50	16.5	317	610	80	2838.5	33000	15015
			800,850	—	880									3131.75		16615
GⅡCL25	5600	420	670,(700),710,750	—	780									5082.00		15760
			800,850	—	880	1644	1538	1390	50	19	325	620	80	5344.10	43000	15515
			900,950	—	980									5484.00		15054
			1000,(1040)	—	1100									5615.20		14513

注：1. 转动惯量与质量是按 Y（短系列）型轴孔的最小轴径。

2. 轴孔长度推荐用 Y（短系列）型。

3. 带括号的轴孔直径为新设计时，建议不选用。

4. 联轴器的轴孔和键槽型式及尺寸见表 7-2-4，键槽型式见表 7-2-5。

5. 联轴器 GⅡCL 的轴孔组合为 Y/Y，轴孔与轴的配合见表 7-2-4，轴孔与轴的配合见表 7-2-5。

6. 生产厂家为浙江乐清江乐市联轴器厂、河北衡水市联轴器厂、北京古德高机电技术有限公司、沈阳三环机械厂、江阴神州联轴器有限公司。

第 7 篇

3.3.2 GⅡCLZ 型鼓形齿形齿式联轴器 (摘自 JB/T 8854.2—2001)

GⅡCLZ 型是 GⅡCL 型用于接中间轴的派生型，可长距离传动，其主要特点与 GⅡCL 相同。

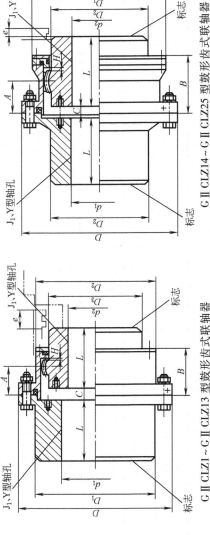

GⅡCLZ1~GⅡCLZ13 型鼓形齿式联轴器

GⅡCLZ14~GⅡCLZ25 型鼓形齿式联轴器

标记示例

例 1 GⅡCLZ15 型联轴器

主动端：Y 型轴孔，A 型键槽，$d_1 = 200mm$，$L = 352mm$

从动端：Y 型轴孔，B 型键槽，$d_2 = 240mm$，$L = 410mm$。

GⅡCLZ15 联轴器 $\dfrac{200 \times 352}{B240 \times 410}$ JB/T 8854.2—2001

例 2 GⅡCLZ8 型联轴器

主动端：J_1 型轴孔，A 型键槽，$d_1 = 55mm$，$L = 84mm$。

从动端：J_1 型轴孔，A 型键槽，$d_2 = 55mm$，$L = 84mm$。标记为：

GⅡCLZ8 联轴器 $J_1 55 \times 84$ JB/T 8854.2—2001

表 7-2-11　GⅡCLZ 型的基本参数和主要尺寸

型号	公称转矩 T_n	许用转速 n_p	轴孔直径 d_1, d_2	轴孔长度 L		D	D_1	D_2	D_3	C	H	A	B	e	转动惯量	润滑脂用量	质量
				Y	J_1												
	kN·m	r·min⁻¹				mm									kg·m²	mL	kg
GⅡCLZ1	0.4	4000	16,18,19	42	—	103	71	71	50	8	2	18	38	38	0.004	31	3.5
			20,22,24	52	38										0.00375		3.3
			25,28	62	44										0.004		3.5
			30,32,35,38*	82	60										0.005		4.1
			40*,42*,45*,48*,50*	112	84										0.007		5.7

型号	公称转矩 T_n kN·m	许用转速 n_p r·min^{-1}	轴孔直径 d_1,d_2	轴孔长度 L (Y)	轴孔长度 L (J_1)	D mm	D_1	D_2	D_3	C	H	A	B	e	转动惯量 kg·m²	润滑脂用量 mL	质量 kg
GⅡCLZ2	0.71	4000	20,22,24	52	—	115	83	83	60	8	2	21	44	42	0.00675	42	5.3
			25,28	62	44										0.00625		4.8
			30,32,35,38	82	60										0.007		5.7
			40,42,45,48*,50*,55*,56*	112	84										0.008		7.2
			60*	142	107										0.01		9.2
GⅡCLZ3	1.12	4000	22,24	52	—	127	95	95	75	8	2	22	45	42	0.009	42	3.8
			25,28	62	44										0.011		7.8
			30,32,35,38	82	60										0.011		7.6
			40,42,45,48,50,55,56	112	84										0.01325		9.8
			60*,63*,65*,70*	142	107										0.01675		12.5
GⅡCLZ4	1.8	4000	38	82	60	149	116	116	90	8	2	24.5	49	42	0.02125	53	10.5
			40,42,45,48,50,55,56	112	84										0.0255		13.5
			60,63,65,70,71*,75*	142	107										0.039		16.5
			80*	172	132										0.04875		19.4
GⅡCLZ5	3.15	4000	40,42,45,48,50,55,56	112	84	167	134	134	105	10	2	27.5	54	42	0.044	77	18.1
			60,63,65,70,71,75	142	107										0.05175		23.1
			80*,85*,90*	172	132										0.0625		28.5
GⅡCLZ6	5.00	4000	45,48,50,55,56	112	84	187	153	153	125	10	2.5	28	55	42	0.075	91	23.9
			60,63,65,70,71,75	142	107										0.089		29.3
			80,85,90,95*	172	132										0.10425		35.4
			100*,(105)*	212	167										0.1065		36.2
GⅡCLZ7	7.1	3750	50,55,56	112	84	204	170	170	140	10	2.5	30	59	42	0.1145	108	29.6
			60,63,65,70,71,75	142	107										0.1335		36.3
			80,85,90,95	172	132										0.157		43.8
			100,(105),110*,(105)*	212	167										0.1898		54.3

第 7 篇

续表

型号	公称转矩 T_n	许用转速 n_p	轴孔直径 d_1,d_2	轴孔长度 L		D	D_1	D_2	D_3	C	H	A	B	e	转动惯量	润滑脂用量	质量
	kN·m	r·min⁻¹		Y	J_1	mm									kg·m²	mL	kg
GⅡCLZ8	10.00	3300	55,56	112	84	230	186	186	155	12	3	33.5	71	47	0.184	161	37.8
			60,63,65,70,71,75	142	107										0.215		46.1
			80,85,90,95	172	132										0.249		54.9
			100,110,(115),120*,125*	212	167										0.297		67.4
GⅡCLZ9	16	3000	60,63,65,70,71,75	142	107	256	212	212	180	12	3	34.5	73	47	0.358	184	60
			80,85,90,95	172	132										0.415		71.8
			100,110,120,125	212	167										0.499		88
			130,(135),140*,150*	252	202										0.575		104.4
GⅡCLZ10	22.4	2650	65,70,71,75	142	107	287	239	239	200	14	3.5	39	82	47	0.58	276	76.1
			80,85,90,95	172	132										0.6725		91.1
			100,110,120,125	212	167										0.8025		111.5
			130,140,150	252	202										0.935		133.5
GⅡCLZ11	35.5	2350	110,120,125	212	167	325	250	276	235	14	3.5	40.5	85	47	1.223	322	137
			130,140,150	252	202										1.41		162.4
			160,170,(175)	302	242										1.625		193
GⅡCLZ12	50	2100	130,140,150	252	202	362	286	313	270	16	4	44.5	95	49	2.39	404	212.8
			160,170,180	302	242										2.763		268
			190,200	352	282										3.093		290
GⅡCLZ13	71	1850	150	252	202	412	322	350	300	18	4.5	49	104	49	3.93	585	272.3
			160,170,180,(185)	302	242										4.535		320
			190,200,220,(225)	352	282										6.34		370
GⅡCLZ14	112	1650	170,180,(185)	302	242	462	420	335	—	22	5.5	86	148	63	6.9	1600	389
			190,200,220	352	282										7.675		438
			240,250	410	330										8.6		509
GⅡCLZ15	180	1500	190,200,220	352	282	512	465	380	—	22	5.5	91	158	63	12.425	2100	566
			240,250,260	410	330										13.975		650
			280,(285)	470	380										15.575		740
GⅡCLZ16	250	1300	220	352	282	580	522	430	—	28	7	104.5	177	67	21.2	2500	751
			240,250,260	410	330										23.125		857
			280,300,320	470	380										26.35		974

续表

型号	公称转矩 T_n (kN·m)	许用转速 n_p (r·min⁻¹)	轴孔直径 d_1, d_2	轴孔长度 L — Y	轴孔长度 L — J_1	D (mm)	D_1	D_2	D_3	C	H	A	B	e	转动惯量 (kg·m²)	润滑脂用量 (mL)	质量 (kg)
GⅡCLZ17	355	1200	250,260	410	330	644	582	490	—	28	7	99	182	67	38.825	2700	1110
			280,(290),300,320	470	380										43.25		1255
			340,360,(365)	550	450										49.5		1465
GⅡCLZ18	500	1050	280,(295),300,320	470	380	726	658	540	—	28	8	111	215	75	69.5	3900	1580
			340,360,380	550	450										78.75		1830
			400	650	540										90.5		2160
GⅡCLZ19	710	950	300,320	470	380	818	748	630	—	32	9	116	220	75	122.5	5000	2115
			340,(350),360,380,(390)	550	450										139.5		2457
			400,420,440,450,460,(470)	650	540										161.25		2892
GⅡCLZ20	1000	800	360,380,(390)	550	450	928	838	720	—	32	10.5	123.5	235	75	240	6200	3223
			400,420,440,450,460,480,500	650	540										277.25		3793
			530,(540)	800	680										335		4680
GⅡCLZ21	1400	750	400,420,440,450,460,480,500	650	540	1022	928	810	—	40	11.5	127.5	245	75	435	7000	4780
			530,560,600	800	680										527.75		5905
GⅡCLZ22	1800	650	450,460,480,500	650	540	1134	1036	915	—	40	13	131	255	75	701.25	8700	6069
			530,560,600,630	800	680										852.25		7504
			670,(680)	900	780												
GⅡCLZ23	2500	600	530,560,600,630	800	680	1282	1178	1030	—	50	14.5	149.5	290	80	1415.75	15000	9633
			670,(700),710,750,(770)	900	780										1638.75		11133
GⅡCLZ24	3550	550	560,600,630	800	680	1428	1322	1175	—	50	16.5	158.5	305	80	2330.5	18000	12460
			670,710,750	900	780										2682.75		14465
			800,850	1000	880										2976.25		16110
GⅡCLZ25	4500	460	670,(700),710,750	900	780	1644	1538	1390	—	50	19	162.5	310	80	5174.25	23000	19837
			800,850	1000	880										5836.5		22381
			900,950	—	980										6413		24765
			1000,(1040)	—	1100										7198.25		27797

注：1. 转动惯量与质量按 J_1 型轴伸计算，并不包括轴伸在内。J_1 型轴孔在 GB/T 3852（联轴器轴孔和联结型式与尺寸）中已取消。
2. 轴孔直径栏中标注 * 的轴孔尺寸，只允许 d_1 选用。
3. 带括号的轴孔直径为新设计时不用。
4. 本型号新国家标准正在起草中。
5. 生产厂同表 7-2-10 注。

第 7 篇

第7篇

3.3.3 GCLD型鼓形齿式联轴器（摘自GB/T 26103.3—2010）

GCLD型为电机轴伸型，适用于连接电机与机械水平轴线的传动轴系，并具有一定补偿两轴相对位移性能。

标记示例：

例1 GCLD5型鼓形齿式联轴器
主动端：Y型轴孔（长系列），A型键槽，$d_1=55$mm，$L=112$mm
从动端：Y型轴孔（短系列），B_1型键槽，$d_2=60$mm，$L=107$mm。标记为：
GCLD5联轴器 $\dfrac{55×112}{B_1 60×107}$ GB/T 26103.3—2010

例2 GCLD9型鼓形齿式联轴器
主动端：Z_1型轴孔，C型键槽，$d_1=100$mm，$L=167$mm
从动端：Y型轴孔（短系列），A型键槽，$d_2=120$mm，$L=167$mm。标记为：
GCLD9联轴器 $\dfrac{Z_1 C100×167}{120×167}$ GB/T 26103.3—2010

表7-2-12 基本参数和主要尺寸

型号	公称转矩 T_n kN·m	许用转速 $[n]$ r·min⁻¹	轴孔直径 d_1,d_2	L Y	L Z_1,Y(短系列)	D	D_1	D_2	C	C_1	H	A	A_1	B	B_1	e	转动惯量 kg·m²	润滑脂用量 mL	质量 kg
GCLD1	1.60	5600	22,24	52	38	127	95	75	27	4	2	43	22	66	45	42	0.00875	107	6.2
			25,28	62	44												0.01025		7.2
			30,32,35,38	82	60												0.011		7.8
			40,42,45,48,50,55,56	112	84												0.01175		9.6
GCLD2	2.8	5100	38	82	60	149	116	90	26.5	4	2	49.5	24.5	70	49	42	0.02125	137	11.2
			40,42,45,48,50,55,56	112	87												0.02425		14
			60,63,65	142	107				33								0.0215		16.4
GCLD3	4.50	4600	40,42,45,48,50,55,56	112	84	167	134	105	33	5	2.5	53.5	27.5	80	54	42	0.0400	201	17.2
			60,63,65,70,71,75	142	107												0.0475		22.4
GCLD4	6.30	4300	45,48,50,55,56	112	84	187	153	125	33.5	5	2.5	54	28	81	55	42	0.0725	238	25.2
			60,63,65,70,71,75	142	107												0.0825		26.4
			80,85,90	172	132				38								0.095		35.6
GCLD5	8.00	4000	50,55,56	112	84	204	170	140	37.5	5	2.5	60	30	89	59	42	0.1125	298	31.6
			60,63,65,70,71,75	142	107												0.1175		38
			80,85,90,95	172	132												0.145		44.6
			100,(105)	212	167				43.5								0.1675		53.9

续表

型号	公称转矩 T_n kN·m	许用转速 $[n]$ r·min⁻¹	轴孔直径 d_1, d_2	轴孔长度 L Y	Z_1、Y（短系列）	D	D_1	D_2	C	C_1	H	A	A_1	B	B_1	e	转动惯量 kg·m²	润滑脂用量 mL	质量 kg
GCLD6	11.20	3700	55,56	112	84	230	186	155	43.5	6	3	68.5	33.5	106	71	47	0.1875	465	40.5
			60,63,65,70,71,75	142	107												0.21		49.8
			80,85,90,95	172	132												0.235		56.3
			100,110,(115)	212	167												0.2675		67.5
GCLD7	18.00	3000	60,63,65,70,71,75	142	107	256	212	180	48	6	3	73.5	34.5	112	73	47	0.13575	561	63.9
			80,85,90,95	172	132												0.40		74.7
			100,110,120,125	212	167												0.4625		88.0
			130,(135)	252	202												0.5275		106.7
GCLD8	25.00	2650	65,70,71,75	142	107	287	239	200	40.5	7	3.5	75	39	118	82	47	0.560	734	81.7
			80,85,90,95	172	132				40.5								0.6275		95.5
			100,110,120,125	212	167				48								0.72		114
			130,140,150	252	202				48								0.8125		123
GCLD9	35.50	2350	70,71,75	142	107	325	276	235	49.5	7	3.5	87.5	40.5	132	85	47	1.0775	956	112
			80,85,90,95	172	132												1.2075		130
			100,110,120,125	212	167				49.5								1.3825		156
			130,140,150	252	202				58								1.56		181
			160,170,(175)	302	242				58								1.77		212
GCLD10	56.00	2100	75	142	107	362	313	270	65	8	4.0	98.5	44.5	149	95	49	1.97	1320	161
			80,85,90,95	172	132												2.0725		172
			100,110,120,125	212	167				65								2.38		206
			130,140,150	252	202												2.5625		239
			160,170,180	302	242												3.055		280
			190,200,220	352	282				68								3.4225		319

注：1. 转动惯量与质量是按 Y（短系列）型轴孔的最小轴径计算的。
2. e 为更换密封件所需的尺寸。
3. 带括号的轴孔直径不推荐选用，建议不选用。
4. 联轴器轴孔 TZ 连接型式与配合尺寸见表 7-2-4、表 7-2-6，轴孔与轴的配合见表 7-2-5 和表 7-2-7。
5. 生产厂同表 7-2-10 注。

第 7 篇

3.3.4 NGCL 型带制动轮鼓形齿式联轴器（摘自 GB/T 26103.4—2010）

NGCL 型适用于连接两水平同轴线的传动轴系，并具有一定补偿两轴相对位移性能。

NGCL 型带制动轮鼓形齿式联轴器有两种结构型式：A 型和 B 型，见图。

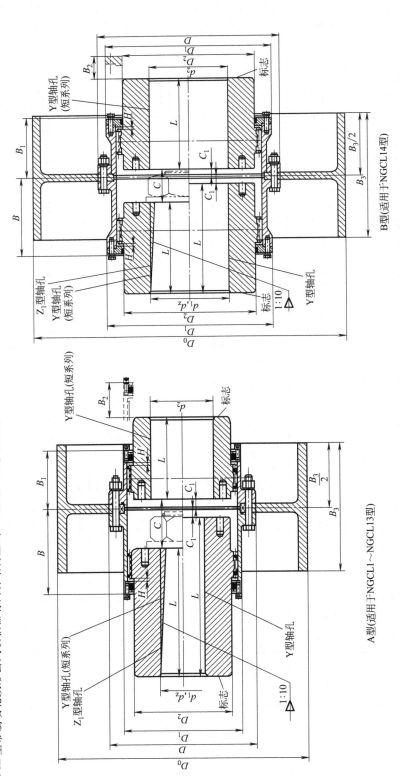

A 型(适用于NGCL1～NGCL13型)

B 型(适用于NGCL14型)

联轴器轴孔和连接型式与尺寸应符合 GB/T 3852—2008 的规定。其键槽型式有 A、B、B₁、C、D 型。轴孔组合型式有：$\frac{Y}{Y}$、$\frac{Z_1}{Y}$、$\frac{Y}{Z_1}$。

标记示例

例1 NGCL6 联轴器

主动端：Z_1 型轴孔，C 型键槽，$d_z = 60$mm，$L = 107$mm

从动端：Y 型轴孔，A 型键槽，$d_2 = 60$mm，$L = 107$mm 的 NGCL6 型带制动轮鼓形齿式联轴器，其标记为：

NGCL6 联轴器 $\dfrac{Z_1 \text{C}60\times107}{60\times107}$ GB/T 26103.4—2010

例 2　NGCL14 联轴器

主动端：Y 型轴孔，B 型键槽，$d_1=190$mm，$L=352$mm

从动端：Y 型轴孔（短系列），B_1 型键槽，$d_2=190$mm，$L=282$mm 的 NGCL14 型带制动轮鼓形齿式联轴器，其标记为：

NGCL14 联轴器 $\dfrac{B190\times352}{B_1190\times282}$ GB/T 26103.4—2010

例 3　NGCL12 联轴器

主动端：Z_1 型轴孔，B 型键槽，$d_1=100$mm，$L=167$mm

从动端：Y 型轴孔（短系列），B_1 型键槽，$d_2=130$mm，$L=202$mm　制动轮 $D_0=\phi700$mm 的 NGCL12 型带制动轮鼓形齿式联轴器，其标记为：

NGCL12 联轴器 $\dfrac{Z_1B100\times167}{B_1130\times202}\times\phi700$ GB/T 26103.4—2010

表 7-2-13　　NGCL 型带制动轮鼓形齿式联轴器基本参数和主要尺寸

mm

型号	公称转矩 T_n /kN·m	许用转速 $[n]$ /r·min⁻¹	轴孔直径 d_1,d_2,d_z	轴孔长度 L Y	Z_1,Y (短系列)	D_0	D	D_1	D_2	C	C_1	H	B	B_1	B_2	B_3	转动惯量 /kg·m²	润滑脂用量 /mL	质量 /kg
NGCL1	0.63	4000	20,22,24	52	38	160	103	71	50	22	8	2.0	56	42	38	68	0.070	51	7.0
			25,28	62	44					26							0.070		7.3
			30,32,35	82	60					30							0.071		8.0
NGCL2	1.00	4000	25,28	62	44	160	115	83	60	26	8	2.0	68	48	42	68	0.079	70	9.0
			30,32,35,38	82	60					30							0.080		9.7
			40,42,45	112	84					36							0.083		11.0
NGCL3	1.60	3800	28	62	44	200	127	95	75	26	8	2.0	70	49	42	85	0.181	107	14.6
			30,32,35,38	82	60					30							0.184		15.2
			40,42,45,48,50,55,56	112	84					36							0.187		17.0
NGCL4	2.80	3800	38	82	60	200	149	116	90	30	8	2.0	74	53	42	85	0.225	137	18.6
			40,42,45,48,50,55,56	112	84					36							0.237		21.4
			60,63,65	142	107					43							0.246		23.8
NGCL5	4.50	3000	40,42,45,48,50,55,56	112	84	250	167	134	105	38	10	2.5	84	59	42	105	0.58	201	31.8
			60,63,65,70,71,75	142	107					45							0.609		34.4
NGCL6	6.30	3000	45,48,50,55,56	112	84	250	187	153	125	38	10	2.5	85	60	42	105	0.714	238	37.2
			60,63,65,70,71,75	142	107					45							0.754		38.5
			80,85,90	172	132					50							0.795		47.6
NGCL7	8.00	2400	50,55,56	112	84	315 (300)	204	170	140	38	10	2.5	93	64	42	132	1.170	298	48.8
			60,63,65,70,71,75	142	107					45							1.234		55.2
			80,85,90,95	172	132					50							1.299		61.8
			100	212	167					55							1.388		71.1

续表

型号	公称转矩 T_n/kN·m	许用转速 $[n]$/r·min⁻¹	轴孔直径 d_1,d_2,d_z	轴孔长度 L — Y	轴孔长度 L — Z_1,Y(短系列)	D_0	D	D_1	D_2	C	C_1	H	B	B_1	B_2	B_3	转动惯量 /kg·m²	润滑脂用量 /mL	质量 /kg
NGCL8	11.20	1900	55,56	112	84	400	230	186	155	40	12	3.0	112	77	47	168	3.747	465	80.7
			60,63,65,70,71,75	142	107					47							3.841		90.0
			80,85,90,95	172	132					52							3.939		96.5
			100,110	212	167					57							4.072		108
NGCL9	18.00	1500	60,63,65,70,71,75	142	107	500	256	212	180	48	13	3.0	119	80	47	210	9.427	561	128
			80,85,90,95	172	132					53							9.605		138
			100,110,120,125	212	167					58							9.847		151
			130	252	202					63							10.109		167
NGCL10	25.00	1200	65,70,71,75	142	107	630(600)	287	239	200	50	15	3.5	120	90	47	265	28.238	734	176
			80,85,90,95	172	132					55							28.509		190
			100,110,120,125	212	167					60							28.879		209
			130,140,150	252	202					65							29.248		237
NGCL11	35.50	1050	70,71,75	142	107	710(700)	325	276	235	51	16	3.5	134	94	47	298	44.309	956	257
			80,85,90,95	172	132					56							44.825		275
			100,110,120,125	212	167					61							45.530		300
			130,140,150	252	202					66							46.235		326
			160,170	302	242					76							47.080		357
NGCL12	56.00	1050	75	142	107	710(700)	362	313	270	52	17	4.0	164	104	49	298	47.880	1320	306
			80,85,90,95	172	132					57							48.290		317
			100,110,120,125	212	167					62							49.520		351
			130,140,150	252	202					67							50.250		384
			160,170,180	302	242					77							52.220		425
			190,200	352	282					87							53.690		464
NGCL13	80.00	950	150	252	202	800	412	350	300	68	18	4.5	165	113	49	335	82.700	1600	490
			160,170,180	302	242					78							84.700		544
			190,200,220	352	282					88							86.670		596
NGCL14	125.00	950	170,180	302	242	800	462	420	335	80	20	5.5	209	157	63	335	99.100	3500	670
			190,200,220	352	282					90							102.200		736
			240,250	410	330					100							105.900		850

注：1. 表中转动惯量与质量是按 Y 型轴孔（短系列）的最小直径计算的。
2. 当选用 NGCL7、NGCL10、NGCL11、NGCL12 四种型号的带制动轮或制动轮数形齿式联轴器时，需标记制动轮直径。
3. B_2 为更换密封所需要的尺寸。
4. 圆锥轴孔的最大直径至 220mm。
5. 生产厂同表 7-2-10 注。

3.3.5 NGCLZ 型带制动轮鼓形齿式联轴器（摘自 GB/T 26103.5—2010）

NGCLZ 型适用于连接两水平同轴线的传动轴系，并具有一定补偿两轴相对位移性能。

NGCLZ 型带制动轮鼓形齿式联轴器有两种结构构型式：A 型和 B 型，见图

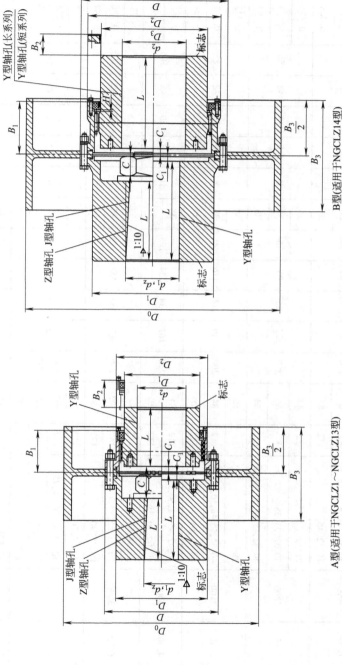

第

7

篇

A 型(适用于NGCLZ1～NGCLZ13型)

B 型(适用于NGCLZ14型)

联轴器轴孔和连接型式与尺寸应符合 GB/T 3852—2008 的规定。其键槽型式有 A、B、B₁、C、D 型。轴孔型式组合为 $\dfrac{Y}{Y}$、$\dfrac{Z}{Y}$、$\dfrac{J}{Y}$、$\dfrac{Y}{Y}$。

标记示例：

例 1 NGCLZ5 联轴器

主动端：Z 型轴孔，C 型键槽，$d_z = 50$mm，$L = 84$mm

从动端：Y 型轴孔，A 型键槽，$d_z = 55$mm，$L = 84$mm 的 NGCLZ5 型带制动轮鼓形齿式联轴器，其标记为：NGCLZ5 联轴器 $\dfrac{ZC50 \times 84}{55 \times 84}$ GB/T 26103.5—2010

例 2 NGCLZ10 联轴器

主动端：Y 型轴孔，B 型键槽，$d_1 = 80$mm，$L = 172$mm

从动端：Y 型轴孔，A 型键槽（短系列），$d_2 = 90$mm，$L = 132$mm。制动轮直径 $\phi600$mm 的 NGCLZ10 带制动轮鼓形齿式联轴器，其标记为：

NGCLZ10 联轴器 $\dfrac{B80 \times 172}{90 \times 132} \times \phi600$ GB/T 26103.5—2010

表7-2-14 NGCLZ型带制动轮鼓形齿式联轴器基本参数和主要尺寸

mm

型号	公称转矩 T_n /kN·m	许用转速 $[n]$ /r·min⁻¹	轴孔直径 d_1,d_2,d_z	轴孔长度 L		D_0	D	D_1	D_2	D_3	C	C_1	H	B_1	B_2	B_3	转动惯量 /kg·m²	润滑脂用量 /mL	质量 /kg
				Y	J,Z,Y(短系列)														
NGCLZ1	0.63	4000	20,22,24	52	38						22						0.071		7.3
			25,28	62	44	160	103	71	71	50	26	8	2.0	42	38	68	0.072	31	7.4
			30,32,35	82	60						30						0.076		8.4
NGCLZ2	1.00	4000	25,28	62	44						26						0.081		9.2
			30,32,35,38	82	60	160	115	83	83	60	30	8	2.0	48	42	68	0.084	42	10.3
			40,42,45	112	84						36						0.088		10.5
NGCLZ3	1.60	3800	28	62	44						26						0.181		15.1
			30,32,35,38	82	60	200	127	95	95	75	30	8	2.0	49	42	85	0.184	65	16.3
			40,42,45,48,50,55,56	112	84						36						0.193		18.8
NGCLZ4	2.80	3800	38	82	60						30						0.225		19.8
			40,42,45,48,50,55,56	112	84	200	149	116	116	90	36	8	2.0	53	42	85	0.242	82	23.3
			60,63,65	142	107						43						0.296		26.8
NGCLZ5	4.50	3000	40,42,45,48,50,55,56	112	84	250	167	134	134	105	38	10	2.5	59	42	105	0.596	120	33.3
			60,63,70,71,75	142	107						45						0.627		39.0
NGCLZ6	6.30	3000	45,48,50,55,56	112	84						38						0.72		40.0
			60,63,65,70,71,75	142	107	250	187	153	153	125	45	10	2.5	60	42	105	0.776	143	46.4
			80,85,90	172	132						50						0.837		53.2
NGCLZ7	8.00	2400	50,55,56	112	84						38						1.178		51.8
			60,63,65,70,71,75	142	107	315 (300)	204	170	170	140	45	10	2.5	64	42	132	1.254	179	59.8
			80,85,90,95	172	132						50						1.348		68.2
			100	212	167						55						1.479		79.6
NGCLZ8	11.20	1900	55,56	112	84						40						3.734		84.0
			60,63,65,70,71,75	142	107	400	230	186	186	155	47	12	3.0	77	47	168	3.86	274	93.1
			80,85,90,95	172	132						52						3.996		104
			100,110	212	167						57						4.187		117

续表

型号	T_n /kN·m	[n] /r·min⁻¹	d_1,d_2,d_z	L Y	L J,Z,Y(短系列)	D_0	D	D_1	D_2	D_3	C	C_1	H	B_1	B_2	B_3	转动惯量 /kg·m²	润滑脂用量 /mL	质量 /kg
NGCLZ9	18.00	1500	60,63,65,70,71,75	142	107	500	256	212	212	180	48	13	3.0	80	47	210	9.427	337	128
			80,85,90,95	172	132						53						9.605		138
			100,110,120,125	212	167						58						9.847		151
			130	252	202						63						10.109		167
NGCLZ10	25.00	1200	65,70,71,75	142	107	630(600)	287	239	239	200	50	15	3.5	90	47	265	29.32	440	184
			80,85,90,95	172	132						55						29.69		200
			100,110,120,125	212	167						60						30.21		222
			130,140,150	252	202						65						30.74		246
NGCLZ11	35.50	1050	70,71,75	142	107	710(700)	325	250	276	235	51	16	3.5	94	47	298	44	574	240
			80,85,90,95	172	132						56						45		262
			100,110,120,125	212	167						61						45.5		299
			130,140,150	252	202						66						46		326
			160,170	302	242						76						47		361
NGCLZ12	56.00	1050	75	142	107	710(700)	362	286	313	270	52	17	4.0	104	49	298	48	792	290
			80,85,90,95	172	132						57						49		317
			100,110,120,125	212	167						62						50		355
			130,140,150	252	202						67						51		382
			160,170,180	302	242						77						52		443
			190,200	352	282						87						53		470
NGCLZ13	80.0	950	150	252	202	800	412	322	350	300	68	18	4.5	113	49	335	82	960	488
			160,170,180	302	242						78						85		542
			190,200,220	352	282						88						92		598
NGCLZ14	125.00	950	170,180	302	242	800	462	335	420	335	80	20	5.5	157	63	335	95	2100	638
			190,200,220	352	282						90						98		698
			240,250	410	330						100						102		780

注：1. 表中转动惯量与质量是按 Y 型轴孔最小直径计算的。
2. 选用 NGCLZ7、NGCLZ10、NGCLZ11、NGCLZ12 四种型号的带制动轮鼓形齿式联轴器时，需标记制动轮直径。
3. B_2 为更换密封所需要的尺寸。
4. 圆锥轴孔的最大直径至 220mm。
5. 生产厂同表 7-2-10 注。

第 7 篇

3.3.6 鼓形齿式联轴器的选用及许用补偿量

（1）联轴器的选用

① 联轴器应根据使用要求和工作条件选用。

② 联轴器的两外齿轴套的任一端均可作主、从动端。

③ 联轴器允许正、反转。

④ GⅡCLZ 联轴器采用接中间轴结构时，中间轴的重量不得大于根据公称转矩计算而得的齿节圆啮合处的圆周力的 2%。

⑤ 高转速的中间轴要验算临界转速。

（2）联轴器两轴线相对位移

① 当两轴线无径向位移时，外齿轴套其轴线与内齿圈轴线的许用角向补偿量和两轴线的角向补偿量见表7-2-15。

表 7-2-15

	许用角向补偿量 $\Delta\alpha$	最大角向补偿量 $2\Delta\alpha$
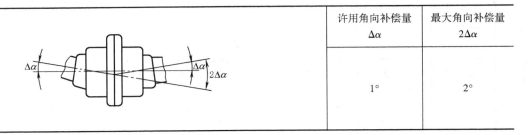	1°	2°

② 当两轴无角向位移时，联轴器的许用径向补偿量见表 7-2-16。

表 7-2-16   mm

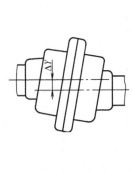

型号	GⅡCL1 GCLD1	GⅡCL2 GCLD2	GⅡCL3 GCLD3	GⅡCL4 GCLD4	GⅡCL5 GCLD5	GⅡCL6 GCLD6	GⅡCL7 GCLD7	GⅡCL8 GCLD6	GⅡCL9 GCLD7
许用径向补偿量 ΔY	0.63	0.72	0.76	0.86	0.96	0.98	1.05	1.16	1.20
型号	GⅡCL10 GCLD8	GⅡCL11 GCLD9	GⅡCL12 GCLD10	GⅡCL13	GⅡCL14	GⅡCL15	GⅡCL16	GⅡCL17	GⅡCL18
许用径向补偿量 ΔY	1.30	1.40	1.60	1.70	3.00	3.20	3.60	3.70	3.90
型号	GⅡCL19	GⅡCL20	GⅡCL21	GⅡCL22	GⅡCL23	GⅡCL24	GⅡCL25	—	—
许用径向补偿量 ΔY	4.00	4.30	4.50	4.70	5.20	5.50	5.70	—	—

③ GⅡCLZ 型联轴器的许用径向补偿量 ΔY 见图 7-2-2，并按下式计算。

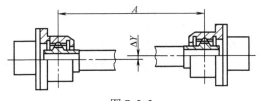

图 7-2-2

$$\Delta Y = A\tan\Delta\alpha = A\tan1° = 0.017455064 \times A \quad (\text{mm}) \tag{7-2-2}$$

3.3.7 联轴器的转矩计算

① 联轴器根据工况条件、驱动功率、工作转速、轴伸直径等因素综合考虑进行选择。

② 计算转矩

$$T_c = KT = K \times 9.55 \times \frac{P_w}{n} < T_n \quad (\text{N} \cdot \text{m}) \tag{7-2-3}$$

式中　T_c——计算转矩，kN·m；

　　　　T——理论转矩，kN·m；

　　　　T_n——公称转矩，kN·m，见表 7-2-10～表 7-2-14；

　　　　P_w——驱动功率，kW；

　　　　n——工作转速，r/min；

　　　　K——工况系数，见表 7-2-17。

表 7-2-17　　　　　　　　　　　　　　　　工况系数 K

工作机械	工况系数 K	工作机械	工况系数 K	工作机械	工况系数 K
挖掘设备		斗链式输送机	1.4	剥皮机	1.8
斗轮式挖掘机	2.0	旋转输送机	1.4	刨床	1.4
复带式移动链	1.8	升降机	1.4	锯床	1.4
轨道式移动链	1.6	铲斗式升降机(粉状物)	1.25	炼钢设备	
空吸泵	1.6	提升机	1.8	高炉鼓风机	1.4
铲斗轮	1.8	螺旋输送机	1.4	转炉	2.5
刀盘	2.0	钢带输送机	1.4	倾斜式高炉升降机	2.0
回转齿轮机构	1.4	鼓风、通用设备		炉渣破碎机	2.0
绞盘	1.6	螺旋活塞式鼓风机	1.4	起重设备	
采矿、碎石设备		鼓风机(轴向和径向)	1.5	吊杆起落机构	1.5
破碎机	2.75	冷却塔风扇	1.4	行走机构	1.75
回转窑	2.0	引风机	1.4	提升机构	1.75
矿井通风机	2.0	涡轮鼓风机	1.25	回转机构	1.75
振动器	1.6	发电机及转换器		卷扬机	2.0
化工设备		变频器	2.25	金属加工设备	
搅拌机(稀液体)	1.25	发电机	2.0	动力轴	1.6
搅拌机(黏液体)	1.6	焊接发动机	2.25	板材矫直机	2.0
离心机(轻载)	1.4	橡胶及塑料加工设备		锻锤	2.0
离心机(重载)	1.8	挤压机	1.6	剪切机	2.0
输送设备		压光机	1.6	锻造机	1.8
输送机	1.8	搓合机	1.8	冲压机	2.0
平板输送机	1.6	混合机	1.8	研磨、粉碎设备	
带式输送机(散装材料)	1.4	滚压机	1.8	锤式粉碎机	2.0
小型带式输送机	1.25	木材加工设备		球磨机	2.0

工作机械	工况系数 K	工作机械	工况系数 K	工作机械	工况系数 K
悬挂式滚压机	2.0	压力机械		翻板机	1.6
冲击式粉碎机	2.0	折叠压力机	1.8	板坯机	2.0
棒磨机	2.0	压块机	2.5	坯料输送机	1.8
挤压粉碎机	2.0	曲柄压力机	2.0	板坯推料机	2.0
食品加工机械		锻造压力机	2.25	带材及线材卷取机	1.4
装罐机	1.25	压砖机	2.5	除鳞机	1.6
搅拌机	1.4	泵类		薄板轧机	1.8
包装机	1.25	离心泵(稀油体)	1.25	中厚板轧机	2.5
甘蔗压榨机	1.6	离心泵(黏油体)	1.4	冷轧机	2.0
甘蔗切断机	1.6	往复式活塞泵	1.8	复带式牵引机	1.6
甘蔗粉碎机	1.8	柱塞泵	2.0	钢坯剪断机	2.5
甜菜切割机	1.6	泥浆泵	1.4	冷床	1.4
甜菜清洗机	1.6	真空泵	1.5	输送导辊	1.4
造纸机械		纺织机械		辊道(轻载)	1.5
多层纸板机	2.0	绕线机	1.6	辊道(重载)	2.0
上光滚筒	1.8	印花及烘干机	1.6	辊式矫直机	2.0
卷筒	1.8	精制桶	1.6	切边机	1.5
搅浆机	1.6	碾光机	1.6	切头机	2.0
压光机	1.6	切断机	1.6	活套升降机	1.5
湿纸滚压机	1.8	织布机	1.6	轧辊调整装置	1.5
纸浆切碎机	1.8	压缩机		机架辊	3.0
搅拌机	1.8	往复机压缩机	2.0	初轧机	3.0
吸水滚压机	1.6	涡轮式压缩机	1.6	中厚板轧机(可逆式)	3.0
吸水辊	1.8	轧制设备			
干燥滚筒	2.0	板材剪断机	2.0		

③ 转速与角向补偿量的变化对传递转矩的影响，即

$$T_c \leqslant K_1 T_n \tag{7-2-4}$$

式中　K_1——转矩修正系数，见图 7-2-3。

转速系数 K_n 按下式计算。

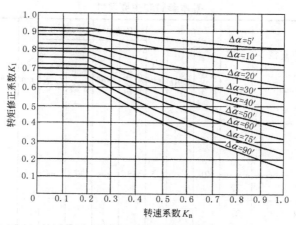

图 7-2-3 转矩修正系数

$$K_n = \frac{n}{[n]} \tag{7-2-5}$$

式中　K_n——转速系数；

　　　n——工作转速，r/min；

　　　$[n]$——许用转速，r/min，见表 7-2-10~表 7-2-14。

④ 计算齿轮联轴器的连接轴时，应当考虑到在啮合中由于摩擦所产生的在轴上引起的附加弯曲力矩。附加弯曲力矩约等于 $0.1T_{max}$，并作用在通过轴线的平面。T_{max} 为长期作用在联轴器上的最大转矩（单位为 N·m）。

3.4　TGL 鼓形齿式联轴器（摘自 JB/T 5514—2007）

内齿圈的材料采用 MC 尼龙，具有一定的缓冲减振能力，多用于中小转矩。工作环境温度为-20~80℃。

标记示例：TGLA4 联轴点

主动端：J_1 型轴孔，A 型键槽，$d_1 = 20$mm，$L = 38$mm

从动端：J_1 型轴孔，A 型键槽，$d_2 = 28$mm，$L = 44$mm。标记为：

TGLA4 联轴器 $\dfrac{J_1 20 \times 28}{J_1 28 \times 44}$　JB/T 5514—1991

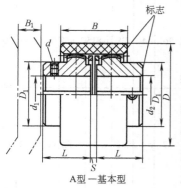

A型—基本型

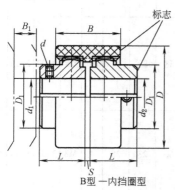

B型—内挡圈型

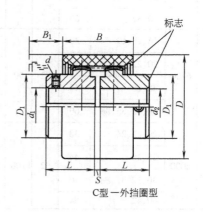

C型—外挡圈型

表 7-2-18 基本参数和主要尺寸

型号	公称转矩 T_n /N·m	许用转速 n_p /r·min⁻¹	轴孔直径 d_1、d_2 /mm	轴孔长度 L J_1型 /mm	D/mm A型 B型	D/mm C型	D_1 /mm	B/mm A型 B型	B/mm C型	B_1/mm A型 B型	B_1/mm C型	S /mm	d /mm	质量/kg A型 B型	质量/kg C型	转动惯量 /kg·m² A型 B型	转动惯量 /kg·m² C型
TGLA1 TGLB1	10	10000	6、7	16	40	—	25	38	—	17	—	4	M5	0.2	—	0.00003	—
			8、9	20													
			10、11	22													
			12、14	27													
TGLA2 TGLB2	16	9000	8、9	20	48	—	32	38	—	17	—	4	M5	0.278	—	0.00006	—
			10、11	22													
			12、14	27													
			16、18、19	30													
TGLA3 TGLB3 TGLC3	31.5	8500	10、11	22	56	58	36	42	52	19	24	4	M5	0.482	0.533	0.00012	0.00015
			12、14	27													
			16、18、19	30													
			20、22、24	38													
TGLA4 TGLB4 TGLC4	45	8000	12、14	27	66	70	45	46	56	21	26	4	M8	0.815	0.869	0.00033	0.0004
			16、18、19	30													
			20、22、24	38													
			25、28	44													
TGLA5 TGLB5 TGLC5	63	7500	14	27	75	85	50	48	58	22	27	4	M8	1.39	1.52	0.00072	0.00088
			16、18、19	30													
			20、22、24	38													
			25、28	44													
			30、32	60													
TGLA6 TGLB6 TGLC6	80	6700	16、18、19	30	82	90	58	48	58	22	27	4	M8	2.02	2.15	0.0012	0.0015
			20、22、24	38													
			25、28	44													
			30、32、35、38	60													
TGLA7 TGLB7 TGLC7	100	6000	20、22、24	38	92	100	65	50	60	23	28	4	M8	3.01	3.14	0.0024	0.0027
			25、28	44													
			30、32、35、38	60													
			40、42	84													

第 7 篇

型号	公称转矩 T_n /N·m	许用转速 n_p /r·min⁻¹	轴孔直径 d_1、d_2 /mm	轴孔长度 L J_1型 /mm	D/mm A型 B型	C型	D_1 /mm	B/mm A型 B型	C型	B_1/mm A型 B型	C型	S /mm	d /mm	质量/kg A型 B型	C型	转动惯量 /kg·m² A型 B型	C型
TGLA8 TGLB8 TGLC8	140	5600	22、24	38	100	100	72	50	60	23	28	4	M8	4.06	4.18	0.0037	0.0039
			25、28	44													
			30、32、35、38	60													
			40、42、45、48	84													
TGLA9 TGLB9 TGLC9	355	4000	25、28	44	140	140	96	72	85	34	41	4	M10	8.25	8.51	0.0155	0.0166
			30、32、35、38	60													
			40、42、45、48、50、55、56	84													
			60、63、65、70	107													
TGLA10 TGLB10 TGLC10	710	3150	30、32、35、38	60	175	175	128	95	95	45	45	6	M10	16.92	17.1	0.052	0.0535
			40、42、45、48、50、55、56	84													
			60、63、65、70、71、75	107													
			80、85	132													
TGLA11 TGLB11 TGLC11	1250	3000	40、42、45、48、50、55、56	84	210	210	165	102	102	48	48	8	M10	34.26	34.56	0.1624	0.165
			60、63、65、70、71、75	107													
			80、85、90、95	132													
			100、110	167													
TGLA12 TGLB12 TGLC12	2500	2120	50、55、56	84	270	270	192	135	135	63	63	10	M16	66.42	66.86	0.4674	0.4731
			60、63、65、70、71、75	107													
			80、85、90、95	132													
			100、110、120、125	167													

注：1. 瞬时过载转矩不得大于公称转矩的2倍。

2. 质量和转动惯量是各型号中最大值的近似计算值。

3. B_1是保证原动机或工作机安装所必需的最小尺寸。

4. 推荐 TGL10~TGL12 采用 B 型。

5. J_1 型轴孔在 GB/T 3852（联轴器轴孔和连接型式与尺寸）中取消。

6. 生产厂家为北京古德高机电技术有限公司。

第 7 篇

3.5 滚子链联轴器（摘自 GB/T 6069—2002）

GL 型滚子链联轴器结构简单、紧凑，质量轻，装拆方便（不用移动被连接的两轴），因采用双排滚子链可获得一定的偏移补偿量。由于链条与链轮齿间有间隙，不宜用于正、反频繁启动运转和立轴传动的场合。

标记示例：

例1 GL7 型滚子链联轴器

主动端：J_1 型孔，B 型键槽 $d_1 = 45$mm，$L_1 = 84$mm

从动端：J_1 型孔，B_1 型键槽 $d_2 = 50$mm，$L_1 = 84$mm。标记为：

$$\text{GL7 联轴器} \frac{J_1 B45 \times 84}{J_1 B_1 50 \times 84} \quad \text{GB/T 6069—2002}$$

例2 GL3 型滚子链联轴器

主动端：J_1 型孔，A 型键槽 $d_1 = 25$mm，$L_1 = 44$mm

从动端：J_1 型孔，A 型键槽 $d_2 = 25$mm，$L_1 = 44$mm。标记为：

GL3F 联轴器 $J_1 25 \times 44$　GB/T 6069—2002

件号	名　　称	件号	名　　称
1	半联轴器	3	半联轴器
2	双排滚子链（GB/T 1243）	4	罩壳

表 7-2-19　　　　　　　　　　基本参数和主要尺寸

型号	公称转矩 T_n	许用转速 n_p 不装罩壳	许用转速 n_p 安装罩壳	轴孔直径 d_1、d_2	轴孔长度 Y型 L	轴孔长度 J型 L_1	链号	链条节距 p	齿数 z	D	b_{f1}	S	A	D_k max	L_k max	转动惯量	总质量
	N·m	r·min^{-1}		mm				mm				mm				kg·m^2	kg
GL1	40	1400		16、18、19	42	—			14	51.06			—	70		0.00010	0.40
			4500	20	52	38	06B	9.525			5.3	4.9	4				
GL2	63	1250		19	42	—			16	57.08				75		0.00020	0.70
				20、22、24	52	38							4				
GL3	100								14	68.88			12	85	80	0.00038	1.1
				25	62	44							6				
		1000	4000	24	52	—	08B	12.7			7.2	6.7	—				
GL4	160			25、28	62	44			16	76.91			6	95	88	0.00086	1.8
				30、32	82	60							—				

型号	公称转矩 T_n	许用转速 n_p		轴孔直径 d_1、d_2	轴孔长度 Y型 L	轴孔长度 J型 L_1	链号	链条节距 p	齿数 z	D	b_{f1}	S	A	D_k max	L_k max	转动惯量	总质量
		不装罩壳	安装罩壳														
	N·m	r·min⁻¹		mm				mm		mm						kg·m²	kg
GL5	250	800	3150	28	62	—											
				30、32、35、38	82	60			16	94.46				112	100	0.0025	3.2
				40	112	84	10A	15.875			8.9	9.2					
GL6	400			32、35、38	82	60			20	116.57			—	140	105	0.0058	5.0
		630	2500	40、42、45、48、50	112	84											
GL7	630			40、42、45、48、50、55	112	84	12A	19.05	18	127.78	11.9	10.9		150	122	0.012	7.4
				60	142	107											
GL8	1000	500	2240	45、48、50、55	112	84			16	154.33			12	180	135	0.025	11.1
				60、65、70	142	107	16A	25.40			15.0	14.3	—				
GL9	1600	400	2000	50、55	112	84							12				
				60、65、70、75	142	107			20	186.50				215	145	0.061	20.0
				80	172	132							—				
GL10	2500	315	1600	60、65、70、75	142	107	20A	31.75	18	213.02	18.0	17.8	6	245	165	0.079	26.1
				80、85、90	172	132							—				
GL11	4000	250	1500	75	142	107							35				
				80、85、90、95	172	132	24A	38.1	16	231.49	24.0	21.5		270	195	0.188	39.2
				100	212	167							10				
GL12	6300	250	1250	85、90、95	172	132							20				
				100、110、120	212	167	28A	44.45	16	270.08	24.0	24.9	—	310	205	0.380	59.4
GL13	10000		1120	100、110、120、125	212	167			18	340.80			14	380	230	0.869	86.5
				130、140	252	202							—				
GL14	16000	200	1000	120、125	212	167	32A	50.8			30.0	28.6	14				
				130、140、150	252	202			22	405.22				450	250	2.06	150.8
				160	302	242							—				

续表

型号	公称转矩 T_n	许用转速 n_p		轴孔直径 d_1、d_2	轴孔长度		链号	链条节距 p	齿数 z	D	b_{f1}	S	A	D_k max	L_k max	转动惯量	总质量
		不装罩壳	安装罩壳		Y型 L	J型 L_1											
	N·m	r·min^{-1}		mm				mm		mm						kg·m²	kg
GL15	25000	200	900	140、150	252	202	40A	63.5	20	466.25	36.0	35.6	18	510	285	4.37	234.4
				160、170、180	302	242							—				
				190	352	282											

注：1. 联轴器轴孔和键槽型式及尺寸应符合表 7-2-4 的规定，轴孔与轴配合见表 7-2-5。

2. 润滑对联轴器的性能有重大影响，无论有无罩壳，均应保证必要的润滑脂。

3. 联轴器的质量和转动惯量为近似值。

4. 有罩壳时，在型号后加"F"，如 GL5F。

5. 联轴器选用计算见本章第 2 节。

6. 联轴器的许用补偿量见下表。

项 目	型 号									
	GL1、GL2	GL3、GL4	GL5、GL6	GL7	GL8、GL9	GL10	GL11	GL12	GL13、GL14	GL15
轴向 Δx /mm	1.40	1.90	2.30	2.80	3.80	4.70	5.70	6.60	7.60	9.50
径向 Δy /mm	0.19	0.25	0.32	0.38	0.50	0.63	0.76	0.88	1.0	1.27
角向 $\Delta \alpha$	1°									
说明	1. 径向补偿量的测量部位在半联轴器轮毂外圆宽度的 1/2 处 2. 联轴器使用时，被连接两轴的相对偏移量，不得大于表中规定的许用补偿量									

7. J_1 型轴孔在 GB/T 3852（联轴器轴孔和连接型式与尺寸）中已取消。

8. 生产厂家为北京古德高机电技术有限公司、河北省冀州市联轴器厂、浙江诸暨链条总厂。

3.6 十字轴式万向联轴器

万向联轴器可以传递两轴不在同一轴线上、两轴线存在较大夹角的情况。它能实现两轴连续回转，传递转矩可靠，结构紧凑，传动效率高。当两轴线不在同一直线时，为消除单万向联轴器转速周期性波动，保证主、从动端的同步性，一般采用双联型式。

3.6.1 SWC 型整体叉头十字轴式万向联轴器 （摘自 JB/T 5513—2006）

SWC 整体叉头十字轴式联轴器为整体叉头结构，不需螺栓固定十字轴的轴承，不会出现螺栓松动、断裂的现象，便于维护并提高可靠度。其许用轴线折角 $\beta_p \leqslant 15° \sim 25°$。

BH、WH 型联轴器

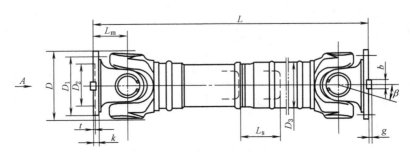

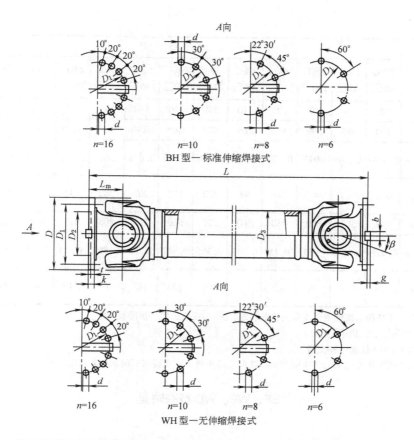

BH 型—标准伸缩焊接式

WH 型—无伸缩焊接式

标记示例:

例 SWC 315BH 型标准伸缩焊接式万向联轴器,回转直径 $D=315\text{mm}$,长度 $L=2500\text{mm}$,标记为:

SWC 315BH×2500 联轴器 JB/T 5513—2006

表 7-2-20 基本参数和主要尺寸

类型	项目		型 号													
			SWC 100□	SWC 120□	SWC 150□	SWC 180□	SWC 200□	SWC 225□	SWC 250□	SWC 285□	SWC 315□	SWC 350□	SWC 390□	SWC 440□	SWC 490□	SWC 550□
	回转直径 D	mm	100	120	150	180	200	225	250	285	315	350	390	440	490	550
	公称转矩 T_n		2.5	5	10	22.4	36	56	80	120	160	250	320	500	700	1000
	疲劳转矩 T_f	kN·m	1.25	2.5	5	11.2	18	28	40	58	80	110	160	250	350	500
	轴承寿命系数 K_L		5.795×10^{-4}	4.641×10^{-3}	0.51×10^{-1}	0.245	1.115	7.812	2.82×10	8.28×10	2.79×10^2	7.44×10^2	1.86×10^3	8.25×10^3	2.154×10^4	6.335×10^4
	轴线折角 β	(°)	≤25	≤25	≤25	≤15	≤15	≤15	≤15	≤15	≤15	≤15	≤15	≤15	≤15	≤15
	D_1(js11)		84	102	130	155	170	196	218	245	280	310	345	390	435	492
	D_2(H7)		57	75	90	105	120	135	150	170	185	210	235	255	275	320
BH WH	D_3		60	70	89	114	133	152	168	194	219	267	267	325	325	426
	L_m		55	65	80	110	115	120	140	160	180	194	215	260	270	305
	$n\times d$	mm	6×9	8×11	8×13	8×17	8×17	8×17	8×19	8×21	10×23	10×23	10×25	16×28	16×31	16×31
	k		7	8	10	17	17	20	25	27	32	35	40	42	47	50
	t		2.5	2.5	3.0	5.0	5	5.0	6.0	7.0	8.0	8.0	8.0	10.0	12.0	12.0
	b(h9)		—	—	—	24	28	32	40	40	40	50	70	80	90	100
	g		—	—	—	7	8	9	12.5	15	15	16	18	20	22.5	22.5
	转动惯量,增长 100mm	kg·m²	0.00019	0.00044	0.00157	0.007	0.013	0.0234	0.0277	0.051	0.0795	0.146	0.2219	0.4744	0.690	1.357
	质量,增长 100mm	kg	0.35	0.55	0.85	2.8	3.7	4.9	5.3	6.3	8.0	11.5	15.0	21.7	27.3	34.0

第 **7** 篇

类型	项目		型 号													
			SWC 100□	SWC 120□	SWC 150□	SWC 180□	SWC 200□	SWC 225□	SWC 250□	SWC 285□	SWC 315□	SWC 350□	SWC 390□	SWC 440□	SWC 490□	SWC 550□
BH	伸缩量 L_s	mm	55	80	80	100	110	140	140	140	140	150	170	190	190	240
	L_{min}	mm	390	485	590	810	860	920	1035	1190	1315	1410	1590	1875	1985	2300
	L_{min} 的转动惯量	kg·m²	0.0044	0.0109	0.0423	0.175	0.314	0.538	0.966	2.011	3.605	5.316	12.164	21.42	32.86	68.92
	L_{min} 的质量	kg	6.1	10.8	24.5	70	98	122	172	263	382	532	738	1190	1542	2380
WH	L_{min}	mm	243	307	350	480	500	520	620	720	805	875	955	1155	1205	1355
	L_{min} 的转动惯量	kg·m²	0.0039	0.0096	0.0371	0.15	0.246	0.365	0.847	1.756	2.893	4.814	8.406	15.79	27.78	48.32
	L_{min} 的质量	kg	4.5	7.7	18	48	72	78	124	185	262	349	506	790	1104	1526

注：1. T_f——在交变载荷下按疲劳强度所允许的转矩；L——安装长度，按需要确定。

2. BH 型的 L_{min} 为缩短后的最小长度。

3. □——表示 BH、WH 任意一种类型。

4. 生产厂家为四川德阳市立达基础件有限公司、沈阳三环机械厂、无锡市万向联轴器有限公司。

BF、WF、WD 型联轴器

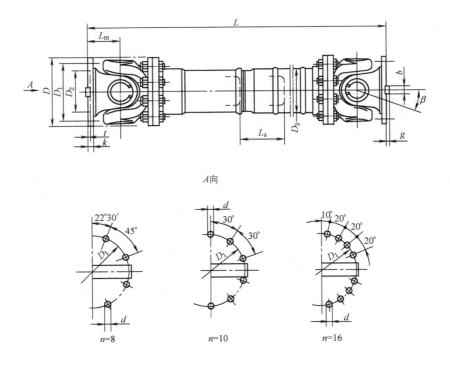

BF型—标准伸缩法兰式

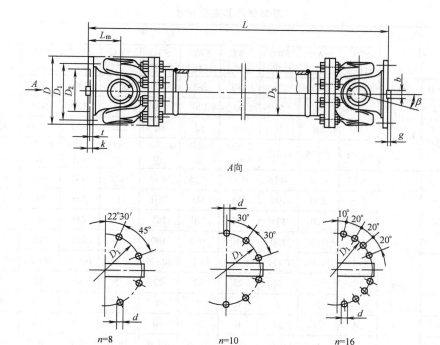

WF型—无伸缩法兰式

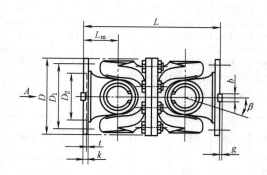

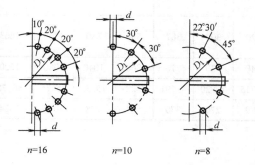

WD 型—无伸缩短式

标记示例：

例 1 SWC 440 WF 型无伸缩法兰式万向联轴器，回转直径 $D =$ 440mm 长度 $L = 3200$mm，标记为：

　　SWC 440 WF×3200 联轴器　JB/T 5513—2006

例 2 SWC 350 WD 型无伸缩短式万向联轴器，回转直径 $D =$ 350mm，标记为：

　　SWC 350 WD 联轴器　JB/T 5513—2006

表 7- 2- 21　　　　　　　　　　　　基本参数和主要尺寸

类型	项 目		型 号										
			SWC 180□	SWC 200□	SWC 225□	SWC 250□	SWC 285□	SWC 315□	SWC 350□	SWC 390□	SWC 440□	SWC 490□	SWC 550□
BF WF WD	回转直径 D	mm	180	200	225	250	285	315	350	390	440	490	550
	公称转矩 T_n	kN·m	22.4	36	56	80	120	160	225	320	500	700	1000
	疲劳转矩 T_f		11.2	18	28	40	58	80	110	160	250	350	500
	轴承寿命系数 K_L		0.245	1.115	7.812	2.82×10	8.28×10	2.79×10^2	7.44×10^2	1.86×10^3	8.25×10^3	2.154×10^4	6.335×10^4
	轴线折角 β	(°)	≤15	≤15	≤15	≤15	≤15	≤15	≤15	≤15	≤15	≤15	≤15
	D_1(js11)	mm	155	170	196	218	245	280	310	345	390	435	492
	D_2(H7)		105	120	135	150	170	185	210	235	255	275	320
	L_m		110	115	120	140	160	180	194	215	260	270	305
	$n\times d$		8×17	8×17	8×17	8×19	8×21	10×23	10×23	10×25	16×28	16×31	16×31
	k		17	17	20	25	27	32	35	40	42	47	50
	t		5	5	5	6	7	8	8	8	10	12	12
	b(h9)		24	28	32	40	40	40	50	70	80	90	100
	g		7	8	9.0	12.5	15.0	15.0	16.0	18.0	20.0	22.5	22.5
BF WF	D_3		114	133	152	168	194	219	245	267	325	351	426
	转动惯量,增长 100mm	kg·m²	0.007	0.013	0.0234	0.0277	0.051	0.0795	0.146	0.2219	0.4744	0.690	1.357
	质量,增长 100mm	kg	2.8	3.7	4.9	5.3	6.3	8.0	11.5	15.0	21.7	27.3	34.0
BF	伸缩量 L_s	mm	100	110	140	140	140	140	150	170	190	190	240
	L_{min}		840	860	920	1035	1190	1315	1440	1590	1875	1985	2300
	L_{min} 的转动惯量	kg·m²	0.267	0.505	0.788	1.445	2.873	5.094	7.476	16.62	28.24	48.43	86.98
	L_{min} 的质量	kg	80	109	138	196	295	428	582	817	1290	1721	2567
WF	L_{min}	mm	560	585	610	715	810	915	980	1100	1290	1360	1510
	L_{min} 的转动惯量	kg·m²	0.248	0.316	0.636	1.352	2.664	4.469	7.189	13.184	23.25	41.89	68.48
	L_{min} 的质量	kg	58	82	93	143	220	300	387	588	880	1263	1663
WD	L	mm	440	460	480	560	640	720	776	860	1040	1080	1220
	转动惯量	kg·m²	0.145	0.261	0.355	0.831	1.715	2.820	4.791	8.229	15.32	25.74	46.78
	质量	kg	52	76	82	127	189	270	370	524	798	1055	1524

注: 1. 见表 7-2-20 的注 1 和 4。

2. □表示 BF、WF、WD 任意一种类型。

3. BF 型的 L_{min} 为缩短后的最小长度。

4. BF、WF 型的安装长度 L,按需要确定。

5. 标准附录中尚有大规格的万向联轴器,可见原标准。

DH 型联轴器

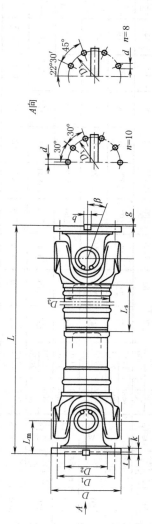

DH 型一短伸缩焊接式

表 7-2-22　基本参数和主要尺寸

型号	回转直径 D	公称转矩 T_n	疲劳转矩 T_f	轴承寿命系数 K_L	轴线折角 β	伸缩量 L_s	L_{min}	D_1 (js11)	D_2 (H7)	D_3	L_m	$n×d$	k	t	b (h9)	g	转动惯量 kg·m²		质量 kg	
	mm	kN·m	kN·m		(°)						mm						L_{min}	增长100mm	L_{min}	增长100mm
SWC 180 DH 1	180	22.4	11.2	0.245	≤15	55	600	155	105	114	110	8×17	17	5	24	7	0.162	0.0070	56	2.8
SWC 180 DH 2						105	650										0.165		58	
SWC 200 DH 1	200	36	18	1.115	≤15	60	620	170	120	133	115	8×17	17	5	28	8	0.261	0.013	74	3.7
SWC 200 DH 2						120	680										0.276		76	
SWC 225 DH 1	225	56	28	7.812	≤15	70	640	196	135	152	120	8×17	20	5	32	9	0.397	0.0234	92	4.9
SWC 225 DH 2						140	710										0.415		95	
SWC 250 DH 1	250	80	40	$2.82×10$	≤15	70	735	218	150	168	140	8×19	25	6	40	12.5	0.885	0.0277	136	5.3
SWC 250 DH 2						130	795										0.9		148	
SWC 285 DH 1	285	120	58	$8.28×10$	≤15	80	880	245	170	194	160	8×23	27	7	40	15	1.801	0.0510	221	6.3
SWC 285 DH 2						150	950										1.876		229	
SWC 315 DH 1	315	160	80	$2.79×10^2$	≤15	90	980	280	185	219	180	10×23	32	8	40	15	3.163	0.0795	334	8.0
SWC 315 DH 2						180	1070										3.331		346	
SWC 350 DH 1	350	225	110	$7.44×10^2$	≤15	90	1070	310	210	245	194	10×23	35	8	50	16	5.330	0.146	452	11.5
SWC 350 DH 2						190	1170										5.721		475	
SWC 390 DH 1	390	320	160	$1.86×10^3$	≤15	90	1200	345	235	267	215	10×25	40	8	70	18	10.76	0.2219	600	15.0
SWC 390 DH 2						190	1300										11.13		655	

注：1. 见表 7-2-20 的注 1 和 4。

2. L_{min}—缩短后的最小长度。

CH 型联轴器

CH 型—长伸缩焊接式

表 7-2-23　基本参数和主要尺寸

型号	回转直径 D (mm)	公称转矩 T_n (kN·m)	疲劳转矩 T_f (kN·m)	轴承寿命系数 K_L	轴线折角 β (°)	伸缩量 L_s (mm)	L_{min} (mm)	D_1 (js11)	D_2 (H7)	D_3	L_m (mm)	n×d	k	t	b (h9)	g	转动惯量 L_{min} (kg·m²)	转动惯量 增长100mm (kg·m²)	质量 L_{min} (kg)	质量 增长100mm (kg)
SWC 180 CH 1	180	22.4	11.2	0.245	≤15	200	925	155	105	114	110	8×17	17	5	24	7	0.181	0.0070	74	2.8
SWC 180 CH 2						700	1425										0.216		104	
SWC 200 CH 1	200	36	18	1.115	≤15	200	975	170	120	133	115	8×17	17	5	38	8	0.328	0.013	99	3.7
SWC 200 CH 2						700	1465										0.402		139	
SWC 225 CH 1	225	56	28	7.812	≤15	220	1020	196	135	152	120	8×17	20	5	32	9	0.561	0.0234	132	4.9
SWC 225 CH 2						700	1500										0.674		182	
SWC 250 CH 1	250	80	40	2.82×10	≤15	300	1215	218	150	168	140	8×19	25	6	40	12.5	1.016	0.0277	190	5.3
SWC 250 CH 2						700	1615										1.127		235	
SWC 285 CH 1	285	120	58	8.28×10	≤15	400	1475	245	170	194	160	8×21	27	7	40	15	2.156	0.0510	300	6.3
SWC 285 CH 2						800	1875										2.360		358	
SWC 315 CH 1	315	160	80	2.79×10^2	≤15	400	1600	280	185	219	180	10×23	32	8	40	15	3.812	0.0795	434	8.0
SWC 315 CH 2						800	2000										4.150		514	
SWC 350 CH 1	350	225	110	7.44×10^2	≤15	400	1715	310	210	245	194	10×23	35	8	50	16	5.926	0.146	622	11.5
SWC 350 CH 2						800	2115										6.814		773	
SWC 390 CH 1	390	320	160	1.86×10^3	≤15	400	1845	345	235	267	215	10×25	40	8	70	18	12.730	0.2219	817	15.0
SWC 390 CH 2						800	2245										13.617		964	
SWC 440 CH 1	440	500	250	8.25×10^3	≤15	400	2110	390	255	325	260	16×28	42	10	80	20	22.540	0.4744	1312	21.7
SWC 440 CH 2						800	2510										24.430		1537	
SWC 490 CH 1	490	700	350	2.154×10^4	≤15	400	2220	435	275	351	270	16×31	47	12	90	22.5	35.21	0.690	1554	
SWC 490 CH 2						800	2620										37.11		1779	
SWC 550 CH 1	550	1000	500	6.335×10^4	≤15	400	2585	492	320	426	305	16×31	50	12	100	22.5	72.790	1.3570	2585	34
SWC 550 CH 2						1000	3085										79.570		3045	

注: 1. 见表 7-2-20 的注 1 和 4。

2. L_{min}—缩短后的最小长度。

SWC 型万向联轴器与相配件的连接尺寸及螺栓预紧力矩

万向联轴器通过高强度螺栓及螺母把两端的法兰连接在其他相配件上，其相配件的连接尺寸及螺栓预紧力矩按表 7-2-24 的规定。

连接螺栓从相配件的法兰侧装入，螺母由另一侧预紧，其螺栓的力学性能为 10.9 级；螺母的力学性能为 10 级。

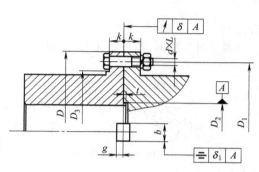 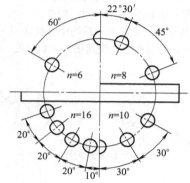

表 7-2-24

型　　号	回转直径 D	螺栓数 n	螺栓规格 $d \times L$	预紧力矩 T_a	D_1 (js11)	D_2 (f8)	D_3	k	b (js8)	g +0.5 0	t	δ	δ_1
	mm		mm	N·m							mm		
SWC 100	100	6	M8×25	35	84	57	70.5	7	—	—	2.3 $_{-0.2}^{0}$	0.04	—
SWC 120	120	8	M10×30	69	102	75	84.0	8	—	—	2.3 $_{-0.2}^{0}$	0.04	—
SWC 150	150	8	M12×40	120	130	90	110.3	10	—	—	2.5 $_{-0.2}^{0}$	0.05	—
SWC 180	180	8	M16×60	295	155	105	130.5	17	2.4	7.5	4 $_{-0.2}^{0}$	0.05	0.025
SWC 200	200	8	M16×65	295	170	120	145	17	28	8.5	4 $_{-0.2}^{0}$	0.05	0.025
SWC 225	225	8	M16×65	295	196	135	171	20	32	9.5	4 $_{-0.2}^{0}$	0.05	0.03
SWC 250	250	8	M18×75	405	218	150	190	25	40	13.0	5 $_{-0.2}^{0}$	0.05	0.03
SWC 285	285	8	M20×80	580	245	170	214	27	40	15.5	6 $_{-0.5}^{0}$	0.06	0.03
SWC 315	315	10	M22×95	780	280	185	247	32	40	15.5	7 $_{-0.5}^{0}$	0.06	0.03
SWC 350	350	10	M22×100	780	310	210	277	35	50	16.5	7 $_{-0.5}^{0}$	0.06	0.03
SWC 390	390	10	M24×120	1000	345	235	308	40	70	18.5	7 $_{-0.5}^{0}$	0.06	0.04
SWC 440	440	16	M27×120	1500	390	255	347	42	80	20.5	9 $_{-0.5}^{0}$	0.06	0.04
SWC 490	490	16	M30×140	2000	435	275	387	47	90	23.0	11 $_{-0.5}^{0}$	0.06	0.04
SWC 550	550	16	M30×140	2000	492	320	444	50	100	23.0	11 $_{-0.5}^{0}$	0.08	0.04

第 7 篇

SWC 型万向联轴器的布置与选用计算

（1）布置

整体叉头十字轴式万向联轴器由两个万向节和一根中间轴构成，如图7-2-4所示。为使主、从动轴的角速度相等，即 $\omega_1 = \omega_2$，需满足下列三个条件：

① 中间轴与主、从动轴间的轴线折角相等，即 $\beta_1 = \beta_2$；

② 中间轴两端的叉头位于同一相位；

③ 主、从动轴与中间轴三轴的中心线在同一平面内。

万向联轴器的安装型式按其轴线相互位置，一般为 Z 型（图 7-2-4a）和 W 型（图 7-2-4b）。

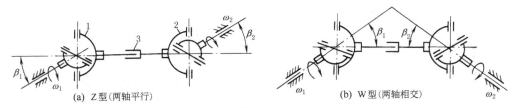

图 7-2-4

(a) Z型（两轴平行）　　　　(b) W型（两轴相交）

1,2—万向节；3—中间轴

（2）万向联轴器应根据载荷特性、计算转矩、轴承寿命及工作转速选用。

计算转矩由式（7-2-6）和式（7-2-7）求出

$$T_c = KT \tag{7-2-6}$$

$$T = 9.55 \frac{P_w}{n} \tag{7-2-7}$$

式中　T——理论转矩，kN·m；

　　　T_c——计算转矩，kN·m；

　　　P_w——驱动功率，kW；

　　　n——工作转速，r/min；

　　　K——工作情况系数，见表7-2-25。

表 7-2-25　　　　工作情况系数 K

载荷性质	设 备 名 称	K
轻冲击载荷	发电机、离心机、通风机、木工机械、带式输送机、造纸机	1.1~1.5
中冲击载荷	压缩机（多缸）、活塞泵（多柱塞）、小型型钢轧机、连续线材轧机、运输机械主传动	1.5~2.0
重冲击载荷	船舶驱动、运输辊道、连续管轧机、连续工作辊道、中型型钢轧机、压缩机（单缸）、活塞泵（单柱塞）、搅拌机、压力机、矫直机、起重机主传动、球磨机	2~3
特重冲击载荷	起重机辅助传动、破碎机、可逆工作辊道、卷取机、破鳞机、初轧机	3~5
极重冲击载荷	机架辊道、厚板剪切机	6~10

一般情况下按传递转矩和轴承寿命选择万向联轴器，也可根据机械设备的具体使用要求，只校核强度或轴承寿命。

a. 强度校核　按式（7-2-8）进行强度校核

$$T_c \leqslant T_n \quad 或 \quad T_c \leqslant T_f \quad 或 \quad T_c \leqslant T_p \tag{7-2-8}$$

式中　T_c——计算转矩，kN·m；

　　　T_n——公称转矩见参数表，kN·m；

T_f ——在交变载荷下按疲劳强度所允许的转矩见参数表，kN·m；

T_p ——在脉动载荷下按疲劳强度所允许的转矩，$T_p = 1.45T_f$，kN·m。

b. 轴承寿命校核　按式（7-2-9）进行轴承寿命校核

$$L_N = \frac{K_L}{K_1 n \beta T^{10/3}} \times 10^{10} \qquad (7\text{-}2\text{-}9)$$

式中　L_N ——使用寿命，h；

n ——工作转速，r/min；

β ——工作时的轴线折角，(°)；

T ——理论转矩，kN·m；

K_1 ——原动机系数，电动机：$K_1 = 1$；柴油机：$K_1 = 1.2$；

K_L ——轴承容量系数，见参数表。

当水平、垂直面间同时有轴线折角时，其合成轴线折角按式（7-2-10）计算

$$\tan\beta = \sqrt{\tan^2\beta_1 + \tan^2\beta_2} \qquad (7\text{-}2\text{-}10)$$

式中　β ——合成轴线折角，(°)；

β_1 ——水平面的轴线折角，(°)；

β_2 ——垂直面的轴线折角，(°)。

为使万向联轴器平稳地运转，各限制转速下的轴线折角不得超过图 7-2-5 的规定。

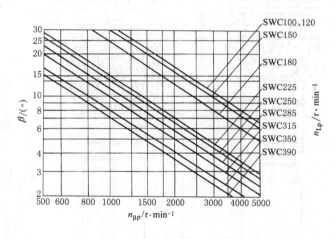

图 7-2-5　各轴线折角下的限制转速

当选用长的万向联轴器时，其工作转速必须低于临界转速，应按式（7-2-11）进行校核：

$$n_c = 1.195 \times 10^8 \frac{\sqrt{D_3^2 + D_0^2}}{L^2} \qquad (7\text{-}2\text{-}11)$$

式中　n_c ——临界转速，r/min；

D_3 ——中间轴的钢管外径，mm；

D_0 ——中间轴的钢管内径，mm；

L ——两十字万向节的距离，mm。

在低速、小轴线折角的使用条件下，其工作转速：$n \leqslant 0.85 n_c$；

在高速、大轴线折角的使用条件下，其工作转速：$n \leqslant 0.65 n_c$。

3.6.2 SWP 型剖分轴承座十字轴式万向联轴器 (摘自 JB/T 3241—2005)

SWP 型为剖分式轴承座,便于更换轴承,但连接轴承座的螺栓是薄弱环节,降低了可靠度。A 型 ~ F 型的许用轴线折角 $\beta_P \leqslant 10° \sim 15°$;G 型的许用轴线折角 $\beta_P \leqslant 5°$。

A 型、B 型、C 型、D 型、E 型、F 型联轴器

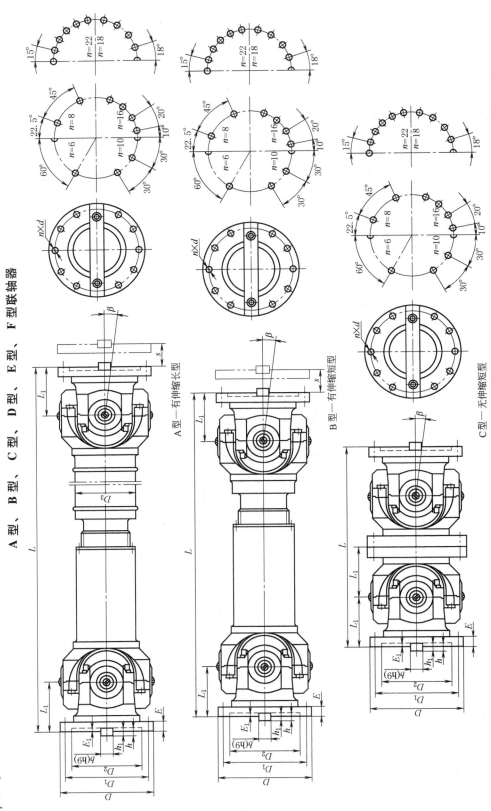

A 型—有伸缩长型

B 型—有伸缩短型

C 型—无伸缩短型

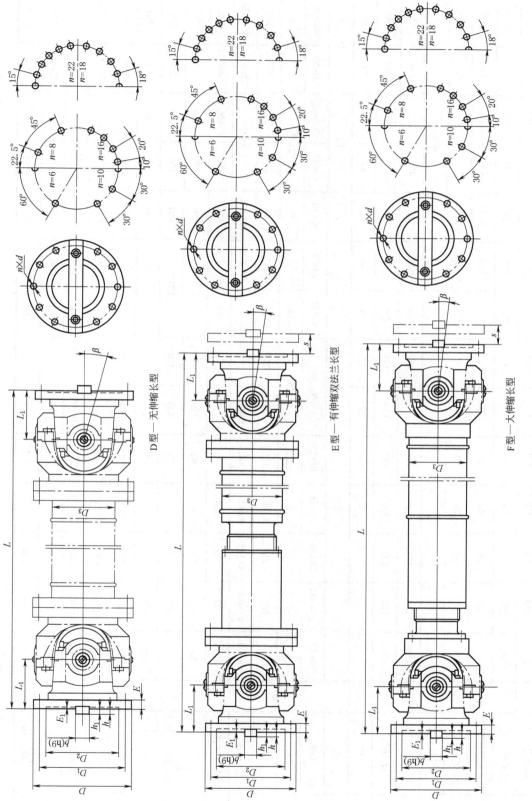

D型—无伸缩长型

E型—有伸缩双法兰长型

F型—大伸缩长型

标记示例：回转直径 $D=285$mm，长度 $L=720$mm，C 型无伸缩短型万向联轴器，标记为：

SWP285C×720 联轴器　JB/T 3241—2005

第 7 篇

第 7 篇

表7-2-26　基本参数和主要尺寸

型　号	单位	SWP160□	SWP180□	SWP200□	SWP225□	SWP250□	SWP285□	SWP315□	SWP350□	SWP390□	SWP435□	SWP480□	SWP550□	SWP600□	SWP650□
回转直径 D	mm	160	180	200	225	250	285	315	350	390	435	480	550	600	650
公称转矩 T_n	kN·m	20	28	40	56	80	112	160	224	315	450	630	900	1250	1600
脉动疲劳转矩 T_p		14	20	28	40	56	78	112	157	220	315	440	630	875	1120
交变疲劳转矩 T_f		10	14	20	28	40	56	80	112	158	225	315	450	625	800
轴线折角 β	(°)	≤15	≤15	≤15	≤15	≤15	≤15	≤15	≤15	≤15	≤10	≤10	≤10	≤10	≤10
A、 D_1	mm	140	155	175	196	218	245	280	310	345	385	425	492	544	585
B、 D_2(H7)		95	105	125	135	150	170	185	210	235	255	275	320	380	390
C、 E		15	15	17	20	25	27	32	35	40	42	47	50	55	60
D、 E_1		4	4	5	5	5	7	7	8	8	10	10	12	15	15
E、 $b×h$		20×12	24×14	28×16	32×18	40×25	40×25	40×30	50×32	70×36	80×40	90×45	100×45	90×55	100×60
F h_1		6	7	8	9	12.5	15	15	16	18	20	22.5	22.5	27.5	30
L_1	mm	90	105	120	145	165	180	205	225	215	245	275	305	370	405
$n×d$		6×φ13	6×φ15	8×φ15	8×φ17	8×φ19	8×φ21	10×φ23	10×φ23	10×φ25	16×φ28	16×φ31	16×φ31	22×φ34	18×φ38
D_3(A、D、E、F)		121	127	140	168	219	219	273	273	273	325	351	426	480	500
伸缩量 s　A		50	60	70	80	90	100	110	120	120	150	170	190	210	230
伸缩量 s　B、E		50	60	70	76	80	100	110	120	120	150	170	190	210	230
伸缩量 s　F		150	170	190	210	220	240	270	290	315	335	350	360	370	380
L_{min}	mm	655	760	825	950	1055	1200	1330	1480	1480	1670	1860	2100	2520	2630
转动惯量　L_{min}，增长100*	kg·m²	0.167	0.304	0.490	0.916	1.763	3.193	5.270	8.645	12.920	24.240	38.736	76.570	134.100	192.720
转动惯量　增长100*		0.008	0.012	0.016	0.039	0.079	0.099	0.219	0.226	0.303	0.545	0.755	1.435	2.493	3.210
质量　L_{min}	kg	52	75	98	143	226	313	425	565	680	1010	1345	2015	2980	3650
质量　增长100*		2.5	3.4	3.8	6.2	7.2	9.4	12.8	13.9	21.1	25.7	30.7	38.1	53.2	65.1

A、B、C、D、E、F 号表示含义（A、D、E、F）

续表

			SWP160□	SWP180□	SWP200□	SWP225□	SWP250□	SWP285□	SWP315□	SWP350□	SWP390□	SWP435□	SWP480□	SWP550□	SWP600□	SWP650□
型号																
B	L_{min}	mm	575	650	735	850	920	1070	1200	1330	1290	1520	1690	1850	2480	2580
	转动惯量 L_{min}	kg·m²	0.148	0.268	0.430	0.826	1.553	2.856	4.774	7.788	11.628	22.032	35.482	67.868	137.115	194.991
	转动惯量 增长100	kg·m²	0.004	0.006	0.009	0.013	0.026	0.043	0.078	0.097	0.122	0.176	0.238	0.341	0.467	0.623
	质量 L_{min}	kg	46	66	86	129	199	280	385	509	612	918	1232	1786	3047	3693
	质量 增长100	kg	3.92	4.75	6.46	8.05	12.54	15.18	19.25	22.75	25.62	29.12	35.86	40.33	47.65	54.48
	L	mm	360	420	480	580	660	720	820	900	860	980	1100	1220	1480	1620
C	转动惯量	kg·m²	0.103	0.195	0.325	0.628	1.163	2.163	3.671	6.197	9.728	17.112	27.072	56.050	95.760	144.408
	质量	kg	32	48	65	98	149	212	296	405	512	713	940	1475	2128	2735
D	L_{min}	mm	450	515	585	700	810	880	1000	1100	1100	1220	1400	1520	1880	2040
	L_{min}时转动惯量	kg·m²	0.116	0.211	0.345	0.692	1.373	2.367	3.993	6.426	9.690	17.712	29.088	55.252	100.575	152.064
	L_{min}时质量	kg	36	52	69	108	176	232	322	420	510	738	1010	1454	2235	2880
E	L_{min}	mm	710	810	885	1020	1135	1280	1430	1580	1600	1825	2080	2300	2865	3140
	L_{min}时转动惯量	kg·m²	0.192	0.345	0.540	1.024	1.997	3.560	5.952	9.639	14.687	27.576	45.274	87.172	160.155	241.930
	L_{min}时质量	kg	60	85	108	160	256	349	480	630	773	1149	1572	2294	3559	4582
F	L_{min}	mm	715	785	955	1025	1120	1270	1415	1555	1522.5	1712.5	1905	2050	2655	2750
	L_{min}时转动惯量	kg·m²	0.179	0.312	0.520	0.979	1.872	3.366	5.555	9.027	13.623	25.200	40.320	76.152	141.300	205.498
	L_{min}时质量	kg	56	77	104	153	240	330	448	590	717	1050	1400	2004	3140	3892

注：1. □表示 A、B、C、D、E、F 中任意一个型式。

2. L（≥L_{min}）为缩短后的最小长度，不包括伸缩量 s。

3. 安装长度（L+所需伸缩量 s）按需确定。

4. 标准附录中尚有大规格的万向联轴器，见原标准。

第 7 篇

G 型—有伸缩超短型联轴器

表 7-2-27 基本参数和主要尺寸

型号	回转直径 D_h	公称转矩 T_n	脉动疲劳转矩 T_p	交变疲劳转矩 T_f	轴线折角 β	伸缩量 s	L	D	D_1	D_2 (H7)	E	E_1	$b\times h$	h_1	L_1	$n\times d$	转动惯量	质量
	mm	kN·m			(°)						mm						kg·m²	kg
SWP225G	225	56	40	28	≤5	40	470	275	248	135	15	5	32×18	9	80	10×φ15	0.512	78
SWP250G	250	80	56	40	≤5	40	600	305	275	150	15	5	40×18	9	100	10×φ17	1.128	142
SWP285G	285	112	78	56	≤5	40	665	348	314	170	18	7	40×24	12	120	10×φ19	1.956	190
SWP315G	315	160	112	80	≤5	40	740	360	328	185	18	7	40×24	12	135	10×φ19	3.264	260
SWP350G	350	224	157	112	≤5	55	850	405	370	210	22	8	50×32	16	150	10×φ21	5.461	355

注：安装长度（L+所需伸缩量 s）按需确定。

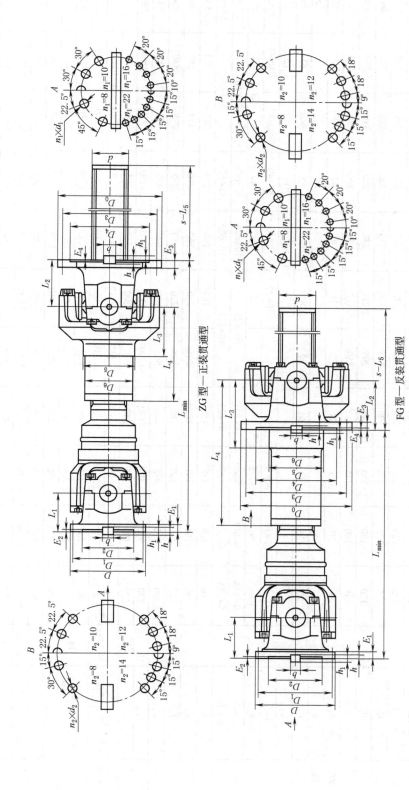

ZG 型—正装贯通型、FG—反装贯通型联轴器

ZG 型—正装贯通型

FG 型—反装贯通型

表 7-2-28　　　　　基本参数和主要尺寸

型　号		SWP200□	SWP225□	SWP250□	SWP285□	SWP315□	SWP350□	SWP390□	SWP435□	SWP480□	SWP550□	SWP600□
回转直径 D/D_0	mm	200/285	225/315	250/350	285/390	315/435	350/480	390/550	435/600	480/640	550/710	600/810
公称转矩 T_n	kN·m	40	56	80	112	160	224	315	400	560	800	1120
脉动疲劳转矩 T_p		22	32	50	78	112	150	210	295	365	560	730
交变疲劳转矩 T_f		16	23	36	55	80	105	150	210	260	400	520
ZG、FG	轴线折角 β	(°)						≤10				

续表

型 号	单位	SWP200□	SWP225□	SWP250□	SWP285□	SWP315□	SWP350□	SWP390□	SWP435□	SWP480□	SWP550□	SWP600□
伸缩量 s		600	650	700	750	750	800	800	900	900	1000	1200
D		200	225	250	285	315	350	390	435	480	550	600
D_0		285	315	350	390	435	480	550	600	640	710	810
D_1(JS11)		175	196	218	245	280	310	345	385	425	492	555
D_2(H7)		90	105	115	135	150	165	185	200	225	260	350
D_3(JS11)		260	285	315	355	390	435	500	550	580	650	745
D_4(H7)		195	220	240	270	300	335	385	420	450	510	550
D_5	mm	135	155	170	190	215	240	275	300	325	370	460
D_6		120	130	155	175	205	230	250	280	310	350	430
d		90	100	115	132	150	165	185	210	230	260	300
E_1		17	20	25	27	32	35	40	42	47	50	55
E_2		5	5	5	7	7	8	8	10	12	12	15
E_3		25	30	35	40	42	47	50	55	60	65	75
E_4		7	7	7	8	8	10	10	12	12	15	15
$b\times h$		28×16	32×18	40×25	40×30	40×30	50×32	70×36	80×40	90×45	100×45	90×55
h_1		8	9	12.5	15	15	16	18	20	22.5	22.5	27.5
$n_1\times d_1$		8×φ15	8×φ17	8×φ19	8×φ21	8×φ21	10×φ23	10×φ25	16×φ28	16×φ31	16×φ31	22×φ34
$n_2\times d_2$		8×φ15	8×φ17	8×φ19	8×φ21	8×φ21	10×φ23	10×φ25	12×φ28	12×φ31	12×φ31	14×φ37
L_1		110	120	135	150	170	185	205	235	265	290	330
L_2		130	145	165	185	205	230	260	290	310	345	390
L_3		125	140	160	180	195	220	250	275	295	330	400
L_4		360	395	435	480	565	630	695	735	810	880	950
ZG、FG（带 * 者表示含示例 FG） L_{min}	mm	820	920	1020	1140	1300	1445	1605	1760	1955	2165	2300
L_5	mm	170	190	215	240	270	300	335	375	410	455	510
转动惯量 L_{min} *	kg·m²	0.821	1.260	2.215	3.316	6.115	12.17	20.76	35.93	59.10	104.30	172.8
转动惯量 增长100 *	kg·m²	0.005	0.008	0.013	0.021	0.038	0.056	0.088	0.146	0.209	0.340	0.624
质量 L_{min} *	kg	182	252	335	450	624	894	1213	1710	2335	3246	3840
质量 增长100 *	kg	4.9	6.0	7.9	10.1	13.5	16.4	20.5	26.4	31.6	40.2	55.5
FG L_{min}	mm	630	740	820	925	1050	1140	1250	1385	1535	1690	1760
L_5	mm	90	100	115	130	140	160	185	205	210	235	265
转动惯量 L_{min}	kg·m²	0.811	1.246	2.189	3.271	6.02	11.95	20.43	35.38	58.22	102.68	169.43
质量 L_{min}	kg	173	241	319	428	590	844	1140	1611	2202	3055	3540

注：1. 长度 L_{min} 为允许的最小尺寸。其实际尺寸可根据需要确定，但必须大于等于 L_{min}。

2. 伸缩量 s 根据实际需要可增加或减小。

3. 联轴器总长为 $L+(s-L_5)$。

SWP 型万向联轴器的连接及螺栓预紧力矩

万向联轴器是通过高强度螺栓及螺母把两端的法兰连接在其他构件上,通过法兰端面键及法兰间摩擦力传递转矩的。这种万向联轴器的法兰与其相配件的连接尺寸及螺栓预紧力矩见表 7-2-28a。其螺栓的力学性能应符合 GB/T 3098.1 中 10.9 级,螺母的力学性能应符合 GB/T 3098.4 中 10 级的规定。轴承盖螺钉的力学性能应符合 GB/T 3098.1 中 12.9 级,螺钉的预紧力矩见表 7-2-28b。

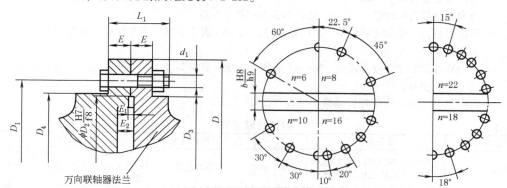

万向联轴器法兰

表 7-2-29   法兰连接螺栓预紧力矩

型　　号	法兰直径 D	螺栓数 n	螺栓规格 $d_1 \times L_1$	预紧力矩 M_a	D_1	D_2(f8)	D_3	D_4	E	E_1	E_2	b(H8)
	mm		mm	N·m				mm				
SWP160□	160	6	M12×1.5×50	120	140	95	118	121	15	3.5	12	20
SWP180□	180	6	M14×1.5×50	190	155	105	128	133	15	3.5	13	24
SWP200□	200	8	M14×1.5×55	190	175	125	146	153	17	4.5	15	28
SWP225□	225	8	M16×1.5×65	295	196	135	162	171	20	4.5	16	32
SWP250□	250	8	M18×1.5×75	405	218	150	180	190	25	4.5	20	40
SWP285□	285	8	M20×1.5×85	580	245	170	205	214	27	6.0	23	40
SWP315□	315	10	M22×1.5×95	780	280	185	235	245	32	6.0	23	40
SWP350□	350	10	M22×1.5×100	780	310	210	260	280	35	7.0	25	50
SWP390□	390	10	M24×2×110	1000	345	235	290	308	40	7.0	28	70
SWP435□	435	16	M27×2×120	1500	385	255	325	342	42	9.0	32	80
SWP480□	480	16	M30×2×130	2000	425	275	370	377	47	11	36	90
SWP550□	550	16	M30×2×140	2000	492	320	435	444	50	11	36	100
SWP600□	600	22	M33×2×150	2650	544	380	480	492	55	13	43	100
SWP650□	650	18	M36×3×165	3170	585	390	515	528	60	13	45	100
SWP700□	700	22	M36×3×165	3170	635	420	565	578	60	13	45	100

注:□表示 A、B、C、D、E、F 中任意一种型式。

表 7-2-30   轴承盖连接螺钉预紧力矩

螺钉规格/mm	M10	M12	M14	M16	M20	M22	M24	M27
预紧力矩/N·m	72.6	123	196	304	588	736	902	1500

SWP 型万向联轴器的选用计算

(1) 按传递转矩计算

$$T_c = TK_a \le T_n \quad (\text{N·m}) \tag{7-2-12}$$

或

$$T_c \le T_p \quad (\text{N·m}) \tag{7-2-13}$$

或 $$T_c \leq T_f \quad (\text{N} \cdot \text{m}) \tag{7-2-14}$$

式中　T_c——万向联轴器的计算转矩，N·m；

T——万向联轴器的理论转矩，$T = 9550 \dfrac{P_w}{n}$，N·m；

P_w——驱动功率，kW；

n——万向联轴器转速，r/min；

T_n——万向联轴器公称转矩，N·m，见表7-2-26～表7-2-28；

T_p——万向联轴器的脉动疲劳转矩，N·m，见表7-2-26～表7-2-28，当在脉动载荷作用时，按 T_p 选用万向联轴器；

T_f——万向联轴器的交变疲劳转矩，N·m，见表7-2-26～表7-2-28，当在正反交变载荷作用时，按 T_f 选用万向联轴器；

K_a——载荷性质（即工作条件）系数，见表7-2-31。

表 7-2-31　载荷性质系数

工作机构载荷性质	设备名称	K_a	工作机构载荷性质	设备名称	K_a
轻冲击负荷	发电机、离心泵、通风机、木工机床带式输送机、造纸机	1.1～1.65	重冲击负荷	压缩机(单缸)、活塞泵(单柱塞)、搅拌机压力机、矫直机、起重机主传动、球磨机	2.5～3.5
中等冲击负荷	压缩机(多缸)、活塞泵(多柱塞)、小型型钢轧机、连续线材轧机、运输机械主传动	1.65～2.5	特重冲击负荷	起重机辅助传动、破碎机、可逆工作辊道、卷取机、破鳞机、初轧机	3.5～7
重冲击负荷	船舶驱动、运输辊道连续管轧机中 75 型钢轧机	2.5～3.5	极重冲击负荷	机架辊道厚板剪切机可逆板坯轧机	7～15

（2）按轴承寿命计算

$$L_h = \frac{K_L}{K_D n \beta T_c^{10/3}} \times 10^{10} \tag{7-2-15}$$

式中　L_h——使用寿命，h；

K_L——联轴器轴承容量系数，见表7-2-32；

n——万向联轴器转速，r/min；

β——万向联轴器的轴线折角，(°)；

T_c——万向联轴器的计算转矩，kN·m；

K_D——原动机系数，电动机 $K_D = 1$，汽油机 $K_D = 1.15$，柴油机 $K_D = 1.2$。

表 7-2-32　联轴器轴承容量系数

型号	SWP160	SWP180	SWP200	SWP225	SWP250	SWP285	SWP315	SWP350	SWP390	SWP435	SWP480	SWP550	SWP600	SWP650
K_L	0.51	1.54	4.80	7.60	25.20	82.6	261	684	1.67×10^3	4.58×10^3	10.7×10^3	44.1×10^3	131.5×10^3	256.7×10^3

注：本表适用于 A、B、C、D、E、F、G 型式。

（3）对于转速高、折角大或其长度超出 10 倍回转直径的万向联轴器，除按（1）进行计算外，还必须验算其转动灵活性以及临界转速。转动灵活性用 $n\beta$ 表示。

回转直径　　　　　　　　　　$D \leq 225$ 时，$n\beta < 16000$ \hfill (7-2-16)

$$250 \leq D \leq 350 \text{ 时，} n\beta < 14000 \tag{7-2-17}$$

（4）万向联轴器的布置

① 平面系布置　参考本章 3.6.1 节 SWC 型万向联轴器的布置，见图 7-2-4。主、从动轴与中间轴三轴的轴线在同一平面内的系统称为平面系统（即满足条件③），有 Z 型布置或 W 型布置。平面系统布置同时满足条件①、②，则为等角速度传动，即 $\omega_1 = \omega_2$。平面系统不同时满足①、②条件则为不等角速度传动。平面系统不等角速度传动的主动轴与从动轴的角速度位移差计算见下式

$$\varphi = \arctan\left(\frac{\beta_1^2}{4}\sin 2\varphi_1 - \frac{\beta_2^2}{4}\sin 2\varphi_1\right)$$

式中　φ_1——主动轴的角位移量，(°)；

　　　β_1——中间轴线与主动轴线的折角，rad；

　　　β_2——中间轴线与从动轴线的折角，rad。

当 $\varphi_1 = 45°$ 时，φ 值为最大。

② 空间系布置　中间轴与主、从动轴的三轴线不在同一平面内的系统称为空间系统。空间系统均为不等角速度传动，详见标准附录 B。

3.7　膜片联轴器（摘自 JB/T 9147—1999）

膜片联轴器结构紧凑，质量轻，强度高，寿命长，无噪声，不用润滑，基本不维修，不怕油污，有耐酸碱、防腐蚀的特点，可用于高温、高速、有腐蚀介质的场合，使用广泛，可部分代替齿式联轴器。但缓冲减振性能较差。

3.7.1　JM I 型—带沉孔基本型联轴器的基本参数和主要尺寸

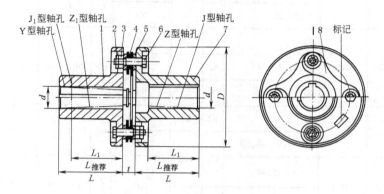

件号	零件名称	材料	件号	零件名称	材料
1,7	半联轴器	45 ZG 310-570	5	支承圈	45
2	扣紧螺母	65Mn,GB/T 805	6	六角头铰制孔用螺栓	8.8 级,GB/T 3098.1
3	六角螺母	8 级,GB/T 3098.2	8	膜片	1Cr18Ni9 1Cr18Ni9Ti
4	隔圈	45			

工作温度：−20~250℃。

标记方法：

$$联轴器型号\quad 联轴器\frac{轴孔型式代号\quad 键槽型式代号\quad 轴孔直径×轴孔长度（主动端）}{轴孔型式代号\quad 键槽型式代号\quad 轴孔直径×轴孔长度（从动端）}标准号$$

Y 型轴孔、A 型键槽的代号，标记中可予省略。

联轴器主、从动端连接型式与尺寸相同时，只标记一端，另一端省略。

表 7-2-33

型号	公称转矩 T_n	瞬时最大转矩 T_{max}	许用转速 n_p	轴孔直径 d	轴孔长度				D	t	扭转刚度 C	质量	转动惯量
					Y 型 L	J、J_1、Z、Z_1 型 L		$L_{推荐}$					
							L_1						
	N·m	N·m	r·min⁻¹	mm							N·m/rad	kg	kg·m²
JM I 1	25	80	6000	14	32	J_1 型 27 Z_1 型 20		35	90	8.8	1×10⁴	1	0.0007
				16,18,19	42	30							
				20,22	52	38							
JM I 2	63	180	5000	18,19	42	30		45	100	9.5	1.4×10⁴	2.3	0.001
				20,22,24	52	38							
				25	62	44							

第 7 篇

续表

型号	公称转矩 T_n	瞬时最大转矩 T_{max}	许用转速 n_p	轴孔直径 d	轴孔长度			$L_{推荐}$	D	t	扭转刚度 C	质量	转动惯量
					Y型	J、J$_1$、Z、Z$_1$型							
					L	L	L_1						
	N·m	N·m	r·min^{-1}	mm							N·m/rad	kg	kg·m^2
JM I 3	100	315	5000	20,22,24	52		38	50	120	11	$1.87×10^4$	2.3	0.0024
				25,28	62		44						
				30	82		60						
JM I 4	160	500	4500	24	52	—	38	55	130	12.5	$3.12×10^4$	3.3	0.0024
				25,28	62		44						
				30,32,35	82		60						
JM I 5	250	710	4000	28	62		44	60	150	14	$4.32×10^4$	5.3	0.0083
				30,32,35,38	82		60						
				40	112		84						
JM I 6	400	1120	3600	32,35,38	82	82	60	65	170	15.5	$6.88×10^4$	8.7	0.0159
				40,42,45,48,50	112	112	84						
JM I 7	630	1800	3000	40,42,45,48			107	70	210	19	$10.35×10^4$	14.3	0.0432
				50,55,56,60	142	—							
JM I 8	1000	2500	2800	45,48,50,55,56	112		84	80	240	22.5	$16.11×10^4$	22	0.0879
				60,63,65,70	142	112	107						
JM I 9	1600	4000	2500	55,56	112		84	85	260	24	$26.17×10^4$	29	0.1415
				60,63,70,71,75	142		107						
				80	172		132						
JM I 10	2500	6300	2000	63,65,70,71,75	142	142	107	90	280	17	$7.88×10^4$	52	0.2974
				80,85,90,95	172	—	132						
JM I 11	4000	9000	1800	75	142	142	107	95	300	19.5	$10.49×10^4$	69	0.4782
				80,85,90,95	172	172	132						
				100,110	212		167						
JM I 12	6300	12500	1600	90,95	172		132	120	340	23	$14.07×10^4$	94	0.8067
				100,110,120,125	212	—	167						
JM I 13	10000	18000	1400	100,110,120,125				135	380	28	$19.2×10^4$	128	1.7053
				130,140	252		202						

第 7 篇

型号	公称转矩 T_n	瞬时最大转矩 T_{max}	许用转速 n_p	轴孔直径 d	轴孔长度				D	t	扭转刚度 C	质量	转动惯量
					Y型	J、J_1、Z、Z_1 型		$L_{推荐}$					
					L	L	L_1						
	N·m	N·m	r·min⁻¹	mm							N·m/rad	kg	kg·m²
JM I 14	16000	28000	1200	120,125	212		167		150	420	31	30.0×10⁴	184	2.6832
				130,140,150	252		202							
				160	302		242							
JM I 15	25000	40000	1120	140,150	252		202		180	480	37.5	47.46×10⁴	262	4.8015
				160,170,180	302		242							
JM I 16	40000	56000	1000	160,170,180				—	200	560	41	48.09×10⁴	384	9.4118
				190,200	352		282							
JM I 17	63000	80000	900	190,200,220					220	630	47	10.13×10⁴	561	18.3753
				240	410		330							
JM I 18	100000	125000	800	220	352		282		250	710	54.5	16.14×10⁴	723	28.2033
				240,250,260	410		330							
JM I 19	160000	200000	710	250,260					280	800	48	79.8×10⁴	1267	66.5813
				280,300,320	470		380							

注：1. 质量、转动惯量是计算近似值。

2. 联轴器的轴孔和连接型式及尺寸应符合表 7-2-4 和表 7-2-6 的规定，轴孔与轴的配合见表 7-2-5 和表 7-2-7。J_1 型轴孔在 GB/T 3852（联轴器轴孔和连接型式与尺寸）中已取消。

3. 生产厂家为德阳立达基础件公司；北京古德高机电技术有限公司；江阴神州联轴器有限公司；太矿联轴器分厂；沈阳三环机械厂。

3.7.2 JM I J 型—带沉孔接中间轴型联轴器的基本参数和主要尺寸

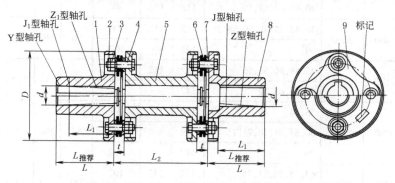

件号	零件名称	材料	件号	零件名称	材料
1,8	半联轴器	45 ZG 310-570	5	中间轴	45
2	扣紧螺母	65Mn，GB/T 805	6	隔圈	
3	六角螺母	8 级，GB/T 3098.2	7	支承圈	
4	六角头铰制孔用螺栓	8.8 级，GB/T 3098.1	9	膜片	1Cr18Ni9 1Cr18Ni9Ti

工作温度：-20~250℃。

标记方法：见表 7-2-33。

表 7-2-34

型号	公称转矩 T_n	瞬时最大转矩 T_{max}	许用转速 n_p	轴孔直径 d	轴孔长度 Y型 L	轴孔长度 J、J₁、Z、Z₁型 L	轴孔长度 J、J₁、Z、Z₁型 L_1	$L_{推荐}$	D	t	L_2 min	质量	转动惯量
	N·m	N·m	r·min⁻¹	mm								kg	kg·m²
JM I J1	25	80	6000	14	32		J₁27 Z₁20	35	90	8.8	100	1.8	0.0013
				16,18,19	42		30						
				20,22	52		38						
JM I J2	63	180	5000	18,19	42		30	45	100	9.5	120	2.4	0.002
				20,22,24	52		38						
				25	62		44						
JM I J3	100	315	5000	20,22,24	54	—	38	50	120	11	120	4.1	0.0047
				25,28	62		44						
				30	82		60						
JM I J4	160	500	4500	24	52		38	55	130	12.5	140	5.4	0.0069
				25,28	62		44						
				30,32,35	82		60						
JM I J5	250	710	4000	28	62		44	60	150	14	140	8.8	0.0281
				30,32,35,38	82		60						
				40	112		84						
JM I J6	400	1120	3600	32,35,38	82	82	60	65	170	15.5	140	13.4	0.0281
				40,42,45,48,50	112	112	84						
JM I J7	630	1800	3000	40,42,45,48,50,55,56	112	112	84	70	210	19	150	22.3	0.076
				60	142	—	107						
JM I J8	1000	2500	2800	45,48,50,55,56	112	112	84	80	240	22.5	180	36	0.1602
				60,63,65,70	142	—	107						
JM I J9	1600	4000	2500	55,56	112	112	84	85	260	24	220	48	0.2509
				60,63,65,70,71,75	142		107						
				80	172		132						
JM I J10	2500	6300	2000	63,65,70,71,75	142	142	107	90	280	17	250	85	0.5195
				80,85,90,95	172	—	132						
JM I J11	4000	9000	1800	75	142	142	107	95	300	19.5	290	112	0.8223
				80,85,90,95	172	172	132						
				100,110	212		167						
JM I J12	6300	12500	1600	90,95	172	—	132	120	340	23	300	152	1.4109
				100,110,120,125	212		167						

注: 1. 表中 L_2 也可与制造厂另行商定。

2. 其他见表 7-2-33 注。

3.7.3 JMⅡ型—无沉孔基本型联轴器的基本参数和主要尺寸

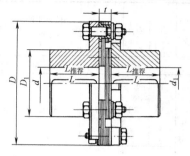

工作温度：-20~250℃。
标记方法：见表7-2-33。

表 7-2-35

型号	公称转矩 T_n	瞬时最大转矩 T_{max}	最大转速 n_{max}	轴孔直径 d, d_1	轴孔长度			D	D_1	t	扭转刚度 $\times 10^6$	质量	转动惯量
					J_1 型	Y 型	$L_{推荐}$						
					L								
	N·m	N·m	r·min^{-1}	mm							N·m/rad	kg	kg·m^2
JMⅡ1	40	63	10700	14	27	32	35	80	39		0.37	0.9	0.0005
				16,18,19	30	42							
				20,22,24	38	52							
				25,28	44	62							
JMⅡ2	63	100	9300	20,22,24	38	52	40	92	53	8±0.2	0.45	1.4	0.0011
				25,28	44	62							
				30,32,35,38	60	82							
JMⅡ3	100	200	8400	25,28	44	62	45	102	63		0.56	2.1	0.002
				30,32,35,38	60	82							
				40,42,45	84	112							
JMⅡ4	250	400	6700	30,32,35,38	60	82	55	128	77		0.81	4.2	0.006
				40,42,45,48,50,55	84	112							
JMⅡ5	500	800	5900	35,38	60	82	65	145	91	11±0.3	1.2	6.4	0.012
				40, 42, 45, 48, 50, 55,56	84	112							
				60,63,65	107	142							
JMⅡ6	800	1250	5100	40, 42, 45, 48, 50, 55,56	84	112	75	168	105	14±0.3	1.42	9.6	0.024
				60,63,65,70,71,75	107	142							
JMⅡ7	1000	2000	4750	45,48,50,55,56	84	112		180	112		1.9	12.5	0.0365
				60,63,65,70,71,75	107	142							
				80	132	172				15±0.4			
JMⅡ8	1600	3150	4300	50,55,56	84	112	80	200			2.35	15.5	0.057
				60,63,65,70,71,75	107	142							
				80,85	132	172			120				
JMⅡ9	2500	4000	4200	55,56	84	112		205		20±0.4	2.7	16.5	0.065
				60,63,65,70,71,75	107	142							
				80,85	132	172							

型号	公称转矩 T_n	瞬时最大转矩 T_{max}	最大转速 n_{max}	轴孔直径 d, d_1	轴孔长度		$L_{推荐}$	D	D_1	t	扭转刚度 $\times 10^6$	质量	转动惯量
					J_1 型	Y 型							
					L								
	N·m	N·m	r·min^{-1}	mm							N·m/rad	kg	kg·m^2
JMⅡ10	3150	5000	4000	55,56	84	112	90	215	128	20±0.4	3.02	19.5	0.083
				60,63,65,70,71,75	107	142							
				80,85,90	132	172							
JMⅡ11	4000	6300	3650	60,63,65,70,71,75	107	142	100	235	132	23±0.5	3.46	25	0.131
				80,85,90,95	132	172							
JMⅡ12	5000	8000	3400	60,63,65,70,71,75	107	142		250	145		3.67	30	0.174
				80,85,90,95	132	172							
				100	167	212							
JMⅡ13	6300	10000	3200	63,65,70,71,75	107	142	110	270	155		5.2	36	0.239
				80,85,90,95	132	172							
				100,110	167	212							
JMⅡ14	8000	12500	2850	65,70,71,75	107	142	115	300	162	27±0.6	7.8	45	0.38
				80,85,90,95	132	172							
				100,110	167	212							
JMⅡ15	10000	16000	2700	70,71,75	107	142	125	320	176		8.43	55	0.5
				80,85,90,95	132	172							
				100,110,120,125	167	212							
JMⅡ16	12500	20000	2450	75	107	142	140	350	186		10.23	75	0.85
				80,85,90,95	132	172							
				100,110,120,125	167	212							
				130	202	252							
JMⅡ17	16000	25000	2300	80,85,90,95	132	172	145	370	203	32±0.7	10.97	85	1.1
				100,110,120,125	167	212							
				130,140	202	252							
JMⅡ18	20000	31500	2150	90,95	132	172	165	400	230		13.07	115	1.65
				100,110,120,125	167	212							
				130,140,150	202	252							
				160	242	302							
JMⅡ19	25000	40000	1950	100,110,120,125	167	212	175	440	245		14.26	150	2.69
				130,140,150	202	252							
				160,170	242	302					38±0.9			
JMⅡ20	31500	50000	1850	110,120,125	167	212	185	460	260		22.13	170	3.28
				130,140,150	202	252							
				160,170,180	242	302							

续表

型号	公称转矩 T_n	瞬时最大转矩 T_{max}	最大转速 n_{max}	轴孔直径 d,d_1	J_1型 L	Y型 L	$L_{推荐}$	D	D_1	t	扭转刚度 $\times10^6$	质量	转动惯量
	N·m	N·m	r·min⁻¹	mm							N·m/rad	kg	kg·m²
JM II 21	35500	56000	1800	120,125	167	212	200	480	280	38±0.9	23.7	200	4.28
				130,140,150	202	252							
				160,170,180	242	302							
				190,200	282	352							
JM II 22	40000	63000	1700	130,140,150	202	252	210	500	295		24.6	230	5.18
				160,170,180	242	302							
				190,200	282	352							
JM II 23	50000	80000	1600	140,150	202	252	220	540	310	44±1	29.71	275	7.7
				160,170,180	242	302							
				190,200,220	282	352							
JM II 24	63000	100000	1450	150	202	252	240	600	335		32.64	380	9.3
				160,170,180	242	302							
				190,200,220	282	352							
				240	330	410							
JM II 25	80000	125000	1400	160,170,180	242	302	255	620	350	50±1.2	37.69	410	15.3
				190,200,220	282	352							
				240,250	330	410							
JM II 26	90000	140000	1300	180	242	302	275	660	385		50.43	510	20.9
				190,200,220	282	352							
				240,250,260	330	410							
JM II 27	112000	180000	1200	190,200,220	282	352	295	720	410	60±1.4	71.51	620	32.4
				240,250,260	330	410							
				280	380	470							
JM II 28	140000	200000	1150	220	282	352	300	740	420		93.37	680	36
				240,250,260	330	410							
				280,300	380	470							
JM II 29	160000	224000	1100	240,250,260	330	410	320	770	450		114.53	780	43.9
				280,300,320	380	470							
JM II 30	180000	280000	1050	250,260	330	410	350	820	490		130.76	950	60.5
				280,300,320	380	470							
				340	450	550							

注：1. 质量、转动惯量是按 $L_{推荐}$ 计算近似值。

2. 联轴器轴孔和连接型式与尺寸应符合表 7-2-4 的规定，轴孔与轴的配合见表 7-2-5。

3. 生产厂见表 7-2-33 注 3。

第 7 篇

3.7.4 JMⅡJ型—无沉孔接中间轴型联轴器的基本参数和主要尺寸

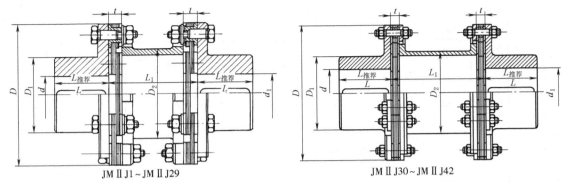

JMⅡJ1~JMⅡJ29   JMⅡJ30~JMⅡJ42

工作温度：-20~250℃。标记方法：见表7-2-33。

表 7-2-36

型号	公称转矩 T_n	瞬时最大转矩 T_{max}	最大转速 n_{max}	轴孔直径 $d、d_1$	轴孔长度			D	D_1	D_2	L_{1min}	t	质量		转动惯量
					J_1型 Y型 L		$L_{推荐}$						L_{1min} 质量	每增加1m的质量	
	N·m	N·m	r·min⁻¹	mm									kg		kg·m²
JMⅡJ1	63	100	9300	20,22,24	38	52	40	92	53		70	8±0.2	2	4.1	0.002
				25,28	44	62									
				30,32,35,38	60	82					45				
JMⅡJ2	100	200	8400	25,28	44	62	45	102	63		80		2.9		0.003
				30,32,35,38	60	82									
				40,42,45	84	112									
JMⅡJ3	250	400	6700	30,32,35,38	60	82	55	128	77		96		5.7	8	0.009
				40,42,45,48,50,55	84	112									
JMⅡJ4	500	800	5900	35,38	60	82	65	145	91	76	116	11±0.3	8.5		0.017
				40, 42, 45, 48, 50, 55,56	84	112									
				60,63,65	107	142									
JMⅡJ5	800	1250	5100	40, 42, 45, 48, 50, 55,56	84	112	75	168	105		136	14±0.3	12.5	12	0.034
				60,63,65,70,71,75	107	142				102					
JMⅡJ6	1250	2000	4750	45,48,50,55,56	84	112		180	112			16.5			0.053
				60,63,65,70,71,75	107	142									
				80	132	172						15±0.4			
JMⅡJ7	2000	3150	4300	50,55,56	84	112	80	200	120		140		21		0.082
				60,63,65,70,71,75	107	142								19	
				80,85	132	172				114					
JMⅡJ8	2500	4000	4200	55,56	84	112		205	120			20±0.4	23		0.092
				60,63,65,70,71,75	107	142									
				80,85	132	172									

型号	公称转矩 T_n	瞬时最大转矩 T_{max}	最大转速 n_{max}	轴孔直径 d、d_1	轴孔长度 J₁型 Y型 L	$L_{推荐}$	D	D_1	D_2	L_{1min}	t	L_{1min}质量	每增加1m的质量	转动惯量
	N·m	N·m	r·min⁻¹		mm								kg	kg·m²
JMⅡJ9	3150	5000	4000	55,56	84 112	90	215	128		160	20±0.4	27	21	0.117
				60,63,65,70,71,75	107 142									
				80,85,90	132 172			127						
JMⅡJ10	4000	6300	3650	60,63,65,70,71,75	107 142		235	132				36		0.191
				80,85,90,95	132 172									
JMⅡJ11	5000	8000	3400	60,63,65,70,71,75	107 142	100			170		23±0.5	42	26	0.252
				80,85,90,95	132 172		250	145						
				100	167 212									
JMⅡJ12	6300	10000	3200	60,63,65,70,71,75	107 142				140	190		50		0.349
				80,85,90,95	132 172	110	270	155						
				100,110	167 212									
JMⅡJ13	8000	12500	2850	65,70,71,75	107 142					200		66		0.56
				80,85,90,95	132 172	115	300	162						
				100,110	167 212						27±0.6		47	
JMⅡJ14	10000	16000	2700	70,71,75	107 142					220		78		0.75
				80,85,90,95	132 172	125	320	176	165					
				100,110,120,125	167 212									
JMⅡJ15	12500	20000	2450	75	107 142							110	51	1.26
				80,85,90,95	132 172					240				
				100,110,120,125	167 212	140	350	186						
				130	202 252									
JMⅡJ16	16000	25000	2300	80,85,90,95	132 172					250	32±0.7	125		1.63
				100,110,120,125	167 212	145	370	203						
				130,140	202 252									
JMⅡJ17	20000	31500	2150	90,95	132 172					290		160	72	2.45
				100,110,120,125	167 212	165	400	230	219					
				130,140,150	202 252									
				160	242 302									
JMⅡJ18	25000	40000	1950	100,110,120,125	167 212					300		220		3.99
				130,140,150	202 252	175	440	245						
				160,170	242 302									
JMⅡJ19	31500	50000	1850	100,110,120,125	167 212					320	38±0.9	245	89	4.98
				130,140,150	202 252	185	460	260	267					
				160,170,180	242 302									

第 7 篇

续表

型号	公称转矩 T_n	瞬时最大转矩 T_{max}	最大转速 n_{max}	轴孔直径 d、d_1	轴孔长度 J₁型 L	轴孔长度 Y型 $L_{推荐}$	D	D_1	D_2	L_{1min}	t	质量 L_{1min}质量	质量 每增加1m的质量	转动惯量
	N·m	N·m	r·min⁻¹	mm								kg		kg·m²
JMⅡJ20	35500	56000	1800	120,125	167	212	200	480	280		350		275		6.28
				130,140,150	202	252									
				160,170,180	242	302				267		38±0.9		89	
				190,200	282	352									
JMⅡJ21	40000	63000	1700	120,125	167	212	210	500	295		370		320		7.68
				130,140,150	202	252									
				160,170,180	242	302									
				190,200	282	352									
JMⅡJ22	50000	80000	1600	140,150	202	252	220	540	310	299	380	44±1	400	110	11.6
				160,170,180	242	302									
				190,200,220	282	352									
JMⅡJ23	63000	100000	1450	140,150	202	252	240	600	335		410		560		19.8
				160,170,180	242	302									
				190,200,220	282	352									
				240	330	410									
JMⅡJ24	80000	125000	1400	160,170,180	242	302	255	620	350	356	440	50±1.2	620	145	23.6
				190,200,220	282	352									
				240,250	330	410									
JMⅡJ25	90000	140000	1300	180	242	302	275	660	385		480		740		31.9
				190,200,220	282	352									
				240,250,260	330	410									
				280	380	470									
JMⅡJ26	112000	180000	1200	180	242	302	295	720	410		510		970		50.4
				190,200,220	282	352									
				240,250,260	330	410								190	
				280,300	380	470				406					
JMⅡJ27	140000	200000	1150	220	282	352	300	740	420		520		1050		57
				240,250,260	330	410						60±1.4			
				280,300	380	470									
JMⅡJ28	160000	224000	1100	240,250,260	330	410	320	770	450		560		1200		69.4
				280,300	380	470									
JMⅡJ29	180000	280000	1050	250,260	330	410	350	820	490	457	600		1400	215	95.5
				280,300,320	380	470									
				340	450	550									

续表

型号	公称转矩 T_n/(N·m)	瞬时最大转矩 T_{max}/(N·m)	最大转速 n_{max}/(r·min⁻¹)	轴孔直径 d、d_1/mm	轴孔长度 J₁型 Y型 L/mm	轴孔长度 Y型 $L_{推荐}$/mm	L/mm	D/mm	D_1/mm	D_2/mm	L_{1min}/mm	t/mm	质量 L_{1min}质量/kg	质量 每增加1m的质量/kg	转动惯量/(kg·m²)
JM Ⅱ J30	280000	450000	1000	280,300,320	380	470		875	480	559	620	50±1.6	1400	235	96.5
				340,360	450	550			550						109.5
JM Ⅱ J31	400000	630000	930	300,320	380	470	350	935	520	610	630	60±1.0	1800	290	142
				340,360,380	450	550			560						152
				400	540	650			600						162
JM Ⅱ J32	450000	710000	880	320	380	470	380	1030	480	622	690	60±1.0	2250	330	194
				340,360,380	450	550			600						224
				400,420	540	650			640						240
JM Ⅱ J33	560000	900000	820	360,380	450	550	400	1080	580	660	726	66±2.2	2750	390	271
				400,420,440,450,460					700						325
JM Ⅱ J34	1000000	1600000	740	400,420,440,450	540	650	460	1160	620	750	836	70±2.3	3500	450	387
				460,480,500					750						465
JM Ⅱ J35	1400000	2240000	680	440,450,460,480,500			520	1290	790	820	946	82±2.6	5000	570	750
				530,560	680	800			840						810
JM Ⅱ J36	2000000	3150000	620	480,500	540	650	570	1410	760	900	1040	92±2.8	6600	710	1050
				530,560,600	680	800			920						1290
JM Ⅱ J37	2800000	4000000	570	450,460,480,500	540	640	610	1530	810	1000	1100	105±3	8400	880	1630
				530,560,600,630	680	800			980						1950
JM Ⅱ J38	4000000	6000000	520	560,600,630			670	1670	950	1100	1210	115±3.4	11000	1050	2670
				670,710	780	—			1070						3030
JM Ⅱ J39	5000000	8000000	480	600,630	680	800	730	1830	970	1200	1320	125±3.7	14500	1350	4060
				670,710,750	780	—			1170						4800
JM Ⅱ J40	6300000	10000000	430	670,710,750	780		800	2000	1140	1300	1450	130±4	19000	1600	6600
				800,850	880				1290						7500
JM Ⅱ J41	8000000	12500000	400	750	780	—	800	2200	1260	1400	1600	140±4.4	25000	1850	10400
				800,850	880				1420						11900
JM Ⅱ J42	10000000	16000000	350	800,850			960	2400	1370	1500	1760		32000	2100	15200
				900,950	980				1550						17400

注：见表 7-2-35 的注。

3.7.5 膜片联轴器许用补偿量

表 7-2-37

型号	JMⅠ1~JMⅠ6	JMⅠJ1~JMⅠJ6	JMⅠ7~JMⅠ10	JMⅠJ7~JMⅠJ10	JMⅠ11~JMⅠ19	JMⅠJ11~JMⅠJ12	JMⅡ1~JMⅡ8
轴向 Δx/mm	1	2	1.5	3	2	4	1
角向 $\Delta\alpha$	1°	2°	1°	2°	30′	1°	1°

型号	JMⅡJ1~JMⅡJ8	JMⅡ9~JMⅡ17	JMⅡJ9~JMⅡJ17	JMⅡ18~JMⅡ26	JMⅡJ18~JMⅡJ26	JMⅡ27~JMⅡ30	JMⅡJ27~JMⅡJ42
轴向 Δx/mm	2	2.5	5	4	8	6	12
角向 $\Delta\alpha$	2°	1°	2°	1°	2°	1°	2°

注：1. 表中所列许用补偿量是指在工作状态下，允许的由于制造误差、安装误差、工作载荷变化引起的振动、冲击、变形、温度变化等综合因素形成的两轴相对偏移量。

2. 本联轴器最大允许安装角向偏差应不超过±5′。

第 7 篇

3.7.6 膜片联轴器的选用计算

① 联轴器的计算转矩

$$T_c = TKK_1 = 9550\frac{P_w}{n}KK_1 \qquad (\text{N·m}) \qquad (7\text{-}2\text{-}18)$$

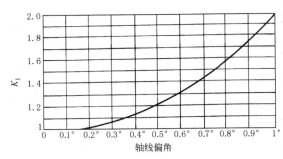

图 7-2-6 偏差系数 K_1

式中　T——万向联轴器的理论转矩，$T = 9550\dfrac{P_w}{n}$，N·m；

　　　K——工况系数，见表 7-2-2；

　　　K_1——因轴线偏转对传递转矩的影响而考虑的偏差系数，见图 7-2-6；

　　　P_w——驱动功率，kW；

　　　n——工作转速，r/min。

② 对于接中间轴的 JM I J 和 JM II J 型，当中间轴选用大于 L_{2min} 或 L_{1min}（当 L_2 或 $L_1 > 10d$ 或 $10d_1$）时，工作转速 n 必须低于临界转速 n_c。

临界转速

$$n_c = 1.195 \times 10^8 \times \frac{\sqrt{D_2^2 + D_3^2}}{L_1^2} \qquad (\text{r/min}) \qquad (7\text{-}2\text{-}19)$$

式中　D_2——中间轴外径，mm；

　　　D_3——中间轴内径，mm；

　　　L_1——中间轴长度，mm。

在轴线偏角 $\alpha \le 1.5°$ 工况下，$n \le 0.85 n_c$。

3.8 蛇形弹簧联轴器（摘自 JB/T 8869—2000）

蛇形弹簧联轴器按其齿形分为直线形（恒刚度）和曲线形（变刚度）。恒刚度联轴器适用于传递转矩变化较小的工况。变刚度联轴器传递载荷变大时，弹簧刚度亦增大，而半联轴器的相对转角与所传递的转矩成非线性关系，适用于传递的转矩变化较大和正反转的工况，并有较好的减振缓冲作用。本标准 JS 型均为变刚度弹簧联轴器。蛇形弹簧联轴器工作可靠，外形尺寸较小。

3.8.1 JS 型—罩壳径向安装型（基本型）联轴器

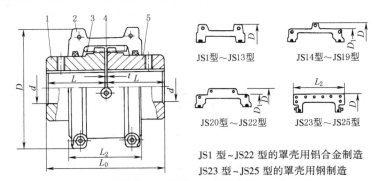

JS1型～JS13型　　JS14型～JS19型

JS20型～JS22型　　JS23型～JS25型

JS1 型～JS22 型的罩壳用铝合金制造
JS23 型～JS25 型的罩壳用钢制造

1,5—半联轴器；2—罩壳；3—蛇形弹簧；4—润滑孔

工作温度：−30~150℃。

标记方法：

$$\text{联轴器型号 联轴器}\frac{\text{轴孔型式代号 键槽型式代号 轴孔直径×轴孔长度（主动端）}}{\text{轴孔型式代号 键槽型式代号 轴孔直径×轴孔长度（从动端）}}\text{标准号}$$

联轴器主、从动端连接型式与尺寸相同时，只标记一端，另一端省略。

表 7-2-38　　　　　　　　　　　　　基本参数和主要尺寸

型号	公称转矩 T_n	许用转速 n_p	轴孔直径 d	轴孔长度 L	总长 L_0	L_2	D	D_1	间隙 t	质量	转动惯量	润滑油
	N·m	r·min⁻¹	mm							kg	kg·m²	kg
JS1	45	4500	18,19,20,22,24,25,28	47	97	66	95	—	3	1.91	0.00141	0.0272
JS2	140	4500	22,24,25,28,30,32,35	47	97	68	105	—	3	2.59	0.00223	0.0408
JS3	224	4500	25,28,30,32,35,38,40,42	50	103	70	115	—	3	3.36	0.00327	0.0544
JS4	400	4500	32,35,38,40,42,45,48,50	60	123	80	130	—	3	5.45	0.00727	0.068
JS5	630	4350	40,42,45,48,50,55,56	63	129	92	150	—	3	7.26	0.0119	0.0862
JS6	900	4125	48,50,55,56,60,63,65	76	155	95	160	—	3	10.44	0.0185	0.113
JS7	1800	3600	55,56,60,63,65,70,71,75,80	89	181	116	190	—	3	17.7	0.0451	0.172
JS8	3150	3600	65,70,71,75,80,85,90,95	98	199	122	210	—	3	25.42	0.0787	0.254
JS9	5600	2440	75,80,85,90,95,100,110	120	245	155	250	—	5	42.22	0.178	0.426
JS10	8000	2250	85,90,95,100,110,120	127	259	162	270	—	5	54.45	0.27	0.508
JS11	12500	2025	90,95,100,110,120,125,130,140	149	304	192	310	—	5	81.27	0.514	0.735
JS12	18000	1800	110,120,125,130,140,150,160,170	162	330	195	346	—	5	121	0.989	0.908
JS13	25000	1650	120,125,130,140,150,160,170,180,190,200	184	374	201	384	391	6	178	1.85	1.135
JS14	35500	1500	140,150,160,170,180,190,200	183	372	271	450	431	6	234.26	3.49	1.952
JS15	50000	1350	160,170,180,190,200,220,240	198	402	279	500	487	6	316.89	5.82	2.815
JS16	63000	1225	180,190,200,220,240,250,260,280	216	438	304	566	487	6	448.1	10.4	3.496
JS17	90000	1100	200,220,240,250,260,280,300	239	484	322	630	555	6	619.71	18.3	3.76
JS18	125000	1050	240,250,260,280,300,320	260	526	325	675	608	6	776.34	26.1	4.4
JS19	160000	900	280,300,320,340,360	280	566	355	756	660	6	1058.27	43.5	5.63
JS20	224000	820	300,320,340,360,380	305	623	432	845	751	13	1425.56	75.5	10.53
JS21	315000	730	320,340,360,380,400,420	325	663	490	920	822	13	1786.49	113	16.07
JS22	400000	680	340,360,380,400,420,440,450	345	703	546	1000	905	13	2268.64	175	24.06
JS23	500000	630	360,380,400,420,440,450,460,480	368	749	648	1087	905	13	2950.82	339	33.82
JS24	630000	580	400,420,440,450,460	401	815	698	1180	—	13	3836.3	524	50.17
JS25	800000	540	420,440,450,460,480,500	432	877	762	1260	—	13	4686.19	711	67.24

注：1. 若选择表 7-2-4 和表 7-2-6 的轴孔型式，应与制造厂协商。

2. 质量、转动惯量按无孔计算。

3. 联轴器安装后应注入润滑油（脂），工作时不泄漏，使用 5000h 后更换密封圈。在正常使用条件下，联轴器的可靠性在 10000h 内不应失效。

4. 联轴器选用计算见本章第 2 节。

5. 生产厂家为沈阳三环机械厂、北京古德高机电技术有限公司、江阴神州联轴器有限公司。

3.8.2　JSB 型—罩壳轴向安装型联轴器

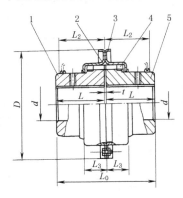

工作温度：−30~150℃。
标记方法：见表 7-2-38。

1,5—半联轴器；2—润滑孔；3—罩壳；4—蛇形弹簧

表 7-2-39　　　　　　　　　　　　　基本参数和主要尺寸

型号	公称转矩 T_n	许用转速 n_p	轴孔直径 d	轴孔长度 L	总长 L_0	L_2	L_3	D	间隙 t	质量	润滑油
	N·m	r·min^{-1}	mm							kg	
JSB1	45		18,19,20,22,24,25,28	47	97	24	48	112		1.95	0.027
JSB2	140		22,24,25,28,30,32,35			25		122		2.59	0.041
JSB3	224	6000	25,28,30,32,35,38,40,42	50	103	26	51	130		3.36	0.054
JSB4	400		32,35,38,40,42,45,48,50	60	123	31	61	149	3	5.45	0.068
JSB5	630		40,42,45,48,50,55,56	63	129	32	64	163		7.26	0.086
JSB6	900	5500	48,50,55,56,60,63,65	76	155	34	67	174		10.44	0.113
JSB7	1800	4750	55,56,60,63,65,70,71,75,80	89	181	44	89	200		17.7	0.172
JSB8	3150	4000	65,70,71,75,80,85,90,95	98	199	47	96	233		25.42	0.254
JSB9	5600	3250	75,80,85,90,95,100,110	120	245	60	121	268		42.22	0.427
JSB10	8000	3000	80,85,90,95,100,110,120	127	259	63	124	287		54.48	0.508
JSB11	12500	2700	90,95,100,110,120,125,130,140	149	304	74	143	320		81.72	0.735
JSB12	18000	2400	110,120,125,130,140,150,160,170	162	330	75	146	379		122.58	0.908
JSB13	25000	2200	120,125,130,140,150,160,170,180,190,200	184	374	78	156	411	6	180.24	1.135
JSB14	35500	2000	140,150,160,170,180,190,200	183	372	107	204	476		230.18	1.952
JSB15	50000	1750	160,170,180,190,200,220,240	216	438	115	216	533		321.43	2.815
JSB16	63000	1600	180,190,200,220,240,250,260			120	226	584		448.55	3.496

注：1. 质量按无孔计算。

2. L_2 为罩壳安装时需要的尺寸。

3. 其他见表 7-2-38 的注 1、3、4 和 5。

3.8.3 JSS 型—双法兰连接型联轴器

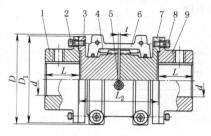 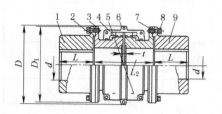

JSS1 型～JSS13 型　　　　　　　　JSS14 型～JSS19 型

1,9—连接凸缘；2,8—螺栓；3,7—半联轴器；4—蛇形弹簧；5—润滑孔；6—罩壳

工作温度：-30~150℃。

标记方法：见表 7-2-38。

表 7-2-40　　　　　　　　　　　基本参数和主要尺寸

型号	公称转矩 T_n	许用转速 n_p	轴孔直径 d	轴孔长度 L	两轴端距离 L_2 最小	两轴端距离 L_2 最大	D	D_1	t	质量	润滑油
	N·m	r·min⁻¹		mm						kg	
JSS1	45		18,19,20,22,24,25,28,30,32,35	35		203	97	86		3.86	0.0272
JSS2	140		22,24,25,28,30,32,35,38,40,42	42	89		106	94		5.266	0.0408
JSS3	224		25,28,30,32,35,38,40,42,45,48,50,55,56	54		216	114	112		8.44	0.0544
JSS4	400	3600	32,35,38,40,42,45,48,50,55,60,63,65	60	111		135	125	5	12.53	0.068
JSS5	630		40,42,45,48,50,55,56,60,63,65,70,71,75,80	73	127	330	148	144		19.61	0.0682
JSS6	900		48,50,55,56,60,63,65,70,71,75,80,85	80			159	152		24.65	0.1135
JSS7	1800		55,56,60,63,65,70,71,75,80,85,90,95	89	184		190	178		39.4	0.173
JSS8	3150		65,70,71,75,80,85,90,95,100,110	102		406	211	209		60.38	0.254
JSS9	5600	2440	75,80,85,90,95,100,110,120,125,130	90	203		251	250	6	98.97	0.427
JSS10	8000	2250	80,85,90,95,100,110,120,125,130,140,150	104	210		270	276		137.56	0.508

第 **7** 篇

第 **7** 篇

型号	公称转矩 T_n	许用转速 n_p	轴孔直径 d	轴孔长度 L	两轴端距离 L_2		D	D_1	t	质量	润滑油
					最小	最大					
	N·m	r·min⁻¹			mm					kg	
JSS11	12500	2025	90,95,100,110,120,125,130,140,150,160,170	120	246		308	319		196.58	0.735
JSS12	18000	1800	110,120,125,130,140,150,160,170,180,190	135	257	406	346	346		259.69	0.908
JSS13	25000	1650	120,125,130,140,150,160,170,180,190,200	152	267		384	386		340.5	1.135
JSS14	35500	1500	100,110,120,125,130,140,150,160,170,180,190,200,220,240,250	173	345	371	453	426		442.7	1.95
JSS15	50000	1350	110,120,125,130,140,150,160,170,180,190,200,220,240,250,260,280	186	356	406	501	457	10	552.06	2.81
JSS16	63000	1220	125,130,140,150,160,170,180,190,200,220,240,250,260,280,300,320	220	384	444	566	527		836.27	3.49
JSS17	90000	1100	100,110,120,125,130,140,150,160,170,180,190,200,220,240,250,260,280,300,320	249	400	491	630	591		1099.58	3.77
JSS18	125000	1050	110,120,125,130,140,150,160,170,180,190,200,220,240,250,260,280,300,320,340,360	276	411	530	676	660		1479.59	4.4
JSS19	160000	900	110,120,125,130,140,150,160,170,180,190,200,220,240,250,260,280,300,320,340,360,380	305	444	575	757	711		1856.86	5.63

注：1. 质量按无孔计算。

2. 其他见表 7-2-38 的注 1、3、4 和 5。

3.8.4　JSD 型—单法兰连接型联轴器

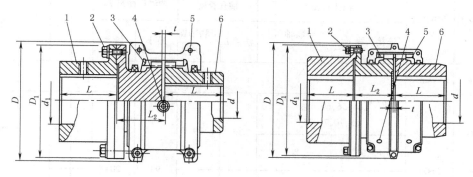

JSD1 型~JSD13 型　　　　　　　　　　　　JSD14 型~JSD19 型

1—连接凸缘；2—螺栓；3—蛇形弹簧；4—润滑孔；5—罩壳；6—半联轴器

工作温度：-30~150℃。

标记方法：见表 7-2-38。

表 7-2-41　　　　　　　　　　　　　　　基本参数和主要尺寸

型号	公称转矩 T_n	许用转速 n_p	轴孔直径		轴孔长度		两轴端距离 L_2		D	D_1	间隙 t	质量	润滑油
			连接凸缘 d_1	半联轴器 d	法兰 L	半联轴器 L	最小	最大					
	N·m	r·min^{-1}	mm									kg	
JSD1	45		18,19		35			102	97	86		2.9	0.0272
			20,22,24										
			25,28										
			30,32,35	—		47							
JSD2	140		22,24		41		45		106	94		3.9	0.0408
			25,28										
			30,32,35,38	30,32,35									
			40,42	—									
JSD3	224		25,28		54	50		109	114	113		5.9	0.0544
			30,32,35,38										
			40,42,45,48,50,55,56	40,42									
JSD4	400	3600	32,35,38		60	60	56		135	125	3	8.98	0.068
			40,42,45,48,50,55,56	40,42,45,48,50									
			60,63,65	—									
JSD5	630		40,42,45,48		73	63			148	114		13.5	0.0862
			50,55,56										
			60,63,65,70,71,75,80	—			64	166					
JSD6	900		48,50,55,56		79	76			159	152		17.5	0.113
			60,63,65,70,71,75	60,63,65									
			80,85	—									

续表

型号	公称转矩 T_n	许用转速 n_p	轴孔直径		轴孔长度		两轴端距离 L_2		D	D_1	间隙 t	质量	润滑油
			连接凸缘 d_1	半联轴器 d	法兰 L	半联轴器 L	最小	最大					
	N·m	r·min⁻¹			mm							kg	
JSD7	1800	3600	55,56,60,63,65,70,71,75 80,85,90,95	80	89	89	93	204	190	178	3	28.6	0.172
JSD8	3150	3600	65,70,71,75,80,85,90,95 100,110	—	102	99	93	204	211	210	3	42.9	0.254
JSD9	5600	2440	80,85,90,95 100,110,120,125 130	100,110 —	90	120	103	205	251	251	5	70.8	0.426
JSD10	8000	2250	90,95 100,110,120,125 130,140,150	100,110,120 —	104	127	106	205	270	276	5	95.7	0.508
JSD11	12500	2025	95,100,110,120,125 130,140,150 160,170	130,140 —	119	149	125	205	308	319	6	139	0.735
JSD12	18000	1800	110,120,125,130,140,150 160,170,180 190	160,170 —	135	162	130	205	346	346	6	190	0.907
JSD13	25000	1650	120,125,130,140,150,160,170,180,190,200		152	184	135	205	384	359	6	259	1.13
JSD14	35500	1500	100,110,120,125,130,140,150,160,170,180 190,200,220 240,250	190,200 —	173	183	175	185	453	426	10	342.77	1.95

第 7 篇

续表

型号	公称转矩 T_n	许用转速 n_p	轴孔直径		轴孔长度		两轴端距离 L_2		D	D_1	间隙 t	质量	润滑油
			连接凸缘 d_1	半联轴器 d	法兰 L	半联轴器 L	最小	最大					
	N·m	r·min⁻¹	mm									kg	
JSD15	50000	1350	110,120,125	120,125	186	198	180	205	501	457		434.48	2.81
			130,140,150,160,170,180,190,200,220										
			240,250,260,280	—									
JSD16	63000	1220	125		220	216	194	224	566	527		641.96	3.49
			130,140,150,160,170,180,190,200,220										
			240,250,260	240,250									
			280,300,320	—									
JSD17	90000	1100	100,110,120,125		249	239	202	247	630	590		859.88	3.77
			130,140,150,160,170,180,190,200,220,240,250,260										
			280,300,320	280							10		
JSD18	125000	1050	110,120,125	—	276	259	207	267	676	660		1127.71	4.4
			130,140,150	150									
			160,170,180,190,200,220,240,250,260										
			280,300,320	280,300									
			340,360	—									
JSD19	160000	900	110,120,125,130,140,150	—	305	279	224	289	757	711		12.4	5.63
			160,170,180	170,180									
			190,200,220,240,250,260,280,300,320										
			340,360,380	—									

注：1. 质量按无孔计算。
2. 其他见表 7-2-38 的注 1、3、4 和 5。

第 **7** 篇

3.8.5 JSJ 型—接中间轴型联轴器

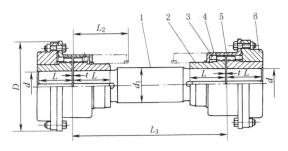

工作温度：-30~150℃。
标记方法：见表 7-2-38。

1—中间轴；2—半联轴器；3—蛇形弹簧；4—润滑孔；5—罩壳；6—连接法兰

表 7-2-42 基本参数和主要尺寸

型号	公称转矩 T_n	轴孔直径 d	中间轴 d_1	轴孔长度 L	中间轴 L_{3min}	D	L_2	间隙 t	质量（一端）	润滑油（一端）
	N·m	mm							kg	
JSJ1	140	22,24,25,28,30,32,35	28	48	162	116	78		3.9	0.0408
JSJ2	400	32,35,38,40,42,45,48,50	35	60	195	158	94		8.85	0.068
JSJ3	900	48,50,55,56,60,63,65	50	76	213	183	103	3	15.62	0.113
JSJ4	1800	55,56,60,63,65,70,71,75,80	63	89	275	218	134		26.42	0.172
JSJ5	3150	65,70,71,75,80,85	75	98	294	245	144		37.23	0.254
JSJ6	5600	75,80,85,90,95,100,110	90	120	372	286	182	5	63.11	0.427
JSJ7	8000	80,85,90,95,100,110,120	100	127	391	324	191		83.54	0.508
JSJ8	12500	90,95,100,110,120,125,130,140	120	150	453	327	220		98	0.735
JSJ9	18000	110,120,125,130,140,150,160,170	130	162	463	365	225		140.29	0.908
JSJ10	25000	120,125,130,140,150,160,170,180,190,200	140	184	482	419	235		209.75	1.135
JSJ11	35500	140,150,160,170,180,190,200	160	183	549	478	268	6	276.94	1.952
JSJ12	50000	160,170,180,190,200,220,240	200	198	587	548	287		381.36	2.815
JSJ13	63000	180,190,200,220,240,250		216	622	604	305		519.38	3.496
JSJ14	90000	200,220,240,250,260,280	220	239	673	665	330		718.68	3.768
JSJ15	125000	240,250,260,280,300,320	250	259	711	708	350		898.47	4.4
JSJ16	160000	280,300,320,340,360	280	289	744	782	366		1206.28	5.63

注：1. 质量按无孔计算。

2. 中间轴最大长度计算见 3.8.6 节。

3. 其他见表 7-2-38 的注 1、3、4 和 5。

3.8.6 JSJ 型中间轴长度的校核

① 按本章第 2 节计算，在表 7-2-42 中选出联轴器型号并从表中查出中间轴直径 d_1 及中间轴长度的最小值 L_{3min}。

② 按中间轴轴径可从图 7-2-7 中找出中间轴最大长度：当转速小于等于 540r/min 时，对应轴径 d_1 的左侧数值即为中间轴的最大长度；转速大于 540r/min 时，从轴径所对应的斜线（实线或虚线）与工作转速竖直线的交点所对应的右侧坐标轴上的数值即为中间轴的最大长度。

③ 上述交点在图 7-2-7 中粗实线的右方时，要求轴的结构对称；在左方时，不要求轴对称。

④ 若需要更长的中间轴，可降低转速或选用更大型号的联轴器，亦可采用空心中间轴结构。

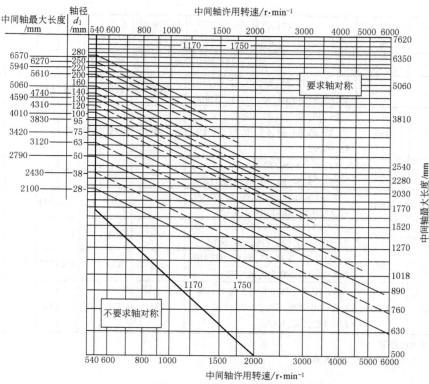

图 7-2-7 中间轴选择

3.8.7 JSG 型—高速型联轴器

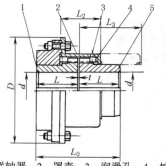

工作温度：-30~150℃。

标记方法：见表 7-2-38。

1,5—半联轴器；2—罩壳；3—润滑孔；4—蛇形弹簧

表 7-2-43 基本参数和主要尺寸

型号	公称转矩 T_n	许用转速 n_p	轴孔直径 d	轴孔长度 L	总长 L_0	D	L_2	L_3	间隙 t	质量	润滑油
	N·m	r·min⁻¹	mm							kg	
JSG1	140	10000	12,14,16,18,19,20,22,24,25, 28,30,32,35	47	97	115	50	78		3.9	0.0408
JSG2	400	9000	16,18,19,20,22,24,25,28,30, 32,35,38,40,42,45,48,50	60	123	157	59	94	3	8.85	0.0675
JSG3	900	8200	19,20,22,24,25,28,30,32,35,38, 40,42,45,48,50,55,56,60,63,65	76	155	182	86	103		15.62	0.1135

型号	公称转矩 T_n	许用转速 n_p	轴孔直径 d		轴孔长度 L	总长 L_0	D	L_2	L_3	间隙 t	质量	润滑油
	N·m	r·min⁻¹	mm								kg	
JSG4	1800	7100	28,30,32,35,38,40,42,45,48,50,55,56,60,63,65,70,71,75,80		88	179	218	86	134	3	26.42	0.1725
JSG5	3150	6000	28,30,32,35,38,40,42,45,48,50,55,56,60,63,65,70,71,75,80,85,90,95		98	199	244	92	144		37.23	0.254
JSG6	5600	4900	42,45,48,50,55,56,60,63,65,70,71,75,80,85,90,95,100,110		120	245	286	117	181	5	63.11	0.427
JSG7	8000	4500	42,45,48,50,55,56,60,63,65,70,71,75,80,85,90,95,100,110,120		127	259	324	122	190		83.54	0.5085
JSG8	12500	4000	60,63,65,70,71,75,80,85,90,95,100,110,120,125,130,140		149	304	327	146	220		98.06	0.735
JSG9	18000	3600	65,70,71,75,80,85,90,95,100,110,120,125,130,140,150,160,170		162	330	365	150	225	6	140.29	0.908
JSG10	25000	3300	65,70,71,75,80,85,90,95,100,110,120,125,130,140,150,160,170,180,190,200		184	374	419	156	345		209.75	1.135

注：1. 质量按无孔计算。

2. 其他见表 7-2-38 注中的 1、3、4 和 5。

3.8.8　JSZ 型—带制动轮型联轴器

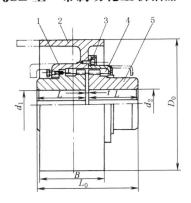

工作温度：-30~150℃。

标记方法：见表 7-2-38。

制动轮安装在从动端。

1,5—半联轴器；2—制动轮；3—罩壳；4—蛇形弹簧

表 7-2-44　　　　　　　　　基本参数和主要尺寸

型号	制动转矩 T_m	许用转速 n_p	制动轮 直径 D_0	宽度 B	轴孔直径 d_1	d_2	轴孔长度 L	总长 L_0	间隙 t	质量	润滑油
	N·m	r·min⁻¹	mm							kg	
JSZ1	125	3820	160	65	—	12,14,16,18,19	54	111	3	10.44	0.085
					20,22,24,25,28,30,32,35,38,40,42,45,48,50						
JSZ2	250	2870	200	70	—	16,18,19	76	155		23.61	0.142
					20,22,24,25,28,30,32,35,38,40,42,45,48,50,55,56						
					—	60,63,65					

续表

型号	制动转矩 T_m	许用转速 n_p	制动轮		轴 孔 直 径		轴孔长度 L	总长 L_0	间隙 t	质量	润滑油
			直径 D_0	宽度 B	d_1	d_2					
	N·m	r·min⁻¹			mm					kg	
JSZ3	355	2300	250	90	25,28	—	82	167	3	28.6	0.17
					30,32,35,38,40,42,45,48,50,55,56						
					60,63	60,63,65,70,71					
JSZ4	1000	1730	315	110	25,28	—	95	195		59.93	0.284
					30,32,35,38,40,42,45,48,50,55,56,60,63,65,70,71,75						
					80,85	80,85,90,95					
JSZ5	1400	1350	400	140	25,28,30,32,35,38	—	98	201	5	85.806	0.34
					40,42,45,48,50,55,56	50,55,56					
					60,63,65,70,71,75,80,85,90,95,100						
JSZ6	2800	1145	500	180	40,42,45,48,50,55,56	—	124	253		144.372	0.681
					60,63,65,70,71,75,80,85,90,95						
					100,110,120	100,110,120,125					
JSZ7	5600	915	630	225	60,63,65,70,71,75	75	130	266		255.6	1.248
					80,85,90,95,100,110,120,125,130,140				6		
					150,160	150					
JSZ8	9000	820	710	255	75,80,85,90,95	—	190	386		485.326	3.632
					100,110,120,125,130,140,150,160,170,180						
					190	190,200					

注：1. 质量按无孔计算。

2. 其他见表 7-2-38 的注 1、3、4 和 5。

3.8.9 JSP 型—带制动盘型联轴器

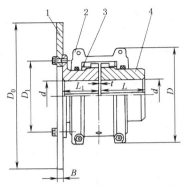

工作温度：-30~150℃。
标记方法：见表 7-2-38。
制动盘安装在从动端。

1—制动盘；2—罩壳；3—蛇形弹簧；4—半联轴器

表 7-2-45　　　　　　　　　　　　　　　　基本参数和主要尺寸

型号	制动转矩 T_m	许用转速 n_p	制 动 盘		轴 孔 直 径 d	轴孔长度		D	D_1	间隙 t	质量	润滑油
			直径 D_0	宽度 B		L	L_1					
	N·m	r·min⁻¹			mm						kg	
JSP1	200	3800	315	30	20,22,24,25,28,30,32,35,38,40,42,45,48,50	63	88	150	125	3	9.579	0.086
JSP2	315	3200	315	30	25,28,30,32,35,38,40,42,45,48,50,55,56,60,63	76	88	162	133	3	12.349	0.1135
JSP3	630	2800	400	30	30,32,35,38,40,42,45,48,50,55,56,60,63,65,70,71,75	88	88	193	152	3	19.794	0.1725
JSP4	1000	2700	400	30	35,38,40,42,45,48,50,55,56,60,63,65,70,71,75,80,85	98	88	212	179	5	28.42	0.254
JSP5	1800	2400	400	30	40,42,45,48,50,55,56,60,63,65,70,71,75,80,85,90,95,100	120	119	250	216	5	47.76	0.427
JSP6	2800	2200	450	30	50,55,56,60,63,65,70,71,75,80,85,90,95 100,110	127	146	270	241	5	64.922	0.5085
JSP7	4500	2000	500	30	60,63,65,70,71,75,80,85,90,95,100,110,120,125	150	149	308	276	6	91.35	0.729
JSP8	6300	1800	560	30	70,71,75,80,85,90,95,100,110,120,125,130,140,150	162	152	346	295	6	131.66	0.908
JSP9	9000	1600	630	30	80,85,90,95,100,110,120,125,130,140,150,160,170,180	184	158	384	330	6	184.798	1.135
JSP10	12500	1500	800	30	90,95,100,110,120,125,130,140,150,160,170,180,190,200	182	183	453	368	6	253.332	1.9068
JSP11	16000	1300	900	30	100,110,120,125,130,140,150,160,170,180,190,200,220	198	198	500	400	6	336.414	2.8148

注：1. 质量按无孔计算。

2. 其他见表 7-2-38 的注 1、3、4 和 5。

3.8.10　JSA 型—安全型联轴器

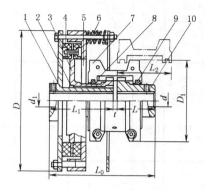

工作温度：−30~150℃。

标记方法：见表 7-2-38。

摩擦盘安装在从动端。

1—摩擦盘轴套；2—内轴套；3—夹盘轴套；4—摩擦片；5—摩擦盘；
6—压力调整装置；7—罩壳；8—蛇形弹簧；9—密封圈；10—半联轴器

表 7-2-46　　　　　　　　　　　基本参数和主要尺寸

型号	公称转矩 T_n	许用转速 n_p	轴孔直径		轴孔长度		总长 L_0	最大外径 D	D_1	L_2	间隙 t	质量	润滑油
			轴套 d_{1max}	半联轴器 d	轴套 L_1	半联轴器 L							
	N·m	r·min^{-1}		mm								kg	
JSA1	4~35.5		25	20，22，24，25，28	79	48	130	178	102	48	3	6.174	0.027
JSA2	12.5~100		30	25，28，30，32，35				202	111	50		8.172	0.04
JSA3	20~160		35	25，28，30，32，35，38，40		51	133	232	117	63		11.532	0.054
JSA4	31.5~250	3600	42	30，32，35，38，40，42，45，48	87	60	150	270	138			16.435	0.068
JSA5	56~450		45	35，38，40，42，45，48，50	97	63	163	301	151	76		21.974	0.086
JSA6	80~630		56	40，42，45，48，50，55，56，60，63	104	76	183	324	162	83		28.239	0.1135
JSA7	140~1250	2800	65	45，48，50，55，56，60，63，65，70，71，75	114	89	206	362	194	92		41.042	0.172
JSA8	250~2000	2500	75	50，55，56，60，63，65，70，71，75，80，85	129	99	231	414	213	109		62.652	0.254
JSA9	450~3550	2100	90	70，71，75，80，85，90，95，100	144	121	270	491	251	147	5	100.788	0.426
JSA10	630~5600	1850	100	80，85，90，95，100，110	156	127	288	543	270	152		128.028	0.499

续表

型号	公称转矩 T_n	许用转速 n_p	轴孔直径		轴孔长度		总长 L_0	最大外径 D	D_1	L_2	间隙 t	质量	润滑油
			轴套 d_{1max}	半联轴器 d	轴套 L_1	半联轴器 L							
	N·m	r·min⁻¹				mm						kg	
JSA11	1000~8000	1750	110	90, 95, 100, 110, 120, 125	185	149	340	590	308	178		182.962	0.726
JSA12	1400~11200	1450	130	100, 110, 120, 125, 130, 140, 150	193	162	361	684	346	185		260.142	0.908
JSA13	2000~16000	1300	160	120, 125, 130, 140, 150, 160, 170, 180	199	184	389	767	384	213		375.912	1.135
JSA14	2800~22400	1100	170	130, 140, 150, 160, 170, 180, 190, 200	245	183	434	864	453	254	6	502.124	1.907
JSA15	4000~31500	950	200	160, 170, 180, 190, 200, 220	250	198	454	989	501			652.398	2.815
JSA16	5600~45000	870	240	180, 190, 200, 220, 240, 250	268	216	490	1066	566	267		869.864	3.495
JSA17	7100~63000	760	280	200, 220, 240, 250, 260, 280	292	239	537	1161	630			1162.24	3.768
JSA18	10000~80000	720	300	240, 250, 260, 280, 300	297	259	562	1264	673	279		1426.922	4.404
JSA19	14000~100000	670	320	250, 260, 280, 300, 320	315	279	600	1377	757			1806.92	5.629

注：1. 质量按无孔计算。

2. 其他见表 7-2-38 的注 1、3、4 和 5。

3.8.11　联轴器许用补偿量及主要零件材料

表 7-2-47　　　mm

公称转矩 T_n/N·m	最大允许安装误差				最大运转补偿量			轴向 Δx	
	径向 Δy			角向 $\Delta\alpha$ $\Delta\alpha=(0.25°)$时 $A-A_1$	径向 Δy		角向 $\Delta\alpha$ $\Delta\alpha=(0.5°)$时 $A-A_1$	JS型、JSB型 JSD型、 JSJ型、JSG型	JSS型
	JS型、JSB型 JSS型、JSD型	JSJ型	JSG型		JS型、JSB型 JSS型、JSD型	JSG型			
45	0.15	—	—	—	0.31	0.15	0.25	±0.3	±0.5
140		0.05	0.076	0.076			0.31		
224		—	—				0.33		
400	0.2	0.05	0.1	0.1	0.41	0.2	0.4		
630		—		0.127			0.45		
900		0.05					0.5		
1800				0.15			0.6		
3150				0.18			0.7		
5600	0.25	0.076	0.127	0.2	0.51	0.28	0.84	±0.5	±0.6
8000				0.23			0.9		
12500	0.28	0.1	0.15	0.25	0.56	0.3	1	±0.6	±1
18000				0.3			1.2		
25000	0.3			0.33			1.35		
35500				0.4			1.57		
50000		0.127		0.45	0.61	0.38	1.78		
63000				0.5			2		
90000	0.38	0.15	0.2	0.56	0.76		2.26		
125000				0.6			2.46		
160000				0.68			2.72		
224000	0.46	—	—	0.74	0.92	—	2.99	±1.3	—
315000				0.8			3.28		
400000	0.48	—	—	0.89	0.97		3.6		
500000				0.96			3.9		
630000	0.5			1.07	1.02		4.29		
800000				1.77			4.65		

注：1. 最大运转补偿量是指工作状态下，允许的由于安装误差、振动、冲击、温度变化等综合因素所形成的两轴相对偏移量。

2. 角向补偿量 $A-A_1$。

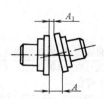

表 7-2-48   联轴器主要零件材料

序号	零件名称	材 料	序号	零件名称	材 料
1	半联轴器	45、ZG 310—570	6	蛇形弹簧	60Si2Mn、50CrVA（热处理硬度 43～47HRC）
2	连接法兰	45、ZG 310—570	7	螺栓	8.8 级，GB/T 3098.1
3	中间轴	40Cr	8	螺母	8 级，GB/T 3098.2
4	制动轮	ZG 310—570	9	内轴套	Z CuSn 5Pb 5 Zn5
5	罩壳	铸铝、15Mn			

3.9   梅花形弹性联轴器（摘自 GB/T 5272—2002）

    梅花形弹性联轴器具有减振、缓冲、径向尺寸小，不用润滑、维护方便的特点，适用于启动频繁、正反转、中低速 、中小功率的传动。不适合用于重载和更换弹性元件频繁的场合。

    LM 型结构简单，但更换弹性元件时，需轴向移动半联轴器。LMD、LMS 带法兰型更换弹性元件方便，不必移动半联轴器。

3.9.1   LM 型—基本型、LMD 型—单法兰型、LMS 型—双法兰型联轴器

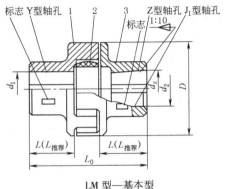

LM 型—基本型

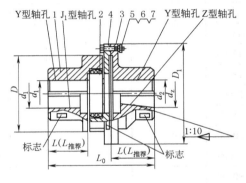

LMD 型—单法兰型

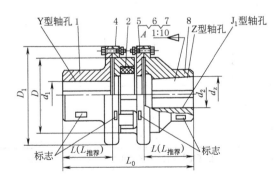

LMS 型—双法兰型

1,3—半联轴器；

2—梅花形弹性件；

4—法兰连接件；

5—螺栓；6—螺母；

7—垫圈；8—制动轮

    工作温度：−35～80℃。

    标记方法：

联轴器型号 联轴器 $\dfrac{\text{轴孔型式代号}\quad\text{键槽型式代号}\quad\text{轴孔直径×轴孔长度（主动端）}}{\text{轴孔型式代号}\quad\text{键槽型式代号}\quad\text{轴孔直径×轴孔长度（从动端）}}$ 弹性件型号 标准号

    Y 型轴孔、A 型键槽的代号标记中可省略。

    联轴主、从动端连接型式与尺寸相同时，只标记一端，另一端省略。

表7-2-49　　　　　　　基本参数和主要尺寸

型号	公称转矩 T_n/N·m 弹性件硬度 a/HA 80±5	b/HD 90±5	许用转速 n_p (r·min⁻¹) LM	LMD、LMS	轴孔直径 d_1,d_2,d_z	轴孔长度 (mm) Y型 L	J_1,Z型 L	$L_{推荐}$	L_0 (mm) LM	LMD	LMS	D	D_1 LMD、LMS	弹性件型号	质量 (kg) LM	LMD	LMS	转动惯量 (kg·m²) LM	LMD	LMS
LM1 LMD1 LMS1	25	45	15300	8500	12,14 16,18,19 20,22,24 25	32 42 52 62	27 30 38 44	35	86	92	98	50	90	MT1$^{-a}_{-b}$	0.66	1.21	1.33	0.0002	0.0008	0.0013
LM2 LMD2 LMS2	50	100	12000	7600	16,18,19 20,22,24 25,28 30	42 52 62 82	30 38 44 60	38	95	101.5	108	60	100	MT2$^{-a}_{-b}$	0.93	1.65	1.74	0.0004	0.0014	0.0021
LM3 LMD3 LMS3	100	200	10900	6900	20,22,24 25,28 30,32	52 62 82	38 44 60	40	103	110	117	70	110	MT3$^{-a}_{-b}$	1.41	2.36	2.33	0.0009	0.0024	0.0034
LM4 LMD4 LMS4	140	280	9000	6200	22,24 25,28 30,32,35,38 40	52 62 82 112	38 44 60 84	45	114	122	130	85	125	MT4$^{-a}_{-b}$	2.18	3.56	3.38	0.002	0.005	0.0064
LM5 LMD5 LMS5	350	400	7300	5000	25,28 30,32,35,38 40,42,45	62 82 112	44 60 84	50	127	138.5	150	105	150	MT5$^{-a}_{-b}$	3.60	6.36	6.07	0.005	0.0135	0.0175
LM6 LMD6 LMS6	400	710	6100	4100	30,32,35,38 40,42,45,48	82 112	60 84	55	143	155	167	125	185	MT6$^{-a}_{-b}$	6.07	10.77	10.47	0.0114	0.0329	0.0444
LM7 LMD7 LMS7	630	1120	5300	3700	35*,38* 40*,42*,45,48,50,55	82 112	60 84	60	159	172	185	145	205	MT7$^{-a}_{-b}$	9.09	15.30	14.22	0.0232	0.0581	0.0739

续表

型号	公称转矩 T_n/N·m 弹性件硬度 a/HA 80±5	公称转矩 T_n/N·m 弹性件硬度 b/HD 90±5	许用转速 n_p/r·min⁻¹ LM	许用转速 n_p/r·min⁻¹ LMD、LMS	轴孔直径 d_1,d_2,d_z/mm	轴孔长度/mm Y型 L	轴孔长度/mm J_1、Z型 L	轴孔长度/mm $L_{推荐}$	L_0/mm LM	L_0/mm LMD	L_0/mm LMS	D	D_1 LMD、LMS	弹性件型号	质量/kg LM	质量/kg LMD	质量/kg LMS	转动惯量/kg·m² LM	转动惯量/kg·m² LMD	转动惯量/kg·m² LMS
LM8	1120	2240	4500	3100	45*,48*,50,55,56	112	84	70	181			170	240	MT8–a MT8–b	13.56			0.0468		
LMD8					60,63,65*	142	107			195						22.72			0.1175	
LMS8											209						21.16			0.1493
LM9	1800	3550	3800	2800	50*,55*,56*	112	84	80	208			200	270	MT9–a MT9–b	21.40			0.1041		
LMD9					60,63,65,70,71,75	142	107			224						34.44			0.2333	
LMS9					80	172	132				240						30.70			0.2767
LM10	2800	5600	3300	2500	60*,63*,65*,70,71,75	142	107	90	230			230	305	MT10–a MT10–b	32.03			0.2105		
LMD10					80,85,90,95	172	132			248						51.36			0.4594	
LMS10					100	212	167				268						44.55			0.5262
LM11	4500	9000	2900	2200	70*,71*,75*	142	107	100	260			260	350	MT11–a MT11–b	49.52			0.4338		
LMD11					80*,85*,90,95	172	132			284						81.30			0.9777	
LMS11					100,110,120	212	167				308						70.72			1.1362
LM12	6300	12500	2500	1900	80*,85*,90*,95*	172	132	115	297			300	400	MT12–a MT12–b	73.45			0.8205		
LMD12					100,110,120,125	212	167			321						115.53			1.751	
LMS12					130	252	202				345						99.54			1.9998
LM13	11200	20000	2100	1600	90*,95*	172	132	125	323			360	460	MT13–a MT13–b	103.86			1.6718		
LMD13					100*,110*,120*,125*	212	167			348						161.79			3.6673	
LMS13					130,140,150	252	202				373						137.53			3.6719
LM14	12500	25000	1900	1500	100*,110*,120*,125*	172	132	135	333			400	500	MT14–a MT14–b	127.59			2.499		
LMD14					130*,140*,150	212	167			358						196.32			4.8669	
LMS14					160	252 302	202 242				383						165.25			5.1581

注：1. 质量、转动惯量按 $L_{推荐}$ 最小轴孔计算的近似值。

2. 带*号轴孔直径可用于 Z 型轴孔。

3. a、b 为弹性件两种不同材质、硬度的代号。

4. 联轴器选用计算见本章第 2 节，轴孔与轴的配合见表 7-2-5 和表 7-2-7。

5. 生产厂家为河北省冀州市联轴器厂。

轴孔和键槽型式见表 7-2-4 和表 7-2-6。J_1 型轴孔在 GB/T 3852（联轴器轴孔和连接型式与尺寸）中已取消。

3.9.2 LMZ-Ⅰ型分体式制动轮、LMZ-Ⅱ型整体式制动轮联轴器

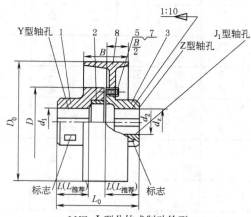

LMZ-Ⅰ型分体式制动轮型

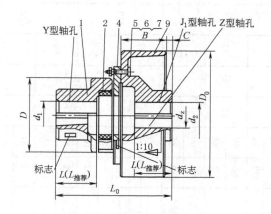

LMZ-Ⅱ型整体式制动轮型

件 号	零件名称		材 料	备 注
1,3	半联轴器		45 ZG 270-500	GB/T 700
4	法兰连接件			GB/T 11352
2	梅花形弹性件	a	聚酯形聚氨酯(UR)	橙色
		b	铸型尼龙(PA)	红色
5	螺栓		8.8 级	GB/T 3098.1
6	螺母		8 级	GB/T 3098.2
7	垫圈		65Mn	GB/T 93
8	制动轮		45	GB/T 700
9	制动轮半联轴器			

工作温度：-35~85℃。
标记方法见表 7-2-49。

表 7-2-50　基本参数和主要尺寸

型号	公称转矩 T_n/N·m 弹性件硬度 HA a/HA (80±5)	b/HD (90±5)	许用转速 n_p /r·min⁻¹	轴孔直径 d_1,d_2,d_z /mm	轴孔长度 Y型 L	J_1,Z型 L	$L_{推荐}$	L_0 LMZ-I	L_0 LMZ-II	D_0	B	D	C LMZ-II	弹性件型号	质量 kg LMZ-I	质量 kg LMZ-II	转动惯量 kg·m² LMZ-I	转动惯量 kg·m² LMZ-II
LMZ5-I-160 / LMZ5-II-160	250	400	4750	25,28	62	44	50	127	188.5	160	70	105	30	MT5-a / MT5-b	6.602	5.181	0.0198	0.0159
				30,32,35,38	82	60												
				40,42,45	112	84												
LMZ5-I-200 / LMZ5-II-200	250	400	4750	25,28	62	44	50	127	203.5	160	70	105	30	MT5-a / MT5-b	9.204	6.543	0.044	0.0391
				30,32,35,38	82	60												
				40,42,45	112	84												
LMZ6-I-200 / LMZ6-II-200	400	710	3800	30,32,35,38	82	60	55	143	215	200	85	125	30	MT6-a / MT6-b	11.45	9.12	0.052	0.0448
				40,42,45,48	112	84												
LMZ7-I-200 / LMZ7-II-200	630	1120	3050	35*,38*	82	60	60	159	227	250	105	145	30	MT7-a / MT7-b	13.96	12.31	0.064	0.0527
				40*,42*,45,48,50,55,56	112	84												
LMZ7-I-250 / LMZ7-II-250	630	1120	3050	35*,38*	82	60	60	159	257	250	105	145	30	MT7-a / MT7-b	20.09	14.28	0.144	0.1189
				40*,42*,45,48,50,55,56	112	84												
LMZ8-I-250 / LMZ8-II-250	1120	2240	2400	45*,48*,50,55,56	112	84	70	181	270	315	135	170	40	MT8-a / MT8-b	24.65	19.38	0.175	0.1402
				60,63,65	142	107												
LMZ8-I-315 / LMZ8-II-315	1120	2240	2400	45*,48*,50,55,56	112	84	70	181	300	315	135	170	40	MT8-a / MT8-b	34.13	24.02	0.374	0.3666
				60,63,65	142	107												
LMZ9-I-315 / LMZ9-II-315	1800	3550	1900	50*,55*,56	112	84	80	208	319	400	170	200	40	MT9-a / MT9-b	41.67	32.16	0.45	0.4039
				60,63,65,70,71,75	142	107												
				80	172	132												
LMZ9-I-400 / LMZ9-II-400	1800	3550	1900	50*,55*,56*	112	84	80	208	354	400	170	200	40	MT9-a / MT9-b	65.61	40.18	1.259	1.0863
				60,63,65,70,71,75	142	107												
				80	172	132												
LMZ10-I-400 / LMZ10-II-400	2800	5600	1900	60*,63*,65*,70,71,75	142	107	90	230	369	400	170	230	39	MT10-a / MT10-b	74.53	50.72	1.4	1.17
				80,85,90,95	172	132												
				100	212	167												

续表

型号	公称转矩 T_n/N·m a/HA 80±5	b/HD 90±5	许用转速 n_p /r·min^{-1}	轴孔直径 d_1,d_2,d_z	轴孔长度 Y型 L	J_1、Z型 L	$L_{推荐}$	L_0 LMZ-I	L_0 LMZ-II	D_0	B	D	C LMZ-II	弹性件型号	质量 LMZ-I (kg)	质量 LMZ-II (kg)	转动惯量 LMZ-I (kg·m²)	转动惯量 LMZ-II (kg·m²)
LMZ10-I-500 LMZ10-II-500	2800	5600	1500	60*、63*、65*、70、71、75 / 80、85、90、95 / 100	142 / 172 / 212	107 / 132 / 167	90	230	423	500	210	230	54	MT10$^{-a}_{-b}$	110.6	64.14	3.472	3.0039
LMZ11-I-500 LMZ11-II-500	4500	9000	1500	70、71、75 / 80*、85*、90、95 / 100、110、120	142 / 172 / 212	107 / 132 / 167	100	260	448	500	210	260	54	MT11$^{-a}_{-b}$	121.7	81.75	3.715	3.1957
LMZ12-I-630 LMZ12-II-630	6300	12500	1200	80*、85*、90、95 / 100、110、120、125 / 130	172 / 212 / 252	132 / 167 / 202	115	297	523	630	265	300	52	MT12$^{-a}_{-b}$	213.7	133.8	10.24	9.0441
LMZ13-I-710 LMZ13-II-710	11200	20000	1050	90*、95 / 100、110*、120、125* / 130、140、150	172 / 212 / 252	132 / 167 / 202	125	323	583	710	300	360	60	MT13$^{-a}_{-b}$	341.6	195.93	19.99	16.4898
LMZ14-I-800 LMZ14-II-800	12500	25000	950	100*、110、120、125 / 130、140、150 / 160	212 / 252 / 302	167 / 202 / 242	135	333	633	800	340	400	60	MT14$^{-a}_{-b}$	510.1	294.51	39.36	37.985

注：1. 质量、转动惯量按 $L_{推荐}$ 最小轴孔计算近似值。

2. 轴孔直径加*号可用于Z型轴孔。

3. a、b 为两种材料的硬度代号。

4. 在标准中未给出制动轮轴向定位尺寸。为方便读者使用，本表给出冀州市联轴器厂的相关尺寸。LMZ-I 半联轴器（件号3）长度 L 的左端面与制动轮（件号9）的宽度 B 的中心线即 $\frac{1}{2}B$ 相重合；LMZ-II 见表中尺寸 C。

5. LMZ-I 型制动轮与制动轮联轴器连接螺栓的预紧力矩不应小于下表规定：

螺栓规格/mm	M8	M10	M12	M16	M20
预紧力矩/N·m	26	45	80	200	400

第 7 篇

3.9.3　梅花联轴器的许用补偿量

表 7-2-51

型　　号				允许最大安装误差		允许最大运转补偿量		轴向间隙 ΔX ±10%
				径向 ΔY	角向 $\Delta \alpha$	径向 ΔY	角向 $\Delta \alpha$	
				mm	(°)	mm	(°)	mm
LM1	LMD1	LMS1	—	0.2		0.5		1.2
LM2	LMD2	LMS2	—	0.3		0.6		1.3
LM3	LMD3	LMS3	—		1.0		2.0	1.5
LM4	LMD4	LMS4	—	0.4		0.8		2.0
LM5	LMD5	LMS5	LMZ5					2.5
LM6	LMD6	LMS6	LMZ6					3.0
LM7	LMD7	LMS7	LMZ7	0.5	0.7	1	1.5	3.0
LM8	LMD8	LMS8	LMZ8					3.5
LM9	LMD9	LMS9	LMZ9					4.0
LM10	LMD10	LMS10	LMZ10	0.7		1.5		4.5
LM11	LMD11	LMS11	LMZ11					
LM12	LMD12	LMS12	LMZ12		0.5		1.0	5.0
LM13	LMD13	LMS13	LMZ13	0.8		1.8		
LM14	LMD14	LMS14	LMZ14					

注：最大运转补偿量是指在工作状态允许的由于制造误差、安装误差、工作载荷变化引起的振动、冲击、变形、温度变化等综合因素形成的两轴相对偏移量。

3.10　弹性套柱销联轴器（摘自 GB/T 4323—2002）

弹性套柱销联轴器结构简单、尺寸小，质量轻，不用润滑，容易安装，更换弹性元件不需轴向移动两半联轴器，弹性元件厚度较薄，弹性变形有限，所以补偿两轴相对位移量较小，缓冲、减振性能不高，一般用于冲击载荷不大、中小功率的传动。

3.10.1　LT 型—基本型联轴器

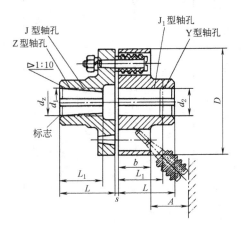

工作温度：−20~70℃。

标记示例：

LT5 弹性套柱销联轴器

主动端：J_1 型轴孔，A 型键槽，$d=30mm$，$L=50mm$

从动端：J_1 型轴孔，B 型键槽，$d=35mm$，$L=50mm$。标记为：

$$\text{LT5 联轴器}\ \frac{J_1 30 \times 50}{J_1 35 \times 50}\ \text{GB/T 4323—2002}$$

表 7-2-52　　　　　　　　　　　　　　　　基本参数和主要尺寸

型号	公称转矩 T_n	许用转速 n_p	轴孔直径 d_1、d_2、d_z	Y型 L	J、J_1、Z型 L_1	$L_{推荐}$	D_0	D	b	s	A	质量	转动惯量
	N·m	r·min⁻¹	mm	mm	mm	mm	mm	mm	mm	mm	mm	kg	kg·m²
LT1	6.3	8800	9	20	14	—	25	71	16	3	18	0.82	0.0005
			10、11	25	17	—							
			12、14	32	20	—							
LT2	16	7600	12、14	32	20	—	35	80	16	3	18	1.20	0.0008
			16、18、19	42	30	42							
LT3	31.5	6300	16、18、19	42	30	42	38	95	23	4	35	2.20	0.0023
			20、22	52	38	52							
LT4	63	5700	20、22、24	52	38	52	40	106	23	4	35	2.84	0.0037
			25、28	62	44	62							
LT5	125	4600	25、28	62	44	62	50	130	38	5	45	6.05	0.0120
			30、32、35	82	60	82							
LT6	250	3800	32、35、38	82	60	82	55	160	38	5	45	9.57	0.0280
			40、42	112	84	112							
LT7	500	3600	40、42、45、48	112	84	112	65	190	48	6	65	14.01	0.0550
LT8	710	3000	45、48、50、55、56	112	84	112	70	224	48	6	65	23.12	0.1340
			60、63	142	107	142							
LT9	1000	2850	50、55、56	112	84	112	80	250	48	6	65	30.69	0.2130
			60、63、65、70、71	142	107	142							
LT10	2000	2300	63、65、70、71、75	142	107	142	100	315	58	8	80	61.40	0.6600
			80、85、90、95	172	132	172							
LT11	4000	1800	80、85、90、95	172	132	172	115	400	73	10	100	120.70	2.1220
			100、110	212	167	212							
LT12	8000	1450	100、110、120、125	212	167	212	135	475	90	12	130	210.34	5.3900
			130	252	202	252							
LT13	16000	1150	120、125	212	167	212	160	600	110	14	180	419.36	17.5800
			130、140、150	252	202	252							
			160、170	302	242	302							

注：1. 质量、转动惯量是按无孔、$L_{推荐}$ 计算的近似值。

2. 联轴器选用计算见本章第 2 节。

3. 联轴器轴孔和连接型式与尺寸应符合表 7-2-4 和表 7-2-6 的规定，轴孔与轴的配合见表 7-2-5 和表 7-2-7。J_1 型轴孔在 GB/T 3852（联轴器轴孔和连接型式与尺寸）中已取消。

4. 尺寸 b、s 摘自重型机械标准。

5. 生产厂家为河北冀州市联轴器厂。

3.10.2 LTZ 型—带制动轮联轴器

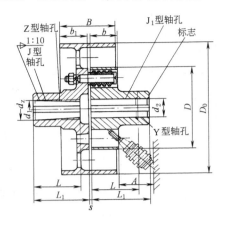

工作温度：-20～70℃。

标记示例：

LTZ10 制动轮弹性套柱销联轴器

主动端：J_1 型轴孔，A 型键槽，$d=85$mm，$L=100$mm

从动端：J_1 型轴孔，A 型键槽，$d=85$mm，$L=100$mm。标记为：

LTZ10 联轴器 $J_1 85 \times 100$　GB/T 4323—2002

表 7-2-53　　　　　　　　　　　　　基本参数和主要尺寸

型号	公称转矩 T_n	许用转速 n_p	轴孔直径 d_1、d_2、d_z	轴孔长度				D_0	D	B	b	b_1	s	A	质量	转动惯量
				Y 型	J、J_1、Z 型		$L_{推荐}$									
				L	L	L_1										
	N·m	r·min^{-1}				mm									kg	kg·m^2
LTZ5	125	3800	25、28	62	44	62	50	200	130	85		42		45	13.38	0.0416
			30、32、35	82	60	82					38	62	5			
LTZ6	250	3000	32、35、38				55	250	160	105					21.25	0.1053
			40、42													
LTZ7	500		40、42、45、48	112	84	112	65		190			89			35.00	0.2522
LTZ8	710	2400	45、48、50、55、56				70	315	224	132				65	45.14	0.3470
			60、63	142	107	142					48	78	6			
LTZ9	1000		50、55、56	112	84	112	80		250						58.67	0.4070
			60、63、65、70	142	107	142				168						
LTZ10	2000	1900	63、65、70、71、75				100	400	315		58	102	8	80	100.30	1.3050
			80、85、90、95	172	132	172										
LTZ11	4000	1500	80、85、90、95				115	500	400	210	73	127	10	100	198.73	4.3300
			100、110	212	167	212										
LTZ12	8000	1200	100、110、120、125				135	630	475	265	90	163	12	130	370.60	12.4900
			130	252	202	252										
LTZ13	16000	1000	120、125	212	167	212	160	710	600	298	110	174	14	180	641.13	30.4800
			130、140、150	252	202	252										
			160、170	302	242	302										

注：1. 尺寸 b、b_1 及 s 摘自重型机械标准。

2. 其他见表 7-2-52 注 1、2、3。

3.10.3　弹性套柱销联轴器的许用补偿量

表 7-2-54

型　　号		允许最大安装误差		允许最大运转补偿量	
		径向 ΔY	角向 $\Delta \alpha$	径向 ΔY	角向 $\Delta \alpha$
		mm	(°)	mm	(°)
LT1		0.1	45′	0.2	1°30′
LT2					
LT3					
LT4					
LT5	LTZ5	0.15		0.3	
LT6	LTZ6				
LT7	LTZ7				
LT8	LTZ8		30′		1°
LT9	LTZ9	0.2		0.4	
LT10	LTZ10				
LT11	LTZ11	0.25	15′	0.5	30′
LT12	LTZ12				
LT13	LTZ13	0.3		0.6	

注：最大运转补偿量是指在工作状态允许的由于制造误差、安装误差、工作载荷变化引起的振动、冲击、变形、温度变化等综合因素形成的两轴相对偏移量。

3.11　弹性柱销齿式联轴器（摘自 GB/T 5015—2003）

弹性柱销齿式联轴器传递转矩较大，结构简单，质量较轻，不需润滑，更换柱销方便，不需移动两半联轴器，缓冲减振能力不高，启动有噪声，适用于载荷变化不大，无频繁启动或正反转的传动。可部分代替齿式联轴器。

3.11.1　LZ 型联轴器

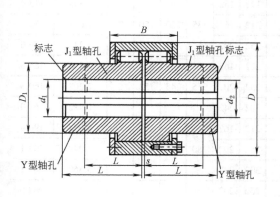

零件名称	材　　料
外齿轴套	
内齿套	45
半联轴器	
制动轮	ZG 270~500
柱销	MC 尼龙
螺栓	性能等级 8.8 级

工作温度：-20~70℃（本标准其他型式的工作温度相同）。

标记示例：

LZ3 弹性柱销齿式联轴器

主动轴：Y 型轴孔，B 型键槽，$d_1 = 32$mm，$L = 82$mm

从动轴：J_1 型轴孔，D 型键槽，$d_2 = 35$mm，$L = 60$mm。标记为：

$$\text{LZ3 联轴器}\ \frac{\text{YB32×82}}{\text{J}_1\text{D35×60}}\ \text{GB/T 5015—2003}$$

表 7-2-55 基本参数和主要尺寸

型号	公称转矩 T_n	许用转速 n_p	轴孔直径 d_1、d_2	轴孔长度 Y型 L	J₁型 L	D	D_1	B	s	转动惯量	质量
	N·m	r·min⁻¹	mm							kg·m²	kg
LZ1	112		12、14	32	27	76	40	42	2.5	0.001	1.53
			16、18、19	42	30						1.60
			20、22、24	52	38						1.67
LZ2	250	5000	16、18、19	42	30	90	50	50	2.5	0.002	2.70
			20、22、24	52	38						2.76
			25、28	62	44					0.003	2.79
			30、32	82	60						3.00
LZ3	630	4500	25、28	62	44	118	65	70	3	0.011	6.49
			30、32、35、38	82	60						7.05
			40、42	112	84					0.012	7.31
LZ4	1800	4200	40、42、45、48、50、55、56	112	84	158	90	90	4	0.044	16.20
			60	142	107					0.045	15.25
LZ5	4500	4000	50、55、56	112	84	192	120	90	4	0.100	24.82
			60、63、65、70、71、75	142	107					0.107	27.02
			80	172	132					0.108	25.44
LZ6	8000	3300	60、63、65、70、71、75	142	107	230	130	112	5	0.238	40.89
			80、85、90、95	172	132					0.242	40.15
LZ7	11200	2900	70、71、75	142	107	260	160	112	5	0.406	54.93
			80、85、90、95	172	132					0.428	59.14
			100、110	212	167					0.443	59.60
LZ8	18000	2500	80、85、90、95	172	132	300	190	128	6	0.860	89.35
			100、110、120、125	212	167					0.911	94.67
			130	252	202					0.908	87.43
LZ9	25000	2300	90、95	172	132	335	220	150	7	1.559	113.9
			100、110、120、125	212	167					1.678	138.1
			130、140、150	252	202					1.733	136.6
LZ10	31500	2100	100、110、120、125	212	167	355	245	152	8	2.236	165.5
			130、140、150	252	202					2.362	169.3
			160、170	302	242					2.422	164.0
LZ11	40000	2000	110、120、125	212	167	380	260	172	8	3.054	190.9
			130、140、150	252	202					3.249	203.1
			160、170、180	302	242					3.369	202.1
LZ12	63000	1700	130、140、150	252	202	445	290	182	8	6.146	288.5
			160、170、180	302	242					6.432	296.6
			190、200	352	282					6.524	288.0

型号	公称转矩 T_n	许用转速 n_p	轴孔直径 d_1、d_2	轴孔长度 Y型	轴孔长度 J_1型 L	D	D_1	B	s	转动惯量	质量
	N·m	r·min^{-1}	mm							kg·m^2	kg
LZ13	100000	1500	150	252	202	515	345	218	8	12.76	413.6
			160、170、180	302	242					13.62	469.2
			190、200、220	352	282					14.19	480.0
			240	410	330					13.98	436.1
LZ14	125000	1400	170、180	302	242	560	390	218	8	19.90	581.5
			190、200、220	352	282					21.17	621.7
			240、250、260	410	330					21.67	599.4
LZ15	160000	1300	190、200、220	352	282	590	420	240	10	28.08	736.9
			240、250、260	410	330					29.18	730.5
			280、300	470	380					29.52	702.1
LZ16	250000	1000	220	352	282	695	490	265	10	56.21	1045
			240、250、260	410	330					60.05	1129
			280、300、320	470	380					60.56	1144
			340	550	450					62.47	1064
LZ17	355000	950	240、250、260	410	330	770	550	285	10	105.5	1500
			280、300、320	470	380					102.3	1557
			340、360、380	550	450					106.0	1535
LZ18	450000	850	250、260	410	330	860	605	300	13	152.3	1902
			280、300、320	470	380					161.5	2025
			340、360、380	550	450					169.9	2062
			400、420	650	540					175.4	2029
LZ19	630000	750	280、300、320	470	380	970	695	322	14	283.7	2818
			340、360、380	550	450					303.4	2963
			400、420、440、450	650	540					323.2	3068
LZ20	1120000	650	320	470	380	1160	800	355	15	581.2	4010
			340、360、380	550	450					624.5	4426
			400、420、440、450、460、480、500	650	540					669.4	4715
LZ21	1800000	530	380	550	450	1440	1020	360	18	1565	7293
			400、420、440、450、460、480、500	650	540					1715	8228
			530、560、600、630	800	680					1880	8699
LZ22	2240000	500	420、440、450、460、480、500	650	540	1520	1100	405	19	2338	9736
			530、560、600、630	800	680					2596	10631
			670、710、750	—	780					2522	9473
LZ23	2800000	460	480、500	650	540	1640	1240	440	20	3490	11946
			530、560、600、630	800	680					3972	13822
			670、710、750	—	780					3949	12826
			800、850	—	880					3982	12095

注：1. 质量、转动惯量是按 Y/J_1 轴孔组合型式和最小轴孔直径计算的。J_1 型轴孔在 GB/T 3852（联轴器轴孔和连接型式与尺寸）中已取消。

2. 短时过载不得超过公称转矩 T_n 值的 2 倍。

3. 生产厂家为冀州市联轴器厂。

第 7 篇

3.11.2 LZD 型锥形轴孔联轴器

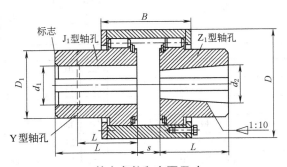

表 7-2-56 基本参数和主要尺寸

型号	公称转矩 T_n	许用转速 n_p	轴孔直径 d_1、d_2	轴孔长度		D	D_1	B	s	转动惯量	质量
				Y	J_1、Z_1						
				L							
	N·m	r·min⁻¹	mm							kg·m²	kg
LZD1	112	5000	16、18、19	42	30	78	40	65	14.5	0.002	2.08
			20、22、24	52	38			70	16.5		2.25
			25、28	62	44			75	20.5		2.30
LZD2	250	5000	25、28	62	44	90	50	88	20.5	0.004	3.74
			30、32	82	60			92	24.5		3.98
LZD3	630	4500	30、32、35、38	82	60	118	65	115	25	0.015	9.43
			40、42	112	84			125	31	0.016	10.30
LZD4	1800	4200	40、42、45、48、50、55、56	112	84	158	90	145	32	0.052	22.46
			60	142	107			152	39	0.061	22.36
LZD5	4500	4000	50、55、56	112	84	192	120	145	32	0.131	29.24
			60、63、65、70、71、75	142	107			152	39	0.141	31.71
			80	172	132			158	44	0.143	30.45
LZD6	8000	3300	60、63、65、70、71、75	142	107	230	130	175	40	0.309	48.16
			80、85、90、95	172	132			178	45	0.312	47.25
LZD7	11200	2900	70、71、75	142	107	260	160	178	40	0.535	64.13
			80、85、90、95	172	132			182	45	0.546	68.38
			100、110	212	167			188	50	0.570	69.43
LZD8	18000	2500	80、85、90、95	172	132	300	190	202	46	1.091	102.7
			100、110、120、125	212	167			208	51	1.157	108.8
			130	252	202			212	56	1.105	101.7
LZD9	25000	2300	90、95	172	132	335	220	232	47	1.957	142.4
			100、110、120、125	212	167			238	52	2.097	157.5
			130、140、150	252	202			242	57	2.157	156.0
LZD10	31500	2100	100、110、120、125	212	167	355	245	240	53	2.728	184.2
			130、140、150	252	202			245	58	2.840	188.5
			160、170	302	242			255	68	2.926	184.1
LZD11	40000	2000	110、120、125	212	167	380	260	260	53	3.659	212.3
			130、140、150	252	202			265	58	3.870	225.0
			160、170、180	302	242			275	68	4.021	224.8
LZD12	63000	1700	130、140、150	252	202	445	290	282	58	7.548	325.7
			160、170、180	302	242			292	68	7.940	335.2
			190、200	352	282			302	78	8.051	327.9
LZD13	100000	1500	150	252	202	515	345	313	58	14.925	468.4
			160、170、180	302	242			323	68	15.892	513.1
			190、200、220	352	282			332	78	16.514	524.5

注：见表 7-2-55 注。

3.11.3 LZJ 型接中间轴联轴器

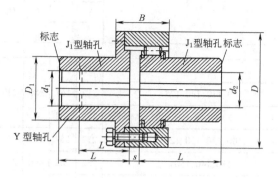

| 表 7-2-57 | | | 基本参数和主要尺寸 | | | | | | | | |

型号	公称转矩 T_n	许用转速 n_p	轴孔直径 d_1、d_2	轴孔长度		D	D_1	B	s	转动惯量	质量
				Y	J_1						
				L							
	N·m	r·min⁻¹	mm							kg·m²	kg
LZJ1	112	4500	12、14	32	27	84	40	38	2.5	0.001	1.77
			16、18、19	42	30						1.83
			20、22、24	52	38					0.002	1.90
			25、28	62	44						1.87
LZJ2	250	4500	16、18、19	42	30	98	50	42	2.5	0.002	2.77
			20、22、24	52	38						2.94
			25、28	62	44					0.003	3.00
			30、32、35、38	82	60						3.18
LZJ3	630	4000	25、28	62	44	124	65	54	3	0.010	5.86
			30、32、35、38	82	60						6.42
			40、42、45、48	112	84					0.011	6.68
LZJ4	1800	4000	40、42、45、48、50、55、56	112	84	166	90	72	4	0.046	15.98
			60、63、65、70	142	107					0.047	15.04
LZJ5	4500	3600	50、55、56	112	84	214	120	72	4	0.134	27.30
			60、63、65、70、71、75	142	107					0.136	29.50
			80、85、90	172	132					0.137	27.92
LZJ6	8000	3200	60、63、65、70、71、75	142	107	240	130	86	5	0.236	39.80
			80、85、90、95	172	132					0.241	39.06
LZJ7	11200	2700	70、71、75	142	107	280	160	90	5	0.472	58.15
			80、85、90、95	172	132					0.494	62.36
			100、110、120	212	167					0.511	62.82
LZJ8	18000	2300	80、85、90、95	172	132	330	190	100	6	1.045	96.12
			100、110、120、125	212	167					1.099	101.44
			130	252	202					1.100	94.20

型号	公称转矩 T_n	许用转速 n_p	轴孔直径 d_1、d_2	轴孔长度 Y	J$_1$	D	D_1	B	s	转动惯量	质量
					L						
	N·m	r·min^{-1}	mm							kg·m^2	kg
LZJ9	25000	2000	90、95	172	132	380	220	115	7	2.072	138.3
			100、110、120、125	212	167					2.193	152.5
			130、140、150	252	202					2.253	150.9
LZJ10	31500	1900	100、110、120、125	212	167	400	245	115	8	2.832	181.1
			130、140、150	252	202					2.963	185.0
			160、170	302	242					3.031	179.7
LZJ11	40000	1750	110、120、125	212	167	435	260	130	8	4.167	217.0
			130、140、150	252	202					4.368	229.3
			160、170、180	302	242					4.499	228.2
LZJ12	63000	1600	130、140、150	252	202	480	290	145	8	7.092	305.2
			160、170、180	302	242					7.393	313.3
			190、200	352	282					7.504	304.7
LZJ13	100000	1400	150	252	202	545	345	165	8	13.38	430.9
			160、170、180	302	242					14.26	474.1
			190、200、220	352	282					14.86	484.9
			240、250	410	330					14.70	441.0
LZJ14	125000	1270	170、180	302	242	600	390	170	8	22.11	606.7
			190、200、220	352	282					23.41	646.9
			240、250、260	410	330					23.98	624.7
LZJ15	160000	1200	190、200、220	352	282	630	420	190	10	31.30	773.9
			240、250、260	410	330					32.50	767.5
			280、300	470	380					32.92	739.1
LZJ16	250000	1020	220	352	282	745	490	205	10	62.78	1097
			240、250、260	410	330					66.69	1180
			280、300、320	470	380					69.31	1210
			340	550	450					69.47	1115
LZJ17	355000	920	240、250、260	410	330	825	550	225	10	108.9	1578
			280、300、320	470	380					114.3	1635
			340、360、380	550	450					118.3	1613
LZJ18	450000	830	250、260	410	330	920	605	240	13	172.0	2009
			280、300、320	470	380					181.4	2131

第7篇

续表

型号	公称转矩 T_n	许用转速 n_p	轴孔直径 d_1、d_2	轴孔长度 Y	轴孔长度 J_1	D	D_1	B	s	转动惯量	质量
				L							
	N·m	r·min⁻¹	mm							kg·m²	kg
LZJ18	450000	830	340、360、380	550	450	920	605	240	13	190.2	2168
			400、420	650	540					196.2	2136
LZJ19	630000	730	280、300、320	470	380	1040	695	255	14	317.5	2956
			340、360、380	550	450					337.7	3101
			400、420、440、450	650	540					358.1	3205
LZJ20	1120000	610	320	470	380	1240	800	285	15	654.8	4219
			340、360、380	550	450					698.4	4635
			400、420、440、450、460、480、500	650	540					744.2	4923
			530、560、600	800	680					766.6	4678
LZJ21	1800000	490	380	550	450	1540	1020	310	18	1821	7806
			400、420、440、450、460、480、500	650	540					1971	8741
			530、560、600、630	800	680					2143	9212
			670、710	—	780					2052	7971
LZJ22	2240000	460	420、440、450、460、480、500	650	540	1640	1100	330	19	2675	10296
			530、560、600、630	800	680					2937	11191
			670、710、750	—	780					2869	10033
LZJ23	2800000	430	450、480、500	650	540	1760	1240	360	20	3978	12873
			530、560、600、630	800	680					4450	14544
			670、710、750	—	780					4435	13548
			800、850	—	880					4477	12817

注：见表 7-2-55 注。

3.11.4　LZZ 型带制动轮联轴器

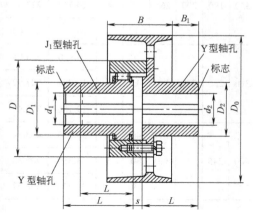

标记示例：

LZZ4 带制动轮弹性柱销齿式联轴器

主动端：J_1 型轴孔，B 型键槽，$d_1 = 50$mm，$L = 84$mm

从动端：Y 型轴孔，A 型键槽，$d_2 = 60$mm，$L = 142$mm。标记为：

$$\text{LZZ4 联轴器} \frac{J_1 B50 \times 84}{60 \times 142} \quad \text{GB/T 5015—2003}$$

表 7-2-58　　　　　　　　　　　　　　　　基本参数和主要尺寸

型号	公称转矩 T_n	许用转速 n_p	轴孔直径		轴孔长度		D_0	D	D_1	D_2	B	B_1	s	转动惯量	质量
					Y	J_1									
			d_1	d_2	L										
	N·m	r·min⁻¹	mm											kg·m²	kg
LZZ1	250	4500	16、18、19		42	—	160	98	50	56	70	9	2	0.018	5.82
			20、22、24		52	38						19			6.05
			25、28		62	44						29			6.17
			30、32	30、32、35、38	82	60						49			6.64
LZZ2	630	3800	25、28		62	—	200	124	65	70	85	30	2	0.053	11.15
			30、32、35、38		82	60						50			11.77
			40、42	40、42、45、48	112	84						80			12.04
LZZ3	1800	3000	40、42、45、48、50、55、56		112	84	250	166	90	105	105	48.5	3	0.181	28.09
			60	60、63、65、70	142	107						78.5		0.183	27.54
LZZ4	4500	2450	50、55、56		112	84	315	214	120	130	135	40	3	0.534	48.75
			60、63、65、70、71、75		142	107						70		0.543	51.69
			80	80、85、90	172	132						100		0.547	50.21
LZZ5	8000	1900	60、63、65、70、71、75		142	107	400	240	130	145	170	44	3	1.404	76.51
			80、85、90	80、85、90、95	172	132						74		1.413	76.25
LZZ6	11200	1500	70、71、75		142	107	500	280	160	170	210	40	4	3.812	124.65
			80、85、90、95		172	132						70		3.841	129.73
			100、110	100、110、120	212	167						110		3.865	130.61
LZZ7	18000	1200	80、85、90、95		172	132	630	330	190	200	265	42	4	10.674	216.43
			100、110、120、125		212	167						82		10.742	222.63
			130		252	202						112		10.753	215.03
LZZ8	25000	1050	90、95		172	132	710	380	220	220	300	5	4	18.960	293.01
			100、110、120、125		212	167						45		19.089	307.92
			130、140、150		252	202						85		19.156	305.42
LZZ9	31500	950	100、110、120、125		212	167	800	400	245	245	340	40	5	33.258	403.84
			130、140、150		252	202						80		33.385	405.88
			160、170、180		302	242						130		33.446	398.57

注：见表 7-2-55 注。

3.11.5 弹性柱销齿式联轴器的许用补偿量

表 7-2-59

型　号		LZ1~LZ3 LZD1~LZD3	LZ4~LZ7 LZD4~LZD7	LZ8~LZ13 LZD8~LZD13	LZ14~LZ17	LZ18~LZ21	LZ22~LZ23
径向 ΔY	mm	0.3	0.4	0.6	1.0		1.5
轴向 ΔX		±1.5		±2.5		±5.0	
角向 $\Delta \alpha$		0°30′					

型　号		LZJ1~LZJ3 LZZ1、LZZ2	LZJ4~LZJ6 LZZ3~LZZ5	LZJ7、LZJ8 LZZ6、LZZ7	LZJ9、LZJ10 LZZ8、LZZ9	LZJ11~LZJ15	LZJ16~LZJ19	LZJ20~LZJ23
径向 ΔY	mm	0.15	0.2			0.3	0.50	0.75
轴向 ΔX		+1	+3	+5	+10		+15	+20
角向 $\Delta \alpha$		0°30′	$\dfrac{1°}{0°30′}$	$\dfrac{1°30′}{0°30′}$	$\dfrac{2°}{0°30′}$	2°		2°30′

注：1. 径向补偿量的测量部位在半联轴器最大外圆宽度的 1/2 处。

2. 表中所列补偿量是指由于安装误差、冲击、振动、变形、温度变化等因素形成的两轴相对偏移量，其安装误差必须小于表中数值。

3.12 轮胎式联轴器（摘自 GB/T 5844—2002）

轮胎式联轴器结构简单，装拆方便，噪声小，不用润滑，径向尺寸较大，使用寿命较长，扭转刚度小，减振能力强，补偿两轴相对位移的能力较大。运转时，特别是过载时产生较大的轴向附加载荷，安装时应使联轴器有适当的轴向预压缩变形，以减轻轴向附加载荷。适用于启动频繁，正反转多变，冲击较大的传动。

3.12.1 UL 型联轴器

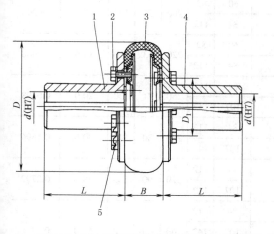

工作温度：-20~80℃。

标记示例：

例 1 UL5 轮胎式联轴器

主动端：Y 型轴孔、A 型键槽，$d=28$mm，$L=62$mm

从动端：J_1 型轴孔、B 型键槽，$d=32$mm，$L=60$mm。标记为：

$$\text{UL5 联轴器}\,\frac{28\times62}{J_1 B32\times60}\text{GB/T 5844—2002}$$

例 2 UL8 轮胎式联轴器

主动端：Y 型轴孔、A 型键槽，$d=40$mm，$L=112$mm

从动端：Y 型轴孔、A 型键槽，$d=40$mm，$L=112$mm。标记为：

UL8 联轴器 40×112GB/T 5844—2002

件　号	名　称	材　料
1,4	半联轴器	铸钢 ZG35
		锻钢 35
2	螺栓	力学性能 4.8、8.8 级
3	轮胎环	由橡胶、帘线橡胶复合材料、箍圈和骨架组成组合件
5	止退垫板	Q235

表 7-2-60　　　　　　　　　　　　基本参数和主要尺寸

型号	公称转矩 T_n	瞬时最大转矩 T_{max}	许用转速 n_p	轴孔直径 d(H7)	轴孔长度 L		D	B	D_1	总质量	转动惯量
					J、J_1 型	Y 型					
	N·m		r·min^{-1}	mm						kg	kg·m^2
UL1	10	31.5	5000	11	22	25	80	20	42	0.7	0.0003
				12、14	27	32					
				16、18	30	42					
UL2	25	80	5000	14	27	32	100	26	51	1.2	0.0008
				16、18、19	30	42					
				20、22	38	52					
UL3	63	180	4500	18、19	30	42	120	32	62	1.8	0.0022
				20、22、24	38	52					
				25	44	62					
UL4	100	315	4300	20、22、24	38	52	140	38	69	3.0	0.0044
				25、28	44	62					
				30	60	82					
UL5	160	500	4000	24	38	52	160	45	80	4.6	0.0084
				25、28	44	62					
				30、32、35	60	82					
UL6	250	710	3600	28	44	62	180	50	90	7.1	0.0164
				30、32、35、38	60	82					
				40	84	112					
UL7	315	900	3200	32、35、38	60	82	200	56	104	10.9	0.0290
				40、42、45、48	84	112					
UL8	400	1250	3000	38	60	82	220	63	110	13.0	0.0448
				40、42、45、48、50	84	112					
UL9	630	1800	2800	42、45、48、50、55、56	84	112	250	71	130	20.0	0.0898
				60	107	142					
UL10	800	2240	2400	45*、48*、50、55、56	84	112	280	80	148	30.6	0.1596
				60、63、65、70	107	142					
UL11	1000	2500	2100	50*、55*、56*	84	112	320	90	165	39.0	0.2792
				60、63、65、70、71、75	107	142					
UL12	1600	4000	2000	55*、56*	84	112	360	100	188	59.0	0.5356
				60*、63*、65*、70、71、75	107	142					
				80、85	132	172					
UL13	2500	6300	1800	63*、65*、70*、71*、75*	107	142	400	110	210	81.0	0.8960
				80、85、90、95	132	172					
UL14	4000	10000	1600	75*	107	142	480	130	254	145	2.2616
				80*、85*、90*、95*	132	172					
				100、110	167	212					

型号	公称转矩 T_n	瞬时最大转矩 T_{max}	许用转速 n_p	轴孔直径 d(H7)		轴孔长度 L		D	B	D_1	总质量	转动惯量
						J、J_1 型	Y 型					
	N·m		r·min^{-1}	mm							kg	kg·m^2
UL15	6300	14000	1200	85*、90*、95*		132	172	560	150	300	222	4.6456
				100*、110*、120*、125*		167	212					
UL16	10000	20000	1000	100*、110*、120*、125*、130、140				630	180	335	302	8.0924
						202	252					
UL17	16000	31500	900	120*、125*		167	212	750	210	405	561	20.0176
				130*、140*、150*		202	252					
				160*		242	302					
UL18	25000	59000	800	140*、150*		202	252	900	250	490	818	43.0530
				160*、170*、180*		242	302					

注：1. 轴孔直径带 * 者，结构允许制成 J 型轴孔。

2. 联轴器轴孔和连接型式及尺寸见表 7-2-4，轴孔与轴的配合见表 7-2-5。J_1 型轴孔在 GB/T 3852 （联轴器轴孔和连接型式与尺寸）中已取消。

3. 联轴器选用计算见本章第 2 节。

4. 冶金设备用轮胎式联轴器另有标准 JB/T 10541—2005。

5. 生产厂家为冀州市联轴器厂、北京古德高机电技术有限公司、沈阳市三环机械厂。

3.12.2 轮胎式联轴器许用补偿量

表 7-2-61

许用补偿量		联 轴 器 型 号								
		UL1	UL2	UL3	UL4	UL5	UL6	UL7	UL8	UL9
径向 Δy	mm	1.0			1.6			2.0	2.5	
轴向 Δx					2.0			2.5	3.0	
角向 $\Delta\alpha$		1°00′							1°30′	

许用补偿量		联 轴 器 型 号								
		UL10	UL11	UL12	UL13	UL14	UL15	UL16	UL17	UL18
径向 Δy	mm	3.0		3.6		4.0		5.0		
轴向 Δx		3.6		4.0	4.5	5.0	5.6	6.0	6.7	8.0
角向 $\Delta\alpha$		1°30′								

注：表中所列许用补偿量，是指因制造、安装误差、冲击、振动、变形、温度变化等因素形成的两轴相对偏移量。

3.13 弹性块联轴器 （摘自 JB/T 9148—1999）

弹性块联轴器的特点是无扭转间隙，弹性块的扭转刚度可根据传动特性要求，通过改变橡胶的配方（主要改变硬度）加以调整，具有良好的减振、缓冲性能，又能补偿两轴相对位移，且无噪声，不需润滑，装拆维修方便，但结构复杂，径向尺寸较大，转动惯量较大，主要用于大中功率、冲击振动较大的传动。

3.13.1 LK 型—基本型、LKA 型—安全销型联轴器

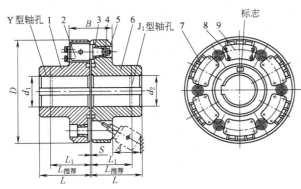

工作温度：-30～120℃。

标记示例：LK7 弹性块联轴器

主动端：Y 型轴孔，A 型键槽，$d_1=220mm$，$L=352mm$；

从动端：J₁ 型轴孔，B 型键槽，$d_2=240mm$，$L_1=330mm$。标记为：

$$LK7\ 联轴器\ \frac{220×352}{J_1B240×330}JB/T\ 9148—1999$$

1,6—半联轴器；2—传力臂；3—锥套；4—垫圈；

5—螺母；7—弹性块；8—螺栓；9—压板

LK 型（基本型）

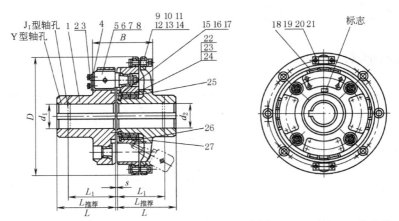

1,27—半联轴器；2,16,21,23—螺栓；3,14,17,24—垫圈；4,20—压板；5—传力臂；

6—锥套；7—垫；8,13—螺母；9—安全销；10—销套；11—碟簧；12—压环；

15—摩擦环；18—弹性块；19—销罩；22—止推环；25—轴承；26—中间盘

LKA 型（安全销型）

零 件 名 称	材 料
半联轴器	ZG 270-500　GB/T 11352
传力臂	45、42CrMo　JB/T 6397
弹性块	橡胶
螺栓	力学性能 8.8 级　GB/T 3098.1
螺母	力学性能 8 级　GB/T 3098.2
垫圈	65Mn　GB/T 93
安全销	35、45　GB/T 119

表 7-2-62　　　　　　　　　　　　　　基本参数和主要尺寸

型号	公称转矩 T_n	许用转速 n_p	轴孔直径 d_1、d_2	轴孔长度 Y 型 L	J₁ 型 L_1	$L_{推荐}$	D	B	s	质量	转动惯量
	N·m	r·min⁻¹	mm							kg	kg·m²
$\dfrac{\text{LK1}}{\text{LKA1}}$	10000	$\dfrac{1950}{1275}$	85,90,95	172	132	150	$\dfrac{370}{500}$	$\dfrac{190}{245}$		$\dfrac{125}{258}$	$\dfrac{4}{4.32}$
			100,110,120	212	167						
$\dfrac{\text{LK2}}{\text{LKA2}}$	16000	$\dfrac{1750}{1195}$	95	172	132	170	$\dfrac{415}{550}$	$\dfrac{208}{250}$	5	$\dfrac{200}{364}$	$\dfrac{5.2}{6.10}$
			100,110,120,125	212	167						
			130	252	202						
$\dfrac{\text{LK3}}{\text{LKA3}}$	25000	$\dfrac{1600}{1100}$	110,120,125	212	167	185	$\dfrac{450}{600}$	$\dfrac{225}{260}$		$\dfrac{265}{462}$	$\dfrac{6.3}{7.32}$
			130,140,150	252	202						
$\dfrac{\text{LK4}}{\text{LKA4}}$	40000	$\dfrac{1400}{1020}$	130,140,150			210	$\dfrac{520}{700}$	$\dfrac{260}{280}$		$\dfrac{338}{700}$	$\dfrac{21.5}{22.35}$
			160,170,180	302	242						
$\dfrac{\text{LK5}}{\text{LKA5}}$	63000	$\dfrac{1200}{955}$	160,170,180	302	242	230	$\dfrac{600}{750}$	$\dfrac{275}{300}$	$\dfrac{6}{5}$	$\dfrac{580}{790}$	$\dfrac{26.6}{35.1}$
			190,200,220	352	282						
$\dfrac{\text{LK6}}{\text{LKA6}}$	100000	$\dfrac{1170}{890}$	190,200,220			260	$\dfrac{620}{800}$	$\dfrac{285}{325}$		$\dfrac{625}{850}$	$\dfrac{29.3}{65.3}$
			240,250,260	410	330						
$\dfrac{\text{LK7}}{\text{LKA7}}$	125000	$\dfrac{1080}{750}$	220	352	282	280	$\dfrac{670}{900}$	$\dfrac{295}{345}$	6	$\dfrac{780}{930}$	$\dfrac{55}{83.2}$
			240,250,260	410	330						
			280	470	380						
$\dfrac{\text{LK8}}{\text{LKA8}}$	160000	$\dfrac{990}{630}$	240,250,260	410	330	300	$\dfrac{730}{1000}$	$\dfrac{305}{370}$		$\dfrac{880}{1200}$	$\dfrac{80}{100}$
			280,300,320	470	380						
$\dfrac{\text{LK9}}{\text{LKA9}}$	200000	$\dfrac{950}{595}$	260	410	330	320	$\dfrac{760}{1100}$	$\dfrac{315}{395}$	$\dfrac{6}{7}$	$\dfrac{1075}{1500}$	$\dfrac{100}{140}$
			280,300,320	470	380						
			340	550	450						
$\dfrac{\text{LK10}}{\text{LKA10}}$	250000	$\dfrac{920}{560}$	280,300,320	470	380	345	$\dfrac{790}{1150}$	$\dfrac{345}{425}$		$\dfrac{1270}{1810}$	$\dfrac{120}{185}$
			340,360	550	450						
$\dfrac{\text{LK11}}{\text{LKA11}}$	315000	$\dfrac{820}{500}$	300,320	470	380	360	$\dfrac{850}{1200}$	$\dfrac{380}{450}$	$\dfrac{7}{8}$	$\dfrac{1545}{2300}$	$\dfrac{192}{249}$
			340,360,380	550	450						
$\dfrac{\text{LK12}}{\text{LKA12}}$	400000	$\dfrac{790}{450}$	320	470	380	380	$\dfrac{910}{1300}$	$\dfrac{420}{485}$		$\dfrac{1820}{2800}$	$\dfrac{255}{382}$
			340,360,380	550	450						
			400	650	540						

续表

型号	公称转矩 T_n	许用转速 n_p	轴孔直径 d_1、d_2	轴孔长度 Y型 L	J₁型 L_1	$L_{推荐}$	D	B	s	质量	转动惯量
	N·m	r·min⁻¹	mm							kg	kg·m²
LK13 / LKA13	500000	750 / 410	360,380	550	450	400	960 / 1400	460 / 520	8 / 10	2245 / 3400	332 / 515
			400,420,440								
LK14 / LKA14	630000	690 / 320	400,420,440,450,460,480	650	540	450	1050 / 1550	505 / 570		2670 / 4520	520 / 902
LK15 / LKA15	900000	600 / 250	440,450,460,480,500			500	1200 / 1750	550 / 650	10	4401 / 6610	708 / 1630
			530	800	680						
LK16 / LKA16	1250000	535 / 225	460,480,500	650	540	520	1350 / 1900	570 / 720	10 / 12	4870 / 9300	1248 / 2790
			530,560								
LK17 / LKA17	1600000	480 / 220	530,560,600,630	800	680	600	1500 / 2080	650 / 765		5900 / 11700	1930 / 3950
LK18 / LKA18	2000000	450 / 190	560,600,630			650	1600 / 2200	730 / 800	12 / 15	7000 / 13400	2650 / 5300
			670	900	780						
LK19 / LKA19	2500000	420 / 155	630	800	680	680	1700 / 2300	780 / 915		8850 / 15670	4080 / 7296
			670,710,750	900 / —	780						
LK20 / LKA20	3150000	380 / 130	710,750			750	1900 / 2500	820 / 1040		12060 / 19890	5500 / 10650
			800,850	1000 / —	880						

注：1. 质量、转动惯量是近似值。

2. 瞬时最大转矩不得超过公称转矩 T_n 的 1.5 倍。

3. 轴孔和键槽型式见表 7-2-4，轴孔与轴的配合见表 7-2-5。J₁型轴孔在 GB/T 3852（联轴器轴孔和连接型式与尺寸）中已取消。

4. 联轴器选用计算见本章第 2 节。

5. 生产厂家为成都市新星机械有限公司、沈阳三环机械厂。

3.13.2　弹性块联轴器许用补偿量

表 7-2-63

许用补偿量	型　　号			
	LK1～LK4 LKA1	LK5～LK15 LKA2～LKA11	LK16～LK18 LKA12～LKA14	LK19～LK20 LKA15～LKA20
轴向 ΔX /mm	±1.5	±2	±2.5	±3
径向 ΔY /mm	0.5	0.8		1
角向 Δα	0°30′		0°15′	

注：1. 表中所列许用补偿量是指工作状态允许的由于制造误差、安装误差和工作载荷变化，引起的冲击、振动、机座变形、温度变化等综合因素所形成的两轴相对偏移的补偿能力。

2. 安装误差应小于许用补偿量的 1/2。

3.14 新型星形联轴器

新型星形联轴器的弹性元件为星形式（或称凸爪式），具有缓冲减振、不需润滑、维护方便的特点，具有补偿两轴相对偏移的能力。适用温度为−40~100℃，适用于载荷变化不大、工作平稳、频繁启动、正反转、中低速、中小功率的传动。

3.14.1 LMX 型星形联轴器

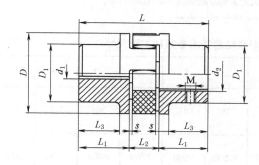
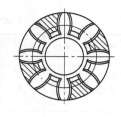

表 7-2-64   LMX 型联轴器基本参数和主要尺寸

规格	额定转矩 /N·m	最高转速 /r·min⁻¹	转动惯量 /kg·m²	主要尺寸/mm									质量 /kg
				d_1、d_2	D	D_1	L	L_1	L_2	L_3	M	s	
16	15	19000	0.00005	6~16	30	30	50	18	13	—	M4	1.5	0.10
19	20	14000	0.00008	6~19	40	32	66	25	16	20	M5	2	0.30
24	70	10600	0.0002	8~24	55	40	78	30	18	24		2	0.61
28	190	9500	0.0007	8~28	65	48	90	35	20	28		2.5	1.00
38	380	8500	0.002	10~38	80	66	114	45	24	27	M8	3	2.08
42	530	8000	0.004	10~42	95	80	126	50	26	40		3	3.21
48	620	7100	0.006	10~48	105	95	140	56	28	45		3.5	4.41
55	820	6300	0.012	15~55	120	105	160	65	30	52		4	6.64
65	1250	5600	0.025	15~65	135	120	185	75	35	57	M10	4.5	10.13
75	1950	4750	0.054	20~75	160	135	210	85	40	63		5	16.03
90	4800	3750	0.139	30~90	200	160	245	100	45	72	M12	5.5	27.50
100	6800	3350	0.245	30~115	225	180	270	110	50	89		6	38.50
110	8000	3000	0.435	40~125	255	200	295	120	55	96	M16	6.5	54.0
125	10000	2650	0.85	40~145	290	230	340	140	60	112		7	81.8
140	14500	2360	1.4	40~160	320	255	375	155	65	124		7.5	109.7
160	20000	2000	2.72	60~180	370	290	425	175	75	140	M20	9	162.7
180	23500	1800	4.95	85~200	420	325	475	195	85	156		10.5	230.8

注：1. 键槽根据孔径的尺寸按照国标制作。

2. 星形弹性体与标准 GB/T 5272 中的弹性体不同，它具有较好的缓冲、减振性能。

3. 生产厂家为北京古德高机电技术有限公司。该公司还生产 LMX-K 型星形联轴器、LMX-S 型双节式星形联轴器。

3.14.2 LMX-Z 胀套式星形联轴器

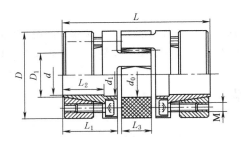

表 7-2-65		LMX-Zn 型联轴器基本参数和主要尺寸										
规　格	14	16	19	24	25	35	40	42	45	50	68	80
额定转矩 /N·m	7.5	5	10	17	35	95	190	265	310	375	660	1200
最高转速 /r·min⁻¹	19000	14000	14000	10600	10600	8500	7100	6000	5600	5000	4400	3800
转动惯量 ×10⁻⁶/kg·m²	11	37	46	136	201	438	1325	3003	5043	10020	16040	34750

主要尺寸 /mm

	d	14	16	19	24	25	35	40	42	45	50	68	80
	D	32	37.5	50	50	55	65	80	95	105	120	135	160
	D_1	17	20	23	28	30	40	46	52	52	55	74	87
	d_0	10.5	18	18	27	30	38	46	51	60	68	70	82
	d_1	17	19	22	29	30	40	46	55	60	68	72	80
	L	50	66	66	78	78	90	114	126	140	160	185	210
	L_1	18.5	25	25	30	30	35	45	50	56	65	75	85
	L_2	15.5	21	21	25	25	30	40	45	50	58	62	70
	L_3	10	12	12	14	14	15	18	20	21	22	26	30

螺钉	型号	4×M3		6×M4		4×M5		8×M5	8×M6		4×M8		4×M10		4×M12	
	拧紧力矩 M_A/ N·m	1.89		3.05			8.5		14		35		69		125	

| 质量/kg | 0.08 | 0.16 | 0.19 | 0.33 | 0.44 | 0.64 | 1.32 | 2.23 | 3.09 | 4.74 | 6.8 | 10.0 |

注：1. 其中 d 为最大尺寸值。

2. 星形弹性体的形状与 LMX 型相同。

3. 生产厂家为北京古德高机电技术有限公司。该公司还生产 LMX-Zw 型胀套式星形联轴器。

3.14.3 LMX-F 法兰式星形联轴器

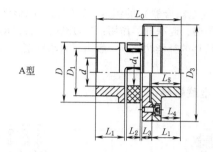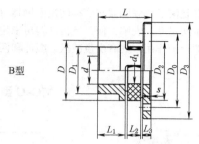

表 7-2-66　　　　　　　　　LMX-F 型联轴器的基本参数和主要尺寸

规　格		19	24	28	38	42	48	55	65	75	90
额定转矩 /N·m		3	10.4	30	59	81	94	112	137	325	793
最高转速 /r·min⁻¹		14000	10600	8500	7100	6000	5600	4750	4250	3550	2800
转动惯量 /kg·m²	A	0.0002	0.0006	0.002	0.004	0.01	0.014	0.032	0.054	0.104	0.244
	B	0.0001	0.0004	0.001	0.002	0.005	0.008	0.018	0.029	0.06	0.144
主要尺寸 /mm	d	6~19	8~24	10~28	12~38	14~42	15~48	20~55	22~65	30~75	40~90
	D	40	55	65	80	95	105	120	135	160	200
	D_0	50	65	80	95	115	125	145	160	185	225
	D_1	32	40	48	66	75	85	98	115	135	160
	D_2	40	55	65	80	95	105	120	135	160	200
	D_3	65	80	100	115	140	150	175	190	215	260
	d_1	18	27	30	38	46	51	60	68	80	100
	L_0	74	86	100	124	138	152	176	201	229	265
	L	49	56	65	79	88	96	111	126	144	165
	L_1	25	30	35	45	50	56	65	75	85	100
	L_2	12	14	15	18	20	21	22	26	30	34
	L_3	8	8	10	10	12	12	16	16	19	20
	L_4	17	22	25	35	38	44	49	59	66	80
	L_5	26	31	36	46	51	57	66	76	87	102
	s	1.5				2				2.5	3
螺钉		5×M4		6×M6		6×M8	8×M8	8×M10	10×M10	10×M12	12×M12
质量/kg		0.4	0.65	1.1	1.9	3	3.9	6.3	8.7	13.5	22

注：1. 键槽根据孔径的尺寸按照国标制作。

2. 生产厂家为北京古德高机电技术有限公司。

3.15 链轮摩擦式安全联轴器

这种联轴器是滚子链联轴器与摩擦转矩限制器（即摩擦安全离合器）的组合，转矩根据碟形弹簧压缩量而确定。减小了轴向尺寸，安装方便。当传动转矩未超过限定值时，起联轴器作用；当过载时，会自动打滑并断电报警，具有过载保护作用。具有少量减振、缓冲和两轴相对偏移的补偿功能。一般用于启动频繁且需要安全保护的传动。

MC-C 型轻型安全联轴器

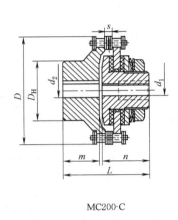

MC200-C

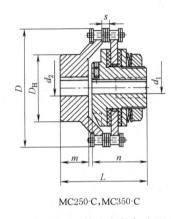

MC250-C，MC350-C

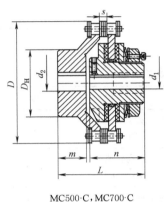

MC500-C，MC700-C

表 7-2-67　　　　　　　　　MC-C 型轻型系列基本参数与主要尺寸

型 号	转矩范围 /N·m	孔径 d_1 （d_2） /mm	最高转速 /r·min^{-1}	链轮齿数 z	节圆直径 P_0/mm	链轮节距 P/mm	外形与安装尺寸/mm						质量 /kg
							D	D_H	L	m	n	s	
MC200-1LC	1.0~2.0	7~14 (8~31)	1200	16	65.10	12.7	76	50	55	24	29	7.5	1.0
MC200-1C	2.9~9.8												
MC200-2C	6.9~20												
MC250-1LC	2.9~6.9	10~22 (13~38)	1000	22	89.24	12.7	102	56	76	25	48	7.4	1.9
MC250-1C	6.9~27												
MC250-2C	14~54												
MC350-1LC	9.8~20	17~25 (13~45)	800	24	121.62	15.875	137	72	103	37	62	9.7	4.2
MC350-1C	20~74												
MC350-2C	34~149												
MC500-1LC	20~49	20~42 (18~65)	500	28	170.13	19.05	188	105	120	40	76	11.6	10
MC500-1C	47~210												
MC500-2C	88~420												
MC700-1LC	49~118	30~64 (23~90)	400	28	226.85	25.40	251	150	168	66	98	15.3	26
MC700-1C	116~569												
MC700-2C	223~1080												

注：1. 本产品带报警器。

2. 订货时除型号外还应提供孔径（d_1、d_2）。

3. 生产厂家为北京古德高机电技术有限公司。

4. 本表型号联轴器与同厂生产的 TL200-C、TL250-C、TL350-C、TL500-C、TL700-C 转矩限制器参数、尺寸完全相同。

MC-C 型重型安全联轴器

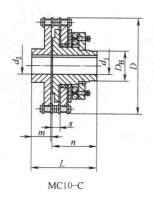

MC10–C

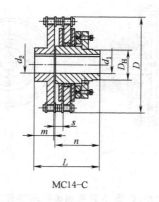

MC14–C

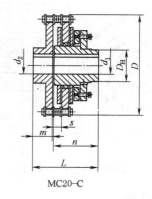

MC20–C

表 7-2-68　　　　　　　　　　MC-C 型重型系列基本参数与主要尺寸

型　　号	转矩 /N·m	孔径 $d_1(d_2)$ /mm	最高转速 /r·min^{-1}	质量 /kg
MC10-16C	392~1274	30~72 (33~95)	300	66
MC10-24C	588~1860			
MC14-10C	882~2666	40~100 (38~118)	200	140
MC14-15C	1960~3920			
MC20-6C	2450~4900	50~130 (43~150)	100	285
MC20-12C	4606~9310			

	外形与安装尺寸/mm					
型　　号	D	D_H	L	m	n	s
MC10-16C	355	137	189	71	115	26.2
MC10-24C						
MC14-10C	470	167	235	80	150	30.1
MC14-15C						
MC20-6C	631	237	300	120	175	30.1
MC20-12C						

注：同表 7-2-67 注。

3.16　GZ1-C 型钢球安全联轴器

　　这种联轴器是 GZ1 型钢球转矩限制器（离合器）与滚子链联轴器的组合，调整压紧弹簧可以限定传递的转矩，加上位移传感器可以实现自动报警，起安全作用。

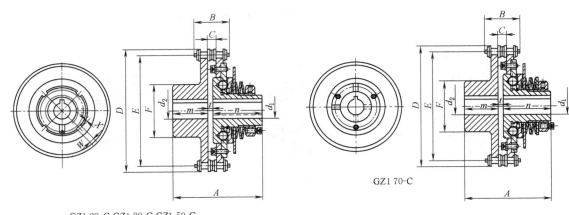

GZ1 20-C,GZ1 30-C,GZ1 50-C

GZ1 70-C

表 7-2-69　　　　　　　　　GZ1-C 型系列基本参数与主要尺寸

型　　号	转矩 /N·m	最高转速 /r·min⁻¹	孔径 d_1 (d_2)/mm	飞轮矩 GD^2 /N·m²	外形及安装尺寸/mm											质量 /kg
					A	B	C	D	E	F	m	n	t	W	X	
GZ1 20-HC	9.8~44	700	8~20 (12.5~42)	12.5	76	32.6	7.4	117.4	105.3	63	25	47	4	5	2	2.5
GZ1 30-LC	20~54	500	120~30 (18~48)	37.9	93	40.5	9.7	146.7	131.7	73	28	60	5	6	2.5	4.8
GZ1 30-HC	54~167															
GZ1 50-LC	69~147	300	22~50 (18~55)	177	126	51.0	11.6	200.3	182.2	83	40	81	5	8	3.5	12.2
GZ1 50-MC	137~421															
GZ1 50-HC	196~539															
GZ1 70-HC	294~1080	160	32~70 (28~75)	897	165	64.8	15.3	283.2	259.1	107	45	110	10	—	—	32.0

注：1. 同表 7-2-67 注。
2. 本表型号联轴器与同厂生产的 TGB 20-C~TGB 50-C、TGB 70-C 转矩限制器参数、尺寸完全相同。

4　液力偶合器

　　液力偶合器是利用液体动能和势能来传递动力的一种液力传动设备。具有如下的优点。①无级调速。在电机转速恒定下可以无级调节工作机的转速，与传统的节流调节相比可以大量节省电能。②轻载或空载启动电动机和逐步启动大惯量负载，提高异步电机的启动能力。③防护动力过载，偶合器泵轮和涡轮之间没有机械联系，转矩是通过油来传递的，是一种柔性和有滑差的传动。当负载的阻力矩突然增大时，其滑差可以增大，甚至制动，电机可继续运转而不致停车。④均匀多台电机之间的负载分配。在多台电机驱动同一负载时，允许各台电机的转速稍有差别，使各台电机的负载分配均匀。⑤可隔离振动，缓和冲击。⑥可方便实现离合。偶合器流道充油即接合，将油排空即脱离。⑦除轴承外无磨损件，工作可靠，寿命长。因此，在冶金、发电、矿山、市政工程、化工、运输、纺织和轻工等部门中，得到了广泛的应用。

4.1 分类及其结构特点

表 7-2-70

名　　　称		特　　　性	结　构　特　点
普通型		过载系数大,一般为6~7,有的甚至高达20左右。具有平稳启动、隔离振动、缓和冲击的作用	结构简单,无限矩和调速的结构,工作腔容积大
限矩型	静压倾泄式(牵引型)	提高原动机的启动能力,平稳地启动大惯量工作机,隔离振动,缓和冲击,协调多台原动机的载荷分配;在运转中不能调速和脱离,防护动力过载性能较差	涡轮出口处有挡板,外侧有辅油室、泵轮无支承结构,流道内定量部分充油,壳体风冷散热,多带挠性联轴器,有过热保护易熔塞
	动压倾泄式	提高原动机启动能力,平稳地启动大惯量工作机,隔离振动,缓和冲击,防护传动系统动力过载,协调多台原动机间载荷分配;不能调速和脱离	泵轮中心部分有内辅室,泵轮无支承结构,定量部分充油,壳体风冷散热,多带挠性联轴器或输出端装带轮,有过热保护易熔塞
	延充式	用于启动困难的和大惯量的工作机时,在启动过程中电动机可具有较低的载荷,防护动力过载,隔离振动,缓和冲击,协调多台原动机间载荷分配;不能调速和脱离	有内辅室和外辅室,泵轮无支承结构,定量部分充油,壳体风冷散热,有过热防护易熔塞,多带挠性联轴器
调速型	进口调节式	无载启动原动机,逐步可控地启动大惯量工作机,无级调速,隔离振动,缓和冲击,协调多台原动机间载荷分配,便于实现远操纵和电脑自动控制,可以实现接合和脱离	勺管进口调节,自带储油用旋转油壳,泵轮无支承结构,偶合器重量有部分悬挂在原动机(和工作机)轴上,小功率(<50kW)时用壳体风冷散热,功率较大时则有油外循环管路和冷却器,带有挠性联轴器,偶合器轴向尺寸较短,安装时同心度要求较高
	出口调节式	无载启动原动机,逐步可控或快速启动大惯量工作机,无级调速,隔离振动,缓和冲击,协调多台原动机的载荷分配,便于实现远操纵和电脑自动控制,可以实现接合和脱离,适用于各种不同的特殊环境	勺管出口调节,双支梁结构,有支持轴承的箱体和底部油箱,具有冷却供油系统和较为齐全的辅助设备(供油泵、冷却器、滤油器等),因有坚实的箱体支承,运转中尤其在高速下较为稳定,不易振动;偶合器重量和轴向尺寸较大,造价也较进口调节式略高
	进出口调节式	无载启动大功率异步电动机,逐步可控地启动锅炉给水泵或高速鼓风机,无级调速,可在高转速大功率下进行可靠的运转,实现远操纵和自动控制	勺管动作与进油控制阀联动,勺管出口调节的同时,也对进入偶合器流道的流量进行有规律控制,以达调速的高度灵敏;常带有增(减)速齿轮,与偶合器一起组装在同一箱体内,偶合器布置于传动齿轮的高速轴上,悬臂梁结构,滑动轴承

4.2 传动原理

　　液力偶合器(图7-2-8)由主动轴,泵轮 B,涡轮 T,从动轴和转动外壳等主要部件组成。泵轮和涡轮一般轴向相对布置,几何尺寸相同,在轮内有许多径向辐射叶片。在偶合器内充以工作油。运转时,主动轴带动泵轮旋转,叶轮流道中的油在叶片带动下因离心力的作用,由泵轮内侧(进口)流向外缘(出口),形成高压高速油流冲击涡轮叶片,使涡轮跟随泵轮作同方向旋转。油在涡轮中由外缘(进口)流向内侧(出口)的流动过程中减压减速,然后再流入泵轮进口(如图中箭头所示),如此循环不已。在这种循环流动中,泵轮将输入的机械功转换为油的动能和势能,而涡轮则将油的动能和势能转换为输出的机械

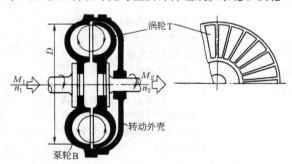

图 7-2-8　液力偶合器的结构原理图

功，从而实现由主动轴到从动轴的动力传递。若用机构放去偶合器中的油，则叶轮就无法传递动力，因此，利用充油或放油，即可实现主、从动轴的接合和脱离。

泵轮和涡轮的内壁与叶片之间的空间为油循环流动的通道，称为流道。流道的最大直径 D 称为偶合器有效直径。

4.3 基本关系和特性

表 7-2-71 偶合器的基本关系

名　称	公　式	说　明
稳定运转下各转矩之间的关系	$M_B = M_T = M$ $M_1 \approx M \approx M_2$	M_1——输入（主动）轴转矩 M_2——输出（从动）轴转矩 M_B——泵轮液力转矩 M_T——涡轮液力转矩 M——偶合器所传转矩 关系式中忽略了不大的外壳鼓风、轴承和油封的阻力转矩，工程上允许这种忽略
液力效率 η_y	$\eta_y = \dfrac{M_T n_2}{M_B n_1} = \dfrac{n_2}{n_1} = i$	$i = \dfrac{n_2}{n_1} = \dfrac{n_T}{n_B}$——转速比
滑差（转差率）S	$S = \dfrac{n_1 - n_2}{n_1} = 1 - i = 1 - \eta_y$	在传递额定转矩时，偶合器的输出转速要比输入转速约低 2%~5%，即额定滑差 $S^* = 0.02 \sim 0.05$
偶合器效率 η	$\eta = i \left(1 - \dfrac{\sum \Delta N}{N_1}\right) = \eta_y \eta_m$	$\sum \Delta N$——偶合器空转时功率损失 N_1——偶合器输入轴功率 η_m——机械效率
过载系数 T_g	$T_g = \dfrac{M_{max}}{M_e}$	M_{max}——偶合器最大转矩，一般出现在 $i=0$ 工况 M_e——偶合器所传的额定转矩

表 7-2-72 特性

名　称	图　形　及　说　明
外特性 $M=f(i)$	在流道全充油，n_B 和油的密度 ρ 为定值下，偶合器转矩 M 随 i 的变化关系见图 M——转矩对额定点 e 的相对值 当 i 由零到 1 变化时，M 由某一最大值逐步下降到零。具体曲线图形还随流道几何参数不同而异 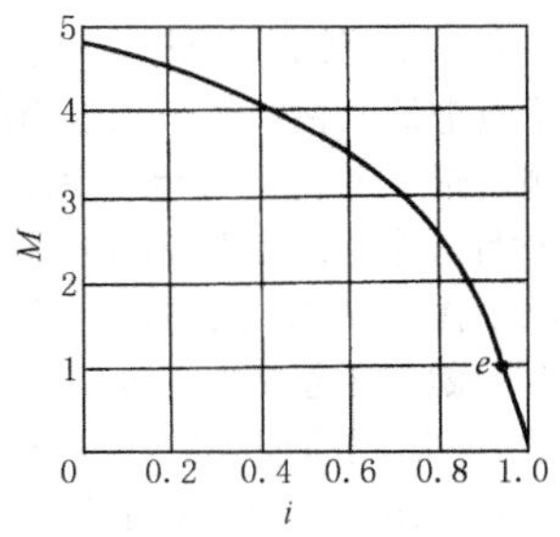

续表

名　　称	图 形 及 说 明
部分充油特性 $M=f(i,q)$	在 n_B 和 ρ 不变下，M 随流道中油充满程度 q 和 i 的变化关系见图。流道未充满（q<1.0）时，M 均低于外特性曲线，曲线具体形状随不同流道几何参数有所区别。有局部不稳定区（阴影部分） 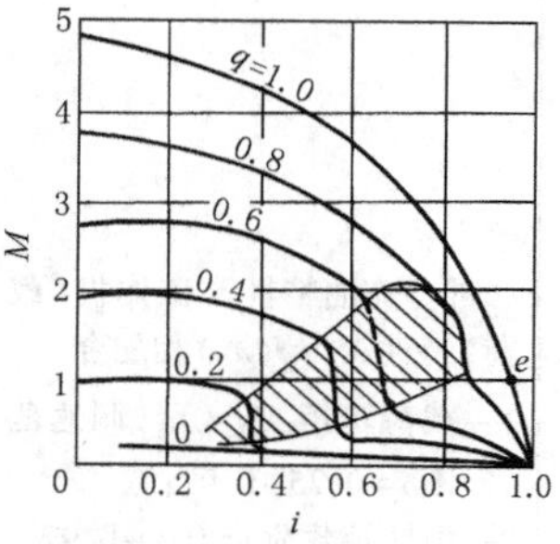
无因次（原始）特性 $\lambda=f(i)$	转矩无因次系数 $$\lambda=\frac{M}{\rho n_B^2 D^5}$$ 转矩系数有因次 $$\lambda=\frac{M}{\rho g n_B^2 D^5}=f(i)$$ 称原始特性，后者工程上通用。表示一系列流道几何相似偶合器的共性，并忽略 Re 数对 λ 的不大影响。可以推算出某偶合器在不同 n_B 和 ρ 时的 M 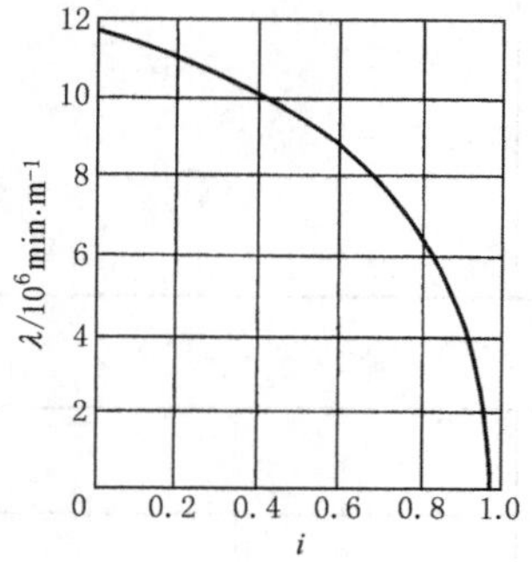
与原动机的匹配特性	$M_D=M_1=M=\rho g \lambda_i n_B^2 D^5$； $n_D=n_B$； λ_i 可取自原始特性 $\lambda=f(i)$，任选一 i 必可得对应该 i 的 λ_i 所选原动机特性由该原动机制造厂提供 i^* 时抛物线应通过额定工况点 e 原动机转矩 M_D，转速 n_D，电机电流 I 和偶合器转矩 M 随涡轮转速 n_T（或输出转速 n_2）的变化关系 可以看出 $n_T=0$ 时，$n_D \neq 0$，且常可大于柴油机最低稳定转速 n_{Dmin}，柴油机可不致熄火 当 kg 小于电动机的 $$\frac{M_{Dmax}}{M_{De}}$$ 时，如果工作机突然发生卡住或动力过载（$n_T=0$），电动机可在最大转矩右侧附近运转，不致失速（或闷车） 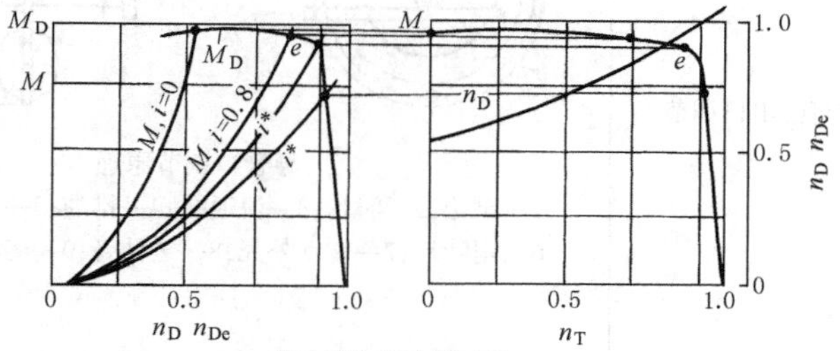 偶合器与柴油机匹配 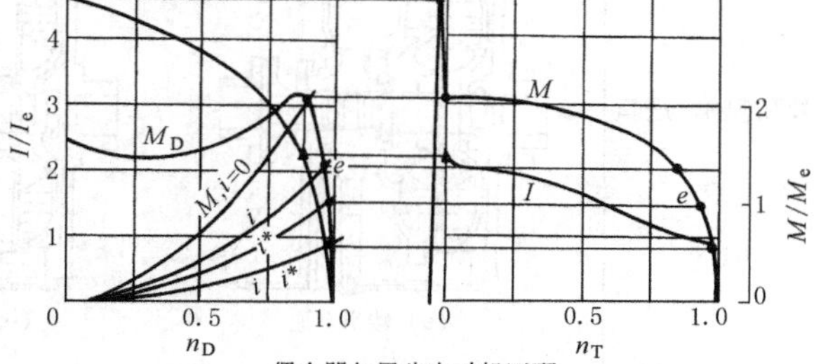 偶合器与异步电动机匹配

续表

名　称	图　形　及　说　明
调速特性	部分充油特性与工作机(载荷)特性 $M_2=f(n_2)$ 相配合 1—载荷转矩 $M_2 \propto n_2^2$，调速范围 $i=0.25\sim0.97$； 2—恒转矩载荷 $i=0.4\sim0.97$； 3—减转矩载荷 $i\approx0.68\sim0.97$

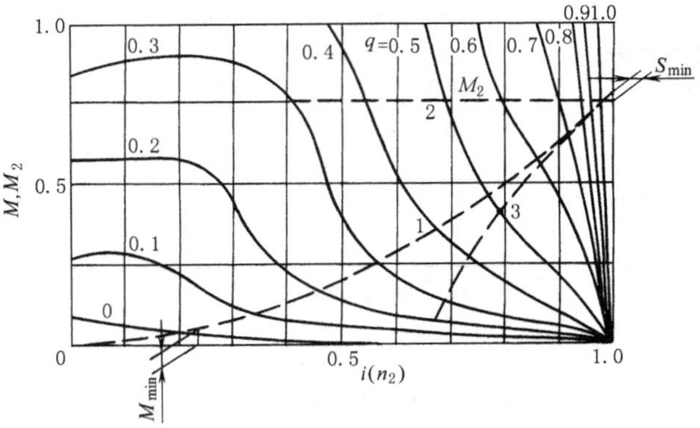

第 7 篇

表 7-2-73　　　　　　　　　调速原理

调速形式	调　速　原　理　及　说　明
勺管，出口调节	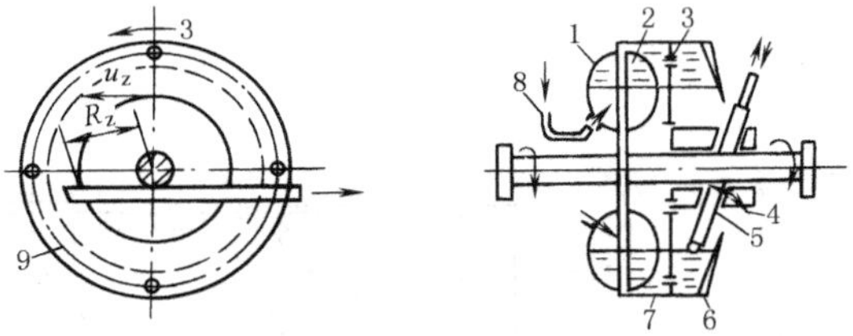 导管口调节原理 1—泵轮；2—涡轮；3—流通孔；4—排油；5—导管；6—副叶片；7—转动外壳；8—进油管；9—旋转油环 由外部油泵供应的进入偶合器流道的流量不变，勺管排油能力大于供油，流道内存油面(即充油度 q)与勺管孔口齐平，移动勺管于最内和最外缘两极限位置(即全充油和排空)之间任一位置，可得对应充油度 q 和输出转速 n_2，实现无级调速
勺管和喷嘴，进口调节	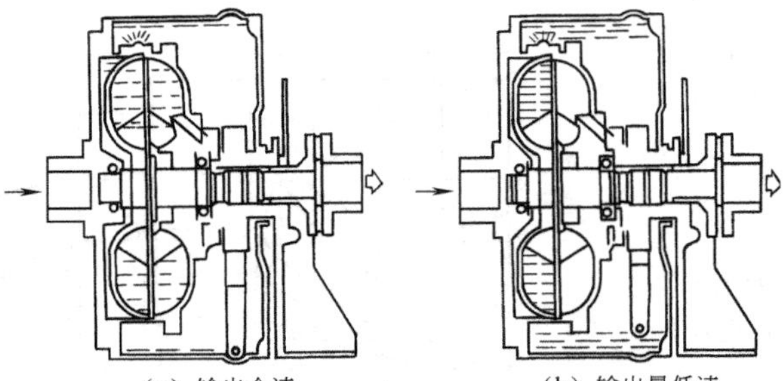 (a)输出全速　　(b)输出最低速 流道外侧有数个喷油嘴常开连续喷油，流道的充满程度视勺管提供的油量而定。勺管伸入最下侧(外缘)，旋转油壳内存油几乎全由勺管勺取供应流道，流道全充满，输出轴全速；勺管拉起至上限位置，流道内油由喷嘴排入旋转油壳，流道排空，输出最低速，勺管置于两极限位置之间，即得对应流道充油度 q 和输出转速 n_2 实现无级调速

表 7-2-74   限矩原理

名　　称	工 作 原 理 图 及 说 明
牵引型（静压倾泄式）	外壳与涡轮外侧有较大容积辅油室，并在外缘与流道相通。涡轮停转或低速时，辅油室油层厚度大，贮油量大，流道内部分充油，加上挡板阻流作用，限制了低速工况的过大转矩。涡轮高速时，因离心力加大，辅油室油流向流道，油层厚度与流道接近，流道充满程度增加，挡板阻流作用减弱，传递额定转矩 注入偶合器的油是定量的，并使流道部分充油
限矩型（动压倾泄式）	泵轮内缘设有内辅室，流道内定量部分充油。涡轮高速时，流道内油量变化不大，接近全充油，传递额定转矩。当涡轮转速降低到 $i \approx 0.8$ 以下时，反抗压头明显低于泵轮，液流结构由小循环变为大循环，冲向内辅室，满后流道变为部分充油，所传转矩降低，达到限制过大转矩的目的
限矩型（延充式）	泵轮内缘有内辅室，外侧有外辅室。由静止启动时，外辅室存油由孔 a 缓缓流入流道，使所传转矩逐渐增加。反之，当涡轮突然减速时，内辅室的油一部分可经孔 b 流入外辅室，降低涡轮低转速时转矩。如采取结构措施，可减少特性中转矩跌落现象，限矩性能好
限矩型（阀控延充式）	泵轮内辅室上装有延充阀。泵轮（即电动机）开始启动时，延充阀开，涡轮环流冲向内辅室后，经 b 孔大量流入外辅室，流道内充油度减小，转矩大大减小，使电机轻载快速启动。当泵轮（电动机）超过临界转速后，因离心力作用关闭，侧辅室油经 a 孔逐步进入流道，使转矩缓慢增加。涡轮失速或制动时，转矩特性与动压倾泄式类似，限矩性能好

第 7 篇

4.4　设计原始参数及其分析

（1）功率与转速

液力偶合器所传功率和输入转速，一般等于原动机的额定功率和额定转速。对于原动机为异步电动机的工作机，使用偶合器后可解决电机的轻载启动问题，故以工作机的额定功率作为偶合器所传功率。功率与转速通常有如下几种组合，见表7-2-75。

表 7-2-75　　　　　　　　　　　　偶合器功率与转速常用组合

功率与转速组合	型　式	使用目的	应用实例	设 计 要 点
小功率（<100kW）与中速（1000～1500r/min）或高速（3000r/min）	牵引型限矩型调速型	解决电动机轻载启动、工作机平稳启动、过载防护、无级调速、隔振防冲等问题	带式输送机、塔式起重机、刨煤机、破碎机、离心机、空调风机、供水泵等	除妥善解决启动、限矩和调速性能之外，应着重在结构简单、不用或简化冷却供油系统、减小尺寸重量和降低制造成本上多加研究，并应易于批量生产
中功率（300～3500kW）与低速（365～600r/min）或中速（750～1500r/min）	调速型（部分限矩型）	无级调速、无载或轻载启动、隔振防冲	水泵、泥浆泵、尾矿泵、转炉除尘风机、锅炉引风机、送风机、球磨机、挤压机等	应力求缩短轴向尺寸，简化冷却供油润滑系统
大功率（1600～20000kW）与高速（3000r/min）或超高速（4500～6000r/min）	调速型	无级调速、无载启动	电站锅炉给水泵、煤气鼓风机、舰船燃气轮机动力装置、高炉鼓风机	应着重解决高转速叶轮与转动外壳的过大应力问题，以及调速控制和冷却供油润滑系统等。这类偶合器常带有增速齿轮，因此，高速齿轮传动和轴承、振动等问题也应加以重视

（2）滑差与效率的确定

液力偶合器在额定工况长期运转时的滑差（也叫转差率）S^*与对应的效率η^*，可按不同情况参照表7-2-76加以确定。

表 7-2-76　　　　　　　　　　　　额定工况下的滑差 S^* 与效率 η^*

型　式	功　率/kW	额定工况滑差 S^*	机械效率 η_m	偶合器效率 $\eta^*=(1-S^*)\eta_m$	说　明
牵引型和限矩型	≤10	0.05～0.07（常取0.05）	约为	≥0.94	S^*取小值，虽可提高传动效率，但有效直径增大，重量尺寸增加，造价也增加，还将使过载系数T_g增大，偶合器启动和过载防护性能不易得到保证
	>10	0.04	0.99	≥0.95	
调速型	<1600	0.03～0.02	0.985～0.992	0.955～0.972	S^*取小值，可提高传动效率，但有效直径增加，对叶轮和转动外壳的强度不利，重量尺寸增大，调速范围也将缩小
	>1600（带增、减速齿轮）	常取0.03	0.98～0.99	0.95～0.97	
间歇工作偶合器		0.07～0.30			必须限制偶合器的重量尺寸或过载系数，又只供短期或间歇工作，经济性不重要的场合（例如塔吊走行轮驱动偶合器），S^*可选取较大的值，可大大减小有效直径、重量和造价

（3）启动和过载防护的要求

为了有效地防护动力传动系统免于过载而破坏，和在工作机启动时充分利用异步电动机的最大转矩，偶合器的过载系数应满足表 7-2-77 的要求。

表 7-2-77　　　　　　　　　　牵引型和限矩型偶合器的过载系数 T_g

功率范围	大中功率 （>500kW）	小功率 （<100kW）	不　限
原动机类型	异步电动机	异步电动机	柴油机
过载系数 T_g	<3.5	<2.5~2.7	<4

（4）调速范围

调速型偶合器的调速范围，一般已能满足使用要求（见表 7-2-78）。如要超出这一范围，可采取某些结构措施达到，但在设计之前必须加以明确。

表 7-2-78　　　　　　　　　　　　　　调速范围

工作机转矩特性	调 速 范 围	应 用 实 例
恒转矩	$i=0.40~0.97$	起重机,运输机,往复泵
二次抛物线转矩（$M_2 \propto n_2^2$）	$i=0.20~0.97$	离心风机,压气机,无背压水泵
减转矩	$i=0.6~0.97$ （视管道静压头而异）	定背压锅炉给水泵,输油泵,离心水泵等

（5）全程调速或离合时间（见表 7-2-79）

表 7-2-79　　　　　　　　　　　全程调速或离合时间

偶合器型式	全程调速时间或离合时间 /s	说　　明
出口调节式（箱体式）	10~30	视泵轮转速、供油泵排量、有效直径和勺 管管径大小等不同而有所差别
进口调节式（旋转油壳式）	升速　10~30 降速　60~180	

（6）重量尺寸

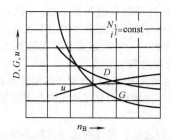

图 7-2-9　所传功率恒定下的相似规律

D—有效直径；G—本体重量；u—叶轮圆周速度

指偶合器的本体以及与本体相连的辅助结构（如箱体）的重量和尺寸。在传递同一功率的情况下，有效直径 D 与泵轮转速 $n_B^{3/5}$ 成反比，而偶合器本体重量 G 又与 $D^{2.7}$ 成正比。因此，为减小偶合器重量尺寸，设计时常将偶合器输入轴直接与原动机相连，或布置在转速更高的高速轴上。自然，随着输入转速增加，叶轮圆周速度 u 增大，应力也相应增加，见图 7-2-8。此外，偶合器重量尺寸在很大程度上与结构布置形式有关，在总体设计时应特别注意。

（7）振动值

偶合器在流道全充油和额定转速下运转时，在整机轴承部位所测得的振幅值（包括垂直、水平和轴向方向），一般不应大于 $60 \sim 120 \mu m$（全幅），高转速偶合器和出口调节式偶合器取小值，低转速偶合器和进口调节式偶合器取大值。

（8）工作油

偶合器的工作油也作为润滑油，对油的要求是：黏度较低，润滑性适当，密度较大，无腐蚀性，闪点较高，不易产生泡沫。对于一般采用滚动轴承支承的各种偶合器，常用 20 号机械油；对带有增速（或减速）齿轮并采用滑动轴承的偶合器，为改善润滑，普遍应用 22 号透平油。近年来国内还生产液力传动专用油，可选用 6 号液力传动油。

（9）易熔塞与易熔合金

对于要求防护动力过载的偶合器，必须在流道外缘的转动外壳上安装 $2 \sim 3$ 只易熔塞（内孔注有易熔合金的螺堵）。其目的是一旦工作机在运转中因阻力过大被卡住而停转时，仍在运转的原动机的全部功率将被偶合器吸收（此时 $S=1$，偶合器效率为零），使油温短期内剧烈上升，达某一值后易熔合金熔化，流道中油将通过易熔塞中的孔排出壳体外，流道排空，所传功率也随之切断，从而使传动系统得到了真正的保护。

易熔合金的熔点必须低于油的闪点，常取 $110 \sim 140 ℃$。对于使用环境有防爆要求的场合，应视具体情况进行慎重的选择。

4.5 流道选型设计

偶合器流道的几何参数包括：流道在轴面上的几何形状、叶片数目、厚度和角度，有无内环和挡板及它们的尺寸及辅油室的位置和容积等。不同偶合器流道、其原始特性各不相同。目前，国内外常用的几种流道和其由试验所得的原始特性列于表 7-2-80 中。

（1）流道选型原则

① 在额定工况滑差 S^*（或 i^*）时，偶合器原始特性应具有尽可能大的扭矩系数 λ^* 值。

由 $M=\rho g \lambda^* n_B^2 D^5$ 公式可见，λ^*（对应滑差 S^*）愈大，在其他相同条件下，D 可愈小，或 M 可愈大，或 S^* 可愈小。因此，λ^* 大小是偶合器各种流道进行比较时的重要指标之一。对大多数流道，$S^*=0.03$ 时 λ^* 值为 $(1.2 \sim 2.7) \times 10^{-6} min^2/m$。国标 GB 5837—86 中规定，对调速型偶合器，$S^* \leqslant 0.03$ 时要求 $\lambda^* \geqslant 1.7 \times 10^{-6}$；限矩或牵引型偶合器，$S^* \leqslant 0.04$ 时要求 $\lambda^* \geqslant 1.6 \times 10^{-6}$。

② 对于限矩偶合器，涡轮零速（$S=1$）工况时的转矩系数 λ_0 应尽可能小，或在规定的过载系数 T_g 之内，使偶合器有较好的过载防护性能。某些要求脱离的调速型偶合器也希望有较小的 λ_0，以减小在脱离状态下流道内部的空转损失，避免长期空转时，偶合器流道内温升过高而产生故障。

③ 对于限矩型偶合器，还希望特性曲线波动较小。这种波动常用凹陷系数 $e=\lambda_{Lmax}/\lambda_{Lmin}$ 来表示，式中 λ_{Lmax} 和 λ_{Lmin} 分别为 $d\lambda/di>0$ 区段上扭矩系数的局部最大值和最小值。e 值愈大，性能愈差，$e=1.0$ 最佳，一般 $e \leqslant 1.4$。当 $e>T_g$ 时，在启动过程中偶合器就有可能不能加速到额定工况点，因而无法维持正常工作。

④ 对于绝大多数要求无级调速的工作机，一般调速偶合器无限矩要求，相反希望在 S 增加时 M 急剧增加，也即具有较"坚挺"的特性，以扩大偶合器的调速范围。

⑤ 为便于叶轮与轴、勺管装置以及辅油室等的结构布置，希望流道有较大的 d_0/D 值。对于用机械加工方法形成流道的还要求流道轴面形状简单。尽可能用径向直叶片使偶合器正反方向运转时性能相同。还应注意所选的流道在运转中有较小的轴向推力。

上述几条原则仅供流道选型时分析比较之用，最佳的选择自然还视所设计偶合器的具体情况而定。例如将偶合器作为液力制动器（或减速器、水力测功器）时，就希望在设计工况 $S^*=1$ 时具有很大的 λ_0 以减小尺寸。这种特殊情况这里不予讨论。

表7-2-80　国内外常用的液力偶合器流道及其原始特性

序列	流道名称	流道几何形状	原始特性	有效直径 D/m	几何参数	特性参数	叶片数目	充油度	特　点	模型情况
1	桃形	(流道几何形状图，标注 B、D、ρ_1、ρ_2、S、Δ、d_0)	(原始特性曲线图，纵轴 $\lambda\cdot10^6$：3、6、9、12、15；横轴 i：0、0.2、0.4、0.6、0.8、1.0)	$D = \sqrt[5]{\dfrac{M_c}{\rho g \lambda^* n_{De}^2}}$ $= \sqrt[5]{\dfrac{9555 N_c}{\rho g \lambda^* n_{De}^3}}$ M_c——偶合器所传额定转矩，N·m N_c——偶合器所传的额定功率，kW ρ——工作油密度，kg/m³ g——重力加速度，$g=9.81$m/s² λ^*——额定工况转速比 i^*（或 S^*）时的转矩系数，min²/m 本表中 $\lambda_{0.97}$、$\lambda_{0.98}$ 和 $\lambda_{0.96}$ 所对应的 i^* 各为 0.97、0.98 和 0.96 n_{De}——原动机或泵轮额定转速，r/min	$d_0 = 0.525D$ $\rho_1 = 0.16D$ $\rho_2 = 0.104D$ $S = 0.05D$ $\Delta = 0.01D$	$\lambda_{0.97} = (1.6\sim2.1)\times10^{-6}$ $\lambda_{0.98} = (1.2\sim1.3)\times10^{-6}$		全充油	普遍用于调速型，d_0/D 较大	$D=0.4$m $n_B=1400$r/min
2	扁圆形	(流道几何形状图，标注 B、D、ρ、S、$58°$、Δ、d_0)	(原始特性曲线图，纵轴 $\lambda\cdot10^6$：3、6、9、12；横轴 i：0、0.2、0.4、0.6、0.8、1.0)		$d_0 = 0.415D$ $\rho = 0.1465D$ $S = 0.0244D$ $d_1 = 0.585D$ $\Delta = 0.01D$	$\lambda_{0.97} = (2.0\sim2.4)\times10^{-6}$ $\lambda_{0.98} = (1.4\sim1.6)\times10^{-6}$	$z_B = 8.65 D^{0.279}$（D用mm） $z_T = z_B \pm 2$		普遍用于调速型，d_0/D 较小，但 $\lambda_{0.97}$ 较大	$D=0.36$m $n_B=1470$r/min
3	牵引型（静压倾泄式）	(流道几何形状图，标注 b、D、ρ、$45°$、Δ、d_2、d_1、d_0)	(原始特性曲线图，纵轴 $\lambda\cdot10^6$：2、4、6；横轴 i：0、0.2、0.4、0.6、0.8、1.0；曲线 $q_{大}$、$q_{小}$)		$d_0 = 0.32D$ $d_2 = 0.53D$ $d_1 = 0.60D$ $\rho = 0.15D$ $b = 0.30D$ $\Delta = 0.01D$	$\lambda_{0.96} \approx 1.6\times10^{-6}$ $\lambda_0 = 4.6\times10^{-6}$ $T_g = 2.87$ $T_{gmax} = 3.88$		定量部分充油	用于启动大惯量工作机	$D=0.368$m $n_B=1450$r/min

续表

序列	流道名称	流道几何形状	原始特性	有效直径 D/m	几何参数	特性参数	叶片数目	充油度	特点	模型情况
4	限矩型（动压泄式）			$D = \sqrt[5]{\dfrac{M_e}{\rho g \lambda^* n_{De}^2}}$ $= \sqrt[5]{\dfrac{9555 N_e}{\rho g \lambda^* n_{De}^3}}$ M_e—偶合器所传递额定转矩，N·m N_e—偶合器所传递的额定功率，kW ρ—工作油密度，kg/m³ g—重力加速度，g= 9.81m/s²	$d_0 = 0.52D$ $\rho = 0.12D$ $b_1 = 0.10D$ $b_2 = 0.07D$ $b_3 = 0.055D$ $b_4 = 0.158D$ $d_1 = 0.516D$ $d_2 = 0.376D$ $\Delta = 0.01D$	$\lambda_{0.96} = (1.35\sim1.6)$ $\times10^{-6}$ $T_g = 2.5\sim3.4$	$z_B = 8.65D^{0.279}$ (D 用 mm) $z_T = z_B \pm 2$			$D = 0.368$m $n_B = 1450$ r/min
5	限矩型（延充式）			λ^*—额定工况转速比i^*（或S^*）时的转矩系数 本表中 $\lambda_{0.97}$、$\lambda_{0.98}$ 和 $\lambda_{0.96}$ 所对应的 i 各为 0.97、0.98 和 0.96 n_{De}—原动机或泵轮额定转速，r/min	$d_0 = 0.32D$ $d_1 = 0.52D$ $d_2 = 0.55D$ $d_3 = 0.7D$ $p_1 = 0.15D$ $p_2 = 0.1D$ $b_1 = 0.15D$ $B = 0.45D$ $\Delta = 0.01D$ $a = 4\times\phi0.008D$ $e = 4\times\phi0.0125D$ $c = 8\times\phi0.03D$ r 尽量小，视结构而定	$\lambda_{0.96} = 1.4\times10^{-6}$ $\lambda_0 = 2.6\times10^{-6}$ $T_g = 1.84\sim2.04$		定量油分充油	定量部流道宽度较小	$D = 0.65$m $n_B = 980$ r/min $z_B = 82$ $z_T = 80$

注：1. 表中所列流道，其叶片均为径向直叶片，故正反转的特性相同。

2. 对序列 3、4、5 定量部分充油流道 $\lambda_{0.96}$，均是指最大充油度而言的。减小充油度，则 $\lambda_{0.96}$ 和 T_g 也有所降低。

3. 序列 5 的延充式流道可加装延充阀。

4. 用表中公式计算有效直径 D 时，未考虑偶合器模型和实物之间因 Re 不同而引起的不大影响，实际上这一影响还是存在的。具体表现为 λ^*（如 $\lambda_{0.97}$）有一变化范围，当设计的偶合器直径有效直径 D 愈大，D 愈高，流道加工有较高的精密和较低的粘度（以上任一因素均影响 λ^* 值偏大），则同一 i 下所传的 λ^* 值偏大，反之则偏小。这一点在计算直径 D 时应按具体情况加以考虑。

5. 为了通用和便于选购定型产品，由上表计算出来有效直径 D，必须向上圆整到国标 GB/T 5837—2008 所规定的系列尺寸，例如 180mm，200mm，220mm，250mm，280mm，320mm，360mm，400mm，450mm，(487) mm，500mm，560mm，(600) mm，650mm，750mm，(800) mm，875mm，1000mm，1150mm，(1250) mm，1320mm，1550mm 等。由于向上圆整，故在传递额定功率时偶合器实际充油率 S 要比计算时所选标准 S^*（如 S^*=0.03）略小。

⑥ 偶合器叶轮的叶片厚度 δ 见表 7-2-81。

表 7-2-81   **偶合器叶轮的叶片厚度 δ**

有效直径 D /mm	叶 轮 制 造 工 艺	叶片厚度 δ /mm	说 明
250~500	钢板冲压轮壁,铆接或焊接薄钢板叶片	1~1.5	适于大量生产
250~450 450~1000	铝合金铸造叶轮	2~3.5 4~8	金属模取低值 砂模取高值
450~700	铸造合金钢 铸钢轮壁,焊接钢板叶片	5~6 3~5	
800~2000	铸钢轮壁,焊接钢板叶片	4~6	

(2) 实例

例1 试确定一台调速型偶合器流道的主要尺寸。原动机为 1600kW,2985r/min 异步电动机,工作机为 1200kW 离心鼓风机,额定滑差 $S^* \leqslant 0.03$,采用 20 号机械油,油温 70℃时的密度 $\rho = 870\text{kg/m}^3$。

选用表 7-2-80 中的扁圆形流道,并取 $S^* = 0.03$,此时其 $\lambda^* = 2.1 \times 10^{-6}$。因偶合器能协助电动机实现无载启动,故以 1200kW 作为偶合器所传的额定功率 N_e,按表中公式计算流道几何参数,有效直径为

$$D = \sqrt[5]{\frac{9555 N_e}{\rho g \lambda^* n_{De}^3}} = \sqrt[5]{\frac{9555 \times 1200}{870 \times 9.81 \times 2.1 \times 10^{-6} \times 2985^3}} = 0.474\text{m}$$

按系列尺寸,向上圆整到 $D = 0.5\text{m}$。由于这一圆整,则在额定工况实际运转时,S^* 必将小于 0.03。

流道其余几何尺寸为

$$d_0 = 0.415 \times 0.5 = 0.2075\text{m}$$
$$\rho = 0.1465 \times 0.5 = 0.07325\text{m}$$
$$S = 0.0224 \times 0.5 = 0.0112\text{m}$$
$$d_1 = 0.585 \times 0.5 = 0.2925\text{m}$$
$$\Delta = 0.01 \times 0.5 = 0.005\text{m}$$

叶片数目

$$z_B = 8.65 \times D^{0.279} = 8.65 \times 500^{0.279} = 8.65 \times 5.66 = 48.98$$

取泵轮叶片数 $z_B = 50$,涡轮叶片数 $z_T = 50 - 2 = 48$。叶片沿叶轮圆周均匀分布。

例2 按如下条件确定限矩型偶合器有效直径,并校验其过载防护性能。7.5kW、1470r/min 异步电动机经偶合器带动灰渣碾碎机,运转中要求动力过载保护,$S^* \approx 0.04$,采用 20 号机械油,70℃时之 $\rho = 870\text{kg/m}^3$。

选表 7-2-80 中的限矩型 (动压倾泄式) 流道,取 $S^* = 0.04$ 时之 $\lambda^* = \lambda_{0.96} = 1.45 \times 10^{-6}$,原始特性中最大转矩系数 $\lambda_0 = 3.8 \times 10^{-6}$ (在 $i = 0$ 时)。有效直径为

$$D = \sqrt[5]{\frac{9555 N_e}{\rho g \lambda^* n_{De}^3}} = \sqrt[5]{\frac{9555 \times 7.5}{870 \times 9.81 \times 1.45 \times 10^{-6} \times 1470^3}} = 0.277\text{m}$$

按系列尺寸,取 $D = 0.28\text{m}$。

该异步电动机之最大转矩和额定转矩的比值 $M_{Dmax}/M_{De} = 2.2$,最大转矩所对应的转速约为 1375r/min。当工作机突然因阻力增大而减速时,偶合器所能出现的最大转矩 $(i \approx 0)$ 为

$$M_{max} = \rho g \lambda_0 n_B^2 D^5 = 870 \times 9.81 \times 3.8 \times 10^{-6} \times 1375^2 \times 0.28^5 = 105.5\text{N} \cdot \text{m}$$

异步电动机额定转矩为

$$M_{De} = 9555 \cdot \frac{N}{n} = 9555 \cdot \frac{7.5}{1470} = 48.75\text{N} \cdot \text{m}$$

异步电机所能产生的最大转矩 $M_{Dmax} = 2.2 \cdot M_{De} = 2.2 \times 48.75 = 107.25\text{N} \cdot \text{m}$

由于 $M_{Dmax} > M_{max}$,故工作机被突然卡住不转时,电动机仍可在稍高于最大转矩对应的转速运转,不致停车。几分钟后因油过热易熔塞熔化,将流道内油排空,偶合器不再传递功率,从而起过载防护作用。

4.6 轴向推力计算

偶合器运转时叶轮上的轴向推力由推力轴承承受。设计时必须算出轴向推力的大小及其方向,以确定轴承的

承载能力。

作用在叶轮（以涡轮为例）上的轴向推力由三部分组成（图7-2-10）：涡轮内外壁因油压力不等而产生的轴向力 F_1，方向使涡轮和泵轮靠近；因液流轴面流速 v_m 方向变化而引起的推力 F_2，其方向使涡轮与泵轮分开；以及因供油压力和不平衡面积而产生的推力 F_3，方向使两叶轮分开。轴向推力的计算可按表7-2-82进行。

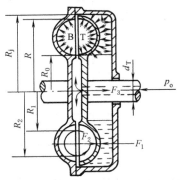

(a) 偶合器中油压力

(b) 因液流方向变化而引起的轴向推力

图7-2-10　偶合器的轴向推力

表 7-2-82 　　　　　　　　　　　　　　　**轴向推力的计算**

名　　称	计算公式或参数选择
转速比 i	按运转工况选择。一般选 $i=0.97,0.95$ 和 0 三点
泵轮角速度 ω_B/s^{-1}	$\omega_B = \dfrac{2\pi n_B}{60}$ n_B——泵轮转速,$\mathrm{r/min}$
工作油密度 $\rho/\mathrm{kg \cdot m^{-3}}$	按油种及油温确定。20 号机械油 70℃时 $\rho=870\mathrm{kg/m^3}$
流道有效半径 R/m	$R=D/2$
最小油平面半径 R_0/m	全充油时常取 $R_0=d_0/2$
泵轮最大浸油半径 R_j/m	视结构而定
涡轮内外壁因油压力不等而产生的轴向力 F_1/N	$F_1 = \dfrac{\rho}{2}\dfrac{\omega_B^2}{2}\dfrac{\pi}{2}(R_j^2-R_0^2)^2\left[\left(\dfrac{1+i}{2}\right)^2 - i^2\right]$ 方向使两叶轮相互靠近,设为"$-$"
流道内液流流动中心半径 R_m/m	$R_m = \sqrt{\dfrac{R^2+R_0^2}{2}}$ 按匀速流流动模型计算
中央轴面流线内半径 R_1/m	$R_1 = \sqrt{\dfrac{R_m^2+R_0^2}{2}}$（说明同上）
中央轴面流线外半径 R_2/m	$R_2 = \sqrt{\dfrac{R^2+R_m^2}{2}}$（说明同上）
偶合器所传转矩 $M/\mathrm{N \cdot m}$	$M=\rho g \lambda n_B^2 D^5$　　$\lambda = f(i)$ 由原始特性求得
流道内循环流量 $Q/\mathrm{m^3 \cdot s^{-1}}$	$\dfrac{M}{\rho\,\omega_B(R_2^2-R_1^2 \cdot i)}Q$ 将随 i 不同而异
因液流方向变化而产生的推力 F_2/N	$F_2 = \rho Q^2 \dfrac{4}{\pi(R^2-R_0^2)}$ 方向使两叶轮分开,设为"$+$"
偶合器外供油压力 * p_0/Pa	视供油系统而定,通常 $p_0=(0.5\sim2)\times10^5\mathrm{Pa}$

名　称	计算公式或参数选择
因不平衡面积而产生的推力 F_3/N	$F_3 = p_0 \dfrac{\pi d_T^2}{4}$ 按图示结构,该力方向为"+"
轴向力的合力 F/N	$F = -F_1 + F_2 + F_3$

注:1. 通常选用 $i = 0.97 \sim 0.95$ 工况计算轴向推力 F,以计算长期运转下推力轴承的使用寿命;以 $i = 0$ 工况计算最大推力,以校核短期超载荷运转下轴承承载能力,防止轴承破坏。

2. ＊项对于定量部分充油的牵引型和限矩型偶合器并不存在,故 $F_3 = 0$。

对于小功率采用滚动轴承来承受推力的偶合器,常采用估算法来确定推力。从上表中 F_1 和 F_2 公式可以推出

$$F = K \rho g n_B^2 D^4 \quad (\text{N}) \tag{7-2-20}$$

式中　K——轴向推力系数,min^2/m;

　　　ρ——油的密度,kg/m^3;

　　　g——重力加速度,m/s^2;

　　　n_B——泵轮转速,r/min;

　　　D——偶合器有效直径,m。

对于流道几何相似偶合器,在相同充油度下将具有相同的 $K = f(i)$ 特性,此特性由模型试验求得。在缺乏试验特性时,可借用流道几何形状类似和结构相近偶合器的推力特性进行估算。对于大多数偶合器,$i = 0.8 \sim 1.0$ 范围内,$K\rho \times 10^3 \leq 2 \sim 4$;按此可确定滚动轴承的使用寿命;$i = 0$ 时,$K\rho \times 10^3 = -(10 \sim 38)$,可以此来校验轴承的最大承载能力。

应当指出,偶合器泵轮和涡轮轴向推力大小相等,方向相反,运转中推力大小和方向都可能变化,所选用轴承必须能承受左右两个方向的推力。

4.7　叶轮断面设计与强度计算

(1) 受力分析

由图 7-2-11 可见,涡轮(指不带法兰的叶轮,有时不一定作涡轮)内侧有叶片,起到加强筋的作用,轮壁内外工作油压力 p_ω 可相互抵消,因此它的强度条件最好,所以在叶轮,通常着重考虑转动外壳和泵轮的计算。

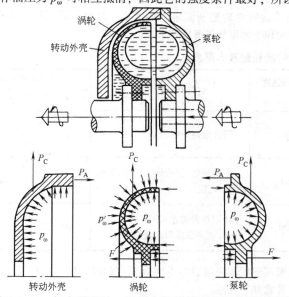

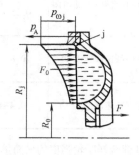

图 7-2-11　偶合器泵轮、涡轮和转动外壳上所作用的外力

P_C—工作轮金属材料在旋转时的离心力;p_ω—工作油的压力;P_A—泵轮和转动外壳彼此传给对方的轴向力;F—轴传给工作轮的轴向推力

图 7-2-12

在转速比 i 接近于 1 时，流道中的油压力最高，叶轮的应力最大。因此，强度计算以 $i \approx 1$ 的工况为准。

（2）偶合器外缘轴向力 P_A 的确定

力 P_A 是流道内部油压力 P_ω 所产生的，使泵轮和转动外壳分离的力，可按表 7-2-83 求得（见图 7-2-12），并由此确定外缘螺栓数目与直径。

表 7-2-83

名　称	公 式 或 参 数 选 择
泵轮最大浸油半径　R_j/m	视所设计结构而定（见图 7-2-12 中 j 点）
泵轮最小浸油半径　R_0/m	全充油时常取 $d_0/2$　　　d_0——流道内径,m
油在 j 点的圆周速度　$u_j/m \cdot s^{-1}$	$u_j = \dfrac{2\pi R_j}{60} \cdot n_B$　　　n_B——泵轮额定转速,r/min
油在 R_0 处圆周速度　$u_0/m \cdot s^{-1}$	$u_0 = \dfrac{2\pi R_0}{60} \cdot n_B$
泵轮最大浸油半径处的油压力　$p_{\omega j}/Pa$	$p_{\omega j} = p_0 + \dfrac{\rho}{2}(u_j^2 - u_0^2)$　　p_0——偶合器供油压力,Pa 　　ρ——油的密度,kg/m³
因油压力而引起的泵轮侧向推力　F_0/N	$F_0 = p_0 \pi (R_j^2 - R_0^2) + \dfrac{\rho\pi}{4} \times (R_j^2 u_j^2 - 2R_0^2 u_j^2 + R_0^2 u_0^2)$
偶合器的轴向推力　F/N	由表 7-2-69 计算确定（按图示方向为"–"）
泵轮外缘的轴向力　P_A/N	$P_A = F_0 + F$
偶合器外缘每个螺栓的拉力　P_1/N	$P_1 = \dfrac{(2.4 \sim 2.7)P_A}{z}$　　z 为外缘螺栓数目,为保证在油压作用下不漏油,螺栓应 　　用紧连接

（3）叶轮轮壁断面的合理设计和材料的选择

轮壁断面的形状，是以偶合器设计中所确定的流道尺寸（对转动外壳，则以涡轮外壁的形状和必要的间隙）为基础，在外面加上必要的最小厚度，即基本厚度，由此向应力较大的根部（轮毂部分）逐步加厚，和向结构需要的加厚部分（如法兰等）圆滑过渡而成。叶轮在运转时轮壁断面应力的大小、与偶合器所传功率和转速、叶轮圆周速度、所用材料和制造工艺、轮壁基本厚度和断面形状等有密切关系。

表 7-2-84　　　　　　　　　　　　偶合器叶轮轮壁基本厚度

偶合器型式	有效直径 /m	许用圆周速度 /m · s⁻¹	材料和制造工艺	基本厚度/mm	
				泵　轮	转动外壳
小功率中速牵引型和限矩型	0.25～0.65	≤60	铝合金铸造叶轮	4～10	5～12
中功率中低速调速型	0.8～1.8	≤60	铸钢轮壁,钢板焊接叶片,铸钢转动外壳	10～14	12～16
中大功率高速调速型	0.4～0.7	≤100	铸钢精密铸造叶轮,锻钢转动外壳,或高强度铝合金铸造	10～15	12～16

保证偶合器叶轮强度的最简单方法，是限制其圆周速度不超过表 7-2-84 所规定的许用值。一旦超过许用值，则应进行叶轮强度计算，同时在叶轮断面设计时，注意如下几点。

① 轮壁基本厚度应随叶轮圆周速度的增大而加厚。

② 转动外壳的基本厚度大于泵轮；泵轮基本厚度又大于涡轮。或在同样基本厚度下转动外壳采用强度更高的材料和制造工艺。

③ 叶轮最大应力一般出现在毂部，因此，轮壁厚度应由外缘逐步向毂部加厚；转动外壳最大应力常发生在外缘或毂部，这两处壁厚应适当增加。

④ 断面厚薄过渡处应尽量缓和，防止应力集中。

⑤ 外缘螺栓处法兰承受着很大的螺栓拉力和弯矩，必须适当加厚。外缘螺栓直径不宜过大，但数量宜多。

⑥ 尽可能增大叶轮毂部的孔径，以减小最大应力。对于超高速叶轮，为减小毂部应力，可采用实心叶轮。

（4）叶轮强度计算提要

对圆周速度显著超过许用值的偶合器叶轮（包括转动外壳），必须进行强度计算以确定最大应力值。常规计算法是将环状的偶合器叶轮作为一种曲率很大的梁来研究，由此推导出一系列计算公式。用这种方法所得的叶轮应力最大值，和实测的最大应力基本一致（计算比实测大 27.8%），可供实用。叶轮强度精确计算可应用有限元方法计算。

4.8 结构设计

偶合器的支承结构设计随偶合器的型式，所传功率和转速，勺管调速机构的型式，辅油室数及布置，散热方式（风冷散热或外接冷却供油系统），有效直径大小和叶轮的制造加工工艺等因素而有所不同。设计时应根据具体情况，参考表 7-2-85 妥善处理，并比较同类的、成熟的偶合器支承结构型式决定。

表 7-2-85   **偶合器的支承型式**

支承型式	结构示意	说　明	优　点	缺　点
双支梁结构（箱体式）	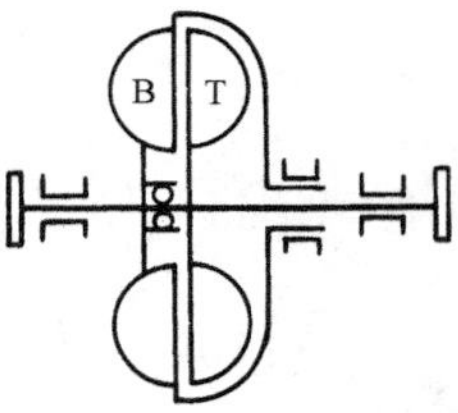	泵轮轴在箱体两侧各有一个支承点，涡轮轴一个支承点在泵轮中心（轴）上，另一个支承点在箱体上，适用于中大功率中高速偶合器	由坚实的箱体支持轴的支承点，稳定可靠，运转时不易振动，旋转轴临界转速高	零件制造和装配的同心度要求高，偶合器无油空转时，中心轴承润滑困难，必须具有箱体，轴向尺寸较长，重量大，需有齐全的辅助设备
悬臂梁结构	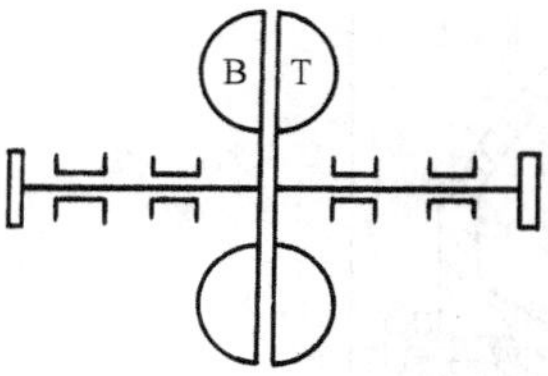	泵轮轴两个支承点布置在偶合器一侧箱体轴承座上，涡轮轴两个支点布置在另一侧。适用于大功率高速偶合器。尤其是对有齿轮传动的	泵轮轴和涡轮轴之间无机械联系，允许彼此之间有较大位移及安装误差，零件制造和安装同心度要求不高，可采用强度较高的实心叶轮	偶合器的轴向尺寸大，旋转轴临界转速较双支梁低，高速偶合器如两支点距离不足，运转时易产生振动
泵轮无支承结构（悬挂式）	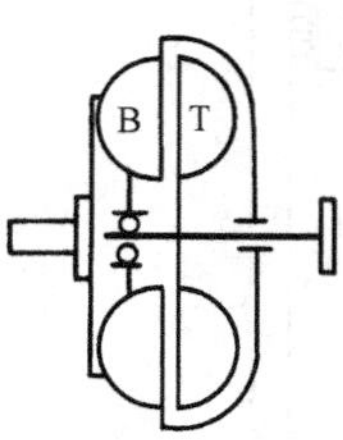	泵轮支承在原动机的轴伸上，涡轮轴支承在泵轮中心部位和转动外壳上，牵引型、限矩型及进口调节式的调速多用这种结构，高速偶合器不宜采用	可免用箱体和油箱，结构简单、紧凑，轴向尺寸最小，重量轻，可利用壳体叶片风冷散热，简化或不用辅助设备，造价最低	偶合器重量实际上由原动机和工作机共同分担，悬挂在原动机和工作机之间，零件制造和安装时同心度要求最高，为此偶合器上必须附带弹性联轴器，运转中易产生振动

4.9 偶合器的典型产品及其选择

（1）牵引型（静压倾泄式）

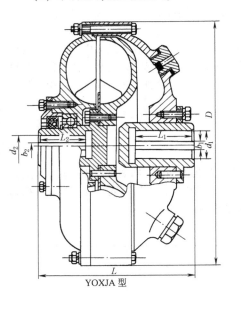

YOXJA 型

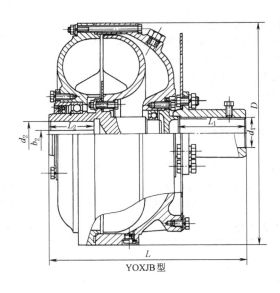

YOXJB 型

型号说明

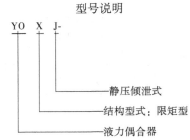

YO   X   J-

—— 静压倾泄式

—— 结构型式：限矩型

—— 液力偶合器

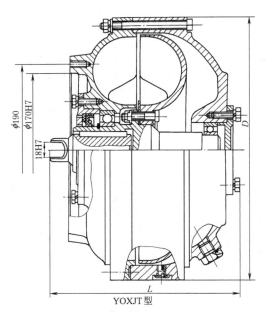

YOXJT 型

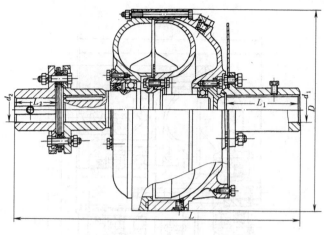

YOXJC 型

表 7-2-86　　　　　　　　　　　　　技术性能与外形尺寸

型　号	结构连接形式	输入转速 /r·min⁻¹	传递功率 /kW	过载系数 T_{g0}	效率 η 间隙工作	效率 η 连续工作	外形尺寸 $D \times L$ /mm	输入端/mm d_1 (G7)	输入端/mm 键宽 b_1 (F9)	输入端/mm 键长 L_1	输出端/mm d_2 (G7)	输出端/mm 键宽 b_2 (F9)	输出端/mm 键长 L_2	充油量 /kg
YOXJ-200	A		1.6~3.2				φ230×149	28	8	60	22	6	45	1.35
	B						φ230×149							
YOXJ-224	A		3.2~4.8				φ260×170	32	10	80	28	8	60	2.4
YOXJ-250	A		4.8~9.0				φ290×190	38	12	80	35	10	70	3
	T						φ290×212	190			35	10	66	
YOXJ-280	A	1500	9.0~17.5	2~2.5	0.9~0.93	0.96	φ320×205	42	12	110	38	12	65	4.75
	B						φ320×300							
	C						φ320×440							
YOXJ-320	A		17.5~32.0				φ360×220	48	14	110	42	12	75	6
	B						φ360×315						90	
	C						φ360×455						65	
YOXJ-360	A		32.0~50.0				φ400×250	60	18	140	55	16	90	9
	B						φ400×368						92	
	C						φ400×558							

注：1. 生产厂家为湖南省长沙第三机床厂。

2. 在 YOXJ 系列偶合器技术鉴定会上，对 200A、224A、250A、280A 和 320A 的台架测试结果表明，当油温为 63~72℃、输入转速 $n_B = 1430$ r/min 和滑差 $S = 4\%$ 时，$\lambda_{0.96} = (2.03~2.67) \times 10^{-6}$，$T_{g0} = 2.18~2.5$，凹陷系数 $e = 1.0~1.3$，性能较好。

（2）限矩型（动压倾泄式）

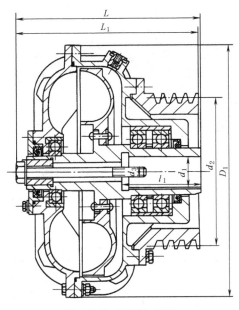

YL-280,YL-320P,YL-360P

表 7-2-87 技术性能

型　号	有效直径 /mm	输入转速 /r·min⁻¹	传递功率 /kW	过载系数 T_{g0}	额定滑差 S^*/%	外形尺寸 $D_1 \times L$ /mm	连接尺寸/mm 输入 d_1	输入 l_1	输出 d_2	输出 d_3	输出方式及规格	质量 /kg
YL-280P	280	1000	1.5~3.0	1.8~2	4	340×236	38	91	180	M16	V 带 B 型 4 根	23
		1500	3.0~7.5									
YL-320P	320	1000	4.0~5.5	1.6~2.1	4	400×280	48	115	235	M16	V 带 B 型 4 根	28
		1500	7.5~18.5									
YL-360P	360	1000	7.5~11	1.8~2.2	3.5	430×335	55	118	350	M20	V 带 C 型 5 根	87
		1500	15~30									

注：生产厂家为张家口煤矿机械厂。

（3）限矩型（延充式）

① YL 系列

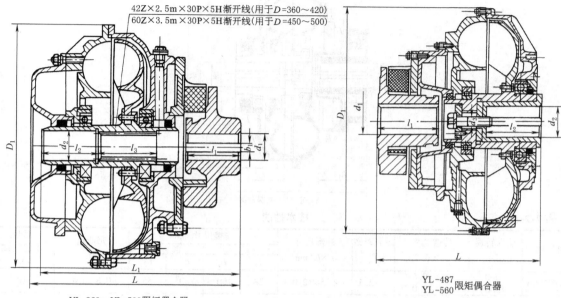

42Z×2.5m×30P×5H渐开线(用于D=360~420)
60Z×3.5m×30P×5H渐开线(用于D=450~500)

YL-360～YL-500限矩偶合器

YL-487
YL-560 限矩偶合器

表 7-2-88　　　　　　　　　　　　技术性能

型号	有效直径/mm	输入转速/r·min⁻¹	传递功率/kW	过载系数 T_{g0}	额定滑差 S^*/%	外形尺寸 $D_1×L$/mm	连接尺寸/mm 输入 d_1	l_1	输出 d_2	d_3	输出方式及规格	质量/kg
YL-360	360	1000	7.5~11	1.8~2.2	4	431×359	42~55	110	45		渐开线花键 INT 42Z×2.5m×30P×5H	59
		1500	15~30									
YL-400A₄①	400	1000	11~22	1.6~2.5	2.9~3.5	465×394/424	42~65	110~140	45		渐开线花键 INT 42Z×2.5m×30P×5H	64
		1500	30~55									
YL-420	420	1000	11~22	1.8~2.4	4~5	490×380	42~65	70	50		渐开线花键 INT 42Z×2.5m×30P×5H	69
		1500	17~55									
YL-450A②	450	1000	15~30	2~2.5	3~3.5	520×423/453	55~75	110~140	65		渐开线花键 INT 60Z×3.5m×30P×5H	89
		1500	55~110									
YL-487	487	1000	15~37	1.8~2.4	3.5	556×378/438	55~80	110~170	65~80	M20~M24	平键,宽 18~22 l_2=135~158	96
		1500	55~110									
YL-500③	500	1000	22~45	1.8~2.2	3.5~4	570×438/478	65~80	140~170	65		渐开线花键 INT 60Z×3.5m×30P×5H	99
		1500	90~132									
YL-560	560	1000	45~90	1.5~2.2	2~3	634×455	75~90	140~170	60~90	M20~M30	平键,宽 18~25 l_2=140~155	148
		1500	132~250									

① 鉴定表明，在油温为 70~80℃，输入转速 1000~1500r/min 和滑差 S^* = 4%时，$\lambda_{0.96}$ = 1.85×10⁻⁶，T_{g0}=2.53，e=1.083。性能较好。

② 用于 2200r/min 柴油机上，传递功率 160 马力。

③ 用于 2200r/min 柴油机上，传递功率 240 马力。

注：1. 工作油为 20 号透平油。

2. 生产厂家为张家口煤矿机械厂。

② YOX、TVA 型系列

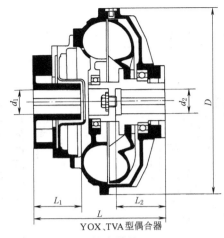

YOX、TVA型偶合器

表 7-2-89　　　　　　　技术性能

型 号	输入转速 /r·min⁻¹	传递功率 /kW	过载系数 T_g	外形尺寸 $D×L$/mm	连接尺寸/mm				充油量 /L	质量（不包括油）/kg
					输入		输出			
					d_1	L_1	d_2	L_2		
YOX206	1000 1500	0.3~0.6 1.0~2.0	2~2.5	φ254×210	28	60	30	55	0.8~0.4	10
YOX220	1000 1500	0.4~1.1 1.5~3	2~2.5	φ272×190	28	60	30	55	1.28~0.64	12
YOX250	1000 1500	0.75~1.5 2.5~5.5	2~2.5	φ300×215	38	80	35	60	1.8~0.9	15
YOX280	1000 1500	1.5~3 4.5~8.7	2~2.5	φ345×246	38	80	40	100	2.8~1.4	18
YOX320	1000 1500	2.5~5.5 9~18.5	2~2.5	φ388×304	48	110	45	110	5.2~2.6	28
YOX340	1000 1500	3~9 12~24	2~2.5	φ390×278	48	110	45	95	5.8~2.9	25
YOX360	1000 1500	4.8~10 15~30	2~2.5	φ420×310	55	110	55	110	7.5~3.55	49
YOX380	1000 1500	6~12 20~40	2~2.5	φ450×320	60	140	60	140	8.4~4.2	58
YOX400	1000 1500	8~18.5 20~50	2~2.5	φ480×356	60	140	60	150	9.3~4.65	65
YOX420	1000 1500	5~20 20~60	2~2.5	φ495×368	60	140	60	160	12~6	70
YOX450	1000 1500	15~31 45~90	2~2.5	φ530×397	75	140	70	140	13~6.5	70
YOX500	1000 1500	25~52 68~150	2~2.5	φ590×411	85	170	85	145	19.0~9.5	105
YOX510	1000 1500	25~53 75~150	2~2.5	φ590×426	85	170	85	160	19.2~9.6	119
YOX560	1000 1500	45~83 150~270	2~2.5	φ650×459	90	170	100	180	27~13.5	140
YOX600	1000 1500	60~115 200~360	2~2.5	φ695×474	90	170	100	180	36~18	160
YOX1000	750 1000	260~595 620~1100	2~2.5	φ1120×722	160	210	160	280	144~72	600
TVA562	1000 1500	45~90 150~275	2~2.5	φ634×449	100	170	110	170	30~15	131
TVA650	1000 1500	90~180 260~480	2~2.5	φ740×536	125	225	130	200	46~23	219
TVA750	1000 1500	170~330 480~760	2~2.5	φ842×603	140	245	150	240	68~34	332
TVA866	1000 1500	330~620 766~1100	2~2.5	φ978×682	160	280	160	265	111~55.5	470

注：1. 生产厂家为大连液力机械有限公司。

2. TVA 型系引进德国 Voith 公司专有技术制造。

③ YOX（YOX$_n$、YOX$_s$、YOX$_{sn}$）型

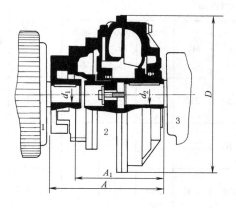

YOX 型单腔外轮驱动
1—电动机；2—液力偶合器；3—减速器

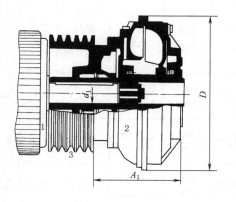

YOX$_n$ 型单腔内轮驱动
1—电动机；2—液力偶合器；3—带轮

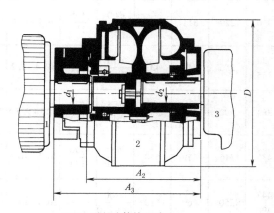

YOX$_s$ 型双腔外轮驱动
1—电动机；2—液力偶合器；3—减速器

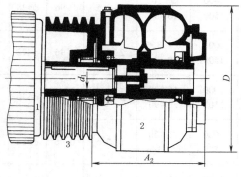

YOX$_{sn}$型双腔内轮驱动
1—电动机；2—液力偶合器；3—带轮

表 7-2-90　　　　　技术性能

型　号	输入转速 /r·min^{-1}	传递功率 /kW	过载系数 T_g	效率 η	外形尺寸/mm					连接尺寸/mm		充油量 /L	质量（不包括油）/kg
					D	A	A_1	A_2	A_3	输入 $\dfrac{d_1}{L_1}$	输出 $\dfrac{d_2}{L_2}$		
YOX150	1000 1500	0.05~0.2 0.2~0.55	2~2.7	0.97	φ195	175	115	140	222	$\dfrac{\phi25}{40}$	$\dfrac{\phi20}{40}$	0.42~0.2	6
YOX180	1000 1500	0.1~0.3 0.5~1.1	2~2.7	0.97	φ232	207	125	154	234	$\dfrac{\phi30}{50}$	$\dfrac{\phi25}{50}$	0.48~0.24	7
YOX200	1000 1500	0.2~0.55 0.8~2.2	2~2.7	0.97	φ254	1934	128	164	240	$\dfrac{\phi35}{60}$	$\dfrac{\phi30}{60}$	1.2~0.6	8.8
YOX220	1000 1500	0.4~1.1 1.5~3	2~2.7	0.97	φ278	225	136	177	257	$\dfrac{\phi40}{80}$	$\dfrac{\phi35}{80}$	15.2~0.76	13

续表

型号	输入转速 /r·min⁻¹	传递功率 /kW	过载系数 T_g	效率 η	外形尺寸/mm					连接尺寸/mm		充油量 /L	质量(不包括油) /kg
					D	A	A_1	A_2	A_3	输入 $\dfrac{d_1}{L_1}$	输出 $\dfrac{d_2}{L_2}$		
YOX250	1000 1500	0.8~1.5 2.5~5.5	2~2.7	0.97	φ305	240	156	210	290	$\dfrac{\phi45}{80}$	$\dfrac{\phi40}{80}$	2.1~1.1	16
YOX280	1000 1500	1.5~3 4.5~8	2~2.7	0.97	φ345	252	164	225	335	$\dfrac{\phi50}{80}$	$\dfrac{\phi45}{110}$	2.8~1.4	21
YOX320	1000 1500	2.5~5.5 9~18.5	2~2.7	0.97	φ380	278	179	250	390	$\dfrac{\phi55}{110}$	$\dfrac{\phi45}{110}$	4.4~2.2	28
YOX340	1000 1500	3~9 12~22	2~2.7	0.97	φ390	298	187	265	405	$\dfrac{\phi55}{110}$	$\dfrac{\phi50}{110}$	5.3~2.7	36.5
YOX360	1000 1500	5~10 16~30	2~2.5	0.96	φ428	310	229	311	416	$\dfrac{\phi60}{110}$	$\dfrac{\phi55}{110}$	6.7~3.4	42
YOX400	1000 1500	8~18.5 28~48	2~2.5	0.96	φ472	338 355	256	347	433	$\dfrac{\phi70}{110/140}$	$\dfrac{\phi65}{140}$	10.4~5.2	65
YOX450	1000 1500	15~30 50~90	2~2.5	0.96	φ530	384	292	380	500	$\dfrac{\phi75}{140}$	$\dfrac{\phi70}{140}$	15~7.5	79.5
YOX500	1000 1500	25~50 68~144	2~2.5	0.96	φ582	435	316	419	530	$\dfrac{\phi90}{170}$	$\dfrac{\phi90}{170}$	20.5~10.3	105.5
YOX560	1000 1500	40~80 120~270	2~2.5	0.96	φ634	447 490	350	469	610	$\dfrac{\phi100}{170/210}$	$\dfrac{\phi100}{210}$	26.4~13.2	152
YOX600	1000 1500	60~115 200~360	2~2.5	0.96	φ695	490 510	380	511	642	$\dfrac{\phi100}{170/210}$	$\dfrac{\phi115}{210}$	33.6~16.8	185
YOX650	1000 1500	90~176 260~480	2~2.5	0.96	φ760	556	425	562	692	$\dfrac{\phi130}{210}$	$\dfrac{\phi130}{210}$	48~24	230
YOX750	1000 1500	170~330 480~760	2~2.5	0.96	φ860	578	450	640	795	$\dfrac{\phi140}{250}$	$\dfrac{\phi150}{250}$	68~34	350
YOX875	750 1000	145~280 330~620	2~2.5	0.96	φ992	705	514	730	890	$\dfrac{\phi150}{250}$	$\dfrac{\phi150}{250}$	112~56	495
YOX1000	600 750	160~300 260~590	2~2.5	0.96	φ1138	733	577	849	1006	$\dfrac{\phi150}{250}$	$\dfrac{\phi150}{250}$	148~74	650
YOX1150	600 750	265~615 525~1195	2~2.5	0.96	φ1312	850	669	971	1166	$\dfrac{\phi170}{300}$	$\dfrac{\phi170}{300}$	170~85	810

注: 1. L_1、L_2 分别为输入、输出轴的连接长度。

2. 生产厂家为广东福伊特中兴液力传动有限公司。

④ YOX$_Y$、YOX$_V$ 型

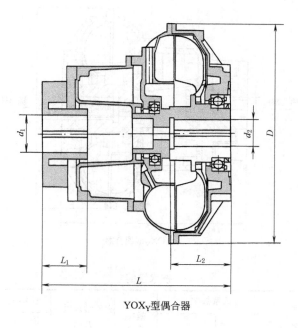

YOX$_Y$型偶合器

表 7-2-91 　　　　　　　　　　　　　　技术性能

型　号	输入转速 /r·min^{-1}	传递功率 /kW	过载系数 T_g	外形尺寸 $D×L$ /mm	连接尺寸/mm				充油量 /L	质量 (不包括油) /kg
					输　入		输　出			
					d_1	L_1	d_2	L_2		
YOX$_Y$360	1000	4.8~10	1.2~2.35	φ420×360	55	110	55	110	7.1~3.55	49
	1500	15~30								
YOX$_Y$400	1000	8~18.5	1.2~2.35	φ480×390	60	140	60	150	9.3~4.65	65
	1500	20~50								
YOX$_Y$450	1000	15~31	1.2~2.35	φ530×445	75	140	70	140	13~6.5	70
	1500	45~90								
YOX$_Y$500	1000	25~52	1.2~2.35	φ590×510	85	170	85	145	19.2~9.6	105
	1500	68~150								
YOX$_Y$562	1000	45~90	1.2~2.35	φ634×530	90	170	100	180	27~13.5	140
	1500	150~275								
YOX$_Y$600	1000	60~115	1.2~2.35	φ695×575	90	170	100	180	36~18	160
	1500	200~360								
YOX$_Y$650	1000	90~180	1.2~2.35	φ740×650	125	225	130	200	46~23	219
	1500	260~480								
YOX$_Y$750	1000	170~330	1.2~2.35	φ842×680	140	245	150	240	68~34	332
		480~760								
YOX$_Y$866	1000	330~620	1.2~2.35	φ978×820	160	280	160	265	111~55.5	470
	1500	766~1100								
YOX$_Y$1000	750	260~595	1.2~2.35	φ1120×845	160	210	160	280	144~72	600
	1000	620~1100								
YOX$_Y$1150	600	265~620	1.2~2.35	φ1295×960	180	220	180	300	220~110	910
	750	525~1200								
YOX$_Y$1320	600	570~1200	1.2~2.35	φ1485×1075	200	240	200	350	328~164	1380
	750	1100~2390								

注：1. 生产厂家为大连液力机械有限公司。

2. 此类偶合器加长后辅室，启动时间比 YOX 型更长，使启动力矩降得更低，更适合胶带机寿命的提高。

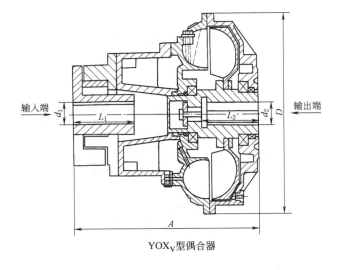

输入端   输出端

YOX_V型偶合器

表 7-2-92   技术性能

型　号	输入转速 /r·min⁻¹	传递功率 /kW	过载系数 T_g		效率 η	外形尺寸 D×A /mm	连接尺寸/mm		充油量 /L	质量（不包括油）/kg
			启　动	制　动			输入 $\frac{d_1}{L_1}$	输出 $\frac{d_2}{L_2}$		
YOX$_V$360	1000 1500	5~10 16~30	1.2~1.37	2~2.38	0.96	φ428×360	$\frac{60}{110}$	$\frac{55}{110}$	6.8~3.4	47
YOX$_V$400	1000 1500	8~18.5 28~48	1.2~1.37	2~2.35	0.96	φ472×390	$\frac{70}{140}$	$\frac{65}{140}$	10.4~5.2	71
YOX$_V$450	1000 1500	15~30 50~90	1.2~1.37	2~2.35	0.96	φ530×445	$\frac{75}{140}$	$\frac{70}{140}$	15~7.5	88
YOX$_V$500	1000 1500	25~50 168~144	1.2~1.37	2~2.35	0.96	φ582×510	$\frac{90}{170}$	$\frac{90}{170}$	20.6~10.3	115
YOX$_V$560	1000 1500	40~80 120~270	1.2~1.37	2~2.35	0.96	φ634×530	$\frac{1000}{210}$	$\frac{100}{210}$	26.4~13.2	164
YOX$_V$600	1000 1500	60~115 200~360	1.2~1.37	2~2.35	0.96	φ695×575	$\frac{100}{210}$	$\frac{100}{210}$	33.6~16.8	200
YOX$_V$650	1000 1500	90~176 260~480	1.2~1.37	2~2.35	0.96	φ760×650	$\frac{130}{210}$	$\frac{130}{210}$	48~24	240
YOX$_V$750	1000 1500	170~330 480~760	1.2~1.37	2~2.35	0.96	φ860×680	$\frac{140}{250}$	$\frac{150}{250}$	68~34	375
YOX$_V$875	1000 1500	140~280 330~620	1.2~1.37	2~2.35	0.96	φ992×820	$\frac{150}{250}$	$\frac{150}{250}$	112~56	530
YOX$_V$1000	600 750	160~300 260~590	1.2~1.37	2~2.35	0.96	φ1138×845	$\frac{150}{250}$	$\frac{150}{250}$	148~74	710
YOX$_V$1150	600 750	265~615 252~1195	1.2~1.37	2~2.35	0.96	φ1312×960	$\frac{170}{300}$	$\frac{170}{300}$	170~85	880

注：1. 生产厂家为广东福伊特中兴液力传动有限公司。

2. 此类偶合器加长后辅室，启动时间比 YOX 型更长，一般为 22~30s，使启动力矩降得更低，更适合胶带机寿命的提高。

（4）限矩型（水介质）

① YOXD 型系列

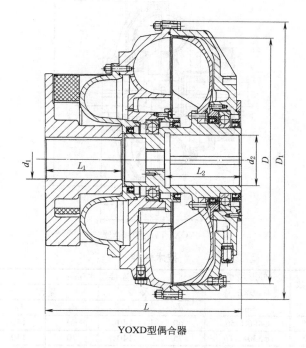

YOXD型偶合器

表 7-2-93　　　　　　　　　　　技术性能

型　号	输入转速 /r·min⁻¹	传递功率 /kW	过载系数 T_g	额定滑差 /%	外形尺寸 $D×L$ /mm	连接尺寸/mm 输入 d_1	输入 L_1	输出 d_2	输出 L_2	输出方式及规格	质量 /kg
YOXD360S	1500	17~40	2~2.5	4~5	φ415×380	60	110	50	55	渐开线花键 INT42Z×2.5m×30P×5H	54
YOXD400S	1500	30~55	2.5~3	3~3.5	φ465×394	55	110	45	96	渐开线花键 INT42Z×2.5m×30P×5H	70
YOXD450S	1500	55~110	2.5~3	3	φ520×508	75	140	80		平键 22×160	106
YOXD500	1500	90~132	2~2.5	3	φ570×478	80	170	65	120	渐开线花键 INT60Z×3.5m×30P×5H	104
YOXD500A	1500	90~160	2~2.5	3	φ558×432	65~80	140~170	65~115		平键键宽 18~22 键长 150~170	129
YOXD560	1500	132~250	2.5~3	2~3	φ634×432	80~100	170~210	75~115		平键键宽 18~28 键长 153~240	162
YOXD650	1500	315~525	—	—	φ720×669	110	115	115	120	渐开线花键 INT60Z×3.5m×30P×7H	287

注：1. 生产厂家为张家口煤矿机械厂。

2. 此类偶合器用水做工作介质，具有防火防爆的特性。

② YOX$_S$、TVA$_S$ 型系列

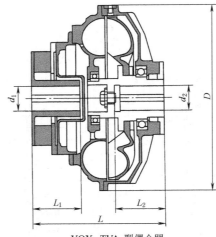

YOX$_S$、TVA$_S$型偶合器

表 7-2-94   **技术性能**

型号	最高转速 /r·min^{-1}	过载系数 T_g	外形尺寸 $D×L$ /mm	连接尺寸/mm 输入 d_1	输入 L_1	输出 d_2	输出 L_2	充水量 /L	质量（不包括水）/kg
YOX$_S$ 400	1500	2~2.5	φ480×356	60	140	60	150	9.6~4.8	65
YOX$_S$ 450	1500	2~2.5	φ530×397	75	140	70	140	13.6~6.8	70
YOX$_S$ 500	1500	2~2.5	φ590×411	85	170	85	145	19.0~9.5	105
YOX$_S$ 510	1500	2~2.5	φ590×426	85	170	85	160	19.2~9.6	119
YOX$_S$ 560	1500	2~2.5	φ650×459	90	170	100	180	27~13.5	140
YOX$_S$ 562	1500	2~2.5	φ634×471	100	170	110	170	30~15	131
TVA$_S$ 562	1500	2~2.5	φ634×467	100	170	110	170	30~15	131
YOX$_S$ 600	1500	2~2.5	φ695×474	90	170	100	180	36~18	160
TVA$_S$ 650	1500	2~2.5	φ740×536	125	225	130	200	46~23	219
TVA$_S$ 750	1500	2~2.5	φ842×630	140	245	150	240	68~34	332

注：1. 生产厂家为大连液力机械有限公司。

2. 此类偶合器用水做工作介质，除具有 YOX、TVA 型的特点外，还具有防燃防爆、防污染环境的特性。

③ YOX$_{SJ}$ 型系列

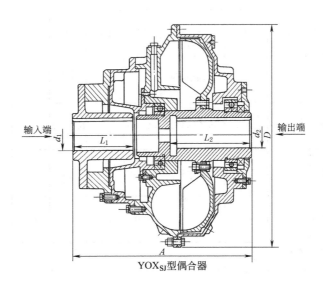

YOX$_{SJ}$型偶合器

表 7-2-95 技术性能

型　号	输入转速 /r·min⁻¹	传递功率 /kW	过载系数 T_g	效率 η	外形尺寸/mm $D \times A$	连接尺寸/mm 输　入 d_1/L_1	输　出 d_2/L_2	充水量 /L	质量 /kg
YOX$_{SJ}$250	1000 1500	1～1.75 3～6.5	2～2.7	0.97	φ305×270	φ45/80	φ40/80	2.1～1.0	18
YOX$_{SJ}$280	1000 1500	1.5～3.5 5～9.0	2～2.7	0.97	φ345×280	φ50/80	φ45/80	2.8～1.4	23
YOX$_{SJ}$320	1000 1500	3～6.5 10～22	2～2.7	0.97	φ380×300	φ55/110	φ50/110	4.4～2.2	30
YOX$_{SJ}$340	1000 1500	3.5～10 14～26	2～2.7	0.97	φ390×330	φ55/110	φ50/110	5.4～2.7	38
YOX$_{SJ}$360	1000 1500	6～12 17～37	2～2.5	0.96	φ428×360	φ60/140	φ55/110	6.8～3.4	44
YOX$_{SJ}$400	1000 1500	10～22 30～56	2～2.5	0.96	φ472×394	φ70/140	φ65/140	10.4～5.2	60
YOX$_{SJ}$450	1000 1500	17～35 55～110	2～2.5	0.96	φ530×438	φ75/140	φ70/140	14～7	85
YOX$_{SJ}$487	1000 1500	23～50 60～150	2～2.5	0.96	φ556×450	φ75/140	φ70/140	18.4～9.2	98
YOX$_{SJ}$500	1000 1500	27～58 70～170	2～2.5	0.96	φ582×480	φ90/170	φ90/170	20.4～10.2	115
YOX$_{SJ}$560	1000 1500	45～100 140～315	2～2.5	0.96	φ634×520	φ100/210	φ100/210	28～14	160
YOX$_{SJ}$600	1000 1500	70～135 230～418	2～2.5	0.96	φ695×540	φ115/210	φ115/210	34～17	190
YOX$_{SJ}$650	1000 1500	100～205 300～560	2～2.5	0.96	φ760×600	φ130/210	φ130/210	48～24	240
YOX$_{SJ}$750	1000 1500	195～385 550～885	2～2.5	0.96	φ860×640/675	φ140/210/250	φ150/250	68～34	360
YOX$_{SJ}$875	750 1000	168～325 380～720	2～2.5	0.96	φ992×740	φ150/250	φ150/250	112～56	505
YOX$_{SJ}$1000	600 750	185～350 260～690	2～2.5	0.96	φ1138×780	φ150/250	φ150/250	148～74	665
YOX$_{SJ}$1150	600 750	300～715 610～1390	2～2.5	0.96	φ1312×900	φ170/300	φ170/300	170～85	825

注：1. 生产厂家为广东福伊特中兴液力传动有限公司。

2. 此类偶合器以水做工作介质，具有防燃、防爆、防污染工作环境的作用。

（5）复合泄液式限矩型

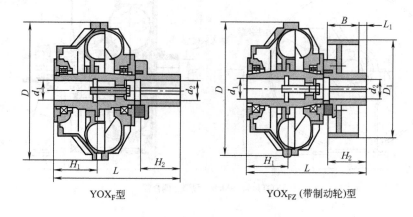

YOX$_F$型　　　　　YOX$_{FZ}$(带制动轮)型

表 7-2-96

型号	输入转速 /r·min⁻¹	传递功率 /kW	过载系数 T_g		外形尺寸/mm			最大输入孔径及长度 $d_{1max} \times H_{1max}$ /mm	最大输出孔径及长度 $d_{2max} \times H_{2max}$ /mm	充油量/L 40%~80%	质量 /kg
			启动	制动	D	L	$D_1 \times B$				
YOX$_F$220	1500	0.5~3.0	1.8~2.2	2~2.7	φ272	①	①	φ40×80	☆	0.8~1.5	14
YOX$_F$250	1500	2.5~5.5	1.8~2.2	2~2.7	φ312	①	①	φ45×80	☆	1.0~2.1	19
YOX$_F$280	1500	4.5~8.7	1.8~2.2	2~2.7	φ330	①	①	φ50×80	☆	1.3~2.7	26
YOX$_F$320	1500	9~18.5	2~2.2	2~2.7	φ376	①	①	φ50×110	☆	2.2~4.5	34
YOX$_F$360	1500	15~30	2~2.7	2~2.7	φ422	366	315×150	φ55×110	φ55×110	3.4~6.4	50
YOX$_F$400	1500	22~50	1.5~1.8	2~2.5	φ475	421	315×150	φ70×140	φ70×140	7~12.8	72
YOX$_F$450	1500	45~90	1.5~1.8	2~2.5	φ518	466	315×150	φ75×140	φ70×140	8.5~15.2	95
YOX$_F$500	1500	70~150	1.5~1.8	2~2.5	φ590	500	400×190	φ90×170	φ90×170	10~19.5	112
YOX$_F$560	1500	130~270	1.5~1.8	2~2.5	φ624	553	400×190	φ100×210	φ110×210	14~27.2	155
YOX$_F$650	1500	240~480	1.5~1.8	2~2.5	φ758	619	400×190	φ125×210	φ130×210	22~47	215
YOX$_F$750	1500	480~760	1.5~1.8	2~2.5	φ840	830	500×210	φ140×250	φ150×250	35~68.5	380
YOX$_F$875	1000	310~620	1.5~1.8	2~2.5	φ985	890	630×265	φ140×250	φ140×250	58~115	540
YOX$_F$1000	1000	620~1100	1.5~1.8	2~2.5	φ1136	952	700×300	φ150×250	φ150×250	75~148	690
YOX$_F$1150	750	590~1200	1.5~1.8	2~2.5	φ1310	1080	800×340	φ170×350	φ170×300	85~170	860

注：1. 此类偶合器为内轮驱动，既有动压泄液又有静压泄液的特点。特别适合三支点浮动支承液力驱动元件的需要。
2. YOX$_{FZ}$卸掉制动轮即成 YOX$_F$ 偶合器，两者外形尺寸相同。
3. 生产厂家为北京起重运输机械设计研究院。

（6）调速型（进口调节式）

① YOTJ 系列（一）

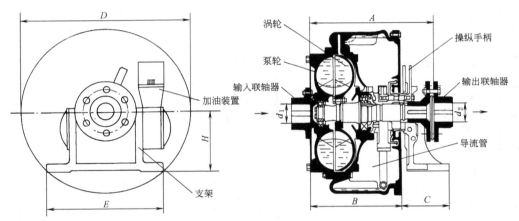

YOTJ320,360,400型调速偶合器

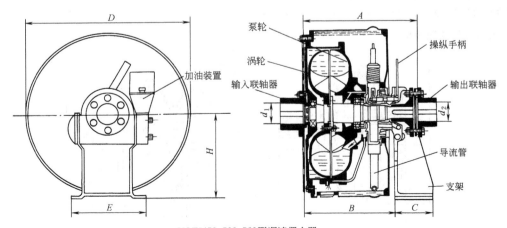

YOTJ450,500,560型调速偶合器

表 7-2-97　　　　　　　　　　　　　　技术性能

型　　号	输入转速 /r·min⁻¹	传递功率范围 /kW	额定滑差 S/%	外形与连接尺寸/mm							
				A	B	C	D	E	H	d_1	d_2
YOTJ320	1500	11~20	1.5~3	375	265	129	460	294	160	42	42
YOTJ360	1500	21~35	1.5~3	424	312	146	530	400	165	48	48
YOTJ400	1500	40~55	1.5~3	429	316	146	585	400	210	60	60
YOTJ450	1000	18.5~35	1.5~3	618	305	182	650	310	360	75	50
	1500	60~120									
YOTJ500	1000	40~55	1.5~3	674	327	196	700	336	360	85	50
	1500	130~200									
YOTJ560	1000	60~120	1.5~3	742	390	216	790	410	410	85	55
	1500	220~350									

注：生产厂家为上海交通大学附属工厂。

② YOTJ 系列（二）

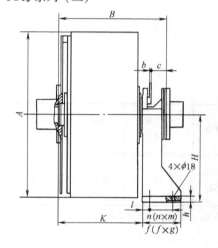

YOTJ360, 400, 450, 500, 560, 650
调速偶合器的外形尺寸

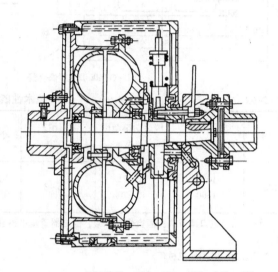

YOTJ360, 400, 450, 500, 560, 650
调速偶合器的结构

表 7-2-98　　　　　　　　　　　　　　技术性能

型　　号	输入转速 /r·min⁻¹	最大传递功率 /kW	额定滑差 S*/%	注油量 /L	质量 /kg	外形及连接尺寸/mm											
						A	B	H	K	l	n	m	f	g	h	c	b
YOTJ-360	1500	35	3	10	130	540	398	285	299	25	70	260	120	300	22	8	71.5
	1000	10															
YOTJ-400	1500	55	3	15	169	570	408	285	309	25	70	260	120	300	22	8	71.5
	1000	15															
YOTJ-450	1500	100	3	25	200	630	444	360	334	25	100	300	150	340	25	8	76
	1000	30															
YOTJ-500	1500	160	3	30	238	690	460	360	350	25	100	300	150	340	25	8	76
	1000	50															
YOTJ-560	1500	300	3	33	374	770	549	440	412	20	130	320	170	360	25	10	104
	1000	90															
YOTJ-650 (YOTJ-630)	1500	500	3	46	469	880	583	440	446	20	130	320	170	360	25	10	104
	1000	1000															

注：生产厂家为广东省韶关冶金机械厂。

③ YOT 系列

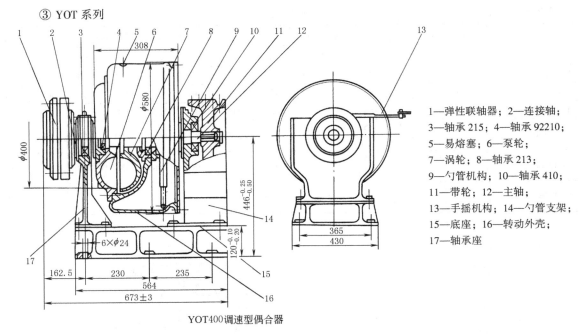

1—弹性联轴器；2—连接轴；
3—轴承215；4—轴承92210；
5—易熔塞；6—泵轮；
7—涡轮；8—轴承213；
9—勺管机构；10—轴承410；
11—带轮；12—主轴；
13—手摇机构；14—勺管支架；
15—底座；16—转动外壳；
17—轴承座

YOT400调速型偶合器

表 7-2-99　　　　　技术性能

型　　号	输入转速 /r·min⁻¹	传递功率范围 /kW	额定滑差 S*/%	冷却方法	注油量 /L	调速范围 i	外形尺寸/mm 长×宽×高
YOT400	1000 1500	12~21 40~70	1.5~3	壳体风冷 带冷却器	14	0.1~0.97	673×710×736

注：1. 该产品属进口调节式，但自带支承架，偶合器重量不再悬挂在原动机上，安装对中较为方便。输出为带轮，也可改为联轴器。

2. 生产厂家为江苏南通机械厂。

④ YDTW 系列

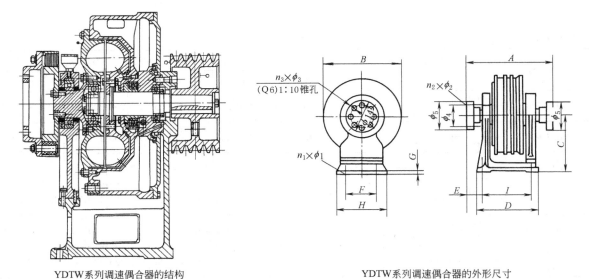

YDTW系列调速偶合器的结构　　　　　　YDTW系列调速偶合器的外形尺寸

表 7-2-100 技术性能

型号	输入转速 /r·min⁻¹	所传功 率/kW	额定滑 差/%	A	B	C	D	E	F	G	H	I	$n_1 \times \phi_1$	$n_2 \times \phi_2$	$n_3 \times \phi_3$	ϕ_4	ϕ_5
YDTW25/15	1470	3~6	3	500	360	320	226		400	10	430	190	4×φ16	6×φ36	6×φ18	120	170
YDTW28/15	1470	4~10	3	600	416	350	470	133	340	20	380	430	4×φ20	6×φ36	6×φ18	120	170
YDTW36/15	1470	15~35	3	560	550	448	345	100	390	30	450	280	4×φ18	6×φ36	6×φ18	170	220
YDTW40/15	1470	35~60	3	630	610	450	440	124	350	30	400	390	4×φ20	10×φ36	10×φ18	170	220
YDTW45/15	1470	50~100	3	742	660	450	525	120	410	25	450	475	4×φ20	10×φ36	10×φ18	190	240

注：1. 该系列产品也自带支承架，安装对中较为方便。

2. 生产厂家为上海 711 研究所。

（7）调速型（出口调节式）

① YOT$_{GC}$、GST、GWT 型

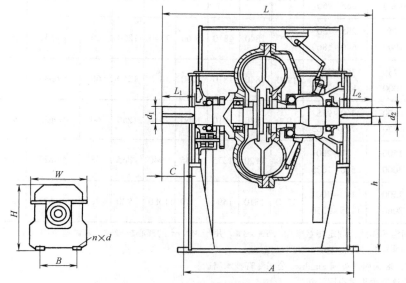

YOT$_{GC}$、GST、GWT 型偶合器结构与外形尺寸

表 7-2-101 技术性能

型号	输入转速 /r·min⁻¹	传递功率 /kW	外形及连接尺寸/mm										质量 /kg
			L	W	H	h	A	B	C	n×d	d_1、d_2	L_1、L_2	
YOT$_{GC}$280	1500 3000	4~11 30~85	798	919	1144	500	636	484	81	4×φ27	φ40	110	480
YOT$_{GC}$320	1500 3000	7.5~21 60~165	798	919	1159	500	636	484	81	4×φ27	φ40	110	520
YOT$_{GC}$360	1500 3000	13~35 110~305	830	1207	940	560	652	680	91	4×φ27	φ60	120	580
YOT$_{GC}$400	1500 3000	30~65 240~500	830	1207	940	560	652	680	91	4×φ27	φ60	120	600
YOT$_{GC}$450	1500 3000	50~110 430~900	1020	1120	1375	635	940	865	38	4×φ27	φ75	145	790

续表

型　号	输入转速 /r·min⁻¹	传递功率 /kW	外形及连接尺寸/mm										质量 /kg
			L	W	H	h	A	B	C	$n×d$	d_1、d_2	L_1、L_2	
YOT$_{GC}$560	1000 1500	35~100 115~340	1166	1310	1594	810	1080	920	30	4×φ27	φ85	170	1370
YOT$_{GC}$650	1000 1500	75~215 250~730	1300	1200	1500	840	1180	900	60	4×φ35	φ100	150	1920
YOT$_{GC}$750	1000 1500	150~440 510~1480	1300	1200	1500	840	1180	900	60	4×φ35	φ100	150	2040
YOT$_{GC}$875	750 1000	150~400 365~960	1720	1500	1570	880	1580	1200	70	4×φ45	φ130	250	3100
YOT$_{GC}$1000	750 1000	285~750 640~1860	1930	1840	1810	1060	1810	1250	60	4×φ35	φ150	250	5100
YOT$_{GC}$1050	750 1000	360~955 815~2300	1930	1840	1810	1060	1810	1250	60	4×φ35	φ150	250	6150
YOT$_{GC}$1150	600 750	360~955 715~1865	1930	1840	1810	1060	1810	1250	60	4×φ35	φ150	250	6200
GST50	1500 3000	70~200 560~1625	1020	1120	1375	635	940	865	38	4×φ27	φ75	145	1100
GWT58	1500 3000	140~400 1125~3250	1230	1310	1594	810	1080	920	30	4×φ27	φ95	165	2100

注：1. 此型为固定箱体式，额定转差率为 1.5%~3%。用于 $M∝n^2$ 的离心机械时，其调速范围为 1~⅙；用于 $M=C$ 的恒转矩机械时，其调速范围为 1~⅓。

2. GST 50、GWT 58 为引进英国 Fluidrive 公司专有技术制造。

3. 生产厂家为大连液力机械有限公司。

② YOTC 型

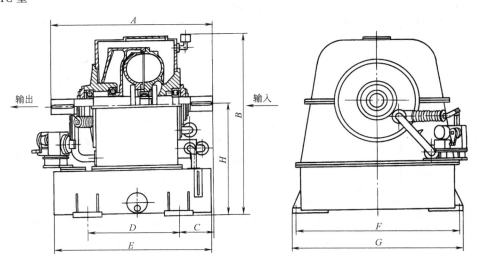

YOTC360B~YOTC1450B 型偶合器外形尺寸图

表 7-2-102 技术性能

型 号	输入转速 /r·min⁻¹	传递功率 /kW	额定转差率/%	外 形 尺 寸/mm							
				A	B	C	D	E	F	G	H
YOTC360B	1500 3000	15~37 90~300	≤3	820	910	235	430	694	740	800	550
YOTC400B	1500 3000	37~55 250~450	≤3	1020	1100	280	420	940	900	1000	660
YOTC450B	1500 3000	55~110 425~900									
YOTC500B	1500 3000	110~200 850~1600	≤3	1040	1120	235	520	980	980	1050	700
YOTC560B	1000 1500	55~110 200~355									
YOTC650B	1000 1500	110~220 355~750	≤3	1120	1290	250	560	1080	1040	1140	750
YOTC710B	750 1000 1500	75~140 220~360 750~1250	≤3	1455	1490	348	680	1370	1300	1380	915
YOTC800B	750 1000 1500	160~250 400~720 1250~1600									
YOTC875B	750 1000	250~460 670~1000	≤3	1700	1770	398	840	1600	1550	1640	1110
YOTC1000B	600 750 1000	280~400 400~800 1000~1800									
YOTC1050B	600 750 1000	355~500 750~1000 1400~2240									
YOTC1150B	600 750	450~800 950~1600	≤3	1800	2100	400	900	1760	1800	1880	1240
YOTC1250B	600 750	750~1250 1600~2240									
YOTC1320B	500 600 750	600~850 1000~1600 2000~3150	≤3	2400	2350	550	1200	2350	2100	2200	1450
YOTC1450B	400 500 600	375~540 710~1250 1400~2240									

注：生产厂家为上海交通大学附属工厂。

第7篇

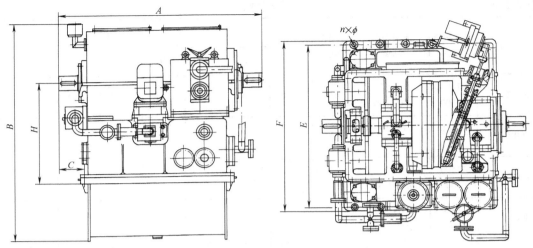

YOTC560H~YOTC650H 型偶合器外形尺寸图

表 7-2-103 　　　　　　　　　　　技术性能

型　号	输入转速/r·min⁻¹	传递功率/kW	额定转差率/%	外　形　尺　寸/mm						
				A	B	C	E	F	H	$n×\phi$
YOTC560H	3000	1500~2800								
YOTC600H	3000	2200~3200	≤3	1610	1710	267	1280	1340	800	12×ϕ35
YOTC650H	3000	3200~4800								

注：生产厂家为上海交通大学附属工厂。

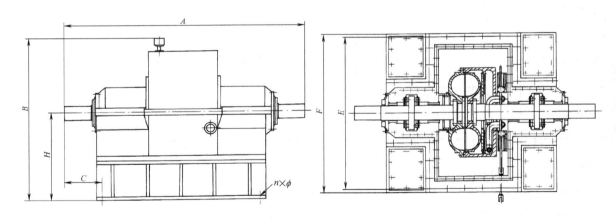

YOTC875H、YOTC1000H 型偶合器外形尺寸图

表 7-2-104

型　号	输入转速/r·min⁻¹	传递功率/kW	额定转差率/%	外　形　尺　寸/mm						
				A	B	C	E	F	H	$n×\phi$
YOTC875H	1500	1600~2800	≤3	2728	2250	450	1720	1800	1280	12×ϕ35
YOTC1000H	1500	2800~3600								

注：生产厂家为上海交通大学附属工厂。

③ YOT$_{CS}$型

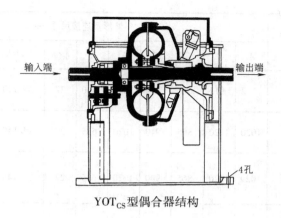

YOT$_{CS}$型偶合器结构

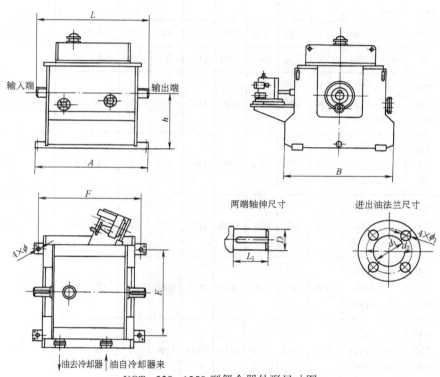

YOT$_{CS}$320~1250 型偶合器外形尺寸图

表 7-2-105　　　　　　　　　　技术性能

型　号	输入转速 /r·min^{-1}	传递功率 /kW	外形及连接尺寸/mm											质量 /kg
			A	B	E	F	L	h	$4×\phi$	D/L_1	d_1	d_2	$4×\phi_1$	
YOT$_{CS}$320	1000 1500 3000	3~6.5 7.5~22 60~175	600	524	494	400	620	420	24	50/(入100, 出80)				450
YOT$_{CS}$360	1500 3000	15~40 110~320	712	912	680	652	830	560	27	60/120	ϕ30	ϕ90	14	850

第 **7** 篇

型 号	输入转速 /r·min⁻¹	传递功率 /kW	外形及连接尺寸/mm											质量 /kg
			A	B	E	F	L	h	$4×\phi$	D/L_1	d_1	d_2	$4×\phi_1$	
YOT$_{CS}$400	1500 3000	30~70 220~540	712	912	680	652	830	560	27	60/120	ϕ30	ϕ90	14	950
YOT$_{CS}$450	1500 3000	55~120 390~970	1020	1120	865	940	1020	635	27	75/145	ϕ54	ϕ120	18	1350
YOT$_{CS}$500	1000 1500 3000	22~60 90~205 670~1640	1020	1120	865	940	1020	635	27	75/145	ϕ54	ϕ120	18	1500
YOT$_{CS}$560	1000 1500 3000	55~110 155~360 1180~2885	1020	1120	865	940	1020	635	27	75/145	ϕ54	ϕ120	18	2300
YOT$_{CS}$580	3000	1200~3440	1160	1310	920	1080	1230	810	27	95/170	ϕ76	ϕ140	M16	2350
YOT$_{CS}$620	3000	1675~4780	1170	2160	2060	1070	1485	900	35	120/200				2860
YOT$_{CS}$650	750 1000 1500	40~95 95~225 290~760	1300	1250	900	1180	1300	840	35	100/150	ϕ48	ϕ140	18	2400
YOT$_{CS}$750	750 1000 1500	80~195 185~460 510~1555	1300	1250	900	1180	1300	840	35	100/150	ϕ48	ϕ140	18	2650
YOT$_{CS}$875	750 1000 1500	155~420 390~995 1240~3360	1700	1500	1200	1580	1720	950	45	130/250	ϕ50	ϕ100	14	4200
YOT$_{CS}$1000	600 750 1000	170~420 330~820 750~1950	1930	1840	1250	1810	1930	1060	35	150/250	ϕ76	ϕ140	18	7600
YOT$_{CS}$1050	600 750 1000	175~535 360~1045 815~2480	1930	1840	1250	1810	1930	1060	35	150/250	ϕ76	ϕ140	18	7800
YOT$_{CS}$1150	600 750 1000	355~845 670~1650 1590~3905	1930	1840	1250	1810	1930	1060	35	150/250	ϕ76	ϕ140	18	8000
YOT$_{CS}$1250	500 600 750	400~740 500~1280 1150~2500	2250	2180	1600	1980	2250	1170	45	160/300	ϕ65	ϕ230	18	12500

注：1. 此型为固定箱式，额定转差率为 1.5%~3%。用于 $M \propto n^2$ 的离心机械时，其调速范围为 $1~\frac{1}{5}$；用于 $M = C$ 的恒转矩机械时，其调速范围为 $1~\frac{1}{3}$。

2. 生产厂家为广东福伊特中兴液力传动有限公司。

④ YDT 型系列

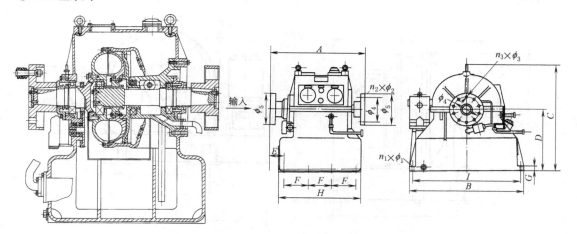

YDT 系列调速偶合器的外形尺寸

表 7-2-106 技术性能

型 号	输入转速/r·min⁻¹	所传功率/kW	额定滑差/%	外形及连接尺寸/mm													
				A	B	C	D	E	n×F	G	H	I	n₁×φ₁	n₂×φ₂	n₃×φ₃	φ₄	φ₅
YDT28/30	2970	30~72	3	600	650	668	380	80	1×440	30	490	600	4×24	6×18	6×36	120	170
YDT32/30	2970	60~140	3	600	650	668	380	80	1×440	30	490	600	4×24	6×18	6×36	120	170
YDT36/30	2970	100~300	3	750	820	900	550	115	1×520	40	580	760	4×27	10×18	10×36	170	220
YDT40/30	2970	250~520	3	800	820	900	550	140	1×520	40	580	960	4×27	10×58			
YDT45/30	2970	350~800	3	960	1120	1088	635	131	3×240	50	800	1060	8×22	10×58	10×30	245	330
YDT50/30	2970	600~1600	3	1000	1120	1088	635	146	3×240	50	800	1060	8×22	10×58			
YDT56/30	2970	1300~2800	3	1310	1560	1329	810	103	3×350	60	1160	1480	8×32	12×46	12×24	285	350
YDT63/30	2970	2500~5000	3	1400	1560	1329	810	148	3×350	60	1160	1480	8×32	12×46			
YDT56/15	1470 970	200~400 50~100	3	930	1200	1184	700	93.5	3×225	50	750	1140	8×22	10×58	10×30	245	330
YDT63/15	1470 970 730	380~620 90~220 50~80	3	970	1200	1184	700	113.5	3×225	50	750	1140	8×22	10×58			
YDT71/15	1470 970 730	500~1100 200~380 70~140	3	1200	1510	1394	750	152.4	4×200	50	900	1450	10×22	10×72	10×38	310	410
YDT80/15	1470 970 730	700~1600 260~580 130~250	3	1300	1510	1394	750	202.5	4×200	50	900	1450	10×22		10×88	10×46	380	500
YDT100/10	970 730	800~1800 350~760	3	1500	1710	1595	900	220	4×240	50	1065	1650	10×28			
YDT112/10	970 730	2000~3500 850~1600	3	1750	1850	1850	1150	235	4×320	50	1065	1750	10×35			

注：生产厂家为上海 711 研究所。

⑤ YOT$_{HC}$型

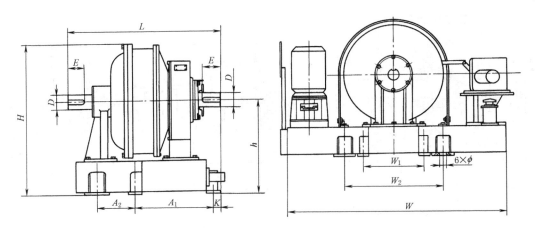

YOT$_{HC}$型偶合器外形图

表 7-2-107 技术性能

型 号	输入转速 /r·min^{-1}	传递功率 /kW	外形及连接尺寸/mm												质量 /kg
			L	A_1	A_2	W	W_1	W_2	h	H	K	$6\times\phi$	D	E	
YOT$_{HC}$280	1500 3000	4~11 30~85	690	470		800		350	405	590	60	20	ϕ40	90	270
YOT$_{HC}$320	1500 3000	7.5~21 60~165	690	470		800		350	405	615	60	20	ϕ40	90	290
YOT$_{HC}$360	1500 3000	13~35 110~305	925	420	200	1170	450	600	500	730	90	22	ϕ60	115	330
YOT$_{HC}$400	1500 3000	30~65 240~500	925	420	200	1170	450	600	500	750	90	22	ϕ60	115	500
YOT$_{HC}$450	1000 1500	12~34 50~110	925	420	200	1170	450	600	500	780	90	22	ϕ60	115	570
YOT$_{HC}$500	1000 1500	20~57 70~200	1050	520	260	1200	500	700	550	855	37	22	ϕ75	140	800
YOT$_{HC}$560	1000 1500	35~100 115~340	1050	560	260	1370	500	700	650	995	37	22	ϕ85	160	830
YOT$_{HC}$650	1000 1500	75~215 290~620	1050	560	260	1440	500	700	650	1050	37	22	ϕ100	160	1070

型　号	输入转速 /r·min⁻¹	传递功率 /kW	外形及连接尺寸/mm													质量 /kg
			L	A_1	A_2	W	W_1	W_2	h	H	K	$6\times\phi$	D	E	
YOT$_{HC}$750	1000 1500	150~440 480~950	1450	800	300	1620	700	1000	800	1250	80	35	$\phi100$	210	1300
YOT$_{HC}$875	750 1000	150~400 385~960	1450	800	300	1620	700	1000	800	1320	80	35	$\phi130$	210	1600

注: 1. 生产厂家为大连液力机械有限公司。

2. 此型为回转壳体箱座式, 额定转差率为1.5%~3%。调速范围为, 对离心式机械为1~⅕, 对恒转矩机械为1~⅓。

⑥ YOT$_{CK}$型

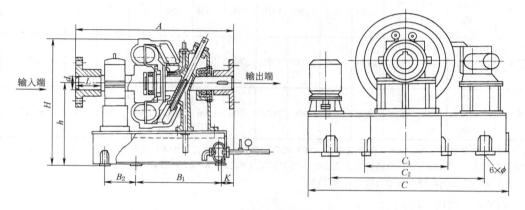

输入端　输出端

YOT$_{CK}$220~875型偶合器结构及外形尺寸

表7-2-108　　　　　　　　　技术性能

型　号	输入转速 /r·min⁻¹	传递功率 /kW	外形及连接尺寸/mm											质量 /kg
			A	B_1	B_2	C	C_1	C_2	h	H	K	$6\times\phi$	d/L	
YOT$_{CK}$220	1000 1500	0.4~1 1.5~3.5	690	470		800		350	405	540	60	20	$\phi50/90$	500
YOT$_{CK}$250	1000 1500	0.75~2 3~6.5	690	470		800		350	405	558	60	20	$\phi50/90$	550
YOT$_{CK}$280	1000 1500	1.5~3.5 5.5~12	690	470		800		350	405	575	60	20	$\phi50/90$	600
YOT$_{CK}$320	1000 1500	3~6.5 7.5~22	690	470		800		350	405	600	60	20	$\phi50/90$	650
YOT$_{CK}$360	1000 1500	5.5~12 15~40	925	420	200	1170	450	600	500	722	90	22	$\phi70/115$	750
YOT$_{CK}$400	1000 1500	7.5~20 30~70	925	420	200	1170	450	600	500	738	90	22	$\phi70/115$	800

第 7 篇

| 型 号 | 输入转速 /r·min⁻¹ | 传递功率 /kW | 外形及连接尺寸/mm | | | | | | | | | | | 质量 /kg |
			A	B_1	B_2	C	C_1	C_2	h	H	K	$6×\phi$	d/L	
YOT$_{CK}$450	1000 1500	15~36 55~120	925	420	200	1170	450	600	500	763	90	22	$\phi70/115$	867
YOT$_{CK}$500	1000 1500	22~60 90~206	1050	520	260	1200	500	700	550	835	37	22	$\phi90/160$	1230
YOT$_{CK}$560	1000 1500	55~110 155~360	1050	560	260	1370	500	700	650	965	37	22	$\phi90/160$	1450
YOT$_{CK}$650	1000 1500	95~225 290~760	1050	560	260	1370	500	700	650	1015	37	22	$\phi90/160$	1500
YOT$_{CK}$750	750 1000 1500	80~185 185~460 510~1555	1450	800	300	1620	700	1000	800	1223	80	35	$\phi130/210$	2941
YOT$_{CK}$875	600 750 1000	85~215 155~420 390~995	1450	800	300	1620	700	1000	800	1293	80	35	$\phi130/210$	3200

注：1. 额定转差率为1.5%~3%。调速范围为，对于离心式机械为1~⅕，对于恒转矩机械为1~⅓。

2. 此型为箱座式，结构紧凑，价格便宜，适合中小功率工况（$P<500$kW 或 $n\leqslant1500$r/min）。

3. 生产厂家为广东福伊特中兴液力传动有限公司。

（8）调速型（进出口调节式）

① OH46 和 OY55 型

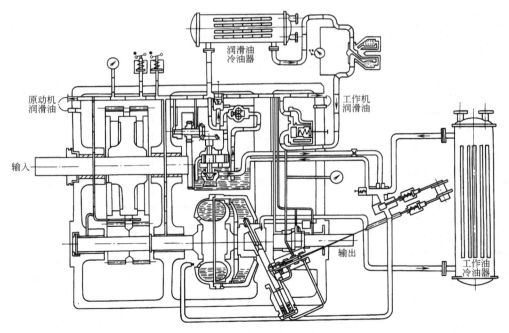

OY55型结构和油路

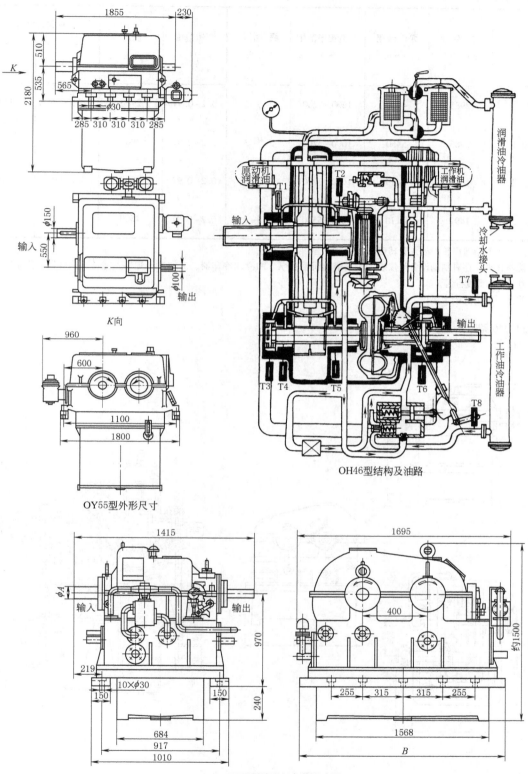

1855
230
510
535
565
2180
K
φ30
285 310 310 310 285

φ150
输入
550
φ100
输出
K向

960
600
1100
1800
OY55型外形尺寸

润滑油冷油器
原动机润滑油
T1
T2
工作机润滑油
输入
冷却水接头
T7
输出
T3 T4 T5 T6
T8
工作油冷油器
OH46型结构及油路

第7篇

1415
φ4
输入
输出
970
219
150
10×φ30
684
917
1010
240

1695
400
约J1500
255 315 315 255
1568
B

OH46型外形与安装尺寸图

表 7-2-109 技术性能

型　号	输入转速 /r·min⁻¹	泵轮转速 /r·min⁻¹	传递功率范围 /kW	额定滑差 S^*/%	调速范围 i	质量 /kg	有关尺寸/mm	
							ϕA	B
OH46	2985	4800	1600~3200	1.5~3	0.2~0.97	2900	$\phi100n6$	1630
OH46/Ⅰ	2985	5450	1600~3200	1.5~3	0.2~0.97	2900	$\phi100n6$	1630
OH46/Ⅱ	1470	5450	1600~3200	1.5~3	0.2~0.97	2900	$\phi120n6$	1650
OY55	1492	6170	3100~5500	1.5~3	0.2~0.91	4600		

注: 1. 因有增速齿轮，故泵轮转速高于输入转速。

2. 除本体外，还有辅助设备与仪表，包括辅助润滑油泵、润滑油冷却器、工作油冷却器、滤器、执行器、截止阀、压力表、压力开关和温度计等。

3. 生产厂家为沈阳水泵厂。

② CO46 型

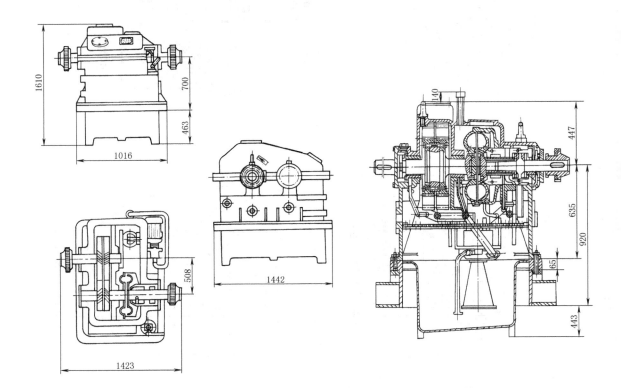

表 7-2-110　　　　　　　　　　　　技术性能

型　号	输入转速 /r·min⁻¹	传动齿轮 增速比	泵轮转速 /r·min⁻¹	有效直径 /mm	传递功率 /kW	额定滑差 S^*/%	调速范围 i	总效率/%
CO46	2985	141/88＝1.602	4782	463	~3200	≤3	0.25~0.97	95

注：1. 增速比可按原动机及工作机不同转速而变更。

2. 除本体外，还有辅助设备与仪表，与表 7-2-109 注 2 中所述类似。

3. 生产厂家为上海电力修造总厂。

③ YDTZ 系列

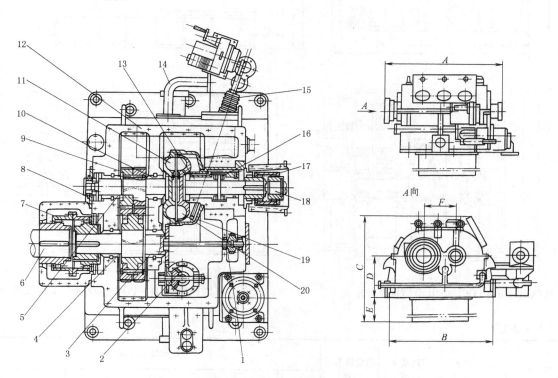

1,3~5,10,13—滑动轴承；2—工作泵和润滑泵传动齿轮组；6—输入轴；

7,17—齿轮联轴器；8,16—滑动推力轴承；9—增速齿轮组；11—泵轮；

12—箱体；14—管系组件；15—调速机构组件；18—输出轴；19—壳体；20—涡轮

表 7-2-111　　　　　　　　　　　　技术性能

型　号	输入转速 /r·min⁻¹	泵轮转速 /r·min⁻¹	传递功率 /kW	额定滑差 S^*/%	外 形 尺 寸 /mm					
					A	B	C	D	E	F
YDTZ32/48	2970	4800	350~710	3	1030	810	1250	350	650	250
YDTZ36/55	2970	5500	800~1650	3	1200	980	1500	400	720	300
YDTZ40/55	2970	5500	1600~2800	3	1180	1520	1880	620	780	350
YDTZ43/52	2970	5200	2500~4000	3	1424	1226	940	500		350
YDTZ50/52	2970	5200	4200~6300	3	1395	1390	1105	550		450

注：生产厂家为上海 711 研究所。

④ YOCH 型

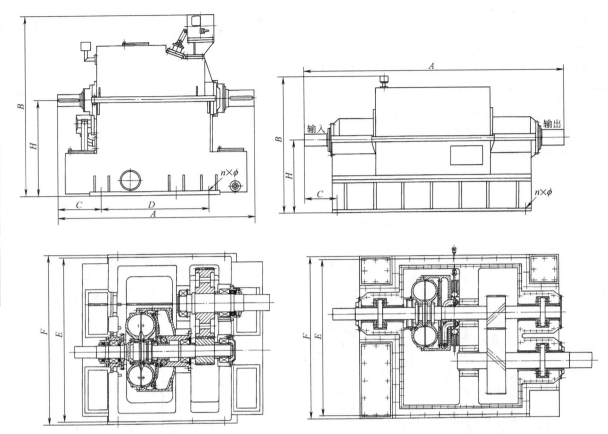

YOCH560B～YOCH800B 型结构及外形　　　　　YOCH875H、YOCH1000H 型结构及外形

表 7-2-112

型　号	输入转速 /r·min⁻¹	传递功率 /kW	额定转差率 /%	外形尺寸/mm							
				A	B	C	D	E	F	H	n×φ
YOCH 560 B	1500	200～355	≤3	1500	1230	290	860	1110	1190	700	6-40
YOCH 650 B YOCH 710 B	1500 1500	355～750 750～1250	≤3	1830	1680	410	1000	1565	1635	900	6-40
YOCH 750 B YOCH 800 B	1500 1500	1150～1450 1250～1600	≤3	1850	1500	360	1040	1720	1800	950	6-45
YOCH 875 H	1000 1500	670～1000 1600～2800	≤3	3500	2170	440		2160	2260	1280	18-42
YOCH 1000 H	1000 1500	1000～1800 2800～3600	≤3								

注：生产厂家为上海交通大学附属工厂。

⑤ YOCH$_J$ 型

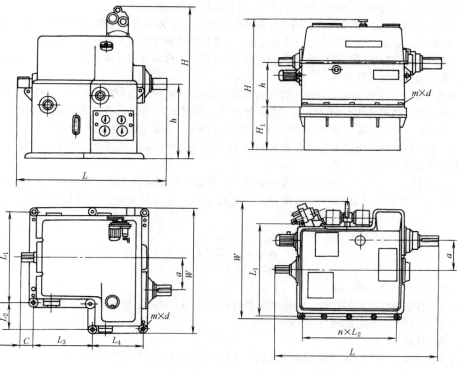

YOCH$_J$580/3000/ * ，750/1500/ * ，875/1500/ * ，
1000/1500/ *

表 7-2-113

型 号	输入转速 /r·min^{-1}	传递功率 /kW	外形尺寸/mm											
			L	H	W	h	a	H$_1$	L$_1$	L$_2$	L$_3$	C	L$_4$	m×d
YOCH$_J$500/ * / *	1000	20~60	1520	1452	1400	635	400		1010	315	570	40	590	9×φ35
	1500	70~200												
YOCH$_J$500/3000/ *	3000	560~1625	1520	1452	1400	700	400		1125		710	300		4×φ35
YOCH$_J$560/ * / *	1000	35~100	1600	1630	1400	810	400		1000	320	600	80	600	9×φ35
	1500	115~340												
YOCH$_J$580/3000/ *	3000	1125~3250	2625	2850	1875	750	450	1500	1400	4×400		354		10×φ39
YOCH$_J$650/ * / *	1000	75~215	1850	1532	1680	840	450		1200	400	730	100	700	9×φ35
	1500	250~730												
YOCH$_J$750/1000/ *	1000	150~440	1850	1532	1680	840	450		1200	400	730	100	700	9×φ35
YOCH$_J$750/1500/ *	1500	510~1480	2390	2180	1815	650	450	830	1573	1512		297.5		10×φ39
YOCH$_J$875/1000/ *	1000	300~850	2200	1650	1750	880	450		1360	210	900	200	800	9×φ39
YOCH$_J$875/1500/ *	1500	1160~3260	2888	2520	2250	800	550	790	1750	4×435		449		10×φ39
YOCH$_J$1000/1500/ *	1500	1250~3700	2988	2520	2250	800	550	1090	1750	4×460		449		10×φ39

注：1. 标注示例：输入转速为 1500r/min，输出最高转速为 900r/min 的 YOCH$_J$650 型液力偶合器传动装置标注为 YOCH$_J$650/1500/900。

2. 额定转差率为 1.5%~3%。其输出的最高转速（即型号中后一个 * 处标注的转速）根据用户需要确定，一般最小为输入转速的 1/3。其最高总机效率≥95%。

3. 调速范围为，对离心式机械为 1~1/5，对恒转矩机械为 1~1/3。

4. 生产厂家为大连液力机械有限公司。

（9）偶合器的选择

偶合器的选择包括结构型式和规格型号的选择，选择的原则和方法如下。

① 对于大惯量工作机，只要求平稳启动的可选择牵引型；在运转中有可能被卡住不转，要求防护动力过载的可选用动压倾泄式限矩型；对于既要防护动力过载，又希望大惯量工作机在较长的启动过程中，电机不会出现过大载荷的可选用延充式限矩型；当要求防爆、防燃、防油污染工作环境时，可选用水介质偶合器型式。油介质偶合器绝对不允许用作水介质偶合器。

② 如要求偶合器进行无级调速，当输入转速为 $1000 \sim 1500$ r/min，传递功率小于 $200 \sim 300$ kW 时，可选用结构紧凑、辅助设备简单、轴向尺寸小、重量轻、造价低的进口调节式；当偶合器输入转速大于或等于 3000 r/min 时，或转速虽为 $600 \sim 1500$ r/min，但所传的功率大于 $200 \sim 300$ kW，有效直径较大时，可选用带有坚实箱体支持、运转平衡可靠的出口调节式；当输入转速高于 3000 r/min 高速或 4800 r/min 超高速，传递功率为中大功率时，可选用带增速齿轮传动的进出口调节式。

③ 已知或能计算出工作机的实际负载容量和转速时，首先计算实际负载容量和转速，再根据计算出的轴功率和转速在规格尺寸选择图（或称功率选择图）上直接选取。如无尺寸选择图可按下式确定偶合器的有效直径 D。

$$D = K \sqrt[5]{\frac{N_e}{n_B^3}} \quad （m） \tag{7-2-21}$$

式中　D——偶合器的有效直径，m；

K——与偶合器性能有关的系数，对调速型 $K = 14.7 \sim 13.8$，对限矩型 $K = 15.4 \sim 14.4$；

N_e——偶合器所配工作机的轴功率，kW；

n_B——泵轮转速，r/min。

把计算的 D 值用毫米表示，从产品样本中选择一个比 D 值大者，就是偶合器的规格。

④ 如不知道工作机的实际负载，就可以用原动机的额定功率和转速，按上面的方法来选择，这样一般偶合器选择偏大。

⑤ 充分了解产品结构特点和加工制造质量，尤其是产品实际生产使用的情况。

⑥ 水介质偶合器规格型号选择是将工作机的功率除以 1.15 倍，再按上述方法进行。

4.10　多动力机驱动的限矩型液力偶合器选型匹配

多动力机驱动的限矩型液力偶合器选型方法按表 7-2-114 进行。

表 7-2-114

选型内容	说　明
型式选择	推荐选用动压泄液式或复合泄液式限矩型液力偶合器,因多机驱动用限矩型液力偶合器需要顺序启动,先启动的偶合器过载保护能力要强,否则在顺序启动过程中易喷液
规格选择	当所选偶合器的功率在两个规格交界时,推荐选用较大规格,因液力偶合器协调多动力机均衡驱动是以加大某个偶合器的转差率为条件的。因而从总体上看,偶合器转差率范围比较大,充液率调整范围也比较大,个别偶合器的发热量也比较大,选择较大规格偶合器有利于调整充液率和散热
过载系数选择	过载系数 T_g 应小于 2.2,过载系数大了,在顺序启动堵转时偶合器易发热
易熔塞保护温度选择	为避免在顺序启动中易熔塞喷液,推荐选用140℃保护温度的易熔塞。如顺序启动的电动机数量不多,则可选正常易熔塞
充液率选择与调整	在现场根据实际运转情况调节充液率,使多动力机通过液力偶合器均衡同步驱动
顺序启动的间隔时间选择	根据理论分析和实际经验,多动力机驱动,电动机顺序启动的间隔时间一般为单台电动机的启动时间加安全裕度,因中小型电动机的启动时间为1~2s,所以选择间隔启动时间为3s即可

4.11　双速及调速电动机驱动的限矩型液力偶合器选型匹配

液力偶合器与双速或调速电动机匹配所采用的方法是：低速级加大偶合器的转差率，使之传递功率有较大提

高，而且不至于因效率过低而造成偶合器喷液；高速级减小偶合器的转差率，降低传递功率能力，过载系数加大，过载保护功能降低。选型匹配方法按表7-2-115进行。

表 7-2-115

选型内容	说明
型式选择	动压泄液、静压泄液和复合泄液型均可，根据需要选择。但要选择泵轮力矩系数较大、特性较硬的偶合器
液力偶合器与离心式工作机匹配时双速电动机极对数选择	当液力偶合器与离心式工作机匹配时，由于工作机的特性曲线与液力偶合器的特性曲线基本相同(即都是传递功率与转速的3次方成正比)，故对电动机的极对数没有特殊要求，即选用2/4极、4/6极、4/8极、6/8极电动机均可，原因是电动机转速降低之后，偶合器功率降低，离心式机械的功率也同步降低，不论在高速级还是低速级偶合器始终能够驱动工作机
液力偶合器与恒扭矩工作机匹配时双速电动机极对数选择	当液力偶合器与恒扭矩工作机匹配时，由于工作机的扭矩不随转速下降而下降，而偶合器的力矩却随转速下降而下降，故推荐选用4/6极或6/8极双速电动机，而不要选用2/4极或4/8极双速电动机。原因是液力偶合器传递功率的能力与其转速的3次方成正比，若电动机转速降低1/2，则偶合器传递功率降低到原来的1/8，无法使偶合器在高速和低速工况均发挥作用
	液力偶合器与4/6极或6/8极电动机匹配时，高速与低速时的传递功率比为3.375或2.37，尚可以通过调整偶合器低速与高速的转速比，使之与双速电动机相匹配
调速电动机的调速范围选择	与限矩型液力偶合器匹配的常用调速电动机有绕线式电动机、变频电动机等，由于以上介绍的原因，调速电动机的调速范围不可太大，推荐调速比1:2以下
偶合器规格选择与计算	计算偶合器规格时，应以低转速工况为主，在低转速工况时，取大转差率、低效率，常取 $i = 0.90 \sim 0.93$，这样偶合器传递功率可比额定值提高约50%，可降低与高转速时的功率差
充液率调整	充液率的调整以能满足低速工况正常运行为准
易熔塞保护温度选择	因偶合器在低速时转差率加大，效率降低、发热量增大，有可能经常喷液，故推荐易熔塞保护温度选择140℃
过载保护选择	偶合器低速运行时，过载系数比正常值低 偶合器高速运行时，过载系数提高，基本上无过载保护功能

以下举例说明双速电动机或变频电动机驱动限矩型液力偶合器选型匹配的方法和步骤。

例1 某制革转鼓采用变频调速电动机驱动，转鼓所需要的最高转速与最低转速见表7-2-116，电动机在额定工况时传递功率22kW，在低速级要求至少能传递11kW，试选配合适的限矩型液力偶合器。

表 7-2-116 　　　　　　　　　　　　**某制革转鼓的技术参数**

转鼓最高转速 /r·min⁻¹	转鼓最低转速 /r·min⁻¹	调速范围	电动机最高转速 /r·min⁻¹	电动机最低转速 /r·min⁻¹
14	8	1:0.57	1480	844

解：根据已知条件，按表7-2-117所示的步骤进行选型匹配计算。

表 7-2-117 　　　　　　　　　　**与变频调速电动机驱动的限矩型液力偶合器选型匹配**

步骤	选型匹配内容	计算	说明
1	计算偶合器高速级和低速级的传动功率比，确定可否用液力偶合器传动	因液力偶合器传递功率与转速的3次方成正比，故有 $\dfrac{P_1}{P_2} = \left(\dfrac{n_1}{n_2}\right)^3$。由于 $n_1 = 1480\text{r/min}$，$n_2 = 844\text{r/min}$，所以 $\dfrac{P_1}{P_2} = \left(\dfrac{1480}{844}\right)^3 = 5.39$	这一计算的目的是判断偶合器高速级与低速级的传递功率比，确定能否用液力偶合器传动，以及为下一步选择偶合器高速级和低速级的转速比提供依据
2	确定可否用液力偶合器传动	由步骤1知偶合器低速级与高速级传递功率比为1:5.39	传递功率比过大，勉强可以选型匹配，但偶合器高速级的功率比电动机的功率超出很多，无过载保护，应当予以注意

步骤	选型匹配内容	计　　算	说　　明
3	确定偶合器低速级和高速级的转速比 i（或转差率 S）	取 $i_低=0.93$，$i_高=0.98$	由于偶合器高速级与低速级传递功率比过高，故低速级的转速比应降低，取 $i=0.93$。如果经以下几步计算仍无法匹配，则可再加大滑差，最多可达 $i=0.90$
4	查 $i=0.93$、$i=0.98$ 时传递功率与额定功率之比	由特性曲线知：$i=0.93$ 时，与额定工况传递功率之比为 1.53；$i=0.98$ 时，与额定工况传递功率之比为 0.54	这一步骤是为下一步计算低速级时偶合器额定工况传递功率作准备
5	计算低速级时 $i=0.96$ 额定工况偶合器传递功率（偶合器低速级转速 844r/min）	$P_{低e}=\dfrac{P_低}{1.53}$，$P_低=11$kW，则低速级时偶合器 $i=0.96$ 额定功率 $P_{低e}=\dfrac{11}{1.53}=7.2$kW	由上一步知低速级 $i=0.93$ 时传递功率与低速级额定功率之比为 1.53，由已知条件可知低速级传递功率要求不小于 11kW，故可依此计算出输入转速 844r/min，$i=0.96$ 时的额定功率应不小于 7.2kW
6	计算偶合器在输入转速为 1480r/min 时的额定功率	$P_e=P_{低e}\times5.39=7.2\times5.39=38.8$kW	由于一般的偶合器功率图谱和功率对照表并无 844r/min 的数据，所以应转换一下再查表，也可以直接查功率图谱
7	查功率图谱或功率对照表初选偶合器规格	查功率对照表 YOX400 偶合器，在输入转速为 1500r/min 时最大传递功率为 48kW	初步确定可以选 YOX400 偶合器
8	验算	（1）核算所选偶合器在输入转速 844r/min，$i=0.93$ 时能否传递功率 11kW 1）计算 YOX400 在输入转速＝844r/min，$i=0.96$ 额定工况传递功率：$P_{ei}=P_e/5.39=48/5.39=8.9$kW 2）计算 YOX400 在输入转速 844kW，$i=0.93$ 时传递功率： $P_{0.93}=P_{ei}\times1.53=8.9\times1.53=13.6$kW。 （2）核算偶合器在输入转速为 1480r/min，$i=0.98$ 工况传递功率：YOX400 偶合器在 $i=0.96$ 额定工况传递功率 48kW，由表 5-21 可知，当 $i=0.98$ 时的传递功率是 $i=0.96$ 时的 0.54 倍，因此 $i=0.98$ 时 YOX400 传递功率 $P_{0.98}=48\times0.54=25.9$kW	（1）选择 YOX400 型偶合器当输入转速为 844r/min，$i=0.93$ 时传递功率大于 11kW。因而在低速级能保证功率传递，估计 $i=0.93$ 时偶合器不至于发热喷液 （2）在输入转速 1480r/min，$i=0.98$ YOX400 偶合器传递功率等于 25.9kW，按偶合器匹配要求，偶合器与电动机的功率比应为 1：0.95，偶合器匹配功率应为 $22\times0.95=20.9$kW，与 25.9kW 接近 原过载系数 $T_g=2.2$ 最大传递功率 $P_{max}=2.2\times48=105.6$kW $T_{g0.98}=105.6/25.9=4.07$，说明偶合器在高速级时过载系数提高，过载保护功能降低

例 2　某制革转鼓采用 YD250-6/4 级双速电动机拖动，采用 V 带轮式偶合器传动，试进行选型匹配。

解：根据以上已知条件，按表 7-2-118 所示的步骤进行选型匹配计算。

表 7-2-118　　　　双速电动机驱动的限矩型液力偶合器选型匹配

步骤	选型匹配内容	计　　算	说　　明
1	计算偶合器高速级和低速级的传动功率比，确定可否用液力偶合器传动	已知电动机 4 级时同步转速为 1500r/min，电动机 6 级时同步转速为 1000r/min。查电动机功率表知，YD250M-6/4 电动机 4 级时额定功率为 48kW，6 级时额定功率为 32kW，偶合器功率比为 $\dfrac{P_1}{P_2}=\left(\dfrac{n_1}{n_2}\right)^3=\left(\dfrac{1500}{1000}\right)^3=3.375$	高速级与低速级偶合器传递功率之比为 3.375，可以用液力偶合器传动
2	确定偶合器低速级和高速级转速比 i	取 $i_低=0.93$，$i_高=0.97$	同例 1

第 7 篇

步骤	选型匹配内容	计　算	说　明
3	查 $i=0.93$ 和 $i=0.97$ 时传递功率与额定功率之比	由特性曲线知： $i=0.93$ 时与额定功率之比 1.53， $i=0.97$ 时与额定功率之比为 0.89	同例1
4	计算低速级 $i=0.96$ 时偶合器传递功率的额定值	因为 $\dfrac{P_{低}}{P_e}=1.53$ ， $P_e=\dfrac{P_{低}}{1.53}$ ，而 $P_{低}=32\text{kW}$ ，故 $P_e=\dfrac{32}{1.53}=20.9\text{kW}$	由此可求出在电动机为6级（转速为1000r/min）时偶合器 $i=0.96$ 时的额定功率是多少，为下一步查表选择偶合器提供依据
5	查功率图谱或功率对照表初选偶合器规格	查 YOX450 偶合器在输入转速为 1000r/min 时最大传递功率为 26kW，大于 20.9kW	初选 YOX450 偶合器
6	验算	（1）核算所选偶合器在输入转速为 1000r/min， $i=0.93$ 时能否传递功率 32kW 　1）查表 YOX450 偶合器在输入转速 1000r/min， $i=0.96$ 时的传递功率为 26kW 　2）计算偶合器在输入转速为 1000r/min， $i=0.93$ 时的传递功率： 　　$P_{0.93}=P_e\times1.53=26\times1.53=39.78\text{kW}>32\text{kW}$ （2）核算偶合器在 $i=0.97$ 工况传递功率： 　　$P_{0.97}=P_e\times0.89=85\times0.89=75.65\text{kW}>42\text{kW}$	（1）选择 YOX450 比较合适 （2）高速级时过载系数高，失去过载保护功能

4.12　带偶合器传动系统启动特性计算

对于某些要求频繁启动的大转动惯量工作机，例如离心分离机，启动、停车等过渡过程时间占装置总使用时间达很大的比例，有时需要计算启动过程中各参数随启动时间的变化关系。图7-2-13为带偶合器传动系统原理图。

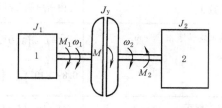

图 7-2-13　带偶合器传动系统原理图

1—异步电动机；2—工作机； J_1 —系统主动部分，包括电动机、偶合器泵轮，转动外壳等转算到偶合器输入轴上的转动惯量； J_2 —系统从动部分转动惯量，包括涡轮，转到偶合器输出轴上； ω_1 和 M_1 —电动机角速度和转矩；
ω_2 和 M_2 —工作机的角速度和转矩； M —偶合器所传转矩； J_y —偶合器中液体相对于旋转轴的转动惯量

在计算启动特性之前，必须具有该传动系统的异步电动机的负荷特性 $M_1=M_1(\omega_1)$ ；工作机的负荷特性 $M_2=M_2(\omega_2)$ 和偶合器的无因次特性 $\lambda=f(i)$ ，见图7-2-14。并假定在启动特性计算中可利用上述三者的静态转矩特性。

表 7-2-119 带偶合器传动系统启动特性计算

序列	参　数	计算公式或来源
1	主动部分转动惯量（转算到偶合器输入轴上）$J_1/\mathrm{kg \cdot m^2}$	根据系统的具体情况,按动力学基本公式计算
2	从动部分转动惯量(转算到偶合器的输出轴上)$J_2/\mathrm{kg \cdot m^2}$	根据工作机和偶合器具体情况,按动力学基本公式计算
3	偶合器叶轮内液体对旋转轴的转动惯量 $J_y/\mathrm{kg \cdot m^2}$	$J_y = \rho A_m r_0 \pi \left(R_m^2 - \dfrac{r_0^2}{z} \right)$　　式中: $r_0 = \dfrac{R_2-R_1}{2}$, m $A_m = \dfrac{(R^2-R_0^2)\pi}{2}$, $\mathrm{m^2}$; R, R_0, R_2, R_1 和 R_m 的含义与计算公式,见表 7-2-82; ρ ——工作油密度, $\mathrm{kg/m^3}$
4	某一步长的计算初始值 t_1'/s; $\omega_1'/\mathrm{s^{-1}}$; $\omega_2'/\mathrm{s^{-1}}$	对传动系统由静止开始启动的,取 $t_1'=0$, $\omega_1'=0$, $\omega_2'=0$。如非静止开始启动,则另取别外值。t_1', ω_1' 和 ω_2'——某步长起始瞬间的时间,主动部分角速度和从动部分角速度
5	经过很小时间间隔 Δt 之后电动机的角速度增量 $\Delta\omega_1/\mathrm{s^{-1}}$	根据具体情况取定。取得小,计算精度高,计算量大;取得大,精度低,计算量少
6	电动机的平均角速度 $\bar{\omega}_1/\mathrm{s^{-1}}$	$\bar{\omega}_1 = \omega_1' + \dfrac{\Delta\omega_1}{2}$
7	与 $\bar{\omega}_1$ 对应的电动机平均转矩 $\overline{M}_1/\mathrm{N \cdot m}$	由电动机负荷特性 $M_1 = M_1(\omega_1)$ 查得,见图 7-2-14
8	经过很小时间间隔 Δt 之后工作机的角速度增量 $\Delta\omega_2/\mathrm{s^{-1}}$	根据具体情况先取定,经校核后再修正,逐次接近
9	工作机的平均角速度 $\bar{\omega}_2/\mathrm{s^{-1}}$	$\bar{\omega}_2 = \omega_2' + \dfrac{\Delta\omega_2}{z}$
10	与 $\bar{\omega}_2$ 对应的工作机平均转矩 $\overline{M}_2/\mathrm{N \cdot m}$	由工作机负荷特性 $M_2 = M_2(\omega_2)$ 查得。与图 7-2-14 所示方法类似
11	偶合器平均转速比 $\bar{i}$	$\bar{i} = \bar{\omega}_2 \sqrt{\omega_1}$
12	与 $\bar{i}$ 对应的偶合器转矩系数 $\bar{\lambda}$	由所用偶合器无因次特性 $\lambda = f(i)$ 查得
13	与 $\bar{i}$ 对应的偶合器所传的平均转矩 $\overline{M}/\mathrm{N \cdot m}$	$\overline{M} = \rho\, \bar{\omega}_1^2 \lambda_0 D^5$, $\lambda = \dfrac{M}{\rho\omega_1^2 D^5}$ 为无因次值,其数值等于 $0.895 \times 10^3 \lambda_{常用}$ $\left(\lambda_{常用} = \dfrac{M}{\rho g n_B^2 D^5}\right)$
14	校核传动系统的运动微分方程式	$\dfrac{\overline{M}_1 - \overline{M}}{\overline{M} - \overline{M}_2} = \left(\dfrac{J_1 + J_y}{J_2 + J_y}\right)' \dfrac{\Delta\omega_1}{\Delta\omega_2}$ 等式两边必须相等,如不等,重新取 $\Delta\omega_2$,重复序列 8~13 计算,到满意的相等为止。再往下计算
15	对应该步长的时间间隔 $\Delta t/\mathrm{s}$	$\Delta t = \dfrac{J_1 + J_y}{\overline{M}_1 - \overline{M}} \Delta\omega_1$
16	平均时间 $\bar{t}/\mathrm{s}$	$\bar{t}_1 = t_1' + \dfrac{\Delta t}{2}$

第7篇

续表

序列	参　数	计算公式或来源
17	该步长的终点参数 t_1''/s；$\omega_1''/\mathrm{s}^{-1}$；$\omega_2''/\mathrm{s}^{-1}$	$t_1'' = t_1' + \Delta t$ $\omega_1'' = \omega_1' + \Delta \omega_1$ $\omega_2'' = \omega_2' + \Delta \omega_2$ 作为下一个步长计算的初始值
18	该时间间隔内偶合器的功率损失 $\overline{N}_\mathrm{S}/\mathrm{kW}$	$\overline{N}_\mathrm{S} = \overline{M}(\overline{\omega}_1 - \overline{\omega}_2)$

注：1. 序列 4~18 为第一个时间间隔的计算结果，之后，以 t_1''，ω_1'' 和 ω_2'' 作为初始值，重复 4~18，算出第二时间间隔各参数。再重复上述算法，直到启动过程结束，传动系统稳定运转为止。最后作出 $\overline{\omega}_1$、$\overline{\omega}_2$、$\overline{M}_1$、$\overline{M}_2$、$\overline{M}$ 和 $\overline{N}_\mathrm{S}$ 随 $\bar{t}$ 的变化关系曲线图（图 7-2-16）。

2. 如果工作机的起始转矩（$\omega_2 = 0$ 时的 M_{20}）不等于零（图 7-2-15b 中的曲线 1 和 2），则在工作机转动之前，ω_2'，$\overline{\omega}_2$ 和 $\bar{t}$ 均等于零，$\overline{M} = \rho \lambda_0 \overline{\omega}_1^2 D^5$（$\lambda_0$ 为 $i = 0$ 时偶合器转矩系数），可按上表算出工作机转动之前的 $\overline{\omega}_1$、$\overline{M}_1$、$\overline{M}$、$\overline{N}_\mathrm{S}$ 和 $\bar{t}$。与此阶段终了时相应的电动机角速度 $\omega_{10} = \sqrt{\dfrac{M_{20}}{\rho \lambda_0 D^5}}$。

3. 据 $\overline{N}_\mathrm{S} = f(\bar{t})$ 的关系曲线，可以标出整个启动过程中转换成热量的功 $A_\mathrm{S} = \sum \overline{N}_\mathrm{S} \cdot \Delta t$（W·s）。

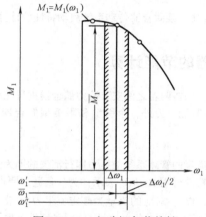

图 7-2-14　电动机负荷特性

图中计算的参数为：$J_1 = 20\mathrm{kg} \cdot \mathrm{m}^2$，$J_2 = 200\mathrm{kg} \cdot \mathrm{m}^2$；$D = 0.2\mathrm{m}$，$\rho = 900\mathrm{kg/m}^3$；异步电动机负荷特性为图 7-2-15a，工作机负荷特性为图 7-2-15b 中的曲线 1，偶合器无因次特性为图 7-2-15c，图 7-2-16 中还与异步电动机直接带动工作机（无偶合器）的启动特性作了比较。可以看出，在本例情况下，带偶合器的传动系统，在 5s 后电动机即可越过最大转矩，65s 已达到稳定运转工况；对于不带偶合器的，越过电动机最大转矩的时间为 52s，达到稳定运转工况则需更长的时间。

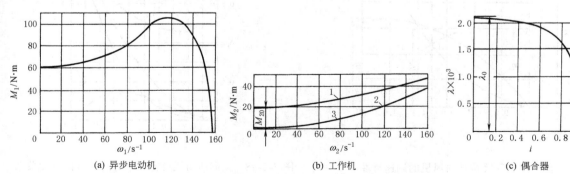

图 7-2-15　某带偶合器传动系统的一些原始特性

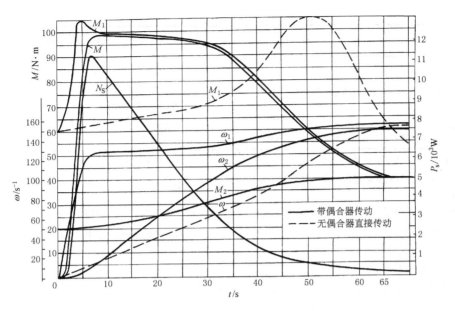

图 7-2-16　某偶合器传动系统启动特性的计算结果

4.13　传动系统采用偶合器的节能计算

　　异步电动机带动的离心泵和风机，如在两者之间安装液力偶合器进行无级调速，与目前普遍采用的节流调节或风机进口导叶调节相比，可以大量节能。另外，牵引型和限矩型偶合器在启动过程中也可节能。其计算方法如下。

　　（1）无静压管路系统

　　对于泵或风机停止运转时，输送流量的管路系统的压力即行消失的即为无静压管路系统。离心通风机和大部分鼓风机属于这种类型，其管路阻力特性可用 $R=KQ^2$ 表示，为一条通过原点 0 的二次抛物线。设它与 n_1 为定值的风机压头流量特性交于点 e（图 7-2-17），对应的流量为额定流量 Q_e，效率为最高效率 η^*，风机（或泵）的轴功率为额定功率 P_e。如采用偶合器调速，试求任一流量 Q_A 时各特性参数（表 7-2-120）。

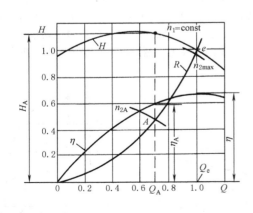

图 7-2-17　无静压时风机的调速特性

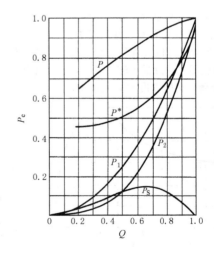

图 7-2-18　无静压时风机各功率随流量 Q 的变化关系
P_2，P_1，P_S，P 和 P^* ——见表 7-2-120

表 7-2-120

序 列	名　　　　称	计算公式或来源
1	n_1 为定值时风机的压头流量特性	由风机制造厂提供 $H=f(Q)$ 曲线图
2	通风管路的阻力特性	由供风管路的沿程和局部阻力计算求得，$R=KQ^2$ 选用风机时一般使阻力特性曲线通过对应于风机最高效率点的额定工况点 e
3	任意流量 Q_A 时的风机转速 $n_{2A}/\text{r} \cdot \text{min}^{-1}$	$n_{2A} = \dfrac{Q_A}{Q_e} n_1$ 式中　n_1——电动机的额定转速，r/min 　　　Q_e——风机的额定流量，m^3/s
4	偶合器在 A 点的转速比 i_A	$i_A = \dfrac{n_{2A}}{n_1}$
5	偶合器在 A 点的液力效率 η_{yA}	$\eta_{yA} = i_A$
6	偶合器在 A 点的滑差 S_A	$S_A = 1 - i_A$
7	在 A 点运转的风机轴功率 P_{2A}/kW	$P_{2A} = \left(\dfrac{n_{2A}}{n_1}\right)^3 P_e = i_A^3 P_e$ 式中　P_e——风机在转速为 n_1 时额定轴功率，kW
8	偶合器输入功率或电动机轴功率 P_{1A}/kW	$P_{1A} = \dfrac{P_{2A}}{\eta_{yA}} = \dfrac{i_A^3 P_e}{i_A} = i_A^2 P_e$
9	偶合器的功率损失 P_{SA}/kW	$P_{SA} = P_{1A} - P_{2A} = (i_A^2 - i_A^3) P_e$
10	风机由电动机直接带动，并以 n_1 恒速运转，用节流调节得到流量 Q_A 时风机(或电动机)轴功率 P_A/kW	$P_A = \dfrac{\rho Q_A H'_A}{1000 \eta_A}$ 式中　H'_A——对应于 Q_A 的压头，kPa 　　　ρ'——流体密度，kg/m^3 　　　η_A——对应于 Q_A 的风机效率
11	与节流调节对比，风机用偶合器调速后所节约的功率 $\Delta P/\text{kW}$	$\Delta P = P_A - P_{1A}$
12	在 Q_A 工况运转 h 小时后所节约的电能 $A/\text{kW} \cdot \text{h}$	$A = \Delta P h$

注：1. 取若干个不同流量的点进行与上表同样顺序的计算，即可得上述各参数随流量 Q 的变化关系曲线，如图 7-2-18。图中还表示了风机采用进口导叶调节时电动机功率 P^*，以资比较。

2. 偶合器功率损失最大值 P_{Smax} 发生在 $i = \dfrac{2}{3}$ 处，其值 $P_{Smax} = \left[\left(\dfrac{2}{3}\right)^2 - \left(\dfrac{2}{3}\right)^3\right] P_e \approx 0.148 P_e$。

3. 偶合器在传递额定功率时有约 0.03 的转差率，故风机最大转速 $n_{2max} \approx 0.97 n_1$，最大流量也将比电动机直接带动时略为减小（约3%）。

（2）有静压管路系统

在泵和风机停止运转时，输送流量的管路系统仍具有恒定的静压头 H_0（例如锅炉给水泵，自来水供水系统，煤气鼓风机供气系统）。绝大部分水泵属于这种类型，其管路阻力特性可用 $R = H_0 + KQ^2$ 表示。设它与 n_1 为定值的水泵压头流量特性交于点 P（图 7-2-19），对应的 Q_{max} 和 η^* 为泵的最大流量和最高效率。现求阻力特性上任一点 A（对应流量和压头为 Q_A 和 H_A）的各特性参数（见表 7-2-121 及图 7-2-20）。

从图 7-2-18 和图 7-2-20 可以看出：异步电动机带动的离心泵和风机采用偶合器调速，可以大量节能，例如，当流量调节到 $0.4 P_e$ 时，所能节约的功率约为电动机额定功率的60%和20%。自然，这一数值与泵或风机特性曲线形状以及管路系统静压头 H_0 大小有关，但是，总的趋势不变；流量调节的幅度愈大，泵和风机在小流量时使用时间愈长，节能效果也愈明显；偶合器在调速过程中虽然也有功率损失 P_s，但与所能节约的功率 ΔP 相比相对不大，易为人们所接受。

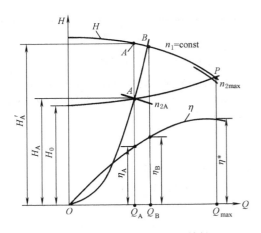

图 7-2-19　给水泵的调速特性

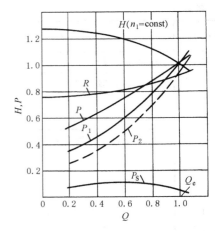

图 7-2-20　管路有静压时，给水泵用偶合
器调速，各参数随流量 Q 的变化关系

P_2，P_1，P，P_s——见表7-2-121；

Q——流量，m^3/s

表 7-2-121

序 列	名　　称	计算公式或来源	说　　明
1	n_1 为定值时泵的压头（扬程）流量特性	由所选泵的制造厂提供 $H=f(Q)$ 曲线图	两者交点流量 Q_{max} 一般大于额定流量 Q_e，以备长期运行后管路阻力增加时，也能保证系统流量不低于 Q_e，不影响系统正常使用。过 A 点作通过原点 O 的相似工况抛物线，与 $n_1=$ const 的 H-Q 曲线交于点 B，得对应于 B 点的 Q_B 和 η_B
2	供水管路的阻力特性	由供水管路静压头，管路沿程和局部阻力计算求得，$R=H_0+KQ^2$	
3	任意流量 Q_A 时的水泵转速 $n_{2A}/$ r/min	$n_{2A}=\dfrac{Q_A}{Q_B}n_1$	
4	偶合器在 A 点的转速比 i_A	$i_A=\dfrac{n_{2A}}{n_1}$	
5	偶合器在 A 点的液力效率 η_{yA}	$\eta_{yA}=i_A$	
6	偶合器在 A 点的滑差 S_A	$S_A=1-i_A$	
7	在 A 点运转的水泵轴功率 P_{2A}/kW	$P_{2A}=\dfrac{\rho H_A Q_A}{1000\eta_B}$ ρ——水的密度，kg/m^3； H_A——A 点压头，kPa； Q_A——A 点流量，m^3/s； η_B——对应 B 点水泵效率	
8	偶合器输入功率或电动机轴功率 P_{1A}/kW	$P_{1A}=\dfrac{P_{2A}}{\eta_{yA}}=\dfrac{P_{2A}}{i_{yA}}$	
9	偶合器的功率损失 P_{SA}/kW	$P_{SA}=P_{1A}-P_{2A}$	
10	水泵由电动机直接带动，并以 n_1 恒速运转，用节流阀调节得到流量 Q_A 时泵（或电动机）的轴功率 P_A/kW	$P_A=\dfrac{\rho H'_A Q_A}{1000\eta_A}$ H'_A——对应 A 点的在 $n_1=$ const 的 H-Q 曲线上的压头，kPa； η_A——对应 A 点的水泵效率	
11	与节流调节相比，水泵用偶合器调速后所节约功率 $\Delta P/kW$	$\Delta P=P_A-P_{1A}$	

续表

序列	名　称	计算公式或来源	说　明
12	在 Q_A 工况运转 h 小时后所节约的电能 $A/\mathrm{kW \cdot h}$	$A = \Delta Ph$	

注：1. 取若干个不同流量点进行与上表同样顺序的计算，即可得上述各参数随流量 Q 的变化关系曲线，见图 7-2-20。

2. 偶合器在传递额定功率时约有 0.03 的滑差，故泵最大转速 $n_{2\max} \approx 0.97 n_1$，最大流量也将比电动机直接带动时约小约 3%。

3. 当管路输送额定流量 Q_e 时，泵的压头一般选用比管路阻力高约 10% 作为储备，以备管路长期使用后阻力增加时，也能保证系统的额定流量。平时这种压力储备为节流阀所消耗，使用偶合器调速后可取消这一消耗，使泵在额定流量运转时也能达到节能目的。

当多台泵或风机并联运行时，可以对其中一台或几台进行调速，而其他几台仍定速运行。这种调速和定速的组合，可以达到流量的连续调节和明显的节能效果。有关并联运行中某些问题，读者可参考有关文献，这里不再讨论。

（3）牵引型和限矩型偶合器启动时节能计算

与电动机直接带动工作机的直接启动相比，牵引型和限矩型偶合器在启动过程中可以节能（图 7-2-21）。由于偶合器输入部分（泵轮）的惯量比工作机要小得多，加速过程中偶合器转矩 M_1 又小于电动机转矩 M_D，因此，

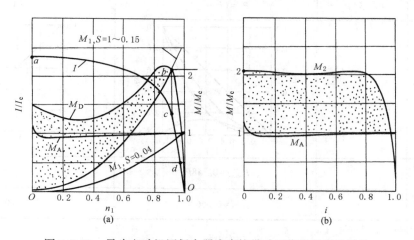

图 7-2-21　异步电动机用偶合器或直接带动工作机的启动特性

采用偶合器后，甚至在工作机保持不转（$S=0$）的情况下，也可使电动机迅速启动并越过其最大转矩值，在 b 点稳定运转。而涡轮就以电动机的最大转矩 M_2 去推动工作机，克服其阻力转矩 M_A 并进行加速，到滑差 $S=0.15$（$i \approx 0.85$）时 M_2 才逐步下降，最后与工作机阻力特性在 $S=0.04$ 额定转矩值处相交，涡轮与工作机的启动加速过程才算完成，如图 7-2-21b。由于 $M_2 - M_A$ 要比 $M_D - M_A$ 大，因此，与电动机直接带动工作机相比，能更迅速地启动工作机。图 7-2-21a 中还表示启动电流 I 随电动机转速 n_1 的变化关系。在电动机通电而转子尚未转动一刹那出现峰值电流之后，I 由 a 点的最大值经 c 点向等于额定值 I_e 的 d 点逐步下降。两种启动方式因电动机升速时间不同，启动电流随启动时间 t 的变化关系也各不相同，见图 7-2-22。图中两曲线之间的面积，就是采用偶合器在一次启动过程中所能节约的电能。

如果所选用的异步电动机负荷特性内还具有启动电流 I 随转速 n_1 的变化关系曲线，如图 7-2-21a，则根据表 7-2-120 所列的启动特性的计算方法，也可求出两种传动方式在启动过程中 I 随启动时间 t 的变化关系曲线，由此算出一次启动过程中所节约的电能值。

工作机的惯量愈大，启动过程的时间愈长，启动的次数愈频繁，使用偶合器后的节电效果也愈明显。

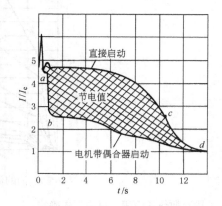

图 7-2-22　异步电动机用偶合器在一次启动过程中的节电值

4.14 发热与散热计算

（1）偶合器运转时产生的热量

偶合器在运转中存在滑差和机械效率，因而有功率损失并转化为油的热量，其值为

$$Q = 3600000[P_S + P_e(1-\eta_m)] \quad (J/h) \tag{7-2-22}$$

式中 P_S——偶合器的功率损失，kW，可按表 7-2-122 选定；

η_m——偶合器机械效率，按表 7-2-76 确定；

P_e——偶合器所传的额定功率，kW。

表 7-2-122   功率损失 P_S 的确定

偶合器型式	牵引型,限矩型	调速型	
负荷型式	长期运转于额定工况	负荷功率 P_2 随转速 n_2 的变化关系	
		$P_2 \propto n_2^3$（或 $P_2 \propto i^3$）	$P_2 \propto n_2$（或 $P_2 \propto i$）
负荷实例	运输机,破碎机	离心泵、离心鼓风机	往复机、提升机
滑差损失值和计算公式	$P_S = S^* P_e$	$P_S = (i^2 - i^3)P_e$	$P_S = (1-i)P_e$
P_S 随 i 的变化规律		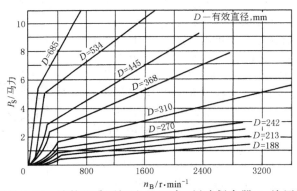	
最大滑差损失 P_{Smax}		$P_{Smax} = 0.148P_e$	$P_{Smax} = P_e$
与 P_{Smax} 对应的偶合器转速比		$i = 0.666$	$i = 0$

注：P_e——原动机的额定功率，kW。

（2）风冷散热及限制

对于功率损失不大的偶合器，可以通过旋转壳体向大气散热，但发散的功率不应超出图 7-2-23 的限制，否则油的温升将超过 65℃。

图 7-2-23   油的温升不超过 65℃ 时，风冷偶合器 P_S 许用值

风冷散热片面积，可由下式确定

$$F = \frac{Q}{\xi(t-t_1)} \quad (m^2) \tag{7-2-23}$$

式中 ξ——油到空气的传热系数，$J/(m^2 \cdot h \cdot \text{℃})$，在壳体旋转和通风良好时，$\xi$ 可达 $2.93 \times 10^5 J/(m^2 \cdot h \cdot \text{℃})$，此时油温为 90℃；

  Q——偶合器的散热量，J/h，由式（7-2-22）确定；

 t，t_1——工作油温度和环境温度，℃。

（3）冷却供油系统与设备计算

中大功率偶合器必须有冷却供油系统，其作用是：带走偶合器因滑差和其他机械损失而产生的热量；实现偶合器的无载或空载启动，接合和脱离，无级调速以及供油量的自动控制；润滑偶合器各轴承和传动齿轮；有时还供应电动机和工作机的润滑系统，等等。

① 供油泵的排量 q_c 与压头

$$q_c = \frac{Q}{c_p \Delta t \rho} \quad (m^3/h) \qquad (7\text{-}2\text{-}24)$$

式中 Q——偶合器的散热量，J/h，由式（7-2-22）确定；

  c_p——工作油比热容，$J/(kg \cdot \text{℃})$，对 20 号机械油和 22 号透平油常数 $c_p = 1884 \sim 2303 [J/(kg \cdot \text{℃})]$；

  Δt——进出偶合器工作油温差，℃，常取 $\Delta t = 15 \sim 35℃$；

  ρ——工作油密度，对 20 号机械油和 22 号透平油，在油温 70℃时，可取 $\rho = 860 \sim 870 kg/m^3$。

供油泵的压力，应在偶合器进口处保证不低于 $(0.4 \sim 1) \times 10^5 Pa$，过低进口压力会使偶合器供油不足，滑差大大增加，影响正常运转。

② 冷却器传热面积 F

$$F = \frac{Q}{K\left(\dfrac{t_1 + t_2}{2} - \dfrac{\tau_1 + \tau_2}{2}\right)} \quad (m^2) \qquad (7\text{-}2\text{-}25)$$

式中 Q——偶合器运转中最大散热量，J/h，由式（7-2-22）确定；

  K——油到水之间的传热系数，$J/(m^2 \cdot h \cdot \text{℃})$，视冷却器的结构而定，对管式结构 $K = (628 \sim 1047) \times 10^3 J/(m^2 \cdot h \cdot \text{℃})$，对板式结构 $K = (837 \sim 2930) \times 10^3 J/(m^2 \cdot h \cdot \text{℃})$；

 t_1，t_2——工作油进、出冷却器温度，℃；

 τ_1，τ_2——冷却水进、出冷却器温度，℃。

偶合器的出口油温，一般不超过 70~75℃。对于大功率偶合器，如果工作油和润滑油分别带有冷却器，则对润滑油温限制在 70℃ 以下的同时，工作油温可提高到 85~100℃，以提高冷却效果和减小冷却器的传热面积。

③ 冷却器所需的水量 q_L

$$q_L = \frac{Q}{c \Delta \tau \rho} \quad (m^3/h) \qquad (7\text{-}2\text{-}26)$$

式中 Q——偶合器运转中最大散热量，J/h，由式（7-2-22）确定；

  c——水的比热容，$J/(kg \cdot \text{℃})$，$c = 4186.8 [J/(kg \cdot \text{℃})]$；

  $\Delta \tau$——冷却器进出口水的温差，℃，管式一般 3~5℃，板式一般 5~10℃；

  ρ——水的密度，$\rho = 1000 kg/m^3$。

（4）勺管排油系统

偶合器设置勺管的目的是为了实现无级调速，也是偶合器排（或进）油的一种可靠的办法，目前普遍采用。

当偶合器辅油室中旋转油环自由液面与勺管进口截面中心一致时，油的动能转变为位能，在迎流孔口处所产生的压头为

$$H_x = \frac{u_x^2}{2g} \times 9.8 = \frac{u_x^2}{2} \quad (kPa) \qquad (7\text{-}2\text{-}27)$$

当勺管孔口伸下油环自由液面之下时的压头为

$$H_x' = 9.8\left(\frac{u_x^2}{g} - \frac{u_0^2}{2g}\right) = u_x^2 - \frac{u_0^2}{2} \quad (kPa) \qquad (7\text{-}2\text{-}28)$$

式中 u_x——油环在勺管孔口处圆周速度，m/s；

  u_0——油环自由液面处的圆周速度，m/s；

H_x，H_x'——距偶合器轴中心线距离为 R_x 时勺管孔口压头；当 $u_x = u_0$ 时，$H_x' = H_x$。

在这一压头作用下，工作油经勺管、排油腔体内通道和管路流回油箱（或进入偶合器流道），并克服在流动过程中所遇到的各种阻力损失。在设计中，应使勺管的排油能力不低于供油泵所能供应的能力（可按表 7-2-123 计算）。

表 7-2-123 　　　　　　　勺管所耗功率和移动勺管之力的计算

名　　称	公式和参数选择
管头浸在油环中的雷诺数 Re	$$Re = \frac{u_x d_t}{v}$$ u_x——半径为 R_x 油环的圆周速度,m/s;d_t——勺管头外径,m;v——油的运动黏性系数,m²/s
管头在油环中的摩擦阻力系数 ξ	$\xi = f(Re)$　　按 Re 查图 7-2-24 中的曲线
管头在油环中的摩擦损失 h_1/kPa	$h_1 = \xi \dfrac{u_x^2}{2}$
管头在油环中的摩擦阻力 F_1/N	$F_1 = \rho h_1 f$　　ρ——油的密度,kg/m³;f——垂直于 u_x 的管头横截面积
因勺出液体而在管头上产生的力 F_2/N	$F_2 = \rho q_c u_x$　　q_c——供油泵排量,m³/h,见式(7-2-24)
作用在勺管头上的力 F/N	$F = F_1 + F_2$
原动机消耗在勺管上的功率 N_t/kW	$N_t = \dfrac{F u_x}{1000}$
执行机构移动勺管时所需的最大力 P_{max}/N	$$P_{max} = \left(\frac{2L+l}{L}\right) \mu F_{max}$$ F_{max}——作用在管头上的最大力,发生在 R_{xmax} 时,N;L——勺管伸出支座的最大长度,m;l——支座长度,m;μ——摩擦系数,常取 $\mu = 0.06$

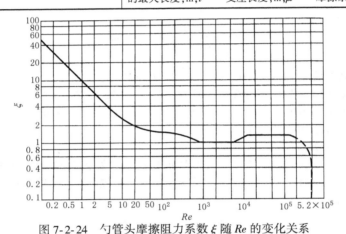

图 7-2-24　勺管头摩擦阻力系数 ξ 随 Re 的变化关系

4.15　试验

　　液力偶合器的试验有:台架试验、工业试验和出厂试验三种类型。

　　台架试验是对新设计的偶合器样机进行的,目的是:考验整机的结构设计运转是否正常,排除研制过程中某些不可避免的故障,为整机承受全功率扫清障碍;运转跑合,外特性试验,调速特性试验(调速型),零速工况试验(牵引型和限矩型),以确定偶合器的承载能力(转矩系数)、额定滑差、机械效率、调速范围、过载系数等性能指标是否达到设计的预期要求。台架试验中也可测定在全速运转时的振动和噪声值(带有齿轮传动的)。一般,在台架试验合格之后,才可投入全负荷工业试验。

　　工业试验是将偶合器安装于现场进行全负荷和在各种工况下长期运行,以进一步考核偶合器的性能,制造和装配质量以及使用寿命等。一般,对于调速型偶合器,无故障运行累计时间应大于5000h,牵引型和限矩型则为2000~4000h。

　　出厂试验是保证批量生产偶合器制造质量的重要环节,无论调速型或限矩型,必须逐台进行。其试验过程是:动车运转,排除制造或安装中因疏忽和某种偶然因素而引起的故障;然后在全速运转下检查渗漏情况,测定偶合器的振动、噪声,额定滑差值时的转矩系数等主要技术参数是否达到规定值,再进行运转跑合。出厂试验总的运转时间,一般不应少于2~3h。

　　各项试验完成之后,必须作出相应的试验报告或记录。

　　另外有 JB/T 4238.1~4238.4—2005 分别为液力偶合器的出厂试验方法;出厂试验技术指标;型式试验方法;型式试验技术指标。读者可查阅参考。

第 **3** 章 离 合 器

离合器是主、从动部分在同轴线上传递动力或运动时，具有接合或分离功能的装置，其离合作用可以靠嵌合、摩擦等方式来实现。按离合动作的过程可分为操纵式（如机械式、电磁式、液压式、气压式）和自控式（如超越式、离心式、安全式）。离合器可以实现机械的启动、停车、齿轮箱的速度变换、传动轴间在运动中的同步和相互超越、机器的过载安全保护、防止从动轴的逆转、控制传递转矩的大小以及满足接合时间等要求。

1 常用离合器的型式、特点及应用

表 7-3-1   各类离合器的型式、特点及应用

分类		名称和简图	接合速度	转矩范围/N·m	特点和应用
操纵式	机械操纵式	牙嵌离合器 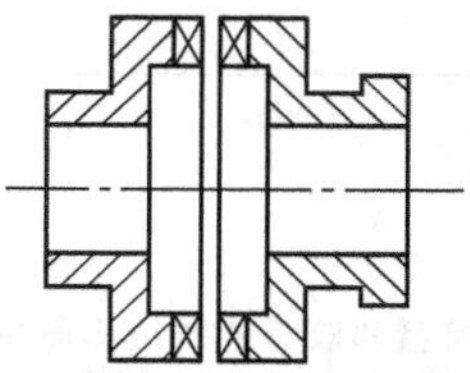	100~150 r/min	63~4100	外形尺寸小、传递转矩大，接合后主从动轴同步转动，无相对滑动，不产生摩擦热。但接合时有冲击，适合于静止接合，或转速差较小时接合（对矩形牙转速差小于等于 10r/min，对其余牙形转速差小于等于 300r/min），主要用于不需经常离合、低速机械的传动轴系。为了减少操纵零件的磨损，应把滑动的半离合器放在从动轴上
		转键离合器 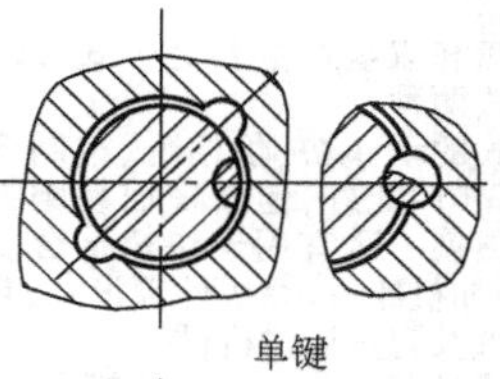 单键 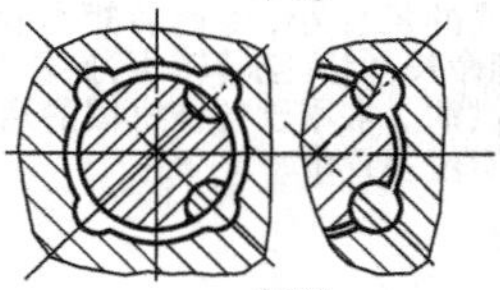 双键	<200r/min	100~3700	利用置于轴上的键，转过一角度后卡在轴套键槽中，实现传递转矩，其结构简单，动作灵活、可靠，有单键（单向转动）和双键（双向转动）两种结构，适用于轴与传动件连接，可在转速差小于等于 200r/min 下接合，常用于各种曲柄压力机中
		齿式离合器 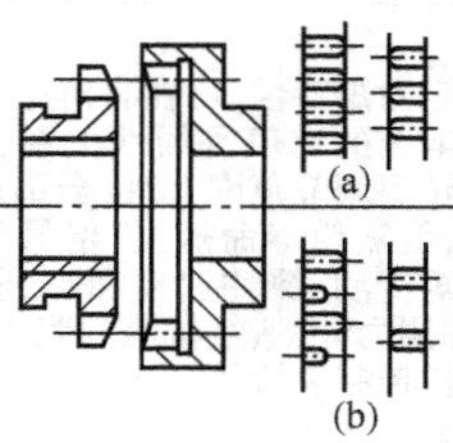 (a) (b)	低速接合		利用一对可沿轴向离合、具有相同齿数的内外齿轮。其特点是传递转矩大，外形尺寸小，并可传递双向转矩 适宜用于转速差不大，带载荷进行接合，且传递转矩较大的机械主传动或变速机械的传动轴系

分类		名称和简图	接合速度	转矩范围/N·m	特点和应用
操纵式	机械操纵	片式摩擦离合器 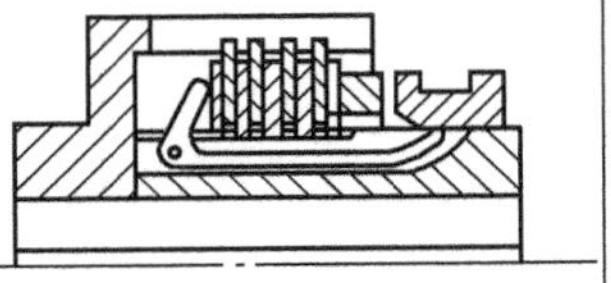	可在高速下接合	20~16000	利用摩擦片或摩擦盘作为接合元件,结构形式多[单盘(片)、多盘(片)、干式、湿式、常开式、常闭式等],其结构紧凑,传递转矩范围大,安装调整方便,摩擦材料种类多,能保证在不同工况下,具有良好的工作性能,并能在高速下进行离、合。能过载保护。接合过程产生摩擦热,应有散热措施。结构复杂,要常调整摩擦面间隙。广泛应用于交通运输、机床、建筑、轻工和纺织等机械中
		圆锥摩擦离合器 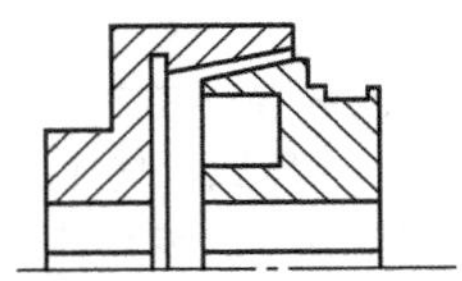	可在高速下接合	5000~286000	可通过空心轴同轴安装,在相同直径及传递相同转矩条件下,比单盘摩擦离合器的接合力小2/3,且脱开时分离彻底,过载时能起保护作用。其缺点是外形尺寸大,启动时惯性大,锥盘轴向移动困难,实用上常制成双锥盘的结构型式
	电磁操纵	牙嵌式电磁离合器 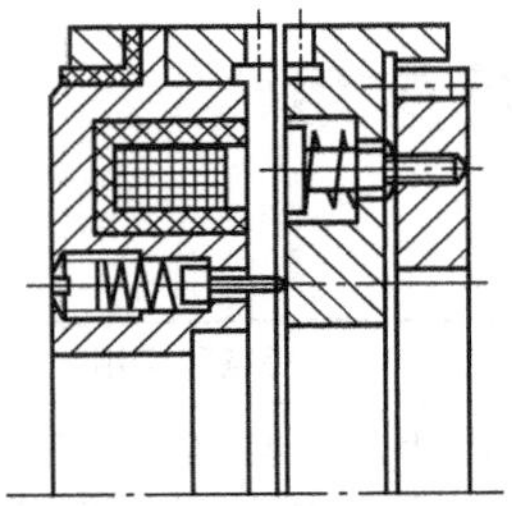	一般需在静态接合	12~5500	外形尺寸小,传递转矩大,传动比恒定,无空转转矩,不产生摩擦热,使用寿命长,可远距离操纵,但有转速差时,接合会发生冲击,不能在半接合状态下传递转矩。适用于低速下接合的各种机床、高速数控机械、包装机械等
		无滑环单盘摩擦电磁离合器 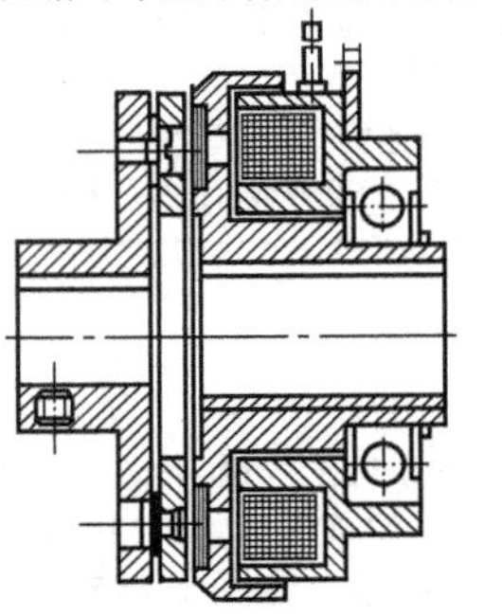 带滑环多片摩擦电磁离合器 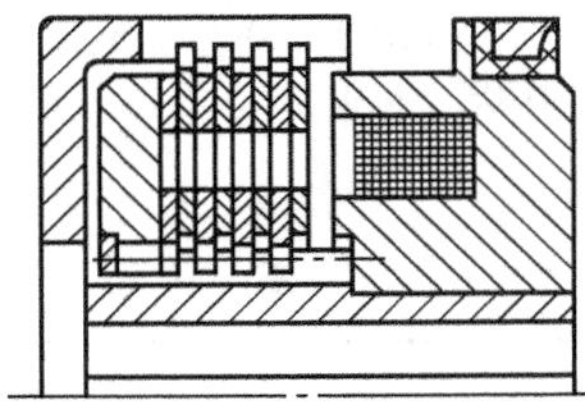	可在高转速差下接合	盘式 1~140000 多片干式 12~16000 多片湿式 1~16000	其中单盘和双盘式的结构简单,传递转矩大,反应快,无空转转矩,散热条件好,接合频率较高。多片式的径向尺寸小,结构紧凑,便于调整 单盘和双盘式主要为干式,多片式有干式和湿式两种 干式的动作快、价格低、控制容易、转矩较大,工作性能好,但摩擦面易磨损,需定期调整和更换。适宜用于快速接合、高频操作的机械,如机床、计算机外围设备、包装机械、纺织机械及起重运输机械等 湿式的尺寸小,传递转矩范围大,磨损轻微,寿命长,但有空转转矩,操作频率受限制,且需供油。常用于各种机械的启动、停止、变速和定位装置中
		磁粉离合器 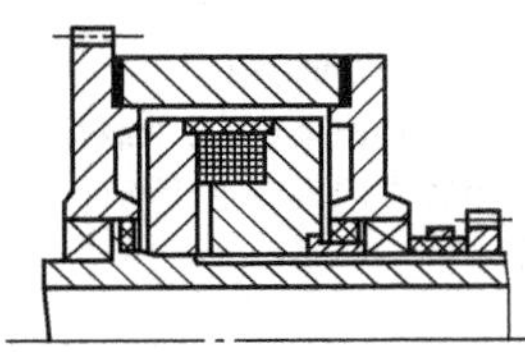		0.5~2000	具有定力矩特性,可在有滑差条件下工作,转矩和电流的比值呈线性关系,有利于自动控制。转矩调节范围大,接合迅速,可用于高频操作,但磁粉寿命短,价格昂贵,主要适用于定力矩传动、缓冲启动和高频操作的机械装置,如测力计、造纸机等的张力控制装置和船舶舵机控制装置等

第7篇

分类		名称和简图	接合速度	转矩范围/N·m	特点和应用
操纵式	电磁操纵	转差式电磁离合器		4~110	利用电磁感应产生转矩,带动从动部分转动,离合器为间隙型,改变激磁电流可方便地进行无级调速(但在低速时,效率较低),可用来减轻启动时的冲击,也可用作制动装置和安全保护装置,适用于普通机床、压力机、纺织机械、印刷设备、造纸设备和化纤工业机械等的传动系统
	气压操纵	活塞缸摩擦离合器	可高频离合	700~180000	接合元件为摩擦片、块或锥盘,其摩擦材料为石棉粉末冶金材料,在干式下工作。特点是结构简单,接合平稳,传递转矩大,使用寿命长,无需调整磨损间隙,常制成大型离合器,用于曲柄压力机、剪切机、平锻机、钻机、挖掘机、印刷机和造纸机等机械中
		隔膜式摩擦离合器	可高频离合	400~7100	以隔膜片代替活塞,可减小离合器的轴向尺寸、重量及惯性,而且动作灵活,密封性好,能补偿装配误差和工作时的不规则磨损,有缓冲作用,离合时间短,耗气量少,制造和维修方便,但轴向工作行程小
		气胎式摩擦离合器	可高频离合	312~90000	利用气压扩张气胎达到摩擦接合,其特点是能传递大的转矩,并有弹性能吸振,接合柔和起缓冲作用,且易安装,有补偿两轴相对位移的能力和自动补偿间隙的能力。此外,还具有密封性好、惯性小、使用寿命长等优点。但其变形阻力大,摩擦面易受润滑介质影响,对温度也较敏感,主要用于钻机、工程机械、锻压机械等大中型设备上
	液压操纵	活塞缸旋转式摩擦离合器 活塞缸固定式摩擦离合器	可高频离合	160~1600	承载能力高,传递转矩大,体积小,当外形尺寸相同时,其传递转矩比电磁摩擦离合器大3倍,而且无冲击,启动换向平稳。但接合速度不及气压离合器。能自动补偿摩擦元件的磨损量,易于实现系列化生产,广泛用于各种结构紧凑、高速、远距离操纵、频繁接合的机床、工程机械和船用机械上 缸体旋转式结构紧凑,外形尺寸小,但转动惯量大,进油接头复杂,油压易受离心力影响 缸体固定式进油简单可靠,油压力不受离心力影响,操纵和排油较快,可减小复位弹簧力,但需加装较大的推力轴承

第 7 篇

续表

分类		名称和简图	转矩范围/N·m	特点和应用
自控式	超越式	滚柱超越离合器 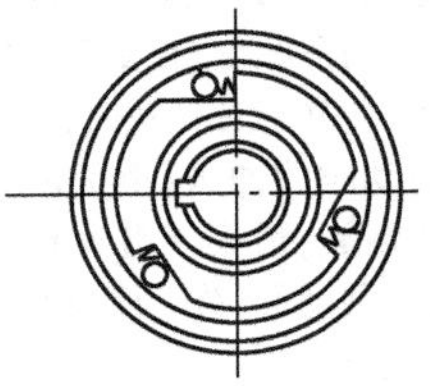 楔块超越离合器 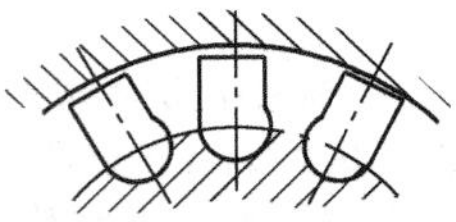	滚柱式 2.5~770 楔块式 31.5~3150	分嵌合式和摩擦式两类,均以传递单向转矩为主,并可用于变换转速防止逆转、间歇运动的传动系统,其中摩擦式具有体积小、传递转矩大、接合平稳、工作无噪声,可在高速下接合等优点 滚柱式的结构简单、制造容易,溜滑角小,主要用于机床和无级变速器等的传动装置中 楔块式尺寸小,传递转矩能力大,适用于传递转矩大,要求结构紧凑的场合。如石油钻机、提升机和锻压机械等
	离心式	闸块式离心离合器 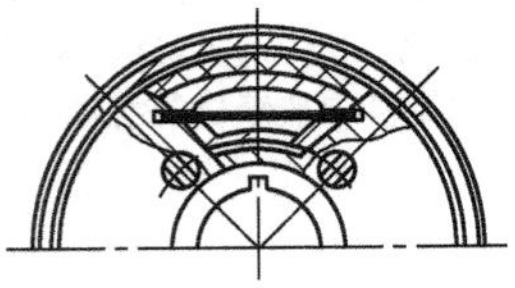 钢球式离心离合器 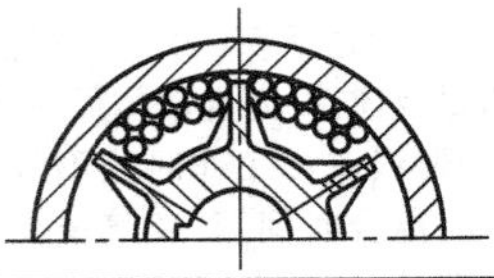	自由闸块式 1.3~5100 弹簧闸块式 0.7~4500 钢球式 0.5~2916	利用自身的转速来控制两轴的自动接合或脱开,其特点是可直接与电动机连接,使电动机在空载下平稳启动,改善电机的发热,但由于未达到额定转速前,因打滑产生摩擦热,故不宜用于频繁启动的场合,且输出功率与转速有关,故也不宜用于变速传动的轴系 自由闸块式结构简单,重量轻,但平稳性差,接合时间长 弹簧闸块式接合平稳,适用于接合时间短,惯量小的轴系 钢球式可传递双向转矩,重复作用精度高,打滑率低,启动转矩大,对两轴同心度要求不高,可用于要求启动平稳的场合
	安全式	牙嵌式安全离合器 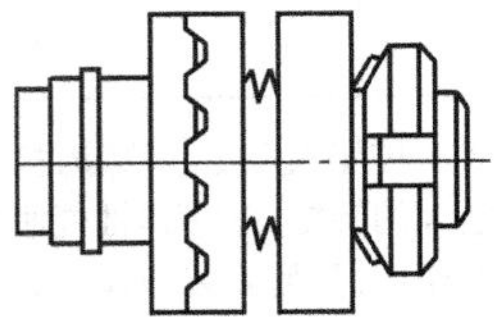 钢球式安全离合器 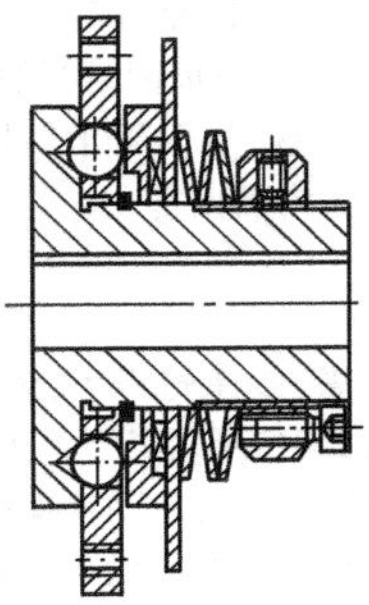 摩擦安全离合器 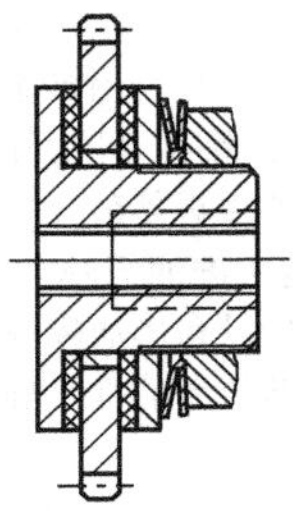	牙嵌式 4~400 钢球式 13~4880 摩擦式 0.1~200000	嵌合式中的牙嵌式在断开瞬时会产生冲击力,可能折断牙,故宜用于转速不高,从动部分转动惯量不大的轴系 钢球式制造简单,工作可靠,过载时滑动摩擦力小,动作灵敏度高,可适用于转速较高的传动 摩擦式过载时因摩擦消耗能量能缓和冲击,故工作平稳,调整和使用方便,维修简单,灵敏高度,可用于转速高、转动惯量大的传动装置

第7篇

2 离合器的选用与计算

2.1 离合器的型式与结构选择

（1）离合器接合元件的选择

应根据离合器使用的工况条件，选择接合元件，可按下面几种情况考虑。

① 刚性嵌合式接合元件：适用低速、停止转动下离合，不频繁离合。刚性嵌合式元件具有传递转矩大、转速完全同步、不产生摩擦热、外形尺寸小等特点。但因刚性大，在有转速差下接合瞬时，主、从动轴上将有较大冲击，引起振动和噪声。因此，这种接合元件限于静止或相对转速差较小、空载或轻载下接合的传动系统。

② 摩擦式接合元件：用于系统要求缓冲，通过离合器吸收峰值力矩，允许主、从动接合元件间存在一定滑差的情况，接合时较为柔性，冲击小。但滑动会产生摩擦热，引起能量损耗。

③ 长期打滑的工况，应选用电磁和液体传递能量的离合器，如磁粉离合器。

（2）离合器操纵方式的选择

① 人力操纵：依靠人力的各种机械操纵离合器，手操纵力不大（<400N）动作行程一般≤250mm，脚踏板操纵时操纵力一般为100~200N，行程一般为100~150mm。反应慢，接合频率较低，主要用于中小功率的机械设备上。

② 气压操纵：气压操纵具有比较大的操纵力（0.4~0.8MPa），离、合迅速，操纵频率较高，而且排气无污染，适宜用于各种容量和远距离操纵的离合器，特别是各种大型离合器的操纵。

③ 液压操纵：液压操纵能产生很大的操纵力（0.7~3.5MPa），而且有良好的润滑和散热条件，适宜用于有润滑装置和不泄漏的机械设备，操纵体积小而传递转矩大的离合器。但接合速度较气压慢。

④ 电磁操纵：电磁操纵比较方便，接合迅速，时间短，可以并入控制电路系统实行自动控制，且易实现远距离控制，特别适合于各种操纵频率高的中小型以及微型离合器。

（3）环境条件

开式结构可用于宽敞无污染的环境，而封闭式的结构则能适应有粉尘和存在污染的场合。对于有防爆要求的环境，不宜采用普通的电磁离合器。此外，不希望有噪声的环境，最好选用有消声装置的一般气压离合器。具有橡胶元件的离合器，则应考虑环境温度和有害介质的影响。

（4）关于离合器的转矩容量

离合器的转矩容量应按本章2.2节的内容进行计算。当考虑原动机的启动特性时，对于用三相笼式异步电动机系统，可以允许有较大的超载范围，可选较大容量的离合器，以便加载接合时能迅速驱动，不致出现长时打滑，造成发热。对于内燃机驱动，为了避免启动时原动机转速过分下降，应采用离合器工作容量储备较小的离合器。

2.2 离合器的选用计算

表 7-3-2   计算转矩

类 型	计 算 公 式
嵌合式离合器	$T_c = KT$
摩擦式离合器	$T_c = \dfrac{KT}{K_m K_v}$

注：T_c——离合器计算转矩，选用离合器时，T_c 小于等于离合器的额定转矩；

T——离合器的理论转矩，对于嵌合式离合器，T 为稳定运转中的最大工作转矩或原动机的公称转矩；对于摩擦式离合器，可取运转中的最大工作转矩或接合过程中工作转矩与惯性转矩之和作为理论转矩，即

$$T = T_t + \frac{J_2(\omega_1 - \omega_2)}{t}，式中符号见表 7-3-22；$$

K——工况系数，见表 7-3-3，对于干式摩擦离合器可取较大值，对于湿式摩擦离合器可取较小值；

K_m——离合器接合频率系数，见表 7-3-4；

K_v——离合器滑动速度系数，见表 7-3-5。

表 7-3-3 　　　　　　　　　　离合器工况系数（概略值）**K**（或称储备系数）

机　械　类　别	K	机　械　类　别	K
金属切屑机床	1.3~1.5	曲柄式压力机械	1.1~1.3
汽车、车辆	1.2~3	拖拉机	1.5~3
船舶	1.3~2.5	轻纺机械	1.2~2
起重运输机械		农业机械	2~3.5
在最大载荷下接合	1.35~1.5	挖掘机械	1.2~2.5
在空载下结合	1.25~1.35	钻探机械	2~4
活塞泵(多缸)、通风机(中等)、压力机	1.3	活塞泵(单缸)、大型通风机、压缩机、木材加工机床	1.7
冶金矿山机械	1.8~3.2		

表 7-3-4 　　　　　　　　　　离合器接合频率系数 K_m

离合器每小时接合次数	≤100	120	180	240	300	≥350
K_m	1.00	0.96	0.84	0.72	0.60	0.50

表 7-3-5 　　　　　　　　　　离合器滑动速度系数 K_v

摩擦面平均圆周速度 $v_m/\text{m·s}^{-1}$	1.0	1.5	2.0	2.5	3	4	5	6	8	10	13	15
K_v	1.35	1.19	1.08	1.00	0.94	0.86	0.80	0.75	0.68	0.63	0.59	0.55

注：$v_m = \dfrac{\pi D_m n}{60000}$（m/s）；$D_m = \dfrac{D_1 + D_2}{2}$（mm）；$D_1$、$D_2$——摩擦面的内、外径；$n$——离合器的转速，r/min。

3　嵌合式离合器

嵌合式离合器的简图及特点列于表 7-3-6。

表 7-3-6 　　　　　　　　　　嵌合式离合器的简图及特点

名称和简图	转矩范围/N·m	特点和应用
牙嵌离合器	63~4100	外形尺寸小，传递转矩大，接合后主从动轴无相对滑动，传动比不变。但接合时有冲击，适合于静止接合，或转速差较小时接合(对矩形牙转速差≤10r/min，对其余牙形转速差≤300r/min)，要求主从动轴严格同心，为此常设对中环。主要用于低速机械的传动轴系
转键离合器 单键 双键	100~3700	结构简单，动作灵活、可靠，有单键(单向转动)和双键(双向转动)两种结构，单键单向传递转矩，双键双向传递转矩。适用于轴与传动件连接，主从动部分在离合过程不需沿轴向移动。可在转速差≤200r/min 下接合，常用于各种曲柄压力机中

名称和简图	转矩范围/N·m	特点和应用
齿式离合器 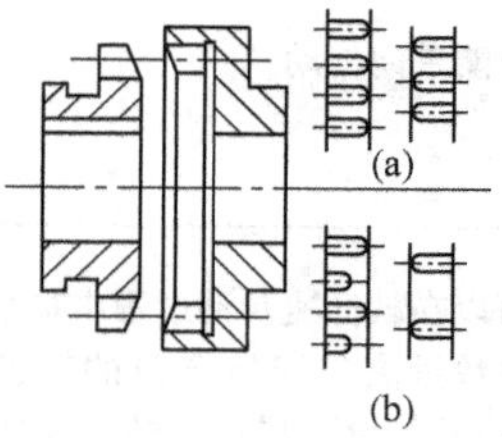 (a) (b)	100~3700	利用一对可沿轴向离合、具有相同齿数的内外齿轮组成嵌合副。其特点是传递转矩大，外形尺寸小，轮齿加工比端面牙容易，并可传递双向转矩 适宜用于转速差不大，带载荷进行接合，且传递转矩较大的机械主传动或变速机械的传动轴系

3.1 牙嵌离合器

3.1.1 牙嵌离合器的牙型、特点与使用条件

表 7-3-7

牙 形		角 度	牙 数	特 点	使 用 条 件
圆柱截面的展开牙型	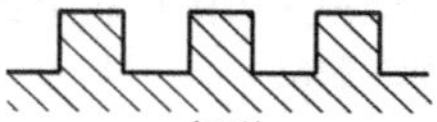 矩形	$\alpha=0°$	3~15	传递转矩大,制造容易,接合、脱开较困难,为便于接合常采用较大的牙间间隙	适用于重载,可以传递双向转矩,一般用于不经常接合的传动中。需在静止或极低的转速下才能接合。常用于手动接合
	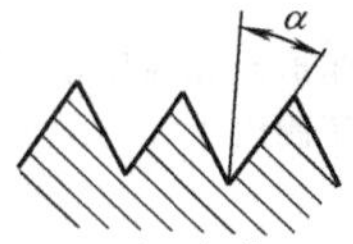 正三角形	$\alpha=30°\sim45°$	15~60	牙数多,可用在接合较快的场合,但牙的强度较弱	适用于轻载低速,双向传递转矩。应在运转速度低时接合
	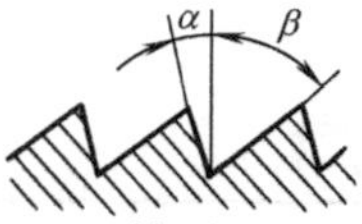 斜三角	$\alpha=2°\sim8°$ $\beta=50°\sim70°$	15~60	接合时间短牙数应选多,但牙数多,各牙分担载荷不均匀	只能传递单向转矩,适用于转载低速。应在运转速度低时接合
	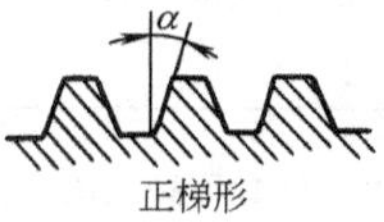 正梯形	$\alpha=2°\sim8°$	3~15	脱开和接合比矩形齿容易,接合后牙间间隙较小,牙的强度较大	适用于较大速度和载荷,能传递双向载荷。要在静止状态下接合,能补偿牙的磨损和间隙,能避免速度变化时因间隙而产生的冲击。常用于自动接合
	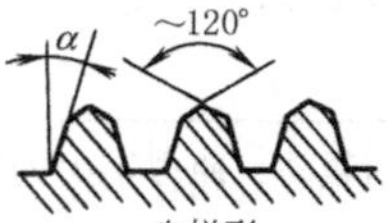 尖梯形	$\alpha=2°\sim8°$ $\beta=120°$	3~15	接合较正梯形容易,强度较高	适用于较大速度和载荷,能传递双向载荷。要在静止状态下接合,能补偿牙的磨损和间隙,能避免速度变化时因间隙而产生的冲击,但接合比正梯形更容易。常用于自动接合
	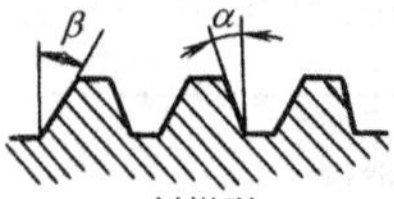 斜梯形	$\alpha=2°\sim8°$ $\beta=50°\sim70°$	3~15	接合比正梯形更容易,强度较高	只能传递单向转矩,适用于较大速度和载荷,要在静止状态下接合,能补偿牙的磨损和间隙,能避免速度变化时因间隙而产生的冲击。常用于自动接合

续表

牙　形	角　度	牙　数	特　点	使　用　条　件
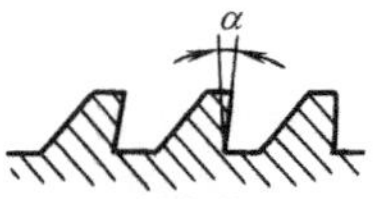 圆柱截面的展开牙型　锯齿形	$\alpha = 1° \sim 1.5°$	$3 \sim 15$	强度高,接合容易,可传递较大转矩	只能单向传动
 螺旋形		$2 \sim 3$	接合迅速而且不用精确对中,强度高,接合平稳,可以传递较大转矩	可以在较低速转动过程中接合。螺旋齿的数量决定于接合前的转差。转差大,齿的数量要增加。螺旋齿的数量最少的有两个,最多的有30个。只能单向传递转矩
径向截面牙型			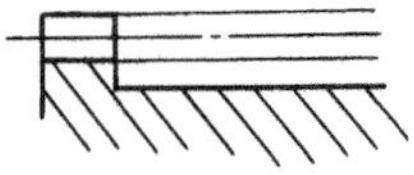 等高牙型,啮合面与接合条件均较好,但每一侧面都需分别加工	用于矩形和梯形牙啮合
			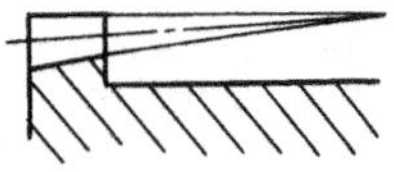 不等高牙型端面为平面。接合时的工作条件较好,但牙的啮合面较小	用于三角形牙和梯形牙,其凹槽两侧可一次加工制出
			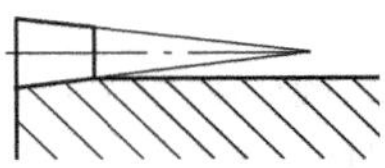 不等高牙型,端面为凹锥形,接合时啮合面大	用于三角形牙和梯形牙,其凹槽两侧可一次加工制出

3.1.2　牙嵌离合器的材料与许用应力

表 7-3-8　　　　　　　　　　　　接合元件的材料及应用范围

材　料	热处理规范	应用范围
HT200 HT300	170~240 HB	低速、轻载牙嵌的牙及齿轮离合器的齿轮
45	淬火 38~46 HRC 高频淬火 48~55 HRC	载荷不大、转数不高的离合器
20Cr，20MnV 20Mn2B	渗碳 0.5~1.0mm 淬火、回火 56~62 HRC	中等尺寸的高速元件和中等压强的元件
40Cr，45MnB	高频淬火回火 48~58 HRC	重载、压强高、冲击不大的牙嵌的牙及齿轮、滑销
18CrMnTi，12CrNi4A 12CrNi3	渗碳 0.8~1.2mm 淬火回火 58~62 HRC	高速冲击、大压强的牙嵌的牙及齿轮
50CrNi，T7	淬火回火 40~50 HRC 淬火 52~57 HRC	转键、滑销

表 7-3-9   牙嵌离合器材料的许用应力 $N \cdot mm^{-2}$

接 合 情 况	静止时接合	运 转 中 接 合	
		低 速	高 速
许用挤压应力 σ_{pp}	88～117	49～68	34～44
许用弯曲应力 σ_{bp}	$\sigma_s/1.5$	$\sigma_s/5.9～4.5$	

注：1. 齿数多，许用应力值取小值；齿数少，取大值。

    2. 表中许用挤压应力适用于渗碳淬火钢，硬度 56～62 HRC。

    3. 表中高、低速是指许用接合圆周速度差（Δv）。低速 $\Delta v \leqslant 0.7～0.8$ m/s，高速 $\Delta v = 0.8～1.5$ m/s。

3.1.3   牙嵌离合器的计算

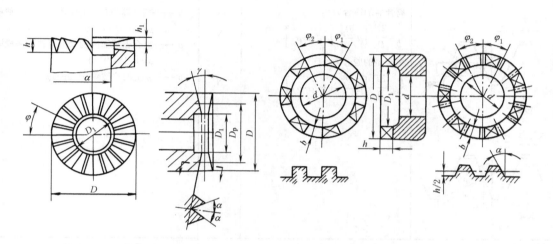

表 7-3-10

	计 算 项 目	公式及数据	单位	说 明
基本参数	牙齿外径	$D=(1.5～3)d$		d——离合器轴径，mm
	牙齿内径	D_1——根据结构确定，通常 $D_1 = (0.7～0.75)D$		φ——牙的中心角，(°)，三角形、梯形牙啮合
	牙齿平均直径	$D_p = \dfrac{D+D_1}{2}$		$\varphi = \varphi_1 = \varphi_2 = \dfrac{360°}{z}$
	牙齿宽度	$b = \dfrac{D-D_1}{2}$	mm	矩形牙啮合
	牙齿高度	$h=(0.6～1)b$		$\varphi_1 = \dfrac{360°}{2z}-(1°～2°)$
	齿顶高	h_1		$\varphi_2 = \dfrac{360°}{2z}+(1°～2°)$
	齿根高	h_2 应大于 h_1 0.5mm 左右		z——牙数，常取 z 为奇数，以便于加工
	牙齿齿数	$z=\dfrac{60}{n_0 t}$ 或根据结构、强度确定		n_0——接合前，两个半离合器的转数差，r/min
	牙齿工作面的倾斜角	$\alpha=2°～8°$（梯形牙） $\alpha=30°,45°$（三角形牙）	(°)	t——最大结合时间，s，一般 $t=0.05～0.1$s
	分度线上的齿宽	$l_m = D_p \sin\dfrac{\varphi_1}{2}$	mm	齿数多，制造精度低时，z' 取小值 齿数多，制造精度高时，z' 取大值
	齿顶宽	$l_d = l_m - 2h_1 \tan\alpha$	mm	
	齿根宽	$l_g = l_m + 2h_2 \tan\alpha$	mm	
	计算牙数	$z' = \left(\dfrac{1}{3}～\dfrac{1}{2}\right)z$		

计 算 项 目		公式及数据	单位	说　明
强度校核	牙齿工作面的挤压应力	$\sigma_p = \dfrac{2T_c}{D_p z' A} \leq \sigma_{pp}$ 对三角形牙 $A = D_p b \tan\gamma$ 对矩形牙 $A = hb$	N/mm²	T_c——计算转矩，N·mm，$T_c = KT$，见表 7-3-2 A——牙的承压工作面积，mm² σ_{pp}、σ_{bp}——牙齿许用挤压应力和许用弯曲应力，N/mm²，见表 7-3-9
	牙齿根部的弯曲应力	$\sigma_b = \dfrac{6T_c h}{D_p z' b l_g{}^2} \leq \sigma_{bp}$	N/mm²	淬硬钢的离合器 $z>7$，未经热处理的离合器 $z>5$ 才进行弯曲强度校核
移动离合器所需的力	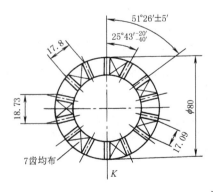	离合器的结合力 $S_h = \dfrac{2T_c}{D_p}\left[\mu'\dfrac{D_p}{d} + \tan(\alpha+\rho)\right]$ 离合器的脱开力 $S_k = \dfrac{2T_c}{D_p}\left[\mu'\dfrac{D_p}{d} - \tan(\alpha-\rho)\right]$	N N	μ'——离合器与花键的摩擦因数，一般取 $\mu' = 0.15 \sim 0.20$ μ——离合器牙面间的摩擦因数，一般取 $\mu = 0.15 \sim 0.20$ ρ——牙上的摩擦角 $\rho = \arctan\mu$
使用条件	牙的自锁条件 接合时的许用转差 接合时间	$\tan\alpha \leq \mu + \mu'\dfrac{D_p}{d}$ $\Delta n = \dfrac{60000}{\pi D_p}\Delta v$ $t = \dfrac{60}{\Delta nz}$	 r/min s	Δv——许用接合圆周速度差，m/s，一般 $\Delta v < 0.8$ m/s

注：离合器有弹簧压紧装置时，接合力与脱开力还应考虑弹簧作用力。本表仅考虑离合器在花键轴上的滑动、离合器的牙面之间的相对滑动所需克服的摩擦力。

3.1.4　牙嵌离合器尺寸的标注示例

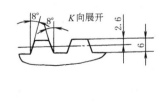

图中角度 25°43′$^{-20'}_{-40'}$ 控制齿厚，51°26′±5′ 控制牙齿分布的均匀性，弦长 17.09、17.8、18.73 提供加工者参考，齿顶高小于齿根高，保证齿顶与槽底有足够的轴向间隙，以便消除侧隙。

图 7-3-1　牙嵌离合器标注方法

3.1.5　牙嵌离合器的结构尺寸

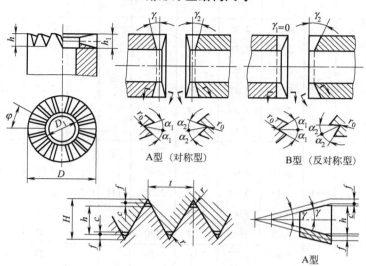

正三角形牙型结构尺寸

A型（对称型）　　B型（反对称型）

A型

$r_0 = 0.2\text{mm}$；0.5mm；0.8mm　$r = r_0/\cos r \approx r_0$　$a_9 = 30°$　$c = 0.5r$；$f = r$

$a_1 = 45°$　$c = 0.3r$；$f = 0.4r$　$h = H - (2 + f + c)$

表 7-3-11　　　　　　　　　　　　　　　　　　　　　　　　　　　　　　　　　　　　　mm

D	D_1	h_1	$\alpha = 30°$　($r = 0.2$)											
			普通牙						细牙					
			z	γ	t	H	h	许用转矩/N·m	z	γ	t	H	h	许用转矩/N·m
32	22				4.19	3.62	3.12	45			2.10	1.81	1.31	36
40	28		24	6°31′	5.24	4.53	4.03	90	48	3°15′	2.62	2.27	1.77	76
45	32	5			5.89	5.10	4.60	120			2.95	2.55	2.05	108
55	40				4.80	4.15	3.65	210			2.40	2.07	1.57	150
60	45		36	4°20′	5.24	4.53	4.03	250	72	2°10′	2.62	2.27	1.77	190
65	50				5.67	4.91	4.51	305			2.84	2.45	1.95	227
75	55				4.91	4.25	3.75	520			2.45	2.12	1.62	377
85	60				5.56	4.81	4.31	830			2.78	2.40	1.90	620
90	65				5.89	5.10	4.60	950			2.95	2.55	2.05	720
100	70		48	3°15′	6.54	5.66	5.16	1400	96	1°37′	3.27	2.83	2.33	1070
110	80				7.20	6.23	5.73	1440			3.60	3.12	2.62	1350
120	90				5.24	4.53	4.03	1350			2.62	2.27	1.77	1000
125	90				5.45	4.72	4.52	2170			2.73	2.36	1.86	1570
140	100	8			6.11	5.28	4.78	3140			3.05	2.64	2.14	2320
145	100		72	2°10′	6.33	5.47	4.97	3750	144	1°05′	3.16	2.74	2.24	2790
160	120				6.98	6.05	5.55	4260			3.49	3.03	2.53	3200
180	140				7.85	6.80	6.30	5540			3.93	3.39	2.89	4200
200	150				6.54	5.66	5.16	8250			3.27	2.83	2.33	6140
220	170		96	1°37′	7.20	6.23	5.73	10220	192	0°50′	3.60	3.12	2.92	7710
250	190				8.18	7.08	6.58	15900			4.09	3.54	3.14	12140
280	220				9.16	7.93	7.43	20440			4.58	3.97	3.47	15780
32	22				4.19	2.10	1.88	26			2.10	1.05	0.83	20
40	28		24	3°45′	5.24	2.62	2.40	50	48	1°52′	2.62	1.31	1.09	45
45	32	5			5.89	2.92	2.73	72			2.95	1.48	1.26	60
55	40				4.80	2.40	2.18	120			2.40	1.20	0.98	90
60	45		36	2°30′	5.24	2.62	2.40	150	72	1°15′	2.62	1.31	1.09	110
65	50				5.67	2.84	2.62	180			2.84	1.42	1.20	135

第 7 篇

D	D_1	h_1	$\alpha=45°$ ($r=0.2$)										
			z	γ	t	H	h	许用转矩/N·m	z	γ	t	H	h	许用转矩/N·m
75	55		48	1°52′	4.91	2.46	2.24	305	96	0°57′	2.16	1.23	1.01	225
85	60				5.56	2.78	2.56	480			2.78	1.39	1.17	370
90	65				5.89	2.95	2.73	560			2.95	1.48	1.26	430
100	70				6.54	3.27	3.05	820			3.27	1.64	1.42	640
110	80				7.20	3.60	3.38	1020			3.60	1.80	1.58	800
120	90	8			5.24	2.62	2.40	790			2.62	1.31	1.09	600
125	90		72	1°15′	5.45	2.73	2.51	1270	144	0°37′	2.73	1.37	1.15	940
140	100				6.11	3.06	2.84	1840			3.06	1.53	1.31	1380
145	100				6.33	3.17	2.95	2200			3.17	1.58	1.35	1640
160	120				6.98	3.49	3.27	2480			3.49	1.75	1.53	1890
180	140				7.85	3.93	3.71	3230			3.93	1.97	1.75	2480
200	150		96	0°57′	6.54	3.27	3.05	4820	192	0°28′	3.27	1.64	1.42	3640
220	170				7.20	3.60	3.38	5960			3.60	1.80	1.58	4530
250	190				8.18	4.09	3.87	9260			4.09	2.15	1.93	7150
280	220				9.16	4.58	4.36	11880			4.58	2.29	2.07	9230

注:1. 表中许用转矩是按低速时接合,由牙工作面压强条件确定的,对于静止状态接合,表值应乘以 1.75。

2. 表中 z—齿数;D_1、h_1—根据结构确定,表值仅供参考。

梯形、矩形牙型齿爪结构尺寸

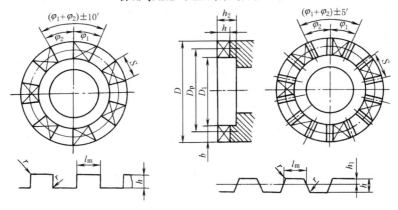

表 7-3-12   mm

D	D_1	齿数 z	矩形牙			梯形牙			h	h_2	h_1	r	接触时要求同时接触牙数 z′
			φ_2	φ_1	S	$\varphi_2{}^{-40'}_{-20'}$	φ_1	S					
40	28	5	37°	35°	12.03	36°	36°	12.36	5	6	2.1	0.5	3
50	35				15.04			15.45					
60	45	7	26°43′	24°43′	12.84	25°43′	25°43′	13.35	6	8	2.6	0.8	4
70	50				14.98			13.57					
80	60				17.12			17.80					
90	65				19.26			20.03					
100	75				21.40			22.25					

续表

D	D_1	齿数 z	矩形牙			梯形牙			h	h_2	h_1	r	接触时要求同时接触牙数 z'
			φ_2	φ_1	S	$\varphi_2{}^{-40'}_{-20'}$	φ_1	S					
120	90	9	21°30′	18°30′	19.29	20°	20°	20.84	8	10	3.6	1.0	5
140	100				22.50			24.31					
160	120	11	18°22′	14°22′	20.01	16°22′	16°22′	22.77					6
180	130				22.51			25.62					
200	150				25.01			28.47					

注: 牙齿平均直径 $D_p = \dfrac{D+D_1}{2}$。

矩形牙、梯形牙离合器的尺寸系列

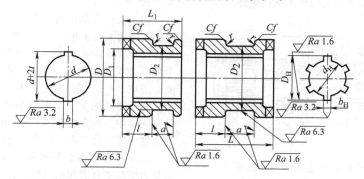

表 7-3-13   mm

D	D_1	牙数 z/个	D_2	l	a	双向 L	单向 L_1	r	f	双键孔 d H7	双键孔 b H9	双键孔 t H12	花键孔 D_H H7	花键孔 d_H b12	花键孔 b_H D9	许用转矩 /N·m
40	28	5	30	15	10	40	30	0.5	0.5	20	6	2.3	20	17	6	77.1
50	35		38	20	12	50	38	0.8		25	8	3.2	25	21	5	120
60	45		48	22	16	60	45	1.0		32	100	3.3	32	28	7	246
70	50		54	28		70	50			35			35	30	10	375
80	60	7	60	30		80	60		1.0	40	12		40	35		437
90	65		70	35	20	90	70	1.2		45	14	3.8	45	40	12	605
100	75		80	40		100	80			50	16	3.8	50	45		644
120	90	9	100	50		120	100			60	18	4.4	60	54	14	1700
140	100		115	55		140	110			70	20	4.9	70	62	16	2580
160	120		135	65	25	160	120	1.5	1.5	80	22	5.4	80	70		3630
180	130	11	150	75		180	130			90	25		90	80	20	5020
200	150		160	85		200	140			100	28	6.4				5670

注: 1. 牙型结构尺寸见表 7-3-12。
2. 表中许用转矩是按低速运转时接合,接牙工作面压强条件计算得出的值,对于静止接合,许用转矩值可乘以 1.75。
3. 半离合器材料为 45 或 20Cr 钢,硬度为 48~52HRC 或 58~62HRC。

3.2 齿式离合器

(1) 齿式离合器的计算

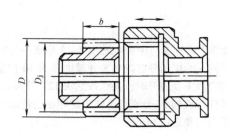

表 7-3-14

计 算 项 目	计 算 公 式	说 明
齿轮的分度圆直径	$D_j = mz$	z ——齿数 m ——模数，mm ε ——载荷不均匀系数，$\varepsilon = 0.7 \sim 0.8$
内齿轮宽度	$b = (0.1 \sim 0.2) D_j$	p_p ——齿面许用压强，N/mm² 未经热处理 $p_p = 25 \sim 40$
齿面压强	$p = \dfrac{2T_c}{1.5 D_j z b m \varepsilon} \leqslant p_p$	调质、淬火 $p_p = 47 \sim 70$ 齿式离合器的材料与齿轮相同

（2）齿式离合器的防脱与接合的结构设计

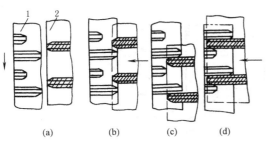

(a)　　(b)　　(c)　　(d)

图 7-3-2　齿式离合器接合过程简图

为了使离合器接合容易，进入接合侧的齿的顶端要加工出很大的倒角（10°~15°）。此外，有的离合器，将被连接的那个半离合器的齿设计成每隔一齿（或几个齿）齿长缩短一半。还有的离合器另一半的内齿每隔一齿取消一个齿。接合过程如图 7-3-2 所示。第一步，离合器 2 的齿（带阴影的齿）进入 1 的长齿之间的宽间隔中，离合器 1 和 2 的齿侧面互相冲击，使它们的速度相等。第二步，移动离合器，使齿完全衔接。

齿式离合器在载荷运转过程中往往会因附加的轴向分力推动离合器向相反的方向滑移，最后完全脱开。

为了避免这种脱离，在结构设计时要采取一定的措施。

① 在外齿轮的前端加工出一个槽，如图 7-3-3a 所示，齿长被分为两部分，将后面部分齿的厚度减薄，减薄量一侧为 0.2~0.5mm。内齿的齿长小于外齿的齿长，离合器受转矩之后，因外齿两种齿厚形成一个小台阶，被内齿端面卡住，不会因轴向力而滑脱。

② 将外齿轮的齿加工出一个锥度，成为外大内小的形状，如图 7-3-3b 所示。使离合器接合之后，外齿受一个阻止滑脱的轴向力。半锥角约为 3°左右。

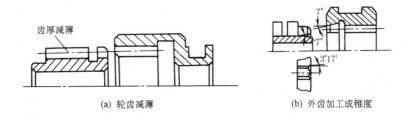

齿厚减薄

(a) 轮齿减薄　　　　　(b) 外齿加工成锥度

图 7-3-3　齿式离合器的防脱结构

3.3　转键离合器

（1）工作原理

图 7-3-4 为双转键离合器，主动件大齿轮 3 与中套 4 通过键 13 连成一体转动，并以滑动轴承工作支承在端套 6.7 上，按图示方向转动。工作转键 5 的尾端带有拨爪 8 并借助弹簧 10 拉紧，使工作转键常处于嵌入中套的状态，即离合器处于接合状态。当离合器需要脱开时，操纵操纵块 12，使拨爪 8 带动工作转键顺时针转 45°，完全转入轴槽之内，则离合器脱开。四连杆机构 11 分别与工作转键和止逆转键 14 相连，使工作转键与止逆转键反向同步转动，止逆键的作用是防止反向转动造成冲击。

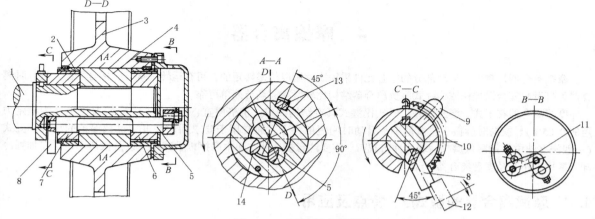

图 7-3-4 双转键离合器

1—曲轴；2—滑动轴承；3—输入齿轮；4—中套；5—工作转键；6—右端套；7—左端套；8—拨爪；
9—撞块；10—弹簧；11—四连杆机构；12—操纵块；13—键；14—止逆转键

（2）转键离合器的计算

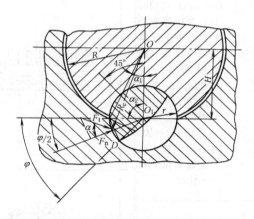

表 7-3-15

计 算 项 目	计 算 公 式	单位	说　　明
计算转矩	$T_c = KT$（见表 7-3-2）	N·mm	
作用在转键上的圆周力	$F_t = \dfrac{T_c}{R_c}$	N	
作用在转键上的正压力	$F_n = F_t \cos\alpha$	N	
转键挤压应力	$\sigma_p = \dfrac{F_n}{A_1} \le \sigma_{pp}$	N/mm²	r ——转键工作半径，mm
单位长度压力	$q = \dfrac{F_n}{l}$	N/mm	φ ——转键工作面的中心角，一般小于 60°，通常 $\varphi = 45°$
挤压面积	$A_1 = 2rl\sin\dfrac{\varphi}{2}$	mm²	σ_{pp} ——许用挤压应力，N/mm²，一般取
转键计算半径	$R_c = \sqrt{H^2 - 2Hr\cos\left(\alpha_2 + \dfrac{\varphi}{2}\right) + r^2}$	mm	
压力角	$\alpha \approx 90° - \arccos\left(\dfrac{R_c^2 + r^2 - H^2}{2R_c \gamma}\right)$	(°)	$\sigma_{pp} = \dfrac{\sigma_s}{1.3 \sim 2.6}$
曲轴直径	$d_1 = (1.12 \sim 1.2) d_0 = 2R$	mm	
转键有效长度	$l = (1.4 \sim 1.65) d_1$	mm	
转键直径	$d = 2r = (0.44 \sim 0.5) d_1$	mm	

4 摩擦离合器

摩擦离合器是靠主、从动部分的接合元件采用摩擦副以传递转矩的，可在运转中接合，接合平稳，过载时离合器可打滑起安全保护作用。片式摩擦离合器结构比较紧凑，调节简单可靠。

摩擦离合器有干式、湿式两种。干式比湿式具有结构简单、价格便宜、维修量小、空转力矩小（为额定力矩的 0.05%）、换向时颤振小、惯量小、启动时间短的特点。通常用于要求瞬时脱开、过载保护的场合。湿式（一般浸在油中）能降低磨损，缓冲冲击载荷。需要注意接合件在油中摩擦因数减小，以及散热不足，需加强冷却。常用于小直径多盘离合器。

4.1 摩擦离合器的型式、特点及应用

表 7-3-16

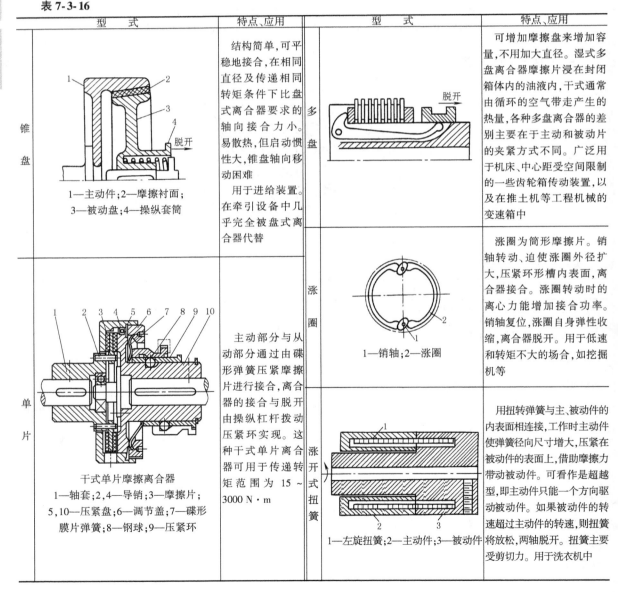

型 式	特点、应用	型 式	特点、应用
锥盘 1—主动件;2—摩擦衬面; 3—被动盘;4—操纵套筒	结构简单，可平稳地接合，在相同直径及传递相同转矩条件下比盘式离合器要求的轴向接合力小。易散热，但启动惯性大，锥盘轴向移动困难 用于进给装置。在牵引设备中几乎完全被盘式离合器代替	**多盘**	可增加摩擦盘来增加容量，不用加大直径。湿式多盘离合器摩擦片浸在封闭箱体内的油液内，干式通常由循环的空气带走产生的热量，各种多盘离合器的差别主要在于主动和被动片的夹紧方式不同。广泛用于机床、中心距受空间限制的一些齿轮箱传动装置，以及在推土机等工程机械的变速箱中
单片 干式单片摩擦离合器 1—轴套;2,4—导销;3—摩擦片; 5,10—压紧盘;6—调节盖;7—碟形膜片弹簧;8—钢球;9—压紧环	主动部分与从动部分通过由碟形弹簧压紧摩擦片进行接合，离合器的接合与脱开由操纵杠杆拨动压紧环实现。这种干式单片离合器可用于传递转矩范围为 15～3000 N·m	**涨圈** 1—销轴;2—涨圈	涨圈为筒形摩擦片。销轴转动、迫使涨圈外径扩大，压紧环形槽内表面，离合器接合。涨圈转动时的离心力能增加接合功率。销轴复位，涨圈自身弹性收缩，离合器脱开。用于低速和转矩不大的场合，如挖掘机等
		涨开式扭簧 1—左旋扭簧;2—主动件;3—被动件	用扭转弹簧与主、被动件的内表面相连接，工作时主动件使弹簧径向尺寸增大，压紧在被动件的表面上，借助摩擦力带动被动件。可看作是超越型，即主动件只能一个方向驱动被动件。如果被动件的转速超过主动件的转速，则扭簧将放松，两轴脱开。扭簧主要受剪切力。用于洗衣机中

4.2 摩擦元件的材料、性能及适用范围

表 7-3-17

摩 擦 副		摩擦因数 $\dfrac{\mu_j}{\mu_d}$		许用压强 $p_p/\text{N} \cdot \text{cm}^{-2}$		许用温度/℃		特点和适用范围
摩擦材料	对偶材料	干 式	湿 式	干式	湿式	干式	湿式	
淬火钢 10 或 15 渗碳 0.5mm 淬火 56~62HRC 65Mn 淬火 35~45HRC	淬火钢	0.15~0.20 0.12~0.16	0.05~0.10 0.04~0.08	20~40	60~100	<260	<120	贴合紧密,耐磨性好,导热性好,热变形小 常用于湿式多片摩擦离合器
青铜 QSn6-6-3 QSn10-1 QAl9-4	钢 青铜 铸铁 HT200	0.15~0.20 0.12~0.16	0.06~0.12 0.05~0.10	20~40	60~100	<150	<120	动、静摩擦因数差较小,成本较高 多用于湿式离合器
铜基粉末冶金	铸铁 HT200 钢45、40Cr	0.25~0.45 0.20~0.30	0.10~0.12 0.05~0.10	100~300	120~400	<560	<120	易烧结,耐高温,耐磨性好,许用压强高,摩擦因数高而稳定,导热性好,抗胶合能力强,但成本高,密度大。适用于重载湿式,如工程机械、重型汽车、压力机等离合器
铸铁	钢 45 高频淬火 42~48HRC 20Mn2B 渗碳淬火53~58HRC 铸铁 HT200	0.15~0.20 0.12~0.16 0.15~0.25	0.05~0.10 0.04~0.08 0.06~0.12	20~40	60~100	<250	<120	具有较好的耐磨性和抗胶合能力,但不能承受冲击 常用于圆锥式摩擦离合器
铁基粉末冶金	铸铁、钢	0.30~0.40	0.10~0.12	120~300	200~300	<680	<120	比铜基制造较难,磨损量比铜基大,在油中耐磨性差,磨损后污染油,耐高温,接合时刚性大,有较大的允许压强和静摩擦因数。特别适用于重载干式离合器,如拖拉机、坦克
石棉有机摩擦材料	铸铁、钢	0.25~0.40	0.08~0.12	15~30	40~60	<260	<100	摩擦因数较高,密度小,有足够的机械强度,价格便宜,制造容易,耐热性较好,但导热性较差,不耐高温,摩擦因数随温度变化。常用于干式离合器如拖拉机、汽车等
纸基摩擦材料	铸铁、钢		0.08~0.12 0.04~0.06	—	100			生产工艺简单,不耗铜,价格低廉,摩擦因数高,动、静摩擦因数接近,换向冲击小,密度小,转动惯量小;耐磨性、耐热性较铜基和碳基差,磨损量大,使用时需保证良好冷却与润滑。常用于中小载荷汽车、拖拉机

摩 擦 副		摩擦因数 $\dfrac{\mu_j}{\mu_d}$		许用压强 $p_p/\text{N}\cdot\text{cm}^{-2}$		许用温度/℃		特点和适用范围
摩擦材料	对偶材料	干 式	湿 式	干式	湿式	干式	湿式	
石墨基摩擦材料	合金钢		0.10~0.15	—	300~600			摩擦因数大,可在高速度低载荷条件下工作,也可用于重载机械,传递大转矩,不受润滑剂中杂质的影响,油的种类对摩擦性能影响小,成本介于纸基与粉末冶金材料之间,磨损稍低于纸基,但高于粉末冶金材料,工艺性好,用于重型载重汽车
			0.08~0.12					
半金属摩擦材料	合金钢	0.26~0.37		168	—	<350		随压强、速度、温度升高摩擦因数比较稳定,对偶件的磨损较小,转矩平稳性、对偶件磨损、制造成本均优于粉末冶金,适于中高速高载荷干式条件使用
夹布胶木	铸铁、钢	—	0.1~0.12	—	40~60	<150	<120	
皮革	铸铁、钢	0.30~0.40	0.12~0.15	7~15	15~28	<110		
软木	铸铁、钢	0.30~0.50	0.15~0.25	5~10	10~15	<110		

注:1. 表中 μ_j 是静摩擦因数,是指摩擦副将开始打滑前的摩擦因数的最大值;μ_d 是动摩擦因数。后面所有 μ 符号,未注脚标时系指静摩擦因数。

2. 摩擦片数少 p_p 值取上限,摩擦片数多 p_p 取下限。

3. 摩擦片平均圆周速度大于 2.5m/s 时或每小时接合次数大于 100 次时,p_p 值要适当降低。

4.3 摩擦盘的型式与特点

常见摩擦元件的结构型式以圆形摩擦盘应用最广,典型圆形摩擦盘结构及主要特点示于表 7-3-18。摩擦盘分光盘和带衬面摩擦盘。光盘由金属制成。摩擦盘衬面材料种类很多,可以粘、铆或烧结到金属盘上。按摩擦盘结构及散热要求,可做成整体式或拼装式。

表 7-3-18

型 式	内 盘			
	矩形齿内盘	花键孔内盘	渐开线齿内盘	卷边开槽内盘
简图	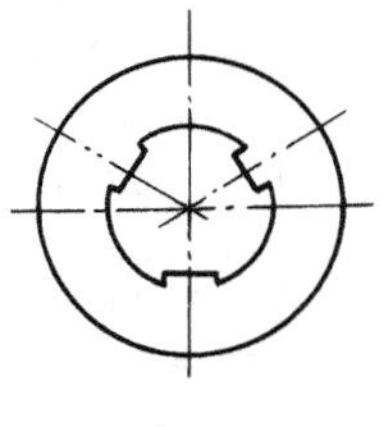	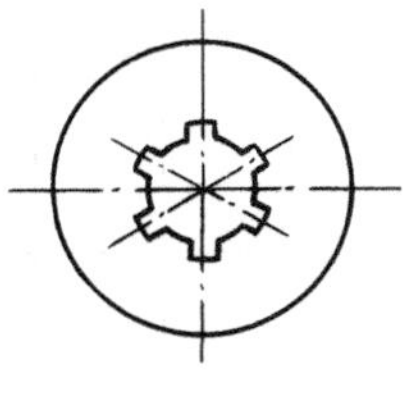	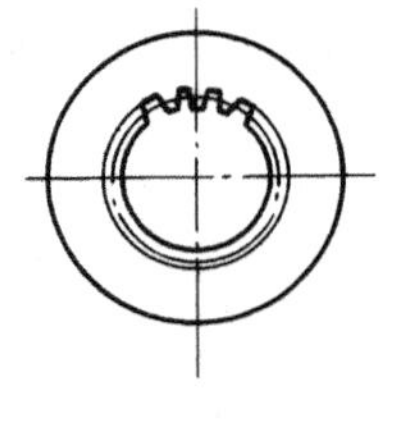	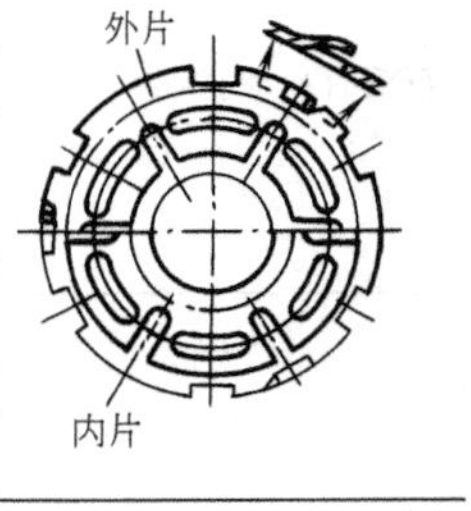 外片 内片
特点	齿数 3~6,用于低转矩或用于中型套装或轴装离合器	加工方便,多用于中小型套装或轴装离合器	能传递较大转矩,用于中型离合器	多用于电磁离合器

续表

型　式	内　盘	外　盘		
	带扭转减振器的弹性片	矩形齿外盘	键槽式外盘	渐开线齿外盘
简图	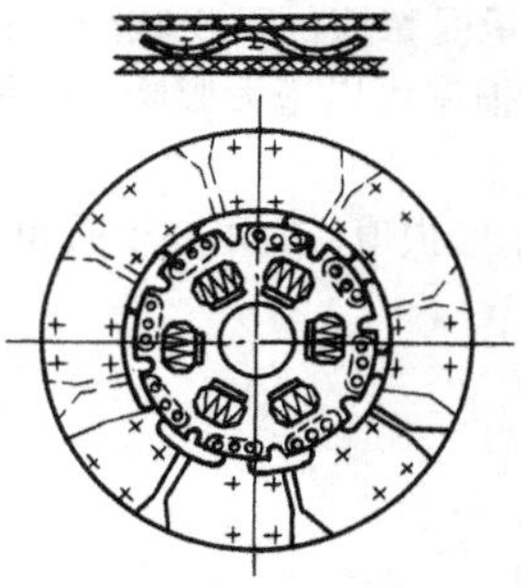	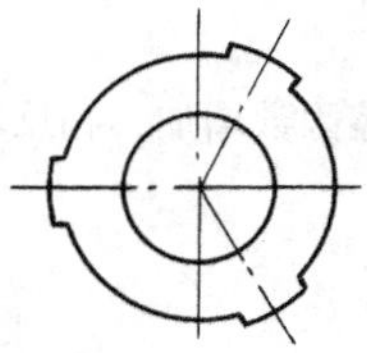	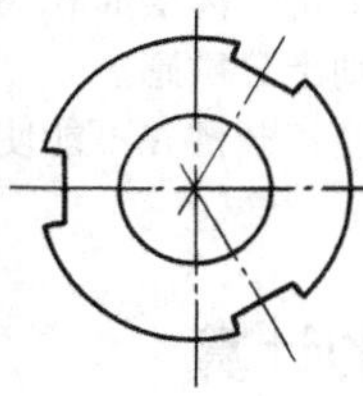	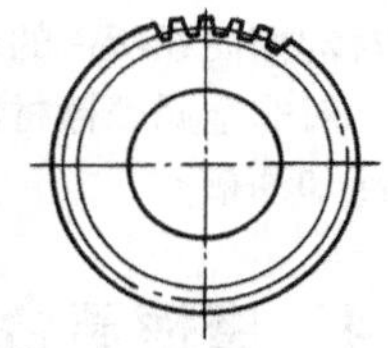
特点	用于汽车主离合器	齿数3~6。可与矩形齿内片或花键孔内盘配合	槽数3~6。可与矩形齿片或花键孔内盘配对	能传递较大转矩，与渐开线齿内盘配对

　　对于工作时需要散发很大热量的干式离合器盘，常采用带散热翅的端部摩擦盘或带辐射筋的中空摩擦盘，以加强通风或水冷。

　　摩擦盘上往往加工出沟槽，如表7-3-19所示。沟槽可起到刮油、冷却和有效排出磨粒的作用。沟槽的刮油作用能降低摩擦副之间的油膜的厚度和压力，从而提高动摩擦因数。同时沟槽还有把磨损脱落的小颗粒收集起来随油流排出到油池的作用，防止这部分颗粒对摩擦表面产生磨粒磨损。充满润滑油的沟槽快速扫过摩擦表面时，带走摩擦表面的摩擦热，还能通过设计特殊形式的沟槽来实现磨粒排出。例如在外径一边开不通透的径向槽，在脱开离合器时，利用不通透的径向槽中油的压力把摩擦副顶开，但这种沟槽可能造成油膜增厚，摩擦因数下降。

表 7-3-19　　　　　　　　　　常用沟槽型式和特点

型　式	同心圆或螺旋槽	辐 射 状	同心辐射状
简图	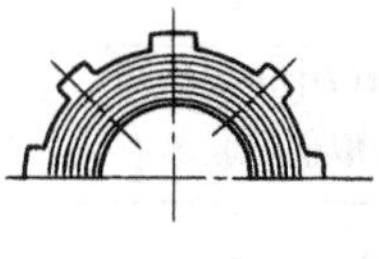	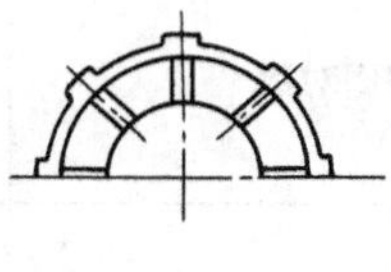	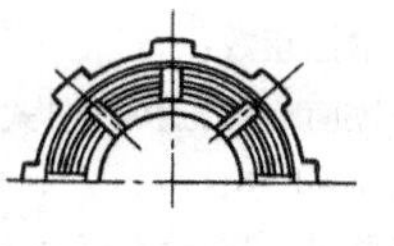
特点	有利于排油,有利于破坏油膜层,使摩擦因数值提高,但冷却性能差	向摩擦表面供油好,冷却效果好,磨损减小,能促使摩擦盘分离,但多形成液体润滑,使摩擦因数值降低	摩擦因数较高,冷却效果好,制造较复杂
型　式	棱 状	放射棱状	方 格 状
简图	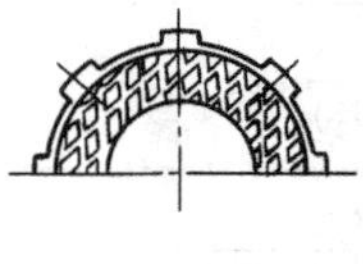	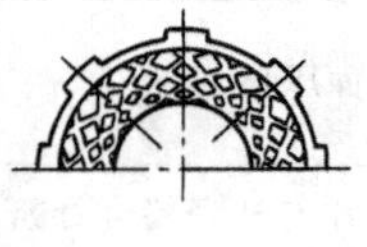	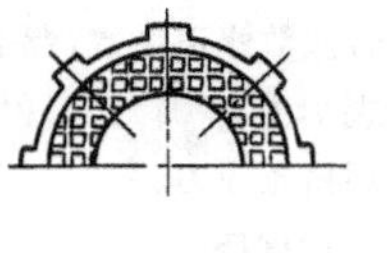
特点	加工方便,能通过足够的冷却油	有较高的摩擦因数,能通过足够的油流,冷却效果好,制造也较简单	加工方便,能保证足够的冷却油通过

沟槽的刮油能力与两个因素有关：沟槽与油流方向的夹角越小，刮油能力越大；沟槽边缘尖锐的比圆滑的刮油能力高。

沟槽的冷却能力与三个因素有关：沟槽与油流方向夹角越小冷却能力越小；浅而宽的沟槽比相同截面积的窄而深的沟槽冷却能力好，因为在宽而浅的沟槽中油流容易产生湍流，同时油流也更靠近摩擦表面，所以能更有效地发挥冷却作用；沟槽间距越小，冷却效果越好。沟槽加多，则实际承受摩擦的面积减少，有可能导致磨损提高。对烧结铜基摩擦材料来讲，沟槽面积高达摩擦总面积的50%时磨损率可以毫无影响，而纸基摩擦材料的磨损对沟槽面积所占的比例则十分敏感。

对非金属摩擦材料表面，开槽并不能使摩擦因数增加，相反增加了磨损值，所以在纸质和石墨树脂衬面上仅开冷却油槽。

4.4 摩擦离合器的计算

表 7-3-20

型　式	计 算 项 目	计 算 公 式	单 位
圆形摩擦盘式 i_1—外摩擦盘数； i_2—内摩擦盘数； m—摩擦面对数，通常，湿式 $m=5\sim15$，干式 $m=1\sim6$； z—摩擦盘总数，$z=i_1+i_2=m+1$； μ—摩擦因数，查表 7-3-17； p_p—许用压强，N/cm^2，查表 7-3-17； z_1—外摩擦盘齿数； z_2—内摩擦盘齿数； a_1,a_2—外、内摩擦盘厚度，cm； K_1—摩擦片数修正系数，见表 7-3-21； K_v—速度修正系数，见表 7-3-5； K_m—接合次数修正系数(接合频率系数)，见表 7-3-4； σ_{pp}—许用挤压应力； d—传动轴直径	计算转矩	$T_c=\dfrac{KT}{K_m K_v}$（见表 7-3-2）	N·cm
	摩擦盘工作面的平均直径	$D_p=\dfrac{1}{2}(D_1+D_2)=(2.5\sim4)d$	cm
	摩擦盘工作面的外直径	$D_1=1.25D_p$	cm
	摩擦盘工作面的内直径	$D_2=0.75D_p$	cm
	摩擦盘宽度	$b=\dfrac{D_1-D_2}{2}$	cm
	摩擦面对数	$m=z-1\geqslant\dfrac{8T_c}{\pi(D_1^2-D_2^2)D_p\mu p_p}$ （z 取奇数，m 取偶数）	
	摩擦片脱开时所需的间隙	湿式　$\delta=0.2\sim0.5$ 干式　无衬层　$\delta=0.4\sim1.0$ 　　　有衬层　$\delta=1.0\sim1.5$	mm
	许用传递转矩	$T_{cp}=\dfrac{1}{8}\pi(D_1^2-D_2^2)D_p m\mu p_p K_1\geqslant T_c$	N·cm
	压紧力	$Q=\dfrac{2T_c}{D_p\mu m}$	N
	摩擦面压强	$p=\dfrac{4Q}{\pi(D_1^2-D_2^2)}\leqslant p_p$	N/cm²
	摩擦片与外壳接合处挤压应力	$\sigma_{p1}=\dfrac{8T_{cp}}{z_1 i_1 a_1(D_3^2-D_4^2)}\leqslant\sigma_{pp}$	N/cm²
	摩擦片与内壳接合处挤压应力	$\sigma_{p2}=\dfrac{8T_{cp}}{z_2 i_2 a_2(D_5^2-D_6^2)}\leqslant\sigma_{pp}$	N/cm²

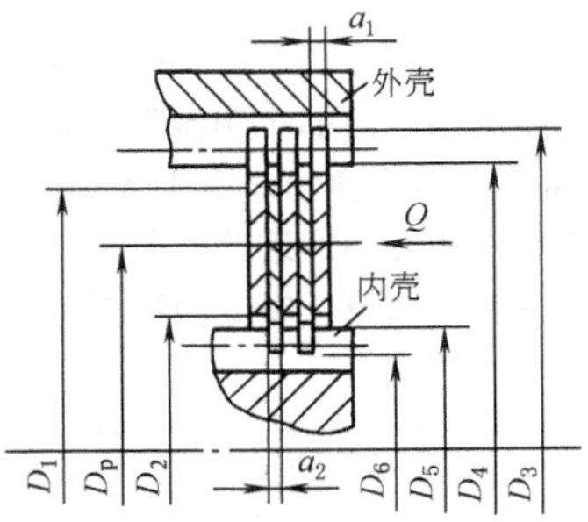

续表

型　式	计算项目	计算公式	单位
单圆锥摩擦式 μ—摩擦因数,见表7-3-17; p_p—许用压强,N/cm²,见表7-3-17; α—半锥角,一般大于摩擦角; b—圆锥母线宽度,cm; σ_p—许用应力,N/cm²; 铸铁 $\sigma_p=1960\sim2940\text{N/cm}^2$; 铸钢 $\sigma_p=3920\sim7850\text{N/cm}^2$; 碳素钢 $\sigma_p=7850\sim11770\text{N/cm}^2$; φ—摩擦角,$\varphi=\arctan\mu$	计算转矩	$T_c=\dfrac{KT}{K_m K_v}$（见表9-3-2）	N·cm
	摩擦面平均直径	单锥面:$D_p=(D_1+D_2)/2=(4\sim6)d$,或 $D_p=$ $\sqrt[3]{\dfrac{T_c}{0.5\pi p_p \psi\mu}}$ 双锥面:$D_s=\sqrt[3]{\dfrac{T_c}{0.5\pi p_p \psi\mu}}$,前二式中的 ψ 分别见下面各式	cm
	摩擦面宽度	一般机械:$b=\psi D_p=(0.4\sim0.7)D_p$ 机床:单锥面 $b=\psi D_p=(0.15\sim0.25)D_p$ 双锥面 $b=\psi D_s=(0.32\sim0.45)D_s$	cm
	摩擦锥的半锥角	$\alpha>\arctan\mu$ 金属-金属　$\alpha=8°\sim15°$ 石棉、木材-金属　$\alpha=20°\sim25°$ 皮革-金属　$\alpha=12°\sim15°$	
	离合器脱开间隙	无衬层　$\delta=0.5\sim1.0$ 有衬层　$\delta=1.5\sim2.0$	mm
	摩擦锥的行程	单锥 $x=\delta/\sin\alpha$,双锥 $x=2\delta/\sin\alpha$	mm
	摩擦面上的平均圆周速度	$v=\dfrac{\pi D_p n}{6000}$	m/s
	许用传递转矩	单锥面 $T_{cp}=\dfrac{1}{2}\pi D_p^2 b\mu p_p \geqslant T_c$ 双锥面 $T_{cp}=\dfrac{1}{2}\pi D_s^2 b\mu p_p \geqslant T_c$	N·cm
双圆锥摩擦式 D_s—锥面摩擦块的外径或外壳的内径,cm 其他符号说明同上	所需的轴向压力与脱开力	单锥面 $Q=\dfrac{2T_c(\mu\cos\alpha\pm\sin\alpha)}{D_p\mu}$ 接合时用"+",脱开时用"−" 双锥面 $Q=\dfrac{T_c(\sin\alpha+\mu\cos\alpha)}{\mu D'(\cos\alpha-\mu\sin\alpha)}$	N
	摩擦面压强	单锥面 $p=\dfrac{2T_c}{\pi D_p^2 \mu b}\leqslant p_p$ 双锥面 $p=\dfrac{2T_c}{\pi D_s^2 \mu b}\leqslant p_p$	N/cm²
	外锥平均壁厚	$\delta_p\geqslant\dfrac{Q}{2b\pi\sigma_p\tan(\alpha+\varphi)}$	cm
圆盘摩擦块式 D_p—平均直径,cm; F—单个摩擦块单侧摩擦面积,cm²; z—摩擦块数量; μ—摩擦因数,见表7-3-17; p_p—许用压强,N/cm²,见表7-3-17	压紧力	$Q=\dfrac{T_c}{D_p\mu}$	N
	摩擦面压强	$p=\dfrac{T_c}{D_p\mu Fz}\leqslant p_p$	N/cm²

第 **7** 篇

续表

型　式	计算项目	计算公式	单　位
涨圈式 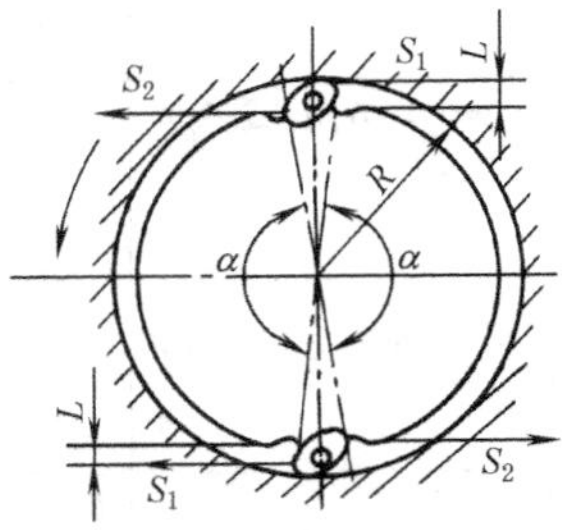 α—单根涨圈包角,rad,结构设计定; b—涨圈宽度,cm,结构设计定; z—涨圈数量; μ—摩擦因数,见表7-3-17; p_p—许可压强,N/cm²,见表7-3-17; R—环形槽半径,cm; L—转销上力臂,cm	始端张力	$S_1 = \dfrac{T_c}{R(e^{\mu\alpha}-1)\ z}$	N
	终端张力	$S_2 = \dfrac{T_c e^{\mu\alpha}}{R(e^{\mu\alpha}-1)\ z}$	N
	摩擦面压强	$p = \dfrac{T_c}{R^2 b\alpha\mu z} \leqslant p_p$	N/cm²
	接合力矩	$M_0 = S_1 L + S_2 L$	N·cm
扭簧式 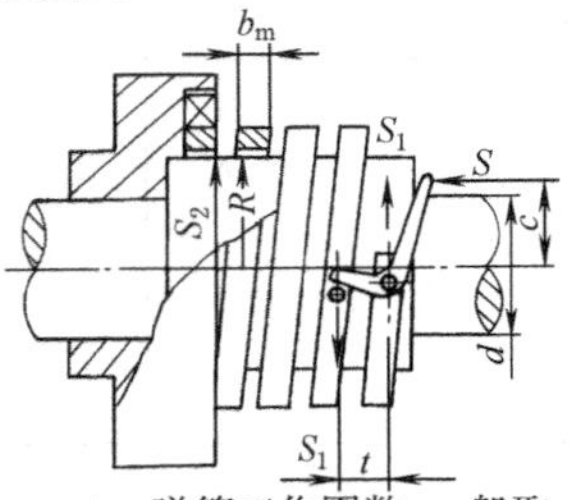 i—弹簧工作圈数,一般取 $i=4.5\sim6$; t,c—杠杆臂长度,cm; μ—摩擦因数,见表7-3-17; b_m—弹簧终端第一圈平均宽,cm; R—鼓轮半径,cm $R\approx\dfrac{3}{2}d$; σ_{pp}—许用挤压应力,N/cm²; Δ—弹簧与鼓轮径向间隙 $\Delta = 0.017\sqrt{R}$ 扭簧结构 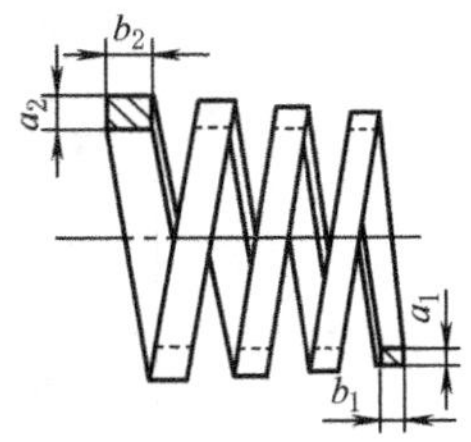 $b_1 = 0.5b_2$ $a_1 = 0.4b_2$ $a_2 = 0.9b_2$ 扭簧总螺旋圈数 $n=i+1$	圆周力	$F = T_c/R$	N
	终端张力	$S_2 = F/e^{2\pi i\mu}$	N
	操纵端张力	$S_1 = \dfrac{F}{e^{2\pi i\mu}\ (e^{2\pi\mu}-1)}$	N
	接合力	$S = S_1 t/c$	N
	鼓轮表层挤压应力	$\sigma_p = \dfrac{F}{Rb_m} \leqslant \sigma_{pp}$	N/cm²

表 7-3-21 K_1 值

离合器主动摩擦片数 i_1	≤3	4	5	6	7	8	9	10	11
K_1	1	0.97	0.94	0.91	0.88	0.85	0.82	0.79	0.76

4.5 摩擦离合器的摩擦功和发热量计算

表 7-3-22

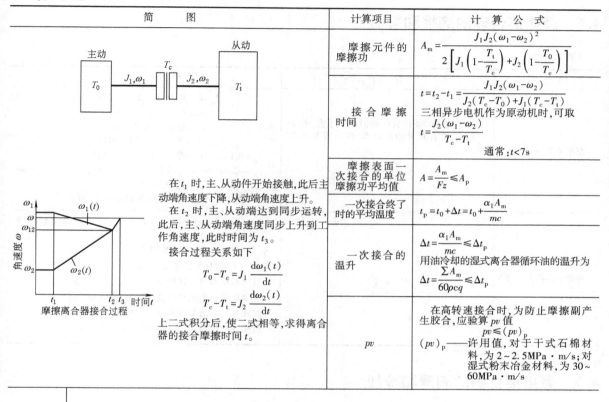

简 图	计算项目	计 算 公 式
	摩擦元件的摩擦功	$A_m = \dfrac{J_1 J_2 (\omega_1 - \omega_2)^2}{2\left[J_1\left(1 - \dfrac{T_t}{T_c}\right) + J_2\left(1 - \dfrac{T_0}{T_c}\right)\right]}$
	接合摩擦时间	$t = t_2 - t_1 = \dfrac{J_1 J_2 (\omega_1 - \omega_2)}{J_2(T_c - T_0) + J_1(T_c - T_t)}$ 三相异步电机作为原动机时,可取 $t = \dfrac{J_2(\omega_1 - \omega_2)}{T_c - T_t}$ <div align="right">通常:$t < 7s$</div>
	摩擦表面一次接合的单位摩擦功平均值	$A = \dfrac{A_m}{Fz} \leqslant A_p$
	一次接合终了时的平均温度	$t_p = t_0 + \Delta t = t_0 + \dfrac{\alpha_1 A_m}{mc}$
	一次接合的温升	$\Delta t = \dfrac{\alpha_1 A_m}{mc} \leqslant \Delta t_p$ 用油冷却的湿式离合器循环油的温升为 $\Delta t = \dfrac{\sum A_m}{60\rho c q} \leqslant \Delta t_p$
	pv	在高转速接合时,为防止摩擦副产生胶合,应验算 pv 值 $pv \leqslant (pv)_p$ $(pv)_p$ ——许用值,对于干式石棉材料,为 $2 \sim 2.5$MPa·m/s;对湿式粉末冶金材料,为 $30 \sim 60$MPa·m/s

在 t_1 时,主、从动件开始接触,此后主动端角速度下降,从动端角速度上升。

在 t_2 时,主、从动端达到同步运转,此后,主、从动端角速度同步上升到工作角速度,此时时间为 t_3。

接合过程关系如下

$$T_0 - T_c = J_1 \frac{d\omega_1(t)}{dt}$$

$$T_c - T_t = J_2 \frac{d\omega_2(t)}{dt}$$

上二式积分后,使二式相等,求得离合器的接合摩擦时间 t。

摩擦离合器接合过程

符号意义

J_1、J_2 ——主、从动轴的转动惯量,kg·m²
ω_1、ω_2 ——接合时主、从动轴的起始角速度,rad/s
ω_{12} ——主、从动轴达到同步运转时的角速度
ω ——主、从动轴达到同步运转后上升到工作角速度
T_c ——摩擦元件所传递的计算转矩,N·m
T_t ——需传递的负载转矩,N·m
T_0 ——原动机的驱动转矩,N·m
F ——一个摩擦副的工作面积,m²
z ——摩擦副对数
A_p ——允许摩擦功平均值,J/m²,见表 7-3-23
A_m ——一次接合摩擦功,J
t ——接合摩擦时间,s
t_0 ——接合开始时摩擦片的平均温度,℃
Δt ——当主、被动片热量和导热系数相同时,所有摩擦功转化为热的一次接合温升,℃
m ——离合器吸收热量部分的零件质量,kg
c ——主、被动片材料的比热容,J/(kg·K)
　　冷却油取 $c = 1680 \sim 2100$J/(kg·K),

铸铁取 $c = 540$J/(kg·K),
钢取 $c = 490$J/(kg·K)
Δt_p ——一次接合终了时允许温升,℃,见表 7-3-23
α_1 ——热量分配系数,即被计算零件所吸收的热量对总热量的比值,石棉材料制成的衬面:
　　单盘离合器的压盘,$\alpha_1 = 0.5$,
　　双盘离合器的中间盘,$\alpha_1 = 0.5$,
　　压盘,　　　　　　$\alpha_1 = 0.25$
　　铁基烧结材料制成的衬面:
　　单盘从动盘,$\alpha_1 = 0.5$,
　　双盘中间盘,$\alpha_1 = 0.25$
$\sum A_m$ ——1h 内累积的摩擦功,J
ρ ——冷却油的密度,一般取 $850 \sim 900$kg/m³
q ——冷却油的流量,m³/min
p ——摩擦副元件表面压强,MPa
v ——摩擦副元件表面平均圆周速度,m/s

注:1. 表中计算公式是假定 T_0、T_t 为定值,主、从动轴角速度的瞬时变化值随时间 t 呈直线比例关系。
2. 本表不适用于汽车和工程机械带变矩器和不带变矩器的变速箱中的离合器。

表 7-3-23   **允许摩擦功 A_p 和允许温升 Δt_p**

$A_p/\text{J} \cdot \text{m}^{-2}$		$\Delta t_p/℃$	
干式离合器(衬面材料为铜丝石棉)	5×10^5	拖拉机(干式离合器)	$3\sim5$
		推土机,叉车(干式离合器)	约 3
轻型坦克	$(0.981\sim1.472)\times10^5$	履带车辆(坦克)	$15\sim20$
中型坦克	$(1.472\sim2.452)\times10^5$	离心离合器	$70\sim75$
重型坦克	$(2.452\sim3.924)\times10^5$	机床	150

4.6　摩擦离合器的磨损和寿命

表 7-3-24

项　目	计　算　公　式	符　号　含　义
磨损系数 ε	为了防止摩擦离合器磨损速率过大,对于载荷大、接合频繁的离合器,应计算磨损系数 ε $\varepsilon=\dfrac{A_m}{a}z\leqslant\varepsilon_p$	A_m——离合器一次接合摩擦功,J z——每分钟接合次数,$\min^{-1}$ a——总摩擦面积,mm^2 ε_p——许用磨损系数,可取 $\varepsilon_p=0.5\sim0.8$ 普通石棉基摩擦材料(圆盘式) $\varepsilon_p=0.7\sim0.9$ 普通石棉基摩擦材料(圆锥式、闸块式、闸带式) $\varepsilon_p=2.5\sim$ Z64 石棉基摩擦材料(圆盘式)
寿命期内接合次数 N	$N=\dfrac{V}{A_m K_\omega}$	V——磨损限度内(即寿命期内)摩擦片磨损的总体积,mm^3 A_m——接合一次的摩擦功,J K_ω——摩擦材料的磨损率,mm^3/J 对铜基粉末冶金材料,$K_\omega=(3\sim6)\times10^{-5}mm^3/J$ 对半金属型摩擦材料,$K_\omega=(5\sim10)\times10^{-5}mm^3/J$ 对铁基粉末冶金材料,$K_\omega=(5\sim9)\times10^{-5}mm^3/J$ 对树脂型材料,$K_\omega=(6\sim12)\times10^{-5}mm^3/J$

4.7　摩擦离合器的润滑和冷却

干式和湿式摩擦离合器都有发热和冷却问题,干式摩擦离合器的热量是通过壳体散热到周围环境中,温升过高时,可采用风扇强制冷却,干式摩擦离合器外壳温度不超过 70~80℃。湿式摩擦离合器的热量通过润滑油冷却。

4.7.1　湿式摩擦离合器润滑油的选择

对润滑油的要求:①与摩擦表面黏附力大,油膜强度高,既能防止两摩擦面直接接触,又要求有高的摩擦因数;②适当的黏度和黏温指数,低速时,不致因黏度过大,油膜厚度增加而延长接合时间;高速时,不因黏度大而增加空转转矩和发热,也不因黏度低不易形成油膜而发生干摩擦。可参见表 7-3-25 选用;③耐热性好,抗氧化性高,无泡沫,不易老化变质,寿命长;④化学性能稳定,对摩擦元件无腐蚀作用。

摩擦离合器的润滑油,当工作温度在 40~70℃ 之间时,可用变压器油;当工作温度在 70~100℃ 之间时,可用汽轮机油;当更高工作温度时,宜用合成润滑油。

表 7-3-25   **湿式摩擦离合器润滑油的黏度**

离合器类型	润滑油黏度 $/mm^2 \cdot s^{-1}$	离合器类型	润滑油黏度 $/mm^2 \cdot s^{-1}$
机械和液压离合器 　中等线速度(5~12m/s) 　低或高线速度(<5m/s 或>12m/s)	 30~33.5 16.5~21	电磁离合器 　中等线速度(5~12m/s) 　低或高线速度(<5m/s 或>12m/s)	 16.5~21 8.5~12

4.7.2 湿式摩擦离合器的润滑方式

① 飞溅润滑 装置简单，用于与齿轮箱组合在一起的场合，依靠浸入油池中的齿轮转动将油飞溅到离合器的摩擦元件上，但当齿轮线速度太低（<1.5m/s）或离合器接合频繁时，则不易得到充分的润滑。

② 轴心润滑 润滑油通过离合器轴的中心孔，依靠油压或离心力流到摩擦元件的摩擦面上，这种润滑方式比较合理，摩擦元件的使用寿命长，但结构比较复杂。

③ 滴油或喷油润滑 将润滑油直接滴入或加压喷入离合器，但当离合器线速度大于5m/s时，润滑油就难以进入离合器，故一般用于线速度小于5m/s的场合。

④ 浸油润滑 将离合器浸在油中，浸入深度一般为外径的10%，由于搅动油产生阻力使离合器的空转转矩增加，接合时间延长，一般用于线速度小于等于2m/s的离合器。

4.8 摩擦离合器结构尺寸

带辊子接合机构的双盘摩擦离合器结构尺寸

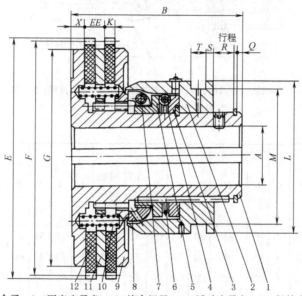

1—输入轴；2—接合子；3—固定支承盘；4—接合辊子；5—活动支承盘；6—保持弹簧；7—锁紧螺钉；
8—可调接合环；9—加压圈；10—分离弹簧；11—中间盘；12—摩擦盘

表 7-3-26   mm

| 功率/kW | | 孔 A | B | | E | F | G | 齿数 | 模数 | R | X | K | EE | | L | M | Q | S | T |
单盘	双盘		单盘	双盘				z	m				单盘	双盘					
0.7	1.4	19~32	97	110	125	120	112	48	2.5	19	8	6	0	6	88.9	76	2	5	13
1.1	2.2	22~35	130	143	150	144	120	48	3	27	10	6	0	6	118	98	2	7	16
1.8	3.6	25~41	135	135	176	168	154	42	4	27	11	8	0	8	130	111	2	7	16
2.6	5.2	35~51	154	173	220	210	190	42	5	27	13	10	0	10	152	133	2	8	18
6.0	12	43~64	170	189	270	258	240	43	6	33	16	10	0	10	178	152	2	8	19
11	22	57~83	202	227	318	306	290	51	6	37	18	13	0	13	210	184	2	10	22
16.8	33.6	64~94	221	247	372	360	340	60	6	43	22	13	0	13	235	206	2	13	22
21.3	42.6	64~94	221	247	414	402	380	67	6	43	22	13	0	13	235	206	2	13	22
25.7	51.4	64~114	262	293	462	450	430	75	6	48	22	16	0	16	235	206	2	13	22
34.2	68.4	70~127	262	293	534	522	500	87	6	48	24	16	0	16	254	219	2	15	25
48	96.0	89~152	326	364	606	594	570	99	6	57	32	19	0	19	305	267	2	16	32
71	142	89~152	329	367	678	666	645	111	6	57	35	19	0	19	305	267	2	16	32
81	162	114~178	383	427	750	738	720	123	6	70	35	22	0	22	350	305	2	16	38
118	236	127~178	395	440	894	882	860	147	6	70	40	22	0	22	350	305	2	16	38

注：表中功率值是指100r/min时的功率。

带辊子接合机构的多盘摩擦离合器结构尺寸

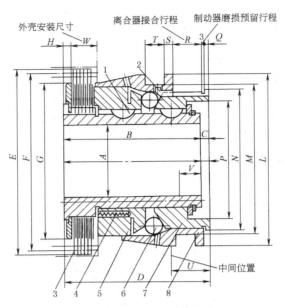

1—半月导向键；2—滑键；3—离合器摩擦副；4—分离弹簧；5—加压盘；
6—球形滚子；7—固定套；8—接合子

表 7-3-27   mm

功率 /kW	每分钟最高转数		孔 A		B	C	D	E	F	G	H	齿数 z	模数 m	L	M	N	P	Q	R	S	T	U	V	W
	金属盘	非金属盘	最大	最小																				
0.44	3000	900	29	19	92	3	95	85	80	72	5	32	2.5	89	76	68	54	2.5	18	5	13	24	14	22
0.74	3000	850	32	19	92	3	95	95	90	82	5	36	2.5	99	83	75	60	2.5	18	5	13	24	14	22
1.47	3000	775	38	22	121	3	124	125	120	110	5	48	2.5	118	89	89	93	2.5	25	7	16	32	19	25
2.2	3000	700	45	25	121	3	124	136.5	130	120	5	40	3.25	131	111	100	83	2.5	25	7	16	32	19	25
3.7	2500	600	58	35	134	6	140	162.5	156	140	5	48	3.25	152	134	121	102	2.5	29	9	18	35	19	29
5.5	2000	500	75	38	146	10	156	176	168	155	6	42	4	180	152	141	114	3	32	9	19	38	21	29
8.1	1500	400	98	48	162	13	175	220	210	195	7	42	5	210	184	172	140	5	38	10	22	46	24	32

注：表中功率值是指 100r/min 时的功率。

5 电磁离合器

电磁离合器是靠线圈的电磁力操纵的离合器。

电磁离合器的特点是，启动力矩大，动作反应快，离合迅速；便于实现自动控制和远控；通过改变励磁电流可调节转矩的大小。但它有剩磁问题，影响分离彻底性，还有线圈发热问题。

电磁离合器一般用于相对湿度不大于 85%，无爆炸危险的环境，电压波动不得超过±5%。湿式时必须保持油液纯洁，不得有导电杂质，黏度≤23mm²/s（50℃时）。

5.1 电磁离合器的型式、特点与应用

表 7-3-28

型式	简 图	特 点	应 用
牙嵌式	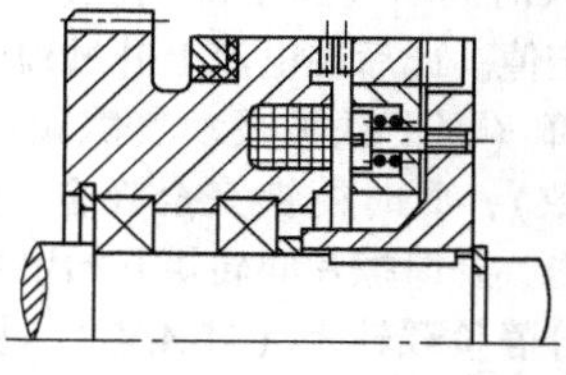	与嵌合式离合器特点基本相同 一般需在静态接合，有转速差时会发生冲击。属于刚性接合，无缓冲作用	允许停车接合或负载转矩小，从动侧转动惯量小，相对转速在 100r/min 以下时接合，要求无滑差，接合不频繁的场合应用，可干、湿两用
干式单片	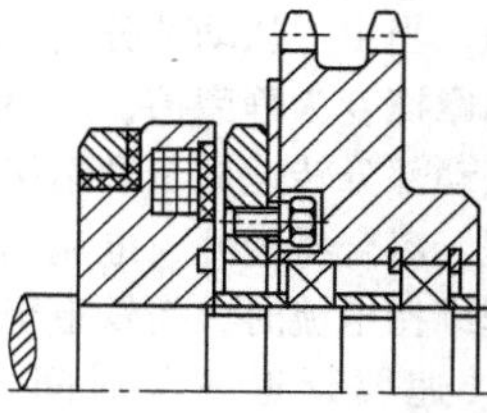	反应灵敏、接合迅速。结构紧凑、尺寸小。空载转矩极小。接合过程中有摩擦发热，温升太高时有摩擦性能衰退现象，摩擦片有磨损需调整间隙	适用于要求接合快速，频率高，外形尺寸没有限制的场合
湿式多盘式	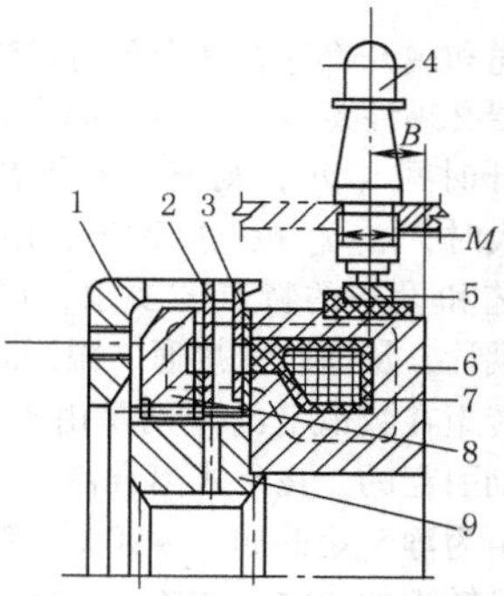 1—连接爪；2—外摩擦片；3—内摩擦片； 4—电刷；5—滑环；6—磁轭； 7—线圈；8—衔铁；9—齿轮	摩擦片几乎无磨损。接合与脱开动作迟缓，有空载转矩，接合频率不宜太高。要求有供油系统	适于要求在较高转速下接合的场合操作频度低于干式 有滑环式较无滑环式转动惯量大
转差式	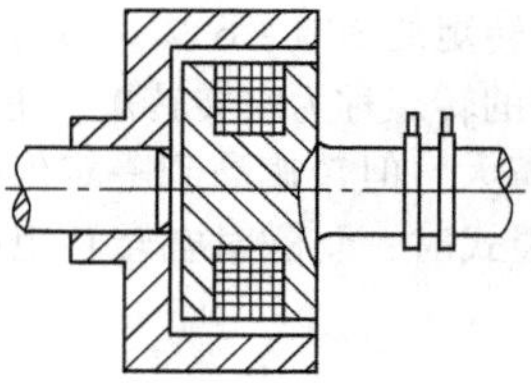	启动平稳，主动轴恒速下，从动轴可无级调速，无摩擦，有缓冲吸振和安全保护作用。承载能力低，体积大，传递转矩小，动作缓慢，低速和转速差大时效率低	用于短时需要较大滑差、需要有恒力矩的场合，可在动力机恒速下调节工作机的转速
磁粉式	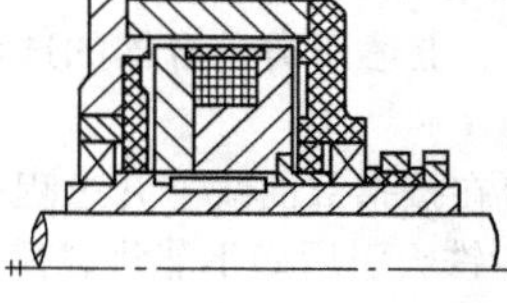	可在同步和滑差下工作，精度较高，响应快，接合与制动时无冲击，从动部分惯性小，接合面有气隙无磨损。磁粉寿命短，价格贵	需要有连续滑动的工作场合，以及传递转矩不大的系统

第 7 篇

5.2　电磁离合器的动作过程

（1）摩擦电磁离合器的动作过程

图 7-3-5 为湿式摩擦电磁离合器的接合动作过程图。以操作者发出指令（揿下按钮）为起点，指令到达离合器，经过指令传入时间 t_1（经消除间隙、空行程等动作），此时电压升至稳定值。此后在电流上升过程中，曲线出现凹口，电流瞬时下降（因衔铁被吸动气隙减小，引起磁阻减小，电感增加所致），此时衔铁完全吸合，即完成时间 t_2。此后，打滑着的内、外摩擦片间转矩开始增加，当动摩擦转矩值大于从动部分静负载转矩（过 A 点），从动部分开始转动，此后，主动部分转速稍降低，从动部分被加速，主、从动部分达到同步转动。当主、从动部分同步转动后，内、外摩擦片间的摩擦由动摩擦变为静摩擦，摩擦转矩瞬时达到最大峰值。此后主、从动部分转速同步升至接合前主动部分的转速，完成启动过程。离合器脱开，电流仍以指数曲线下降至电流小于衔铁动作维持电流时，衔铁退至原位，从动部分转速下降，转矩和转速要延迟一段时间才下降至接合前状态。

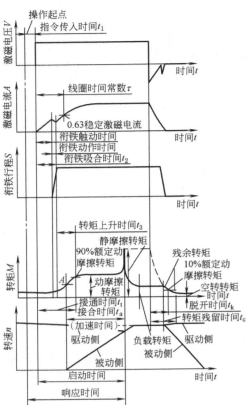

图 7-3-5　摩擦电磁离合器的动作过程图

t_1—指令传入时间；t_2—加压盘压合时间；

t_3—转矩上升时间；t_t—离合器接通时间（$= t_2 + t_3$）；

t_a—离合器接合时间（加速时间）；t_k—离合器脱开时间；t_c—转矩残留时间

离合器的接通和脱开都存在一个延时过程，设计制造离合器或选用离合器必须注意这一特性。离合器的接通时间 t_t（即 $t_2 + t_3$）和脱开时间 t_k 短，则离合器的精度高，动作灵敏，但转动惯量大时，t_t、t_k 短，则冲击、振动大。

根据生产工艺和设备的特点与要求，可以改变激磁方式、参数和电路设计，从而改变接通、脱开时间的长短。

图中动、静转矩在数值上的差别是由于摩擦材料的动、静摩擦因数的差别引起的。在干式离合器中，通常，钢对压制石棉时，动转矩为静转矩的 80%～90%；钢对铜基粉冶材料时，动转矩为静转矩的 70%～80%。在湿式离合器中，除与摩擦材料有关外，还受油的黏度、油量、片的结构（影响油被挤出的快慢）、内外片间的相对速度、摩擦功的大小（摩擦功大时，难形成液体摩擦）等因数影响。通常，钢对钢时，动转矩为静转矩的 30%～60%。离合器脱开后，主动侧仍向被动侧传递的转矩称为空转转矩，主要由油的粘连产生，与油的黏度、油量、油温有关，还与转速有关，转速高时空转转矩大，但转速高到一定值时，片间油被甩出，此时空转转矩趋向一定值。摩擦片间间隙愈小，空转转矩愈大。湿式时，剩磁对空转转矩的影响只占很小比例。

（2）牙嵌电磁离合器的动作过程

矩形牙及牙形角很小（2°～8°）的梯形牙离合器在传递转矩时，无轴向脱开力（或轴向脱开力小于轴向摩擦阻力），因此，工作时无需加轴向压紧力，称为第一类牙嵌离合器。第二类牙嵌离合器为传递转矩时必须加轴向压紧力，或必须用定位机构等措施来阻止其自动脱开，如三角形牙及牙形角较大的梯形牙离合器，在载荷下很容易脱开，这类离合器多用电磁或液压操纵（机械操纵的必须有定位机构）。上述两类离合器的选用和设计计算均有所不同。

图 7-3-6 为第二类牙嵌电磁离合器的典型动作过程图。图中励磁电流在按指数曲线上升过程中，第一次减小是由于衔铁被吸引，使线圈电感增大的缘故，以后出现电流减小则表示衔铁吸引后尚不能将载荷带动，产生牙的啮合—脱落—再啮合的滑跳现象，从而使转矩及电流（因线圈的电感变化）出现波动。电流切断后，当按指数曲线衰减的励磁电流小于衔铁的维持电流时，衔铁释放，离合器脱开。

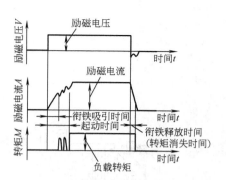

图 7-3-6　牙嵌电磁离合器的典型动作过程图

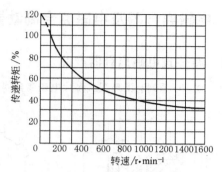

图 7-3-7　某种牙嵌电磁离合器
可传递的转矩和转速关系

第二类牙嵌离合器在不同转速下传递的转矩值，理论上应该是不变的。但由于实际安装时总会有同轴度、平行度和轴向及径向跳动误差，以及振动的影响，随着速度的增大，传递转矩值将下降，速度越高，下降越多，这是在高速应用时必须注意的。图 7-3-7 为某种牙嵌离合器可传递的转矩和转速关系。

5.3　电磁离合器的选用计算

（1）牙嵌式电磁离合器的选用

牙嵌离合器传递转矩时须加轴向压紧力，超载时将产生牙的滑跳，导致牙的损坏。因此，选用时必须确保离合器工作时，特别是启动时，不出现超载现象。

在一般的传动系统中，选用的牙嵌离合器的额定转矩 T 应大于电动机的启动转矩（最大转矩）。一般按表 7-3-2 中下式计算

$$T \geqslant T_c = KT$$

式中，K 可参考表 7-3-2 中的数据；T 可按电动机的最大转矩取值（见电动机样本）。

（2）摩擦式电磁离合器的选用

摩擦式电磁离合器的选用按表 7-3-29 计算。

表 7-3-29　　　　　　　　　　　盘式摩擦式电磁离合器选择计算

计 算 项 目	计 算 公 式	说　　明
按动摩擦转矩选择	$T_d \geqslant K(T_1 + T_2)$	T_d——离合器额定动转矩，$N \cdot m$ T_j——离合器额定静转矩，$N \cdot m$ K——安全系数（或工作状况系数），见表 7-3-3 T_1——接合时的载荷转矩，$N \cdot m$
按静摩擦转矩选择	$T_j \geqslant K T_{max}$	T_2——加速转矩（惯性转矩），$N \cdot m$ T_{max}——运转时的最大载荷转矩，$N \cdot m$ A_p——离合器的允许摩擦功，$N \cdot m$ J——离合器轴上的转动惯量，$kg \cdot m^2$
按摩擦功选择	$A_p \geqslant \dfrac{J n_x^2}{182} \times \dfrac{T_d}{T_d \mp T_f} m$ 减速时取正号	n_x——摩擦片相对转速，r/min T_f——离合器轴上的载荷转矩，$N \cdot m$ m——接合次数

注：选择离合器时需同时满足表中三项要求，但目前我国电磁离合器尚无允许摩擦功的数据，因此，暂只能按动摩擦转矩和静摩擦转矩选择。需计算摩擦功时，可参考国外同类型离合器的数据。

5.4 电磁离合器及电磁离合制动器产品

5.4.1 摩擦式电磁离合器产品

（1）DLMO 系列有滑环湿式多片电磁离合器

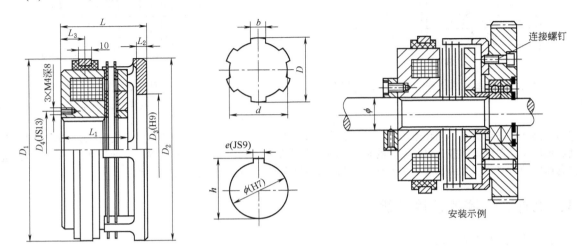

安装示例

表 7-3-30

规格	额定动转矩 /N·m	额定静转矩 /N·m	空载转矩 /N·m ≤	接通时间 /s ≤	断开时间 /s ≤	额定电压 （DC）/V	线圈消耗功率 （20℃） /W	允许最高转速 /r·min⁻¹	质量 /kg	供油量 /L·min⁻¹	电刷型号
2.5	12	25	0.4	0.28	0.10	24	13	3500	1.78	0.25	
6.3	50	100	1	0.32	0.10	24	19	3000	2.8	0.40	DS-001
16	100	200	2	0.35	0.15	24	23	3000	4.66	0.65	
40	250	500	5	0.40	0.20	24	51	2000	9.0	1.00	

规格	D_1	D_2	D_3	D_4	D	d	ϕ	b	L	L_1	L_2	L_3	衔铁行程	e	h
									mm						
2.5	94	92	50	42	$30^{+0.023}_{0}$	$26^{+0.28}_{0}$	30	$8^{+0.085}_{+0.035}$	56	46.6	5	18.5	2.2	8	$32.3^{+0.1}_{0}$
6.3	116	113	65	52	$40^{+0.027}_{0}$	$35^{+0.34}_{0}$	40	$10^{+0.085}_{+0.035}$	60	48.2	5	18.5	2.8	12	$42.3^{+0.1}_{0}$
16	142	142	85	60	$50^{+0.027}_{0}$	$45^{+0.34}_{0}$	50	$12^{+0.105}_{+0.045}$	65	49.2	7.5	18.5	3.5	14	$52.4^{+0.2}_{0}$
40	176	178	105	86	$65^{+0.03}_{0}$	$58^{+0.4}_{0}$	65	$16^{+0.105}_{+0.045}$	80	62	10	22	4	18	$69.4^{+0.2}_{0}$

注：1. 离合器工作时必须在摩擦片间加润滑油，供油方式为外浇油或油溶式，但其浸入油深为离合器外径的 1/6～1/4。高速或频繁动作时应采用轴心供油，其量见本表。

2. 安装示例为同轴安装齿轮输出，也可分轴安装，但主、从动轴都应轴向固定，不得窜动，且同轴度不低于 9 级。输出及安装方式、连接焊钉孔规格及数量与加工，由用户决定。

3. 生产厂家为天津机床电器有限公司、北京古德高机电技术有限公司。

（2）DLM3 系列无滑环湿式多片电磁离合器

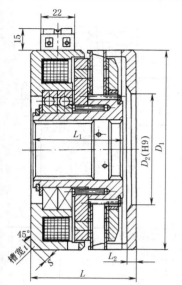

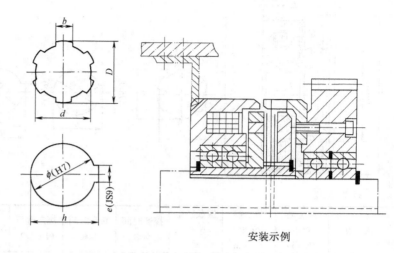

安装示例

表 7-3-31

规格	额定动转矩 /N·m	额定静转矩 /N·m	空载转矩 /N·m ≤	接通时间 /s ≤	断开时间 /s ≤	额定电压（DC)/V	线圈消耗功率（20℃）/W	允许最高转速 /r·min⁻¹	质量 /kg	供油量 /L·min⁻¹
1.2	12	20	0.39	0.28	0.09	24	18	3500	1.6	0.2
2.5	25	40	0.40	0.30	0.09	24	21	3500	2.3	0.25
5	50	80	0.9	0.32	0.10	24	32	3000	3.4	0.40
10	100	160	1.80	0.35	0.14	24	38	3000	5	0.65
16	160	250	2.40	0.37	0.14	24	50	2500	6.2	0.65
25	250	400	3.50	0.40	0.18	24	61	2200	8.2	1.0
40	400	630	5.60	0.42	0.20	24	72	2000	14.3	1.0
63	630	1000	9.00	0.45	0.25	24	83	1800	21	1.2

规格	D_1	D_2	D	d	b	ϕ	e	h	L	L_1	L_2	S	t
								mm					
1.2	86	50	$20^{+0.023}_{0}$	$17^{+0.12}_{0}$	$4\text{-}6^{+0.065}_{+0.025}$	20	6	$21.8^{+0.1}_{0}$	51	44.5	5.5	3.5	6
2.5	96	56	$25^{+0.023}_{0}$	$22^{+0.14}_{0}$	$6^{+0.065}_{+0.025}$	25	8	$27.3^{+0.1}_{0}$	57	51.5	5.5	3.5	6
5	113	65	$30^{+0.023}_{0}$	$26^{+0.14}_{0}$	$8^{+0.085}_{+0.035}$	30	8	$32.3^{+0.1}_{0}$	63	56	5	3.5	8
10	133	75	$40^{+0.027}_{0}$	$35^{+0.17}_{0}$	$10^{+0.085}_{+0.035}$	40	12	$42.3^{+0.1}_{0}$	68	59	6.5	5.5	8
16	145	85	$45^{+0.027}_{0}$	$40^{+0.17}_{0}$	$12^{+0.105}_{+0.045}$	45	14	$47.4^{+0.2}_{0}$	70	61.5	6.5	5.5	10
25	166	110	$50^{+0.027}_{0}$	$45^{+0.17}_{0}$	$12^{+0.105}_{+0.045}$	50	14	$52.4^{+0.2}_{0}$	78.5	68	7.5	5.5	10
40	192	110	$60^{+0.03}_{0}$	$54^{+0.2}_{0}$	$14^{+0.105}_{+0.045}$	60	16	$62.2^{+0.2}_{0}$	91	79.5	8	6	10
63	212	125	$70^{+0.03}_{0}$	$62^{+0.2}_{0}$	$16^{+0.105}_{+0.045}$	70	20	$74.3^{+0.2}_{0}$	109	96.5	9.5	7	10

注：同表 7-3-30 注。

（3）DLM5 系列有滑环湿式多片电磁离合器

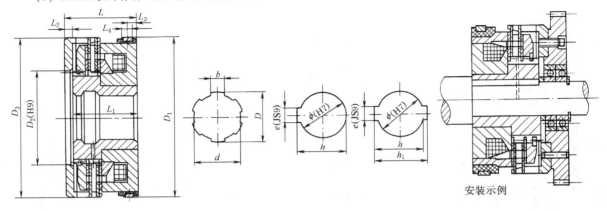

安装示例

表 7-3-32

规　格	额定动转矩 /N·m	额定静转矩 /N·m	空载转矩 /N·m ≤	接通时间 /s≤	断开时间 /s≤	额定电压 （DC)/V	线圈消耗 功率(20℃) /W	允许最高 转速 /r·min⁻¹	质量 /kg	供油量 /L·min⁻¹
1.2/1.2C	12	20	0.39	0.28	0.09	24	10	3500	1.3	0.20
2.5	25	40	0.40	0.30	0.09	24	17	3500	1.73	0.25
5/5C	50	80	0.90	0.32	0.10	24	17	3000	2.9	0.40
10/10C	100	160	1.80	0.35	0.14	24	19	3000	4.3	0.65
16	160	250	2.40	0.37	0.14	24	26	2500	5.8	0.65
25/25C	250	400	3.50	0.40	0.18	24	39	2200	7.7	1.00
40	400	630	5.60	0.42	0.20	24	45	2000	12.2	1.00
63	630	1000	9.00	0.45	0.25	24	66	1800	16.2	1.2
100	1000	1600	15.0	0.65	0.35	24	81	1600	23.2	1.2
160	1600	2500	24.0	0.90	0.45	24	87	1600	31.7	1.5
250	2500	4000	37.5	1.20	0.60	24	100	1200	47.1	2.0
400	4000	6300	60.0	1.50	0.80	24	134	1000	100.9	3.0

规　格	D_1	D_2	D_3	D	d	b	ϕ	e	h	h_1	L	L_1	L_2	L_3	L_4	电刷型号
									mm							
1.2	86	50	86	$20^{+0.023}_{0}$	$17^{+0.12}_{0}$	$4\sim6^{+0.065}_{+0.025}$	20	6	$22.8^{+0.1}_{0}$		43.5	38	5.5	5	7	
2.5	96	56	96	$25^{+0.023}_{0}$	$21^{+0.14}_{0}$	$6^{+0.065}_{+0.025}$	25	8	$28.3^{+0.2}_{0}$		48.5	43	5.5	7	7	DS-002
5	113	65	113	$30^{+0.023}_{0}$	$26^{+0.14}_{0}$	$6^{+0.065}_{+0.025}$	30	8	$33.3^{+0.2}_{0}$		55.5	50	5.5	7	8	
10	133	75	133	$40^{+0.027}_{0}$	$35^{+0.17}_{0}$	$10^{+0.085}_{+0.035}$	40	12	$43.3^{+0.2}_{0}$		61	54.5	6.5	8	10	
16	145	85	145	$45^{+0.027}_{0}$	$40^{+0.17}_{0}$	$12^{+0.105}_{+0.045}$	45	14	$48.8^{+0.2}_{0}$		63.5	57	6.5	8	10	
25	166	95	166	$50^{+0.027}_{0}$	$45^{+0.17}_{0}$	$12^{+0.105}_{+0.045}$	50	14	$53.8^{+0.2}_{0}$		72	64.5	7.5	10	10	
40	192	120	192	$60^{+0.03}_{0}$	$54^{+0.2}_{0}$	$14^{+0.105}_{+0.045}$	60	18	$64.4^{+0.2}_{0}$		82.5	74.5	8	10	10	
63	212	125	212	$70^{+0.03}_{0}$	$62^{+0.2}_{0}$	$16^{+0.105}_{+0.045}$	70	20	$74.9^{+0.2}_{0}$		91.5	82	9.5	12	10	
100	235	150	235				70	20	$74.9^{+0.2}_{0}$		105	96	10	15	10	
160	270	180	270				100	28	$106.4^{+0.2}_{0}$		118	104	14	15	10	DS-001
250	310	220	310				110	28	$116.4^{+0.2}_{0}$	$122.8^{+0.4}_{0}$	130	116	14	10	12	
400	415	235	415				120	32	$127.4^{+0.2}_{0}$	$134.8^{+0.4}_{0}$	150	132	18	10	12	
1.2C	94	50	86	$30^{+0.023}_{0}$	$26^{+0.14}_{0}$	$8^{+0.085}_{+0.035}$					56	50.5	5.5	19	10	
5C	116	65	113	$40^{+0.027}_{0}$	$35^{+0.17}_{0}$	$10^{+0.085}_{+0.035}$					59.5	54	5.5	19	10	
10C	142	85	133	$50^{+0.027}_{0}$	$45^{+0.17}_{0}$	$12^{+0.105}_{+0.045}$					64.5	58	6.5	19	10	
25C	176	105	160	$65^{+0.03}_{0}$	$58^{+0.2}_{0}$	$16^{+0.105}_{+0.045}$					81	73.5	7.5	21	10	

注：同表 7-3-30 注。

（4）DLM9（ERD）系列无滑环湿式多片电磁离合器

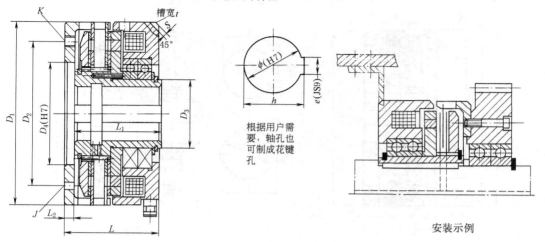

槽宽 t

根据用户需要，轴孔也可制成花键孔

安装示例

第 **7** 篇

表 7-3-33

规　格	额　定动转矩/N・m	额　定静转矩/N・m	空载转矩/N・m ≤	接通时间/s ≤	断开时间/s ≤	额定电压（DC）/V	线圈消耗功率（20℃）/W	允许最高转速/r・min⁻¹	质量/kg	供油量/L・min⁻¹
DLM 9-2	16	25	0.48	0.28	0.09	24	24	3000	2.9	0.25
DLM 9-5	50	80	0.85	0.30	0.10	24	37	3000	3.9	0.40
DLM 9-10	100	160	1.80	0.32	0.14	24	50	3000	5.9	0.65
DLM 9-16	160	250	2.40	0.36	0.16	24	56	2500	7.8	0.65
DLM 9-25	250	400	3.80	0.40	0.18	24	76	2200	10.7	1.00
DLM 9-40	400	630	6.00	0.60	0.22	24	86	2000	15	1.00
DLM 9-63	630	1000	9.50	0.70	0.26	24	88	1800	22	1.20
DLM 9-100	1000	1600	15.00	0.85	0.31	24	104	1600	33	1.20
DLM 9-160	1600	2500	24.00	1.20	0.43	24	122	1500	51	1.50
DLM 9-250	2500	4000	38.00	1.40	0.50	24	175.5	1200	67	2.00

规　格	D_1	D_2	D_3	D_4	ϕ	e	h	J	K	L	L_1	L_2	S	t
							mm							
DLM 9-2	95	80	35	50	20	6	$22.8^{+0.1}_{0}$	$2×\phi6$	$4×M6$	55	50	5	4	8
DLM 9×5	110	90	45	65	30	8	$33.3^{+0.2}_{0}$	$3×\phi6$	$4×M6$	60	55	5	4	8
DLM 9×10	132	105	50	75	40	12	$42.3^{+0.2}_{0}$	$3×\phi6$	$6×M8$	67	60	5	5	10
DLM 9×16	147	120	55	85	45	14	$47.4^{+0.2}_{0}$	$3×\phi8$	$6×M8$	72	65	7	5	10
DLM 9×25	162	135	65	95	50	16	$53.6^{+0.2}_{0}$	$3×\phi8$	$6×M8$	82	75	7	6	12
DLM 9×40	182	155	75	120	60	18	$64.4^{+0.2}_{0}$	$3×\phi10$	$6×M10$	93	85	8	6	12
DLM 9×63	202	170	85	125	70	20	$74.3^{+0.2}_{0}$	$3×\phi10$	$6×M10$	109	100	9	8	14
DLM 9×100	235	200	100	150	70	20	$74.9^{+0.2}_{0}$	$3×\phi14$	$6×M12$	120	110	10	8	14
DLM 9×160	270	235	110	200	90	25	$95.4^{+0.2}_{0}$	$3×\phi14$	$6×M12$	142	130	12	10	16
DLM 9×250	310	260	140	220	110	28	$116.4^{+0.2}_{0}$	$3×\phi16$	$6×M16$	157	145	14	10	16

注：1. D_2、J、K 为用户连接用尺寸，由用户自行加工，本表数据仅供参考。

2. 同表 7-3-30 注。

（5）DLM10（EKE）系列有滑环多片电磁离合器

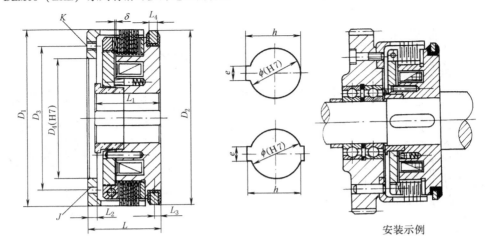

安装示例

表 7-3-34

规　格	额定动转矩 /N·m	额定静转矩 /N·m	空载转矩 /N·m	接通时间 /s ≤	断开时间 /s ≤	额定电压（DC）/V	线圈消耗功率（20℃）/W	允许最高转速 /r·min⁻¹	质量 /kg	电刷型号
1A/1AG	12.5	20/14	0.088/0.05	0.14/0.11	0.03/0.025		26	3000	2	湿式采用 DS-005、干式采用 DS-006
2A/2AG	25	40/27.5	0.175/0.10	0.18/0.16	0.032/0.028		27	3000	2.6	
4A/4AG	40	63/44	0.280/0.16	0.20/0.18	0.04/0.03		33	3000	3.2	
6A/6AG	63	100/70	0.350/0.26	0.25/0.20	0.45/0.04		43	3000	4	
10A/10AG	100	160/110	0.500/0.35	0.28/0.25	0.06/0.045		43	3000	5.5	
16A/16AG	160	250/175	1.00/0.56	0.30/0.28	0.08/0.06		47	2500	7.8	
25A/25AG	250	400/280	1.50/0.88	0.35/0.30	0.11/0.08	24	55	2200	11	
40A/40AG	400	630/440	2.50/1.40	0.40/0.35	0.12/0.11		62	2000	15	
63A/63AG	630	1000/700	4.00/2.20	0.50/0.40	0.15/0.12		70	1750	21	
100A/100AG	1000	1600/1100	6.00/3.00	0.60/0.50	0.18/0.15		79	1600	32	
160A/160AG	1600	2500/1750	10/5.5	0.90/0.70	0.22/0.18		93	1350	50	
250A/250AG	2500	4000/2750	15/8.6	1.15/0.90	0.28/0.25		110	1200	77	
400A/400AG	4000	6300/4400	24/14	1.30/1.20	0.35/0.30		123	1000	122	

规　格	D_1	D_2	D_3	D_4	ϕ	e	h	J	K	L	L_1	L_2	L_3	L_4	δ
							mm								
1A/1AG	100	100	85	50	18	$5^{+0.025}_{0}$	$19.9^{+0.14}_{0}$	$2\times\phi6$	$4\times M6$	45	42	5	5.5	8	0.30
2A/2AG	110	110	90	55	20	$6^{+0.025}_{0}$	$22.3^{+0.14}_{0}$	$2\times\phi6$	$4\times M6$	48	45	5	5.5	8	0.30
4A/4AG	120	120	100	60	25	$8^{+0.03}_{0}$	$27.6^{+0.14}_{0}$	$3\times\phi6$	$6\times M6$	52	48	6	5.5	8	0.30
6A/6AG	132	132	105	65	30	$8^{+0.03}_{0}$	$32.6^{+0.17}_{0}$	$3\times\phi6$	$6\times M8$	55	50	7	5.5	8	0.30
10A/10AG	147	145	120	75	40	$12^{+0.035}_{0}$	$42.9^{+0.17}_{0}$	$3\times\phi8$	$6\times M8$	58	53	7	5.5	8	0.35

规　格	D_1	D_2	D_3	D_4	ϕ	e	h	J	K	L	L_1	L_2	L_3	L_4	δ
	mm														
16A/16AG	162	160	135	85	45	$14_0^{+0.035}$	$48.3_0^{+0.17}$	$3\times\phi8$	$6\times M8$	62	57	7	5.5	8	0.40
25A/25AG	182	180	155	95	50	$16_0^{+0.035}$	$53.6_0^{+0.2}$	$3\times\phi10$	$6\times M16$	68	63	8	6	8	0.45
40A/40AG	202	200	170	120	60	$18_0^{+0.035}$	$64_0^{+0.2}$	$3\times\phi10$	$6\times M10$	76	70	9	6.25	8	0.50
63A/63AG	235	230	200	125	70	$20_0^{+0.045}$	$74.3_0^{+0.2}$	$3\times\phi14$	$6\times M12$	86	80	10	6.25	8	0.60
100A/100AG	270	255	235	150	70	$20_0^{+0.045}$	$74.3_0^{+0.2}$	$3\times\phi14$	$6\times M16$	100	92	12	8.5	10	0.70
160A/160AG	310	295	260	180	75	20 ± 0.026	$81.1_0^{+0.2}$	$3\times\phi16$	$6\times M16$	115	107	14	8	10	0.80
250A/250AG	360	340	305	200	100	28 ± 0.026	$106.4_0^{+0.2}$	$4\times\phi16$	$8\times M16$	132	122	15	8.5	10	0.90
400A/400AG	420	395	350	235	120	$32_0^{+0.05}$	$126.7_0^{+0.2}$	$4\times\phi20$	$8\times M16$	150	138	17	8.5	10	1

注：1. D_3、J、K 为用户连接用尺寸，由用户自行加工，本表数据仅供参考。

2. 250A/250AG、400A/400AG 为双键孔，位置180°，h_1 为 $112.8_0^{+0.2}$、$133.4_0^{+0.52}$。

3. 同表 7-3-30 的注。

4. G 为干式多片电磁离合器。

（6）DLM2 系列大型有滑环干式多片电磁离合器（摘自 JB/T 8808—2010）

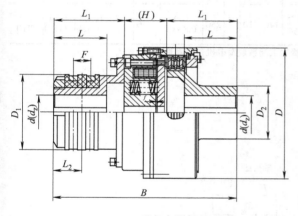

DLM2B 型离合器结构型式
（常闭式断电结合，通电脱开）

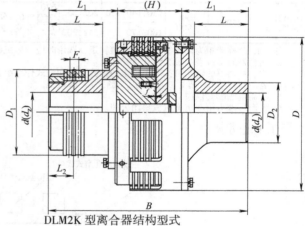

DLM2K 型离合器结构型式
（常开式，断电脱开，通电结合）

表 7-3-35

型　号	公称转矩 T_n /N·m	许用转速 n_p /r·min⁻¹	轴孔直径 d(H7)，d_z(H8)	轴孔长度 J、Z L	L_1	B	D	H	集电环位置尺寸/直径 L_2/D_1 (h9)	F	D_2	气隙 f	通电动作时间	断电动作时间	转动惯量 /kg·m² 主动端	从动端	质量 /kg
			mm										s				
DLM2B/K-630	630	2 000	40,42,45,48,50,55	84	112	290/330	210/230	66_0^{+2}/106	45/120		85	0.8~1.1/0.2~0.4	0.15	0.30/2	0.14/0.12	0.01/0.04	32/36
DLM2B/K-1000	1000	2000	45,48,50,55	84	112	300/340	235	76_0^{+2}/116	45/130	27	95	0.8~1.1/0.2~0.4	0.15	0.30/2	0.26/0.24	0.03/0.11	45/55
			60	107	142	360/400	/260										
DLM2B/K-1600	1600	2000/1900	50,55	84	112	310/355	260	86_0^{+2}/131	45/145		110	1.0~1.3/0.2~0.4	0.20	0.35/3	0.43/0.48	0.05/0.24	63/78
			60,63,65,70	107	142	370/415	/290										

续表

型号	公称转矩 T_n /N·m	许用转速 n_p /r·min⁻¹	轴孔直径 d(H7),d_z(H8)	轴孔长度 J、Z L	L₁	B	D	H	集电环位置尺寸/直径 L_2/D_1(h9)	F	D₂	气隙 f	通电动作时间	断电动作时间	转动惯量 /kg·m² 主动端	从动端	质量 /kg
						mm							s				
DLM2B/K-2500	2500	1800/1700	65,70,75	107	142	380/430	300/330	96^{+3}_{0}/146	60/170		130	1.0~1.3/0.2~0.4	0.22	0.38/3	0.84/0.82	0.10/0.46	90/103
			80,85	132	172	440/490											
DLM2B/K-4000	4000	1600/1500	70,75	107	142	390/440	340/370	106^{+3}_{0}/156	60/195		145	1.0~1.3/0.2~0.4	0.22	0.38/4	1.59/1.29	0.18/0.77	132/146
			80,85,90,95	132	172	450/500											
DLM2B/K-6300	6300	1400/1300	80,85,90,95	132	172	460/520	390/420	116^{+3}_{0}/176	80/220	30	165	1.0~1.3/0.2~0.4	0.25	0.40/4	3.02/2.73	0.41/1.49	194/230
			100,110	167	212	540/600											
DLM2B/K-10000	10000	1200/1100	90,95	132	172	480/540	440/480	136^{+4}_{0}/196	80/250		190	1.2~1.5/0.3~0.5	0.30	0.42/6	5.53/5.12	0.73/2.96	278/335
			100,110,120,125	167	212	560/620											
DLM2B/K-16000	16000	1100/1000	100,110,120,125	167	212	580/660	500/540	156^{+4}_{0}/236	110/270		210	1.5~1.8/0.3~0.5	0.35	0.45/6	10.70/9.67	1.69/5.55	428/515
			130,140	202	252	660/740											
DLM2B/K-25000	25000	1000/900	130,140,150	202	252	670/760	560/610	166^{+4}_{0}/256	140/310		250	1.5~1.8/0.3~0.5	0.40	0.50/8	19.22/19.28	3.14/11.10	618/710
			160,170	242	302	770/860											

注：1. 公称转矩为标定的公称静摩擦转矩，选用时应考虑机器的工况系数及电机过载系数。
2. 离合器质量按表中最大轴孔直径计算。
3. 主、从动端的轴孔可按表中规定的轴孔直径和型式任意组合。
4. 表中斜线"/"前为 B 型数据，其后为 K 型数据。
5. 所需电刷配套供应。
6. 生产厂家为第一重型机械集团公司。

① 标记方法

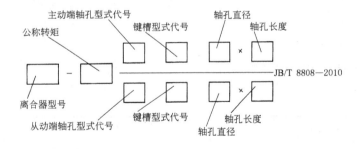

标记示例：

例 1 DLM2B 型常闭式电磁离合器的公称转矩为 1000N·m；

主动端：J 型轴孔、A 型键槽、轴孔直径 $d=55$mm、轴孔长度 $L=84$mm；

从动端：Z 型轴孔、C 型键槽、轴孔直径 $d_z=48$mm、轴孔长度 $L=84$mm。标记为：

$$\text{DLM2B-1000 离合器} \frac{\text{J55}\times84}{\text{ZC48}\times84} \quad \text{JB/T 8808—2010}$$

例 2 DLM2K 型常开式电磁离合器的公称转矩为 1000N·m；

主动端：J 型轴孔、A 型键槽、轴孔直径 $d=55$mm、轴孔长度 $L=84$mm；

从动端：Z 型轴孔、C 型键槽、轴孔直径 $d_z=60$mm、轴孔长度 $L=107$mm。标记为：

$$\text{DLM2K-1000 离合器} \frac{\text{J55}\times84}{\text{ZC60}\times107} \quad \text{JB/T 8808—2010}$$

② 离合器的控制电路

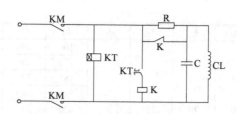

KT——时间继电器（控制强励时间）；C——放电电容器；

K——继电器（强励磁与额定励磁转换）；KM——接触器（操作离合器）；

R——分压电阻；CL—离合器线圈。

时间继电器控制的强励磁时间为1~2s

表 7-3-36　　　　　　　　　　　　　控制电路电气元件参数

型　　号	线圈 CL（75℃）				放电电容 C		分压电阻 R	
	保持功率/W	电阻/Ω	保持电流/A	保持电压/V	容量/μF	额定电压/V	功率/W	阻值/Ω
DLM2B/K-630	34.7/25.3	37.3/51.1	0.96		6		178/129	190/263
DLM2B/K-1000	35.4/32.9	36.6/39.3	0.98		6		181/167	187/202
DLM2B/K-1600	45.1/45.9	28.7/28.2	1.25		12		232/234	146/145
DLM2B/K-2500	51.6/55.1	25.2/23.5	1.43	36	16	630	263/280	129/120
DLM2B/K-4000	59.1/60.5	21.9/21.4	1.64		16		302/310	112/110
DLM2B/K-6300	68.7/67.8	18.9/19.1	1.91		16		352/346	96/98
DLM2B/K-10000	73.3/68.5	17.7/18.9	2.03		36		376/350	90/97
DLM2B/K-16000	73.3/73.2	17.7/17.7	2.04		50		376/375	90/91
DLM2B/K-25000	80.1/93.9	16.2/13.8	2.22		50		412/480	82/71

注：1. 直流220V强励磁时，强磁励电流约为保持电流的6.1倍，功率约为37.3倍。

2. 表中斜线前后数据分别为B型和K型数据。

3. 放电电容用直流电容器。

4. 分压电阻消耗功率取决于阻值，选用时分压电阻阻值应充分留有余量。

5. 放电电容器的容量值仅供设计离合器控制电路时参考。

③ 离合器电刷架的型式及安装尺寸

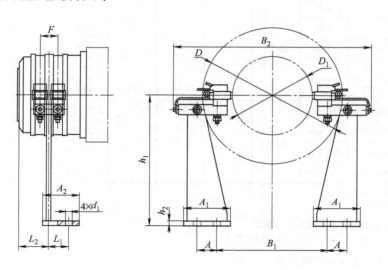

表 7-3-37   mm

离合器型号	A	A_1	A_2	d_1	B_1	B_2	L_1	h_1	h_2	F
DLM2B/DLM2K-630					160	296				
DLM2B/DLM2K-1000					170	306				27
DLM2B/DLM2K-1600					185	321				
DLM2B/DLM2K-2500					210	346				
DLM2B/DLM2K-4000	30	70	55	10	235	371	30	200	8	
DLM2B/DLM2K-6300					260	396				30
DLM2B/DLM2K-10000					290	426				
DLM2B/DLM2K-16000					310	446				
DLM2B/DLM2K-25000					350	486				

注：电刷架为离合器的附属装置，随离合器一同交货，L_2、D、D_1 尺寸见表 7-3-35。

④ 离合器保护罩的结构型式及安装尺寸

在多尘、有蒸汽及有油、水滴入的环境中，建议使用离合器保护罩。

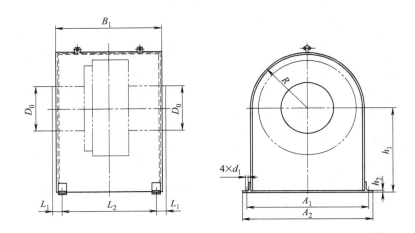

表 7-3-38   mm

离合器型号	A_1	A_2	B_1	L_1	L_2	d_1	R	h_1	h_2	D_0
DLM2B/K-630	440	480					193			125
DLM2B/K-1000	450	490					198			135
DLM2B/K-1600	460	500	B-15	35	B-70		203			150
DLM2B/K-2500	490	530					218			175
DLM2B/K-4000	520	560				10	233	≥200	5	200
DLM2B/K-6300	540/570	580/610					243/258			225
DLM2B/K-10000	580/620	620/660	B-20	40	B-80		263/283			255
DLM2B/K-16000	640/680	680/720					293/313			275
DLM2B/K-25000	700/750	740/790					323/348			315

注　1. 表中 B 相应见表 7-3-35。

2. h_1 尺寸按实际需要确定。

3. 表中斜线前后数据分别代表 B 型和 K 型数据。

4. 保护罩只在用户需要时提供，并应在订货时说明。

（7）DLK1 系列干式快速电磁离合器

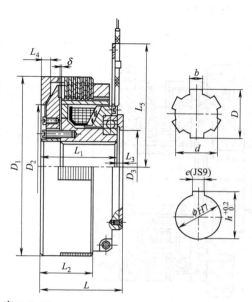

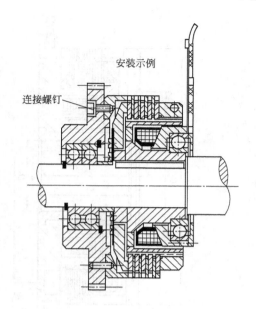

安装示例

连接螺钉

第

7

篇

表 7-3-39

规格	额定动转矩 /N·m	空载转矩 /N·m ≤	接通时间 /s≤	断开时间 /s≤	额定电压 (DC)/V	线圈消耗功率 (20℃)/W	允许最高转速 /r·min⁻¹	质量 /kg
2.5	25	0.10	0.10	0.03	24	16.5	3500	2
5	50	0.20	0.14	0.04	24	20.5	3000	3
10	100	0.30	0.16	0.06	24	28.8	3000	4.5
16	160	0.80	0.20	0.10	24	48	2500	5.9
25	250	1.20	0.27	0.15	24	53	2200	8.95
40	400	2.00	0.35	0.20	24	62	2000	13.45
80	800	4.00	—	—	24	79	—	—

规格	D_1	D_2	D_3	D	d	b	ϕ	e	h	L	L_1	L_2	L_3	L_4	L_5	δ
									mm							
2.5	100	75H9	40	$25^{+0.023}_{0}$	$21^{+0.14}_{0}$	$5^{+0.065}_{+0.025}$	25	8	28.3	50	44.50	30	4	4	79	0.20±0.05
5	115	85H9	48	$30^{+0.023}_{0}$	$26^{+0.14}_{0}$	$6^{+0.065}_{+0.025}$	30	8	33.3	56	50.50	35	4	5	83	0.25±0.05
10	135	95H9	55	$40^{+0.027}_{0}$	$35^{+0.17}_{0}$	$10^{+0.085}_{+0.035}$	40	12	43.3	62	56	40	4	6	89	0.30±0.05
16	150	105H8	60	$45^{+0.027}_{0}$	$40^{+0.17}_{0}$	$12^{+0.105}_{+0.045}$	45	14	48.8	66	60	44	3	7	97	0.30±0.05
25	172	120H9	65	$50^{+0.027}_{0}$	$45^{+0.17}_{0}$	$12^{+0.105}_{+0.045}$	50	14	53.8	72	64	48	3.5	8	105	0.35±0.05
40	202	130H9	80	$60^{+0.03}_{0}$	$54^{+0.2}_{0}$	$14^{+0.105}_{+0.045}$	60	18	64.4	81.5	73	52	4.5	8	117.5	0.35±0.05
80	240	180H7	—	—	—	—	68	20	72.9	99	91	74	—	11	150	0.4

注：见表 7-3-30 注。

（8）DZM2 系列干式多片电磁离合器

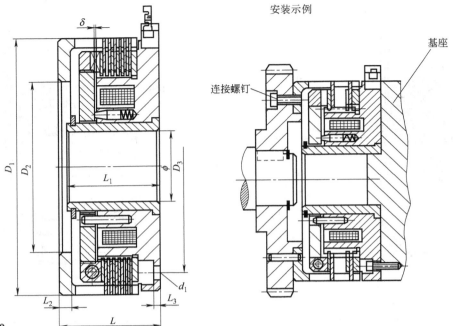

安装示例

基座

连接螺钉

表 7-3-40

规格	额定动转矩 /N·m	额定静转矩 /N·m	额定电压 (DC)/V	线圈消耗功率 (20℃)/W	允许最高转速 /r·min⁻¹	质量/kg
1T	10	11	24	26	3000	2.0
4	40	44	24	33	3000	3.2
10/10T	100	110	24	43	3000	4.0
16T	160	175	24	47	2500	7.8
41T	400	440	24	62	2000	15
64T	640	700	24	69	1750	21

规格	D_1	D_2	D_3	ϕ	d_1	L	L_1	L_2	L_3	δ
						/mm				
1T	100	50H7	85	$23^{+0.1}_{0}$	$4\times\phi6.5$	45	42	5	4.5	0.3
4	120	80H9	102	32H9	$6\times\phi6.5$	52	48	6	5	0.3
9/10T	147	100H9/70H7	125	$42H9/43^{+0.1}_{0}$	$6\times\phi8.5$	58	53	7	4	0.35
16T	162	80H7	142	$49^{+0.1}_{0}$	$6\times\phi8.5$	62	57	7	4	0.4
41T	202	120H7	180	$63^{+0.146}_{+0.100}$	$6\times\phi10.5$	76	70	9	4	0.5
64T	235	125H7	210	73 ± 0.1	$6\times\phi12.5$	86	80	10	4	0.6

注：见表 7-3-30 注。

（9）DLD5 型单片电磁离合器

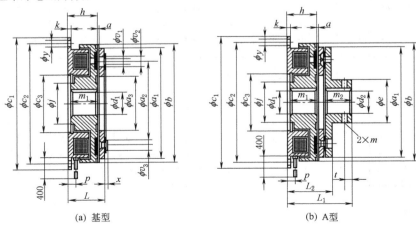

(a) 基型　　　　　　　　　(b) A型

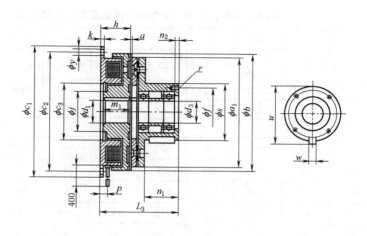

(c) B型

表 7-3-41　　　　　**DLD5 基型、A 型、B 型单片电磁离合器性能参数**

型　号	摩擦转矩/N·m		功率/W	最高转速	转动惯量/kg·m²		质量/kg
	动转矩	静转矩	（20℃）	/r·min⁻¹	转子	衔铁	
DLD5-5 -5/A -5/B	5	5.5	11	8000	7.35×10^{-5}	4.23×10^{-5} 6.03×10^{-5} 1.05×10^{-4}	0.46 0.50 0.66
DLD5-10 -10/A -10/B	10	11	15	6000	2.24×10^{-4}	1.18×10^{-4} 1.71×10^{-4} 3.00×10^{-4}	0.83 0.91 1.19
DLD5-20 -20/A -20/B	20	22	20	5000	6.78×10^{-4}	4.78×10^{-4} 6.63×10^{-4} 9.45×10^{-4}	1.5 1.66 2.11
DLD5-30 -30/A -30/B	30	33	23	4000	1.22×10^{-3}	7.40×10^{-4} 1.01×10^{-3} 1.58×10^{-3}	2.24 2.38 3.05
DLD5-40 -40/A -40/B	40	45	25	4000	2.14×10^{-3}	1.31×10^{-3} 1.81×10^{-3} 2.75×10^{-3}	2.76 3.05 3.80
DLD5-60 -60/A -60/B	60	66	30	3500	3.75×10^{-3}	3.15×10^{-3} 4.22×10^{-3} 5.70×10^{-3}	4.05 4.30 5.40
DLD5-80 -80/A -80/B	80	90	35	3000	6.30×10^{-3}	4.80×10^{-3} 6.35×10^{-3} 9.05×10^{-3}	5.10 5.40 6.90
DLD5-120 -120/A -120/B	120	135	40	3000	1.08×10^{-2}	7.20×10^{-3} 9.75×10^{-3} 1.35×10^{-2}	5.18 5.48 6.98
DLD5-160 -160/A -160/B	160	175	45	2500	1.93×10^{-2}	1.37×10^{-2} 1.90×10^{-2} 2.65×10^{-2}	9.30 10.5 13.0
DLD5-250 -250/A -250/B	250	275	52	2000	3.15×10^{-2}	2.47×10^{-2} 3.32×10^{-2} 4.81×10^{-2}	13.2 14.6 18.5
DLD5-320 -320/A -320/B	320	350	60	2000	4.48×10^{-2}	3.58×10^{-2} 4.83×10^{-2} 7.45×10^{-2}	17.0 18.7 23.6
DLD-500 -500A -500B	500	550	80	2000	6.90×10^{-2}	5.60×10^{-2}	—
DLD-1000 -1000A -1000B	1000	1100	100	1500	13.84×10^{-2}	12.0×10^{-2}	—

注：1. 励磁电压：DC24V（+5%～-10%）。

2. 生产厂家：北京古德高机电技术有限公司，该公司还生产 DLD6 型带轴承的电磁离合器，见该厂样本。

表 7-3-42 　　　　　　　　**DLD5 基型、A 型、B 型单片电磁离合器规格尺寸** 　　　　　　　　mm

规格	5	10	20	30	40	60	80	120	160	250	320
d_1	11、12、15	14、15、20	19、20、24、25	20、24、25	24、25、30	20、25、30	28、30、40	28、30、40	40、45、50	40、45、50	50、60、70
d_2	12、15、17	15、20	20、25	20、25	25、30	25、30	30、40	30、40	40、45、50	40、45、50	50、60、70
d_3	12	15	20	20	25	25	30	30	40	40	50
a	0.2±0.05					$0.3^{+0.05}_{-0.10}$			$0.5^{\,0}_{-0.2}$		
a_1	63	80	100	105	125	137	160	160	200	241	250
a_2	46	60	76	76	95	95	120	120	158	185.5	210
a_3	34.5	41.5	51.5	51.5	61.5	65	79.5	79.5	99.5	120	124.5
b	67.5	85	106	112	133	145	169	169	212.5	253	264
c_1	80	100	125	130	150	160	190	190	230	280	292
c_2	72	90	112	118	137	148	175	175	215	260	276
c_3	35	42	52	52	62	62	80	80	100	100	125
h	23.6	26.6	29.8	31.8	33.3	35	37.5	37.5	44.5	50	50.7
j	23	28.5	40	42	45	45	62	62	78	90	106
k	2	2.5	3.3	3.2	3.2	4.4	4.4	4.4	5.5	5.5	6.1
m	M4	M5	M6				M8				M10
p	6	7	8	9			11		13		16
x	1.4		1.6				2.6				3.0
e	28	34	43	43	49	49	65	65	83	100	105
L	27.8	31.4	35.8	38.9	40.8	46.7	47.1	47.1	56.3	62.8	63.6
L_1	42.8	51.4	60.8	63.9	70.8	76.7	85.1	85.1	101.3	112.8	117.6
L_2	33.8	38.4	43.8	46.9	48.8	54.7	55.1	55.1	66.3	68.3	77.6
L_3	51.3	60.4	70.8	73.9	86.8	92.7	105.1	105.1	139.5	128.3	144.6
m_1	21.3	23.7	26.7	28.5	29.7	35	33.7	33.7	39.7	45	46.2
m_2	15	20	25	25	30	30	38	38	45	50	54
t	6	8	10	10	12	12	15	15	18	18	22
f	33	37	47	47	52	52	65	65	74.5	74.5	101.5
n_1	17.5	22	27	27	38	38	50	50	60	65	67
n_2	4	4	5				6		8		10
r	4×M4						4×M5		4×M6		4×M8
s	38	45	55	55	64	64	75	75	90	90	115
v_1	3-4.1		3-5.2		3-6.2		3-8.2		3-10.3		4-12.4
v_2	3-7	3-8.5	3-11		3-12		3-16		3-20		4-24
v_3	3-6	3-7.4	3-10		3-11		3-14.9		3-18		3-20
u	39.4	47	57.5		67		78		93		118
w	4	5	6		8				10		12
y	4-5	4-6	4-7				4-9.5		4-11		4-11.5

注：键槽尺寸及公差按 GB/T 1095—2003 标准。

（10）DLT1 系列电磁失电离合器

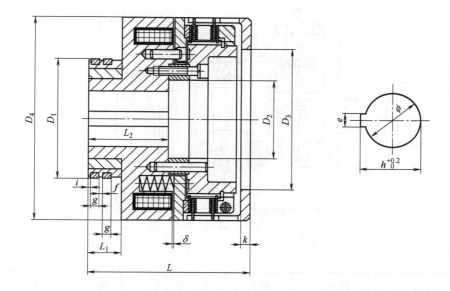

表 7-3-43

规格	额定动转矩 /N·m	静转矩 /N·m	吸合电压 （D.C）/V	保持电压 （D.C）/V	线圈消耗功率 （20℃）/W	允许最高转速 /r·min^{-1}
10	100	110	96	24	33	3000
16	160	176	96	24	59	2500
25	250	275	96	24	61	2200
41	400	440	96	24	88	2000
63	630	693	96	24	94	1800
100	1000	1100	96	24	130	1600

尺寸

规格	mm															电刷型号
	D_1	D_2	D_3	D_4	L	L_1	L_2	f	g	i	k	δ	ϕ	h	e	
10	90	52	75H7	147	124.5	28	61	3	6	2	7	1.3	40H7	43.3	12JS9	DS-006
16	100	60	85H7	162	135	32	67	3	8	3	7	1.3	45H7	48.8	14JS9	DS-006
25	120	73	95H7	182	145	32	75	4	8	2	8	1.3	50H7	53.8	14JS9	DS-003
41	120	78	140H7	202	155	32	77	4	8	2	9	1.5	55H7	59.3	16JS9	DS-003
63	160	82	125H7	235	185	35	85	6	8	3	10	1.8	65H7	69.4	18JS9	DS-006
100	170	80	200H9	270	205	45	95	10	10	5	12	2	65H8	69	18H9	DS-010

注：1. 当离合器断电时，从动端在弹簧力作用下与主动端结合，当离合器通电时，电磁力克服弹簧力，使从动端脱离主动端。

2. 表 7-3-30 注。

（11）DLT2 系列电磁失电离合器

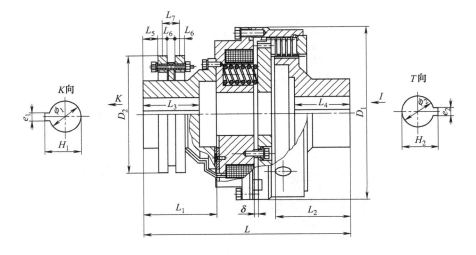

表 7-3-44

规格	额定动转矩 /N·m	静转矩 /N·m	吸合电压 (D.C)/V	保持电压 (D.C)/V	线圈消耗功率 (20℃)/W	允许最高转速 /r·min⁻¹
63	630	693	220	36	33	1000
125	1250	1375	220	36	48	1000
160	1600	1760	220	36	54	1000
250	2500	2750	220	36	60	1800
400	4000	4400	220	36	66	1600
630	6300	6930	220	36	76	1400
1000	10000	11000	220	36	77	1200
1600	16000	17600	220	36	89	1100
2500	25000	27500	220	36	84	1000

尺寸

规格	mm																	电刷型号
	D_1	D_2	L	L_1	L_2	L_3	L_4	L_5	L_6	L_7	δ	ϕ_1	ϕ_2	H_1	H_2	e_1	e_2	
63	215	140	330	112	142	84	114	15	12	26	1.5	55H7		60		15Js9		
125	240	135	360	128	130	96	100	45	13	27		60H7		64.4		18Js9		
160	260	145	370	112	172	82	140	25		26	1.3	50H7	70H7	53.8	74.9	14Js9	20Js9	
250	305	200	440	170		132		56				80H7		85.4		22Js9		DS-010
400	350	220	462	172				50		36		95H7	85H7	106	90.4	25	22	
630	410	280	467	170	173	130	127.5	35	12		1.5	80H7		—		—		
1000	478	250	576	212		132	167	49		30		110Js10	100H7	111.3	106.4	25P9	28P9	
1600	500	300	660	252		202		25			2	150H7	140H7	158.4	148.4	36Js9		
2500	620	300	770	292		242		100		36		170H7		179.4		40Js9		

注：见表 7-3-30 注。

5.4.2 牙嵌式电磁离合器产品

（1）DLY0 系列牙嵌式有滑环电磁离合器

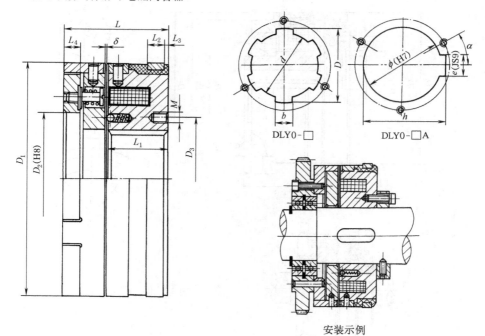

DLY0-□   DLY0-□A

安装示例

表 7-3-45

规格	额定转矩 /N·m	额定电压（DC） /V	线圈消耗功率（20℃） /W	允许最高结合转速 /r·min⁻¹	允许最高转速 /r·min⁻¹	质量 /kg
1.2	12	24	8	80	5500	0.57
2.5	25	24	8	65	5000	0.83
5	50	24	16	50	4500	1.42
10	100	24	21	35	4000	1.6
16	160	24	24	25	3500	2.1
25	250	24	32	20	3300	3.2
40	400	24	35	15	3000	5.3

规格	D_1	D_2	D_3	D	d	b	ϕ	h	e	M	L	L_1	L_2	L_3	L_4	α	δ	电刷型号
								mm										
1.2	61	30	27.5	$20^{+0.023}_{0}$	$17^{+0.12}_{0}$	$6^{+0.065}_{+0.025}$	18	$19.9^{+0.14}_{0}$	5	3×M4 深8	36	19.2	7	3	6	30°	0.2	
2.5	73	35	34	$25^{+0.023}_{0}$	$22^{+0.14}_{0}$	$6^{+0.065}_{+0.025}$	25	$27.6^{+0.17}_{0}$	8	3-M4 深8	36	19.2	7	3	8	30°	0.3	
5	87	45	41	$28^{+0.023}_{0}$	$24^{+0.14}_{0}$	$6^{+0.065}_{+0.025}$	28	$30.6^{+0.17}_{0}$	8	3×M4 深8	44	24.2	8	5	8	30°	0.3	DS-002
10	94	45	50	$40^{+0.027}_{0}$	$35^{+0.17}_{0}$	$10^{+0.085}_{+0.035}$	40	$42.9^{+0.17}_{0}$	12	3×M4 深10	45	25.2	8	5	8	30°	0.5	
16	104	60	55	$45^{+0.027}_{0}$	$40^{+0.17}_{0}$	$12^{+0.105}_{+0.045}$	45	$47.9^{+0.17}_{0}$	12	3×M5 深10	50	29.2	8	5	8	30°	0.5	
25	125	75	70	$50^{+0.027}_{0}$	$45^{+0.17}_{0}$	$12^{+0.105}_{+0.045}$	50	$53.8^{+0.2}_{0}$	14	3×M5 深10	52.5	31	8	5	9	30°	0.5	DS-001
40	140	80	75	$60^{+0.03}_{0}$	$54^{+0.17}_{0}$	$14^{+0.105}_{+0.045}$	60	$64^{+0.2}_{0}$	18	3×M6 深10	62	35	10	3	10	60°	0.8	

注：1. 牙嵌式电磁离合器可在有润滑或无润滑情况下工作。

2. DLY0、DLY3 和 DLY5 的主要性能参数与尺寸符合 JB/T 10611—2006。

3. "A" 代表单键孔，不标 "A" 代表花键孔。

4. 同表 7-3-30 注。

（2）DLY3 系列牙嵌式无滑环电磁离合器

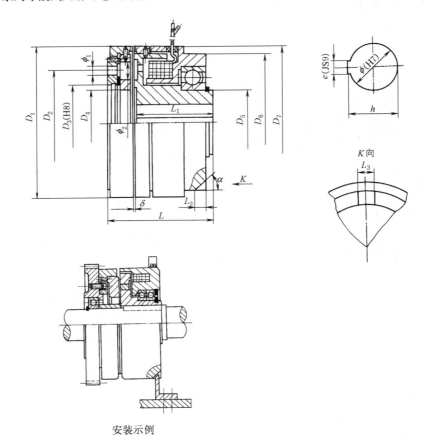

安装示例

表 7-3-46

规格	额定转矩 /N·m	额定电压（DC） /V	线圈消耗功率 （20℃）/W	允许最高结合转速 /r·min⁻¹	允许最高转速 /r·min⁻¹
5A	50	24	24	50	4500
25A	250	24	38	20	3300
41A	410	24	64	15	3000
63A	630	24	60	相对静止	2500
100A	1000	24	80	相对静止	2200
200A	2200	24	110	相对静止	1800

规格	D_1	D_2	D_3	D_4	D_5	D_6	D_7	ϕ_1	ϕ_2	ϕ	h	e	L	L_1	L_2	L_3	α	δ
											mm							
5A	82	58	42	36	35	75	82	$3\times\phi4.5$	$3\times\phi10$	20	$22.8^{+0.1}_{0}$	6	55	42	6	8	45°	0.3 ± 0.05
25A	115	80	62	55	55	105	115	$3\times\phi6.5$	$3\times\phi12$	40	$43.3^{+0.2}_{0}$	12	70	50.8	5	10	45°	0.4 ± 0.1
41A	134	95	72	68	70	127	134	$6\times\phi8.5$	$6\times\phi15$	45	$48.8^{+0.2}_{0}$	14	83	61	7	10	45°	0.4 ± 0.1
63A	145	95	72	65	65	127	145	$3\times\phi8.5$	$3\times\phi15$	40	$43.3^{+0.2}_{0}$	12	85.6	64.5	5	10	45°	0.7 ± 0.1
100A	166	120	90	80	85	152	166	$6\times\phi8.5$	$6\times\phi14.5$	60	$64.4^{+0.2}_{0}$	18	95	68	10	12	45°	0.7 ± 0.1
200A	210	160	130	95	105	190	210	$6\times\phi10.5$	$6\times\phi18$	85	$90.4^{+0.2}_{0}$	22	110	80	10	12	45°	0.4 ± 0.05

注：1. 同表 7-3-45 的注 1、2、3。

2. 北京古德高机电技术有限公司生产的 YDL2 型与 DLY3 型类似。

（3）DLY5 系列牙嵌式有滑环电磁离合器

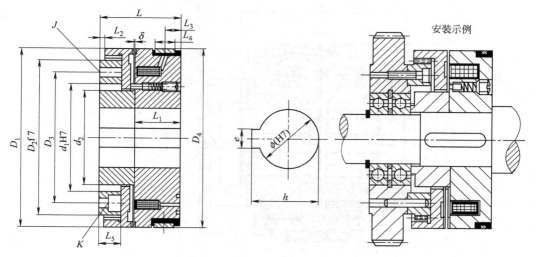

安装示例

表 7-3-47

规格	额定传递 转矩/N·m	额定电压 （DC）/V	线圈消耗功率 （20℃）/W	允许最高结合 转速/r·min⁻¹	允许最高转速 /r·min⁻¹	质量/kg
2A	20	24	17	60	5500	0.9
5A	50	24	22	50	4500	1.5
10A	100	24	28	30	4000	2.3
16A	160	24	32	30	3500	3.0
25A	250	24	44	20	3300	4.3
40A	400	24	58	10	3000	6.2
63A	630	24	60	相对静止	2500	8.9
100A	1000	24	73	相对静止	2200	14.0
160A	1600	24	87	相对静止	2000	20.0
250A	2500	24	85	相对静止	1700	34.0

规格	D_1	D_2	D_3	D_4	d_1	d_2	ϕ	h	e	j	K	L	L_1	L_2	L_3	L_4	L_5	δ	电刷 型号
								mm											
2A	75	65	55	75	45	39.5	25	$28.3^{+0.2}_{0}$	$8^{+0.03}_{0}$	2×4	4×M4	33	18.6	1.5	6.5	8	8	0.4	
5A	90	75	64	90	53	49	30	$33.3^{+0.2}_{0}$	$8^{+0.03}_{0}$	2×5	4×M5	40	24.1	2	6.5	8	9	0.5	湿式 使用 DS- 005
10A	105	85	75	105	65	57	40	$42.9^{+0.2}_{0}$	$12^{+0.035}_{0}$	2×5	4×M5	45	26.6	2	6.5	8	10.5	0.5	
16A	115	100	85	115	70	62	45	$48.3^{+0.17}_{0}$	$14^{+0.035}_{0}$	2×6	4×M6	50	29.6	2	6.5	8	12.5	0.5	
25A	125	105	90	125	75	68	50	$53.8^{+0.2}_{0}$	$16^{+0.035}_{0}$	2×8	4×M6	58	33.9	2.5	8	10	15.5	0.6	干式 使用 DS- 006
40A	140	115	100	140	85	74	60	$64.4^{+0.2}_{0}$	$18^{+0.035}_{0}$	2×10	6×M6	67	40	2.5	7.5	10	17	0.6	
63A	160	130	115	160	95	85	70	$74.9^{+0.2}_{0}$	$20^{+0.045}_{0}$	2×10	6×M8	75	42	3	7.5	10	19.5	0.7	
100A	185	155	135	185	115	97	70	$74.9^{+0.2}_{0}$	$20^{+0.045}_{0}$	2×12	6×M8	85	49	3	7.5	10	21	0.7	
160A	215	180	158	215	130	114	85	$95.8^{+0.4}_{0}$	22JS9	2×12	6×M10	100	58	3.5	8.5	10	25.5	0.9	DS- 010
250A	250	210	190	250	150	130	85	$95.8^{+0.4}_{0}$	22JS9	2×12	6×M12	115	66	3.5	8.5	10	26	0.9	

见电刷说明书

注：1. DLY5-16A 以下规格者为单键；DLY5-25A 以上的规格者为双键，两键位置呈 120°或 180°分布。

2. D3、J、K 为离合器与其连接的连接尺寸，j 为销孔，K 为螺孔，D3 为其位置直径，J、K 为用户自行加工，本表数据仅供参考。

3. 生产厂家同表 7-3-30。

（4）DLY9 系列牙嵌式有滑环电磁离合器

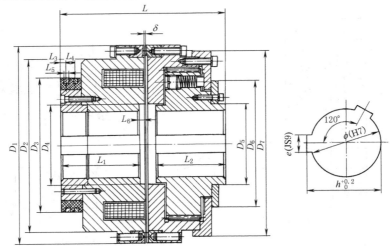

表 7-3-48

规格	额定转矩 /N·m	额定电压（DC） /V	线圈消耗功率 （20℃）/W	允许最高结合转速 /r·min⁻¹	允许最高转速 /r·min⁻¹
500A	5000	110	117	相对静止	1300
800A	8000	110	133	相对静止	1000
1000A	10000	110	143	相对静止	1000
1500A	15000	110	220	相对静止	1000

规格	D_1	D_2	D_3	D_4	D_5	D_6	D_7	ϕ	h	e	L	L_1	L_2	L_3	L_4	L_5	L_6	δ	电刷型号
									mm										
500A	320	270	215	130	130	200	285	110H7	116.4	28	245	105	105	10	14.5	8	19	1	
800A	380	315	235	150	153	225	334	118G7	124.4	28	300	105	130	12	20	10	30	1.3	DS-010
1000A	420	350	255	140	160	230	370	110H7	116.4	28	310	135	135	12	20	10	23	1.5	
1500A	460	380	265	148	180	250	400	118G7	124.4	28	350	140	160	12	20	10	40	1.8	

注：同表 7-3-30 注。

5.4.3 电磁离合制动器产品

（1）DLZ1 系列电磁离合制动器

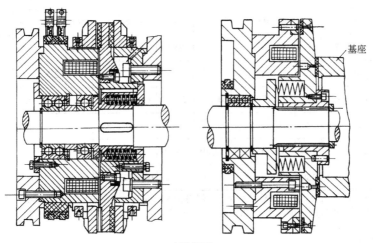

安装示例

表 7-3-49

规格	额定静转矩/N·m		额定电压(DC)/V	线圈消耗功率(20℃)/W	允许最高转速/r·min⁻¹
	离合器	制动器			
25	250	80	24	81	2500
40	400	120		115	2500
50	500	90		137	1500
80	800	120		131	1500

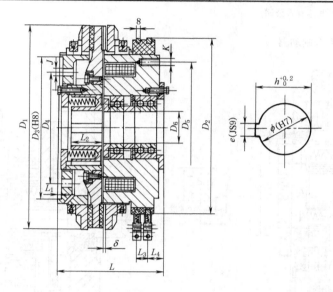

表 7-3-50

规格	D_1	D_2	D_3	D_4	D_5	D_6	J	K	L	L_1	L_2	L_3	L_4	δ	ϕ	e	h	电刷型号
	mm																	
25	285	247	200	155	180	45	8×φ11	8×M10 深25	147	5	45	16	20.7	0.5	50	14	53.8	DS-009
40	315	265	210	170	195	50	8×φ13	8×M12 深25	166	6	51	16	20	0.7	55	16	59.4	DS-010

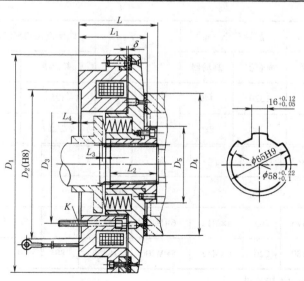

表 7-3-51

规格	D_1	D_2	D_3	D_4	D_5	K	L	L_1	L_2	L_3	L_4	δ	电刷型号
							mm						
50	350	237	188	224	120	$6 \times \phi 12$	122	105	73	4	3	0.5	DS-10
80	402	242	194	280	165	$6 \times \phi 13.5$	138.5	115.5	94.5	4	6	0.6	

注：生产厂家为天津机床电器有限公司。

（2）DLZ2 系列电磁离合制动器

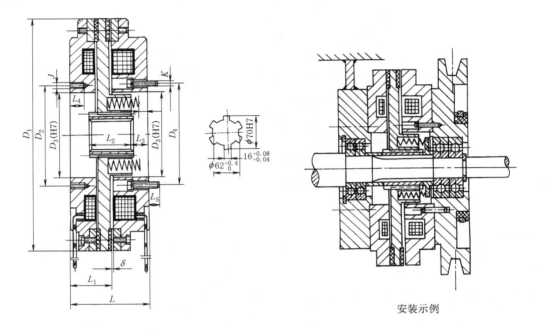

安装示例

表 7-3-52

规格	额定动转矩/N·m		静转矩/N·m		额定电压 (DC)/V	线圈消耗功率(20℃)/W		允许最高转速 /r·min^{-1}
	离合器	制动器	离合器	制动器		离合器	制动器	
120	1200	400	1320	440	24	125	195	1500
180	1800	800	1980	880		200	120	1200

规格	D_1	D_2	D_3	D_4	J	K	L	L_1	L_2	L_3	L_4	L_5	δ
							/mm						
120	420	205	176	205	$4 \times M12$	$6 \times M10$	152.5	77	70	38	25	20	0.8
180	500	205	180	220	$8 \times M12$	$8 \times M20$	183.8	88	70	61	25	35	0.8

注：生产厂家为天津机床电器有限公司。

（3）DLZ4 系列电磁离合制动器

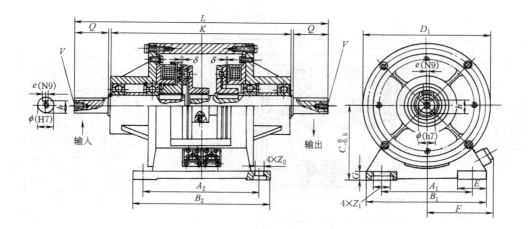

表 7-3-53

规格	额定动转矩/N·m		静转矩/N·m		额定电压（DC）/V	线圈消耗功率（20℃）/W		允许最高转速/r·min⁻¹
	离合器	制动器	离合器	制动器		离合器	制动器	
0.5	5	5	5.5	5.5		12	12	4000
1	10	10	11	11		16	16	4000
2	20	20	22	22		20	20	4000
4	40	40	45	45	24	25	25	4000
8	80	80	90	90		36	38	3000
16	160	160	175	175		46	45	3000
25	250	250	275	275		50	49	2000
55	500	500	550	550	90	65	61	1500
100	1000	1000	1100	1100	24	66	31	1500

规格	A_1	A_2	B_1	B_2	C	D_1	E	F	G	K	L	V	Z_1	Z_2	ϕ	Q	h	e	δ
	mm																		
0.5	65	90	90	105	65	100	27.5	58	10	132	187	M3 深 8	13.5	6.5	11	25	$8.5_{-0.1}^{0}$	4	
1	80	110	110	130	80	125	30	66	12	171	236	M4 深 6	15	9	14	30	$11_{-0.1}^{0}$	5	0.3
2	105	135	140	160	90	150	35	81	15	210	295		20	11	19	40	$15.5_{-0.1}^{0}$	6	
4	135	160	175	185	112	190	42	98	15	270	376	M6 深 11	24	11	24	50	$20_{-0.2}^{0}$	8	
8	155	200	200	230	132	230	45	110	18	362	490		28	14	28	60	$24_{-0.2}^{0}$	8	
16	195	240	240	270	160	290	47	129	20	448	616	M10 深 17			38	80	$33_{-0.2}^{0}$	10	0.5
25	240	290	290	320	185	340	60	155	22	490	684	M10 深 17	30	14	50	90	$44.5_{-0.2}^{0}$	14	
100	336	344	440	404	227	464	84	225	22	472	700	—	22		50	120	$44.5_{-0.2}^{0}$	14	

注：生产厂家为天津机床电器有限公司。北京古德高机电技术有限公司生产的 DLZ1 型组合离合器参数及尺寸与本表型号类似，具体数据以该公司样本为准。

（4）DLZ5 系列电磁离合制动器

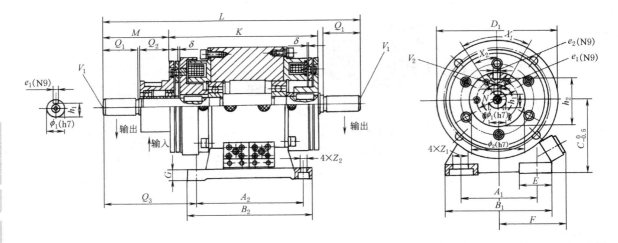

表 7-3-54

规格	额定动转矩/N·m		静转矩/N·m		额定电压（DC)/V	线圈消耗功率(20℃)/W		允许最高转速/r·min⁻¹
	离合器	制动器	离合器	制动器		离合器	制动器	
DLZ5-5	5.5		7.5					8000
DLZ5-1	10	10	11	11		16	16	4000
DLZ5-10	11		15					6000
DLZ5-20	22		30		24			5000
DLZ5-8	80	80	90	90		36	38	3000
DLZ5-40	45		60					4000
DLZ5-80	90		120					3000
DLZ5-25	250	250	275	275		50	49	2000

规格	A_1	A_2	B_1	B_2	C	D_1	E	F	G	K	L	M	N	V_1	V_2
	mm														
DLZ5-1	65	90	90	105	65	100	27.5	58	10	126	217	57	37	M4 深 8	3×M4 深 6
DLZ5-8	135	160	175	185	112	190	42	97	15	221	399	113	62	M6 深 11	6×M5 深 8
DLZ5-25	180	225	225	255	160	280	45	126	20	315	611	179	100	M10 深 17	6×M6 深 12

规格	X_1	X_2	Z_1	Z_2	ϕ_1	ϕ_2	Q_1	Q_2	Q_3	h_1	h_2	e_1	e_2	δ
	mm													
DLZ5-1	3×120°	60°	13.5	6.5	14	45	30	25	78.5	$11_{-0.1}^{0}$	$42_{-0.1}^{0}$	5	5	0.2
DLZ5-8	6×60°	30°	24	11	28	75	60	50	149	$24_{-0.2}^{0}$	$71_{-0.1}^{0}$	8	8	0.3
DLZ5-25	6×60°	30°	28	14	42	110	110	65	231	$37_{-0.2}^{0}$	$104_{-0.2}^{0}$	12	16	0.5

注：生产厂家为天津机床电器有限公司，北京古德高机电技术有限公司。表中 DLZ5-5、10、20、40、80 为北京古德高公司生产，其尺寸见该公司产品样本。

（5）DLZ6 系列电磁离合制动器

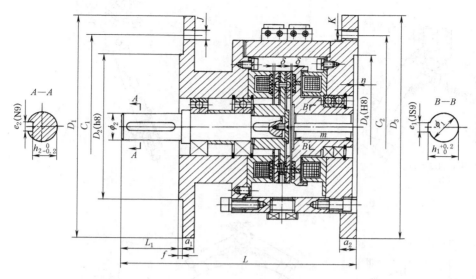

表 7-3-55

规格	额定动转矩/N·m		静转矩/N·m		额定电压（DC）/V	线圈消耗功率（20℃）/W		允许最高转速/r·min⁻¹
	离合器	制动器	离合器	制动器		离合器	制动器	/r·min⁻¹
2	20	20	22	22		20	20	4000
4	40	40	45	45	24	25	25	4000
8	80	80	90	90		36	38	3000

规格	D_1	D_2	D_3	D_4	C_1	C_2	J	K	L	L_1	f	a_1	a_2	m	n	ϕ_1	h_1	e_1	ϕ_2	h_2	e_2	δ
									mm													
2	200	130	200	130	165	165	4×φ11	4×M10	217.5	50	3.5	10	14	52	4	24H7	27.3	8	24h6	20	8	0.2
4	250	180	250	180	215	215	4×φ15	4×M12	257	60	4	15	20	65	5	28H8	31.3	8	28h7	24	8	0.3
8	250	180	250	180	215	215	4×φ15	4×M12	292	60	4	20	25	59.5	5	28H8	31.3	8	28h7	24	8	0.4

注：生产厂家为天津机床电器有限公司。

（6）DLM、DLY、DLZ 系列电磁离合器用电刷

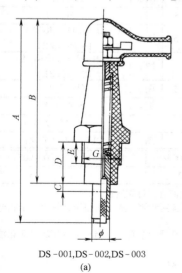

DS-001,DS-002,DS-003

（a）

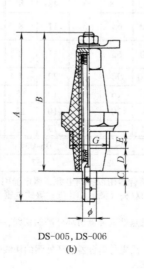

DS-005，DS-006

（b）

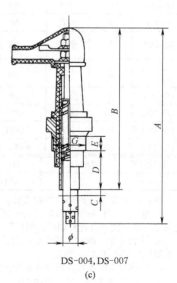

DS-004,DS-007

（c）

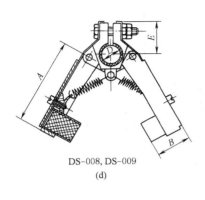

DS-008, DS-009

(d)

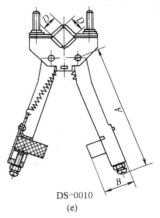

DS-0010

(e)

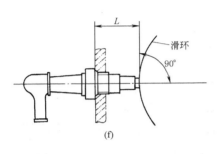

滑环

90°

(f)

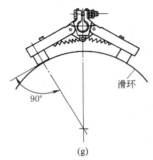

滑环

90°

(g)

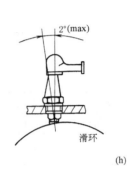

2°(max)

滑环

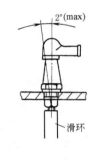

2°(max)

滑环

(h)

表 7-3-56

电刷型号	电流 /A	工作条件	电刷头尺寸 /mm	外形尺寸/mm						示图	适用产品举例
				A	B	C	D	E	G		
DS-001	4	湿式	φ8	<100	78	3.5	19.5	10.5	M18×1.5	图a	DLM0 DLM5（C）DLY0~25 以上，DLM5~10 以上
DS-002	3	湿式	φ6	<70	56	4	10	8	M16×1	图a	DLY0~25 以下，DLM5~10 以下
DS-003	4	干式	φ8	<100	78	3.5	19.5	10.5	M18×1.5	图a	DLM2
DS-004	4	湿式	φ8	<143	118	3	43	8	M18×1.5	图c	特殊订货
DS-005	3	湿式	φ6	<80	65	3	11	8	M18×1.5	图b	DLM10A（EKE S）DLY5（EZE）
DS-006	3	干式	φ6	<80	65	3	11	8	M18×1.5	图b	DLM10A·G（EKE T）DLY5（EZE）
DS-007	4	湿式	φ8	<110	90	3	22	8	M18×1.5	图c	特殊订货
DS-008	10	湿式	6×10	42	16		10	15		图d	特殊订货
DS-009	10	干式	8×10	80	20		10	15		图d	特殊订货
DS-010	10	干式	8×12.5	112	26		17			图e	DLD1 DLT1 DLZ1

电刷型号	DS-001	DS-002	DS-003	DS-004	DS-005	DS-006	DS-007
L/mm	23	14	23	57	22	22	33

注：1. 电刷为有滑环（线圈旋转）型电磁离合器用以接通电源，将电流引入线圈使离合器可靠运行。

2. 电刷分湿式和干式两种，其中又分单头和双头（图e、图f）。湿式电刷头由磷铜丝网卷制而成，使用压力较大，干式电刷头由石墨和铜混合材料制成，使用压力较小。

3. 安装单头电刷时，其中心线应垂直于接触点处离合器滑环外圆的切线，并通过离合器的中心，且相对于滑环的径向和轴向的倾斜度不大于2°（图h）。

4. 安装双头电刷时，电刷头长度方向的中心线应与离合器滑环外圆的切线垂直（图g）。

5. 单滑环离合器，应将电源的正极接于电刷上。

6. 使用双头电刷时，应将电刷安置于绝缘棒或带有绝缘层的金属棒上，且两电刷之间也须绝缘以免电源短路。

6 磁粉离合器

6.1 磁粉离合器的原理及特性

（1）磁粉离合器的结构和工作原理

磁粉离合器是以磁粉为介质，借助磁粉间的结合力和磁粉与工作面间的摩擦力传递转矩的离合器。图 7-3-8 为无滑环磁粉离合器。从动转子 7 与从动轴 1 相连，以滚珠轴承支承回转。主动轴 12 与主动转子 11 相连一起回转。主动转子上嵌有励磁线圈 8，在主动转子与从动转子间充填磁粉。当线圈 8 通电时，产生垂直于间隙的磁通，使松散的粉粒磁化结成磁粉链，产生磁连接力，并借助主、从动件与磁粉间摩擦力将动力传给从动件。断电后，磁粉恢复松散状态，并在离心力作用下，使磁粉贴靠主动转子内壁而与从动转子脱离，离合器脱开。

磁粉离合器主要用于接合频率高，要求接合平稳，需调节启动时间，自动调节转矩、转速或保持恒转矩运转，需过载保护的传动系统。离合器的工作条件：环境温度-5～40℃，空气最大相对湿度 90%（平均温度为 25℃时），海拔高度不超过 2500m，周围介质无爆炸危险、无腐蚀、无油雾的场合。

（2）磁粉离合器的工作特性及特点

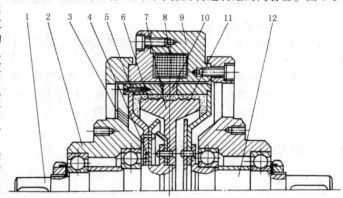

图 7-3-8 无滑环磁粉离合器
1—从动轴；2—从动轴支承盖；3—风扇；4—密封圈；5—转子端盖；6—磁粉；7—从动转子；8—线圈；9—定子；10—隔磁环；11—主动转子；12—主动轴

表 7-3-57　　　　　　　　　　　　　　　　磁粉离合器的工作特性

特　性　内　容	特　性　曲　线		说　　明
静特性——主动侧转速为常数，从动侧被制动时，励磁电流与转矩的关系	静特性曲线 T T_{max} T_2 T_1 T_0 非线性区　I_1线性区I_2　饱和区 I_{max}	主动件转速 $n_1 = $ 常数 从动件转速 $n_2 = 0$ I —— 励磁电流 T —— 负载转矩	除弱励磁的非线性区和强励磁的饱和区外，其余区基本上为线性区，但由于磁性材料有剩磁，断电后，有微小的空转转矩，从图可知磁滞回路线的宽度对公称转矩影响较小，即离合器有较宽的转矩线性调节范围 从图中可以看出，改变励磁电流可以控制转矩，且调节范围宽
力学特性——主动侧转速和励磁电流为常数时，从动侧转速和所能传递转矩的关系	力学特性曲线 n_1 n_2 a b c 0 T_b T_c T	主动件转速 $n_1 = $ 常数 励磁电流 $I = $ 常数	当负载转矩小于某一 T_b 值，主、从动侧同步转动；当负载转矩在 T_b 与 T_c 之间，离合器在有滑差下工作；当负载转矩大于 T_c 时，从动侧转速为零，离合器处于制动状态。此图表明在一定的范围内，从动侧转速不随转矩而变
调节特性——主动侧转速和传递转矩为常数时，从动侧转速与励磁电流之间的关系	调节特性曲线 n_1 n_2 0 I_a I_b I	主动件转速 $n_1 = $ 常数 负载转矩 $T = $ 常数	当励磁电流小于 I_a 时，从动侧不动，转速为零；当励磁电流大于 I_a 时，离合器从动侧开始转动，但有滑差；当励磁电流大于 I_b 时，离合器的主、从动侧同步转动。即表明从动侧的转速可调，但调节范围不大

续表

特 性 内 容	特 性 曲 线	说 明
动特性——主动侧转速和传递转矩为常数时,从动侧励磁电流、转速和转矩与时间的关系	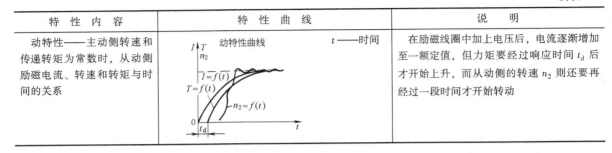	在励磁线圈中加上电压后,电流逐渐增加至一额定值,但力矩要经过响应时间 t_d 后才开始上升,而从动侧的转速 n_2 则还要再经过一段时间才开始转动

磁粉离合器的特点如下。

① 转矩与励磁电流呈线性关系,转矩调节范围广,精度高;传递转矩仅与励磁电流有关,转速改变时传递转矩基本不变;

② 可在主、从动件同步或稍有转速差下工作,过载打滑,有保护作用;

③ 接合平稳,响应快,易于实现自控和远控,控制功率小,且传递转矩大;

④ 从动部分转动惯量小,结构简单,噪声低。

6.2 磁粉离合器的选用计算

表 7-3-58

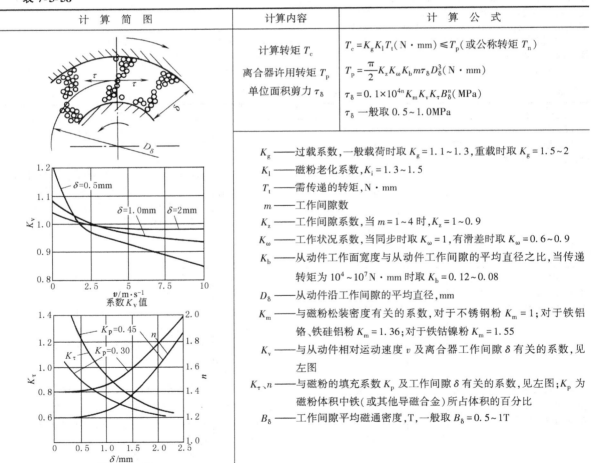

计 算 简 图	计 算 内 容	计 算 公 式
	计算转矩 T_c 离合器许用转矩 T_p 单位面积剪力 τ_δ	$T_c = K_g K_l T_t(\text{N} \cdot \text{mm}) \leqslant T_p$(或公称转矩 T_n) $T_p = \dfrac{\pi}{2} K_z K_\omega K_b m \tau_\delta D_\delta^3(\text{N} \cdot \text{mm})$ $\tau_\delta = 0.1 \times 10^{4n} K_m K_v K_\tau B_\delta^n(\text{MPa})$ τ_δ 一般取 $0.5 \sim 1.0\text{MPa}$

K_g——过载系数,一般载荷时取 $K_g = 1.1 \sim 1.3$,重载时取 $K_g = 1.5 \sim 2$

K_l——磁粉老化系数,$K_i = 1.3 \sim 1.5$

T_t——需传递的转矩,N·mm

m——工作间隙数

K_z——工作间隙系数,当 $m = 1 \sim 4$ 时,$K_z = 1 \sim 0.9$

K_ω——工作状况系数,当同步时取 $K_\omega = 1$,有滑差时取 $K_\omega = 0.6 \sim 0.9$

K_b——从动件工作面宽度与从动件工作间隙的平均直径之比,当传递转矩为 $10^4 \sim 10^7$ N·mm 时取 $K_b = 0.12 \sim 0.08$

D_δ——从动件沿工作间隙的平均直径,mm

K_m——与磁粉松装密度有关的系数,对于不锈钢粉 $K_m = 1$;对于铁铝铬、铁硅铝粉 $K_m = 1.36$;对于铁钴镍粉 $K_m = 1.55$

K_v——与从动件相对运动速度 v 及离合器工作间隙 δ 有关的系数,见左图

K_τ、n——与磁粉的填充系数 K_p 及工作间隙 δ 有关的系数,见左图;K_p 为磁粉体积中铁(或其他导磁合金)所占体积的百分比

B_δ——工作间隙平均磁通密度,T,一般取 $B_\delta = 0.5 \sim 1\text{T}$

6.3 磁粉离合器的基本性能参数（摘自 JB/T 5988—1992）

表 7-3-59 <h3>离合器基本性能参数</h3>

型 号	公称转矩 T_n /N·m	75℃时线圈			许用同步转速 n_p /r·min^{-1}	飞轮矩 GD^2 /N·m^2	自冷式	风冷式		液冷式	
		最大电压 U_m /V	最大电流 I_m /A	时间常数 T_{ir} /s			许用滑差功率 P_p /W	许用滑差功率 P_p /W	风量 /m^3·min^{-1}	许用滑差功率 P_p /W	液量 /L·min^{-1}
FL0.5□	0.5		≤0.40	≤0.035		4×10^{-4}	≥8	—	—	—	—
FL1□	1		≤0.54	≤0.040		1.7×10^{-3}	≥15	—	—	—	—
FL2.5□	2.5		≤0.64	≤0.052		4.4×10^{-3}	≥40	—	—	—	—
FL5□	5		≤1.2	≤0.066		10.8×10^{-3}	≥70	—	—	—	—
FL10□	10	24	≤1.4	≤0.11	1500	2×10^{-2}	≥110	≥200	0.2	—	—
FL25□.□/□	25		≤1.9	≤0.11		7.8×10^{-2}	≥150	≥340	0.4	—	—
FL50□.□/□	50		≤2.8	≤0.12		2.3×10^{-1}	≥260	≥400	0.7	1200	3.0
FL100□.□/□	100		≤3.6	≤0.23		8.2×10^{-1}	≥420	≥800	1.2	2500	6.0
FL200□.□/□	200		≤3.8	≤0.33	1000	2.53	≥720	≥1400	1.6	3800	9.0
FL400□.□/□	400		≤5.0	≤0.44		6.6	≥900	≥2100	2.0	5200	15
FL630□.□/□	630	80	≤1.6	≤0.47		15.4	≥1000	≥2300	2.4	—	—
FL1000□.□/□	1000		≤1.8	≤0.57	750	31.9	≥1200	≥3900	3.2	—	—
FL2000□.□/□	2000		≤2.2	≤0.80		94.6	≥2000	≥8300	5.0	—	—

注：1. 离合器工作条件：环境温度 -5~40℃，空气最大相对湿度为 90%（平均温度为 25℃）；周围介质无爆炸危险，无腐蚀金属，无破坏绝缘的尘埃、无油雾；海拔不超过 2500m。

2. 型号表示方法及示例

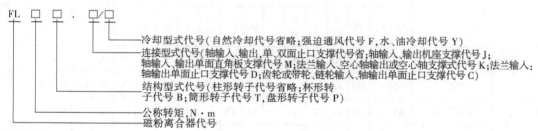

冷却型式代号（自然冷却代号省略；强迫通风代号 F，水、油冷却代号 Y）
连接型式代号（轴输入、输出、单、双面止口支撑代号省；轴输入、输出机座支撑代号 J；轴输入、输出单面直角板支撑代号 M；法兰输入、轴输出单面止口支撑代号 D；齿轮或带轮、链轮输入、轴输出单面止口支撑代号 C）
结构型式代号（柱形转子代号省略；杯形转子代号 B；筒形转子代号 T，盘形转子代号 P）
公称转矩，N·m
磁粉离合器代号

型号示例：

例1 公称转矩 50N·m、柱形转子、轴输入、轴输出、双止口支撑自冷式离合器型号为：FL50

例2 公称转矩 100N·m、柱形转子、轴输入、轴输出、双止口支撑风冷式离合器型号为：FL100/F

例3 公称转矩 25N·m、杯形转子、法兰盘输入、空心轴输出、空心轴（或单止口）支撑自冷式离合器型号为：FL25B.K

例4 公称转矩 200N·m、筒形转子、轴输入、轴输出、机座支撑液冷式离合器型号为：FL200T.J/Y

3. 标记方法及示例

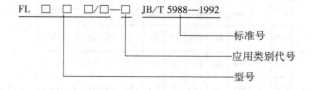

标准号
应用类别代号
型号

标记示例：

例1 公称转矩 12N·m、杯形转子、法兰盘输入、空心轴输出、空心轴（或单止口）支撑自冷式离合器，用于一般连接，标记为：FL12B.K JB/T 5988—1992

例2 公称转矩 200N·m、柱形转子、轴输入、轴输出、双止口支撑自冷式离合器，用于快速离合，标记为：

FL200—G JB/T 5988—1992

第 **7** 篇

6.4 磁粉离合器产品

（1）轴输入、轴输出磁粉离合器（止口支撑式，机座支撑式及直角板支撑式）

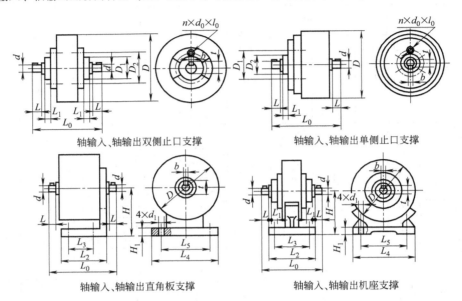

轴输入、轴输出双侧止口支撑　　　　轴输入、轴输出单侧止口支撑

轴输入、轴输出直角板支撑　　　　轴输入、轴输出机座支撑

表 7-3-60　　　　　　　　　　　　　　　　　　　　　　　　　mm

型号		外形尺寸			连接尺寸			止口支撑式安装尺寸						机座支撑式、直角板支撑式安装尺寸						
		L_0	L_6	D	d h7	L	b p7	t	D_1	L_1	D_2 g7	n	d_0	l_0	L_2	L_3	L_4	L_5	H	H_1	d_1
FL2.5□	FL2.5□.J	150	—	120	10	20	3	11.2	64	8	42	6	M5	10	70	50	120	100	80	8	7
FL5□	FL5□.J	162	—	134	12	25	4	13.5	64	10	42	6	M5	10	70	50	140	120	90	10	7
FL10□./□	FL10□.J/F	184	—	152	14	25	5	16	64	13	42	6×2	M6	10	90	60	150	120	100	13	10
FL25□./□	FL25□.J/F	216	—	182	20	36	6	22.5	78	15	55	6×2	M6	10	100	70	180	150	120	15	12
FL50□./□	FL50□.J/F	268	120	219	25	42	8	28	100	23	74	6×2	M6	10	110	80	210	180	145	15	12
FL100□./□	FL100□.J/F	346	120	290	30	58	8	33	140	25	100	6×2	M10	15	140	100	290	250	185	20	12
FL200□./□	FL200□.J/F	386	130	335	35	58	10	38	150	25	110	6×2	M10	15	160	120	330	280	210	22	15
FL400□./□	FL400□.J/F	480	130	398	45	82	14	48.5	200	33	130	8×2	M12	20	180	130	390	330	250	27	19
FL630□./□	FL630□.J/F	620	140	480	60	105	18	64	410	35	460	8×2	M12	25	210	150	480	410	290	33	24
FL1000□./□	FL1000□.J/F	680	150	540	70	105	20	74.5	460	40	510	8×2	M12	25	220	160	540	470	330	38	24
FL2000□./□	FL2000□.J/F	820	150	660	80	130	22	85	560	40	630	8×2	M16	30	230	180	660	580	390	45	24

注：1. 对于液冷式（水冷或油冷式）产品在总长 L_0 中可以增加小于 L_6 的冷却液进出装置的长度。
2. D、H_1 为推荐尺寸。
3. 生产厂：北京古德高机电技术有限公司、武汉汉阳船厂磁粉离合器分厂、南通市航天机电自动控制有限公司。

（2）法兰盘输入、空心轴输出磁粉离合器（空心轴或单止口支撑式）

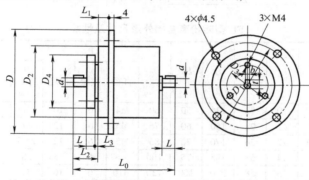

表 7-3-61   mm

型号	外形尺寸		输入端连接尺寸							输出端连接尺寸								
	L_0	D	D_1	D_2	D_3	L_1	n	d_0	l_0	D_4	L	L_2	L_3	L_4	d	d_1	b	t
FL10□.K	103	160	96	80	68	20	6	M6	15	24	30	2	4	1.1	18	19	6	20.8
FL25□.K	119	180	114	90	80	20	6	M6	15	27	38	2	4	1.1	20	21	6	22.8
FL50□.K	141	220	140	110	95	20	6	M8	20	—	60	3	5	1.3	30	31.4	8	33.3
FL100□.K	166	275	176	125	110	20	6	M10	25	—	60	4	5	1.7	35	37	10	38.3

注：1. D 为推荐尺寸。

2. 生产厂见表 7-3-60 注 3。

（3）法兰盘输入、单侧或双侧轴输出磁粉离合器（单面止口支撑式）

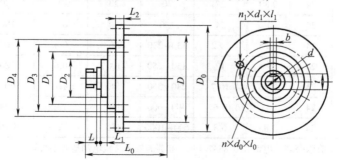

表 7-3-62   mm

型号	外形尺寸		安装尺寸			连接尺寸							
	L_0	D	L_1	D_1	D_2	L	L_2	L_3	D_3	D_4	d	t	b
FL0.5□.D	77	70	8.5	60	48	10.5	16.5	5	30	40	5	4.5	9
FL1□.D	83	76	8.5	66	54	12	18.5	5	34	42	7	6.5	10
FL2.5□.D	95	85	9.5	75	63	15	22.5	6	40	48	9	8.5	13
FL5□.D	111	100	12	90	78	18	25	6	50	60	12	11.5	16

注：生产厂见表 7-3-60 注 3。

（4）齿轮（链轮、带轮）输入、轴输出磁粉离合器（单面止口支撑式）

表 7-3-63　　　mm

型号	外形尺寸		连接尺寸				安装尺寸						齿轮安装尺寸						齿轮参数		
	L_0	D	d	L	b	t	D_1	D_2	L_1	n	d_0	l_0	D_3	D_4	L_2	n_1	d_1	l_1	外径 D_0	齿数 Z	模数 m
FL1□.C	60	56	4	7.5	—	—	19	13	4	3	3	4							61	120	0.5
FL2.5□.C	120	100	10	20	3	11.2	64	42	8	6	5	10	84	94	—	—	—	—	106	104	1
FL5□.C	136	134	12	25	4	13.5	64	42	10	6	5	10	105	118	18	6	M5	10	140	68	2
FL10□.C	160	152	14	28	5	16	64	42	13	6×2	6	10	132	142	18	6	M6	15	162	79	2
FL25□.C	175	182	20	36	6	22.5	78	55	15	6×2	6	10	156	166	20	6	M6	17	188	92	2

注：1. 齿轮安装尺寸为推荐值。

2. 生产厂见表 7-3-60 注 3。

（5）FL 型磁粉离合器

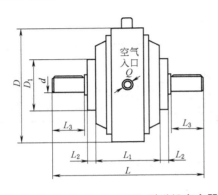 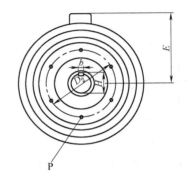

表 7-3-64　　　　　　　　**FL 型磁粉离合器外形尺寸及性能**

	代号 型号	L	L_1	L_2	L_3	D	D_1	D_2	P			键			E	Q
									直径	数量	深度	$H\binom{0}{-0.20}$	b (p7)	d (h7)		
尺寸 /mm	FL6	164	80	10	22	136	50	60	M4	6	10	13.5	4	12	93	M12
	FL12	194	94	12	28	150	60	76	M5	6	12	17	5	15	100	M14×1.5
	FL25	223	103	12	36	170	72	86	M5	6	12	22.5	6	20	115	ZG¼"
	FL50	286	118	14	58	195	75	100	M6	6	15	28	8	25	128	M14×1.5
	FL100	304	134	15	58	240	100	130	M10	6	16	33	8	30	150	ZG¼"
	FL200	380	176	20	70	300	114	136	M10	6	20	38	10	35	180	ZG¼"
	FL400	472	230	19	90	350	128	148	M12	6	20	43	12	40	207	M16

	型号	线圈（20℃）				允许滑差功率					最高允许转速 /r·min⁻¹	磁粉质量 /g
		额定转矩 /N·m	电压 /V	电流 /A	阻抗 /Ω	自冷 /W	空压气冷					
							压力 /kPa	流量 /m³·min⁻¹	散热率 /W			
性能	FL6	6	24	0.89	27	70	20	0.15	120		1500	15
	FL12	12	24	1	24	120	30	0.2	180		1500	28
	FL25	25	24	1.25	19.2	130~230	50	0.4	300		1500	30
	FL50	50	24	2	12	150~250	100	0.6	380		1500	42
	FL100	100	24	2.25	10.7	230~350	140	1.1	600		1500	77
	FL200	200	24	2.5	9.6	400~600	150	1.6	1000		1500	133
	FL400	400	24	3.83	6.3	600~1000	160	2	1600		1500	230

注：北京古德高机电技术有限公司，电话010-85372140。江苏海安中工机电制造有限公司。

（6）FL-K 型空心轴磁粉离合器

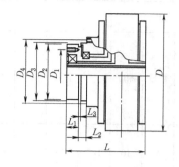 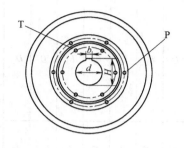

表 7-3-65　　　　　　　　　　**FL-K 型空心轴磁粉离合器外形的尺寸及性能**

代号 型号	L	L_1	L_2	L_3	D	D_1	D_2	D_3	D_4	P			T			孔		
										直径	数量	深度	直径	数量	深度	H $\binom{+0.2}{0}$	b	d （H7）
FL25K	120	20	14	4	182	71	80	82	91	M6	6	8	M5	6	10	28.3	8	25
FL50K	142	22	14	2	218	85	95	97	110	M6	6	12	M6	6	15	33.3	8	30
FL100K	176	25	18	3	290	105	125	128	145	M8	6	12	M8	6	20	38.3	10	35
FL200K	200	28	22	5	335	125	140	145	165	M10	6	20	M8	6	20	48.8	14	45

尺寸 /mm（左侧行标签）

型号	额定转矩 /N·m	线圈（75℃）			允许滑差功率 /W 100~1000r/min	允许转速 /r·min⁻¹	磁粉质量 /g
		电流 /A	功率 /W	阻抗 /Ω			
FL-25K	25	1.9	45.6	12.63	150~230	1500	27
FL-50K	50	1.6	38.4	15	180~250	1500	46
FL-100K	100	2.3	55.2	10.43	230~350	1500	95
FL-200K	200	2.6	62.4	9.23	400~600	1500	170

性能（左侧行标签）

注：生产厂家同表 7-3-64 注。

（7）FL-cm2 型水冷磁粉离合器

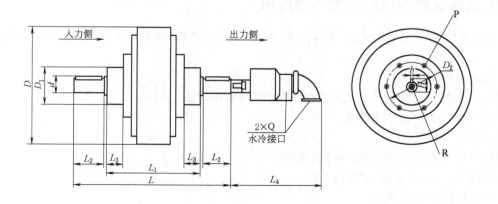

表 7-3-66　　　　　　　　　**FL-cm2 型水冷磁粉离合器外形的尺寸及性能**

代号 型号	L	L_1	L_2	L_3	L_4	D	D_1	D_2	P			Q	R		轴		
									直径	数量	深度		直径	深度	H 入侧 出侧 $\binom{0}{-0.2}$	b 入侧 出侧 (p7)	d 入侧 出侧 (h7)
尺寸 /mm　FL50cm2	294	172	55	30	150	219	74	100	M6	6	10	1/2	M6	12	$\frac{28}{31}$	$\frac{8}{8}$	$\frac{25}{28}$
FL100cm2	360	216	65	28	150	278	100	140	M10	6	15	1/2	M10	20	33	8	30
FL200cm2	408	250	69	30	150	327	110	150	M10	6	15	1/2	M10	20	38	10	35
FL400cm2	500	291	92	35	190	398	130	200	M12	8	20	1/2	M10	20	48.5	14	45

	型号	额定转矩 /N·m	线圈(75℃)			允许滑差功率/W		允许转速 /r·min^{-1}	磁粉质量 /g
			电流 /A	功率 /W	阻抗 /Ω	水量 /L·min^{-1}	散热率 /W		
性能 (额定 电压 DC /24V)	FL50cm2	50	2.15	51.5	11.16	3	1200	1500	65
	FL100cm2	100	2.4	57.6	10	6	2500	1500	150
	FL200cm2	200	2.7	64.8	8.89	9	3500	1500	225
	FL400cm2	400	3.8	91	6.3	15	5000	1500	330

注：生产厂家同表 7-3-64 注。

7　液压离合器

7.1　液压离合器的特点、型式与应用

液压离合器是利用液压油操纵接合的离合器，接合元件有嵌合式与摩擦式之分。结构上有柱塞式与活塞式之分。

（1）液压离合器的特点

① 传递转矩大，尺寸小，尺寸相同时比电磁离合器传递转矩约大 3 倍；

② 自行补偿摩擦元件磨损的间隙；

③ 接合平稳，无冲击；

④ 调节系统油压可在一定范围内调节传递转矩；

⑤ 结构复杂，加工精度高，需配液压站。

（2）液压离合器型式与应用

表 7-3-67

型式	活塞式多盘液压离合器	柱塞式多盘液压离合器
简图	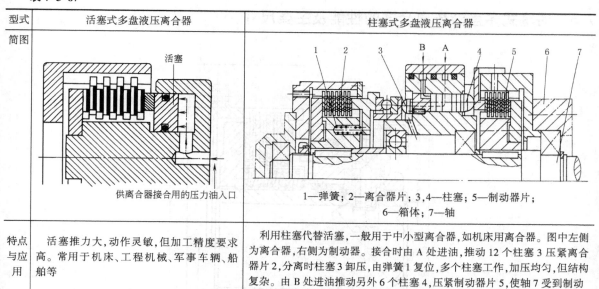 活塞 供离合器接合用的压力油入口	1—弹簧；2—离合器片；3,4—柱塞；5—制动器片； 6—箱体；7—轴
特点 与应 用	活塞推力大，动作灵敏，但加工精度要求高。常用于机床、工程机械、军事车辆、船舶等	利用柱塞代替活塞，一般用于中小型离合器，如机床用离合器。图中左侧为离合器，右侧为制动器。接合时由 A 处进油，推动 12 个柱塞 3 压紧离合器片 2，分离时柱塞 3 卸压，由弹簧 1 复位，多个柱塞工作，加压均匀，但结构复杂。由 B 处进油推动另外 6 个柱塞 4，压紧制动器片 5，使轴 7 受到制动

7.2　液压离合器的计算

传递转矩可按表 7-3-2 及表 7-3-20 中的公式计算，其余按表 7-3-68 中公式计算。

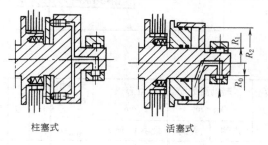

柱塞式　　　　　　　活塞式

表 7-3-68

计 算 项 目		计 算 公 式	说 　 明
柱塞式	柱塞缸压紧力	$Q_g = \dfrac{\pi}{4} d^2 z (p_g - \Delta p) \times 100 > Q$	p_g——油缸工作压力，一般取 $p_g = 0.5 \sim 2 \mathrm{MPa}$ Δp——压力损失，MPa，一般取 　　　　$\Delta p = 0.05 \sim 0.1 \mathrm{MPa}$ Q——接合需要的压紧力，N d——柱塞直径，cm z——柱塞数目
	压力损失对柱塞的阻力	$Q_0 = \dfrac{\pi}{4} d^2 z \Delta p \times 100$	
	复位弹簧力	$Q_t \geqslant Q_0$	
活塞式	活塞缸压紧力	$Q_g = \pi (R_2^2 - R_1^2)(p_g - \Delta p) \times 100 - Q_f > Q$	p_g——油液工作压力，一般取 　　　　$p_g = 0.5 \sim 2.0 \mathrm{MPa}$ Δp——排油需要的压力，MPa，一般取 $\Delta p = 0.05 \sim 0.10 \mathrm{MPa}$，但需满足 $\Delta p \geqslant 7.85 \times 10^{-8} n^2 R_0^2$ μ——摩擦因数 h——密封圈高度，cm n——油缸转速，r/min Q——接合需要的压紧力，N R_1, R_2, R_0——半径，见上图，cm
	密封圈摩擦阻力 　对 O 形圈 　对 Y 形圈	$Q_f = 0.03 Q$ $Q_f = \pi \mu p_g (R_2 + R_1) h \times 100$	
	压力损失对活塞的阻力	$Q_0 = \pi (R_2^2 - R_1^2) \Delta p \times 100$	
	离心力对活塞的阻力	$Q_1 = 7.85 \times 10^{-8} n^2 (R_2^2 - R_1^2)(R_2^2 + R_1^2 - 2R_0^2)$	
	转动缸复位弹簧力	$Q_t = Q_1 + Q_0 + Q_f$	
	静止缸复位弹簧力	$Q_t = Q_0 + Q_f$	

7.3 活塞式多盘液压离合器的性能及主要尺寸

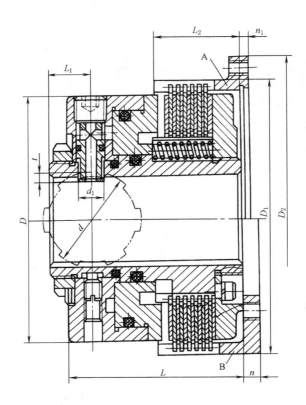

表 7-3-69   mm

d	许用动转矩 /N·m	许用静转矩 /N·m	工作压力 /MPa	转动惯量 /kg·m² 内侧	外侧	缸容积 /cm³ 最小	最大	允许相对转速 /r·min⁻¹	t	D	D_1	D_2	d_1	L	L_1	L_2	n	n_1
35×30×10 40×35×10	160	250		0.008	0.003	20	33.5	3000		110	120	145		90	19	40		5
40×35×10 45×40×12 50×45×12	250	400		0.013	0.005	25	45	2500	6	125	140	165	13.5	95	20	42	8	
50×45×12 55×50×14 60×54×14	400	630	2	0.021	0.010	30	53	2120	7.5	140	160	185		100	21			6
60×54×14 65×58×16 70×62×16	630	1000		0.044	0.020	63	106	1800	10	160	180	210	15.5	115	24	52	10	
65×58×16 72×62×16 75×65×16	1000	1600		0.075	0.038	87	145	1600	7.5 10	180	210	240		120				

注：1. 许用动转矩是指在载荷下接合的许用转矩；许用静转矩是指在空载下接合的许用转矩。

2. 工作压力是指油泵输出油路中的表压值，油泵至离合器油缸间的管路压力损失小于等于0.25MPa。

3. 外片连接件可根据需要制成 A、B 两种形式之一。

8 气压离合器

8.1 气压离合器的特点、型式与应用

这是一种利用气压操纵的离合器。常用空气压力为 0.4~1MPa，有活塞式、隔膜式和气胎式。活塞式加压行程大，补偿磨损容易，隔膜式结构紧凑，质量轻，密封性好，动作灵敏，但行程短，寿命短；气胎式传递转矩大，吸振性好，但气胎变形阻力大，气压损失大。

气压离合器比液压离合器接合速度快，接合平稳，可高频离合，自动补偿磨损间隙，维护方便。缺点是排气时有噪声，需有压缩空气源。

表 7-3-70

型式	气 胎 式
结 构 图	结合元件有摩擦盘、摩擦块、摩擦锥盘,常用材料为石棉或粉末冶金,一般为干式。传递转矩大,接合平稳,便于安装,能补偿主从动轴之间的少量角位移和径向位移。允许径向位移 3mm,轴向位移 15mm,角位移在 1m 长度上为 2mm。结构紧凑,密封性好,从动部分惯性小,使用寿命长,气胎变形阻力大,材料成本高,使用温度高于 60℃,会降低气胎寿命,低于 -20℃,气胎易变脆破裂。禁止用于油污场合

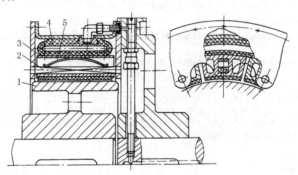

(a) 内收式径向气胎离合器

1—鼓轮；2—矩形销；3—闸瓦；4—气胎；5—弹簧

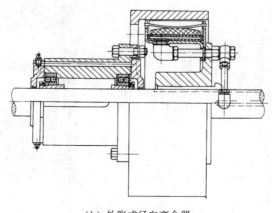

(b) 外胀式径向离合器

型式	气 胎 式

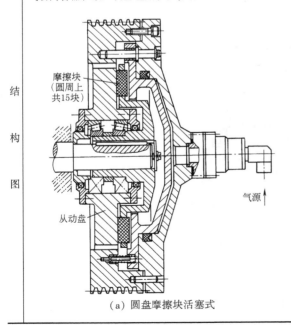

左图为双盘轴向气动离合器;右图为水冷式轴向气动离合器

1—内圆盘;

2—隔热层;

3—气胎

（c）轴向式气胎离合器

特点、应用	图 a 内外鼓轮分别与主从动轴固定连接,气胎 4 固定在外轮上,内面有耐磨材料制成的闸瓦 3,空转时瓦块与内鼓轮有 2～3mm 间隙,通入压缩空气时,瓦块向内鼓轮 1 压紧,传递转矩,泄压时,两轴分开 图 b 气胎固定在内轮上,改善了散热条件,但因气胎向外扩张与转动时产生的离心力方向一致,因此在分离时会阻挠离合器脱开,所以没有前一种结构应用广泛 图 c 气胎呈轴向分布,离心力对离合器的离、合都没有影响,且摩擦盘的尺寸较小,重量较轻,但补偿两轴的轴向位移性能不好,故应用不及径向式广泛

型式	活 塞 式

活塞式气动离合器传动转矩大,使用寿命长,接合平稳,多制成大型离合器,但制造比较复杂,成本较高,重量较大,为防止接合元件的烧蚀和变形,设有良好的散热孔。功率大的要采用通风结构,工作负载大的还可以采用强制水冷却。活塞缸分整圆和环形两种,一般采用 0.4～0.6MPa 的气压;对于大型离合器为了减小尺寸和重量,可以采用 0.75～0.85MPa 气压,活塞式气动离合器在锻压机上应用较多,其他如钻机、造纸机等

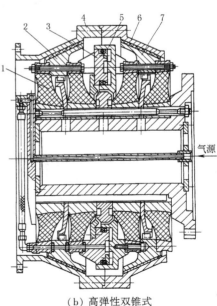

（a）圆盘摩擦块活塞式

（b）高弹性双锥式

1—弹性元件;2,7—锥盘;3—活塞;4,6—外壳;5—环形缸

型式	活塞式	隔膜式
结构图	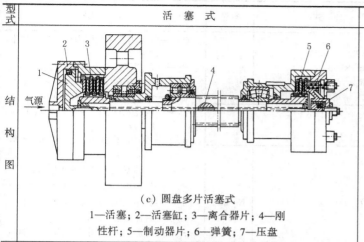 （c）圆盘多片活塞式 1—活塞；2—活塞缸；3—离合器片；4—刚性杆；5—制动器片；6—弹簧；7—压盘	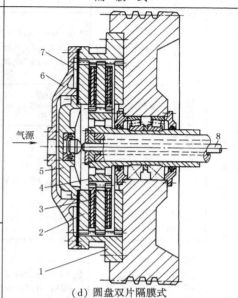 （d）圆盘双片隔膜式 1—壳体；2—外摩擦盘；3—内摩擦盘；4—接盘；5—压盘；6—汽缸盖；7—隔膜；8—刚性杆
特点、应用	图 a 结构进气时，活塞左移，压紧摩擦块，离合器接合，排气后，在复位弹簧推力作用下，活塞右移与摩擦块分离，保持一定间隙，离合器脱开，调节弹簧的弹力，可以改变离合时间 图 b 结构紧凑，能缓和动力装置轴系的扭振影响，允许有较大的轴线安装误差，额定转矩范围 5600～108000N·m，最高转速 900～2800r/min。当中心进气后，活塞 3 和环形缸 5 分别左右移动，使锥盘 2、7 涨开，压向离合器外壳 4、6 时，离合器接合，反之则分离 图 c 为圆盘多片气动离合器和制动器，两端悬臂结构，左端为离合器，右端为制动器，采用粉末冶金衬面的摩擦片，结构紧凑。在离合器与制动器之间装有穿过轴心而使二者连锁的刚性杆 4。当活塞缸 2 左侧进气时，活塞压紧离合器片 3，并经刚性杆推动制动器压盘 7 使制动器片 5 松开，开始接合，放气时，活塞靠制动器弹簧 6 复位，离合器脱开	隔膜比活塞重量轻，惯量小，动作灵敏，接合与脱开时间短，密封性好，空气消耗量小，离合器轴向尺寸缩短，膜片用化纤夹层橡胶制成，有弹性，能自动补偿不规则磨损和轴向跳动。可防振动冲击。膜片制造简单，更换方便，调节容易，缺点是压紧行程受一定的限制，膜片寿命短

8.2 气压离合器的计算

传递转矩及接合元件计算见表 7-3-2 及表 7-3-20，其余按表 7-3-71 中公式计算。

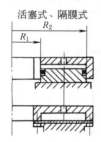 活塞式、隔膜式   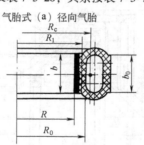 气胎式（a）径向气胎   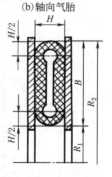 （b）轴向气胎

R_0—气胎内表面半径，各图中尺寸，单位均为 cm

表 7-3-71

型式	计算项目	计算公式	单位	说　明
活塞式、隔膜式	汽缸压紧力	$Q_g = \pi (p_g - \Delta p)(R_2^2 - R_1^2) \times 100 \geqslant Q$ 当 $R_1 = 0$ 时为整圆缸	N	p_g—空气工作压力，MPa，一般取 $p_g = 0.4 \sim 0.6$MPa Δp—压力损失，MPa，一般取 $\Delta p = 0.03 \sim 0.07$MPa Q—传递计算转矩 T_c 时，接合元件需要的压紧力，N R_1—汽缸内半径，cm R_2—汽缸外半径，cm

型　式		计算项目	计　算　公　式	单位	说　　明
气胎式	径向气胎式	许用传递转矩	$T_p = (Q - F_c)\mu R \geq T_c$ $Q = 2\pi R_0 b_0 (p_g - \Delta p) \times 100$ $F_e = 1.1 \times 10^{-4} G_e R_e n^2$	N·cm N N	Q——气胎内腔充气压力作用在瓦块上的力，N F_e——作用于瓦块上的离心力，N μ——摩擦因数，见表7-3-17 b_0——气胎内宽度，cm，$b_0 \approx b$ b——闸瓦宽度，cm，一般取 $b = (0.4 \sim 0.7)R$
		摩擦面压强	$p = \dfrac{T_c \times 100}{2\pi R^2 b\mu} \leq p_p$	N/cm²	p_g——空气工作压力，MPa，一般取 $p_g = 0.6 \sim 0.8$MPa G_e——气胎闸瓦等部分的质量，kg R_e——气胎闸瓦等部分质心处半径，cm
		由气胎强度条件确定许用传递转矩	$T_p = 2\pi b_0 R_1^2 \tau_p \geq T_c$	N·cm	p_p——许用压强，N/cm²，表7-3-17 n——气胎转速，r/min τ_p——气胎材料许用切应力，$\tau_p = 30 \sim 50$N/cm²
	轴向气胎式	气胎压紧力	$Q_g = 25\pi(p_g - \Delta p)\left[(2R_2 - H)^2 - (2R_1 + H)^2\right] - cz(h + \delta) \geq Q$	N	c——复位弹簧刚度，N/cm z——复位弹簧数量 h——复位弹簧顶压高度，cm δ——摩擦片总间隙，cm Q——接合所需压紧力，N 其余同径向气胎

注：1. 气动离合器的接合元件计算与摩擦离合器相同，见表7-3-20。
　　2. 气胎材料一般由耐油橡胶和尼龙或人造丝组合而成。气胎内腔表面覆有一层弹性橡胶，以保证有良好的密封性能；中间橡胶用尼龙等帘子线加强，外壳为橡胶层，用于保护中间层。

8.3　气压离合器的结构尺寸

内收式径向气胎离合器系列的参数和尺寸（一）

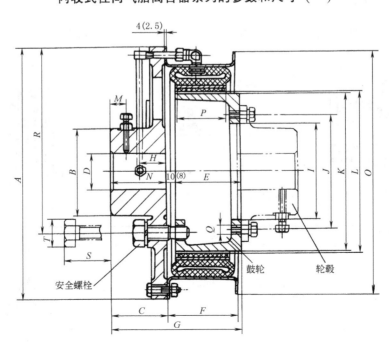

表 7-3-72

mm

离合器编号	可传递转矩 /N·m	气胎容量 /cm³	GD²/N·m² 气胎架	GD²/N·m² 支持架	GD²/N·m² 鼓轮	A	B	C	D	E	F	G	H	I
1	120	0.6~1.2	0.3	0.7	0.2	194	70	47.5	20~40	65	67	140.5	29.5	
2	250	1.3~2.0	2	3.5	0.6	286	100	65	30~60	80	80	155	40	89
3	510	1.9~3.0	4.2	7.5	2.4	340	100	75	30~60	95	92	180	42	108
4	980	2.9~5.0	11	14	6	405	140	90	40~90	104	110	204	42	158
5	1590	4.3~7.1	21	25	14	460	160	100	55~95	123	125	233	44	185
6	2300	5.4~9.0	32	38	28	510	180	100	65~100	134	137	261	44	210

离合器编号	J	K	L	M	N	O	P	Q	R	S	T	质量/kg 气胎	质量/kg 支持架	质量/kg 鼓轮
1	—	101	104	18	47.5	151	50	—	—	—	—	1.6	3.85	3.06
2	108	152	157	25	65	273.1	50	8×M10	—	—	—	4.1	9.51	3.7
3	134	203	208	33	75	327	67	8×M12	156	28	40.4	5.8	14.0	7.6
4	186	254	258	25	90	390.5	80	6×M12	200	30	47.3	10.1	21.6	12.7
5	220	304	308	25	100	447.7	93	6×M12	244	25	47.3	13.9	29.7	18.5
6	240	355	359	25	110	498.5	105	6×M12	286	15	47.3	17.4	38.3	28.0

注：1. 可传递转矩是以工作气压 0.55MPa 为基准的。

2. 编号 1、2 离合器无安全螺栓；编号 1 鼓轮和轮毂是整体的，轮毂外径 90mm，长度 50mm，尺寸 G 算至轮毂端部。

内收式径向气胎离合器系列的参数和尺寸（二）

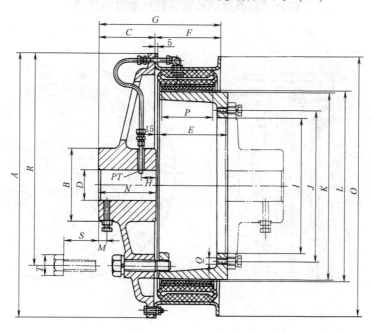

表 7-3-73 mm

离合器编号	额定转矩/N·m	气胎容量/cm³	GD²/N·m² 气胎架	支持架	鼓轮	A	B	C	D	E	F	G	H	I
7	3110	9.3~15.2	54	65	30	570	180	135	75~100	180	170	330	48	240
8	4210	13.0~18.9	72	85	51	610	178	140	75~100	180	170	335	43	270
9	5260	14.4~20.9	97	112	79	660	200	140	85~115	180	170	335	43	305
10	6410	15.8~23.0	125	144	115	711	200	140	85~115	180	170	335	43	370
11	7450	17.1~25.0	156	233	151	762	220	160	95~130	180	170	335	48	425
12	8960	18.5~27.0	200	289	200	812	220	165	95~130	180	170	360	48	460
13	11050	20.7~30.7	269	436	269	880	230	165	100~140	185	180	365	53	495
14	12670	17.0~29.9	455	643	359	930	260	190	105~150	185	180	390	60	545
15	14470	18.1~31.9	544	759	511	981	280	190	110~160	185	180	390	60	585
16	16370	19.2~33.9	647	882	634	1032	280	190	110~160	205	180	410	60	635
17	20570	21.4~37.8	929	1530	1080	1151	300	250	110~170	205	180	470	75	730

离合器编号	J	K	L	M	N	O	P	Q	R	S	T	PT	质量/kg 气胎	支持架	鼓轮
7	280	375	380	15	140	560	128	6×M20	310	107	57.7	1/4"	24.8	54.2	27.0
8	310	406.4	411.2	20	145	597	128	6×M20	345	107	57.7	1/4"	28.7	60.8	35.1
9	345	457.2	462	20	145	647.7	128	8×M20	400	107	57.7	1/4"	32.0	71.4	44.8
10	410	508	512.8	20	145	698.5	128	8×M20	440	107	57.7	1/4"	34.6	76.3	50.9
11	470	558.8	563.6	20	165	749.3	128	10×M20	484	87	57.7	1/4"	37.7	103	55.0
12	510	609.6	614.4	20	170	800.2	128	12×M20	534	87	57.7	1/4"	40.6	112	61.2
13	545	660.4	665.2	30	170	863.6	138	16×M20	580	112	77.4	1/4"	47.2	136	71.5
14	595	711	716	30	195	914.4	138	16×M20	625	92	77.4	1/2"	68.7	188	80.3
15	630	762	767	30	195	965.2	138	18×M20	675	92	77.4	1/2"	72.9	206	100
16	685	813	818	30	195	1016	138	18×M20	720	92	77.4	1/2"	77.3	215	100
17	780	914.5	919.5	30	255	1133.5	138	20×M20	805	110	98.1	3/4"	89.1	320	145

注：额定转矩一栏是以工作气压 0.55MPa 为基准。

隔膜式圆盘摩擦块离合器的参数和尺寸

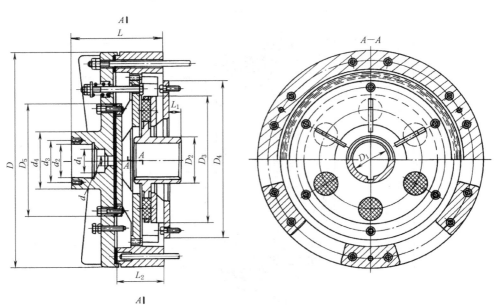

表 7-3-74

mm

可传递转矩/N·m	空气压力/MPa	D	D_1	D_2	D_3	D_4	D_5	L	L_1	L_2	d	d_1	d_2	d_3	d_4	质量/kg
392	0.31	440	60	90	260	330	230	220	39	85	20	50	72	85	120	75
785	0.29	490	70	100	280	350	300	230	49	85	20	50	72	85	120	84
1570	0.30	600	80	120	360	430	330	245	60	90	20	50	72	85	120	135
3090	0.33	650	90	130	450	520	440	285	60	110	25	52	80	95	140	195
6180	0.33	780	100	160	530	610	560	295	71	120	25	52	80	95	140	268
12263	0.34	930	125	180	650	700	680	335	76	140	25	52	80	95	140	435
17658	0.34	1020	140	210	730	810	750	355	96	140	25	52	80	95	140	525
24525	0.39	1120	160	240	830	920	810	425	118	165	42	75	110	130	160	737
34826	0.36	1250	180	260	900	1000	950	455	148	165	42	75	110	130	160	906
49050	0.35	1400	200	300	1020	1120	1060	525	178	190	42	75	110	130	160	1273
69651	0.39	1500	220	320	1160	1260	1110	545	198	190	42	75	110	130	160	1469

第

7

篇

8.4 QPL 型气动盘式离合器

QPL 型气动盘式离合器（摘自 JB/T 7005—2007）

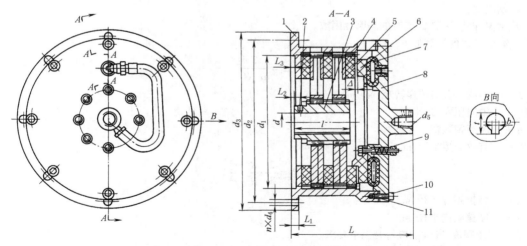

1—壳体；2—紧定螺钉；3—轴套；4—内盘；5—摩擦盘；6—压板；7—气囊；8—端盖；
9—复位弹簧；10—螺钉；11—半圆垫片

标记示例：

额定转矩为 4160N·m 的离合器，标记为：

QPL5 离合器　JB/T 7005—2007

表 7-3-75 　　　　　　　　　　　　　　　　　　　　　　　　　　　　　　　　　　　mm

型号	转矩 T /N·m 额定	转矩 T /N·m 动态	许用转速 n_p /r·min⁻¹	d (H7)	l	d_1 (H8)	d_2	d_3	d_4	d_5	L	L_1	L_2	L_3	轴套内孔键槽尺寸 b	轴套内孔键槽尺寸 t	n	转动惯量 /kg·m² 离合器	转动惯量 /kg·m² 轴套和内盘	质量 /kg
QPL1	312	520	1800	45	82	190	203	220	9	Rc ½	178	6	1.5	2	14	48.8	4	0.138	0.0141	20
QPL2	660	1100	1750	55	82	220	280	310	13.5	Rc ¾	192	13	6	8	16	59.3	6	0.357	0.0409	32
QPL3	1540	2560	1400	63	110	295	375	400	17.5	Rc ¾	235	16	10	6	18	67.4	6	1.42	0.175	75
QPL4	2680	4420	1200	80	114	370	445	470	17.5	Rc ¾	248	16	10	10	22	85.4	6	2.85	0.446	105
QPL5	4160	6900	1100	100	120	410	510	540	17.5	Rc1	260	16	10	10	25	106.4	12	5.25	0.761	148
QPL6	6320	10400	1000	120	120	470	560	590	17.5	Rc1	280	16	10	11	32	127.4	12	7.60	1.216	171
QPL7	8600	14300	900	130	130	540	648	685	17.5	Rc1	305	19	8	19	32	137.4	12	14.60	2.385	264
QPL8	15100	25000	700	150	130	620	730	760	17.5	Rc1 ¼	315	19	8	19	36	158.4	12	26.80	3.961	365
QPL9	16800	28000	650	160	175	700	800	830	17.5	Rc1 ¼	350	19	8	19	40	169.4	16	35.00	6.950	426
QPL10	32000	53000	600	180	180	775	900	940	22	Rc1 ½	366	19	8	19	45	190.4	18	62.50	10.261	640
QPL11	49600	82000	500	220	230	925	1065	1105	22	Rc1 ½	404	22	5	16	50	231.4	18	133	26.471	905

注：1. 动态转矩为离合器的全部传动能力，选用时按照额定转矩直接选用。
2. 平键只能传递部分转矩，对于平键不能传递的转矩应由过盈配合传递。
3. 表中转矩 T 指气囊进口处压力为 0.5MPa 时的转矩。

整机装配前应清除各处异物，并用 GB 1922 中的 NY-190 溶剂油清洗快速排气阀。各摩擦盘与内盘的接触面积不得小于 85%，摩擦盘的磨损性能应符合表 7-3-76 的规定并满足强度、硬度、冲击韧性的要求。

表 7-3-76　　　　　　　　　　　磨损性能

项　　　目		指　　　标
静摩擦因数　μ_j		$0.35^{\ 0}_{-0.06}$
磨损率 $10^{-7}cm^3/J$	100℃	≤0.17
	150℃	≤0.17
	200℃	≤0.25

将转动惯量和内盘转速调到一定值，以每分钟 25 次离合频率，在气压为 0.5MPa 时连续离合，直到平衡温度为止，测量下列项目。

① 平衡温度；
② 从常温开始，每隔 20℃ 时的静摩擦因数。

静摩擦因数 μ_j 的计算如下

$$\mu_j = \frac{T}{nF_a R_f}$$

式中　T——实测离合器传递转矩，N·m；
　　　F_a——轴向压紧力，N；
　　　n——摩擦副数量；
　　　R_f——有效摩擦半径，m。

$$R_f = \frac{2}{3} \times \frac{R^3 - r^3}{R^2 - r^2}$$

式中　R——摩擦副外半径，m；
　　　r——摩擦副内半径，m。

气囊由橡胶制成，其性能应符合以下要求。

扯断强度：内胶层不小于 19N/m²，外胶层不小于 15N/m²。

扯断伸长率：内、外胶层为 400%~430%。

热空气老化试验：在 100℃ 温度时，24h，性能降低不得大于 30%。

扯断永久变形：内、外胶层均不大于 25%。

邵尔 A 硬度：外胶层为 60±5，内胶层为 45±5。

8.5 气压离合器的接合元件产品

（1）EB 型离合器尺寸及性能

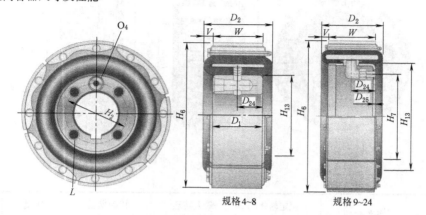

规格4~8　　　规格9~24

表 7-3-77

规　　格	部件代码	额定转矩 /N·m	最大转速 /r·min⁻¹	转动惯量 /kg·m²	质量 /kg	摩擦面面积 /cm²	衬垫厚度/mm 新　垫	衬垫厚度/mm 磨损后	最大转鼓直径 /mm
4EB125	143019	44.1	1800	0.004	1.0	84			104
6EB200	143022	103	1800	0.11	3.2	232	4	2	155
8EB250	143117	251	1800	0.45	8.6	387	3	2	205
9EB325	143274	424	1800	0.042	4.1	568	5	2	231
10EB300	143119	483	1800	0.042	4.5	587	5	2	256
12EB350	143122	848	1800	0.126	7.2	813	5	2	307
14EB400	143126	1360	1500	0.210	10	1077	5	2	358
16EB475	143129	2120	1300	0.462	18	1496	7	2	410
19EB475	143131	3050	1100	0.840	22	1742	7	2	486
21.5EB475	143134	4070	1000	1.43	28	1974	7	2	549
24EB475	143137	5090	900	1.64	31	2219	7	2	626

规　格	部件 代码	D_1	D_2	D_{24}	D_{25}	H_2	H_6	H_7	H_{13}	L 个数	L 直径 mm	O_4 mm	V mm	摩擦件 W 数量个数	摩擦件 W 宽度/mm
4EB125	143019	38	44	19	—	54	100	—	70	4	5/16-18	1/4-18	6	10	32
6EB200	143022	51	70	25	—	64	150	—	86	4	3/8-16	1/4-18	10	6	51
8EB250	143117	64	83	32	—	111	199	—	137	4	3/8-16	1/8-27	10	8	64
9EB325	143274	—	105	47	5	117	225	117	152	8	13	8	11	9	83
10EB300	143119	—	99	40	4	133	250	141	178	8	13	8	11	10	76
12EB350	143122	—	111	48	5	184	301	192	229	12	13	8	11	12	89
14EB400	143126	—	124	48	5	235	352	243	279	12	13	8	11	14	102
16EB475	143129	—	162	64	6	245	402	244	289	8	13	10	21	12	121
19EB475	143131	—	162	64	6	279	478	279	365	6	19	10	21	14	121
21.5EB475	143134	—	162	64	8	343	541	343	429	8	19	10	21	16	121
24EB475	143137	—	162	64	8	406	605	406	492	8	19	10	21	18	121

注：1. 规格中 EB 前的数字表示转鼓膨胀后摩擦片的名义直径（in），EB 后的数字表示摩擦片宽度的 100 倍（即 125 表示宽度为 1.25in）。

2. O_4 是美国管螺纹。

3. 额定转矩表示空气压力为 0.52MPa 时的动转矩数值，静转矩可相应增加 25%。

4. 经销公司为伊顿工业离合制动器（上海）有限公司，电话 021-50484811；生产厂家为美国伊顿集团（EATON）Airflex 公司。

（2）ER 型离合器尺寸及性能

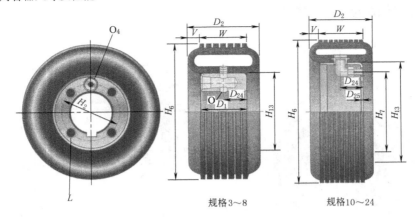

规格3～8　　　　　规格10～24

表 7-3-78

规　　格	部件代码	额定转矩 /N·m	最大转速 /r·min⁻¹	转动惯量 /kg·m²	质量 /kg	最大转鼓直径 /mm
3ER125	512175	45.2	1800	0.001	0.5	78
6ER200	145158	174	1800	0.004	3.2	155
8ER250	145159	401	1800	0.02	8.2	205
10ER300	145161	746	1800	0.03	3.6	256
12ER350	145164	1390	1800	0.08	5.9	307
14ER400	145168	2550	1500	0.17	7.7	358
16ER475	145171	3680	1300	0.29	14	410
19ER475	145174	5380	1100	0.63	18	486
21.5ER475	145177	7120	1000	1.13	24	549
24ER475	145180	9440	900	1.72	28	613

规　　格	部件 代码	D_1	D_2	D_{24}	D_{25}	H_2	H_6	H_7	H_{13}	L			O	O_4	V	摩擦件宽度 W
		mm								个数	直径/mm	深度/mm		mm		
3ER125	512175	38	44	19	—	N/A	75	—	44	N/A	N/A	N/A	10	N/A	6	32
6ER200	145158	51	78	25	—	64	150	—	86	4	3/8-16	16	8	1/4-18	13	51
8ER250	145159	64	90	32	—	111	201	—	137	4	3/8-16	22	8	1/4-18	13	64
10ER300	145161	—	108	40	4	133	251	141	178	8	13	—	—	8	16	76
12ER350	145164	—	121	48	5	184	302	192	229	12	13	—	—	8	16	89
14ER400	145168	—	133	48	5	235	353	243	279	12	13	—	—	8	16	102
16ER475	145171	—	168	64	6	245	402	244	289	8	13	—	—	10	24	121
19ER475	145174	—	168	64	6	279	478	279	365	8	19	—	—	10	24	121
21.5ER475	145177	—	168	64	8	343	541	343	429	8	19	—	—	10	24	121
24ER475	145180	—	168	64	8	406	605	406	492	8	19	—	—	10	24	121

注：1. 表列额定转矩为静转矩（空气压力为 0.52MPa 时）。

2. 列中 L 为美国螺纹标准，O_4 为美国管螺纹。

3. 生产厂家见表 7-3-77 注 4。

（3）CB 型单鼓离合器尺寸及性能（一）

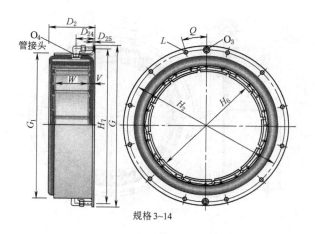

规格 3~14

表 7-3-79

规 格	部件代码	额定转矩 /N·m	D_2	D_{24}	D_{25}	G	G_1	H_2	H_6	H_7	L(螺栓孔) 数量	尺寸/mm	O_3	O_4 mm	Q /(°)	V /mm	W 数量	宽度/mm
						mm												
3CB150	142252	40.7	55	30	2	160.0	123	146.0	80	146	8	6	7	1/8-27	22.500	9	6	38
4CB200	142840	113	67	35	2	184.1	148	169.9	105	170	8	6	5	1/8-27	22.500	10	6	51
5CB200	142253	165	72	38	2	224.0	183	205.0	131	205	8	8	5	1/8-27	22.500	12	6	51
6CB200	142095	231	75	40	2	273.1	230	254.0	156	254	8	10	5	3/8-18	22.500	14	6	51
8CB250	142096	485	87	48	2	327.0	284	308.0	207	308	8	10	5	3/8-18	22.500	14	8	64
10CB300	142197	921	105	51	5	390.5	346	371.5	257	371	12	10	8	3/8-18	15.000	17	10	76
12CB350	142098	1500	120	51	5	447.7	403	428.6	308	429	14	10	8	3/8-18	12.857	17	12	89
14CB400	142087	2230	133	51	5	498.5	454	479.4	359	479	16	10	8	3/8-18	11.250	17	14	102

规 格	部件代码	最大转速 /r·min⁻¹	转动惯量 /kg·m²	质量 /kg	摩擦面积 /cm²	摩擦衬垫厚度 新垫	磨损后	最小转鼓直径 mm
3CB150	142252	2000	0.00	0.8	90.3	5	1	74
4CB200	142840	2000	0.01	1.1	148.4	3	1	99
5CB200	142253	2000	0.02	1.6	193.5	5	1	124
6CB200	142095	1800	0.04	3.2	232.2	4	2	150
8CB250	142096	1800	0.08	4.1	393.5	3	2	201
10CB300	142197	1800	0.25	8.6	587.0	5	2	251
12CB350	142098	1800	0.46	12	825.6	5	2	302
14CB400	142087	1800	0.71	14	1096.5	5	2	353

注：1. 规格中 CB 前的数字表示连接的摩擦轮毂的名义外径（in），CB 后的数字表示摩擦垫的宽度的 100 倍（即 150 表示宽度为 1.5in）。

2. 表中额定转矩表示空气压力为 0.52MPa 时的动转矩。静转矩可相应增加 25%。

3. O_4 为美国管螺纹。

4. 生产厂家见表 7-3-77 注 4。

（4） CB 型单鼓离合器尺寸及性能（二）

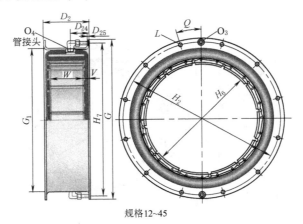

规格12~45

表 7-3-80

规　格	部件代码	额定转矩 /N·m	D_2	D_{24}	D_{25}	G	G_1	H_2	H_6	H_7	L（螺栓孔）		O_3	O_4	Q /（°）	V /mm	W	
			mm								数量	尺寸/mm	mm				数量	宽度
12CB350	142098	1500	124	51	5	447.7	403	428.6	308	429	14	10	8	3/8-18	12.857	17	12	89
14CB400	142087	2230	137	51	5	498.5	454	479.4	359	479	16	10	8	3/8-18	11.250	17	14	102
16CB500	142211	3980	168	64	5	596.9	527	571.5	411	565	8	13	10	3/8-18	22.500	21	10	127
18CB500	142264	4970	168	64	5	647.7	578	619.1	462	619	12	13	10	3/8-18	15.000	21	11	127
20CB500	142265	6060	168	64	5	698.5	629	669.9	513	670	12	13	10	3/8-18	15.000	21	12	127
22CB500	142266	7040	168	64	5	749.3	679	720.7	564	721	12	13	10	3/8-18	15.000	21	13	127
24CB500	142267	8480	168	64	5	800.1	730	771.5	614	772	16	13	10	3/8-18	11.250	21	14	127
26CB525	142268	10400	176	64	6	863.6	787	831.9	665	826	16	16	13	1/2-14	11.250	21	16	133
28CB525	142269	12000	176	64	6	914.4	838	882.7	716	876	16	16	13	1/2-14	11.250	21	17	133
30CB525	142270	13700	176	64	6	965.2	889	933.5	767	927	16	16	13	1/2-14	11.250	21	18	133
32CB525	142271	15500	176	64	6	1016.0	940	984.3	818	978	18	16	13	1/2-14	-	21	19	133
36CB525	142272	19400	176	70	7	1133.5	1056	1095.4	919	1099	18	19	16	3/4-14	-	21	22	133
40CB525	142273	23800	176	70	7	1235.1	1157	1197.0	1021	1200	20	19	16	3/4-14	9.000	21	24	133
45CB525	142081	29400	176	70	7	1362.1	1287	1324.0	1148	1327	24	19	16	3/4-14	7.500	21	27	133

规　格	部件代码	最大转速 /r·min⁻¹	转动惯量 /kg·m²	质量 /kg	摩擦面积 /cm²	摩擦衬垫厚度		最小转鼓直径
						新　垫	磨损后	
						mm		mm
12CB350	142098	1800	0.50	14	826	5	2	302
14CB400	142087	1800	0.88	16	1097	5	2	353
16CB500	142211	1550	2.18	34	1554	7	2	403
18CB500	142264	1400	2.94	37	1690	7	2	454
20CB500	142265	1300	3.78	40	1858	7	2	505
22CB500	142266	1250	4.79	43	2012	7	2	555
24CB500	142267	1200	5.96	46	2180	7	2	606
26CB525	142268	1100	8.82	60	2606	8	2	656
28CB525	142269	1000	10.58	63	2774	8	2	706
30CB525	142270	950	12.73	67	2954	8	2	757
32CB525	142271	900	15.08	71	3115	8	2	808
36CB525	142272	800	21.42	81	3548	8	2	910
40CB525	142273	750	30.66	91	3935	8	2	1011
45CB525	142081	670	46.83	119	4354	8	2	1137

注：1. 规格中 CB 前的数字表示连接的摩擦轮毂的名义外径（in），CB 后的数字表示摩擦垫的宽度的 100 倍（即 150 表示宽度为 1.5in）。

2. 表中额定转矩表示空气压力为 0.52MPa 时的动转矩。静转矩可相应增加 25%。

3. O_4 为美国管螺纹。

4. 生产厂家见表 7-3-77 注 4。

（5）气压离合元件的安装示例

表 7-3-81

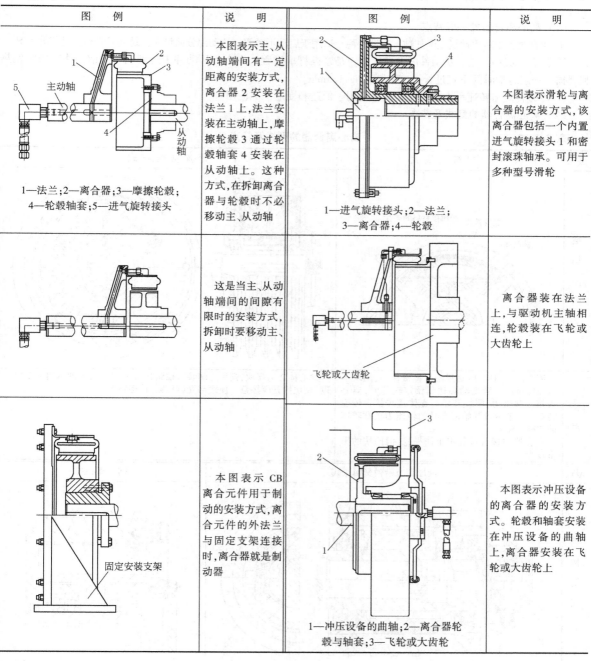

图 例	说 明	图 例	说 明
1—法兰；2—离合器；3—摩擦轮毂； 4—轮毂轴套；5—进气旋转接头	本图表示主、从动轴端间有一定距离的安装方式，离合器2安装在法兰1上，法兰安装在主动轴上，摩擦轮毂3通过轮毂轴套4安装在从动轴上。这种方式，在拆卸离合器与轮毂时不必移动主、从动轴	1—进气旋转接头；2—法兰； 3—离合器；4—轮毂	本图表示滑轮与离合器的安装方式，该离合器包括一个内置进气旋转接头1和密封滚珠轴承。可用于多种型号滑轮
	这是当主、从动轴端间的间隙有限时的安装方式，拆卸时要移动主、从动轴	飞轮或大齿轮	离合器装在法兰上，与驱动机主轴相连，轮毂装在飞轮或大齿轮上
固定安装支架	本图表示 CB 离合元件用于制动的安装方式，离合元件的外法兰与固定支架连接时，离合器就是制动器	1—冲压设备的曲轴；2—离合器轮毂与轴套；3—飞轮或大齿轮	本图表示冲压设备的离合器的安装方式。轮毂和轴套安装在冲压设备的曲轴上，离合器安装在飞轮或大齿轮上

9　离心离合器

离心离合器为不需操纵，自行接合的离合器。当主动件转速达到一定数值后，其上闸块（或钢球）产生的离心力，使摩擦块压紧从动件，借助摩擦力传递转矩。离心离合器可分为常开式与常闭式，从结构上可分为闸块式与钢球式。

9.1 离心离合器的特点、型式与应用

（1）离心离合器的一般特点

① 接合过程中对原动机逐渐加载，启动平稳。适用于启动不频繁，从动部分惯量大，易造成原动机过载的工况。

② 接合过程中，主、从动件间有速度差，是摩擦打滑过程，在主、从动件未达到同步之前，伴有摩擦发热和磨损。一般打滑时间不宜过长，应限制在 1~1.5min。

③ 传递转矩与转速平方成正比，故不适用于低速和变速工况应用。

（2）离心离合器的型式及特点

表 7-3-82　　　　　　　　　　　　　　　离心离合器的型式及特点

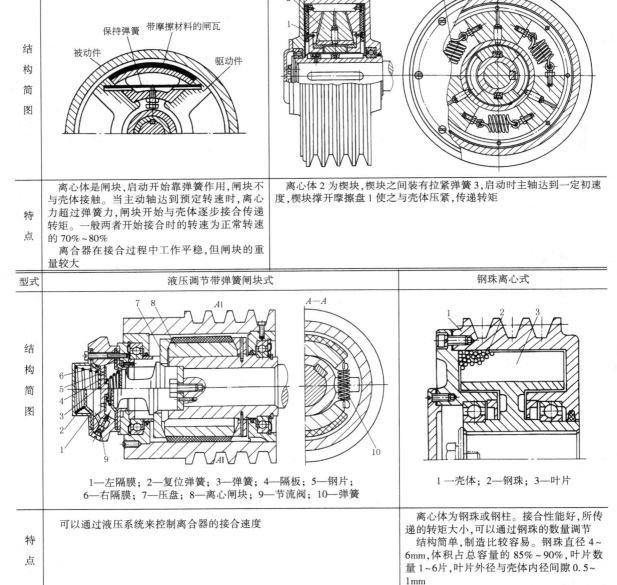

型式	带弹簧闸块式	带弹簧楔块式
结构简图		
特点	离心体是闸块，启动开始靠弹簧作用，闸块不与壳体接触。当主动轴达到预定转速时，离心力超过弹簧力，闸块开始与壳体逐步接合传递转矩。一般两者开始接合时的转速为正常转速的 70%~80% 离合器在接合过程中工作平稳，但闸块的重量较大	离心体 2 为楔块，楔块之间装有拉紧弹簧 3，启动时主轴达到一定初速度，楔块撑开摩擦盘 1 使之与壳体压紧，传递转矩
型式	液压调节带弹簧闸块式	钢珠离心式
结构简图	1—左隔膜；2—复位弹簧；3—弹簧；4—隔板；5—钢片；6—右隔膜；7—压盘；8—离心闸块；9—节流阀；10—弹簧	1—壳体；2—钢珠；3—叶片
特点	可以通过液压系统来控制离合器的接合速度	离心体为钢珠或钢柱。接合性能好，所传递的转矩大小，可以通过钢珠的数量调节 结构简单，制造比较容易。钢珠直径 4~6mm，体积占总容量的 85%~90%，叶片数量 1~6片，叶片外径与壳体内径间隙 0.5~1mm

型式	自 由 闸 块 式	
结构简图及特点	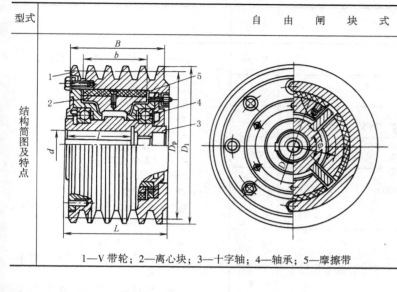 1—V带轮；2—离心块；3—十字轴；4—轴承；5—摩擦带	离合器无弹簧，从启动开始闸块就边滑磨边接合，压向离合器壳体，直到完全接合。其接合性能稍差 结构简单，闸块轻，应用较广泛

第 **7** 篇

9.2 离心离合器的计算

带弹簧闸块式拉簧

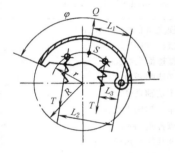

无弹簧闸块式

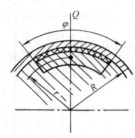

$R=(2\sim3.5)d$
$b=(1\sim2)d$
$r=(0.7\sim0.9)R$

带拉簧楔块式

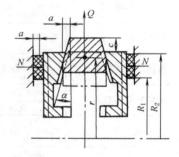

钢珠式

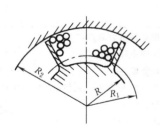

$R_2=(2\sim3.5)d$
$b=(1\sim2)d$

板 簧

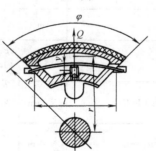

$R=(2\sim3.5)d$
$b=(1\sim2)d$
$r=(0.6\sim0.9)R$

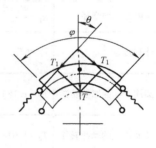

$R=(2\sim3.5)d$
$r=(0.6\sim0.8)R$

表 7-3-83

型式	计算项目	计 算 公 式	单 位	说 明
带弹簧（拉簧、板簧）闸块式	计算转矩	$T_c = \beta T_t$	N·cm	β——工作储备系数，一般取 $\beta = 1.5 \sim 2$
	传递转矩所需离心力	$Q_j = \dfrac{T_c}{R\mu z}$	N	T_t——需传递的转矩，N·cm
	闸块有效离心力	$Q = \dfrac{mr\pi^2(n^2 - n_0^2)}{90000} \geq Q_j$	N	R——闸块外半径，cm r——闸块质心所处半径，cm z——闸块数量
	摩擦面压强	$p = \dfrac{T_c}{R^2 b\varphi\mu z} \leq p_p$	N/cm²	b——闸块宽度，cm d——主动轴直径，cm
	预定弹簧力 拉簧 片簧	$T = \dfrac{L_1 mr\pi^2 n_0^2}{(L_2 + L_3)90000}$ $T = \dfrac{mr\pi^2 n_0^2}{90000}$	N	n——正常工作转速，r/min L_1, L_2, L_3——长度，cm n_0——开始接合转速，r/min，一般取 $n_0 = (0.7 \sim 0.8)n$
无弹簧闸块式	计算转矩	$T_c = \beta T_t$	N·cm	m——单个闸块质量，kg R——壳体内半径，即闸块摩擦半径，cm
	传递转矩所需离心力	$Q_j = \dfrac{T_c}{R\mu z}$	N	μ——摩擦面材料摩擦因数；见表 7-3-17
	闸块有效离心力	$Q = \dfrac{mr\pi^2 n^2}{90000} \geq Q_j$	N	p_p——摩擦面许用压强，N/cm²，见表 7-3-17
	摩擦面压强	$p = \dfrac{T_c}{R^2 b\varphi\mu z} \leq p_p$	N/cm²	φ——闸块所对角度，rad
带拉簧楔块式	计算转矩	$T_c = \beta T_t$	N·cm	r——楔块质心所处半径，cm z——楔块数量
	传递转矩所需离心力	$Q_j = \dfrac{2T_c}{R_m \mu z}\tan(\alpha + \rho)$	N	b——摩擦面宽度，cm α——楔块倾斜角，(°)
	楔块有效离心力	$Q = \dfrac{mr\pi^2(n^2 - n_0^2)}{90000} \geq Q_j$	N	d——主动轴直径，cm m——单个楔块质量，kg
	楔块脱开力	$F_j = \dfrac{2T_c}{R_m \mu z}\tan(\alpha - \rho)$	N	ρ——摩擦角，$\tan\rho = \mu$ φ——闸块所对角度，rad
	预定弹簧力	$F = \dfrac{mr\pi^2 n_0^2}{90000} \geq T_j$	N	其他符号说明同前
	每根弹簧力	$F_1 = \dfrac{F}{2\cos\theta}$	N	
	摩擦面压强	$p = \dfrac{T_c}{4\pi R_m^2 b\mu} \leq p_p$	N/cm²	
	摩擦面平均半径	$R_m = \dfrac{R_1 + R_2}{2}$	cm	
钢珠式	计算转矩	$T_c = \beta T_t$	N·cm	β——工作储备系数取 $\beta = 2$ R_2——壳体内半径，cm
	圆周产生的摩擦转矩	$T_1 = 1.1 \times 10^{-6} R_2^4 bn^2 \mu(1 - C^3)$	N·cm	b——叶片宽度，cm μ——摩擦因数，钢珠对钢或铸铁 $\mu = 0.2 \sim 0.3$
	端面产生的摩擦转矩	$T_2 = 1.67 \times 10^{-7} R_2^5 n^2 \mu(1 - C^4)$	N·cm	n——转速，r/min C——比值，一般取 $C = \dfrac{R_1}{R_2} = 0.7 \sim 0.8$
	许用转矩	$T_p = T_1 + T_2 \geq T_c$	N·cm	其他符号说明同带弹簧闸块离心离合器

注：其他未注明的长度尺寸单位均为 cm。

9.3 离心离合器的结构尺寸

9.3.1 AS 系列钢砂式离心离合器（安全联轴器）（摘自 JB/T 5986—1992）

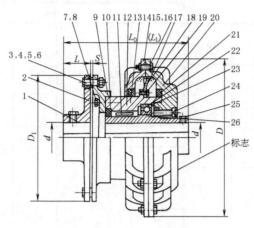

AS 型钢砂式离心离合器

1,25—紧定螺钉；2—半联轴器；3—鼓形弹性套；4—柱销；5,8—弹簧垫圈；6,16—螺母；
7,15,19—螺栓；9—法兰；10,13,21—密封圈；11—滚针轴承；12—从动转子；14,20—壳体；
17—钢砂；18—叶轮；22—滚动轴承；23—挡圈；24—内六角螺栓；26—主动轴套

表 7-3-84

型号	各种转速下的传递功率/kW				轴孔直径 d (H7)	轴孔长度			L_0	D_1	D	许用转速 /r · min⁻¹	
						Y 型	J、J₁、Z、Z₁ 型						
	750	1000	1500	3000		L	L	L_1				铸铁	铸钢
	r · min⁻¹					mm							
AS1	—	0.075	0.185	1.5	14	32	20	32	100	80	105	5700	7600
					16				110				
					19	42	30	42	126				
AS2	0.2	0.48	1.1	4	20					95	160	3500	5000
					22				136				
					24	52	38	52					
					25				180				
AS3	0.5	1.3	3.5	8*	28	62	44	62	190	106	194	2860	3800

第 7 篇

型号	各种转速下的传递功率/kW $r \cdot min^{-1}$ 750	1000	1500	3000	轴孔直径 d (H7)	轴孔长度 Y型 L	J、J_1、Z、Z_1型 L	L_1	L_0	D_1	D	许用转速 /r·min⁻¹ 铸铁	铸钢
AS4	0.8	1.5	5.5	20*	30	82	60	82	218	130	214	2600	3470
					32								
AS5	2	3.7	10	28*	35						240	2290	3060
					38								
					40				248	160			
AS6	4	7.5	22	—	42	112	84	112	262	190	293	1830	2240
					45								
					48								
					50					224			
					55				295				
					56								
AS7	10	15	55	—	60						340	1600	2240
					63				325	250			
					65	142	107	142					
					70				317				
AS8	30	45	100	—	71						432	1270	1600
					75				315	315			
					80				347				
					85	172	132	172					
AS9	100	170	260	—	90				393	400	560	1000	1360
					95								
					100	212	167	212					

注：1. 带＊号的离合器材料为锻钢。

2. 生产厂家为无锡第五机械制造公司、上海红星机械厂。

表 7-3-85　　　　　　　　AS 型钢砂式离心离合器许用补偿量

许用补偿量 \ 型号	AS1、AS2、AS3、AS4	AS5	AS6、AS7、AS8	AS9
径向 Δy/mm	0.2	0.3	0.4	0.5
角向 $\Delta\alpha$/(°)	1.5	1		0.5

9.3.2 ASD 系列 V 带轮钢砂式离心离合器（安全联轴器）（摘自 JB/T 5986—1992）

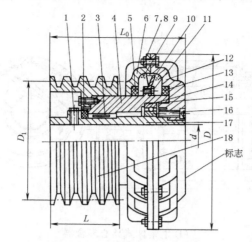

ASD 型 V 带轮钢砂式离心离合器

1—紧定螺钉；2,5,13—密封圈；3—滚针轴承；4—从动转子；6,12—壳体；7,11—螺栓；8—螺母；
9—钢砂；10—叶轮；14—滚动轴承；15—挡圈；16—内六角螺栓；17—主动轴套；18—V 带轮

表 7-3-86

型　号	各种转速下的传递功率/kW				轴孔直径 d (H7)	D	D_1	L_0	L	许用转速 /r·min⁻¹	
	750	1000	1500	3000						铸铁	铸钢
	r·min⁻¹					mm					
ASD2	0.2	0.48	1.1	4*	19 20 22	160	118	99	50	2860	3820
ASD3	0.5	1.3	3.5	8*	24 25 28	194	140	141	63	2860	3820
ASD4	0.8	1.5	5.5	20*	30 32	214	180	170	90	2600	3470
ASD5	2	3.7	10	28*	35 38 40	242	180	190	105	2290	3060
ASD6	4	7.5	22	—	42 45 48 50	290	200	215	117	1830	2240
ASD7	10	15	55	—	55 56 60 63	340	236	250	135	1600	2140
ASD8	30	45	100	—	65 70 71 75 80 85	432	250	245	145	1250	1600

注：1. 带 * 号的离合器材料为锻钢。
2. 生产厂家同表 7-3-84 注。

9.3.3 AQ 系列钢球式离心离合器（节能安全联轴器）（摘自 JB/T 5987—1992）

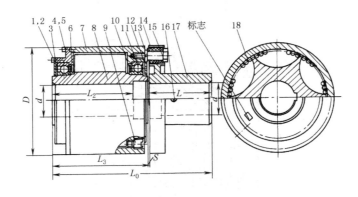

AQ 型钢球式离心离合器

1,2—螺栓；3,12—轴承盖；4,5,13—弹簧垫圈；6—端盖；7—壳体；8—转子；9—沉头螺塞；
10—密封圈；11—滚动轴承；14—弹性套；15—弹性柱销；16—定位螺钉；17—半联轴器；18—钢球

表 7-3-87

型号	各种转速下所能传递的功率/kW					轴孔直径 d (H7)	主动端轴孔长度		从动端轴孔长度 J_1、Z_1 型	D	L_0 ≤	S	许用转速 /r·min^{-1}	
	600	750	1000	1500	3000		L_2	L_3	L				铸铁	铸钢
	r·min^{-1}						mm							
AQ1	—	—	—	0.5	4	19	42	100	30	80	166		7160	9550
						24	52		38					
						28	62		44					
AQ2	—	—	—	1	7.5	19	42	110	30	100	176		5730	7640
						24	52		38					
						28	62		44					
						38	82		60					
AQ3	—	—	0.87	3	24	24	52		38	130	238	3~4	4410	5880
						28	62		44					
						38	82	150	60					
						42	112		84					
						45								
AQ4	—	—	1.3	4.5	36	28	62		44	150	238		3820	5090
						38	82		60					
						42	112		84					
						48								
						55								

续表

型号	各种转速下所能传递的功率/kW					轴孔直径 d (H7)	主动端轴孔长度		从动端轴孔长度 J₁、Z₁型	D	L₀ ≤	S	许用转速 /r·min⁻¹	
	600	750	1000	1500	3000		L₂	L₃	L				铸铁	铸钢
	r·min⁻¹						mm							
AQ5	—	—	3.6	12	96	38	82	150	60	180	262	4~5	3180	4240
						42	112		84					
						48								
						55								
						60	142		107					
						65								
AQ6	—	2.53	6	20	162	38	82		60	200			2860	3820
						42	112		84					
						48								
						55	142		107					
						60								
						65								
						70								
AQ7	—	6.5	14.6	49	393	42	112	210	84	220	322		2600	3470
						48								
						55								
						60	142		107					
						65								
						70								
						75								
AQ8	—	10	24	80	644	48	112		84	250	347		2290	3060
						55								
						60	142		107					
						65								
						70								
						75								
						80	172		132					
						85								
AQ9	—	21	77	173	1380	60	142	250	107	280	387		2140	2850
						65								
						70								
						75								
						90	172		132					
						95								

第 7 篇

型号	各种转速下所能传递的功率/kW					轴孔直径 d (H7)	主动端轴孔长度		从动端轴孔长度 J_1、Z_1 型	D	L_0 ≤	S	许用转速 /r·min⁻¹	
	600	750	1000	1500	3000		L_2	L_3	L				铸铁	铸钢
	r·min⁻¹						mm							
AQ10	—	25	60	200	1600*	60	142	250	107	300	423	5~6	1830	2240
						65								
						70								
						75								
						80	172		132					
						85								
						90								
						100	212		167					
AQ11	23	46	110	360	—	75	142		107	350			1600	2140
						80	172		132					
						85								
						90								
						100	212		167					
						110								
AQ12	45	95	240	830	—	80	172		132	400			1400	1870
						85								
						90								
						100	212		167					
						110								
						120								
						125								
						130	252		202					
AQ13	58	113	267	902	—	80	172	300	132	450	508		1250	1660
						85								
						90								
						95								
						100	212		167					
						110								
						120								
						125								
						130	252		202					
						140								
						150								

续表

型号	各种转速下所能传递的功率/kW					轴孔直径 d (H7)	主动端轴孔长度		从动端轴孔长度 J₁、Z₁型	D	L₀ ≤	S	许用转速 /r·min⁻¹	
	600	750	1000	1500	3000		L_2	L_3	L				铸铁	铸钢
	r·min⁻¹						mm							
AQ14	126	247	585	1975	—	90	172	350	132	500	600		1020	1360
						95								
						100	212		167					
						110								
						120								
						125								
						130	252		202					
						140								
						150								
						160	302		242					
						170								
AQ15	296	585	1372	4632*	—	110	212	450	167	550	700	6~8		
						120								
						125								
						130	252		202					
						140								
						150								
						160								
						170	302		242					
						180								
AQ16	355	694	1645	5550*	—	125	212		167	600	740		940	1250
						130								
						140	252		202					
						150								
						160								
						170	302		242					
						180								
						190	352		282					
						200								
AQ17	630	1230*	2916*	—	—	140	252	500	202	650	792	8~10	860	1150
						150								
						160	302		242					
						170								
						180								
						190	352		282					
						200								
						220								

注：1. 表中带 * 号的离合器材料为锻钢。

2. 生产厂家同表7-3-84注。

9.3.4 AQZ 系列带制动轮钢球式离心离合器（节能安全联轴器）（摘自 JB/T 5987—1992）

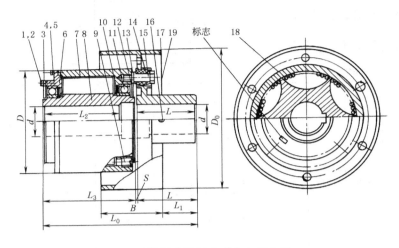

AQZ 型带制动轮钢球式离心离合器

1,2—螺栓；3,12—轴承盖；4,5,13—弹簧垫圈；6—端盖；7—壳体；8—转子；9—沉头螺塞；
10—密封圈；11—滚动轴承；14—弹性套；15—弹性柱销；16—定位螺钉；17—半联轴器；18—钢球；19—制动轮

表 7-3-88

型 号	各种转速下所能传递的功率/kW					轴孔直径 d (H7)	主动端轴孔长度		从动端轴孔长度 J_1、Z_1 型	D	L_0	S	D_0	B	L_1	许用转速 /r·min^{-1}	
	600	750	1000	1500	3000		L_2	L_3	L							铸铁	铸钢
	r·min^{-1}						mm										
AQZ1	—	—	—	0.5	4	19	42	100	30	80	166						
						24	52		38								
						28	62		44								
AQZ2	—	—	—	1	7.5	19	42	110	30	100	176	3~4	160	70	30	3580	4770
						24	52		38								
						28	62		44								
						38	82		60								
AQZ3	—	—	0.87	3	24	24	52	150	38	130	238				47		
						28	62		44								
						38	82		60								
						42	112		84								
						45											
AQZ4	—	—	1.3	4.5	36	28	62	150	44	150			200	85		2060	3020
						38	82		60								
						42			84								
						48	112										
						55											

型号	各种转速下所能传递的功率/kW					轴孔直径 d (H7)	主动端轴孔长度		从动端轴孔长度 J₁、Z₁型	D	L₀	S	D₀	B	L₁	许用转速 /r·min⁻¹	
	600	750	1000	1500	3000		L_2	L_3	L							铸铁	铸钢
	r·min⁻¹						mm										
AQZ5	—	—	3.6	12	96	38	82		60	180						42		
						42												
						48	112		84									
						55												
						60	142		107									
						65												
AQZ6	—	2.53	6	20	162	38	82	150	60	262			250	105		47	2290	3060
						42	112		84									
						48				200								
						55												
						60	142		107									
						65												
						70												
AQZ7	—	6	14.6	49	393	42	112		84			4~5	250	105	57		2290	3060
						48												
						55												
						60		210		220	327							
						65	142		107									
						70												
						75												
AQZ8	—	10	24	80	644	48	112		84				315	135		72	1820	2430
						55												
						60	142		107	250	357							
						65												
						70												
						75												
						80	172	210	132									
						85												
AQZ9	—	21	77	173	1380	60	142		107								1430	1910
						65												
						70												
						75				280	378							
						80												
						85	172		132									
						90												
						95												

第 7 篇

续表

各种转速下所能传递的功率/kW 栏为 r·min⁻¹；主动端轴孔长度为 L_2、L_3；从动端轴孔长度 J₁、Z₁ 型为 L；许用转速/r·min⁻¹ 分铸铁、铸钢；尺寸单位 mm。

型号	600	750	1000	1500	3000	d (H7)	L_2	L_3	L	D	L_0	S	D_0	B	L_1	铸铁	铸钢
AQZ10	—	25	60	200	1600*	60	142		107								
						65											
						70											
						75				300							
						80	172		132								
						85											
						90											
						95		250			423		400	170	97	1430	1910
						100	212		167								
AQZ11	23	46	110	360	—	75	142		107								
						80	172		132	350							
						85											
						90											
						95											
						100	212		167								
						110											
AQZ12	45	95	240	830	—	80	172		132								
						85						5~6					
						90											
						95											
						100	212		167	400			558				
						110											
						120											
						125											
						130	252		202								
AQZ13	58	113	267	902	—	80	172	300	132		508			210	102	1150	1530
						85											
						90											
						95											
						100	212		167	450			500				
						110											
						120											
						125											
						130	252		202								
						140											

型号	各种转速下所能传递的功率/kW					轴孔直径 d (H7)	主动端轴孔长度		从动端轴孔长度 J₁、Z₁型	D	L_0	S	D_0	B	L_1	许用转速 /r·min⁻¹	
	600	750	1000	1500	3000		L_2	L_3	L							铸铁	铸钢
	r·min⁻¹						mm										
AQZ14	126	247	585	1975*	—	90	172	350	132	500	600	6~8	630	265	122	910	1210
						95	172		132								
						100	212		167								
						110	212		167								
						120	212		167								
						125	212		167								
						130	252		202								
						140	252		202								
						150	252		202								
						160	302		242								
						170	302		242								
AQZ15	296	585	1372	4632*	—	110	212	450	167	550	700	6~8	630	265	122	910	1210
						120	212		167								
						125	212		167								
						130	252		202								
						140	252		202								
						150	252		202								
						160	252		202								
						170	302		242								
						180	302		242								
AQZ16	355	694	1645*	5550*	—	125	212	450	167	600	740	6~8	810	340	720	950	1250
						130	252		202								
						140	252		202								
						150	302		242								
						160	302		242								
						170	302		242								
						180	302		242								
						190	352		282								
AQZ17	630	1230*	2916*	—	—	140	252	500	202	650	792	8~10	800	340	180	720	1150
						150	252		202								
						160	302		242								
						170	302		242								
						180	302		242								
						190	352		282								
						200	352		282								
						220	352		282								

注：1. 表中带 * 号的离合器材料为锻钢。

2. 从动端轴孔型式按 GB 3852 的规定。

3. 生产厂家同表 7-3-84 注。

9.3.5 AQD 系列 V 带轮钢球式离心离合器（节能安全联轴器）（摘自 JB/T 5987—1992）

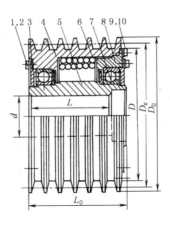

AQD 型 V 带轮钢球式离心离合器

1,9—螺栓；2,10—弹簧垫圈；3—轴承盖；4—带轮式壳体；
5—转子；6—密封盖；7—滚动轴承；8—端盖

表 7-3-89

型　号	各种转速下所能传递的功率 /kW					轴孔直径 d (H7)	轴孔长度 L	D	L_0	D_0	D_e	许用转速 /r·min⁻¹	
	600	750	1000	1500	3000							铸铁	铸钢
	r·min⁻¹							mm				铸铁	铸钢
AQD1	—	—	—	0.5	4	19	42	80	100	125	118	4580	6110
						24	52						
						28	62						
AQD2	—	—	—	1	7.5	19	42	100	110	130	125	4410	5880
						24	52						
						28	62						
						38	82						
AQD3	—	—	0.87	3	24	24	52	130		150	140	3825	5090
						28	62						
						38	82						
						42	112		150				
						45							
AQD4	—	—	1.3	4.5	36	28	62	150		190	180	3020	4020
						38	82						
						42	112						
						48							
						55							

型 号	各种转速下所能传递的功率 /kW					轴孔直径 d (H7)	轴孔长度 L	D	L₀	D₀	Dₑ	许用转速 /r·min⁻¹	
	600	750	1000	1500	3000							铸铁	铸钢
	r·min⁻¹					mm							
AQD5	—	—	3.6	12	96	38	82	180		212	200	2700	3600
						42	112						
						48	112						
						55							
						60	142						
						65							
AQD6	—	2.53	6	20	162	38	82	200	150	248	236	2310	3080
						42	112						
						48							
						55							
						60	142						
						65							
						70							
AQD7	—	6	14.6	49	393	42		220		262	250	2190	2920
						48	112						
						55							
						60							
						65	142						
						70							
						75							
AQD8	—	10	24	80	644	48	112	250	210	292	280	1960	2620
						55							
						60	142						
						65							
						70							
						75							
						80	172						
						85							
AQD9	—	21	51	173	1380	60		280	250	332	315	1730	2300
						65	142						
						75							
						80	172						
						90							

第 7 篇

型号	各种转速下所能传递的功率/kW					轴孔直径 d (H7)	轴孔长度 L	D	L₀	D₀	Dₑ	许用转速/r·min⁻¹	
	600	750	1000	1500	3000								
	r·min⁻¹					mm						铸铁	铸钢
AQD10	—	25	60	200	1600	60	142	300	250	372	355	1540	2050
						65							
						75							
						80	172						
						85							
						90							
						100	212						
AQD11	23	46	110	360	—	75	142	350	250	417	400	1370	1830
						80	172						
						85							
						90							
						100	212						
						110							
						120							
AQD12	45	95	240	830	—	80	172	400	300	467	450	1230	1640
						85							
						90							
						100	212						
						110							
						120							
						125							
						130	252						
						140							
AQD13	58	113	267	902	—	80	172	450	300	520	500	1100	1470
						85							
						90							
						95							
						100	212						
						110							
						120							
						125							
						130	252						
						140							

第 7 篇

型　号	各种转速下所能传递的功率 /kW					轴孔直径 d (H7)	轴孔长度 L	D	L_0	D_0	D_e	许用转速 /r·min⁻¹	
	600	750	1000	1500	3000							铸铁	铸钢
	r·min⁻¹							mm					
AQD14	126	247	585	1975	—	90	172	500	350	580	560	990	1320
						95							
						100	212						
						110							
						120							
						125							
						130	252						
						140							
						150							
						160	302						
						170							
AQD15	296	585	1372	4632	—	110	212	550	450	620	600	920	1230
						120							
						125							
						130	252						
						140							
						150							
						160	302						
						170							
						180							
AQD16	355	694	1645	5550*	—	125	212	600	450	690	670	830	1110
						130	252						
						140							
						150							
						160							
						170	302						
						180							
						190							
AQD17	630	1230*	2910*	—	—	140	252	650	500	730	710	780	1050
						150							
						160	302						
						170							
						180							
						190	352						
						200							
						220							

注：1. 带 * 号的离合器材料为锻钢。

2. 生产厂家同表 7-3-84 注。

第 7 篇

9.3.6 带片弹簧闸块离心离合器

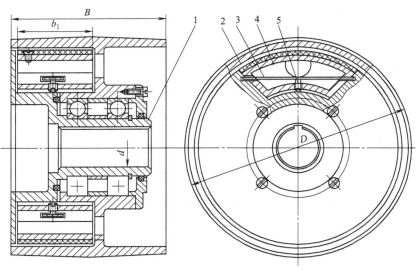

1—主动轮毂 2—从动轮 3—片弹簧 4—闸块 5—调节螺钉

表 7-3-90

可传递功率 P/kW （$n=1500$r/min）	闸块数 z	d	D	B	b_1
		mm			
0.74	4	20	100	75	45
1.8	4	30	125	75	60
5.2	4	40	150	100	65
12.5	4	50	180	125	70
31.0	4	65	230	165	80
77.0	4	80	280	180	90

注：1. 在其他转速 n' 时，离合器可传递的功率：$P=$ 表值 $\times(n'/1000)^3$。

2. 去掉弹簧，离合器可传递的功率约增加 1 倍。

3. 两个闸块时，离合器可传递的功率减小一半。

10　超越离合器

超越离合器是靠主、从动部分的相对速度变化或回转方向变换能自动接合或脱开的离合器。超越离合器有嵌合式与摩擦式之分；摩擦式又分为滚柱式与楔块式。

单向超越离合器只能在一个方向传递转矩，双向超越离合器可双向传递转矩。超越离合器的从动件可以在不受摩擦力矩的影响下超越主动件的速度运行。带拨爪的超越离合器，拨爪为从动件。

10.1　超越离合器的特点、型式及应用

（1）超越离合器的一般特点

① 改变速度：在传动链不脱开的情况下，可以使从动件获得快、慢两种速度；

② 防止逆转：单向超越离合器只在一个方向传递转矩，而在相反方向转矩作用下则空转；

③ 间歇运动：双向超越离合器与单向超越离合器适当组合，可实现从动件做某种规律的间歇运动。

（2）超越离合器的型式、特点及适用范围

表 7-3-91   **超越离合器型式、特点及应用**

型式	棘 轮 式	
	内齿棘轮超越式	外齿棘轮超越式
结构简图	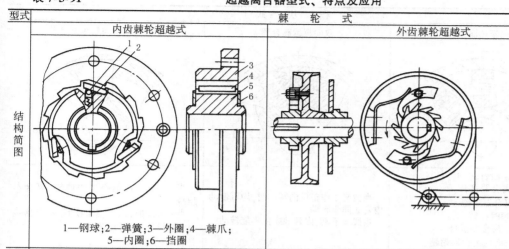 1—钢球；2—弹簧；3—外圈；4—棘爪； 5—内圈；6—挡圈	
特点、应用	当内圈逆时针旋转时，通过棘爪带动外圈输出转矩，同时，外圈可超越内圈的速度转动。内圈顺时针旋转时，棘爪与外圈的内齿呈分离状态，内圈空载旋转 常用于农业机械、自行车传动	棘轮向一个方向(图中为逆时针)转动时，棘轮和棘爪处于分离状态，但棘爪将时刻预防棘轮的逆转 用于绞车提升和下放重物
型式	滚 柱 式	
	单向滚柱超越式	带拨爪单向滚柱式
结构简图	1—外环；2—星轮；3—滚柱；4—弹簧	1—拨爪；2—滚柱

特点、应用	滚柱 3 受弹簧 4 的弹力，始终与外环 1 和星轮 2 接触。滚柱在滚道内自由转动，磨损均匀，磨损后仍能保持圆柱形，短时过载滚柱打滑不会损坏离合器。星轮加工困难，装配精度要求较高。星轮与外环运动关系比较多样化
	外环 1 主动(逆时针转)时：当 $n_1=n_2$，离合器接合
	                 当 $n_1<n_2$，离合器超越
	星轮 2 主动(顺时针转)时：当 $-n_2=-n_1$，离合器接合
	                当 $|-n_2|<|-n_1|$，离合器超越
		外环和星轮不论哪一个做主动，都只能单向传递运动。如果用拨爪 1 拨动滚柱 2，可以使运动中断。拨爪与起操纵作用的另一条运动相连接，在传动链未中断前和离合器一起转动

带 拨 爪 双 向 滚 柱 式	
结构简图及特点	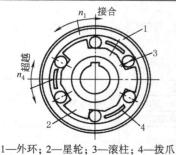 1—外环；2—星轮；3—滚柱；4—拨爪	与单向型滚柱超越离合器相比，工作面和滚柱由单向布置改为相邻对称布置。外环为主动时，能两个方向传递运动和转矩，不论转向如何，只要 $n_4>n_1$，均使离合器脱开，件 4 做超越运动，而且可通过拨爪使运动中断，是一种可逆离合器

型式	楔 块 式		
	单向超越离合器 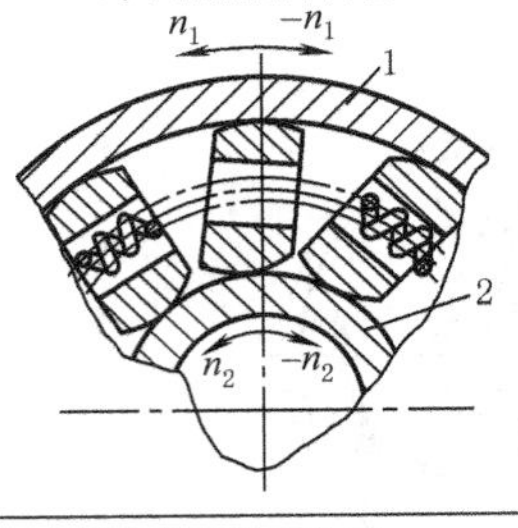	双向超越离合器 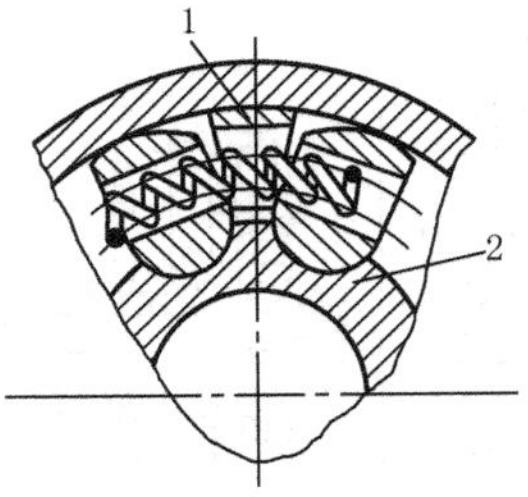	非接触式单向超越离合器 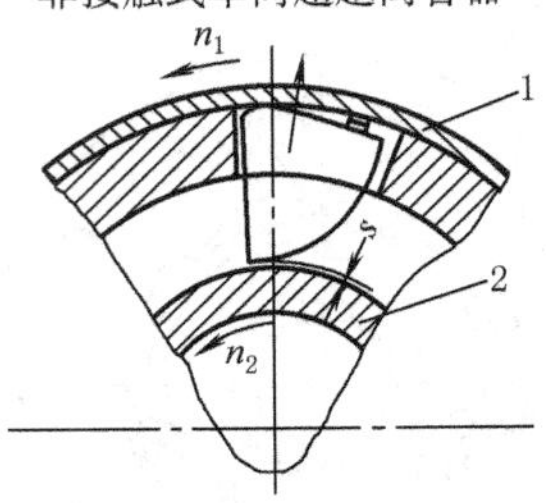
结构简图			
特性	件 1 主动(逆时针转)时: 当 $n_1 = n_2$,离合器接合 当 $n_1 < n_2$,离合器超越 件 2 主动(顺时针转)时: 当 $-n_1 = -n_2$,离合器接合 当 $\|-n_2\| < \|-n_1\|$,离合器超越	当拨叉 1 作正反向转动时,均可带动内套 2 同步转动 当拨叉不动,内套被楔住不能转动	当 $n_1 > n_2$ 时,偏心楔块放松,离合器超越 当 $n_1 < n_2$ 时,偏心楔块楔紧,离合器接合,内外环一起低速转动
应用	接触点曲率半径大,楔块多,承载能力高,结构紧凑,外形尺寸小,自锁可靠,反向脱开容易,制造容易。但接触点固定磨损后,会产生一个小平面,严重时,楔块可能翻转,不能自动恢复工作 常用于止逆机构,将主动轴的动力和运动传给从动轴,而从动轴受外力时不能逆转,仍保持原位		当外圈逆时针转动时,受离心力作用,偏心楔块绕反向转动,与内环表面脱开,保持一定间隙,实现无接触超载,可避免高速超越时,楔块与内环面发生磨损,其缺点是制造精度高,需保持内外环有较高的同心度

表 7-3-92   **楔块、滚柱超越离合器的比较**

项 目	滚柱式离合器	楔块式离合器
承载能力	相同滚道尺寸的情况下,放置的滚柱数目少,接触应力大,承载能力低	放置的楔块数量多,楔块与滚道接触的圆弧面之曲率半径大于滚柱的半径,即楔块与滚道接触面积大,与内滚道接触应力虽然大,但因楔块数量多,总承载能力比滚柱式高(一般为 5~10 倍)
自锁性能	比较可靠	可靠,反向解脱轻便
传动效率	0.95~0.99	0.94~0.98
超载时工作情况	极端超载情况下,滚柱趋于滑动而自锁失效,当转矩减小时,滚柱复位,滚柱可重新楔紧正常运转	极端超载情况下,可能有一个或几个楔块转动超过最大的撑线范围,而使楔块翻转,离合器两个方向都自锁不得转动,当转矩减小后楔块也不能复位
零件磨损情况	滚柱能在滚道内自由转动,磨损后仍能保持圆形,滚柱与内、外圈的接触点在楔紧状态与分离状态时并不相同,磨损较均匀	楔块由于不能自由转动,楔块与内外滚道的接触部位仅局限在一小段工作圆弧上,容易磨损成小平面。但因传递转矩时楔块式比滚柱式离合器直径小,圆周速度低且楔块数量多,因而使楔块磨损减小,使用寿命长
主动元件的选择	通常选择内圈。外圈空转可以避免滚柱因离心力对外圈产生压力	通常选择外圈。内圈空转时工作表面的圆周速度低,减小空转时的磨损
动作准确度	溜滑角不超过 2°,工作灵敏,准确度高	溜滑角一般在 2°~7°,要提高工作灵敏度,需减小溜滑角
制造工艺	星轮加工较复杂,工艺性差,装配时要求高	楔块采用冷拉异型钢。内外圈滚道均为圆柱面,加工容易。因此工艺性好,适于批量生产,容易装配

10.2 超越离合器主要零件的材料和热处理

超越离合器的材料要求具有较高的硬度和耐磨性。对于滚柱,还要求心部具有韧性,能承受冲击载荷而避免碎裂。

表 7-3-93

零 件	材 料	热 处 理	应 用 范 围
外毂星轮	20Cr 或 20MnVB、20Mn2B	渗碳、淬火、回火 58~62HRC	中等载荷、冲击较大的、比较重要的场合
	GCr15 或 GCr6	淬火、回火 58~64HRC	
	40Cr 或 40MnVB、40MnB	高频淬火 48~55HRC	载荷较大、尺寸中等的场合
	45		尺寸较大、载荷不大而重要的场合

零件	材料		热 处 理	应 用 范 围	
滚柱或楔块	GCr15 或 GCr12、GCr6		淬火回火 58~64HRC	载荷与冲击较大的重要场合	
	T8		淬火回火 56~62HRC		
	40Cr		淬火回火 48~52HRC	载荷不大、一般不太重要的场合	
注：渗碳厚度要求	外环内径 $2R$/mm	30~40	50~65	80~125	160~200
	内外环渗碳厚度/mm	0.8~1.0	1.0~1.2	1.2~1.5	1.5~1.8
	星轮渗碳厚度/mm	1.0~1.2	1.2~1.5	1.5~1.8	1.8~2.0

10.3　超越离合器材料的许用接触应力

表 7-3-94

离合器需要的楔合次数	许用接触应力，σ_{Hp}/N·mm^{-2}
10^7	1422~1766
10^6	3041~3237
$(0.5~1)\times10^5$	4120

注：1. 一般可取额定楔合次数为 10^6。

2. 离合器的楔合次数在 10^7 时，通常许用接触应力 $\sigma_{Hp}=(25\sim30)$HRC　N/mm^2。

10.4　超越离合器的计算

滚柱超越离合器　　　　　　　　　　　　　　　　楔块超越离合器

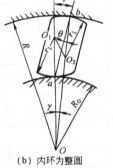

（a）内星轮　　　（b）外星轮　　　　　（a）内环带凹圆槽　　　（b）内环为整圆

表 7-3-95

型式	计算项目	计 算 公 式	说 明
滚柱超越式	楔紧平面至轴心线距离	$C=(R_z\pm r)\cos\alpha\pm r$ 内星轮用"−"，外星轮用"+"	β——工作储备系数 $\beta=1.4\sim5$ T_t——需要传递的转矩，N·mm R_z——滚柱离合器外环内半径，mm，$R_z=(4.5\sim15)r$，一般 $R_z=8r$ b——滚柱长度，mm，$b=(2.5\sim8)r$，一般 $b=(3\sim4)r$ E_v——当量弹性模数　钢对钢 $E_v=2.06\times10^5$ N/mm^2 σ_{Hp}——许用接触应力，N/mm^2，见表 7-3-94 μ——摩擦因数，一般取 $\mu=0.1$ m——滚柱质量，kg n——星轮转速，r/min z——滚柱数目，见表 7-3-96 R_0——内环外半径，mm，$R_0=(4\sim4.5)r_1$ L——楔块长度，mm，内环整圆 $l=(2.6\sim4)r_1$，内环凹槽 $l=(1.6\sim2)r_1$ D——外环内径，mm d——滚柱直径，mm
	计算转矩	$T_c=\beta T_t$	
	正压力	$N=\dfrac{T_c}{(L\pm r)\mu z}$ 内星轮用"+"，外星轮用"−"	
	接触应力	$\sigma_H=0.42\sqrt{\dfrac{NE_v}{b\rho_v}}\leqslant\sigma_{Hp}$	
	当量半径 内星轮 外星轮	$\rho_v=r$ $\rho_v=\dfrac{R_z r}{R_z+r}$	
	弹簧压力	$P_E\geqslant\dfrac{(D-d)\mu mn^2}{18\times10^4}$	

型式	计算项目	计 算 公 式	说 明
内环带凹圆槽楔块超越式	楔块偏心距	$e = O_1 O_2 = R_0 \sin\gamma \approx R_0 \gamma,\ \sin\gamma \approx \dfrac{r_1 + r_0}{R}\sin\varphi$	R——楔块离合器外环内半径,mm,内环整圆时 $R = (1.2 \sim 1.44) R_0$,内环凹槽时 $R = (3.2 \sim 3.5) r_1$ α——楔角,(°),α 小,楔合容易,脱开力大;α 大,不易楔合或易打滑。为保证滚柱不打滑,应使压力角 $\alpha/2$ 小于滚柱对星轮或内外环接触面的最小摩擦角 $\rho_{\min}$,即 $\alpha/2 < \rho_{\min}$。当星轮工作面为平面时,取 $\alpha = 6° \sim 8°$;当工作面为对数螺旋面或偏心圆弧面时,取 $\alpha = 8° \sim 10°$;最大极限值 $\alpha_{\max} = 14° \sim 17°$ $\varphi(\theta)$——内环(外环)压力角,(°),内环为整圆时 $$\varphi \approx \arccos\frac{R^2 - R_0^2 - \overline{ab}^2}{2R_0\,\overline{ab}}$$ 为了保证工作时不打滑,压力角 φ 不得超过与内外环之间的最小摩擦角,一般取 $\varphi = 2°15' \sim 4°30'$,$\varphi$ 一般均取 $3°$, $$\theta = \arcsin\left(\frac{R_0}{R}\sin\varphi\right)$$ r——滚柱半径,mm r_1——楔块工作曲面半径,mm
	外环处压力角	$\theta = \arcsin\dfrac{(R_0 - r_0)\sin\varphi}{R}$	
	中心角	$\gamma = \varphi - \theta$	
	计算转矩	$T_c = \beta T_1$	
	b 点正压力	$N_b = \dfrac{T_c}{RZ\tan\theta}$	
	b 点接触应力	$\sigma_{bH} = 0.42\sqrt{\dfrac{N_b E_v}{l\rho_v}} \leqslant \sigma_{Hp}$	
	当量曲率半径	$\rho_v = \dfrac{Rr_1}{R - r_1}$	
内环为整圆楔块超越式	楔块偏心距	$e = O_1 O_2 \approx \sqrt{(R - r_1)^2 + (R_0 + r_1)^2 - 2(R - r_1)(R_0 + r_1)\cos\gamma}$ (一般 $\gamma < 1°30'$,$\cos\gamma \approx 1$,$e \approx R_0 + 2r_1 - R$)	
	外环处楔角	$\theta = \arcsin\left(\dfrac{R_0}{R}\sin\varphi\right)$ $\theta = \angle abO_2$	
	中心角	$\gamma = \varphi - \theta,\ \sin\gamma \approx \dfrac{R - R_0}{R}\sin\varphi$	
	计算转矩	$T_c = \beta T_1$	
	a 点正压力	$N_a = \dfrac{T_c}{R_0 Z\tan\varphi}$	
	a 点接触应力	$\sigma_{aH} = 0.42\sqrt{\dfrac{N_a E_v}{l\rho_v}} \leqslant \sigma_{Hp}$	
	当量曲率半径	$\rho_v = \dfrac{R_0 r_1}{R_0 + r_1}$	

表 7-3-96   **滚柱数及尺寸参数参考值**

使用离合器的设备	滚柱数目 z	$\dfrac{D}{d}\left(\dfrac{R_z}{r}\right)$	b/d
起升机构	4	8	1.25~1.50
汽车传动系	8~20	9~15	1.5~3.0
汽车启动器	4~5	4.5~6.0	1.25~1.50
自行车	5	4.5~6.0	2

注:D—外毂内表面直径;d—滚柱直径;b—滚柱长度。

10.5 超越离合器的结构尺寸和性能参数

不带拨爪的单向超越离合器的结构尺寸

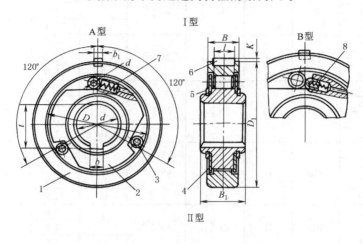

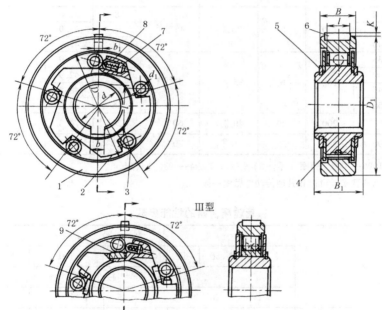

1—外环；2—星轮；3—滚柱；4—盖板；5—挡圈；6—平键；7—弹簧；8—顶销；9—镶块

表 7-3-97   mm

型式		D (H7)	d (H7)	D_1 (k6)	d_1 (h7)	B	B_1	b (H9)	t (H11)	b_1 (h9)	l (d10)	K
I 型	A 型	32	10	45	4	$12_{-0.12}^{0}$	$18_{0}^{+0.24}$	3	11.1	3	8	1.2
			12						13.6			
			14					4	15.6			
		40	16	55	5	$15_{-0.12}^{0}$	$22_{0}^{+0.28}$	5	17.9	4	10	1.8
			18						19.9			

型式		D (H7)	d (H7)	D_1 (k6)	d_1 (h7)	B	B_1	b (H9)	t (H11)	b_1 (h9)	l (d10)	K
I 型	A 型	50	16	70	6	$18_{-0.15}^{0}$	$25_{0}^{+0.28}$	5	17.9	5	12	2.3
			18						19.9			
			20					6	22.3			
		65	16	85	8	$20_{-0.15}^{0}$	$28_{0}^{+0.28}$	5	17.9		14	
			20					6	22.3			
			25					8	27.6			
	B 型	80	20	105	10	$25_{-0.15}^{0}$	$35_{0}^{+0.34}$	6	22.3	6	18	2.6
			25					8	27.6			
			30						32.6			
			35					10	37.9			
		100	25	130	13	$30_{-0.2}^{0}$	$45_{0}^{+0.34}$	8	27.6	8	24	3.2
			30						32.6			
			35					10	37.9			
			40					12	42.9			
II 型		80	25	105	10	$25_{-0.15}^{0}$	$35_{0}^{+0.34}$	8	27.6	6	18	2.6
			30						32.6			
			35					10	37.9			
		100	30	130	13	$30_{-0.2}^{0}$	$45_{0}^{+0.34}$	8	32.6	8	24	3.2
			35					10	37.9			
			40					12	42.9			
		125	35	160	16	$35_{-0.25}^{0}$	$55_{0}^{+0.4}$	10	37.9		28	
			40					12	42.9			
			45					14	48.3			
			50					16	53.6			
III 型		160	70	200	20	$40_{-0.25}^{0}$	$60_{0}^{+0.4}$	20	74.3	12	32	3.8
		200	90	250	25	$50_{-0.3}^{0}$	$70_{0}^{+0.4}$	24	95.2		40	

注: 1. 键按 GB/T 1096—2003, 挡圈 (零件 5) 按 GB/T 894—1986 之规定。

2. 外毂和星轮根据结构要求, 可以和其他传动件做成一体。

表 7-3-98   超越离合器的性能参数

技 术 特 性	直 径 D/mm									
	32	40	50	65	80		100	125	160	200
	滚 柱 数 z									
	3					5	3	5		
传递的许用转矩 T_p/N·cm	250	450	850	1650	3300	5500	7000	12000	21000	39000	77000
允许的载荷循环次数 (结合次数)	5×10^6									
推荐的载荷循环次数极限/r·min⁻¹	250	200	160	125	100		80	65	50	40
超越时, 推荐的转速极限/r·min⁻¹	3000	2500	2000	1500	1250		1000	800	630	500
超越时, 允许的最大摩擦转矩/N·cm	12	22	42	50	100	170	210	240	420	780	1600
结合时, 离合器的最大空转角度	3°	2°30′	2°	1°30′		1°		45′		30′

注: 1. 表中所列许用转矩 T_p 为载荷循环次数极限和转数极限情况下的数值, 当载荷循环次数和转速低于此极限时, 许用转矩可以提高 20%。

2. 当主动件带动从动件一起转动时, 称为结合状态。当外套与星轮脱开、主动件和从动件以各自速度回转时, 称为超越状态。

10.6 超越离合器产品

（1）GC-A 型滚柱式单向离合器（无轴承支承）

内、外环与机件用键连接。安装时应将离合器排放在轴承旁，见示例。

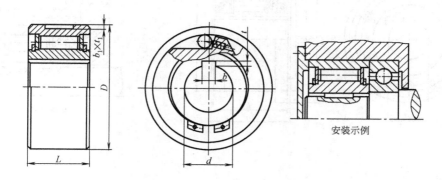

安装示例

表 7-3-99

型 号	额定扭矩 /N·m	超运转速度/r·min⁻¹		外形尺寸/mm					质量 /kg
		内环	外环	D(h7)	L	$b×t$	d(H7)	$b_1×t_1$	
GC-A1237	13	1500	3100	37	20	4×2.5	12	4×1.8	0.11
GC-A1547	44	1100	2800	47	30	4×2.5	15	4×1.8	0.30
GC-A2062	117	1000	2400	62	34	5×3.0	20	5×2.3	0.55
GC-A2580	228	850	2000	80	37	5×3.0	25	5×2.3	0.98
GC-A3090	400	750	1700	90	44	6×3.5	30	6×2.8	1.50
GC-A35100	570	650	1400	100	48	6×3.5	35	6×2.8	2.00
GC-A40110	820	600	1200	110	56	8×4.0	40	8×3.3	2.80
GC-A45120	900	500	1000	120	56	10×5.0	45	10×3.3	3.30
GC-A50130	1700	450	850	130	63	10×5.0	50	10×3.3	4.20
GC-A55140	2100	420	700	140	67	12×5.0	55	12×3.3	5.20
GC-A60150	2800	400	580	150	78	12×5.0	60	12×3.3	6.80
GC-A70170	4850	300	450	170	95	14×5.5	70	14×3.8	10.5

注：1. 生产厂家为咸阳超越离合器有限公司。

2. 该厂还生产 GC-B 型（d=8~150mm），外环采用端面键连接，GC-C 型（d=10~80mm）外环采用 H7/n6 过盈配合，均为无轴承支承的产品。

（2）GCZ-A 型滚柱式单向离合器（有轴承支承）

内含轴承及油封，使用 2 只 160 系列滚珠轴承支承，见示例。主要用于超运转速度送料及定位离合器。

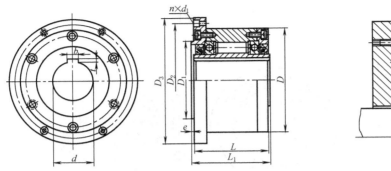
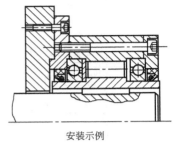

安装示例

表 7-3-100

| 型　号 | 额定扭矩 /N·m | 超运转速度 /r·min⁻¹ | | 外形尺寸 /mm | | | | | | | | | | 质量 /kg |
		内环	外环	d(H7)	D(h7)	D_1	D_2	D_3	L_1	L	e	b×t	n×d_1	
GCZ-A1262	44	2000	2800	12	62	42	72	85	44	42	3	4×1.8	3×5.5	0.90
GCZ-A1568	100	1800	2600	15	68	47	78	92	54	52	3	5×2.3	3×5.5	1.30
GCZ-A2075	145	1350	2300	20	75	55	85	98	59	57	3	6×3.8	4×5.5	1.70
GCZ-A2590	230	1050	1800	25	90	68	104	118	62	60	3	8×3.3	4×5.5	2.60
GCZ-A30100	400	850	1600	30	100	75	114	128	70	68	3	8×4.1	6×6.6	3.50
GCZ-A35110	580	775	1500	35	110	80	124	140	76	74	3.5	10×3.3	6×6.6	4.50
GCZ-A40125	820	575	1300	40	125	90	142	160	88	86	3.5	12×3.3	6×9.0	6.90
GCZ-A45130	900	500	1200	45	130	95	146	165	88	86	3.5	14×3.3	8×9.0	9.10
GCZ-A50150	1700	400	1075	50	150	110	165	185	96	94	4	14×3.8	8×9.0	10.1
GCZ-A55160	2100	375	1000	55	160	115	182	204	106	104	4	16×4.3	8×11	13.1
GCZ-A60170	2800	325	950	60	170	125	192	214	116	114	4	18×4.4	10×11	15.6
GCZ-A70190	4600	275	875	70	190	140	212	234	136	134	4	20×4.9	10×11	20.4
GCZ-A80210	6800	250	800	80	210	160	232	254	146	144	4	22×5.4	10×11	16.7
GCZ-A90230	11600	225	725	90	230	180	254	278	160	158	4.5	25×5.4	10×14	39.0
GCZ-A100270	18000	175	625	100	270	210	305	335	184	182	5	28×6.4	10×18	66.0
GCZ-A20310	25000	125	500	130	310	240	345	380	214	213	5	32×7.4	12×18	91.0

注：1. 生产厂家同表 7-3-99 注 1。

2. 该厂还生产 GCZ-B、GCZ-C 型（d=12~130mm），有轴承的产品。

（3）CKA 型（基本型）单向楔块超越离合器（摘自 JB/T 9130—2002）

使用时可根据需要安装轴承以承受轴向与径向载荷。常用于各种轻工机械提升机、运输机、机床和减速器等机械传动。

安装使用要求：

1）离合器安装方向应与主机旋转方向一致。

2）离合器的内外环分别与轴、机壳的配合为动配合，采用键连接。

3）装组离合器时，应保证楔块的正确方向并注入适量润滑油。

4）离合器长期在高速下运行时，应有冷却措施。

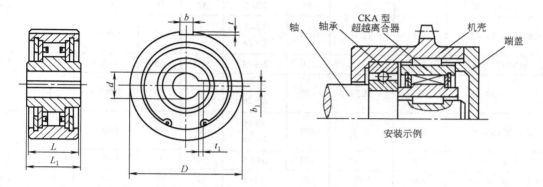

安装示例

表 7-3-101

mm

型　　号	公称转矩 T_n/N·m	超越时的极限转速 n/r·min^{-1}	外　环			内　环			质量 m /kg
			D (h7)	键槽 ($b \times t$)	L	d (H7)	键槽 ($b_1 \times t_1$)	L_1	
CKA50×24-10	31.5	2500	50	3×1.8	22	10	3×1.4	24	0.24
CKA50×24-12	31.5	2500	50	3×1.8	22	12	3×1.4	24	0.24
CKA52×24-16	31.5	2250	52	5×1.9	22	16	5×1.9	24	0.27
CKA55×24-18	50	2250	55	4×2.5	22	18	4×1.8	24	0.28
CKA60×22-19	63	2000	60	6×3.5	22	19	6×2.8	22	0.30
CKA60×24-20	63	2000	60	6×3.5	22	20	6×2.8	24	0.33
CKA63×26-24	100	1800	63	6×3.5	24	24	6×2.8	26	0.37
CKA63×26-25	100	1800	63	6×3.5	24	25	6×2.8	26	0.37
CKA63×32-25	140	1800	63	6×3.5	30	25	6×2.8	32	0.48
CKA65×26-24	100	1800	65	6×3.5	24	24	6×2.8	26	0.38
CKA70×32-12	150	1500	70	8×4.0	30	12	3×1.4	32	0.67
CKA70×24-20	150	1500	70	6×3.5	22	20	6×2.8	24	0.62
CKA70×32-25	150	1500	70	8×4.0	30	25	8×3.3	32	0.63
CKA70×32-28	180	1500	70	8×4.0	30	28	8×3.3	32	0.60
CKA72×27-25	180	1500	72	6×3.5 $L=14$	20	25	8×3.3	27	0.54
CKA75×40-25	180	1500	75	8×4.0	30	25	8×3.3	40	0.79
CKA80×32-22	200	1500	80	8×4.0	30	22	6×2.8	32	1.29
CKA80×32-25	200	1500	80	8×4.0	32	25	8×3.3	32	0.90
CKA80×26-30	200	1500	80	8×4.0	26	30	8×3.3	26	0.73
CKA80×32-30	200	1500	80	8×4.0	30	30	8×3.3	32	0.87
CKA85×28-30	200	1500	85	5×3.0 $L=14$	20	30	8×3.3	28	0.83

第 **7** 篇

型 号	公称转矩 T_n/N·m	超越时的极限转速 n/r·min⁻¹	外 环			内 环			质量 m /kg
			D (h7)	键槽 ($b \times t$)	L	d (H7)	键槽 ($b_1 \times t_1$)	L_1	
CKA90×37-25	200	1500	90	8×4.0	37	25	8×3.3	37	1.00
CKA100×34-28	315	1250	100	10×5	32	28	8×4.3	34	1.15
CKA100×34-35	315	1250	100	10×5	32	35	10×3.3	34	1.34
CKA100×34-38	315	1250	100	10×5	32	38	10×3.3	34	1.28
CKA100×34-40	315	1250	100	10×5 $L=28$	32	40	10×3.3	34	1.20
CKA100×31.5-45	315	1250	100	2-8×4	31.5	45	8×3.3	31.5	1.54
CKA105×34-35	315	1250	105	100×5 $L=26$	32	35	10×3.3	34	1.55
CKA105×35-30	315	1250	105	10×5 $L=16$	20	30	8×3.3	35	1.55
CKA105×35-35	315	1250	105	6×3.5	25	35	8×3.3	35	1.56
CKA110×34-30	400	1000	110	10×5	32	30	8×3.3	34	1.82
CKA110×34-35	400	1000	110	10×5	32	35	10×3.3	34	1.82
CKA110×34-38	400	1000	110	10×5	32	38	10×3.3	34	1.67
CKA125×38-50	500	800	125	14×5.5	36	50	14×3.8	38	2.21
CKA130×55-40	500	800	130	8×4.0	35	40	12×3.3	55	2.62
CKA130×38-45	500	800	130	14×5.5	36	45	14×3.8	38	4.31
CKA130×38-50	500	800	130	14×5.5	36	50	14×3.8	38	3.02
CKA135×38-60	600	800	135	14×5.5	36	60	18×4.4	38	2.65
CKA136×52-35	800	800	136	8-ϕ9	50	35	10×3.3	52	4.50
CKA136×52-45	800	800	136	6-M8	52	45	14×3.8	52	4.32
CKA140×55-50	1250	800	140	16×6.0	53	50	16×4.3	55	5.10
CKA140×38-60	1000	800	140	14×5.5	36	60	14×3.0	38	2.74
CKA145×34-45	1000	800	145	6-M10	34	45	12×3.8	34	3.35
CKA160×75-50	1500	800	160	6-M8	72	50	14×3.8	75	7.08
CKA160×55-55	2000	800	160	18×7.0	53	55	16×4.3	55	6.96
CKA160×35-70	1500	800	160	10×5.0	35	70	8×3.3	35	3.46
CKA170×55-60	2240	800	170	18×7.0	52	60	18×4.4	55	7.80
CKA170×55-65	2240	800	170	18×7.0	52	65	18×4.4	55	7.61
CKA180×52-65	2000	800	180	6-M8	52	65	18×4.4	52	7.35
CKA180×55-65	2500	800	180	18×7.0	52	65	18×4.4	55	8.69
CKA190×38-85	2500	800	190	14×5.0	36	85	14×3.8	38	5.50
CKA200×55-65	2800	800	200	20×7.5	53	65	20×3.9	55	11.02
CKA210×88-50	4000	800	210	6-M10	85	50	14×3.8	88	18.52
CKA210×85-75	4000	800	210	6-Φ13	70	75	20×4.9	70	14.25
CKA215×70-75	4500	600	215	6-M12	70	75	20×4.4	70	15.00

注：生产厂家为北京新兴超越离合器有限公司、北京古德高机电技术有限公司。

（4）CKB 型无内环型单向楔块超越离合器（摘自 JB/T 9130—2002）

CKB 型为无内环无轴承支承的楔块式超越离合器。使用时，将轴直接安装在离合器内，用于离合器的轴在磨削后需要热处理，硬度达到 58~62HRC，轴的锥度每 50mm 不应超过 0.01mm。为保证轴和离合器外环的同轴度，承受外环和轴的径向或轴向载荷，要在离合器的两端或一端装上轴承。常用于轻工机械、减速器、提升机、电动滚筒等机械传动。安装使用要求见 CKA 型的说明。

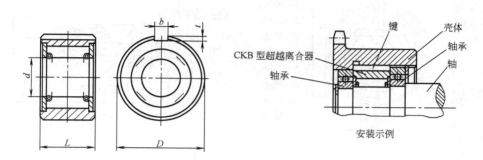

安装示例

表 7-3-102

代号	型号	公称转矩 T_n /N·m	空转转矩 /N·m	最高超越转速 n /r·min		最高频率 /(次/min)	宽度 $L_{-0.06}^{0}$	外环直径 $D(h)$	轴径 $d_{-0.0025}^{0}$	外环键槽宽×深 ($b×t$)	质量 m /kg
				内环	外环		/mm				
B203	CKB40×25-16.51	60	0.1	2400	500	150	25.0	40	16.510	4×2.5	0.23
B204	CKB47×25-18.796	100	0.1	2400	500	150	25.0	47	18.796	5×3	0.34
B205	CKB52×25-23.622	150	0.2	1800	400	150	25.0	52	23.622	5×3	0.45
	CKB52×25-24	150	0.2	1800	400	150	25.0	52	24.0	5×3	0.33
	CKB62×28-30	200	0.2	1800	350	150	28.0	62	30.0	7×4	0.51
B206	CKB62×28-32.766	300	0.2	1800	350	150	28.0	62	32.766	7×4	0.68
	CKB62×28-35	200	0.2	1800	350	150	28.0	62	35	6×3.5	0.45
	CKB72×28-40	315	0.2	1800	300	150	28.0	72	40	7×4	0.61
B207	CKB72×28-42.088	450	0.2	1800	300	150	28.0	72	42.088	7×4	0.80
	CKB72×28-42	315	0.2	1800	300	150	28.0	72	42	7×4	0.59
	CKB80×32-45	500	0.2	1600	300	150	32.0	80	45	10×4.5	0.75
B208	CKB80×32-46.761	480	0.2	1800	200	150	32.0	80	46.761	10×4.5	0.91
	CKB80×32-48	500	0.2	1600	200	150	32.0	80	48	8×4.0	0.80
B209	CKB85×32-46.761	500	0.2	1800	200	150	32.0	85	46.761	10×4.5	0.95
	CKB85×32-50	500	0.2	1600	200	150	32.0	85	50	8×4.0	0.94
	CKB90×32-55	560	0.2	1200	200	150	32.0	90	55	10×5.0	1.00
B210	CKB90×32-56.109	550	0.3	1200	200	150	32.0	90	56.109	10×4.5	1.00
B211	CKB100×42-56.109	784	0.3	1200	200	150	42.0	100	56.109	10×4.5	1.40
	CKB100×42-60	710	0.3	1200	200	150	42.0	100	60	10×5.0	1.26
	CKB110×42-65	1000	0.3	1200	200	150	42.0	110	65	10×5.0	2.04
B212	CKB110×42-70.029	1230	0.3	1200	180	150	42.0	110	70.029	10×4.5	1.80
B213	CKB120×42-70.029	1230	0.3	1200	180	150	42.0	120	70.029	10×4.5	2.30
	CKB120×42-70	1230	0.3	1200	180	150	42.0	120	70	10×4.5	2.46
B214	CKB125×42-79.356	1390	0.4	1000	180	150	42.0	125	79.356	12×4.5	2.40
	CKB125×42-80	1250	0.4	1000	180	150	42.0	125	80	12×5.0	2.40

注：生产厂家同表 7-3-101 注。

第 7 篇

（5）CKZ 型（带轴承型）单向楔块超越离合器（摘自 JB/T 9130—2002）

CKZ 型为有轴承支承的楔块式超越离合器。常用于包装机、起重运输机械、冶金机械、矿山机械、石油机械、化工机械、水泥机械、电站等，亦称逆止器。此型号主要用于防止逆转及双动力源的慢速启动装置。安装使用要求同 CKA 型。

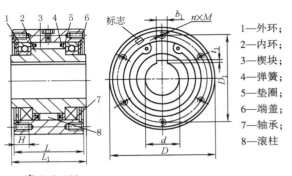

1—外环；
2—内环；
3—楔块；
4—弹簧；
5—垫圈；
6—端盖；
7—轴承；
8—滚柱

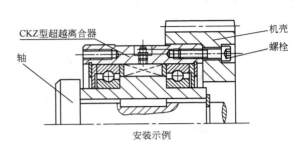

安装示例

表 7-3-103

型　号	公称转矩 T_n /N·m	内环超越极限转速 n /r·min^{-1}	外环/mm				内环/mm			质量 m /kg
			D (h7)	L	两端各螺纹孔数 $n×M×H$	螺纹孔中心圆直径 D_1	d (H7)	L_1	键槽 $b_1×t_1$	
CKZ75×47-14	180	1500	75	47	4×M6×12	61	14	47	5×2.3	1.35
CKZ77×63-19	180	1500	77	60	4×M6×12	66	19	63	5×2.0	1.5
CKZ80×64-20	200	1500	80	62	4×M6×12	68	20	64	5×2.4	1.95
CKZ80×62-30	200	1500	80	62	键槽 8×4.0	—	30	62	8×3.3	1.6
CKZ89×70-18	200	1300	89	68	6×M8×12	73	18	70	6×2.8	2
CKZ100×64-20	260	1200	100	64	6×M8×12	88	20	64	8×3.3	2.5
CKZ100×70-25	260	1200	100	68	6×M8×12	88	25	70	7×2.7	3
CKZ100×64-30	315	1200	100	64	6×M8×12	88	30	64	8×3.3	2.85
CKZ100×70-30	315	1200	100	26	6×M8×12	88	25	34	8×3.3	3.04
CKZ100×82-30	315	1200	100	80	6×M8×15	88	30	82	10×3.3	3.3
CKZ105×51-28	315	1200	105	51	6×M8×15	88	28	51	8×3.3	2.8
CKZ108×89-31.5	500	1200	108	86	4×M8×15	92	31.5	89	10×3.3	4.97
CKZ110×78-35	500	1200	110	76	6×M8×16	95	35	78	10×3.3	5.23
CKZ120×92-38	630	1200	120	90	8×M8×20	105	38	92	10×3.3	7.35
CKZ120×92-40	630	1200	120	90	8×M8×20	105	40	92	10×3.3	5.55
CKZ120×92-42	630	1200	120	90	8×M8×20	105	42	92	12×3.3	5.96
CKZ125×80-30	630	1200	125	90	6×M8×18	110	45	92	10×3.3	5.1
CKZ125×80-40	1000	1200	125	78	6×M8×18	110	40	80	12×3.7	6.38
CKZ125×92-42	1000	1100	125	90	8×M8×20	110	42	92	12×3.3	6.38
CKZ125×92-45	1000	1100	125	90	8×M8×20	110	45	92	14×3.8	6.13
CKZ130×92-38	1000	1100	130	90	4×φ11 通孔	110	38	92	10×3.3	8.77
CKZ130×92-45	1200	1100	130	90	8×M8×20	115	45	92	14×3.8	6.7
CKZ130×92-48	1200	1100	130	63	6×M6×20	115	48	63	14×3.8	6.55
CKZ130×68-52	1200	1100	130	68	键槽 10×3.3		52	68	14×3.8	5.95
CKZ136×95-35	1800	1100	136	92	6×M8×20	120	35	95	10×3.3	8.42
CKZ136×95-38	1800	1100	136	92	6×M8×20	120	38	95	10×3.3	8.38
CKZ136×95-45	1800	1000	136	92	6×M8×20	120	45	95	12×3.3	8.09

第 7 篇

续表

型　号	公称转矩 T_n /N·m	内环超越极限转速 n /r·min^{-1}	外环/mm				内环/mm			质量 m /kg
			D (h7)	L	两端各螺纹孔数 $n×M×H$	螺纹孔中心圆直径 D_1	d (H7)	L_1	键槽 $b_1×t_1$	
CKZ136×95-50	1800	1000	136	92	6×M8×20	120	50	95	14×3.8	7.75
CKZ136.5×95-45	1800	1000	136.5	92	6×M8×20	121	45	95	14×3.8	8.15
CKZ136.5×95.5-50.8	1800	1000	136.5	92.8	6×M8×20	120.6	50.8	95.5	12.6×4.5	9.45
CKZ150×102-50	2000	1000	150	100	8×M8×20	130	50	102	14×3.8	12.57
CKZ150×102-55	2000	1000	150	100	8×M8×20	130	55	102	16×4.3	12.25
CKZ150×102-60	2000	1000	150	100	8×M8×20	130	60	102	18×4.4	11.88
CKZ155×102-55	2100	1000	155	100	8×M8×20	140	55	102	16×4.3	10.06
CKZ155×102-60	2100	1000	155	100	8×M8×20	140	60	102	18×4.4	10.02
CKZ160×112-60	2600	1000	160	110	8×M8×20	145	60	112	18×4.4	13.07
CKZ160×112-65	2600	1000	160	110	8×M8×20	145	65	112	18×4.4	12.65
CKZ170×112-65	2700	1000	170	110	6×M10×20	150	65	112	18×4.4	14.88
CKZ170×92-70	2200	1000	170	90	6×M10×20	150	70	92	18×4.4	13.61
CKZ180×95-50	2500	1000	180	95	6×M10×20	158	50	95	14×3.8	17.51
CKZ180×128-55	2500	900	180	124	6×M10×20	158	55	128	16×4.3	18.85
CKZ180×128-60	2800	900	180	124	6×M10×20	160	60	128	18×4.4	18.46
CKZ180×124-65	2800	900	180	124	8×φ11 通孔	158	65	124	18×4.4	22.23
CKZ180×128-70	2800	900	180	124	6×M10×20	158	70	128	20×4.9	18.15
CKZ181×127-74.6	2500	900	181	124	6×M10×25	158.8	74.6	127	15.9×3.2	21.3
CKZ190×124-60	2550	900	190	124	6×M10×25	170	60	124	20×4.9	24.5
CKZ190×124-65	2550	900	190	124	6×M10×30	170	65	124	18×4.4	24.37
CKZ190×128-65	2550	800	190	124	6×M10×20	170	65	128	18×4.4	21.85
CKZ190×128-70	2850	800	190	124	6×M10×20	170	70	128	20×4.9	20.01
CKZ200×128-70	2900	800	200	124	6×φ11 通孔	175	70	128	20×4.9	22.93
CKZ200×135-65	2900	800	200	135	6×M10×25	175	65	135	18×4.4	29
CKZ210×115-70	2900	800	210	115	6×M12×25	185	70	110	18×6	26
CKZ210×132-70	3000	800	210	128	6×M12×25	185	70	132	20×4.9	25.14
CKZ220×120-85	3000	800	220	115	12×M10×20	195	85	120	20×4.9	25.1
CKZ230×120-60	3150	800	230	120	8×M12×25	205	60	120	18×4.4	31.5
CKZ230×120-70	3150	800	230	120	8×M12×25	205	70	120	20×4.9	35.51
CKZ230×120-75	3150	800	230	120	8×M12×25	205	75	120	20×4.9	29.7
CKZ230×132-70	3150	800	230	128	8×M12×25	205	70	132	20×4.9	30.78
CKZ230×120-80	3150	800	230	120	8×M12×25	205	80	120	22×5.4	29.25
CKZ230×132-80	3150	800	230	128	8×M12×25	205	80	132	22×5.4	29.82
CKZ230×120-85	3150	800	230	120	8×M12×25	205	85	120	24×5.4	33.79
CKZ230×120-90	3150	800	230	120	8×M12×25	205	90	120	25×5.4	33.15
CKZ245×120-100	4000	800	245	120	8×M12×25	218	100	120	28×6.4	36
CKZ248×140-80	4000	800	248	138	6×φ17.5 通孔	210	80	140	22×5.4	40.1
CKZ250×140-90	5600	700	250	136	12×M12×20	225	90	140	22×5.4	38.91
CKZ270×115-80	7000	700	270	115	12×M16×35	230	80	110	22×5.4	39.2
CKZ270×115-90	7000	700	270	115	12×M16×35	236	90	110	25×5.4	38
CKZ300×160-100	8000	600	300	156	12×M16×40	260	100	160	28×6.4	67.08
CKZ300×160-110	8000	600	300	156	12×M16×40	260	110	160	28×6.4	65.32

第 7 篇

（6）CKF 型（非接触式）单向楔块超越离合器（摘自 JB/T 9130—2002）

CKF 型为带轴承非接触式单向楔块超越离合器。它是利用楔块的离心力及其与外环之间的特殊几何关系以实现"超越"传动。当内环转速达到最小非接触转速时，楔块在离心力作用下偏转一角度，自动与内、外环滚道非接触，无磨损运转，反向逆止可靠。常与减速器配套用于运输机械、提升机、冶金机械、矿山机械、水泥机械、高温风机、电站设备等，一般用于中、高速传动。安装与使用要求同 CKA 型。

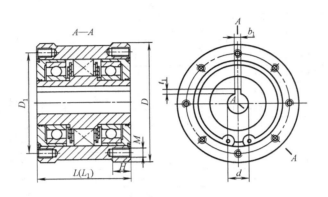

表 7-3-104 　　CKF 型（非接触式）单向楔块超越离合器基本参数和主要尺寸　　　　mm

型　号	公称转矩 T_n /N·m	螺钉拧紧力矩 /N·m	最小非接触转速 n /r·min^{-1}	最高转速 n_{max} /r·min^{-1}	外　环				内　环			质量 m/kg
					D (h8)	两端各螺纹孔数×直径×深 ($n×M×H$)	螺栓分布直径 D_1	宽 L (js9)	内径 d (H7)	键槽 $b_1×t_1$	宽 L_1 (js9)	
CKF185×130-35	800	18	430	1500	185	8×M10×25	162	130	35	10×3.3	130	26.46
CKF185×130-40	800	18	430	1500	185	8×M10×25	162	130	40	12×3.3	130	24.16
CKF190×135-32	1000	22	420	1500	190	8×M10×25	168	135	32	10×3.3	135	28.13
CKF190×135-38	1000	22	420	1500	190	8×M10×25	168	135	38	10×3.3	135	27.79
CKF190×135-40	1000	22	420	1500	190	8×M10×25	168	135	40	12×3.3	135	27.67
CKF190×135-42	1000	22	420	1500	190	8×M10×25	168	135	42	12×3.3	135	27.54
CKF190×135-45	1000	22	420	1500	190	8×M10×25	168	135	45	14×3.8	135	27.33
CKF190×135-50	1000	22	420	1500	190	8×M10×25	168	135	50	14×3.8	135	26.95
CKF208×150-45	1600	27	400	1500	208	10×M10×25	185	150	45	14×3.8	150	38.16
CKF208×150-48	1600	27	400	1500	208	10×M10×25	185	150	48	14×3.8	150	37.9
CKF208×150-50	1600	27	400	1500	208	10×M10×25	185	150	50	14×3.8	150	37.72
CKF208×150-55	1600	27	400	1500	208	10×M10×25	185	150	55	16×4.3	150	37.24
CKF208×150-60	1600	27	400	1500	208	10×M10×25	185	150	60	18×4.4	150	36.71
CKF220×150-50	2000	30	400	1500	220	10×M10×25	195	150	50	14×3.8	150	42.48
CKF220×150-55	2000	30	400	1500	220	10×M10×25	195	150	55	16×4.3	150	41.99
CKF220×150-60	2000	30	400	1500	220	10×M10×25	195	150	60	18×4.4	150	41.46
CKF220×150-65	2000	30	400	1500	220	10×M10×25	195	150	65	18×4.4	150	40.88
CKF230×150-50	2500	32	390	1500	230	12×M10×25	205	150	50	14×3.8	150	46.65
CKF230×150-55	2500	32	390	1500	230	12×M10×25	205	150	55	16×4.3	150	46.16
CKF230×150-60	2500	32	390	1500	230	12×M10×25	205	150	60	18×4.4	150	45.63
CKF230×150-65	2500	32	390	1500	230	12×M10×25	205	150	65	18×4.4	150	45.05
CKF230×150-70	2500	32	390	1500	230	12×M10×25	205	150	70	20×4.9	150	44.42

型　号	公称转矩 T_n /N·m	螺钉拧紧力矩 /N·m	最小非接触转速 n /r·min⁻¹	最高转速 n_{max} /r·min⁻¹	外　环				内　环				质量 m/kg
					D (h8)	两端各螺纹孔数×直径×深 ($n \times M \times H$)	螺栓分布直径 D_1	宽 L (js9)	内径 d (H7)	键槽 $b_1 \times t_1$	宽 L_1 (js9)	
CKF245×160-60	4000	52	380	1500	245	12×M12×25	218	160	60	18×4.4	160	55.7
CKF245×160-65	4000	52	380	1500	245	12×M12×25	218	160	65	18×4.4	160	55.09
CKF245×160-70	4000	52	380	1500	245	12×M12×25	218	160	70	20×4.9	160	54.42
CKF245×160-75	4000	52	380	1500	245	12×M12×25	218	160	75	20×4.9	160	53.70
CKF245×160-80	4000	52	380	1500	245	12×M12×25	218	160	80	22×5.4	160	52.93
CKF260×160-70	6300	95	370	1500	260	12×M14×25	230	160	70	20×4.9	160	61.90
CKF260×160-75	6300	95	370	1500	260	12×M14×25	230	160	75	20×4.9	160	61.18
CKF260×160-80	6300	95	370	1500	260	12×M14×25	230	160	80	22×5.4	160	60.42
CKF260×160-85	6300	95	370	1500	260	12×M14×25	230	160	85	22×5.4	160	59.60
CKF260×160-90	6300	95	370	1500	260	12×M14×25	230	160	90	22×5.4	160	58.74
CKF275×170-85	8000	110	370	1500	275	12×M14×25	245	170	85	22×5.4	170	72.61
CKF275×170-85	8000	110	370	1500	275	12×M14×25	245	170	85	22×5.4	170	71.75
CKF275×170-90	8000	110	370	1500	275	12×M14×25	245	170	90	25×5.4	170	70.83
CKF275×170-95	8000	110	370	1500	275	12×M14×25	245	170	95	25×5.4	170	69.86
CKF275×170-100	8000	110	370	1500	275	12×M14×25	245	170	100	28×6.4	170	68.63
CKF295×185-90	10000	140	370	1500	295	12×M16×30	260	185	90	25×5.4	185	90.09
CKF295×185-95	10000	140	370	1500	295	12×M16×30	260	185	95	25×5.4	185	89.03
CKF295×185-100	10000	140	370	1500	295	12×M16×30	260	185	100	28×6.4	185	87.92
CKF295×185-110	10000	140	370	1500	295	12×M16×30	260	185	110	28×6.4	185	85.46
CKF330×200-100	12500	170	350	1500	330	12×M16×30	295	200	100	28×6.4	200	121.95
CKF330×200-110	12500	170	350	1500	330	12×M16×30	295	200	110	28×6.4	200	119.36
CKF330×200-120	12500	170	350	1500	330	12×M16×30	295	200	120	32×6.4	200	116.53
CKF330×200-130	12500	170	350	1500	330	12×M16×30	295	200	130	32×6.4	200	113.44
CKF360×215-110	16000	215	350	1500	360	12×M18×30	320	215	110	28×6.4	215	155.75
CKF360×215-120	16000	215	350	1500	360	12×M18×30	320	215	120	32×7.4	215	152.7
CKF360×215-130	16000	215	350	1500	360	12×M18×30	320	215	130	32×7.4	215	149.39
CKF360×215-140	16000	215	350	1500	360	12×M18×30	320	215	140	36×8.4	215	145.81
CKF410×225-120	20000	230	350	1500	410	16×M20×30	360	225	120	32×7.4	225	213.21
CKF410×225-130	20000	230	350	1500	410	16×M20×30	360	225	130	32×7.4	225	209.75
CKF410×225-140	20000	230	350	1500	410	16×M20×30	360	225	140	36×8.4	225	206
CKF410×225-150	20000	230	350	1500	410	16×M20×30	360	225	150	36×8.4	225	201.98
CKF440×235-130	25000	240	310	1000	440	16×M20×30	390	235	130	32×7.4	235	256.01
CKF440×235-140	25000	240	310	1000	440	16×M20×30	390	235	140	36×8.4	235	252.1
CKF440×235-150	25000	240	310	1000	440	16×M20×30	390	235	150	36×8.4	235	247.9
CKF440×235-160	25000	240	310	1000	440	16×M20×30	390	235	160	40×9.4	235	243.41

注：生产厂家同表 7-3-101 注。

（7）CKFA 型非接触式单向楔块式超越离合器（无轴承支承）

CKFA 为非接触式楔块单向离合器，内环旋转，使用时应安装轴承，保证内外环同轴度，见示例。主要用于防逆转，也可用于高速超越、低速楔合的双速驱动切换装置，当用于防逆转时，只有在设备转速低于最小非接触转速 n_F 时，才可实现防逆转。安装使用要求同 CKA 型。

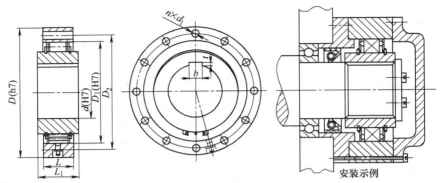

安装示例

表 7-3-105

型　　号	公称转矩 T_n /N·m	最小非接触转速 n_F /r·min⁻¹	最高转速 n_{max} /r·min⁻¹	外环/mm					内环/mm		
				D (h7)	D_1 (H7)	通孔孔数×直径 $n×d_1$	通孔分布圆直径 D_2	宽 L	d (H7)	键槽 $b×t$	宽 L_1
CKFA90×40-20	140	880	3600	90	66	6×6.6	78	40	20	6×2.8	40
CKFA95×40-25	190	880	3600	95	70	6×6.6	82	40	25	8×3.3	40
CKFA102×40-30	340	780	3600	102	75	6×6.6	87	40	30	8×3.3	40
CKFA110×40-35	430	740	3600	110	82	6×6.6	96	40	35	10×3.3	40
CKFA125×40-40	620	720	3600	125	92	8×6.6	108	40	40	12×3.3	40
CKFA130×40-45	710	670	3600	130	94	8×9.0	112	40	45	14×3.8	40
CKFA150×40-50	1100	610	3600	150	114	8×9.0	132	40	50	14×3.8	40
CKFA160×40-55	1250	600	3200	160	116	8×9.0	138	45	55	16×4.3	45
CKFA175×60-60	1500	490	3200	175	135	8×11.0	155	50	60	18×4.4	60
CKFA190×75-70	2200	480	3200	190	145	10×11.0	165	65	70	20×4.9	70
CKFA210×80-80	3000	450	2400	210	160	12×11.0	185	70	80	22×5.4	80
CKFA230×90-90	4500	420	2400	230	180	12×13.5	206	80	90	25×5.4	90
CKFA280×105-100	7500	420	2000	280	200	12×17.5	240	100	100	28×6.4	105
CKFA320×105-130	13500	410	2000	320	235	12×17.5	278	100	130	32×7.4	105

（8）CKFL 型带弹性柱销联轴器的非接触式超越离合器

CKFL 型是超越离合器和弹性柱销联轴器为一体的产品，是在机械传动中为实现高低速度自动切换而设计的。多用于重工和轻工等行业中。

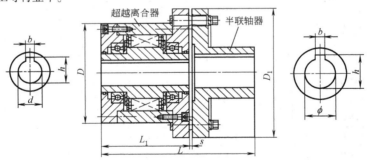

表 7-3-106　　　　　　　　　　　　　　　　　　　　　　　　　　　　　　　mm

型号	公称转矩 T_n/N·m	最高转速 n_{max}/r·min⁻¹	非接触转速 n_F/r·min⁻¹	离合器				弹性半联轴器		外形尺寸				离合器与半体间隙 s	质量 m/kg
				内环孔径 d(E7)	键槽宽 b (js9)	键槽深 h	安装轴伸长度	安装孔径 ϕ(H7)	安装轴伸长度 A	D	D_1	L	L_1		
CKFL5	500	1500	470	25~30	8	28.3~33.3	120~150	25~30	80~90	170	205	245	151	4	31
CKFL10	1000	1500	420	35~50	10~14	38.3~53.8	125~150	35~50	100~120	190	230	280	165	4	50
CKFL20	2000	1500	400	50~65	14~18	53.8~69.4	135~150	50~65	120~150	220	264	310	156	4	65

续表

型号	公称转矩 $T_n/N \cdot m$	最高转速 $n_{max}/r \cdot min^{-1}$	非接触转速 $n_F/r \cdot min^{-1}$	离 合 器				弹性半联轴器		外形尺寸				离合器与半体间隙 s	质量 m/kg
				内环孔径 $d(E7)$	键槽宽 b (js9)	键槽深 h	安装轴伸长度	安装孔径 $\phi(H7)$	安装轴伸长度 A	D	D_1	L	L_1		
CKFL40	4000	1500	380	60~80	18~22	64.4~85.4	150~170	60~80	150~170	245	306	345	170	5	91
CKFL80	8000	1500	330	80~100	22~28	85.4~106.4	165~200	80~100	150~210	285	360	426	211	5	161
CKFL100	10000	1500	330	90~110	25~28	95.4~116.4	175~220	90~110	170~210	295	370	441	226	5	183
CKFL200	20000	1000	280	120~150	32~36	127.4~158.4	200~250	120~150	220~250	410	500	508	252	6	376
CKFL250	25000	1000	270	130~160	32~40	137.4~169.4	230~270	130~160	220~300	440	535	581	275	6	468
CKFL315	31500	750	270	130~180	32~45	137.4~190.4	230~270	130~180	250~300	470	565	581	275	6	554
CKFL400	40000	750	260	140~200	36~45	148.4~210.4	250~290	140~200	250~350	510	600	656	299	7	715
CKFL500	50000	650	260	150~220	36~50	158.4~231.4	270~310	150~220	270~350	540	650	681	324	7	816

注: 1. 安装轴伸的配合代号为: 直径 25~30mm 是 js6, 直径 35~50mm 是 k6, 直径大于 50mm 是 m6。
2. 半联轴器安装孔的键槽宽及高与离合器安装内孔径的键槽宽及高相同。
3. 订货时应注明内环的旋转方向, 孔径及安装轴伸。
4. 生产厂家同表 7-3-101 注。

(9) CKS 型双向楔块超越离合器 (A 型)

CKS 型双向楔块超越离合器的一端轴孔接主动轴, 另一端轴孔接从动轴。当外环不动, 主动轴顺时针或逆时针转动时, 从动轴也同步转动, 而当从动轴受外转矩的作用时, 顺时针和逆时针都不能转动。常与滚珠丝杠副或其他部件配套, 作为防止逆转机构, 也可以单独使用作为精确定位, 传递转矩或切断转矩的传递。用于轻工和起重运输机械等。安装使用要求见 CKA 型。

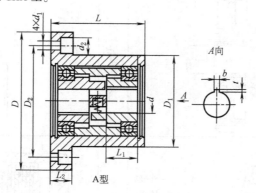

A 型

表 7-3-107

mm

型 号	主 要 尺 寸											公称转矩 $T_n/N \cdot m$
	d	L_1	b	t	D	D_2	D_1	L	L_2	d_1	d_2	
CKS70(42)×58-10	10	20	3	1.4	70	55	42	58	11	6.6	11	20
CKS75(45)×58-10	10	20	3	1.4	75	60	45	58	11	6.6	11	20
CKS85(55)×68-12	12	26	4	1.8	85	60	55	68	11	6.6	11	30
CKS95(57)×78-15	15	27	5	2.3	95	60	57	78	13	9	15	50
CKS95(57)×78-17	17	27	5	2.3	95	75	57	78	13	9	15	50
CKS105(62)×78-20	20	27	6	2.8	105	84	62	78	16	11	18	100
CKS115(74)×78-20	20	30	6	2.8	115	95	74	78	16	11	18	100
CKS115(74)×88-25	25	34	8	3.3	115	95	74	88	16	11	18	120
CKS132(88)×100-30	30	35	8	3.3	132	110	88	100	16	11	18	150

续表

| 型　号 | 主　要　尺　寸 | | | | | | | | | | | 公称转矩 |
	d	L_1	b	t	D	D_2	D_1	L	L_2	d_1	d_2	$T_n/N \cdot m$
CKS145(94)×110-35	35	40	10	3.3	145	120	94	110	20	13	20	200
CKS155(108)×110-40	40	40	12	3.3	155	128	108	110	20	13	20	250
CKS160(110)×120-45	45	45	14	3.8	160	134	110	120	20	13	20	300
CKS195(135)×140-50	50	54	14	3.8	195		135	135	25	13	20	500

注：1. 壳体也可根据用户要求确定其形状和尺寸。

2. 生产厂家同表 7-3-101 注。

11　安全离合器

　　安全离合器是一种限矩装置。当传递转矩超过限定值时，离合器的主、从动部分脱开或相互打滑，从而起到过载保护作用。主要用于设备在工作中有可能发生大的过载或存在大冲击载荷而又难以计算的传动系统。其限定转矩可通过螺母调节，当传递转矩低于限定值时，其作用相当于联轴器。

　　安全离合器对防止机械因过载而损坏、造成事故关系重大，因此要工作可靠，动作准确、灵敏，保证过载时迅速脱开，另外，还应有调节限定转矩的可能且调节方便。

11.1　安全离合器的型式与特点

表 7-3-108

	嵌合式安全离合器		摩擦式安全离合器	
型式	简　图	型式	简　图	
端面牙嵌安全式	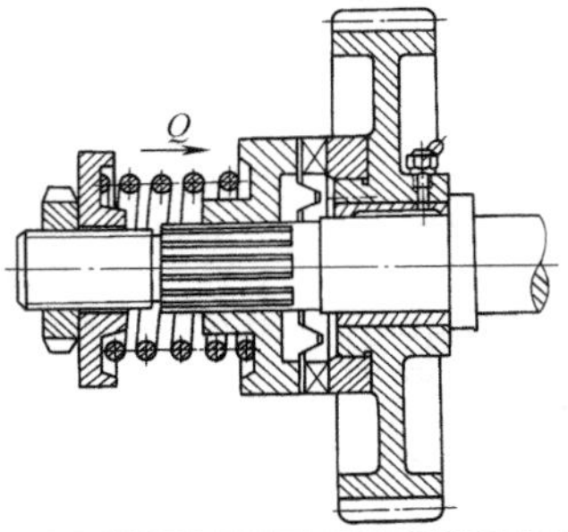	干式单盘安全式		
销钉安全式		多盘安全式		1—外壳； 2—销钉； 3—星轮； 4—弹簧
钢珠安全式（珠对槽）		单圆锥安全式		1—半离合器； 2—外片； 3—内片； 4—蝶簧； 5—螺母； 6—轴套

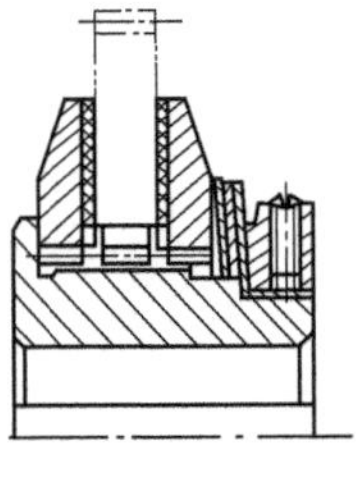

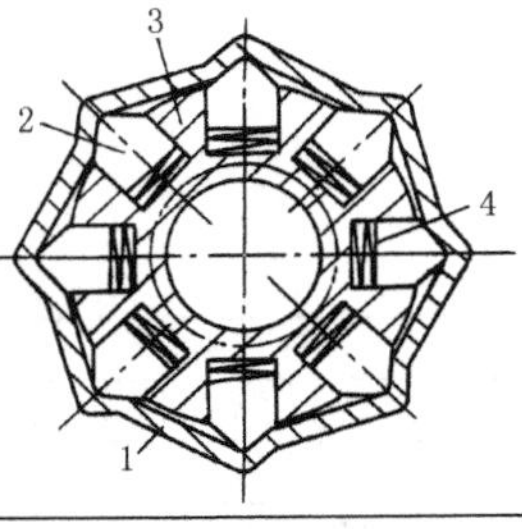

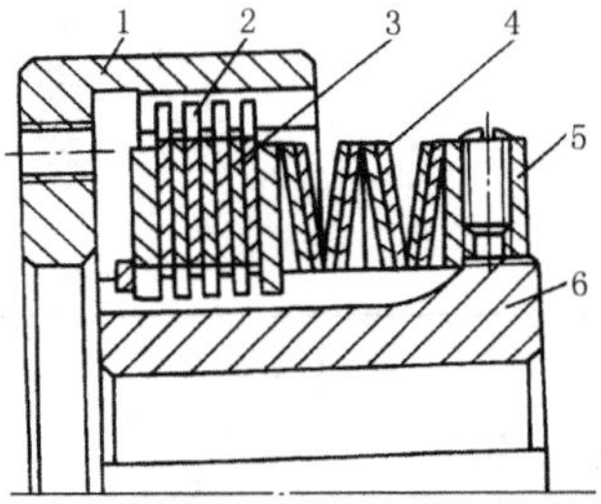

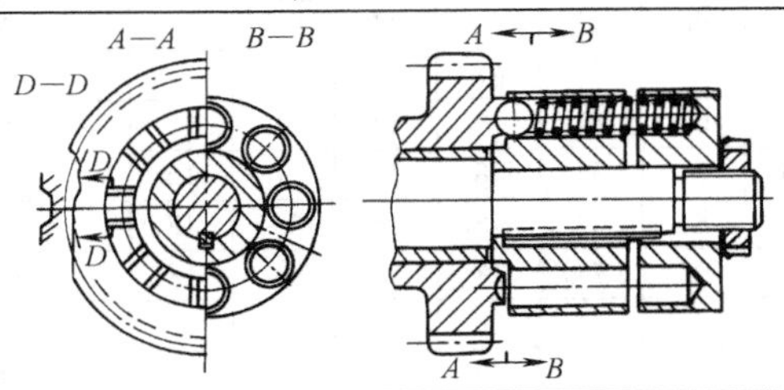

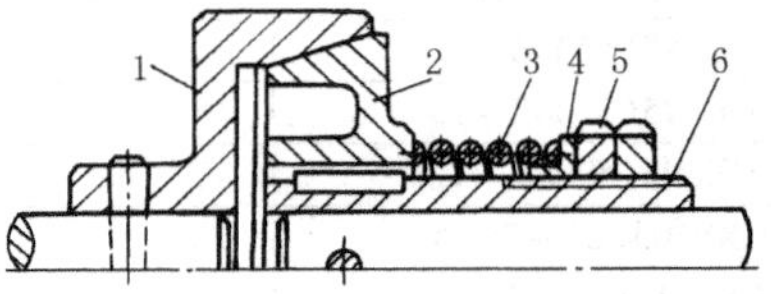

1,2—半离合器；3—压缩弹簧；4—垫；
5—螺母；6—轴套

嵌合式安全离合器		摩擦式安全离合器	
型式	简　图	型式	简　图
钢珠安全式（珠对珠）	1,4—半离合器；2—钢珠；3—垫； 5—压缩弹簧；6—螺母；7—轴套	双圆锥安全式	1—轴套； 2—螺钉； 3,9—蝶簧； 4,7—半离合器； 5—锥面摩擦块； 6—收缩弹簧； 8—轴套
特点	接合时元件间的压紧力靠弹簧调节。当载荷超过弹簧的压紧力时，元件相对滑动，退出嵌合，中断传动 元件滑动，实际上是一种频繁的离合过程（由于压紧弹簧在离合器分离时吸收能量，重新接合时又将能量放回系统），这种反复作用就可能使被保护机件因附加动力过载受到损害，所以这种离合器不宜安装于过载时转差大的场合，宜用于转速不太高，载荷不太大，从动件惯性较小的系统 钢球对槽式传递转矩一般在12.7～4780N·m 钢珠式可适用转速高，载荷较大，过载频率较高的系统		接合元件的压紧力靠弹簧调节，当载荷超过弹簧限定的极限转矩时，离合器主从动部分摩擦元件间即出现相对滑动，并因摩擦而耗掉一部分能量。该离合器工作平稳，只要散热好，可以用于离合器过载时转差大且不常作用的场合，适用有冲击载荷的系统 单盘单锥离合器在传递小转矩时使用，其结构比较简单，多盘安全离合器因盘数较多，径向尺寸较小，可传递较大的转矩，从0.098至24500N·m；双锥安全离合器有两种推力弹簧，Ⅰ式用于传递中、小转矩，Ⅱ式用于传递较大转矩 锥式传递转矩58.8～23520N·m

11.2　安全离合器的计算

牙嵌安全离合器

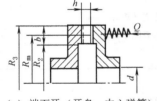

（a）端面牙（牙盘：中心弹簧）

钢珠安全离合器

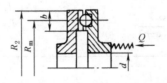

（a）端面钢珠（钢珠对钢珠、钢珠对牙；
中心弹簧、分散弹簧）

多盘安全离合器

$R_2 = (1.5 \sim 2)d$

$R_1 = (0.5 \sim 0.6)R_2$

圆锥安全离合器

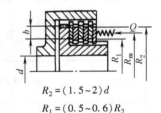

（b）径向牙（销钉，分散弹簧）

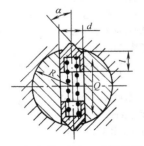

（b）径向钢珠（钢珠对牙；分散弹簧）

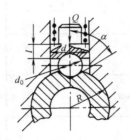

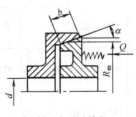

$b = (0.15 \sim 0.25)R_m$

表 7-3-109

型式	计 算 项 目	计 算 公 式	说 明
牙嵌安全式	计算转矩	$T_c = \beta T_t$	T_t——需传递转矩,N·cm μ_1——滑键或滑销的摩擦因数,$\mu_1 = 0.15 \sim$ 　　0.17 A_p——牙面挤压面积,cm^2 β——安全系数,一般取 $\beta = 1.35 \sim 1.40$ z——牙数 ρ——工作面摩擦角,(°),一般取 $\rho = 5° \sim 6°$ R_m——牙面平均半径,cm z_j——计算牙数,$z_j = (1/2 \sim 1/3) z$ μ——工作面摩擦因数,$\mu = \tan\rho \approx 0.1$ α——牙面工作倾角,$\alpha = 30° \sim 50°$, 一般取 　　$\alpha = 45°$ σ_{pp}——许用挤压应力,N/mm^2, 见表 7-3-9 d, l——见本表图中标注
	弹簧终压紧力 端面牙	$Q_2 = \dfrac{T_c}{R_m}\left[\tan(\alpha-\rho) - \dfrac{2R_m}{d}\mu_1\right]$	
	径向牙	$Q_2 = \dfrac{T_c}{R_m z}\left[\left(1 + \dfrac{3\mu_1 d}{\pi l}\right)\tan(\alpha-\rho) - \dfrac{3\mu_1}{\pi}\left(2 + \dfrac{d}{l\tan\alpha}\right)\right]$	
	弹簧初压紧力	$Q_1 = (0.85 \sim 0.90) Q_2$	
	牙面挤压应力	$\sigma_p = \dfrac{T_c}{100 A_p R_m z_j} \leqslant \sigma_{pp}$	
钢珠安全式	计算转矩	$T_c = \beta T_t$	T_c——计算转矩,N·cm z——钢珠数,一般 $z = 6 \sim 8$ μ——工作面摩擦因数,$\mu = \tan\rho \approx 0.1$ P_{np}——钢珠许用正压力,N,见表 7-3-110 β——安全系数,一般取 $\beta = 1.2 \sim 1.25$ R_m——工作面平均半径,cm ρ——工作面摩擦角,一般取 $\rho = 5° \sim 6°$ μ_1——滑键或钢珠的摩擦因数,$\mu_1 = 0.15 \sim 0.17$ α——工作面倾斜角,直径相同的钢珠对钢珠, 　　$\alpha = 30° \sim 50°$;通常取 45°;钢珠对牙,$\alpha =$ 　　$30° \sim 45°$ T_t——需传递转矩,N·cm d, l——见本表图中标注
	弹簧终压紧力 端面钢珠(中心弹簧)	$Q_2 = \dfrac{T_c}{R_m}\left[\tan(\alpha-\rho) - \dfrac{2R_m}{d}\mu_1\right]$	
	端面钢珠(分散弹簧)	$Q_2 = \dfrac{T_c}{R_m z}\left[\tan(\alpha-\rho) - \mu_1\right]$	
	径向钢珠	$Q_2 = \dfrac{T_c}{R_m z}\left[\left(1 + \dfrac{3\mu_1 d}{\pi l}\right)\tan(\alpha-\rho) - \dfrac{3\mu_1}{\pi}\left(2 + \dfrac{d}{l\tan\alpha}\right)\right]$	
	弹簧初压紧力	$Q_1 = (0.85 \sim 0.90) Q_2$	
	钢珠数量	$Z = \dfrac{T_c \cos\rho}{P_{np} R_m \cos(\alpha-\rho)}$	
多盘摩擦式	计算转矩	$T_c = \beta T_t$	T_c——计算转矩,N·cm m——摩擦面对数,$m = i - 1$ i——摩擦片数 p_p——许用压强,N/cm^2,见表 7-3-17 β——安全系数,一般取 $\beta = 1.2 \sim 1.25$ μ——摩擦因数,见表 7-3-17 R_m——平均摩擦半径,cm
	弹簧终压紧力	$Q = \dfrac{T_c}{R_m \mu m}$	
	摩擦面压强	$p = \dfrac{T_c}{2\pi R_m^2 \mu m b} \leqslant p_p$	
圆锥摩擦式	计算转矩	$T_c = \beta T_t$	$R_m \approx \dfrac{R_1 + R_2}{2}$ α——锥角,一般取 $\alpha = 20° \sim 30°$ b——摩擦面宽,cm T_t——需要传递的转矩,N·cm
	弹簧终压力	$Q = \dfrac{T_c}{R_m \mu}(\sin\alpha - \mu\cos\alpha)$	
	摩擦面压强	$p = \dfrac{T_c}{2\pi R_m^2 b \mu} \leqslant p_p$	

第 7 篇

表 7-3-110 钢珠的许用正压力 P_{np}

钢珠直径 d_0 /mm	11	12	14	16	20	24	28	32
P_{np}/N	160	180	200	220	280	340	400	500

11.3 安全离合器结构尺寸（参考）

（1）多盘安全离合器结构尺寸

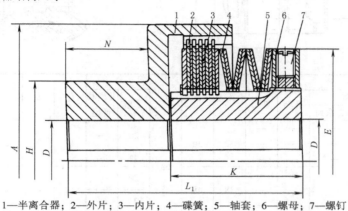

1—半离合器；2—外片；3—内片；4—碟簧；5—轴套；6—螺母；7—螺钉

表 7-3-111 mm

公称转矩 /N·m	A	D	E	H	K	L_1	N
24.5 39.2 61.8	70	10~20	58	60	40	90	45
39.2 61.8 98.1	90	12~25	75	80	55	125	60
61.8 98.1 157.0	100	14~35	90	90	55	125	60
98.2 157.0 245.3	125	17~45	110	110	60	140	70
157.0 245.3 392.0	135	17~45	110	110	65	150	75
245.3 392.0 618.0	150	22~55	120	125	75	180	95
392.0 618.0 981.0	170	28~65	155	140	85	200	100
618.0 981.0	195	33~70	165	150	95	220	110
981.0 1570 2453	210	38~60	180	170	110	260	135

（2）牙嵌安全离合器结构尺寸

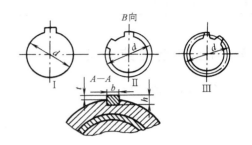

表 7-3-112 mm

公称转矩 /N·m	d I型 第1系列	d I型 第2系列	d II型	d III型	d_1	D	L	l I型	l II型和III型	l_1	b	h	t	最大转速 /r·min⁻¹	质量 /kg
3.9	8	—	—	—	32	36	63	20	—	12	3	3	1.8	1600	0.32
	9	—	—	—				20	—						
	10	—	—	—				23	—						
6.2	9	—	—	—	38	48		20	—	14	4	4	2.5	1250	0.50
	10	—	—	—				20	—						
	11	—	—	—				23	—						
9.8	12	—	—	12	48	56	75	30	25	16	5	5	3.0	1000	0.86
	14	—	14	13				30	25						
15.7	12	—	—	12			80	30	25	18					0.90
	14	—	14	13				30	25						
	16	—	16	15				40	28						
24.5	14	—	14	13	56	71	85	30	25	21	6	6	3.5	800	1.60
	16	—	16	15				30	25						
	18	—	—	17				40	28						
	—	19	—	—				40	28						
39.2	18	—	—	17			105	40	28	24					1.80
	—	19	—	—				40	28						
	20	—	20	20				40	28						
	22	—	22	22				40	28						
61.8	20	—	20	20	65	85	110	50	36	28	8	7	4.0	630	2.50
	22	—	22	22				50	36						
	—	24	—	—				50	36						
	25	—	25	25				60	42						
981	—	24	—	—	80	100	140	50	36	32	10	8	5.0	500	5.00
	25	—	25	25				60	42						
	28	—	28	28				60	42						
	—	30	—	30				80	58						
157	28	—	28	28	80	125	160	60	42	36					7.50
	—	30	—	30				60	42						
	32	—	32	32				80	58						
245	32	32	32	—	90	140	180	80	58	42	12			400	10.00
	36	—	—	35				80	58						
	—	38	38	38				80	58						
	40	—	—	40				110	82						
392	—	38	38	38	105	180	190	80	58	48	14	9	5.5	315	16.00
	40	—	42	40				80	58						
	45	42	42	42				110	82						
	—	48	48	45				110	82						

（3）钢珠安全离合器结构尺寸（一）

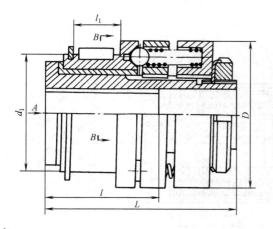

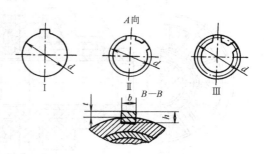

表 7-3-113

mm

公称转矩/N·m	d I型 第1系列	d I型 第2系列	d II型	d III型	d_1	D	L	l I型	l II型和III型	l_1	b	h	t	最大转速/(r·min^{-1})	质量/kg
3.9	8	—	—	—	36	45	67	20	—	12	3	3	1.8	1600	0.50
	9	—	—	—					—						
	10	—	—	—				23	—						
6.2	9	—	—	—	42	48	75	20	—	14	4	4	2.5	1250	0.67
	10	—	—	—				23	—						
9.8	11	—	—	—	50	36	80			16	5	5	3	1000	0.96
	12	—	—	12											
	14	—	14	13											
15.7	12	—	—	12			90	30	25	18					1.10
	14	—	14	13											
	16	—	16	15				40	28						
24.5	14	—	14	13	65	71	100	30	25	21	6	6	3.5	800	2.00
	16	—	16	15											
	18	—	—	17				40	28						
	—	19	—	—											
39.2	18	—	—	17	65	71	120	40	28	24	6	6	3.5	800	2.26
	—	19	—	—											
	20	—	20	20											
	22	—	22	22											
61.8	20	—	20	20	70	80	120	50	36	28	8	7	4.0	630	2.60
	22	—	22	22											
	—	24	—	—				60	42						
	25	—	25	25											
98.1	—	24	—	—	85	95	150	50	36	32	10	8	5	500	5.16
	25	—	25	25				60	42						
	28	—	28	28											
	—	30	—	30				80	58						
157	28	—	28	28	85	100	190	60	42	36	10	8	5	500	7.00
	—	30	—	30											
	32	—	32	32				80	58						
245	36	—	—	35	100	125	220	80	58	42	12	8	5	400	12.30
	—	38	38	38											
	40	—	—	40				110	82						
392	—	38	38	38	100	155	260	80	58	48	14	9	5.5	315	20.50
	40	—	—	40											
	—	42	42	42				110	82						
	45	—	—	45											
	—	48	48	—											

（4）钢球安全离合器结构尺寸（二）

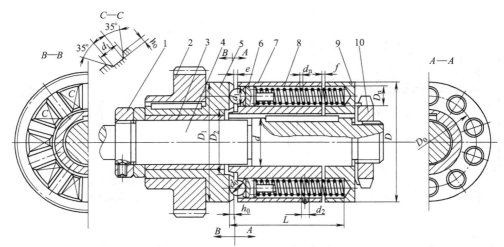

1，10—螺母；2—齿轮；3—轴套；4—轴；5—套筒（半离合器）；6—支承座；
7—壳体（半离合器）；8—弹簧；9—弹簧座圈

表 7-3-114

极限转矩/N·m	D	D0	D1	D2	d	L	d1	h0	e	f	钢球 直径 d0	钢球 个数 z/个	螺钉 d2	一个弹簧压缩力/N	弹簧外径 Dn	钢丝直径 dn	圈数 n	自由状态长度 H	压缩状态长度 H1
					mm											mm			mm
13~14						70								70		1.5	33	80	55
23~32	65	50	60	40	32	70	11.5	3.0	1.0	3.0	11	8	M6	170	10	2.0	26	68	54
46~64						110								360		2.5	36	108	94
24~30						75								137		2.0	27	80	57
33~57	75	58	70	46	36	75	13.5	3.5	1.0	4.0	13	8	M6	280	12	2.5	22	70	57
65~104						120								526		3.0	32	115	101
25~29						95								106		2.0	34	119	73
56~86	85	65	78	52	40	95	16.5	4.5	1.5	4.5	16	8	M6	394	15	3.0	23	90	72
89~141						120								650		3.5	27	113	97
50~63						95								214		2.5	28	100	72
67~103	100	78	92	65	48	95	16.5	4.5	1.5	4.5	16	8		394	15	3.0	23	90	72
107~170						120								650		3.5	27	113	97
59~68						100								167		2.5	28	121	72
108~186	115	88	105	72	55	100	20.5	5.5	1.5	5.5	20	9		400	19	3.5	20	93	72
157~248						120								754		4.0	23	112	92
114~144						100								300		3.0	23	104	72
140~215	130	102	120	85	68	110	20.5	5.5	1.5	5.5	20	10	M8	490	19	3.5	20	93	72
202~320						125								754		4.0	24	118	96
192~236						130								410		3.5	27	139	91
253~340	150	118	140	100	80	130	24.5	6.5	2.0	6.5	24	10		630	22	4.0	24	127	96
512~695						200								1300		5.0	32	196	166
266~326						130								410		3.5	27	139	97
350~472	170	136	155	115	95	130	24.5	6.5	2.0	6.5	24	12		630	22	4.0	24	127	96
710~965						200								1300		5.0	32	169	166
311~384						130								410		3.5	27	139	97
411~554	195	160	180	140	115	130	24.5	6.5	2.0	6.5	24	12	M10	630	22	4.0	24	127	96
834~1138						200								1300		5.0	32	196	166

续表

极限转矩/N·m	D	D₀	D₁	D₂	d	L	d₁	h₀	e	f	钢球 直径 d₀	钢球 个数 z/个	螺钉 d₂	弹簧 一个弹簧压缩力/N	弹簧外径 Dn	钢丝直径 dn	圈数 n	自由状态长度 H	压缩状态长度 H₁
										mm								mm	mm
560~665	225	185	210	150	135	160	28.5	8.0	2.0	7.5	28	14	M10	750	26	4.0	26	164	121
836~1175						160								1430		5.0	38	257	210
1641~2200						250								1900		6.0	35	247	210
840~1060	260	216	240	195	160	160	28.5	8.0	2.0	7.5	28	14		750	26	4.5	26	164	121
1650~1940						250							M12	1430		5.5	38	257	210
2055~2600						250								1900		6.0	35	247	210
1600~1800	300	250	275	225	190	250	33.0	9.0	3.0	8.0	32	15		880	30	5.0	41	289	206
2480~3000						250								1590		6.0	34	258	205
3900~4880						320								2630		7.0	39	322	275

11.4 安全离合器产品

（1）TL 型摩擦转矩限制器

① TL 轻型转矩限制器

TL200

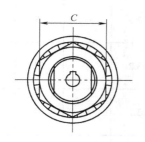
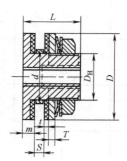

TL250，TL350

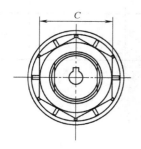
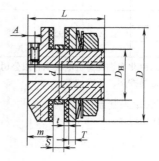

TL500，TL700

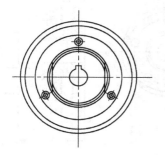
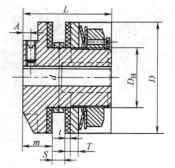

表 7-3-115

型 号	转矩范围 /N·m	孔径 /mm	最高转速 /r·min⁻¹	传动件最大宽度 S/mm	质量 /kg
TL200-1L	1.0~2.0	7~14	1800	7	0.2
TL200-1	2.9~9.8				
TL200-2	6.9~20				
TL250-1L	2.9~6.9	10~22	1800	9	0.6
TL250-1	6.9~27				
TL250-2	14~54				
TL350-1L	9.8~20	17~25	1800	16	1.2
TL350-1	20~74				
TL350-2	34~149				
TL500-1L	20~49	20~42	1800	16	3.5
TL500-1	47~210				
TL500-2	88~420				
TL700-1L	49~118	30~64	1800	29	8.4
TL700-1	116~569				
TL700-2	223~1080				

型 号	D	D_H	L	m	T	t	A	C	S	d
					mm					
TL200-1L	50	24	29	6.5	2.6	2.5	—	38	7	$30_{-0.049}^{-0.024}$
TL200-1										
TL200-2										
TL250-1L	65	35	48	16	4.5	3.2	4	50	9	$41_{-0.045}^{-0.010}$
TL250-1										
TL250-2										
TL350-1L	89	42	62	19	4.5	3.2	6	63	16	$49_{-0.065}^{-0.025}$
TL350-1										
TL350-2										
TL500-1L	127	65	76	22	6	3.2	7	—	16	$74_{-0.10}^{-0.05}$
TL500-1										
TL500-2										
TL700-1L	178	95	98	24	8	3.2	8	—	29	$105_{-0.125}^{-0.075}$
TL700-1										
TL700-2										

注：1. 本产品由北京古德高机电技术有限公司生产。

2. 内孔中的键槽按用户要求加工。

② TL 重型转矩限制器

TL10　　　　　　　　　　　　　　　　　　TL14，TL20

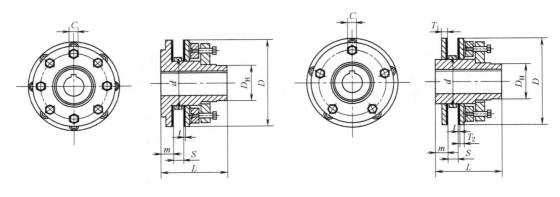

表 7-3-116

型　号	转矩范围 /N·m		孔径 /mm	最高转速 /r·min⁻¹	传动件最大宽度 S /mm	质量 /kg
TL10-16	392~1247		30~72	1000	24	21
TL10-24	588~1860					
TL14-10	882~2666		40~100	500	29	52
TL14-15	1960~3920					
TL20-6	2450~4900		50~130	500	31	117
TL20-12	4606~9310					

型　号	D	D_H	L	m	T_1	T_2	t	C	S	d
					mm					
TL10-16	254	100	115	23	8.5	—	4.0	19	19	$135^{-0.085}_{-0.125}$
TL10-24										
TL14-10	356	145	150	31	13	13	4.0	27	27	$183^{-0.07}_{-0.12}$
TL14-15										
TL20-6	508	185	175	36	15	18	4.0	36	36	$226^{-0.07}_{-0.12}$
TL20-12										

注: 同表 7-3-115 注。

③ TL-B、TL-C 型转矩限制器 (带链轮齿轮或带轮)

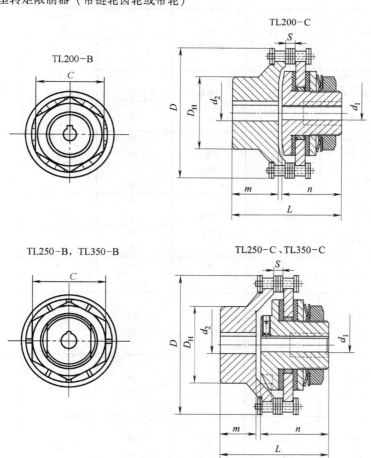

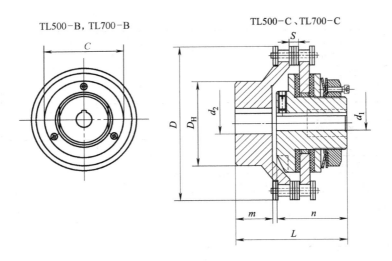

TL500-B, TL700-B　　　　　TL500-C、TL700-C

表 7-3-117

型　号	转矩范围 /N·m	孔径 $d_1(d_2)$ /mm	最高转速 /r·min^{-1}	链轮齿数 z	节圆直径 p_0	链轮节距 P	质量 /kg
TL200-1LB/1LC	1.0~2.0			20	60.89	9.525	0.3
TL200-1B/1C	2.9~9.8	7~14	1800	(16)	(65.1)	(12.7)	(1.0)
TL200-2B/2C	6.9~20	(8~31)	(1200)	16	65.10	12.7	0.33
				(16)	(65.1)	(12.7)	(1.0)
TL250-1LB/1LC	2.9~6.9			22	89.24	12.7	0.85
TL250-1B/1C	6.9~27	10~22	1800	(22)	(89.24)	(12.7)	(1.9)
TL250-2B/2C	14~54	(13~38)	(1000)	18	91.42	15.875	0.92
				(22)	(89.24)	(12.7)	(1.9)
TL350-1LB/1LC	9.8~20			26	105.36	12.7	1.55
TL350-1B/1C	20~74	17~25	1800	(24)	(121.62)	(15.875)	(4.2)
TL350-2B/2C	34~149	(13~45)	(800)	22	111.55	15.875	1.68
					(121.62)	(15.875)	(4.2)
TL500-1LB/1LC	20~49			30	151.87	15.875	4.3
TL500-1B/1C	47~210	20~42	1800	(28)	(170.13)	(19.05)	(10)
TL500-2B/2C	88~420	(18~65)	(500)	25	151.99	19.05	4.7
				(28)	(170.13)	(19.05)	(10)
TL700-1LB/1LC	49~118			35	212.52	19.05	10.7
TL700-1B/1C	116~569	30~64	1800	(28)	(226.85)	(25.4)	(26)
TL700-2B/2C	223~1080	(23~90)	(400)	26	210.72	25.40	11.2
				(28)	(226.85)	(25.4)	(26)

型　号	D	D_H	L	m	n	S	C
				mm			
TL200-1LB/1LC							
TL200-1B/1C	50	24	29	6.5	(29)	(7.5)	38
TL200-2B/2C	(76)	(50)	(55)	(24)			
TL250-1LB/1LC							
TL250-1B/1C	65	35	48	16	(48)	(7.4)	50
TL250-2B/2C	(102)	(56)	(76)	(25)			
TL350-1LB/1LC							
TL350-1B/1C	89	42	62	19	(62)	(9.7)	63
TL350-2B/2C	(137)	(72)	(103)	(37)			

续表

型　号	D	D_H	L	m	n	S	C
				mm			
TL500-1LB/1LC	127	65	76	22			
TL500-1B/1C	(188)	(105)	(120)	(40)	(76)	(11.6)	—
TL500-2B/2C							
TL700-1LB/1LC	178	95	98	24			
TL700-1B/1C	(251)	(150)	(168)	(66)	(98)	(15.3)	—
TL700-2B/2C							

注：同表 7-3-115 注。括号内数据为 TL×××-C 型的数据。

④ TL-C 重型转矩限制点

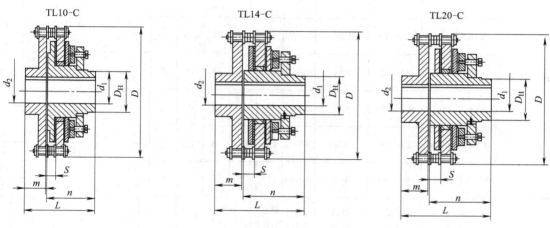

TL10-C　　　　　TL14-C　　　　　TL20-C

表 7-3-118

型号		扭矩范围 /N·m	孔径 $d_1(d_2)$ /mm	最高转速 /r·min⁻¹	质量 /kg	D	D_H	L	m	n	S
								mm			
TL10	16C	392~1274	30~72	300	66	355	137	189	71	115	26.2
	24C	588~1860	(33~95)								
TL14	10C	882~2666	40~100	200	140	470	167	235	80	150	30.1
	15C	1960~3920	(38~118)								
TL20	6C	2450~4900	50~130	140	285	631	237	300	120	175	30.1
	12C	4606~9310	(43~150)								

注：同表 7-3-115 注。

⑤ KMC 型转矩限制器

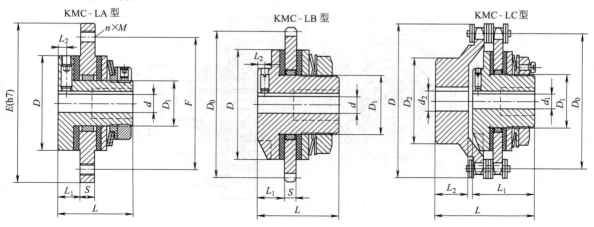

KMC-LA 型　　　　　KMC-LB 型　　　　　KMC-LC 型

表 7-3-119

型号	扭矩范围/N·m	d	D	D₁	E	F	L	L₁	L₂	S	n×M	质量/kg
		mm										
KMC-LA 型												
KMC-L 12A	0.6~12	7~14	50	24	84	70	37	13.3	5	7	4×M6	0.56
KMC-L 35A	1.2~35	10~22	65	35	96	84	48	16.8	6	8	4×M6	0.76
KMC-L 90A	5.9~90	17~25	89	42	120	108	62	19.8	7	8	4×M6	1.5
KMC-L 250A	11.8~250	20~42	127	65	166	150	76	22.8	9	12	4×M8	4.0
KMC-L 650A	29.4~650	30~64	178	95	216	200	98	24.8	10	12	6×M8	9.4

型号	扭矩范围 N·m	最高转速 /r·min⁻¹	d	D	D₁	L	L₁	L₂	$S^{0}_{-0.25}$	链轮齿数	链轮节距	节圆直径	质量/kg
			mm								mm		
KMC-LB 型													
KMC-L 20B	1.0~20	1200	7~14	50	24	29	6.5	—	4.3	20	9.525	60.89	0.3
									7	16	12.7	65.10	0.33
KMC-L 60B	2.9~60	1000	10~22	65	35	48	16	4	7	22	12.7	89.24	0.85
									7	18	15.875	91.42	0.92
KMC-L 150B	9.8~150	800	17~25	89	42	62	19	6	7	26	12.7	105.36	1.55
									7	22	15.875	111.55	1.68
KMC-L 450B	20~450	500	20~42	127	65	76	22	7	7	30	15.875	151.87	4.3
									10	25	19.05	151.99	4.7
KMC-L 1000B	49~1000	400	30~64	178	95	98	24	8	10	35	19.05	212.52	10.7
									13	26	25.40	210.72	11.2

型号	扭矩范围/N·m	最高转速/r·min⁻¹	链轮齿数 Z	链轮节距 P	节圆直径 P₀	d₁	d₂	D	D₁	D₂	L	L₁	L₂	质量/kg
						mm								
KMC-LC 型														
KMC-L 20C	1.0~20	1200	16	12.7	65.10	7~14	8~31	76	24	50	55	29	24	1.0
KMC-L 60C	2.9~60	1000	22	12.7	89.24	10~22	13~38	102	35	56	76	48	25	1.9
KMC-L 150C	9.8~150	800	24	15.875	121.62	17~25	13~45	137	42	72	103	62	37	4.2
KMC-L 450C	20~450	500	28	19.05	70.13	20~42	18~65	188	65	105	120	76	40	10
KMC-L 1000C	49~1000	400	28	25.40	226.85	30~64	23~90	251	95	150	168	98	66	26

注：生产厂家：北京古德高机电技术有限公司，北京新兴超越离合器有限公司。

（2）TGB 型钢珠转矩限制器

① TGB 型转矩限制器

TGB20,TGB30,TGB50

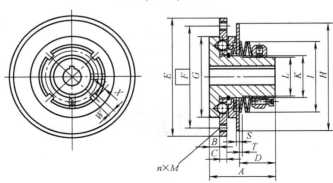

TGB70

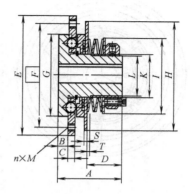

表 7-3-120

型　号	转矩范围 /N·m	孔径 /mm	最高转速 /r·min⁻¹	飞轮矩 GD² /N·m²	质量 /kg
TGB 20-H	9.8~44	8~20	700	2.3	0.9
TGB 30-L	20~54	12~30	500	7.9	2.0
TGB 30-H	54~167				
TGB 50-L	69~147	22~50	300	48.4	5.9
TGB 50-M	137~412				
TGB 50-H	196~539				
TGB 70-H	294~1080	32~70	160	252	17.0

型　号	A	B	C	D	E (h7)	F	G	H	I	K	L	S	T	W	X	n×M
								mm								
TGB 20-H	47	7.5	5.7	25	90	78	62	82	54	32	30	2	1.8	5	2	4×M5
TGB 30-L	60	9.5	7	33	113	100	82	106	75	45	42.5	2	2	6	2.5	6×M6
TGB 30-H																
TGB 50-L	81	14.5	8.5	44.8	160	142	122	150	116	75	70	2.7	2.7	8	3.5	6×M8
TGB 50-M																
TGB 50-H																
TGB 70-H	110	14.5	12	68.5	220	200	170	205	166	110	106	3.3	3.3	—	—	6×M10

注：同表 7-3-115 注。

② TGB-B 型转矩限制器

TGB20-B~TGB50-B

TGB70-B

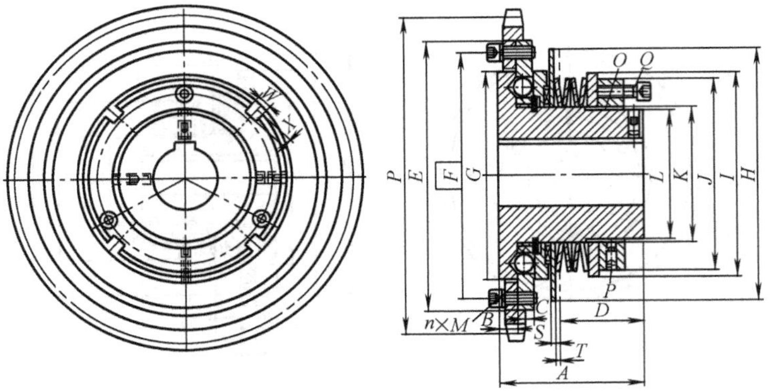

表 7-3-121

型　号	转矩范围 /N·m	孔径 /mm	最高转速 /r·min⁻¹	质量/kg
TGB 20-HB	9.8~44	8~20	700	1.6
TGB 30-LB	20~54	12~30	500	3.2
TGB 30-HB	54~167			
TGB 50-LB	69~147	22~50	300	7.9
TGB 50-MB	137~412			
TGB 50-HB	196~539			
TGB 70-HB	294~1080	32~70	160	25.0

型　号	链轮节矩 P/mm	链轮齿数 Z	A	B	C	D	E (h7)	F P.C.D	G	H	I	J	K
									mm				
TGB 20-HB	12.7	26	47	7.5	5.7	25	90	78	62	82	54	48	32
TGB 30-LB	15.875	26	60	9.5	7	33	113	100	82	106	75	65	45
TGB 30-HB													
TGB 50-LB													
TGB 50-MB	19.05	30	81	14.5	8.5	44.8	160	142	122	150	166.7	98	75
TGB 50-HB													
TGB 70-HB	25.40	32	110	14.5	12	68.5	220	200	170	205	166	157	110

型　号	L	M	n	O	P	Q	S	T	W	X
					mm					
TGB 20-HB	30	M5	4	M32×1.5	M5×6	M4×8	2	1.8	5	2
TGB 30-LB	42.5	M6	6	M45×1.5	M5×6	M4×10	2	2	6	2.5
TGB 30-HB										
TGB 50-LB	70	M8	6	M75×2	M5×10	M4×14	3	2.7	8	3.5
TGB 50-MB										
TGB 50-HB										
TGB 70-HB	106	M10	6	M110×2	M5×10	M10×28	3	3.3	—	—

注：同表 7-3-115 注。

③ KGZ 型转矩限制器

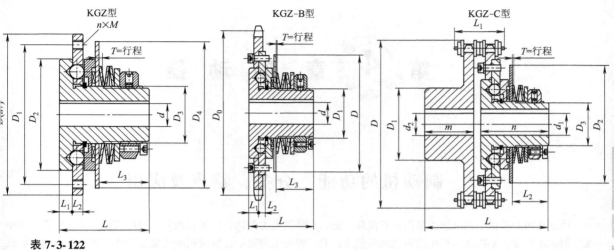

KGZ型   KGZ-B型   KGZ-C型

表 7-3-122

型号	扭矩范围 /N·m	最高转速 /r·min⁻¹	d	D	D₁	D₂	D₃	D₄	L	L₁	L₂	L₃	T	n×M	质量 /kg
			mm												
KGZ 基本型 KGZ 50	10~50	700	8~20	90	78	62	32	82	47	7.5	5.2	25	2.3	4×M5	0.9
KGZ 170	20~170	500	12~30	113	100	82	45	106	60	9.5	6.4	33	2.6	6×M6	2.0
KGZ 550	69~550	300	22~50	160	142	122	75	150	81	14.5	8.2	44.8	3.3	6×M8	5.9
KGZ 1000	294~1000	160	32~70	220	200	170	110	205	110	14.5	11	68.5	4	6×M10	17.0

型号	扭矩范围 /N·m	最高转速 /r·min⁻¹	链轮齿数 Z	链轮节距 P	分度圆直径 P₀	d	D	D₁	L	L₁	L₂	L₃	T	质量 /kg
						mm								
KGZ-B 型 KGZ 50B	10~50	700	26	12.7	105.36	8~20	82	32	47	7.5	5.2	25	2.3	1.6
KGZ 170B	20~170	500	26	15.875	131.70	12~30	106	45	60	9.5	6.4	33	2.6	3.2
KGZ 550B	69~550	300	30	19.05	182.25	22~50	150	75	81	14.5	8.2	44.8	3.3	7.9
KGZ 1000B	294~1000	160	32	25.40	259.14	32~70	205	110	110	14.5	11	68.5	4	25.0

型号	扭矩范围 /N·m	最高转速 /r·min⁻¹	d₁	d₂	D	D₁	D₂	D₃	L	L₁	L₂	m	n	T	质量 /kg
			mm												
KGZ-C 型 KGZ 50C	10~50	700	8~20	12.5~42	117.4	63	82	32	76	32.6	25	25	47	2.3	2.5
KGZ 170C	20~170	500	12~30	18~48	146.7	73	106	45	93	40.5	33	28	60	2.6	4.8
KGZ 550C	69~550	300	22~50	18~55	200.3	83	150	75	126	51.0	44.8	40	81	3.3	12.2
KGZ 1000C	294~1000	160	32~70	28~75	283.2	107	205	110	165	64.8	68.5	45	110	4	32.0

注：1. 根据使用需要，可配合无触点开关或者位移传感器使用，过载脱开的同时，通过自动化控制进行报警或切断电机电源。主要应用于对闭环控制有要求，且过载后转差不大的场合。

2. 生产厂：北京新兴超越离合器有限公司。

第 **4** 章 制 动 器

1 制动机的功能、分类、特点及应用

使运动中的机械系统减速以及停止有两种办法：一种是电力制动，这种制动只能消耗机器一部分功能，减小或限制运动速度，不能使运动中的系统完全停止；另一种是机械制动，机械制动的装置叫制动器。本章仅介绍机械制动及制动器。

(1) 制动器的功能

① 制动：使运转中的机械系统或设备完全停止下来；

② 减速：使运转中的机械系统或设备的速度减下来，以满足工况的需要；

③ 支持：这一般是指虽然已切断设备的动力源并已制动，但在重力（或其他有势力）的作用下依然有运动趋势的机构或设备，此时，制动器使其在制动力的作用下得以保持原位，不继续运动，以免发生事故或危险，例如提升机构。

(2) 制动器的分类、特点与应用

① 按工作状态分类，可分为常闭式与常开式

a. 常闭式：通常靠弹簧或重力作用常处于制动状态，而机械设备需运行时松开（如卷扬机、起重机的起升机构等）；

b. 常开式：常处于松闸状态，需制动时操纵制动器施加外力进入制动状态（如运输车辆、起重机的运行机构等）。

② 按操纵方式分，有人力操纵、电磁铁操纵、电力液压操纵以及液力操纵和气动操纵。人力操纵和电磁铁操纵用于制动转矩不太大的场合，电磁铁操纵又分直流电磁铁操纵和交流电磁铁操纵。电力液压操纵的推动器自备电机和液压系统。

③ 按结构型式可分为摩擦式［如块（鼓）式、蹄式、盘式、带式等］和非摩擦式（如磁粉式、磁涡流式等）详见表 7-4-1。

表 7-4-1

分 类			特 点 及 应 用
摩擦式制动器	外抱块（鼓）式	长行程块式	简单可靠，散热好。瓦块有充分和较均匀的退距，调整间隙方便，对于直形制动臂，制动转矩大小与转向无关，制动轮轴不受弯曲作用力。但包角和制动转矩小，制造比带式制动器复杂，杠杆系统复杂，外形尺寸大。应用较广，适于工作频繁及空间较大的场合
		短行程块式	弯形制动臂在制动时，使制动轮轴附加弯曲作用力 ΔF_0（见表 7-4-7）
	内张蹄式	双蹄式	两个内置的制动蹄在径向向外挤压制动鼓，产生制动转矩。结构紧凑，散热性好，密封容易。可用于安装空间受限制的场合，广泛用于轮式起重机，各种车辆如汽车、拖拉机等的车轮中
		多蹄式	

分 类			特 点 及 应 用
摩擦式制动器	带式	简单带式 差动带式 综合带式	构造简单紧凑。包角大(可超过 2π),制动转矩大。制动轮轴受较大的弯曲作用力,制动带的压强和磨损不均匀(按 $e^{\mu\alpha}$ 规律进行),且受摩擦因数变化的影响较大,散热差。简单和差动带式制动器的制动转矩大小均与旋转方向有关,限制了应用范围。适于要求结构紧凑的场合,如用于移动式起重机中
	盘式	点盘式(固定卡钳、浮动卡钳) 全盘式(单盘、多盘、载荷自制) 锥盘式(单盘、载荷自制)	利用轴向压力使圆盘或圆锥形摩擦表面压紧,实现制动。制动轮轴不受弯曲。构造紧凑。与带式制动器比较其磨损均匀。制动转矩大小与旋转方向无关,制成封闭形式防尘防潮。摩擦面散热条件次于块式和带式,温度较高。可采用多组布置,又可控制液压,使制动转矩可调性好。适于应用在紧凑性要求高的场合,如车辆的车轮和电动葫芦中。大载荷自制盘式制动器靠重物自重在机构中产生的内力制动,它能保证重物在升降过程中平稳下降和安全悬吊。主要用于提升设备及起重机械的起升机构中
非摩擦式制动器	磁粉式		利用磁粉磁化时所产生的剪力来制动。体积小,重量轻,励磁功率小且制动转矩与转动件的转速无关。磁粉会引起零件磨损。适用于自动控制及各种机器的驱动系统中
	磁涡流式		坚固耐用,维修方便,调速范围大。但低速时效率低,温升高,必须采取散热措施。常用于有垂直载荷的机械中(如起重机械的起升机构),吸收停车前的动能,以减轻停止式制动器的载荷

2　制动器的选择与设计

2.1　制动器的选择与设计步骤

制动器的选择,应根据使用要求与工作条件确定。选择时一般应考虑以下几点。

① 要考虑工作机械的工作性质和条件。对于起重机械的提升机构,必须采用常闭式制动器,对于水平行走的车辆等设备,为了便于控制制动力矩的大小和准确停车,多采用常开式制动器。对于安全性有高度要求的机械,需设置双重制动器。如运送熔化金属或易燃、爆炸物品的起升机构,规定必须装两个制动器,每个制动器都能单独安全地支持铁水包等运送物品不致坠落。再如矿井提升机,除在高速轴上设置制动器外,还在卷筒或绳轮上设置安全制动器。对于重物下降制动(即滑摩式制动)则应考虑散热,它必须具有足够的散热面积,使其将重物位能所产生的热量散出去。

② 要考虑合理的制动转矩。用于起重机起升机构支持的制动器,或矿井提升机的安全制动器,制动转矩必须有足够的储备,即应有一定的安全系数;用于水平行走的机械车辆等,制动转矩以满足工作要求为宜(满足一定的制动距离或时间,或车辆不发生打滑),不可过大,以防止机械设备的振动或零件的损坏。

③ 要考虑安装地点的空间大小。当安装地点有足够的空间,可选用外抱式制动器,空间受限制处,可采用内蹄式、带式或盘式制动器。

④ 选用电磁式制动器时,应根据通电持续率(JC%)选用相应的制动转矩。

选用标准制动器,应以计算制动转矩 T 为依据,参照标准制动器的制动转矩 T_e,使 $T \leqslant T_e$。选出标准型号后,必要时进行验算。

现在许多离合器可用作制动器，扩大了制动器的选用范围。有的离合器与制动器成一体实现两种功能。

在设计工作中，有时需要自行设计制动器，其主要设计步骤如下：

① 根据机械的运转情况，计算出制动轴上的载荷转矩，再考虑安全系数的大小，以及对制动距离（时间）的要求等具体情况，算出制动轴上需要的计算制动转矩；

② 根据需要的计算制动转矩和工作条件，选定合适的制动器的类型和结构，并画出传动图；

③ 按摩擦元件的退距求出松闸推力和行程，用以选择或设计松闸器；

④ 对主要零件进行强度计算，其中制动臂和传力杠杆等还应进行刚度验算；

⑤ 对摩擦元件进行发热验算。

2.2 制动转矩的确定

根据被制动对象的运动状态，可分为水平移动制动与垂直移动制动。制动转矩 T 的计算见表 7-4-2。常用旋转体转动惯量的计算公式见表 1-1-83。

表 7-4-2　　　　　　　　　　　　　　　　制动转矩的计算

计算内容		计　算　公　式	单　位	说　　　明
计算制动转矩	水平制动	被制动的只是惯性质量，如车辆的制动 $$T = T_t - T_f$$	N·m	T_t ——载荷转矩，此处为换算到制动轴上的传动系统惯性转矩，N·m T_f ——换算到制动轴上的总摩擦阻力转矩，N·m
	垂直制动	被制动的有惯性质量和垂直载荷，而垂直载荷是主要的，惯性转矩可略去（因有较大的安全系数），如提升设备其制动应保证重物能可靠悬吊 $$T = T_t S$$ $$T_t = \frac{T_1}{i}\eta$$	N·m	T_t ——换算到制动轴上的载荷转矩，N·m T_1 ——垂直载荷对载荷轴的转矩，N·m i ——制动轴到载荷轴的传动比 η ——从制动轴到载荷轴的机械效率 S ——保证重物可靠悬吊的制动安全系数（见表 7-4-3）
载荷转矩	水平制动	$$T_t = \frac{E_p + E_g}{\varphi}$$ $$E_p = \frac{J_{eqp}(\omega_1^2 - \omega_0^2)}{2}$$ $$E_g = \frac{m(v_1^2 - v_0^2)}{2}$$	N·m	φ ——制动轴在制动时的转角，rad E_p ——换算到制动轴上的所有旋转质量的动能与制动轴系旋转动能之和，N·m E_g ——换算到制动轴上的所有直动质量的动能，N·m J_{eqp} ——换算到制动轴上的及制动轴本身的旋转质量的等效转动惯量，kg·m^2 ω ——制动轴角速度，rad/s m ——直动部分质量，kg v ——直动部分速度，m/s 下角 1 和 0 分别表示制动开始和终了
	垂直制动	$$T_t = \frac{mgD_0}{2ia}\eta$$	N·m	m ——重物质量与吊具质量之和，kg D_0 ——卷筒计算直径，m a ——滑轮组倍率 i ——制动轴到卷筒轴的传动比 η ——制动轴到卷筒轴的机械效率 g ——重力加速度，m/s^2

计算内容	计 算 公 式	单 位	说 明
传动系统的等效转动惯量	制动轴上的总等效转动惯量 $$J_{eq}=J_{eqp}+J_{eqg}$$ $$J_{eqp}=\sum\left[J/i_{(1-j)}^2\right]$$ $$J_{eqg}=\dfrac{mv^2}{4\pi^2n^2}$$ 等效转动惯量计算图 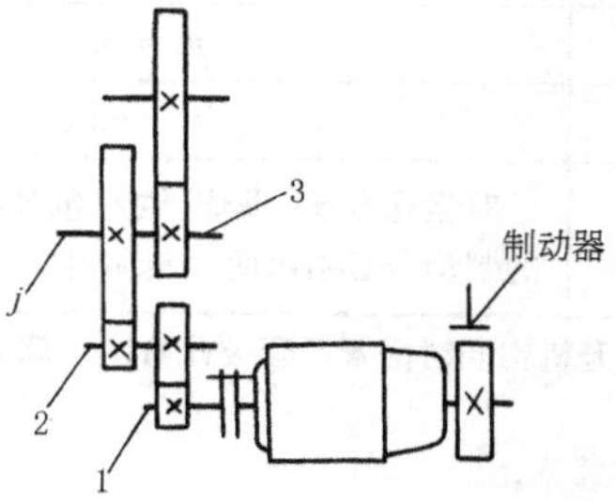 制动器装在高速轴上,常用的近似公式 $$J_{eqp}=(1.1\sim1.2)J_1$$ 旋转轴轴线不通过旋转体的重心时 $$J=J_0+ml^2$$	kg·m²	J_{eqp}——旋转部分的等效转动惯量,kg·m² J——传动系统中任意轴 j 的转动惯量,kg·m² $i_{(1-j)}$——传动系统中制动轴 1 到轴 j 的传动比,$i_{(1-j)}=n_1/n_j$ J_{eqg}——直动部分的等效转动惯量,kg·m² m——直动部分的质量,kg v——直动部分速度,m/min n——制动轴转速,r/min J_1——高速轴即制动轴上的总转动惯量,kg·m² J_0——旋转体绕重心轴的转动惯量,kg·m² m——旋转体质量,kg l——旋转体重心到旋转轴线的距离,m
给定条件下的载荷转矩	给定制动时间 $$T_t=\dfrac{4gJ_{eq}(n_1-n_0)}{375t}$$ 对于水平移动车辆,为保证制动时车轮不打滑,应使 $$ma<\mu m_1g,\ 即\ a<\dfrac{m_1}{m}\mu g$$ 则制动时间 $\quad t=\dfrac{v_1-v_0}{a}$	N·m s	在时间 t 秒内将制动轴的转速从 n_1 减至 n_0 要求完全制动时,$n_0=0$ n_1,n_0——制动轴制动开始与终了的转速,r/min m——车辆总质量,kg m_1——车辆分配到制动轴上的质量,kg μ——车轮与路面(或轨道)间的摩擦因数 v_1,v_0——车辆制动开始和终了的平移速度,m/s a——制动时的减速度,m/s² g——重力加速度,$g=9.81$m/s²
	给定制动轴转角 $$T_t=\dfrac{4gJ_{eq}(n_1^2-n_0^2)}{7160\varphi}$$	N·m	在制动轴转角 φ 内将制动轴的转速从 n_1 减至 n_0 要求完全制动时 $n_0=0$ φ——制动轴转角,rad
	给定制动距离 $$T_t=\dfrac{4gJ_{eq}(n_1^2-n_0^2)R}{7160Li}$$ 如制动开始和终了时的车速为 v_1 和 v_0(m/min),则 $$T_t=\dfrac{4gJ_{eq}i(v_1^2-v_0^2)}{283000LR}$$ 当 v_1、v_0 的单位为 m/s 时,则 $$T_t=\dfrac{4gJ_{eq}i(v_1-v_0)}{78.6LR}$$ 要求完全制动时,n_0 和 v_0 为零,亦可用下式 $$T_t=\dfrac{4gJ_{eq}v_1n_1}{45000L}$$	N·m	在车辆等行走 L 距离内将制动轴的转速从 n_1 减至 n_0 R——车轮半径,m i——制动轴到车轮轴的传动比 L——给定制动距离,m

表 7-4-3　　　　　　　　　　　　　　　　制动安全系数 S 推荐值

设　备　类　型			S	备　　　　注
矿井提升机			3	
起重机械的起升机构	驱动型式	机构工作级别		
	人力驱动	M_1(轻级)	1.5	JC≈15%
	动力驱动	M_1、M_2、M_3、M_4(轻级)	1.5	JC≈15%
		M_5(中级)	1.75	JC≈25%
		M_6、M_7(重级)	2.0	JC≈40%
		M_8(特重级)	2.5	JC≈60%
	双制动*中的每一台制动器		1.25	对运送易燃、爆炸、铁水包等物品的起升机构的制动器必须用两台制动器

注：1. *表示一套起升机构同时配备两台制动器的情况。如果一套起升机构同时配置两套彼此有刚性联系的驱动装置，每套装置有两台制动器时，每台制动安全系数不低于 1.1。

2. JC 值为 10min 内，机构的工作时间与整个工作周期之比，即通电持续率。

2.3　制动器的发热验算

对于停止式制动器和其他发热不大的制动器，可按表 7-4-5 的推荐值校核其压强 p 和 pv 值就可以；对于下降制动（即滑摩式）或在较高环境温度下频繁工作的制动器需要进行发热验算，主要是计算摩擦面在制动过程中的温度是否超过许用值。摩擦面温度过高时，摩擦因数会降低，不能保持稳定的制动转矩，并加速摩擦元件的磨损。起重机工作级别为 $M_1 \sim M_6$ 的机构，按所需制动转矩选择的标准制动器，当每小时制动次数不大于 150 次时，不需进行发热计算。

2.3.1　热平衡通式

对于滑摩式制动器和高温频繁工作的制动器的热平衡计算如下

$$Q \leqslant Q_1 + Q_2 + Q_3$$

式中　Q ——制动器工作 1 小时所产生的热量，kJ/h；

　　　Q_1 ——每小时辐射散热量，

$$Q_1 = (\beta_1 A_1 + \beta_2 A_2)\left[\left(\frac{T_1}{100}\right)^4 - \left(\frac{T_2}{100}\right)^4\right] \quad (\text{kJ/h})；$$

　　　Q_2 ——每小时自然对流散热量，

$$Q_2 = \alpha_1 A_3 (t_1 - t_2)(1 - \text{JC}) \quad (\text{kJ/h})；$$

　　　Q_3 ——每小时强迫对流散热量，

$$Q_3 = \alpha_2 A_4 (t_1 - t_2) \text{JC} \quad (\text{kJ/h})；$$

　　　β_1 ——制动轮光亮表面的辐射系数，通常可取

$$\beta_1 = 5.4 \text{kJ}/(\text{m}^2 \cdot \text{h} \cdot ℃)；$$

　　　β_2 ——制动轮暗黑表面的辐射系数，通常取

$$\beta_2 = 18 \text{kJ}/(\text{m}^2 \cdot \text{h} \cdot ℃)；$$

　　　A_1 ——制动轮光亮表面的面积，m^2；

　　　A_2 ——制动轮暗黑表面的面积，m^2；

　　　T_1，T_2 ——热力学温度，K，

$$T_1 = 273 + t_1$$
$$T_2 = 273 + t_2；$$

　　　t_1 ——摩擦材料的许用温度（表 7-4-5），℃；

t_2——周围环境温度的最高值，一般可取 30~35℃；

α_1——自然对流系数，$\alpha_1 = 20.9 kJ/(m^2 \cdot h \cdot ℃)$；

α_2——强迫对流系数，$\alpha_2 = 25.7 v^{0.73} kJ/(m^2 \cdot h \cdot ℃)$；

v——散热圆环面的圆周速度，m/s；

A_3——扣除制动带（块）遮盖后的制动轮外露面积，m^2；

A_4——散热圆环面的面积，m^2；

JC——工作率，见表 7-4-3 注 2。

2.3.2 提升设备和平移机构制动器的发热量

① 提升设备制动器的发热量

$$Q = \left[m_1 g s \eta + \frac{1.2 J n^2}{182.5} \right] Z_0 A \quad (kJ/h)$$

② 平移机构制动器的发热量

$$Q = \left[\frac{m_2 v^2}{2} \eta + \frac{1.2 J n^2}{182.5} - \frac{F_r v}{2} t \eta \right] Z_0 A \quad (kJ/h)$$

式中 m_1——平均提升质量，kg；

m_2——直线运动部分的质量，kg；

s——平均制动行程，m；

η——机械效率；

J——换算到制动轴上的所有旋转质量的转动惯量，$kg \cdot m^2$；

n——电动机转速，r/min；

A——热功当量 $A = \frac{1}{1000}$ kJ/(N·m)；

Z_0——制动器每小时的工作次数；

F_r——运行阻力，N；

t——制动时间，s；

g——重力加速度，$g = 9.8 m/s^2$；

v——运行速度，m/s。

③ 对于某些设备，还应按下式校核制动轮一次制动的温升是否超过许用值。

即

$$t = \frac{T_t \varphi}{1000 mc} \leqslant 15 \sim 50℃$$

式中 φ——制动过程转角，rad；

m——制动轮质量，kg；

T_t——载荷转矩，N·m；

c——制动轮材料的比热容，对钢和铸铁取 $c = 0.523 kJ/(kg \cdot ℃)$，对硅铝合金取 $c = 0.879 kJ/(kg \cdot ℃)$。

2.4 摩擦材料

用于制动器的摩擦材料，通常在很高的剪力和温度条件下工作。要求这类材料能吸收动能，并将动能转化为热散发到空气中。其工作温度和温升速度是影响性能的主要因素，制动器工作时，吸收的能量越大，完成的制动时间越短，则温升越高。摩擦材料的工作温度如超过其许用工作温度，性能会显著恶化。对摩擦材料的基本要求如下：

① 摩擦因数高而稳定，具有良好的恢复性能；

② 耐磨性好，允许压强大，又不损伤对偶材料；

③ 有一定的耐油、耐湿、抗腐蚀及抗胶合性能；

④ 有一定的机械强度和良好的制造工艺性。

在摩擦面上开槽可以储集侵入的灰尘等脏物而减轻磨损。

第 7 篇

摩擦材料的种类

表 7-4-4

类别	基材	黏合剂	硬度(HBS) 20℃时	硬度(HBS) 60℃时	抗剪强度/MPa	抗压强度/MPa	摩擦因数(干式)	工作温度	线胀系数 20~500℃ / 磨损率 布	磨损率 绒	主要特性及用途
金属粉末冶金材料	铜基粉末	烧结	18~20	25~28	93~117	245~274	0.25~0.35		$17.6\times10^{-6}\sim22\times10^{-6}$		高速、高温时摩擦因数稳定且较高，耐高温、耐磨，许用压强可达2.74~3.92MPa。多用于重载荷的盘式制动器和重型汽车制动器
	铁基粉末	烧结		50~150		294~686	0.2~0.6				
石棉制品及其牌号　100	石棉绒、石棉布、带	橡胶或树脂	布氏硬度/N·cm^{-2}：80±20		冲击强度/N·m·cm^{-2}：≥196	吸水(油)率/%：≤0.3(0.5)	0.42/0.35/—	120℃/250℃/300℃	磨损率/mm·(30min)$^{-1}$：0.05	0.16	石棉纤维掺以一定的棉花，按需要在纺织时加入锌丝或铜丝织成布或带，再经黏合剂和充填物混合浸渍、干燥、热压制成。石棉绒的制法与石棉布类似，但不织成布，是将绒经黏合，加添加剂经热压而成。这类制品各牌号分别制成轻、中、重型机械制动器
274			350±50		≥39.2	≤0.5	0.45/0.40/—		0.04	0.07	
307			250±50		≥39.2	≤0.5	0.45/0.45/—		0.04	0.07	
507			380±50		≥49	≤0.4	0.5/—/0.45		0.04	0.09	
513			100±20		≥78.4	≤0.4	0.48/—/0.47		0.03	0.09	
碳-碳摩擦材料	碳纤维	树脂烧结	是新型摩擦材料，以碳纤维做增强剂，用有机高分子化合物黏结后焙烧而成。耐热性能好(可达800~1000℃)，耐磨损，密度小，单位面积吸收功率高，在摩擦材料中性能最好								用于飞机制动器的摩擦材料
烧结陶瓷	无机物	烧结	—								用于超音速飞机、超重载荷制动器的摩擦材料

摩擦副计算用数据（推荐值）

表 7-4-5

摩擦材料	对摩材料	块式制动器 停止式 p_p	块式制动器 停止式 $(pv)_p$	块式制动器 滑摩式① p_p	块式制动器 滑摩式① $(pv)_p$	带式制动器 停止式 p_p	带式制动器 停止式 $(pv)_p$	带式制动器 滑摩式 p_p	带式制动器 滑摩式 $(pv)_p$	盘式制动器 干式 p_p	盘式制动器 干式 $(pv)_p$	盘式制动器 湿式 p_p	盘式制动器 湿式 $(pv)_p$	摩擦因数 μ 干式	摩擦因数 μ 湿式	许用温度 t/℃
铸铁	钢	2	5	1.5	2.5	1.5	2.5	1	1.5	0.2~0.3	—	0.6~0.8	—	0.17~0.2	0.06~0.08	260
钢	钢或铸铁	2		1.5		1.5		1		0.2~0.3	—	0.6~0.8	—	0.15~0.18	0.06~0.08	260
青铜	钢	—		—		—		—		0.2~0.3	—	0.6~0.8	—	0.15~0.2	0.06~0.11	150
石棉树脂②	钢	0.6	5	0.3	2.5	0.6	2.5	0.3	2.5	0.2~0.3	—	0.6~0.8	1.4	0.35~0.4	0.10~0.12	250
石棉橡胶	钢	—	5	—	2.5	0.6	2.5	0.3	2.5	—	—	—	1.4	0.4~0.43	0.12~0.16	250
石棉铜丝	钢	—	5	—	2.5	0.6	2.5	0.3	2.5	—	—	—	1.4	0.33~0.35	—	—
石棉浸油	钢	0.6	5	—		0.6	2.5	0.3	2.5	0.2~0.3	—	0.6~0.8	1.4	0.3~0.35	0.08~0.12	250
石棉塑料	钢	0.6	5	0.4	2.5	0.6	2.5	0.3	2.5	0.4~0.6	—	1.0~1.2	1.4	0.35~0.45	0.15~0.20	250

①此处为通称，垂直制动时称下降式。②即石棉树脂刹车带。

注：p_p 为许用压强，单位为 MPa；$(pv)_p$ 为许用值，单位为 MPa·m/s。

3 瓦块（鼓）式制动器

3.1 瓦块（鼓）式制动器的分类、特点和应用

表 7-4-6

分　类	特　点	应　用　范　围
短行程交流电磁铁制动器（如 TJ_2）	结构简单、体积小、质量轻、动作快、冲击大、噪声大、易烧线圈，寿命短、有剩磁现象，电磁铁可靠性低、无防爆型	用于短时不频繁操作、工作载荷较低的场合，频繁制动、潮湿有灰尘的场合，怕噪声的场合不宜选用。现应用较少，逐步被电力液压块式与盘式制动器代替
短行程直流电磁制动器（如 MW 原 GB 6334 的 ZWZ，A，C 型）	结构简单、质量轻、动作快，有冲击，稳定可靠，耐用性较好	用于频繁操作，连续点动和工作环境较恶劣的场合。要求工作可靠性高，如轧钢机械等
长行程交流电磁铁制动器（如原 JB/ZQ 4387 的 JCZ）	制动较快，剩磁小，动作可靠，结构复杂，质量较大，效率低，冲击大，噪声大，可靠性低，耐用性差	用于中等工作载荷、操作不频繁的场合。怕振动、噪声、制动频繁的场合，将逐步被淘汰，用电力液压块式制动器与盘式制动器代替
长行程直流电磁铁制动器（如原 GB 6334 的 ZWZ，B 型）	冲击小，寿命长，可靠性高，制动平稳，动作慢，质量和尺寸均大，耗电量大	用于平稳、操作不频繁、容量大的场合
液压推杆制动器（如 YW、YWZ 等）	动作稍慢、平稳、噪声小，寿命长，尺寸小，质量轻，不易漏油，省电，无直流型，防爆困难	用于不需快速制动的场合，是应用广泛的块式制动器，可用于操作 720~1200 次/h 的场合，在运输机械、轧钢机械、矿山机械、石油机械都有广泛的应用
液压电磁制动器（如 YDWZ 型）	动作平稳迅速。寿命长，噪声小，能自动补偿闸瓦的磨损，不需经常调整及维护，需配用硅整流器及控制器，要求维修工人技术水平较高，精度较高的场合，成本较高	用于频繁制动及工作要求较高的场合（接电次数每小时可达 900 次），部分已被电力液压块式制动器代替

3.2 块（鼓）式制动器的设计计算

3.2.1 弹簧紧闸长行程块式制动器

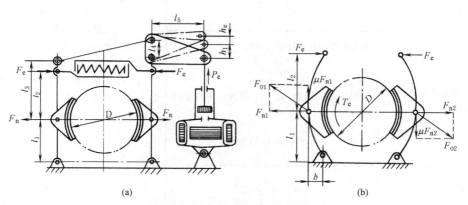

(a)　　　　　　　　　　　　　　(b)

表 7-4-7　　　　　　　　　　　　　　长行程块式制动器的设计计算

计　算　内　容	公式或说明	计　算　内　容	公式或说明
额定制动转矩 $T_e/N \cdot m$（应等于计算制动转矩 T）	给定值	摩擦副间的摩擦因数 μ	见表 7-4-5
制动轮直径 D/m	参照现有产品选取	驱动装置到制动瓦的效率 η	0.9~0.95

续表

计 算 内 容	公式或说明	计 算 内 容	公式或说明
驱动装置额定推力 P_e/N	选定	制动瓦退距 ε/mm	见表 7-4-8
驱动装置额定行程 h_e/mm	按选定的驱动装置定	制动瓦允许磨损量 Δ/mm	根据要求
驱动装置补偿行程 h_1/mm	按选定的驱动装置定	制动瓦额定正压力 F_n/N	直形臂（图a）	$F_n = \dfrac{T_e}{\mu D}$
总杠杆比 i	$i = i_1 i_2 = \dfrac{l_1+l_3}{l_1} \times \dfrac{l_5}{l_4}$			
驱动装置到主弹簧的杠杆比 i_1	$i_1 = \dfrac{l_1+l_3}{l_1+l_2} \times \dfrac{l_5}{l_4}$	制动瓦额定正压力 F_n/N	弯形臂（图b）	$F_{n1} = \dfrac{T_e}{\mu D} \times \dfrac{l_1+\mu b}{l_1}$
弹簧到闸瓦的杠杆比 i_2	$i_2 = \dfrac{l_1+l_2}{l_1}$	弯形臂使制动轮轴产生弯矩的作用力 ΔF_0/N	$\Delta F_0 = \dfrac{2T_e b}{D l_1} \sqrt{1+\mu^2}$	

表 7-4-8 **块式制动器的制动瓦退距和摩擦片厚度** mm

制动轮直径 D	100	200	300	400	500	600	700	800
制动瓦退距 ε	0.5~1.1	0.6~1.2	0.7~1.4	0.8~1.6	0.9~1.8	1.0~2.0	1.2~2.1	1.4~2.2
摩擦片厚度 δ	8	8	8	10	10	10	12	12

注：ε 值中前一值是开始值，后一值是最终值，设计时应尽量靠近小值。

表 7-4-9 **长行程块式制动器紧闸主弹簧的计算**

计 算 内 容	公 式	说 明
额定工作力 F_e/N	$F_e = \dfrac{F_n}{i_2 \eta'}$	K_h——行程利用系数，对电磁液压推动器，$K_h = 1$ 对其他推动器，$K_h = 0.5~0.6$
与闸瓦磨损量对应的弹簧伸长量 L'/mm	当驱动装置有补偿行程时 $$L' = 0.95\frac{h_1}{i_1}$$ 当利用额定行程 h_e 的一部分作为补偿行程时 $$L' = 0.95(1-K_h)\frac{h_e}{i_1}$$	L_0——主弹簧自由长度，mm C——主弹簧刚度，N/mm η'——弹簧到闸瓦间的机械效率 0.9~0.95 i_1, i_2——见表 7-4-7 F_n——制动瓦额定正压力（见表 7-4-8）
安装长度 L_1/mm	$L_1 = L_0 - \left(\dfrac{F_e}{C} + L' \right)$	
安装力 F_1/N	$F_1 = F_e + CL'$	
最大工作力 F_{emax}/N	$F_{emax} = F_e + C\left(L' + \dfrac{K_h h_e}{i_1} \right)$	

表 7-4-10 长行程块式制动臂的计算

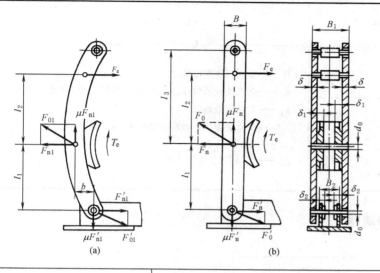

M_1 —— 弯矩, N·mm

W_1 —— 截面系数, mm³

K —— 动载系数 (见表 7-4-12)

F_1 —— 安装力 (见表 7-4-9)

δ —— 制动臂厚度, mm

B —— 制动臂宽度, mm

d_0 —— 制动臂销轴孔径, mm

l_1, l_2 —— 长度, mm

σ_p —— 许用弯曲应力,

$\sigma_p = 0.4\sigma_s$,

对于 Q235,

$\sigma_p = 88$ MPa

p_{sp} —— 许用静压强,

对于 Q235,

$p_{sp} = 12 \sim 16$ MPa

p_{dp} —— 许用动压强,

对于 Q235,

$p_{dp} = 8 \sim 9$ MPa

计 算 内 容	计 算 公 式
制动臂弯曲应力 σ, MPa (危险截面在制动瓦销轴孔处)	$\sigma = \dfrac{KM_1}{2W_1} = \dfrac{3KF_1 l_2 B}{\delta(B^3 - d_0^3)} \leqslant \sigma_p$
制动臂销轴孔压强 p_1 /MPa	$p_1 = \dfrac{KF_1 \sqrt{1+\mu^2}}{2\delta d_0} \cdot \dfrac{(l_1 + l_2)}{l_1} \leqslant p_{sp}$
底座销轴孔压强 p_2 /MPa	$p_2 = \dfrac{Kp_1 \sqrt{\left(\dfrac{l_2}{l_1+l_2}\right)^2 + \mu^2}}{2\delta d_0} \cdot \dfrac{(l_1 + l_2)}{l_1} \leqslant p_{dp}$

表 7-4-11 长行程块式制动器制动瓦的计算 (见表 7-4-10 图)

计 算 内 容	计 算 公 式	说 明
制动块摩擦面压强 p_3 /MPa	$p_3 = \dfrac{2F_1}{DB_2\beta} \times \dfrac{l_1+l_2}{l_1} \leqslant p_p$	D —— 制动轮直径, mm δ_1 —— 制动瓦销轴孔长, mm B_2 —— 制动瓦宽, mm β —— 制动块包角, rad 一般取 $\beta = 70°$ 或 $88°$ p_p —— 许用压强 (见表 7-4-5)
制动瓦销轴孔压强 p_4 /MPa	$p_4 = \dfrac{KF_1 \sqrt{1+\mu^2}}{2\delta_1 d_0} \times \dfrac{l_1+l_2}{l_1} \leqslant p_{sp}$	p_{sp} —— 许用静压强, 见表 7-4-10 d_0 —— 制动臂销轴孔径, mm l_1, l_2 —— 长度, mm

表 7-4-12 采用不同驱动装置时制动器的动载系数

驱动装置	短行程电磁铁	长行程电磁铁	直流电磁铁	电磁液压推杆	电力液压推杆
动载系数 K	2.5	2.0	1.5	1.25	1.0

表 7-4-13 弹簧紧闸长行程块式制动器驱动装置松闸力的计算（见表 7-4-7、表 7-4-9、表 7-4-10）

计 算 内 容	计 算 公 式	说　　明
启动力 F_g/N	$F_g = \dfrac{K_1 F_1}{i_1 \eta''} \leqslant P_e$	P_e ——驱动装置额定推力 K_1 ——吸合安全系数，$K_1 = 1.1 \sim 1.2$（松闸振动大者取大值） K_2 ——吸持安全系数，$K_2 = 1.3 \sim 2.5$（振动大者取大值） η'' ——驱动装置到主弹簧的效率，$\eta'' = 0.94 \sim 0.97$ ε ——见表 7-4-8 F_1 ——安装力（见表 7-4-9）
保持力 F_b/N	$F_b = \dfrac{K_2 F_{emax}}{i_1 \eta''}$	
行程 h/mm	$h = 2.2\varepsilon i \leqslant K_h h_e$	

3.2.2　弹簧紧闸短行程块式制动器

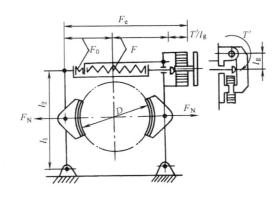

表 7-4-14

计 算 内 容		计 算 公 式	说　　明
主弹簧	杠杆比 i	$i = \dfrac{l_1 + l_2}{l_1}$	F_0 ——辅助弹簧工作力，取 $F_0 = 20 \sim 80$N T' ——驱动装置转动部分质量产生的力矩，见有关产品目录，N·m D ——制动轮直径，m l_g ——长度，m 　　　应使 $T_g \leqslant T'_g$，N·m T'_g ——驱动装置额定力矩，N·m C ——主弹簧刚度，N/mm h_e ——额定推杆行程，mm φ_e ——驱动装置额定转角，rad K_h ——行程利用系数，$0.5 \sim 0.6$ 　　　应使 $F_g \leqslant F_d$ F_d ——直动式电磁铁额定输出力，N K_1, K_2 ——见表 7-4-13 ε ——见表 7-4-8 T_e ——额定制动转矩是给定值，见表 7-4-7
	机械效率 η	$\eta = 0.9 \sim 0.95$	
	紧闸力 F/N	$F = \dfrac{T_e}{\mu D \eta i}$	
	额定工作力 F_e/N	$F_e = F + F_0 + \dfrac{T'}{l_g}$	
转动式电磁铁	启动力矩 T_g/N·m	$T_g = \dfrac{F_e + 0.95C(1-K_h)h_e}{\eta} l_g$	
	转角 φ/rad	$\varphi = \dfrac{2.2\varepsilon i}{1000 l_g} \leqslant K_h \varphi_e$	
直动电磁铁	启动力 F_g/N	$F_g = \dfrac{K_1 [F_e + 0.95C(1-K_h)h_e]}{\eta}$	
	保持力 F_b/N	$F_b = K_2 [F_e + C(0.95h_e + 0.05K_h h_e)]$	
	行程 h/mm	$h = 2.2\varepsilon i \leqslant K_h h_e$	

3.3 常用块（鼓）式制动器的主要性能与尺寸

3.3.1 电力液压鼓式制动器

YWZ₄ 系列电力液压鼓式制动器

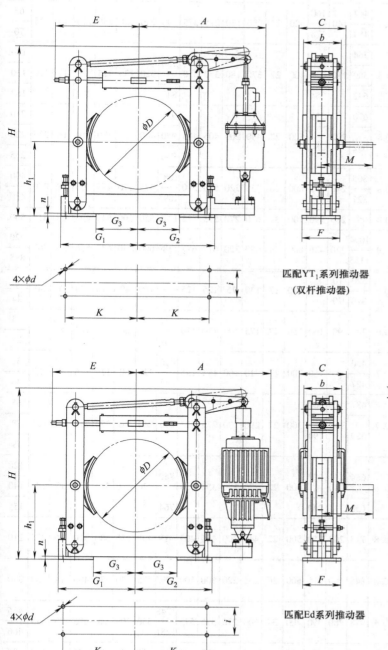

匹配YT₁系列推动器
（双杆推动器）

匹配Ed系列推动器

应用与特点

1. 用于起重、运输、冶金、矿山、港口码头、建筑机械等驱动装置的减速或停车制动。

2. 主要摆动铰接点装有自润滑轴承，使用中无需润滑。

3. 无石棉制动衬垫。制动衬垫安装型式有铆接式和插入式，订货时应说明。

使用条件

1. 环境温度：−20～50℃。

2. 空气相对湿度不大于90%。

3. 使用地点海拔高度不超过1000m。

4. 使用环境不得有易燃易爆及腐蚀气体。

5. 电动机：三相交流50Hz、380V连续（S_1）和断续（S_3）工作制符合GB 755—2008。

符合标准

制动力矩参数及安装尺寸符合JB/ZQ 4388—2006；技术要求符合JB/T 6406—2006。

型号意义及示例

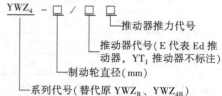

$$YWZ_4 - \square / \square \ \square$$

└─ 推动器推力代号

└─ 推动器代号（E 代表 Ed 推动器，YT₁ 推动器不标注）

└─ 制动轮直径（mm）

└─ 系列代号（替代原 YWZ_B、YWZ_{4B}）

示例：1. 轮径 φ400mm，推动器为 YT₁-90Z/8，标记为 YWZ₄-400/90

2. 轮径 φ400mm，推动器为 Ed50/6，标记为 YWZ₄-400/E50

表 7-4-15 YWZ₄ 技术参数及外形尺寸 /mm

第 7 篇

制动器型号	匹配推动器	制动力矩/N·m	退距 ε	A	b	C	D	d	E	F	G₁	G₂	H	h₁	i	K	M	n	G₃	质量/kg
YWZ₄-100/18	YT₁-18ZB/2	40	0.6	269	70	137	100	13	130	75	125	125	384	100	40	110	144	6	50	20
YWZ₄-150/25	YT₁-25ZB/4	100	0.6	307	90	154	150	17	175	100	170	170	437	140	60	150	144	8	70	26
YWZ₄-200/25	YT₁-25ZB/4	200	0.7	347	90	154	200	17	210	100	195	195	437	170	60	175	156	8	95	30
YWZ₄-300/25	YT₁-25ZC/4	320	0.7	447	140	160	300	22	290	130	275	275	590	240	80	250	210	10	125	63
YWZ₄-300/45	YT₁-45Z/6	630	0.7	459	140	178	300	22	290	130	275	275	590	240	80	250	210	10	125	70
YWZ₄-400/45	YT₁-45Z/6	1000	0.8	564	180	220	400	22	370	180	350	350	750	320	130	325	275	12	190	120
YWZ₄-400/90	YT₁-90Z/8	1600	0.8	580	180	220	400	22	370	180	350	350	750	320	130	325	275	12	190	130
YWZ₄-400/125	YT₁-125Z/10	2200	0.8	632	180	254	400	22	370	180	350	350	847	320	130	325	279	12	190	167
YWZ₄-500/90	YT₁-90Z/8	2500	0.8	670	200	250	500	22	440	200	405	405	919	400	150	380	310	16	225	210
YWZ₄-500/125	YT₁-125Z/10	2650	0.8	692	200	254	500	22	440	200	405	405	940	400	150	380	310	16	225	220
YWZ₄-500/180	YT₁-180Z/10	3000	0.8	692	200	254	500	22	440	200	405	405	946	400	150	380	310	16	225	235
YWZ₄-600/90	YT₁-90Z/8	3200	0.8	805	240	315	600	26	555	220	500	500	1087	475	170	475	400	18	250	400
YWZ₄-600/180	YT₁-180Z/12	5000	0.8	827	240	315	600	26	555	220	500	500	1095	475	170	475	400	18	250	430
YWZ₄-700/180	YT₁-180Z/12	8000	0.8	957	280	390	700	34	600	270	575	575	1248	550	200	540	495	25	315	500
YWZ₄-800/180	YT₁-180Z/12	10000	0.9	1094	320	436	800	34	680	320	677	677	1389	600	240	620	556	25	367	720
YWZ₄-800/320	YT₁-320Z/12	12500	0.9	1155	320	436	800	34	680	320	677	677	1389	600	240	620	556	25	367	885
YWZ₄-100/E23	Ed23/5	40	0.6	320	70	160	100	13	130	75	125	125	377	100	40	110	144	6	50	21
YWZ₄-100/E30	Ed30/5	100	0.6	340	70	160	100	13	130	75	125	125	442	100	40	110	144	6	50	24
YWZ₄-150/E23	Ed23/5	100	0.6	347	90	160	150	17	175	100	170	170	437	140	60	150	144	8	70	25
YWZ₄-150/E30	Ed30/5	120	0.6	347	90	160	150	17	175	100	170	170	461	140	60	150	144	8	70	29
YWZ₄-200/E23	Ed23/5	200	0.7	430	90	160	200	17	210	100	195	195	436	170	60	175	156	8	95	31
YWZ₄-200/E30	Ed30/5	230	0.7	427	90	160	200	17	210	100	195	195	468	170	60	175	156	8	95	34
YWZ₄-300/E30	Ed30/5	320	0.7	487	140	160	300	22	290	130	275	275	595	240	80	250	213	10	125	65
YWZ₄-300/E50	Ed50/6	630	0.7	529	140	190	300	22	290	130	275	275	595	240	80	250	213	10	125	78
YWZ₄-300/E80	Ed80/6	750	0.7	529	140	190	300	22	290	130	275	275	595	240	80	250	213	10	125	79
YWZ₄-400/E50	Ed50/6	1000	0.8	664	180	220	400	22	370	180	350	350	750	320	130	325	275	12	190	128
YWZ₄-400/E80	Ed80/6	1600	0.8	664	180	220	400	22	370	180	350	350	750	320	130	325	275	12	190	140
YWZ₄-400/E121	Ed121/6	2000	0.8	653	180	240	400	22	370	180	350	350	764	320	130	325	275	12	190	155
YWZ₄-500/E121	Ed121/6	2500	0.8	713	200	250	500	22	440	200	405	405	919	400	150	380	310	16	225	210
YWZ₄-500/E201	Ed201/6	3600	0.8	713	200	250	500	22	440	200	405	405	919	400	150	380	310	16	225	210
YWZ₄-600/E121	Ed121/6	3200	0.8	848	240	315	600	26	555	220	500	500	1095	475	170	475	400	18	250	390
YWZ₄-600/E201	Ed201/6	5000	0.8	848	240	315	600	26	555	220	500	500	1095	475	170	475	400	18	250	390
YWZ₄-700/E201	Ed201/6	8000	0.8	978	280	390	700	34	600	270	575	575	1248	550	200	540	495	25	315	465
YWZ₄-700/E301	Ed301/12	8650	0.8	978	280	390	700	34	600	270	575	575	1251	550	200	540	495	25	315	466
YWZ₄-800/E301	Ed301/12	12500	0.9	1115	320	436	800	34	680	320	677	677	1417	600	240	620	556	25	367	885

配 YT₁ 推动器的 YWZ₄ 制动器（替代原 YWZ_B）

配 Ed 推动器的 YWZ₄ 制动器（替代原 YWZ₄B）

注：1. 具体型号，结构外形尺寸以订货时产品为准，应询问生产厂家。

2. 生产厂家：焦作金箍制动器股份有限公司。

YWZ₉ 系列电力液压鼓式制动器

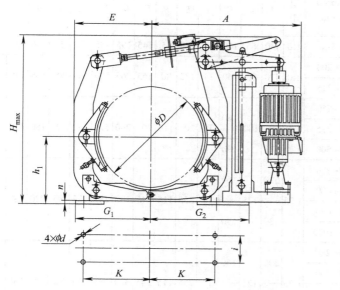

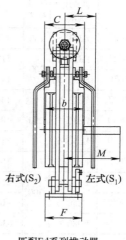

右式(S₂)　　左式(S₁)

匹配Ed系列推动器
(可替代YWZ₅和WYZ₄B)

应用与特点

1. 具有联销式退距装置，在使用中始终保持两侧瓦块退距均等，可避免单侧衬垫浮贴制动轮现象。
2. 制动弹簧设在管内并设有制动力矩标尺，调整方便直观。
3. 制动瓦块均采用卡装插入式。
4. 根据用户要求可增设附加装置。
5. 余同 YWZ₄。

型号意义及附加功能

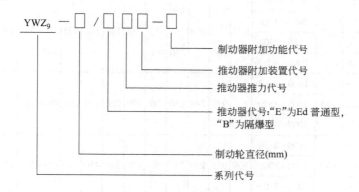

YWZ₉ — □ / □□□ — □

制动器附加功能代号

推动器附加装置代号

推动器推力代号

推动器代号："E"为Ed普通型，"B"为隔爆型

制动轮直径(mm)

系列代号

使用条件与标准同 YWZ₄

附加功能代号	附加功能
M	衬垫磨损自动补偿装置
K₁	开闸(上升)显示行程开关
K₂	闭闸(下降)显示行程开关
K₃	衬垫磨损极限显示行程开关
S₁	左式手动装置
S₂	右式手动装置

第 7 篇

表 7-4-16　　　　　　　　　　　　　　YWZ$_9$ 技术参数及外形尺寸　　　　　　　　　　　　　/mm

型号 制动器	型号 匹配推动器	制动轮直径 D	制动力矩 /N·m	退距	A	b	C	d	E	F	G_1	G_2	H_{max}	h_1	i	K	M	n	L	质量 /kg
YWZ$_9$-160/E23	Ed23/5	160	80~160	1.0	430	65	160	14	145	85	145	195	435	132	55	130	120	8	145	32.5
YWZ$_9$-200/E23	Ed23/5	200	112~200	1.0	470	80	160	14	175	90	165	265	500	160	55	145	140	10	150	35
YWZ$_9$-200/E30	Ed30/5		140~315																	38
YWZ$_9$-250/E23	Ed23/5	250	140~250	1.0	535	100	160	18	205	110	200	290	570	190	65	180	160	12	180	42
YWZ$_9$-250/E30	Ed30/5		180~315				160													45
YWZ$_9$-250/E50	Ed50/6		315~500		575		190													50
YWZ$_9$-300/E23	Ed23/5	300	180~280	1.25	590	125	160	18	255	115	245	330	585	225	80	220	180	12	170	70
YWZ$_9$-300/E30	Ed30/5		250~400																	70
YWZ$_9$-300/E50	Ed50/6		400~630		630		190													75
YWZ$_9$-300/E80	Ed80/6		630~1000																	80
YWZ$_9$-315/E23	Ed23/5	315	180~280	1.25	590	125	160	18	255	115	245	330	585	225	80	220	180	12	170	70
YWZ$_9$-315/E30	Ed30/5		250~400																	70
YWZ$_9$-315/E50	Ed50/6		400~630		630		190													75
YWZ$_9$-315/E80	Ed80/6		630~1000																	80
YWZ$_9$-400/E30	Ed30/5	400	200~470	1.25	670	160	160	22	310	160	310	420	715	280	100	270	220	14	170	88
YWZ$_9$-400/E50	Ed50/6		400~800		710		190													95
YWZ$_9$-400/E80	Ed80/6		630~1250				190													110
YWZ$_9$-400/E121	Ed121/6		1000~2000		700		240						775							125
YWZ$_9$-500/E50	Ed50/6	500	450~1000	1.25	810	200	190	22	385	180	365	535	810	335	130	325	280	16	180	175
YWZ$_9$-500/E80	Ed80/6		800~1600				190													175
YWZ$_9$-500/E121	Ed121/6		1120~2500		800		240						845							190
YWZ$_9$-500/E201	Ed201/6		2000~4000				240													190
YWZ$_9$-600/E121	Ed121/6	600	1800~2800	1.6	925	240	240	26	470	220	450	600	1035	425	170	400	340	25	185	300
YWZ$_9$-600/E201	Ed201/6		2500~4500																	300
YWZ$_9$-600/E301	Ed301/6		4000~6500																	305
YWZ$_6$-630/E121	Ed121/6	630	1800~3150	1.6	925	250	240	26	470	220	450	600	1035	425	170	400	340	25	185	310
YWZ$_6$-630/E201	Ed201/6		2500~5000																	310
YWZ$_9$-630/E301	Ed301/6		4000·7100																	315
YWZ$_9$-700/E201	Ed201/6	700	2500~5600	1.6	980	280	240	27	525	240	500	650	1140	475	190	450	360	30	220	420
YWZ$_9$-700/E301	Ed301/6		4000~8000																	425
YWZ$_9$-710/E201	Ed201/6	710	2500~5600	1.6	980	280	240	27	525	240	500	650	1140	475	190	450	360	30	220	420
YWZ$_9$-710/E301	Ed301/6		4000~8000																	425
YWZ$_9$-800/E301/12	Ed301/12	800	10500~12500	2.0	1230	320	240	27	595	280	570	830	1355	530	210	520	440	30	240	545

注：1. 具体型号、结构外形尺寸以订货时产品为准，应询问生产厂家。
2. 根据用户需要可生产各种常开制动器，防爆产品及非标产品。
3. 根据用户需要可生产匹配 YT$_1$ 推动器。（但外形尺寸有变化）
4. 本型号可设防护罩，防止雨水、粉尘，具体尺寸询问厂家。
5. 生产厂家同表 7-4-15。

YW、YWB、YWZ₅、YWZE 系列电力液压鼓式制动器

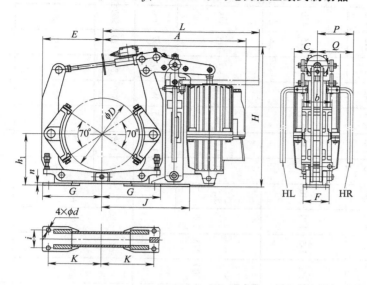

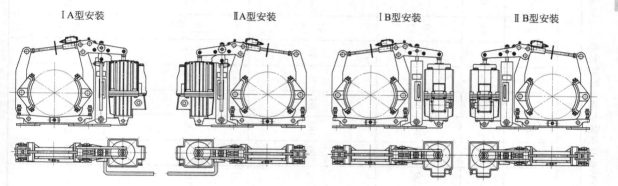

ⅠA型安装　　　　ⅡA型安装　　　　ⅠB型安装　　　　ⅡB型安装

使用条件：

1. 环境温度：−25～50℃。
2. 相对湿度：≤90%。
3. 海拔高度：<2000m。
4. 电压等级：三相 380V50Hz。
5. 适应工作制：连续（S1）和断续（S3-60%，操作频率<1200 次/h）工作制。
6. 使用环境不得有易燃易爆及腐蚀气体。

型号意义：

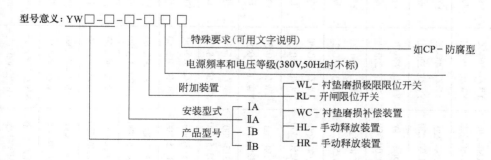

订货示例：YWB315-500-ⅠA-WC. WL. RL-440V. 60Hz. CP

表7-4-17　YW、YWB 系列鼓式制动器技术参数及安装尺寸

安装及外形尺寸 /mm

制动器型号 符合 JB/T 6406—2006	符合 GB/T 6333—1986 （旧标）	推动器型号	制动转矩 /N·m	D	h_1	K	i	d	n	b	F	G	J	E	H	C	P	A A型	A B型	Q A型	Q B型	L	质量 /kg
YW160-220 YWB160-220	YWZ_5-160/22 YWZE-160/22	YTD220-50 Ed220-50	80~160	160	132	130	55	14	6	65	90	150	210	145	430	80	135	440	405	80	115	455	25
YW200-220 YWB200-220	YWZ_5-200/22 YWZE-220/22	YTD220-50 Ed220-50	100~200	200	160	145	55	14	8	70 (80)	90	165	245	170	510	80	135	450	415	80	115	470	39
YW200-300 YWB200-300	YWZ_5-200/30 YWZE-200/30	YTD300-50 Ed300-50	140~280	200	160	145	55	14	8	70 (80)	90	165	245	170	510	80	135	450	415	80	115	470	42
YW250-220 YWB250-220	YWZ_5-250/22 YWZE-250/22	YTD220-50 Ed220-50	125~250	250	190	180	65	18	10	90 (100)	100	200	275	205	525	80	135	545	510	80	115	535	47
YW250-300 YWB250-300	YWZ_5-250/30 YWZE-250/30	YTD300-50 Ed300-50	160~315	250	190	180	65	18	10	90 (100)	100	200	275	205	525	80	135	545	510	80	115	535	49
YW250-500 YWB250-500	YWZ_5-250/50 YWZE-250/50	YTD500-60 Ed500-60	250~500	250	190	180	65	18	10	90 (100)	100	200	275	205	590	97	152	545	485	97	157	600	61
YW315-300 YWB315-300	YWZ_5-315/30 YWZE-315/30	YTD300-50 Ed300-50	200~400	315	230 (225)	220	80	18	10	110 (125)	125	245	358	260	620	80	135	570	530	80	120	560	80
YW315-500 YWB315-500	YWZ_5-315/50 YWZE-315/50	YTD500-60 Ed500-60	315~630	315	230 (225)	220	80	18	10	110 (125)	125	245	358	260	620	97	152	605	540	97	157	650	86
YW315-800 YWB315-800	YWZ_5-315/80 YWZE-315/80	YTD800-60 Ed800-60	500~1000	315	230 (225)	220	80	18	10	110 (125)	125	245	358	260	620	97	152	605	540	97	157	650	88
YW400-500 YWB400-500	YWZ_5-400/50 YWZE-400/50	YTD500-60 Ed500-60	400~800	400	280	270	100	22	12	140 (160)	140	300	420	305	745	97	152	650	590	97	157	705	108
YW400-800 YWB400-800	YWZ_5-400/80 YWZE-400/80	YTD800-60 Ed800-60	630~1250	400	280	270	100	22	12	140 (160)	140	300	420	305	745	97	152	650	590	97	157	705	110
YW400-1250 YWB400-1250	YWZ_5-400/125 YWZE-400/125	YTD1250-60 Ed1250-60	1000~2000	400	280	270	100	22	12	140 (160)	140	300	420	305	815	120	175	700	670	120	150	885	133

第7篇

续表

制动器型号 (符合 JB/T 6406—2006)	制动器型号 (符合 GB/T 6333—1986 旧标)	推动器型号	制动转矩 /N·m	\multicolumn{18}{c}{安装及外形尺寸 /mm}	质量 /kg
				D	h_1	K	i	d	n	b	F	G	J	E	H	C	P	A(A 型)	A(B 型)	Q(A 型)	Q(B 型)	L	
YW500-800 YWB500-800	YTZ₅-500/80 YWZE-500/80	YTD800-60 Ed800-60	800~1600	500	340 (335)	325	130	22	16	180 (200)	180	365	484	370	860	97	152	780	720	97	157	785	202
YW500-1250 YWB500-1250	YWZ₅-500/125 YWZE-500/125	YTD1250-60 Ed1250-60	1250~2500													120	175	770	740	120	150	955	206
YW500-2000 YWB500-2000	YWZ₅-500/200 YWZE-500/200	YTD2000-60 Ed2000-60	2000~4000																				208
YW630-1250 YWB630-1250	YWZ₅-630/125 YWZE-630/125	YTD1250-60(120) Ed1250-60(120)	1600~3150	630	420 (425)	400	170	27	20	225 (250)	220	450	590	455	1015	120	220	870	840	120	150	1055	309
YW630-2000 YWB630-2000	YWZ₅-630/200 YWZE-630/200	YTD2000-60(120) Ed2000-60(120)	2500~5000																				310
YW630-3000 YWB630-3000	YWZ₅-630/300 YWZE-630/300	YTD3000-60(120) Ed3000-60(120)	3550~7100																				315
YW710-2000 YWB710-2000	YWZ₅-710/200 YWZE-710/200	YTD2000-60(120) Ed2000-60(120)	2500~5000	710	470 (475)	450	190	27	22	255 (280)	240	500	705	520	1195	120	220	985	955	120	150	1145	468
YW710-3000 YWB710-3000	YWZ₅-710/300 YWZE-710/300	YTD3000-60(120) Ed3000-60(120)	4000~8000																				470
YW800-3000 YWB800-3000	YWZ₅-800/300 YWZE-800/300	YTD3000-60(120) Ed3000-60(120)	5000~10000	800	530	520	210	27	28	280 (320)	280	570	860	620	1330	120	220	1150	1120	120	150	1290	655

注: 1. 生产厂家：江西华岳制动器股份有限公司。

2. YW、YWB 型制动器的基本参数和安装尺寸符合 JB/T 6406—2006 标准；YWZ₅、YWZE 型制动器的基本参数和安装尺寸符合 GB/T 6333（系旧标准）标准。所有本表各型号制动器的技术条件均符合 JB/T 6406 标准。该公司生产的 YWZ₁ 系列带电磁铁的电力液压带制动适用于需长时间维持开闸状态的场合（如带式输送机）。其技术参数和安装尺寸基本和本表 YWZ₅ 相同。仅控制器型号有：DKXDC03-1（壁挂式）：DKXDC03-2（安装支架）。

3. YW、YWZ₅ 型制动器采用的推动器为 YTD 型，符合 JB/T 10603—2006 标准；YWB、YWZE 型制动器采用的推动器为 ED 型，符合德国 DIN 15430 标准。该公司还生产 YWZ₅-M 系列断电可控释放电力液压鼓式制动器，型号为 YWZ₅-315/30-M～YWZ₅-630/300-M，制动力矩为 200～7100N·m。

4. 表中括号内尺寸为 YWZ₅、YWZE 型制动器。

5. 630 及以上规格制动器带 WC 功能时，使用短行程推动器。

第 7 篇

YWZ$_8$ 系列电力液压鼓式制动器

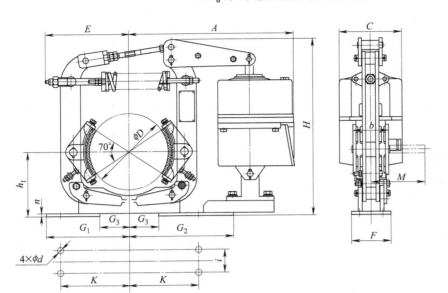

1. 应用、特点、使用条件及型号意义，标准等均同 YWZ$_9$，但轮径与制动力矩分挡不同；相应的外形尺寸有变化。

2. 另有 YWZ$_{13}$ 系列，其结构外形与 YWZ$_9$ 相似，其轮径 D，中心高 h_1 和安装尺寸 i、K 与本系列一致，外形尺寸有区别，可参照 YWZ$_8$、YWZ$_9$ 选用。

表 7-4-18   YWZ$_8$ 技术参数及外形尺寸   mm

型号 制动器	型号 匹配推动器	制动力矩 /N·m	退距	A	b	C	d	D	E	F	G_1	G_2	H	h_1	i	K	M	n	G_3	质量 /kg
YWZ$_8$-200/E23	Ed23/5	135~200	0.7	430	90	160	17	200	210	100	215	265	470	170	60	175 (190)	140	8	75	35
YWZ$_8$-200/E30	Ed30/5	135~310																		43
YWZ$_8$-300/E30	Ed30/5	200~320	1	500	140	160	22	300	310	130	300	300	610	240	80	250 (270)	180	12	120	65
YWZ$_8$-300/E50	Ed50/6	200~550		540		190														80
YWZ$_8$-300/E80	Ed80/6	350~850																		92
YWZ$_8$-400/E50	Ed50/6	600~750	1	660	180	190	22	400	355	180	350	400	760	320	130	325	220	14	150	120
YWZ$_8$-400/E80	Ed80/6	600~1300																		130
YWZ$_8$-400/E121	Ed121/6	850~2000		650		240														150
YWZ$_8$-500/E121	Ed121/6	1000~2600	1.2	735	200	240	22	500	455	200	405	455	930	400	150	380	280	16	205	220
YWZ$_8$-500/E201	Ed201/6	1500~3700																		
YWZ$_8$-600/E121	Ed121/6	1700~2800	1.3	845	240	240	26	600	543	220	500	550	1110	475	170	475	340	20	240	360
YWZ$_8$-600/E201	Ed201/6	1700~4300																		
YWZ$_8$-600/E301	Ed301/6	3000~6500																		
YWZ$_8$-700/E201	Ed201/6	3000~5000	1.3	948	280	240	34	700	615	280	580	650	1278	550	200	540	380	25	300	450
YWZ$_8$-700/E301	Ed301/6	3700~8000																		
YWZ$_8$-800/E301/12	Ed301/12	6000~10000	1.6	1027	320	240	34	800	640	310	670	830	1430	600	240	620	440	38	310	560

注：1. 若安装尺寸为括号内尺寸时，订货时需特别指出。

2. 具体型号，结构外形尺寸以订货时产品为准，应询问生产厂家。

3. 生产厂家同表 7-4-15。

YWZ2、YWZB、YWZ4、YWZD 系列电力液压鼓式制动器

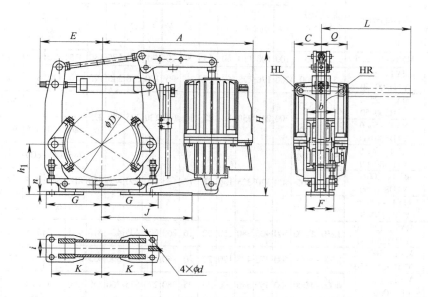

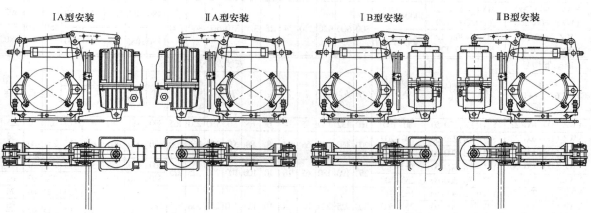

| ⅠA型安装 | ⅡA型安装 | ⅠB型安装 | ⅡB型安装 |

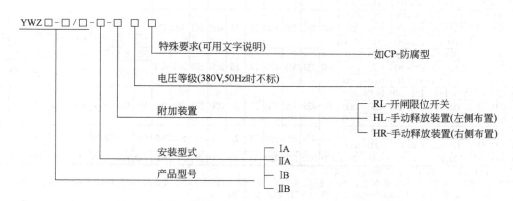

使用条件：同表 7-4-17

型号意义：

```
YWZ□-□/□-□-□□□
```

特殊要求(可用文字说明) ———————— 如CP-防腐型

电压等级(380V,50Hz时不标)

附加装置
　　　　RL-开闸限位开关
　　　　HL-手动释放装置(左侧布置)
　　　　HR-手动释放装置(右侧布置)

安装型式
　　　ⅠA
　　　ⅡA
　　　ⅠB
　　　ⅡB

产品型号

订货示例：YWZ4-315/50-ⅠA-RL. HL-440V. 60Hz. CP

表7-4-19　　　　　　　　　　　　　　　　　　技术参数与尺寸

制动器型号 符合JB/ZQ 4388—2006标准	推动器型号	制动转矩 /N·m	D	h_1	K	i	d	n	b	F	G	J	E	H	A型	B型	Q A型	Q B型	L	C	质量/kg
YWZ2-100/10	MYT2-10/2.5	20~40	100	100	110	40	13	8	70	70	130	175	130	335	330	300	80	110	90	80	22
YWZ2-200/25 YWZB-200/30	MYT2-25/4 YTD300-50	100~200	200	170	175	60	17	8	90	100	210	245	170	470	420	385	80	115	260	80	33
YWZ2-300/25 YWZB-300/30	MYT2-25/4 YTD300-50	160~320	300	240	250	80	22	10	140	130	295	358	275	590	530	490	80	120	260	80	65
YWZ2-300/50 YWZB-300/50	MYT2-50/6 YTD500-60	315~630												580	580	525	97	152	340	97	86
YWZ2-400/50 YWZB-400/50	MYT2-50/6 YTD500-60	500~1000	400	320	325	130	22	12	180	180	350	420	350	745	665	600	97	162	450	97	111
YWZ2-400/100 YWZB-400/80	MYT2-100/6 YTD800-60	800~1600												810	625	565	97	157	450	97	115
YWZ2-400/125 YWZB-400/125	MYT2-125/6 YTD1250-60	1000~2000												810	650	620	120	150	450	120	133
YWZ2-500/125 YWZB-500/125	MYT2-125/10 YTD1250-60	1250~2500	500	400	380	150	22	16	200	200	405	484	410	915	730	705	120	150	450	120	212
YWZ2-600/200 YWZB-600/200	MYT2-200/12 YTD2000-120	2500~5000	600	475	475	170	27	20	240	220	500	590	455	1070	840	810	120	150	450	120	309
YWZ2-700/200 YWZB-700/200	MYT2-200/12 YTD2000-120	4000~8000	700	550	540	200	34	25	280	270	575	760	550	1255	1050	1020	120	150	450	120	390
YWZ2-800/200 YWZB-800/200	MYT2-200/12 YTD2000-120	5000~10000	800	600	620	240	34	28	320	310	660	860	700	1480	1190	1160	120	150	450	120	692
YWZ2-800/300 YWZB-800/300	MYT2-300/12 YTD3000-120	6300~12500												1780	1085	1060	120	150	450	120	680

制动器型号 符合GB/T 6333—1986标准(旧标准)	推动器型号	制动转矩 /N·m	D	h_1	k	i	d	n	b	F	G	J	E	H	A型	B型	Q A型	Q B型	L	C	质量/kg
YWZ4(D)-160/22	YTD(Ed)220-50	80~160	160	132	130	55	14	6	65	90	150	210	165	390	415	380	80	115	200	80	25
YWZ4(D)-200/22	YTD(Ed)220-50	100~200	200	160	145	55	14	8	80	90	165	265	190	470	440	405	80	115	260	80	38
YWZ4(D)-200/30	YTD(Ed)300-50	140~280																			39
YWZ4(D)-250/30	YTD(Ed)300-50	160~315	250	190	180	65	18	10	100	100	200	275	225	500	490	455	80	115	260	80	47
YWZ4(D)-250/50	YTD(Ed)500-60	250~500												550	540	480	97	157	320	97	61
YWZ4(D)-300/30	YTD(Ed)300-50	160~315	300	225	220	80	18	10	125	110	245	358	275	585	570	530	80	120	260	80	74
YWZ4(D)-300/50	YTD(Ed)500-60	250~500													590		97	157	340	97	86
YWZ4(D)-300/80	YTD(Ed)800-60	500~1000																			88
YWZ4(D)-315/30	YTD(Ed)300-50	160~315	315	225	220	80	18	10	125	110	245	358	275	585	570	530	80	120	260	80	74
YWZ4(D)-315/50	YTD(Ed)500-60	250~500													590		97	157	340	97	86
YWZ4(D)-315/80	YTD(Ed)800-60	500~1000																			88
YWZ4(D)-400/50	YTD(Ed)500-60	315~630	400	280	270	100	22	12	160	140	300	420	350	705	625	565	97	157	450	97	108
YWZ4(D)-400/80	YTD(Ed)800-60	630~1250																			110
YWZ4(D)-400/125	YTD(Ed)1250-60	900~1800												770	610	580	120	150	450	120	133
YWZ4(D)-500/80	YTD(Ed)800-60	800~1600	500	335	325	130	22	16	200	180	365	484	395	835	740	680	97	157	450	97	202
YWZ4(D)-500/125	YTD(Ed)1250-60	1125~2250											410	850	730	700	120	150	450	120	212
YWZ4(D)-500/200	YTD(Ed)2000-60	1600~3150															120	150	450	120	212
YWZ4(D)-630/125	YTD(Ed)1250-120	1400~2800	630	425	400	170	27	20	250	220	450	590	455	1020	840	810	120	150	450	120	309
YWZ4(D)-630/200	YTD(Ed)2000-120	2250~4500																			310
YWZ4(D)-630/300	YTD(Ed)3000-120	3550~7100																			315
YWZ4(D)-710/200	YTD(Ed)2000-120	2500~5000	710	475	450	190	27	22	280	240	500	705	565	1170	1050	1020	120	150	450	120	455
YWZ4(D)-710/300	YTD(Ed)3000-120	4000~8000																			460
YWZ4(D)-800/300	YTD(Ed)3000-120	6300~12500	800	530	520	210	27	28	320	280	570	860	710	1410	1085	1060	120	150	450	120	652

注：1. 生产厂家：江西华伍制动器股份有限公司。

2. YWZ2、YWZB型制动器的基本参数和安装尺寸符合JB/ZQ 4388—2006，YWZ2系列制动器配套MYT2系列推动器，YWZB系列制动器配套符合JB/T 10603—2006标准的YTD系列推动器。

3. YWZ4、YWZD型制动器的基本参数和安装尺寸符合GB/T 6333标准（旧标准），YWZ4系列制动器配套符合JB/T 10603—2006标准的YTD系列推动器，YWZD系列制动器配套符合德国DIN 15430标准的ED系列推动器。

YWG 系列电力液压鼓式制动器（可配防护罩）

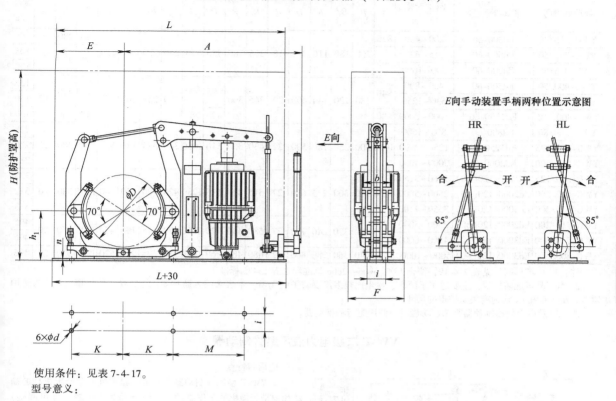

E向手动装置手柄两种位置示意图

使用条件：见表 7-4-17。

型号意义：

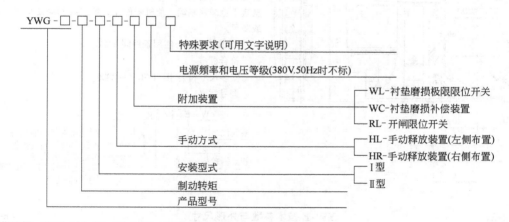

YWG-□-□-□-□-□□□

特殊要求(可用文字说明)

电源频率和电压等级(380V.50Hz时不标)

附加装置 ── WL-衬垫磨损极限限位开关
　　　　　 ── WC-衬垫磨损补偿装置
　　　　　 ── RL-开闸限位开关

手动方式 ── HL-手动释放装置(左侧布置)
　　　　　 ── HR-手动释放装置(右侧布置)

安装型式 ── I 型
　　　　　 ── II 型

制动转矩

产品型号

订货示例：YWG-315-500-630-I-HR 440V/60Hz. CP

表 7-4-20　　　　　技术参数与尺寸

制动器型号	推动器型号	制动转矩 /N·m	A	B	B_1	b	D	d	E	F	G	H	h_1	h_2	i	K	L	M	n	质量 /kg
YWG-160/22	Ed220-50	80~160	700	170	170	65	160		200	180	230	580	132	126		130	790	320	6	40
YWG-200/22	Ed220-50	100~200	720	230	160	70	200	14	230	250	245	680	160	152	55	145	835	270	8	55
YWG-200/30	Ed300-50	140~280																		58
YWG-250/22	Ed220-50	125~250	810	260	180	90	250	18	260		285	700	190	180	65	180	915	300	10	65
YWG-250/30	Ed300-50	160~315							280		300							240		
YWG-250/50	Ed500-60	250~500							300	265	310	775					970	240		78

续表

制动器型号	推动器型号	制动转矩/N·m	A	B	B₁	b	D	d	E	F	G	H	h₁	h₂	i	K	L	M	n	质量/kg
YWG-315/30	Ed300-50	200~400	825															1040	280		90
YWG-315/50	Ed500-60	315~630	865	260	180	110	315	18	315	280	350	775	230	220	80	220	1080	320	10	105
YWG-315/80	Ed800-60	500~1000	865															1080	320		108
YWG-400/50	Ed500-60	400~800	940	280	220	140	400	22	365	300	405	890	280	268	100	270	1190	320	12	125
YWG-400/80	Ed800-60	630~1250	940								405	890					1190	320		130
YWG-400/125	Ed1250-60	1000~2000	980								425	980					1230	360		150
YWG-500/80	Ed800-60	800~1600																		228
YWG-500/125	Ed1250-60	1250~2500	1050	300	250	180	500	22	430	330	510	1050	340	324	130	325	1365	380	16	230
YWG-500/200	Ed2000-60	2000~4000																		232
YWG-630/125	Ed1250-120(60)	1560~3150																		328
YWG-630/200	Ed2000-120(60)	2500~5000	1150	360	300	225	630	27	515	400	595	1280	420	400	170	400	1545	380	20	332
YWG-630/300	Ed3000-120(60)	3550~7100																		338
YWG-710/200	Ed2000-120(60)	2500~5000																		495
YWG-710/300	Ed3000-120(60)	4000~8000	1265	400	320	240	710	27	580	440	720	1360	470	448	190	450	1720	450	20	496
YWG-800/300	Ed3000-120(60)	5000~10000	1425	440	360	280	800	27	680	480	860	1450	530	508	210	520	1985	520	22	496

注：1. 生产厂家：见表 7-4-19，符合 JB/T 6406—2006 标准和 DIN 15435 标准。

2. 本产品可配防护罩，主要适用于雨水、粉尘比较多需要防护的场所。本表未编入防护罩图形，H 为防护罩高，B 为防护罩宽，B_1、G 和 h_2 均为有关防护罩的尺寸。

3. 630 及以上规格制动器带 WC 功能时，使用短行程推动器。

YW-E 二级电力液压鼓式制动器

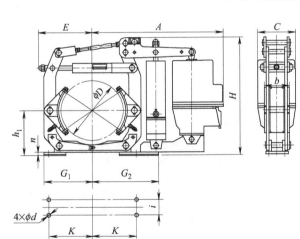

应用与特点

1. YW-E 型二级制动器主要用于起重机大车行走机构的制动和皮带运输机的工作制动。一级制动时力矩较小（可调整）实现平稳减速制动，使机器停止。第二级制动使机器牢固停稳或防风。

2. 其他特点与使用条件同 YWZ₄。

符合标准

安装尺寸符合 JB/T 7021—2006。

型号意义

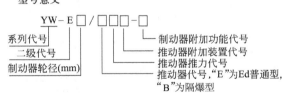

系列代号
二级代号
制动器轮径(mm)
制动器附加功能代号
推动器附加装置代号
推动器推力代号
推动器代号，"E"为 Ed 普通型，"B"为隔爆型

表 7-4-21　　　　　　YW-E 技术参数与外形尺寸　　　　　/mm

型号		制动力矩/N·m			D	A	E	H	h₁	G₁	G₂	i	K	n	d	b	C	质量/kg
制动器型号	匹配推动器	第一步制动	第二步制动	总制动力矩														
YW-E200/E23	Ed23/5	35-80	80-150	230	200	490	190	520	160	165	265	55	145	10	14	70	160	42
YW-E200/E30	Ed30/5	80-160	80-155	315	200	500	190	520	160	165	265	55	145	10	14	70	160	46
YW-E200/E50	Ed50/6	120-250	120-250	500	200	535	190	560	160	165	265	55	145	10	14	70	190	56
YW-E250/E50	Ed50/6	160-315	160-315	630	250	580	225	590	190	180	300	65	180	12	18	90	190	90
YW-E315/E50	Ed50/6	200-400	200-400	800	315	655	270	620	230	245	330	80	220	12	18	110	190	123
YW-E315/E80	Ed80/6	315-630	315-630	1260	315	655	270	620	230	245	330	80	220	12	18	110	190	126
YW-E400/E80	Ed80/6	315-630	315-630	1260	400	740	318	720	280	310	420	100	270	14	22	140	190	150

注：生产厂家：焦作金箍制动器股份有限公司。

YWL 系列二步式、YWLA 延时型电力液压鼓式制动器

YWL 系列两步式电力液压鼓式制动器

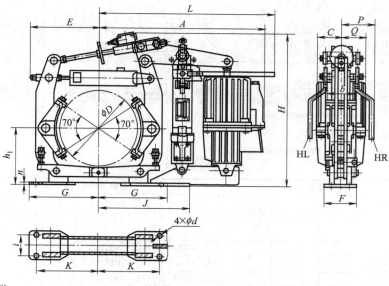

IA型安装　　　　　　IIA型安装　　　　　　IB型安装　　　　　　IIB型安装

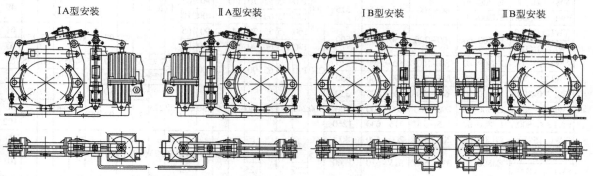

YWLA 系列延时式电力液压鼓式制动器

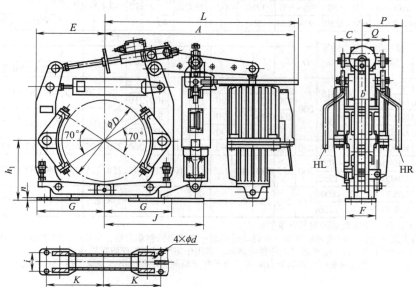

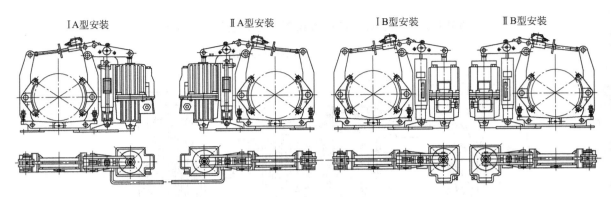

Ⅰ A型安装　　　　Ⅱ A型安装　　　　Ⅰ B型安装　　　　Ⅱ B型安装

使用条件及型号意义：见表7-4-17。

订货示例：YWL315-500-Ⅰ A-WC. WL. RL-440V. 60Hz. CP

表 7-4-22　　　　　　　　　　　　　技术参数与尺寸

制动器型号	推动器型号	制动转矩/N·m			安装及外形尺寸/mm																				质量/kg
		第一步	第二步	总力矩（最大）	D	h₁	K	i	b	d	n	F	G	J	E	A A型	A B型	Q A型	Q B型	L	H	C	P	
YWL200-220	Ed220-50	35~70	70~130	200	200	160	145	55	70	14	8	90	165	245	200	515	480	80	115	500	510	80	135	40
YWL200-220A	Ed220-50					170	175	60	90	17		100	210											
YWL200-300	Ed300-50	80~160	95~155	315		160	145	55	70	14		90	165								540			49
YWL200-300A	Ed300-50					170	175	60	90	17		100	210								550			
YWL200-500	Ed500-60	100~200	150~300	500		160	145	55	70	14		90	165			580	520	97	157	625	595	97	152	61
YWL200-500A	Ed500-60					170	175	60	90	17		100	195											63
YWL250-300	Ed300-80	80~160	95~155	315	250	190	180	65	90	18	10	100	200	230 275		565	530	80	115	540	550	80	135	65
YWL250-500	Ed500-60	125~250	190~380	630									225		615	555	97	157	650	590	97	152	68
YWL300-300A	Ed300-50	60~120	100~200	320	300	240	250		140	22	10	130	275	358 275		635	600	80	115			80	135	88
YWL300-500A	Ed500-60	200~400	200~400	800											670	610	97	157	710	640	97	152	96
YWL300-800A	Ed800-60	315~630	315~630	1260																			102
YWL315-500	Ed500-60	200~400	200~400	800	315	230 225	220	80	110 125	18	10	110	245	358 275		670	610	97	157	710	640	97	152	95
YWL315-800	Ed800-60	315~630	315~630	1260																			101
YWL315-800A	Ed800-60																							
YWL400-500	Ed500-60	160~315	160~315	630	400	280	270	100	160 140	22	12	140	300	420 340		720	660	97	157	750	750 840	97	152	133
YWL400-800	Ed800-60	315~630	315~630	1260																			
YWL400-1250	Ed1250-60	630~1250	630~1250	2500					140							770	740	120	150	890	815	120	175	135

制动器型号	推动器型号	制动转矩/N·m	安装及外形尺寸/mm															质量/kg
			D	h₁	K	i	b	d	n	F	G	J	E	A A型	A B型	Q A型	Q B型	L	C	P	
YWLA200-300	Ed300-50	160~315	200	160	145	55	70	14	8	90	165	245	170	515	480	80	115	500	80	135	48
YWLA200-300A	Ed300-50			170	175	60	90	17		100	210										
YWLA200-500	Ed500-60	250~500		160	145	55	70	14		90	165		180	585	525	97	157	625	97	152	51
YWLA200-500A	Ed500-60			170	175	60	90	17		100	195										52
YWLA250-500	Ed500-60	315~630	250	190	180	65	90	18	10	100	200	275	205	615	555	97	157	650	97	152	75
YWLA300-500	Ed500-60	400~800	300	225	220	80	125	18	10	110	245	358	255	700	640	97	157	710	97	152	87
YWLA300-800	Ed800-60	630~1250																			93
YWLA315-500	Ed500-60	400~800	315	230	220	80	110	18	10	110	245	358	255	700	640	97	157	710	97	152	86
YWLA315-800	Ed800-60	630~1250																			92

（两步式 / 延时式）

注：1. 生产厂家：江西华伍制动器股份有限公司。

2. YWL系列两步式电力液压鼓式制动器第一步制动时施加一个较小的制动力矩，实现平稳减速制动，机器停止运动后，第二步制动开始，增加一个制动力矩，使机器牢固停稳或防风。多用于室外起重机或胶带输送机。

3. YWLA系列延时电力液压鼓式制动器制动力矩大，用于有变频调速或其他电气调速的运行机构的牢固停稳或防风，也可用于胶带输送机。

3.3.2 防爆电力液压鼓式制动器

DYWP 系列防爆电力液压鼓式制动器

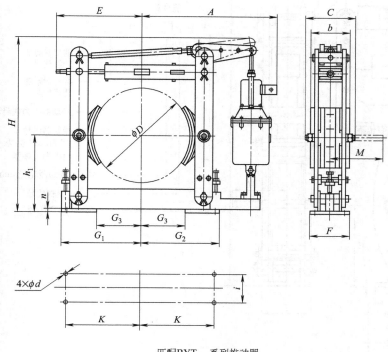

匹配BYT₁，系列推动器

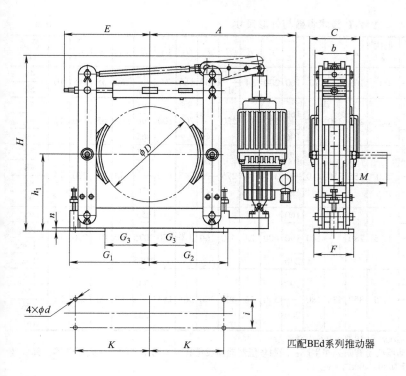

匹配BEd系列推动器

应用与特点

1. 主要用于井下煤矿带式输送机和地表有防爆要求的机械的减速、制动。

2. 其他特点同 YWZ₄ 系列。

使用条件

1. 环境温度-20~40℃。

2. 环境空气的年平均相对湿度不超过75%，最湿月的平均相对湿度不超过90%，同时该月的平均最低温度不高于25℃。

3. 使用地点海拔高度不超过1000m。

4. 周围环境的污染等级允许3级。

5. 三相交流电源 380V/660V、660V/1140V，50Hz 或 60Hz。

符合标准

1. 安装尺寸和技术要求分别符合 JB/ZQ 4388—2006 和 JB/T 6406—2006。

2. 推动器 BYT₁ 和 BEd 均符合爆炸性环境标准 GB 3836.1—2010 和 GB 3836.2—2010。

型号意义

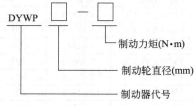

DYWP □ - □

制动力矩(N·m)

制动轮直径(mm)

制动器代号

YW-L 系列立式电力液压鼓式制动器

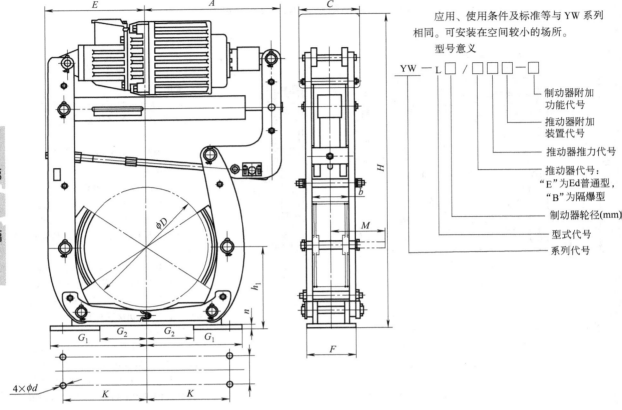

应用、使用条件及标准等与 YW 系列相同。可安装在空间较小的场所。

型号意义

YW —— L □ / □□□ —— □

- 制动器附加功能代号
- 推动器附加装置代号
- 推动器推力代号
- 推动器代号:"E"为 Ed 普通型,"B"为隔爆型
- 制动器轮径(mm)
- 型式代号
- 系列代号

表 7-4-23　　　　　　　　　**YW-L 技术参数与外形尺寸**　　　　　　　mm

型号		制动转矩 /N·m	退距 ε	M	A	b	C	D	d	E	F	G_1	G_2	H	h_1	i	K	n	质量 /kg
制动器型号	匹配推动器																		
YW-L200/E23	Ed23/5	200	0.6	165	215	70	160	200	14	180	100	165	75	710	160	55	145	10	46
YW-L200/E30	Ed30/5	300			255					210				705					52
YW-L250/E23	Ed23/5	260	0.8	225	310	90	160	250	18	230	110	200	100	795	190	65	180	12	53
YW-L250/E30	Ed30/5	380												790					61
YW-L250/E50	Ed50/6	700					190				140			865					69
YW-L315/E23	Ed23/5	290	1.0	255	350	110	160	315	18	275	120	245	135	895	230	80	220	14	72
YW-L315/E30	Ed30/5	410												890					78
YW-L315/E50	Ed50/6	720					190				145			970					81
YW-L315/E80	Ed80/6	1200																	92
YW-L400/E30	Ed30/5	390	1.25	280	370	140	160	400	22	340	160	310	150	955	280	100	270	14	98
YW-L400/E50	Ed50/6	750					190							1075					102
YW-L400/E80	Ed80/6	1250			440														114
YW-L400/E121	Ed121/6	1900					240							1065					132
YW-L500/E50	Ed50/6	900	1.25	350	435	180	190	500	22	400	200	365	185	1245	340	130	325	21	154
YW-L500/E80	Ed80/6	1650																	159
YW-L500/E121	Ed121/7	2500					240							1235					176
YW-L500/E201	Ed201/7	4100																	181

注: 1. 安装尺寸符合标准 JB/T 7021—2006 和 JB/T 6406—2006。

2. 本表立式制动器型号为焦作金箍制动器股份有限公司生产;江西华伍制动器股份有限公司生产类似立式制动器,其型号为 YWH160-220～YWH500-2000,制动力矩为 80～4000N·m。

表 7-4-24　　　　　　　　　　　　**DYWP 防爆制动器的技术参数与外形尺寸**　　　　　　　　　　mm

制动器型号	匹配推动器	制动转矩/N·m	退距 ε	A	b	C	D	d	E	F	G_1	G_2	H	h_1	i	K	M	n	G_3	质量/kg
DYWP100-40	BYT$_1$-18ZB/2	40	0.6	361	70	137	100	13	130	75	125	125	384	100	40	110	144	6	50	21
DYWP150-100	BYT$_1$-25ZB/4	100	0.6	390	90	154	150	17	175	100	170	170	437	140	60	150	144	8	70	27
DYWP200-200	BYT$_1$-25ZB/4	200	0.7	470	90	154	200	17	210	100	195	195	437	170	60	175	156	8	95	31
DYWP300-310	BYT$_1$-25ZB/4	310	0.7	530	140	160	300	22	290	130	275	275	590	240	80	250	210	10	125	64
DYWP300-630	BYT$_1$-45Z/6	630	0.7	525	140	178	300	22	290	130	275	275	590	240	80	250	210	10	125	72
DYWP400-1000	BYT$_1$-45Z/6	1000	0.8	630	180	220	400	22	370	180	350	350	750	320	130	325	275	12	190	122
DYWP400-1600	BYT$_1$-90Z/8	1600	0.8	640	180	220	400	22	370	180	350	350	750	320	130	325	275	12	190	132
DYWP400-1800	BYT$_1$-125Z/10	1800	0.8	673	180	254	400	22	370	180	350	350	847	320	130	325	279	12	190	170
DYWP500-1200	BYT$_1$-90Z/8	1200	0.8	730	200	250	500	22	440	200	405	405	919	400	150	380	310	16	225	212
DYWP500-1400	BYT$_1$-125Z/10	1400	0.8	733	200	254	500	22	440	200	405	405	940	400	150	380	310	16	225	223
DYWP500-1600	BYT$_1$-180Z/12	1600	0.8	733	200	254	500	22	440	200	405	405	946	400	150	380	310	16	225	238
DYWP600-1700	BYT$_1$-90Z/8	1700	0.8	865	240	315	600	26	555	220	500	500	1087	475	170	475	400	18	250	402
DYWP600-1900	BYT$_1$-180Z/12	1900	0.8	868	240	315	600	26	555	220	500	500	1095	475	170	475	400	18	250	433
DYWP700-1800	BYT$_1$-180Z/12	1800	0.8	998	280	390	700	34	600	270	575	575	1248	550	200	540	495	25	315	503
DYWP100-100	BEd30/5	100	0.6	425	70	160	100	13	130	75	125	125	498	100	40	110	144	6	50	42
DYWP150-120	BEd30/5	120	0.6	435	90	160	150	17	175	100	170	170	501	140	60	150	144	8	70	47
DYWP200-210	BEd30/5	210	0.7	515	90	160	200	17	210	100	195	195	503	170	60	175	156	8	95	52
DYWP300-320	BEd30/5	320	0.7	575	140	160	300	22	290	130	275	275	592	240	80	250	213	10	125	83
DYWP300-650	BEd50/6	650	0.7	585	140	190	300	22	290	130	275	275	600	240	80	250	213	10	125	104
DYWP300-700	BEd80/6	700	0.7	585	140	190	300	22	290	130	275	275	600	240	80	250	213	10	125	105
DYWP400-750	BEd50/6	750	0.8	720	180	220	400	22	370	180	350	350	735	320	130	325	275	12	190	154
DYWP400-1300	BEd80/6	1300	0.8	720	180	220	400	22	370	180	350	350	735	320	130	325	275	12	190	164
DYWP400-1900	BEd121/6	1900	0.8	718	180	240	400	22	370	180	350	350	806	320	130	325	275	12	190	184
DYWP500-1300	BEd121/6	1300	0.8	778	200	250	500	22	440	200	405	405	890	400	150	380	310	16	225	239
DYWP500-2000	BEd201/6	2000	0.8	778	200	250	500	22	440	200	405	405	890	400	150	380	310	16	225	239
DYWP600-1800	BEd121/6	1800	0.8	913	240	315	600	26	555	220	500	500	1100	475	170	475	400	18	250	419
DYWP600-2000	BEd201/6	2000	0.8	913	240	315	600	26	555	220	500	500	1100	475	170	475	400	18	250	419
DYWP700-1900	BEd201/6	1900	0.8	1043	280	390	700	34	600	270	575	575	1245	550	200	545	495	25	315	494
DYWP700-2000	BEd301/6	2000	0.8	1043	280	390	700	34	600	270	575	575	1245	550	200	545	495	25	315	496

第一行左侧分组标注：配 BYT$_1$ 推动器的 DYWP；配 BEd 推动器的 DYWP。

注：生产厂家：焦作金箍制动器股份有限公司。

DYW 系列防爆电力液压鼓式制动器

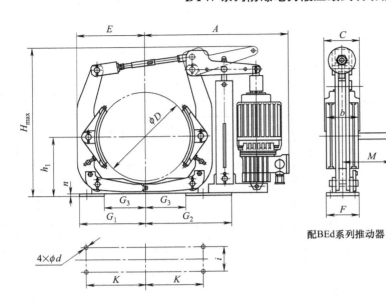

配BEd系列推动器

应用与特点

1. 具有退距均等装置，使用中始终保持两侧瓦块退距均等，避免单侧瓦块贴轮。

2. 设有制动力矩标尺，调整方便。

3. 铰节点为自润滑轴承，衬垫为插装式。

4. 设有衬垫磨损自动补偿装置，使瓦块退距与制动力矩能保持恒定。

使用条件、符合标准及型号意义同 DYWP 系列。

表 7- 4- 25   mm

型号		制动轮直径 D	制动力矩 /N·m	退距 ε	A	b	C	d	E	F	G₁	G₂	G₃	H_max	h₁	i	K	M	n	质量 /kg
制动器	匹配推动器																			
DYW160-160	BEd30/5	160	160	1.0	520	65	160	14	145	85	145	195	65	435	132	55	130	120	8	58.5
DYW200-315	BEd30/5	200	200	1.0	553	80	160	14	175	90	165	265	75	500	160	55	145	140	10	64
DYW250-250	BEd30/5	250	250	1.0	620	100	160	18	205	110	200	290	100	570	190	65	180	160	12	71
DYW250-500	BEd50/6		500		630		190													81
DYW300-550	BEd30/5	300	550	1.25	675	125	160	18	255	115	245	330	135	585	225	80	220	180	12	96
DYW300-600	BEd50/6		600		685		190													106
DYW300-700	BEd80/6		700																	109
DYW315-230	BEd30/5	315	230	1.25	675	125	160	18	255	115	245	330	135	585	225	80	220	180	12	96
DYW315-350	BEd50/6		350		685		190													106
DYW315-900	BEd80/6		900																	109
DYW400-250	BEd50/6	400	250	1.25	785	160	190	22	310	160	310	420	150	715	280	100	270	220	14	126
DYW400-400	BEd80/6		400																	139
DYW400-650	BEd121/6		650		782		240							775						162
DYW500-1200	BEd80/6	500	1200	1.25	865	200	190	22	385	180	365	535	185	810	335	130	325	280	16	204
DYW500-1400	BEd121/6		1400		862		240							845						227
DYW500-1700	BEd201/6		1600																	229
DYW600-1800	BEd121/6	600	1800	1.6	985	240	240	26	470	220	450	600	280	1035	425	170	400	340	25	337
DYW600-1900	BEd201/6		1900																	339
DYW600-2000	BEd301/6		2000																	344
DYW630-1800	BEd121/6	630	1800	1.6	985	250	240	26	470	220	450	600	280	1035	425	170	400	340	25	347
DYW630-1900	BEd201/6		1900																	349
DYW630-2000	BEd301/6		2000																	354
DYW700-1800	BEd201/6	700	1800	1.6	1045	280	240	27	525	240	500	650	300	1140	475	190	450	360	30	459
DYW700-2000	BEd301/6		2000																	464
DYW710-1800	BEd201/6	710	1800	1.6	1045	280	240	27	525	240	500	650	300	1140	475	190	450	360	30	459
DYW710-2000	BEd301/6		2000																	464

注：生产厂家：焦作金箍制动器股份有限公司。

BYW、BYWZ5、DYW 系列隔爆型电力液压鼓式制动器

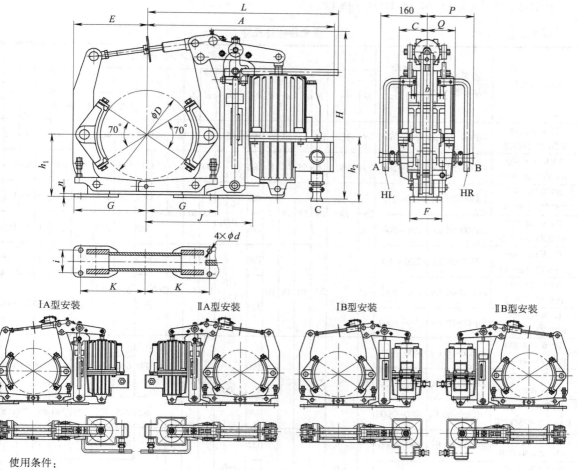

ⅠA型安装　　ⅡA型安装　　ⅠB型安装　　ⅡB型安装

使用条件：

1. 海拔高度：<2000m。
2. 环境温度：-20~40℃。
3. 相对湿度：≤90%。
4. 电压等级：380~400V 50Hz，440~460V 60Hz。
5. 适应的工作制：连续（S1）和断续（S3-60%，操作频率<1200/h）工作制。
6. BYW、BYWZ5 系列制动器适用于 GB 3836.2《爆炸性气体环境用电气设备　第2部分　隔爆　型"d"》的规定的防爆等级为Ⅰ、ⅡB 温度组别为 T1-T4 组可燃气体与空气形成的爆炸性混合物场所。
7. DYW 系列制动器适用于 GB 3836.2《爆炸性气体环境用电气设备　第2部分　隔爆　型"d"》的规定的防爆等级为煤矿井下环境。
8. DYW、DYWZ5 系列隔爆合证号：CNExb08.2029 CNEx 082030。
9. DYW 系列煤安证编号：MCA130397 MCA 130398。

型号意义：

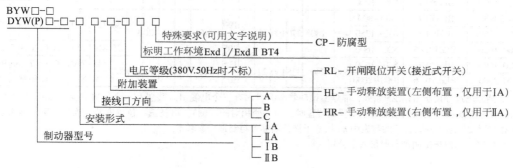

订货示例：

BYWZ5-315/50-ⅠA-A-RL. HL-440V. 60Hz. CP

DYW315-1000-ⅠA-B-WC. WL. RL. 1140V. 50Hz. CP

表 7-4-26　　　　　　　　　　　　　　　　技术参数与尺寸

制动器型号	隔爆型推动器型号	制动转矩/N·m	\(D\)	\(h_1\)	\(K\)	\(i\)	\(d\)	\(n\)	\(h_2\)	\(b\)	\(F\)	\(G\)	\(J\)	\(E\)	\(H\)	A A型	A B型	Q A型	Q B型	\(L\)	\(C\)	\(P\)	质量/kg
BYW160-300　BYWZ5-160/30	Ed300-50 Ex	80~160	160	132	130	55	14	6	150	65	90	150	210	140	551	515	485	80	200	455	80	135	38
BYW200-300　BYWZ5-200/30	Ed300-50 Ex	140~280	200	160	145	55	14	8	180	70(80)	90	165	245	170	545	525	495	80	200	470	80	135	41
BYW250-300　BYWZ5-250/30	Ed300-50 Ex	160~315	250	190	180	65	18	10	205	90(100)	100	200	275	205	565	620	585	80	200	530	80	135	52
BYW250-500　BYWZ5-250/50	Ed500-60 Ex	250~500							175						645	595	560	97	217	600	97	155	63
BYW315-300　BYWZ5-315/30	Ed300-50 Ex	200~400	315	230(225)	220	80	18	10	190	110(125)	110	245	358	260	625			80	200	560	80	135	76
BYW315-500　BYWZ5-315/50	Ed500-60 Ex	315~630							205						645	645	615	97	217	650	97	155	88
BYW315-800　BYWZ5-315/80	Ed800-60 Ex	500~1000													655								90
BYW400-500　BYWZ5-400/50	Ed500-60 Ex	400~800	400	280	270	100	22	12	190	140(160)	140	300	420	315	745	680	650	97	217	715	97	155	110
BYW400-800　BYWZ5-400/80	Ed800-60 Ex	630~1250																					112
BYW400-1250　BYWZ5-400/1250	Ed1250-60 Ex	1000~2000							240						825	765	735	120	240	895	120	175	135
BYW500-800　BYWZ5-500/80	Ed800-60 Ex	800~1600	500	340(335)	325	130	22	16	115	180(200)	180	365	484	370	800	770		97	217	785	97	175	204
BYW500-1250　BYWZ5-500/1250	Ed1250-60 Ex	1250~2500							180						860								208
BYW500-2000　BYWZ5-500/200	Ed2000-60 Ex	2000~4000							300							835	803	120	240	955	120		210
DYW160-160	BEd30/5	80~160	160	132	130	55	14	6	150	65	90	150	210	140	515	560	490	80	200	455	80	135	50
DYW200-280	BEd30/5	140~280	200	160	145	55	14	6	180	70	90	165	245	170	510	570	500	80	200	470	80	135	53
DYW250-315	BEd30/5	160~315	250	190	180	65	18	10	205	90	100	200	275	205	565	665	590	80	200	505	80	135	65
DYW250-400	BEd50/6	250~500							175						645	725	650	97	217	600	97	155	79
DYW315-400	BEd30/5	200~400	315	230	220	80	18	10	190	110	110	245	358	260	625			80	200	560	80	135	88
DYW315-630	BEd50/6	315~630							205							690	615	97	217	650	97	155	104
DYW315-1000	BEd80/6	500~1000																					106
DYW400-800	BEd50/6	400~800	400	280	270	100	22	12	190	140	140	300	420	315	730	725	650	97	217	705	97	155	126
DYW400-1250	BEd80/6	630~1250																					128
DYW400-1600	BEd121/6	800~1600							205						825	810	735	120	240	885	120	175	155
DYW500-1600	BEd80/6	800~1600	500	340	325	130	22	16	115	180	180	365	484	370	860	845	770	97	217	785	97	175	220
DYW500-2000	BEd201/6	1000~2000							300							890	815	120	240	955	120		232

注：1. 括号内尺寸用于 BYWZ5 系列；隔爆型推动器电缆引入有三个电缆引入装置有三个位置方向（如图所示 A、B、C，电缆引入装置标准设在 A 侧或制动器带手动释放装置时，与手柄相对的一侧），可任选一位置安装，当电缆引入装置选择 C 侧时，需注意与制动器连接的底板不能与表中 \(h_2\) 尺寸干涉，具体可与制造厂家联系。

2. 生产厂家：江西华伍制动器股份有限公司。

BYWZB、DYWP 系列隔爆型电力液压鼓式制动器

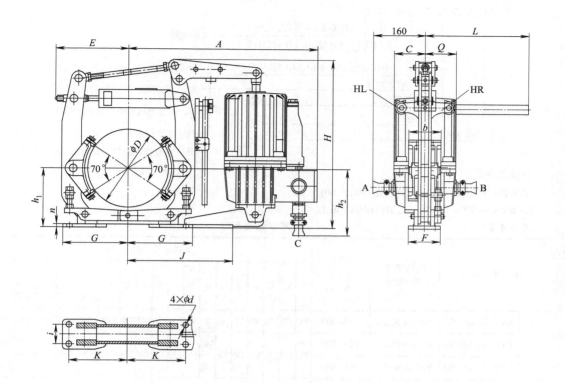

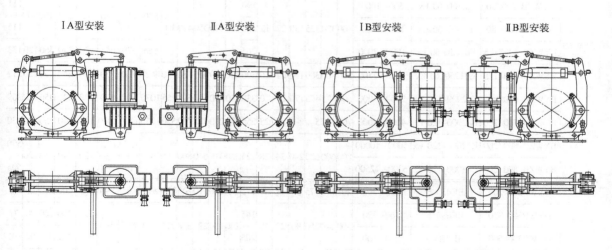

Ⅰ A型安装　　　　　　　Ⅱ A型安装　　　　　　　Ⅰ B型安装　　　　　　　Ⅱ B型安装

使用条件：

1. 海拔高度、环境温度、相对湿度、电压等级、适用工作制以及生产厂家同表 7-4-26。

2. BYWZB 系列制动器适用于 GB 3836.2《爆炸性气体环境用电气设备　第 2 部分　隔爆　型"d"》的规定的防爆等级为 Ⅰ、Ⅱ B 温度组别为 T1-T4 组可燃气体与空气形成的爆炸性混合物场所。

3. DYWP 系列制动器适用于 GB 3836.2《爆炸性气体环境用电气设备　第 2 部分　隔爆　型"d"》的规定的防爆等级为煤矿井下环境。

4. BYWZB 系列隔爆合格证号：CNExb08.2008。

5. DYWP 煤安证编号：MCA 130399。

型号意义：

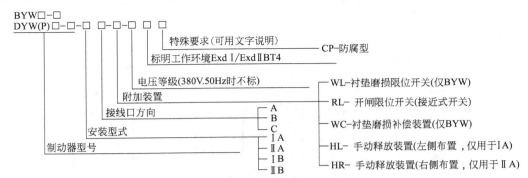

订货示例：

BYWZB-300/50- I A-A-RL. HL-440V. 60Hz. CP

DYWP300-500- I A-A-RL. HL-660V. 50Hz. CP

表 7-4-27 技术参数与尺寸

制动器型号	隔爆型推动器型号	制动转矩/N·m	安装及外形尺寸/mm																		质量/kg
			D	h_1	K	i	d	n	h_2	b	F	G	J	E	H	A A型	A B型	Q A型	Q B型	L	C	
BYWZB型 BYWZB-200/30	Ed300-50 Ex	100~200	200	170	175	60	17	8	175	90	100	210	245	200	510	495	465	80	200	260	80	33
BYWZB-300/30	Ed300-50 Ex	160~320	300	240	250	80	22	10	145	140	130	295	358	275	630	620	590	80	200	260	80	65
BYWZB-300/50	Ed500-60 Ex	315~630							205									97	217	340	97	86
BYWZB-400/50	Ed500-60 Ex	500~1000	400	320	325	130	22	12	190	180	180	350	420	350	820	710	670	97	217	450	97	111
BYWZB-400/80	Ed800-60 Ex	800~1600							125													115
BYWZB-400/125	Ed1250-60 Ex	1000~2000							265							855	670	645	120	240	450	120	133
BYWZB-500/125	Ed1250-60 Ex	1250~2500	500	400	380	150	22	16	300	200	200	405	484	410	915	780	750	120	240	450	120	212
BYWZB-600/200	Ed2000-120 Ex	2500~5000	600	475	475	170	27	20	330	240	220	500	590	455	1070	890	860	120	240	450	120	309
BYWZB-700/200	Ed2000-120 Ex	4000~8000	700	550	540	200	34	25	255	280	270	575	760	550	1255	1100	1080	120	240	450	120	430
BYWZB-800/200	Ed2000-120 Ex	5000~10000	800	600	620	240	34	28	125	320	310	660	860	655	1480	1240	1210	120	240	450	120	590
BYWZB-800/300	Ed3000-120 Ex	6300~12500														1140	1110					595
DYWP型 DYWP200-200	BEd30/5	100~200	200	170	175	60	17	8	175	90	100	210	245	170	510	465	390	80	200	260	80	45
DYWP300-320	BEd30/5	160~320	300	240	250	80	22	10	145	140	130	295	358	275	630	665	590	80	200	260	80	77
DYWP300-500	BEd50/6	250~500							205									97	217	340	97	102
DYWP400-800	BEd50/6	400~800	400	320	325	130	22	12	190	180	180	350	420	350	820	755	680	97	217	450	97	127
DYWP400-1250	BEd80/6	630~1250							125													131
DYWP400-1600	BEd121/6	800~1600							265							715	640	120	240	450	120	153
DYWP500-2000	BEd121/6	1000~2000	500	400	380	150	22	16	300	200	200	405	405	484	915	825	750	120	240	450	120	232
DYWP600-2250	BEd201/12	1125~2250	600	475	475	170	27	20	330	240	220	500	500	590	1070	935	860	120	240	450	120	331

注：隔爆型推动器电缆引入有三个电缆引入装置有三个位置方向（如图所示 A、B、C，电缆引入装置标准设在 A 侧），可任选一个位置安装，当电缆引入装置选择 C 侧时，需注意与制动器连接的底板不能与表中 h_2 尺寸干涉，具体可与制造厂家联系。

3.3.3 电力液压推动器

Ed 型（YTD 型）推动器

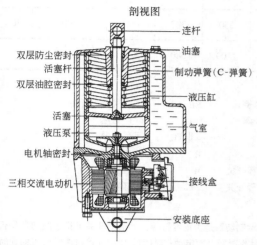

剖视图

- 连杆
- 油塞
- 双层防尘密封
- 活塞杆
- 双层油腔密封
- 制动弹簧（C-弹簧）
- 液压缸
- 活塞
- 液压泵
- 气室
- 电机轴密封
- 三相交流电动机
- 接线盒
- 安装底座

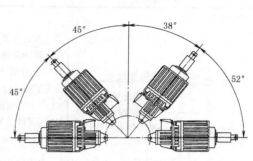

安装方式

使用条件：

1. 环境温度： - 20～50℃ 使用 DB-25 液压油，低于-20℃时用 YH-10 航空液压油，可不装加热器；用 DB-25 液压油，必须装加热器。

2. 工作制：连续工作 S1，断续工作 S3（FC60%）。

3. 电压和频率：三相交流 380V/50（60）Hz。

4. 三相交流异步式电动机：技术数据符合 GB 755—2008 绝缘等级：F 级，电器防护等级 IP65。

5. 电缆：导线截面最大可达（4×2.5）mm²。

6. 用户需用高效防腐产品时，可与公司联系。

安装方式及说明：

1. 垂直安装：活塞杆连接块朝上。

2. 水平安装和中间任意位置：主参数标牌朝上，如上图（但 Ed630/12 仅用于垂直安装）。

3. 说明：所有推动器的推杆连结块都可以旋转；Ed50-Ed301 固定座可作 90°旋转，Ed23 和 Ed30 的固定座可提供 90°旋转（订货时说明）；无论何种安装位置，活塞杆都不能承受径向力。

表 7-4-28　　　　　　　　　Ed 型推动器技术参数

	型　号	额定推力 /N	额定行程 /mm	制动弹簧力 /N	复位弹簧力 /N	额定频率 /Hz	输入功率 /W	额定电压 /V	额定电流 /A	最大工作频率 /次·h⁻¹	质量 /kg
短行程推动器	Ed23/5	220	50	180	100	50	165	380	0.52	2000	10
	Ed30/5	300	50	270	95	50	200	380	0.46	2000	14
	Ed40/4	400	40	270	95	50	200	380	0.46	2000	14
	Ed50/6	500	60	460	267	50	210	380	0.48	2000	21
	Ed70/5	700	50	460	267	50	210	380	0.50	2000	21
	Ed80/6	800	60	750	267	50	330	380	1.42	2000	24
	Ed121/6	1250	60	1200	700	50	330	380	1.44	2000	39
	Ed201/6	2000	60	1900	700	50	450	380	1.45	2000	39
	Ed301/6	3000	60	2700	700	50	550	380	1.46	1500	40
长行程推动器	Ed50/12	500	120			50	210	380	0.48	1200	26
	Ed80/12	800	120			50	330	380	1.42	1200	27
	Ed121/12	1250	120			50	330	380	1.44	1200	39

第 7 篇

型　号		额定推力/N	额定行程/mm	制动弹簧力/N	复位弹簧力/N	额定频率/Hz	输入功率/W	额定电压/V	额定电流/A	最大工作频率/次·h⁻¹	质量/kg
长行程推动器	Ed201/12	2000	120			50	450	380	1.45	1200	39
	Ed301/12	3000	120			50	550	380	1.46	900	40
	Ed630/12	6300	120			50	1100	380	2.4	630	

注：1. 型号意义

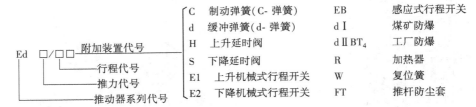

C	制动弹簧（C-弹簧）	EB	感应式行程开关
d	缓冲弹簧（d-弹簧）	dⅠ	煤矿防爆
H	上升延时阀	dⅡBT₄	工厂防爆
S	下降延时阀	R	加热器
E1	上升机械式行程开关	W	复位簧
E2	下降机械式行程开关	FT	推杆防尘套

2. 附加装置说明　①可同时设置上、下限位开关，上限位开关可指示制动器是否正常打开，下限位开关可指示制动器是否正常闭合。②上升、下降或上升下降延时阀，可使动作延时，可在额定动作时间至额定动作时间的10～20倍内调整所需的延时值，装有延时阀的推动器，当阀全开时，其上升下降时间时将有所延长，短行程延长0.1～0.2s，长行程延长0.2～0.4s。③短行程推动器可设置制动弹簧C或复位弹簧W和缓冲弹簧d。表中所列制动弹簧C的弹簧为上升行程1/3时的弹簧力。复位弹簧W工作原理同弹簧C但弹簧力较小。缓冲弹簧d可使制动平稳，调节制动过程，适用于短行程推动器，它安装在活塞杆上（代替推杆连接块），安装弹簧d的推动器不能安行程开关。④环境温度低于−20℃的地区可装加热器，加热器分AC110V或AC220V两种电压，订货时应注明，温度的控制方法用户选择，接线盒进线口为M22×1.5。⑤行程开关分机械式与感应式，用户自己选择。⑥可采用快速下降电路，通过电机加电容，可使下降时间缩短15%，用户自己设置。

3. 本表摘自焦作金箍制动器股份有限公司的样本。各厂生产的Ed型和YTD型同规格时，参数和尺寸基本相同，Ed型符合德国标准DIN 15430，YTD型符合JB/T 10603—2006标准，但不具备Ed型的附加功能。该公司还生产BEd隔爆型，适用于煤矿井下及ⅡA、ⅡB温度组别为T₁～T₄组可燃气体与空气形成的爆炸性场所。

4. 江西华伍制动器股份有限公司生产的电力液压推动器的型号为Ed（YTD）和MYT2，性能参数与尺寸和焦作金箍制动器股份有限公司生产的基本相同。

Ed23～Ed80 外形尺寸

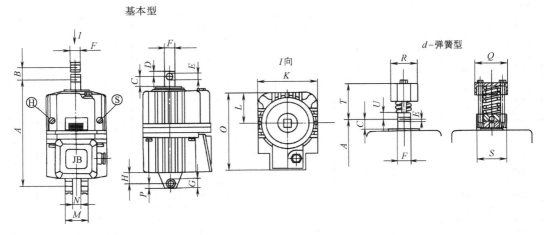

H—上升延时阀；S—下降延时阀

表 7-4-29　　　　　　　　　　　　　　　　　　Ed23~80 系列尺寸　　　　　　　　　　　　　　　　　　mm

型号	A	B	C	D	$E^{+0.1}_{0}$	F	$G^{+0.25}_{+0.15}$	H	K	L	M	N	O	P	Q	R	S	T	U	V
Ed23/5	286[①]	50	26	12	12	20	16	20	160	80	80	40	200	16	85	55	75	98	20	15
Ed30/5	370[②]	50	34	15	16	25	16	18	160	80	80	40	197	16	85	55	75	98	20	15
Ed40/4	377	40	41	15	16	30	16	18	160	80	80	40	197	16						
Ed50/6	435	60	36	18	20	30	20	23	190	95	120	60	254	22	85	55	75	100	22	15
Ed70/5	430	50	31	17	20	30	20	24	190	95	100	41	254	22						
Ed80/6	450	60	36	18	20	30	20	23	190	95	120	60	254	22	85	55	75	100	22	15
Ed50/12	515	120	36	18	20	30	20	23	190	95	120	60	254	22						
Ed80/12	530	120	36	18	20	30	20	23	190	95	120	60	254	22						

注: 1. 尺寸 V 示图与下表图相同。

2. ①旋转 90°时 $A=294$，②旋转 90°时，$A=378$。

Ed121~Ed630 外形尺寸

基本型

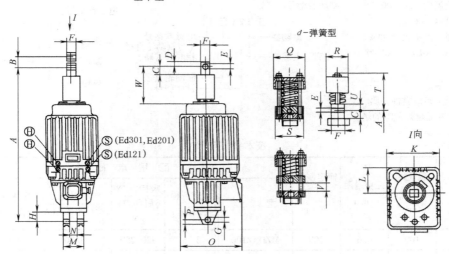

H—上升延时阀；S—下降延时阀

表 7-4-30　　　　　　　　　　　　　　　　　　Ed121~630 系列尺寸　　　　　　　　　　　　　　　　　　mm

型号	A	B	C	D	$E^{+0.1}_{0}$	F	$G^{+0.25}_{+0.15}$	H	K	L	M	N	O	P	Q	R	S	T	U	V	W
Ed121/6	645	60	38	25	25	40	25	35	240	112	90	40	260	25	130	80	120	147	35	20	130
Ed201/6	645	60	38	25	25	40	25	35	240	112	90	40	260	25	130	80	120	147	35	20	130
Ed301/6	645	60	38	25	25	40	25	35	240	112	90	40	260	25	130	80	120	147	35	20	130
Ed121/12	705	120	38	25	25	40	25	35	240	112	90	40	260	25							190
Ed201/12	705	120	38	25	25	40	25	35	240	112	90	40	260	25							190
Ed301/12	705	120	38	25	25	40	25	35	240	112	90	40	260	25							190
Ed630/12	865	120	38	25	25	40	25	40	270	127	110	60	327	25							

第 7 篇

3.3.4 电磁鼓式制动器

TJ2A 型交流电磁铁鼓式制动器（摘自 JB/ZQ 4715—2006）

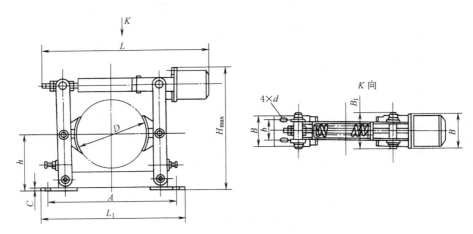

使用条件：

1. 周围介质温度 −25～100℃。

2. 海拔高度 ≤2000m。

3. 空气相对湿度不大于 90%。

4. 适用于 50～60Hz，380V 或 220V 交流电路。

5. 全方位安装。

6. 周围介质无足以腐蚀金属、破坏绝缘的气体和无爆炸危险的场合。

型号意义：

制动器型号：

```
           T J 2A-□/□  电磁铁型号
                        （与制动轮直径
 制动器                  相同时省略）
 配交流电磁铁
                        制动轮直径
                        设计序号
```

电磁铁型号：

```
           M Z D A-□   制动轮直径
 电磁铁
 制动                   设计序号
 单相
```

表 7-4-31　　　　　　　　　　技术参数与尺寸

制动器型号	制动轮直径/mm	瓦块退距/mm	额定制动转矩/N·m	配 用 电 磁 铁					
				型　　号	额定行程/mm	吸持力/N 启动力/N	启动电流/A 持续电流/mA	操作频率/次·h⁻¹	通电持续率/%
TJ2A-100	100	0.6	200	MZDA/100	3～5	320/250	3/20	1200	0～100
TJ2A-200/100	200	0.6	400	MZDA/100	3.2～7	320/250	3/20	1200	0～100
TJ2A-200	200	0.6	1600	MZDA/200	3.2～7	1600/1250	3/20	1200	0～100
TJ2A-300/200	300	0.8	2400	MZDA/200	3.2～7	1600/1250	3/20	1200	0～100
TJ2A-300	300	0.8	5000	MZDA/300	3.2～7	3150/2500	3/20	1200	0～100

制动器型号	基 本 尺 寸 /mm											质量/kg
	D	h	A	b	d	L	L_1	B	B_1	H_{max}	C	
TJ2A-100	100	100	230	40	13	320	260	70	110	245	6	9.0
TJ2A-200/100	200	170	380	60	17	500	420	90	126	390	6	21
TJ2A-200	200	170	380	60	17	520	420	90	126	400	6	32
TJ2A-300/200	300	240	540	80	21	650	580	120	160	535	10	59
TJ2A-300	300	240	540	80	21	670	580	120	160	545	10	82

注：1. 只用于旧设备维修，新设计中不宜选用。

2. 生产厂家为焦作金籁制动器股份有限公司。

第 7 篇

JZ 型交流节能电磁铁鼓式制动器

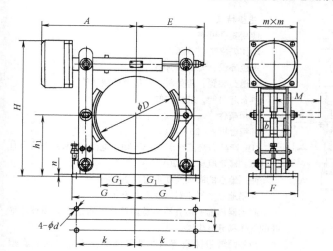

使用条件：

1. 环境温度：-25~40℃。

2. 交流 380V/50Hz 电源，电压允许波动上限不超过 10%，下限不低于额定电压 15%。

3. 作用地点的海拔高度不超过 2000m。

4. 使用地点空气相对湿度不大于 90%。

5. 制动器周围不得有易燃易爆及足以腐蚀金属和破坏绝缘的气体和导电尘埃。

型号意义：

JZ-□□
├─ 特殊要求（可用文字说明）
├─ 制动轮径，mm
└─ 电磁鼓式制动器

表 7-4-32　　　　　　　　　　　　　技术参数与尺寸

型　号	制动轮直径/mm	制动转矩/N·m	退距/mm	质量/kg	配用电磁铁								
					型号	额定吸力/N	行程/mm		操作频率/次·h⁻¹	电流/A		质量/kg	总质量/kg
							初始	最大		启动	工作		
JZ-100	100	40	0.5	12.5	DT-100	1000	3	6	1200	2	0.020	3.5	16
JZ-200	200	160	0.6	19	DT-200	1000	3	6	1200	2	0.020	7	26
JZ-300	300	500	0.8	52	DT-315	2800	3.5	7	1200	3	0.025	12	64
JZ-400	400	1250	0.8	100	DT-400	5000	4	8	900	3.5	0.03	17	117
JZ-500	500	2500	0.8	167	DT-500	5000	4	8	900	4.5	0.035	33	200
JZ-600	600	5000	1.0	345	DT-600	10000	5	9	600	8	0.06	72	417

型　号	基本尺寸/mm														
	A	b	D	d	E	F	G	H	h_1	i	k	M	m	n	G_1
JZ-100	230	70	100	13	165	75	125	300	100	40	110	145	132	6	45
JZ-200	290	80	200	17	215	100	208	435	170	60	175~190	126	132	8	108
JZ-300	385	140	300	22	295	130	290	600	240	80	250~270	160	167	10	140
JZ-400	505	180	400	22	350	180	350	782	320	130	325	210	243	12	190
JZ-500	577	200	500	22	490	200	405	950	400	150	380	250	243	16	225
JZ-600	675	240	600	26	560	220	500	1160	475	170	475	305	271	18	250

注：1. 资料来自焦作金箍制动器股份有限公司的样本。

2. 安装尺寸符合 JB/ZQ 4388—2006 标准，技术要求符合 JB/T 7685—2006 标准。

MW（Z）电磁铁鼓式制动器

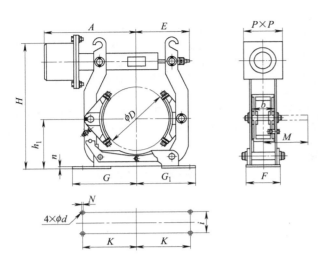

主要特点

使用安全可靠。

动作频率高，节能。

绿色环保，无石棉衬垫。

等退距装置，避免制动衬垫浮贴制动轮。

具备起吊钩，维修方便。

使用条件

环境温度：-25~40℃

MW 产品为交流电压 380V/50Hz 电源；MWZ 产品为直流电源，额定电压为 220V。

使用地点的海拔高度不超过 2000m。

使用地点空气相对湿度不大于 90%。

制动器周围不得有易燃易爆及足以腐蚀金属和破坏绝缘的气体和导电尘埃。

户外雨雪侵蚀或有腐蚀性气体和介质应采用防腐型产品。

符合标准

安装尺寸、制动转矩参数及技术条件符合 JB/T 7685—2006。

型号意义

```
        MW(Z) □ - □ □ □
系列代号                 特殊要求(可用文字说明)
直流电源                 环境条件代号Y为冶金型普通型省略
制动轮径(mm)             制动力矩(N·m)
```

表 7-4-33

技术参数 型号	制动轮直径/mm	制动转矩/N·m	退距/mm	配用电磁铁							总质量/kg
				型号	通电持续率/%	额定吸力/N	最大行程/初始行程/mm	工作频率/次·h⁻¹	电流/A		
									起动	工作	
MWZ160-80	160	80	0.5	DT-160	0~100	1000	6/3	1200	2.0	0.02	17
MWZ200-160	200	160	0.6	DT-200	0~100	1000	6/3	1200	2.0	0.02	30
MW250-315	250	315	0.6	DT-250	0~100	2800	7/3.5	1200	2.5	0.02	42
MW315-630	315	630	0.8	DT-315	0~100	2800	7/3.5	900	3	0.025	90
MW400-1250	400	1250	0.8	DT-400	0~100	5000	8/4	900	3	0.030	158
MW500-2500	500	2500	1.0	DT-500	0~100	5000	8/4	600	4.5	0.035	204
MW630-5000	630	5000	1.0	DT-630	0~100	10000	9/5	600	8	0.060	355
MW710-8000	710	8000	1.25	DT-710	0~100	15000	10/6	600	11	0.080	403
MW800-10000	800	10000	1.25	DT-800	0~100	18000	11/6	600	14	0.150	702

技术参数

型号	A	b	D	d	E	F	G	H	h_1	i	K	M	P	n	G_1
MW160-80	240	65	160	14	165	85	145	341	132	55	130	149	132	8	65
MW200-160	278	70	200	14	210	90	165	390	160	55	145	165	132	10	75
MW250-315	330	90	250	18	246	100	200	518	190	65	180	207	167	12	100
MW315-630	389	110	315	18	306	115	245	626	230	80	220	228	167	14	135
MW400-1250	470	140	400	22	380	160	310	764	280	100	270	284	243	14	150
MW500-2500	560	180	500	22	440	180	365	895	340	130	325	343	243	21	185
MW630-5000	650	225	630	27	460	220	450	1020	420	170	400	422	271	20	280
MW710-8000	670	255	710	27	535	240	500	1135	470	190	450	447	350	25	300
MW800-10000	810	265	800	27	650	280	570	1320	530	210	520	410	400	28	300

外形尺寸/mm

注：1. 配用电磁铁变更不另行通知，大规格电磁铁配用电控盒较大，需另外放置。

2. 生产厂家见表 7-4-26。

ZWZA 型直流电磁铁块式制动器

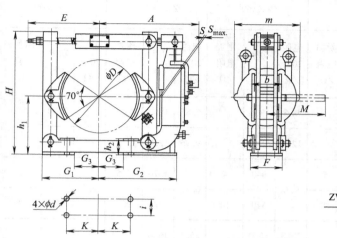

使用条件：

1. 环境温度应为 −25 ~ 40℃。

2. 操作频率小于 720 次/h。

3. 使用地点的海拔高度不超过 2000m。

4. 周围工作环境中无爆炸危险的介质及足以腐蚀金属和破坏绝缘的气体和导电尘埃。

5. 在空气相对湿度不大于 90% 的室内或有防雨、雪的装置下使用。

6. 电源电压为 DC 110V 或 DC 220V，若用户有特殊要求，请订货时协商确定。

型号意义：

特殊要求(可用文字说明)
线圈种类代号(Ⅰ并联、Ⅱ-Ⅳ串联)
制动轮直径(mm)
系列代号

表 7-4-34　　　　　技术参数与尺寸　　　　　　　　　　　mm

制动器型号	制动转矩/N·m 并联线圈 通电持续率 25%	40%	100%	串联线圈 60%额定电流 通电持续率 25%	40%	40%额定电流 通电持续率 25%	40%	D	h_1	K	i	d	h_2	b	F	G_1 / G_2	G_3	A	E	H	M	m	退距(max.) $S_{max.}$	质量/kg
								安装及外形尺寸/mm															S	
ZWZA-400	1500	1200	550	1500	1200	900	550	400	320	170	90	28	90	180	170	305 / 415	130	540	390	670	320	355	1.5 / 2 / 3	168
ZWZA-500	2500	1900	850	2500	1900	1500	1000	500	400	205	100	28	115	200	190	370 / 475	155	605	465	825	340	438	1.75 / 2.3 / 3.5	339
ZWZA-600	5000	3550	1550	5000	3550	3000	2050	600	475	250	126	42	140	240	230	450 / 565	180	690	570	965	420	500	2 / 2.7 / 4	500
ZWZA-700	8000	5750	2800	8000	5750	4800	3250	700	550	305	150	42	172	280	270	515 / 625	235	780	645	1115	480	577	2.25 / 3 / 4.5	689
ZWZA-800	12500	9100	4400	12500	9100	7500	5550	800	600	350	180	42	176	320	300	580 / 700	290	855	710	1250	540	650	2.5 / 3.3 / 5	881

主 弹 簧 安 装 要 求

ZWZA400 制动转矩/N·m	安装力/N	安装长度/mm	ZWZA500 制动转矩/N·m	安装力/N	安装长度/mm	ZWZA600 制动转矩/N·m	安装力/N	安装长度/mm	ZWZA700 制动转矩/N·m	安装力/N	安装长度/mm	ZWZA800 制动转矩/N·m	安装力/N	安装长度/mm
1500	4350	218	2500	6030	252	5000	11000	334	8000	14000	340	12500	18600	480
1200	3600	234	1900	4550	277	3550	7760	390	5750	10000	392	9100	13600	544
900	2700	253	1500	3600	293	3000	6560	410	4800	8400	413	7500	11200	574
550	1650	274	1000	2400	313	2050	4500	444	3250	5700	450	5550	8200	612
—	—	—	850	2040	319	1550	3400	462	2800	4900	460	4400	6550	634

续表

并联线圈技术数据　线圈种类 I

型号		ZWZA400			ZWZA500			ZWZA600			ZWZA700			ZWZA800		
线圈与电压	JC/%	电阻20℃/Ω	功率/W	附加电阻/Ω	电阻20℃/Ω	功率/W	附加电阻/Ω	电阻20℃/Ω	功率/W	附加电阻/Ω	电阻20℃/Ω	功率/W	附加电阻/Ω	电阻20℃/Ω	功率/W	附加电阻/Ω
110V 无附加电阻	25	14.15	900	—	12.6	1010	—	9.6	1330	—	6.85	1860	—	5.2	2400	—
	40	20.8	580	—	15.6	780	—	12.3	985	—	9.95	1220	—	—	—	—
110V	40	14.15	630	6	12.6	725	5	9.6	940	4	6.85	1370	2.5	5.2	1740	2
	100		870	20		415	18		540	14		800	9.4		1010	7.3
220V 无附加电阻	25	49.8	970	—	45.4	1070	—	32.3	1500	—	25.1	1930	—			
	40	75	645	—	71.5	680	—	49.2	985	—	37.7	1285	—			
220V	25	14.15	1500	20	12.6	1700	18	9.6	2100	14	6.85	3200	9.4	5.2	3920	7.7
	40		1100	32		1230	29		1610	22		2400	15		2930	12
	100		660	63		765	54		990	42		1420	29		1710	24
440V	25	14.15	2680	58	12.6	3010	55	9.6	3950	42	6.85	5700	29	5.2	7170	23
	40		2070	84		2300	79		3010	58		4400	39		5460	32
	100		1270	146		1420	130		1840	100		2890	68		3320	49

串联线圈技术数据

线圈种类	ZWZ400			ZWZ500			ZWZ600			ZWZ700			ZWZ800		
	额定电流/A 通电持续率 JC														
	15%	25%	40%	15%	25%	40%	15%	25%	40%	15%	25%	40%	15%	25%	40%
II	96.5	75	59	201	156	123	209	162	128	302	234	185	595	460	363
III	139	108	85.5	316	245	193	300	233	184	715	555	438	1355	1050	830
IV	192	149	118	495	383	302	510	395	312	1175	910	720	—	—	—
V	231	179	141	—	—	—	630	490	387	—	—	—	—	—	—
VI	268	208	164	—	—	—	—	—	—	—	—	—	—	—	—
VII	346	268	212	—	—	—	—	—	—	—	—	—	—	—	—

注：1. 表中功率为 20℃时额定电压下线圈和附加电阻消耗的功率。

2. 安装尺寸和制动力矩 JB/ZQ 4386—2006，技术要求符合 JB/T 7685—2006。

3. 生产厂家为焦作金箍制动器有限公司。

4. 天水长城控制电器厂生产同类型产品，型号为 $MW\frac{1}{Z}$ 系列详细数据与厂家联系。

MWZA、MWZB 系列电磁鼓式制动器

电磁铁上部布置（用于 MWZA200～300 和 MWZB160～315）

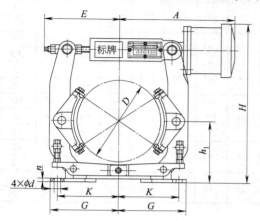 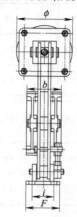

使用条件：
1. 环境温度：-25～50℃。
2. 相对湿度：≤90%。
3. 适应工作制：连续（S1-100%）和断续（S3-25%，40%，60%，操作频率≤720次/h）工作制。
4. 电源：直流110V，220V。

型号意义：

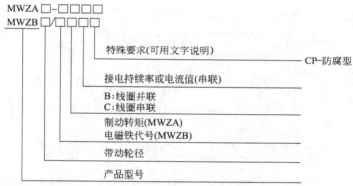

特殊要求（可用文字说明）———— CP-防腐型
接电持续率或电流值（串联）
B:线圈并联
C:线圈串联
制动转矩（MWZA）
电磁铁代号（MWZB）
带动轮径
产品型号

订货示例：MWZA500-2500B 25% CP　MWZB500/500B 40% CP

表 7-4-35　　　　　　　　　　　技术参数与尺寸

制动器型号	电磁铁型号	制动转矩/N·m		制动瓦退距/mm
		JC 25%	JC 40%	
		线圈并联	线圈并联	
MWZA200-40	MZZ1-100	40	32	1
MWZA200-160	MZZ1-200	160	128	
MWZA300-250	MZZ1-200	250	200	1.25
MWZA300-500	MZZ1-300	500	430	
MWZB-160/100	MZZ1-100	35.5	28	
MWZB-160/200	MZZ1-200	140	112	
MWZB-200/100	MZZ1-100	40	31.5	1
MWZB-200/200	MZZ1-200	160	125	
MWZB-200/300	MZZ1-300	315	280	
MWZB-250/200	MZZ1-200	200	160	
MWZB-250/300	MZZ1-300	450	355	1.25
MWZB-315/200	MZZ1-200	250	200	
MWZB-315/300	MZZ1-300	500	450	

技术参数

续表

制动器型号	安装及外形尺寸/mm													质量 /kg
	D	h_1	K	i	d	n	b	F	G	E	H	A	ϕ	
MWZA200-40	200	170	190	60	17	8	90	100	210	205	404	310	118	32
MWZA200-160											429	340	168	65
MWZA300-250	300	240	270	80	21	10	120	130	290	260	564	415	168	68
MWZA300-500											590	465	220	105
MWZB-160/100	160	132	130	55	14	6	65	90	150	140	403	259	115	32
MWZB-160/200											421	306	168	38
MWZB-200/100	200	160	145	55	14	8	80	90	165	170	442	299	115	60
MWZB-200/200											461	346	168	65
MWZB-200/300											490	390	220	70
MWZB-250/200	250	190	180	65	18	10	100	100	200	205	526	350	168	72
MWZB-250/300											555	380	220	78
MWZB-315/200	315	225	220	80	18	10	125	110	245	260	601	376	168	86
MWZB-315/300											630	406	220	105

安装尺寸

注：生产厂家：江西华伍制动器股份有限公司。

MWZA400-MWZA800 和 MWZB500~MWZB800

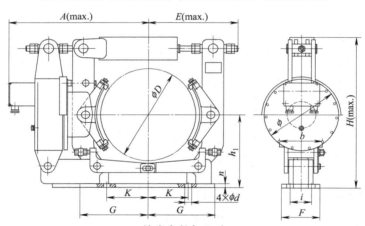

表 7-4-36　　　　　　　　　　技术参数与尺寸

制动器型号	安装及外形尺寸/mm													质量 /kg
	D	h_1	K	i	d	n	b	F	G	E	H	A	ϕ	
MWZA400-□	400	320	170	90	28	16	180	160	280	375	700	580	330	175
MWZA500-□	500	400	205	100	28	20	200	190	320	385	850	650	410	300
MWZA600-□	600	475	250	126	40	28	240	220	385	465	960	750	480	430
MWZA700-□	700	550	305	150	40	34	280	270	440	517	1220	710	560	677
MWZA800-□	800	600	350	180	40	34	320	300	490	595	1340	810	640	1040
MWZB-400/400	400	280	270	100	22	16	160	140	300	375	700	580	330	175
MWZB-400/500												580	410	203
MWZB-500/400	500	335	325	130	22	20	200	180	365	385	800	640	330	292
MWZB-500/500												650	410	300
MWZB-500/600												655	480	334
MWZB-630/500	630	425	400	170	27	28	250	220	450	465	1030	720	410	377
MWZB-630/600												740	480	423
MWZB-630/700												750	560	509
MWZB-710/600	710	475	450	190	27	34	280	240	500	517	1220	780	480	605
MWZB-710/700												815	560	625
MWZB-710/800												830	640	633
MWZB-800/700	800	530	520	210	27	34	320	280	570	595	1340	890	560	1020
MWZB-800/800												905	640	1040

安装尺寸

续表

	制动器型号	线圈型号	制动转矩/N·m							瓦块退距/mm
			线圈并联			线圈串联				
			通电持续			60%额定电流		40%额定电流		
						通电持续率				
			25%	40%	100%	25%	40%	25%	40%	
技术参数	MWZA400-□	ZWZ-400	1500	1200	550	1500	1200	900	550	1.5
	MWZA500-□	ZWZ-500	2500	1900	850	2500	1900	1500	1000	1.75
	MWZA600-□	ZWZ-600	5000	3550	1550	5000	3550	3000	2050	2.0
	MWZA700-□	ZWZ-700	8000	5750	2800	8000	5750	4800	3250	2.25
	MWZA800-□	ZWZ-800	12500	9100	4400	12500	9100	7500	5550	2.5
	MWZB-400/400	ZWZ-400	1250	1000	500	1250	1000	800	500	1.5
	MWZB-400/500	ZWZ-500	2000	1400	630	2000	1400	1250	710	1.75
	MWZB-500/400	ZWZ-400	1250	1000	450	1250	1000	800	450	1.5
	MWZB-500/500	ZWZ-500	2000	1600	710	2000	1600	1250	800	1.75
	MWZB-500/600	ZWZ-600	3550	3150	1400	3550	3150	2500	1800	2.0
	MWZB-630/500	ZWZ-500	2240	1800	800	2240	1800	1400	900	1.75
	MWZB-630/600	ZWZ-600	5000	3550	1600	5000	3550	2800	2000	2.0
	MWZB-630/700	ZWZ-700	6300	4500	2240	6300	4500	4000	2500	2.25
	MWZB-710/600	ZWZ-600	5000	3550	1600	5000	3550	2800	2000	2.0
	MWZB-710/700	ZWZ-700	7100	5000	2240	7100	5000	4000	2800	2.25
	MWZB-710/800	ZWZ-800	10000	7100	3550	10000	7100	5600	4000	2.5
	MWZB-800/700	ZWZ-700	7100	5000	2500	7100	5000	4500	2800	2.25
	MWZB-800/800	ZWZ-800	10000	8000	3550	10000	8000	6300	4000	2.5

注：生产厂家同表7-4-35。

3.3.5 制动轮（摘自JB/ZQ 4389—2006）

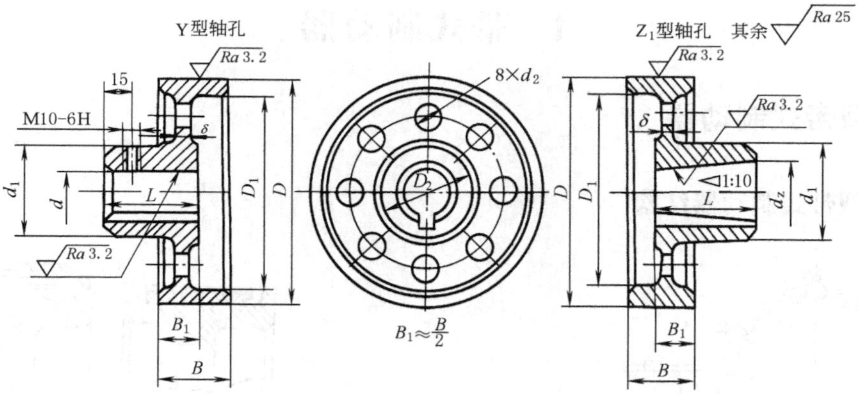

表7-4-37 mm

D	Y型轴孔		Z_1型轴孔		B	D_1	D_2	d_1	d_2	δ	转动惯量/kg·m²	质量/kg
	d	L	d_z	L								
100	25,28	62	25,28	44	70	84	—	65	—	8	0.0075	3.0
	30,32,35	82	30,32,35	60								
160	25,28	62	25,28	44	70	145	105	65	30	8	0.03	5
	30,32,35	82	30,32,35	60								
200	25,28	62	30,32,35,38	60	85	180	140	100	30	8	0.20	10.0
	30,32,35,38	82										
	40,42,45,48,50,55	112	40,42,45,48,50,55	84								
250	30,32,35,38	82	30,32,35,38	60	105	220	168	115	40	8	0.28	18.0
	40,42,45,48,50,55	112	40,42,45,48,50,55	84								
	60	142	60	107								
315 (300)	40,42,45,48,50,55	112	60,65,70,75	107	135	290 (275)	200	120	55	8	0.60	24.5
	60,65	142										

续表

D	Y 型 轴孔		Z₁ 型 轴孔		B	D_1	D_2	d_1	d_2	δ	转动惯量 /kg·m²	质量 /kg
	d	L	d_z	L								
400	60,65,70,75	142	60,65,70,75	107	170	370	275	175	70	12	0.75	60.7
	80,85	172	80,85,90,95	132								
			100,110	167								
500	80,85,90,95	172	75	107	210	465	340	210	90	14	2.0	100.6
			80,85,90,95	132								
	100,110	212	100,110,120	167								
			130	202								
630 (600)	90,95	172	90,95	132	265	595 (565)	390	210	120	16	5.0	132.1
	100,110	212	100,110,120	167								
			130	202								
710 (700)	100,110,120	212	110,120	167	300	670 (660)	435	210	130	18	10	183.4
	130	252	130	202								
800	130,140,150	252	130,140,150	202	340	760	495	230	140	18	16.75	230.9

注：1. 括号内的制动轮直径，不推荐使用。

2. 技术要求：① 轮缘表面淬火硬度 35~45HRC，深度为 2~3mm。

② 材料：$D \leqslant 200mm$ 者为 45 碳钢；$D \geqslant 250mm$ 者为 ZG 340-570。

③ 键槽型式与尺寸应符合 GB/T 3852—2008 的规定。

3. 标记示例：制动轮 200-Y60　JB/ZQ 4389—2006

　　　　　200—制动轮直径，mm；Y—圆柱形轴孔；60—轴孔直径，mm。

4　带式制动器

4.1　普通型带式制动器

4.1.1　普通型带式制动器结构

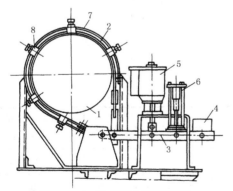

图 7-4-1　带式制动器结构图

1—制动轮；2—制动钢带；3—制动杠杆；4—重锤；
5—电磁铁；6—缓冲器；7—挡板；8—调节螺钉

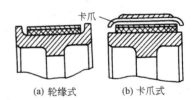

(a) 轮缘式　　　(b) 卡爪式

图 7-4-2　带式制动器的制
动轮与制动带

这种制动器常用于中、小载荷的起重、运输机械中，结构型式有简单式、差动式和综合式，图 7-4-1 为简单式带式制动器的结构。紧闸用重锤 4（也可用弹簧），松闸用电磁铁 5（或液力、气力、人力等），缓冲器 6 用于减轻紧闸时的冲击，调节螺钉 8 用来保证松闸时带与制动轮间间隙均匀，也可调节间隙的大小。制动轮制成带轮缘或在挡板上装调节螺钉处焊接一些卡爪，可防止带从轮上滑脱，如图 7-4-2。制动带的连接如图 7-4-3。制式制动器目前无定型产品，只能根据需要自行设计。设计制动器时，制动带与制动杠杆的交角应接近于直角，以达到消除作用到杠杆心轴上的附加分力和减少带在杠杆上固定点所需的闭合行程。

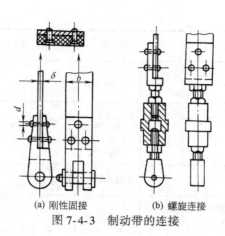

(a) 刚性固接　　　　(b) 螺旋连接

图 7-4-3　制动带的连接

4.1.2　普通型带式制动器的计算

表 7-4-38　　　　　　　　　　　普通型带式制动器操纵部分计算

项　目	计　算　公　式　与　说　明		
圆周力 F 及带两端张力 F_1（绕入端），F_2（绕出端）	$F=\dfrac{2T}{D}=F_1-F_2$ $F_1=\dfrac{Fe^{\mu\alpha}}{e^{\mu\alpha}-1}$ $F_2=\dfrac{F}{e^{\mu\alpha}-1}$ $F_1=F_2e^{\mu\alpha}$	T——制动转矩，N·m μ——摩擦因数，见表 7-4-5 α——制动轮包角，通常取为 $250°\sim270°$，复合带式的包角可达 $630°$ D——制动轮直径，m，可按表 7-4-39 选取	
	简单带式制动器	差动带式制动器	综合带式制动器
结构形式	(a)	(b)	(c)
产生制动转矩 T 时，所需重锤的重力 G_c/N	$G_c=\dfrac{F_2a}{d\eta}-\dfrac{G_gb+G_xc}{d}$	$G_c=\dfrac{F_2a_1}{d\eta}-\dfrac{F_1a_2+G_gb+G_xc}{d}$	$G_c=\dfrac{(F_1+F_2)a}{d\eta}-\dfrac{G_gb+G_xc}{d}$
当带退距为 ε（m）时，连于杠杆上的带端位移 Δ/m	$\Delta=\varepsilon\alpha$	$\Delta_1=\varepsilon\alpha\dfrac{a_1}{a_1-a_2}$ $\Delta_2=\varepsilon\alpha\dfrac{a_2}{a_1-a_2}$	$\Delta=\dfrac{1}{2}\varepsilon\alpha$
电磁铁所做的功 P_dh_d/J	$P_dh_d=\dfrac{F_2\Delta}{\eta K_d}$ $=\dfrac{2T\varepsilon\alpha}{D(e^{\mu\alpha}-1)\eta K_d}$	$P_dh_d=\dfrac{F_2\Delta_1-F_1\Delta_2}{\eta K_d}$ $=\dfrac{2T(a_1-a_2e^{\mu\alpha})}{D\eta K_d(e^{\mu\alpha}-1)}\times\dfrac{\varepsilon\alpha}{a_1-a_2}$	$P_dh_d=\dfrac{(F_1+F_2)\Delta}{\eta K_d}$ $=\dfrac{T\varepsilon\alpha(e^{\mu\alpha}+1)}{D\eta K_d(e^{\mu\alpha}-1)}$

项 目		计 算 公 式 与 说 明		
安装电磁铁的最大距离 c_{max}/m		$c_{max}=K_d h_d \dfrac{a}{\varepsilon\alpha}$	$c_{max}=K_d h_d \dfrac{a_1-a_2}{\varepsilon\alpha}$	$c_{max}=K_d h_d \dfrac{2a}{\varepsilon\alpha}$
产生的制动力矩 T/N·m	顺时针	$T=(e^{\mu\alpha}-1)(G_c d+G_g b+\\ G_x c)\dfrac{D}{2a}\eta$	$T=\dfrac{e^{\mu\alpha}-1}{a_1-\eta a_2 e^{\mu\alpha}}(G_c d+G_g b+\\ G_x c)\dfrac{D}{2}\eta$	$T=\dfrac{e^{\mu\alpha}-1}{e^{\mu\alpha}+1}(G_c d+G_g b+\\ G_x c)\times\dfrac{D}{2a}\eta$
	逆时针	T减小到$\dfrac{1}{e^{\mu\alpha}}$倍	T减小到$\dfrac{a_1-\eta a_2 e^{\mu\alpha}}{a_1 e^{\mu\alpha}-\eta a_2}$倍	T大小不变
说 明		a,b,c,d——长度尺寸,见图a、b、c,m 通常取$\dfrac{d}{a}=10\sim15$ η——制动杠杆效率,一般取$\eta=0.9\sim0.95$ G_g——制动杠杆重量,N G_x——电磁铁衔铁重量,N	a_1,a_2——长度尺寸,见图b,m 为避免自锁现象,应使$a_1>a_2 e^{\mu\alpha}$ 通常取$a_1=(2.5\sim3)a_2$ $a_2=30\sim50mm$	P_d——电磁铁吸力,N h_d——电磁铁行程,m K_d——电磁铁行程利用系数, $K_d=0.8\sim0.85$ ε——制动带退距,见表7-4-41
适用条件及特点		正反转制动力矩不同,顺时针旋转时制动力矩大,常用于起重机升机构,用于单向制动	正反转制动力矩不同,顺时针旋转时制动力矩大,紧闸所需重锤的重量G_c小,用于起升机构及变幅机构。一般很少采用,有时用于单向手操纵制动	制动转矩大,正反转制动力矩相同,用于运行及旋转机构,可用于双向制动

表 7-4-39　带式制动器的荐用制动轮尺寸

计算制动转矩 T /N·m	制动轮尺寸/mm	
	直径 D	宽度 B
~100	100	30
100~300	100~150	40
400~600	150~200	60
700~860	200~250	70
1400~1600	300~350	90
1800~2100	400~450	90
2850~4000	500~700	110
6400~8000	800~1000	150

表 7-4-41　带式制动器荐用退距值

制动轮直径 D/mm	100	200	300	400	500	600	700	800
退距 ε/mm	0.8	1.0	1.25~ 1.5		1.5			

这种制动器的特点:
1. 构造简单紧凑;
2. 包角大(可超过2π),制动转矩大,相同制动轮直径时,带式为块式的$2\sim2.5$倍。
其缺点为:
1. 在制动时,制动轴附加相当大的弯曲作用力,其值等于带张力F_1、F_2的向量和;
2. 由于带的绕出端和绕入端的张力不等,故带沿制动轮周围的压强也不等,随着磨损也不均匀,其差别为(如$\mu=0.2\sim0.4$,$\alpha=250°\sim270°$时,$e^{\mu\alpha}=2.4\sim6.6$倍);
3. 简单和差动式制动器的制动转矩随转向而异。因而限制了它的应用范围。
这种制动器适于应用在转矩较大而又要求紧凑的场合,如用于移动式起重机中。

表 7-4-40　制动钢带荐用尺寸及计算

带宽 b/mm	25	30	40	50	60	80	100	140	200	为了保证带紧密地贴合到制动轮上,当轮径小于1m时,带宽不大于100mm;当轮径大于1m时,带宽不应大于150mm
带厚 t/mm	3		3~4		4~6		4~7	6~10		

带和轮间的压强及带宽 b	带和轮间的实际压强式 $$p=\dfrac{2S}{Db}(MPa)$$ D——轮径 S——带的变动张力,其值由带的最小张力F_2变到最大张力F_1,其相应的最小压强p_{min}和最大压强p_{max}为 $p_{min}=\dfrac{2F_2}{Db}$,$p_{max}=\dfrac{2F_1}{Db}$,则带宽$b\geqslant\dfrac{2F_1}{Dp_p}$,mm,按式算出的$b$应比轮宽$B$小$5\sim10mm$ p_p——摩擦材料的许用压强,MPa 见表7-4-5
覆面单位面积上摩擦功率 pv 验算	$pv\leqslant(pv)_p$ p——压强,取上栏中p_{min}与p_{max}的平均值,MPa v——制动轮圆周速度,$v=\dfrac{\pi Dn_1}{60}$,(m/s) n_1——制动轮转速,r/min $(pv)_p$——覆面单位面积上许用摩擦功率值,MPa·m/s,见表7-4-5
制动钢带厚度 t	$t=\dfrac{F_1}{(b-md)\sigma_p}(mm)$ m——沿带宽每排最多的铆钉数 d——连接钢带与连接件(摩擦材料)用的铆钉直径,mm,一般取$d=4\sim10mm$,铆钉应按剪切强度验算,对于材料为Q215-A,Q235-A,其许用剪应力可取$\tau_p=30\sim60N/mm^2$ σ_p——钢带的许用拉应力,MPa。钢带材料常用Q235-A、Q275和45钢。且具有覆面材料时,取$\sigma_p=80\sim100MPa$,无覆面材料时,取$\sigma_p=60MPa$

4.2 短行程带式制动器

4.2.1 短行程带式制动器结构

短行程带式制动器如图7-4-4所示，制动带系由两条相同的镶有摩擦材料的钢带组合而成。右端用铰链连接到方柱1上，在弹簧2的作用下它在基架中可水平移动。带的左端用铰链连接到具有共同摆动轴心5的曲杆3和4的杠杆系中。由于弹簧7和拉杆6的作用使3、4两曲杆被拉紧，从而使制动带两端产生张力，使制动器紧闸。电磁铁9的衔铁8装在曲杆3上。松闸时电磁铁通电，衔铁吸近铁芯，曲杆3、4分别绕轴心10和11转动，从而两杆的端部分开，制动带离开制动轮，方柱1也同样退开，于是松闸。随着制动带的磨损，曲杆3、4两端的行程及相应电磁铁的行程都将增大，而电磁铁的曳引力则随之减小。为确定衔铁的工作位置，可调整衔铁和曲杆3的螺钉13。短行程直流电磁铁的行程为2~6mm。衔铁对铁心的正常转角为6°~8°。

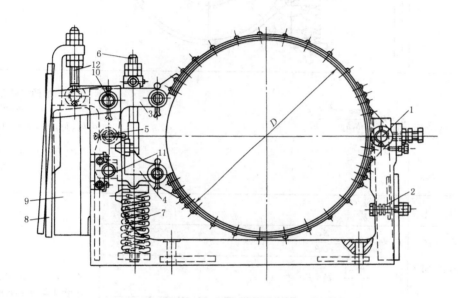

图 7-4-4　短行程带式制动器

这种类型的带式制动器实际上是两个普通带式制动器的综合。这种制动器多用于重型起重机。
这类制动器的优点：
① 电磁铁行程较小，制动动作快；
② 制动转矩与制动方向无关；
③ 围包角较大（约320°），从而降低带轮之间的压强，相应地延长覆面的使用寿命；
④ 由于包角大和连接带的铰链中具有支点作用，从而使弯曲制动轴力变小，但制动轴未能完全卸载。
带式制动器所有的其他缺点仍然存在，如带绕入端的磨损比绕出端的快2~3倍；很难使制动带均匀地离开制动轮，从而助长增加不均匀的磨损。
另外，这种带式制动器带的张力彼此无关，杠杆系统的结构难于调整制动器使带按计算张力工作。因此，制动带之一可能大大超过计算张力工作。实际使用中由于带的过载以致有被拉断的情况发生。这种制动器的另一缺点是由于力的作用不在中心，使压强局部增加，并增加制动带两端制动覆面的磨损，以致造成它的破坏，这样使其可靠性降低。此外在这种制动器的结构中弹簧作用力的利用不完全，因弹簧作用力 P_n 与带的张力 F_1、F_2（见表7-4-42中图）成一角度，F_1、F_2 只是 nP_n 的一部分，所以电磁铁曳引力的利用也不够合理（故电磁铁是根据弹簧力选择），致使机构重量增加。

4.2.2 短行程带式制动器计算

表 7-4-42

项　目	计　算　公　式	说　明
力　图		
垂直力 S_1、S_2（不计自重）/N	$S_1 = P_n \dfrac{ac + cb_2 - c^2}{b_1 b_2} - \dfrac{G_x d}{b_1}$ $S_2 = P_n \dfrac{c}{b_2}$	以上下曲杆的平衡条件求出 S_1、S_2 P_n ——弹簧力，N a, b_1, b_2, c, d ——长度尺寸，m，见图 G_x ——电磁铁衔铁的重力，N
铰链中的垂直力/N	$N = P_n \dfrac{b_2 - c}{b_2}$	
带两端张力 F_1、F_2/N	$F_1 = \dfrac{S_1}{\cos\beta}$ 　$F_2 = \dfrac{S_2}{\cos\beta}$	
上、下带的制动圆周力 F_s、F_x/N	$F_s = F_1 \dfrac{e^{\mu\alpha} - 1}{e^{\mu\alpha}}$ 　$F_x = F_2(e^{\mu\alpha} - 1)$	在一般结构中，带的两半的包角 α 互相等，角 β 亦相等 η ——制动器杠杆传动效率，取 $\eta = 0.9 \sim 0.95$
总制动力矩 T/N·m	$T = (F_s + F_x)\dfrac{D}{2} = \dfrac{D(e^{\mu\alpha} - 1)}{2\eta e^{\mu\alpha}\cos\beta}\left[\dfrac{P_n}{b_1 b_2}(ac + cb_2 - c^2 + cb_1 e^{\mu\alpha}) - G_x \dfrac{d}{b_1}\right]$	
产生制动力矩所必需的弹簧力 P_n/N	$P_n = \dfrac{b_1 b_2}{(ac + cb_2 - c^2 + cb_1 e^{\mu\alpha})\eta}\left[\dfrac{2Te^{\mu\alpha}\cos\beta}{D(e^{\mu\alpha} - 1)} + G_x \dfrac{d}{b_1}\right]$	
电磁铁的转矩 T/N·m	$T = P_n a$	

表 7-4-43　　　　　　　**短行程带式制动器的性能**（参考）

制动轮直径 /mm	制动轮宽度 /mm	制动转矩/N·m						制动器的质量 /kg
		磁铁串励使用			磁铁分励使用			
		JC15%	JC25%	JC40%	JC25%	JC40%	JC100%	
200	85	130	100	70	190	140	80	52
255	85	390	290	180	380	320	180	62
355	120	1230	850	540	1400	900	550	141
455	170	1620	1170	830	2250	1400	1050	235
535	190	2250	1470	1120	2950	2300	1450	325
610	190	3030	1980	1500	4150	3050	1950	365
760	210	5200	3780	3000	8850	5350	390	580

注：摘自前苏联乌拉尔重型机械制造厂设计资料。

第 7 篇

4.2.3 带式制动器产品

DZ2600-1350 带式制动器

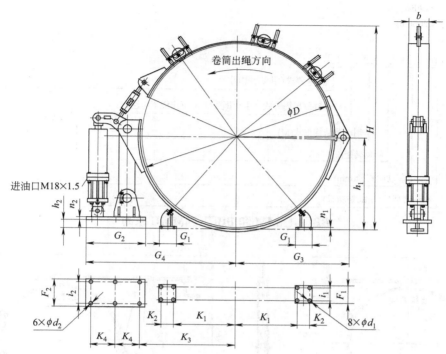

1. 应用及特点：

主要用于大、中型起重机的起升机构、变幅机构低速轴的维持和安全制动及锚铰机低速轴制动。弹簧制动，液压释放。主要摆动铰点为自润滑轴承。无石棉制动垫。

2. 使用条件：

环境温度：-20~50℃。工作环境不得有易燃、易爆及腐蚀性气体，对于户外有雨雪浸蚀或有腐蚀性介质的场合应采用防腐型产品。空气相对湿度不大于90%。使用地点海拔高度不超过1000m。

3. 型号意义：

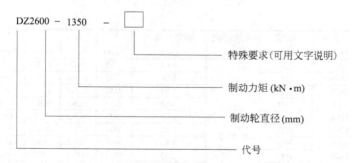

DZ2600 - 1350 - □

特殊要求(可用文字说明)

制动力矩 (kN·m)

制动轮直径(mm)

代号

表 7-4-44　　　　　　　　　技术参数与尺寸

型号	直径 D	制动力矩 /kN·m	退距	制动带宽度 b	制动轮最小宽度	油缸		质量 /kg
						油压/MPa	最大工作油量/mL	
DZ2600-1350	2600	1350	2	260	300	9/10	2020	1800

尺寸　　　　　　　　　　　　　　　　　　　　　　　　　　/mm

型号	G_1	G_2	G_3	G_4	H	F_1	F_2	h_1	h_2	K_1	K_2	K_3	K_4	i_1	i_2	n_1	n_2	d_1	d_2
DZ2600-1350	220	830	1545	2120	3145	240	380	1600	300	685	160	1375	330	180	300	30	38	20	34

注：生产厂家：焦作金箍制动器股份有限公司。

BB 系列带式制动器

使用条件:

1. 环境温度: -25~50℃。

2. 相对湿度: ≤90%。

3. 海拔高度: <2000m。

订货标记:

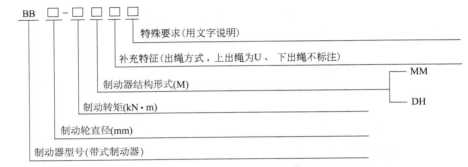

BB□-□MM 和 BB□-□MMU 系列

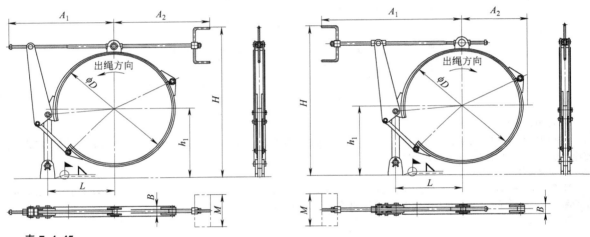

表 7-4-45

型号	轮径 D /mm	转矩 /kN·m	开闸间隙 /mm	钢带宽度 B /mm	h_1 /mm	H mm	A_1 /mm	A_2 /mm	L /mm	M /mm	质量 /kg
BB600-25MM(U)	600	25		110	450	990	670	580	385	300	50
BB700-85MM(U)	700	85		110	500	1160	820	700	445	420	55
BB800-100MM(U)	800	100		140	500	1160	820	780	485	420	70
BB900-110MM(U)	900	110		140	500	1260	920	840	545	420	75
BB1000-150MM(U)	1000	150		140	600	1480	970	950	605	420	100
BB1200-200MM(U)	1200	200	0.5~2	140	800	1780	1080	1150	705	500	150
BB1300-300MM(U)	1300	300		180	800	1840	1140	1200	755	500	230
BB1400-400MM(U)	1400	400		200	900	2000	1300	1190	845	500	385
BB1500-500MM(U)	1500	500		220	950	2110	1540	1190	900	500	445
BB1600-600MM(U)	1600	600		220	1000	2210	1570	1120	960	500	465
BB1700-700MM(U)	1700	700		240	1000	2270	1620	1170	1010	500	520
BB1800-800MM(U)	1800	800		240	1000	2320	1680	1220	1065	550	550

注: 1. 生产厂家: 江西华伍制动器股份有限公司。

2. 本系列制动器详细数据可与厂家联系, 可根据用户要求设计并提供各种船级社认证。

3. BB□-□MM 和 BB□-□MMU 系列带式制动器主要应用于矿用卷扬机, 煤矿矿井提升机、船舶锚铰机、各种船用铰车的工作制动。

4. BB□-□DH 和 BB□-□DHU 系列带式制动器主要应用于各类大型卷扬机构的低速轴安全制动、及各类船舶锚铰机的低速安全制动。

BB□-□DH 和 BB□-□DHU 系列

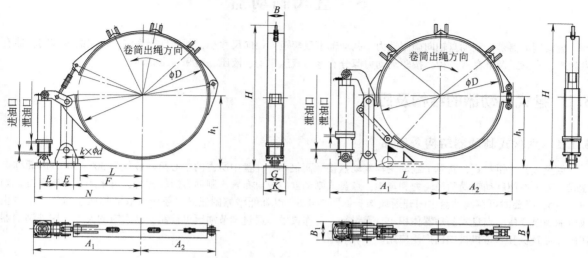

表 7-4-46

型 号	轮径 D /mm	转矩 /kN·m	开闸间隙 /mm	开闸油压 /MPa	开闸油量 /ml	钢带宽度 B /mm	h_1 /mm	H /mm	A_1 /mm	A_2 /mm	K /mm	质量 /kg
BB1600-315DH(U)	1600	315			785	200	900	1900	1600	1000	300	880
BB1600-400DH(U)		400			785	240	900	1900	1600	1000	300	930
BB1800-500DH(U)	1800	500			1225	240	1000	2100	1700	1100	320	1290
BB1800-630DH(U)		630			1225	280	1000	2100	1700	1100	320	1380
BB2000-800DH(U)	2000	800			1540	280	1200	2400	1800	1200	360	1460
BB2000-1000DH(U)		1000			1540	320	1200	2400	1800	1200	360	1595
BB2500-1000DH(U)	2500	1000	0.5~2	10~12	1540	240	1200	2800	2200	1500	360	1465
BB2500-1250DH(U)		1250			1540	280	1200	2800	2200	1500	360	1620
BB3000-1500DH(U)	3000	1500			1540	280	1200	3100	2400	1800	400	2150
BB3000-2000DH(U)		2000			1540	320	1200	3100	2400	1800	400	2400
BB3600-2000DH(U)	3600	2000			2545	280	1350	3500	2800	2100	400	2650
BB3600-2500DH(U)		2500			2545	320	1350	3500	2800	2100	400	2950
BB4000-3150DH(U)	4000	3150			3800	280	1500	3800	3000	2300	400	3550
BB4000-3550DH(U)		3550			3800	320	1500	3800	3000	2300	400	3850

注：见表 7-4-45。

5 盘式制动器

盘式制动器是沿制动盘轴向施制动力，制动轴不受弯矩，径向尺寸小，制动性能稳定。常用的盘式制动器有点盘式、全盘式及锥盘式三种。按驱动动力源分有电力液压驱动、液压驱动和气压驱动。

5.1 盘式制动器的结构及应用

5.1.1 点盘式制动器结构及产品

点盘式又称钳盘式，其单个制动块与制动盘接触面很小，在盘中所占的中心角一般仅为 30°～50°，因而称点盘式。为了不使制动轴受到径向力和弯矩，点盘式制动缸应成对布置，制动力矩较大时，可采用多对制动缸，如图 7-4-5，必要时可在制动盘中间开通风沟，如图 7-4-6，以降低摩擦副温升，还应采取隔热散热措施，以防止液压油高温变质。点盘式制动器体积小，重量轻，动作灵敏，通过调节油压可控制制动力矩的大小。这种制动器在矿井提升机和起重机械中已广泛应用。

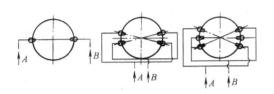

图 7-4-5 多对制动缸组合安装示意图

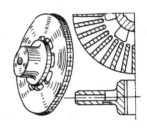

图 7-4-6 带有通风沟的制动盘

点盘式制动器按制动钳的结构型式分固定卡钳式和浮动卡钳式。固定卡钳式即制动钳固定不动，制动盘两侧均有油缸。制动时仅两侧油缸中的活塞驱使两侧制动块作相向移动。常闭固定卡钳式制动器见图 7-4-7、图 7-4-8。常开固定卡钳式制动器见图 7-4-9，摩擦块底板 4 通过销轴 6、1 和平行杠杆组 5 固定在基架 2 上。弹簧 8 使制动器常开。制动时，将液压油通入油缸 7，同时压缩弹簧而紧闸。平行杠杆组 5 能使摩擦元件与制动盘 3 保持平行。

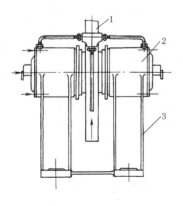

图 7-4-7 常闭固定卡钳式制动器
1—制动盘；2—制动缸；3—基架

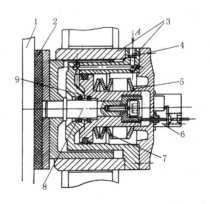

图 7-4-8 常闭固定卡钳式制动器制动缸结构
1—制动盘；2—摩擦块；3—缸体；4—导引部分；
5—调整垫片；6—磨损量指示器；7—碟形弹簧；
8—顶杆；9—活塞

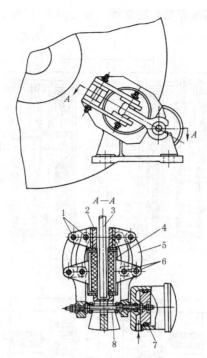

图 7-4-9　常开固定卡钳式制动器

1,6—销轴；2—基架；3—制动盘；4—摩擦块底板；

5—平行杠杆组；7—油缸；8—弹簧

　　浮动卡钳式的制动缸是浮动的，有滑钳式与摆动钳式。图 7-4-10 为常开滑动钳式制动器，油缸进油后活塞 5 推动活动制动块 3 左移靠紧制动盘 2 后，制动钳体 4（制动缸）在支承板 9 中向右滑动，并带动固定制动块 1 右移压紧制动盘 2。

　　图 7-4-11 为常开摆动钳式制动器。制动缸 6 通过销轴 12 与固定基架 11 铰接，并借助螺栓 9 及弹簧 10 定位。制动时，液压油由进油孔 7 进入制动缸推动活塞 5 使摩擦块 4 压制动盘 3，由于制动缸是浮动的，故活塞 5 同时也使摩擦块 2 压向制动盘。制动缸卸压后，弹簧 10 使制动器松闸。

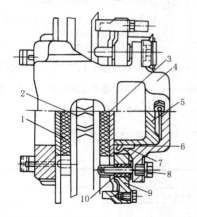

图 7-4-10　常开滑动钳式制动器

1—固定制动块；2—制动盘（通风型）；3—活动制动块；

4—制动钳体；5—活塞；6—密封圈；7—防护罩；

8—制动钳定位导向销；9—支承板；10—橡胶衬套

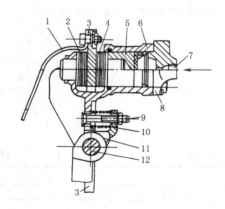

图 7-4-11　常开摆动钳式制动器

1—轮辐；2,4—摩擦块；3—制动盘；

5—活塞；6—制动缸；7—进油孔；8—缸盖；

9—螺栓；10—弹簧；11—基架；12—销轴

YPZ$_2$电力液压推杆盘式制动器（中心高 h_1 代号 I、II、III）

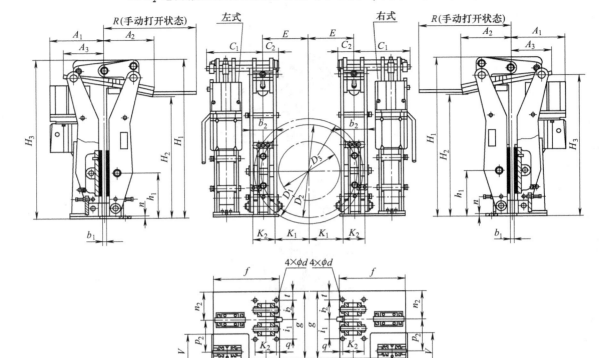

使用条件：

1. 环境温度：−20~50℃。

2. 空气相对湿度不大于90%。

3. 一般用于三相交流电源50Hz，380V（根据需要也可生产60Hz或不同电压的，请订货时事先说明）。

4. 安装海拔高度符合 GB 755—2008 及德国 VDE 0530 标准。低于−20℃时，推动器工作液改用 YH-10 航空液压油或要求带加热器，详情参考 Ed 推动器说明书。

5. 工作环境不得有易燃、易爆及腐蚀性气体。

— M衬垫磨损自动补偿
— K$_1$松闸(上升)显示行程开关
— K$_2$闭闸(下降)显示行程开关
— K$_3$衬垫磨损极限显示开关
— S手动装置

型号意义：

YPZ$_2$- □ □/□ □ □□□

— 制动器附加功能代号
— 制动器安装形式：L为左式，R为右式
— 推动器附加装置代号
— 推动器推力代号
— 推动器代号，"E"为Ed普通型，"B"为隔爆型
— 制动器中心高代号（I、II、III、IV、V、VI）
— 制动盘直径，mm
— 盘式制动器型号

表 7-4-47　　　　　　　　　　　技术参数与尺寸

推动器型号	h_1	H_1	H_2	H_3	b_2	d	f	g	t	i_1	i_2	K_2	A_2	A_3	n_1	n_2	p_1	p_2	q	n	C_2	R	A_1	C_1	X	V
	I 型																									
	/mm																									
Ed23/5																							280	297	80	200
Ed30/5	230	710	515	630	70	18	310	300	20	180	80	120	230	235	80	100	175	160	20	15	75	460	277	297	80	197
Ed50/6																							317	297	97	254
Ed80/6																							317	297	97	254

第 7 篇

D_1	b_1	D_2	D_3	E	K_1	S	型号	输入功率/W	额定电流/A	最大制动力/N	315	355	400	450	500	整机质量/kg
制动盘直径							配套推动器				制动盘直径 D_1 最大制动转矩/N·m					
315	30	20	235	120	118	58										
355	30	20	275	160	138	78	Ed23/5	165	0.52	2300	270	320				89
400	30	20	320	205	160	100	Ed30/5	200	0.46	3200	380	440	520			95
450	30	20	370	255	185	125	Ed50/6	210	0.48	4800	645	670	790	910	1000	102
500	30	20	420	305	210	150	Ed80/6	330	1.42	8400	1030	1150	1350	1560	1750	104

（S=0.9±0.2）

Ⅱ 型

推动器型号	h_1	H_1	H_2	H_3	b_2	d	f	g	t	i_1	i_2	K_2	A_2	A_3	n_1	n_2	p_1	p_2	q	n	C_2	R	A_1	C_1	X	V
Ed50/6	280	985	740	870	120	22	375	375	35	130	130	140	275	270	94	165	220	154	24	15	110	730	311	360	97	254
Ed80/6	280	985	740	870	120	22	375	375	35	130	130	140	275	270	94	165	220	154	24	15	110	730	311	360	97	254
Ed121/6	280	985	740	870	120	22	375	375	35	130	130	140	275	270	94	165	220	154	24	15	110	730	302	360	120	260
Ed201/6	280	985	740	870	120	22	375	375	35	130	130	140	275	270	94	165	220	154	24	15	110	730	302	367	120	260

D_1	b_1	D_2	D_3	E	K_1	S	型号	输入功率/W	额定电流/A	最大制动力/N	450	500	560	630	710	整机质量/kg
制动盘直径							配套推动器				制动盘直径 D_1 最大制动转矩/N·m					
450	30	350	180	175	105											
500	30	400	230	200	130		Ed50/6	210	0.48	5800	1025	1175	1350			178
560	30	460	290	230	160		Ed80/6	330	1.42	9800	1720	1965	2260	2605		179
630	30	530	360	265	195		Ed121/6	330	1.44	15400	2700	3085	3550	4090	4665	194
710	30	610	440	305	230		Ed201/6	450	1.45	23900	4195	4790	5510	6350	7310	194

（S=0.9±0.2）

Ⅲ 型

推动器型号	h_1	H_1	H_2	H_3	b_2	d	f	g	t	i_1	i_2	K_2	A_2	A_3	n_1	n_2	p_1	p_2	q	n	C_2	R	A_1	C_1	X	V
Ed121/6	370	1170	910	1045	120	27	415	460	35	180	180	160	305	310	110	215	228	206	30	20	120	735	354	394	120	260
Ed201/6	370	1170	910	1045	120	27	415	460	35	180	180	160	305	310	110	215	228	206	30	20	120	735	354	394	120	260
Ed301/6	370	1170	910	1045	120	27	415	460	35	180	180	160	305	310	110	215	228	206	30	20	120	735	354	394	120	260

D_1	b_1	D_2	D_3	E	K_1	S	型号	输入功率/W	额定电流/A	最大制动力/N	630	710	800	900	1000	1250	整机质量/kg
制动盘直径							配套推动器				制动盘直径 D_1 最大制动转矩/N·m						
630	30	500	310	250	170												
710	30	580	390	290	210		Ed121/6	330	1.44	14500	3750	4500	5000	5600			294
800	30	670	480	335	255		Ed201/6	450	1.45	25200	6305	7315	8450	9710	10970		294
900	30	770	580	385	305		Ed301/6	550	1.46	36600	9170	10640	12290	14120	15960	20540	295
1000	30	870	680	435	355												
1250	30	1120	930	560	480												

（S=1.0±0.3）

注：1. YPZ$_2$ Ⅰ～Ⅵ的图形及资料来自焦作金箍制动器有限公司。

2. 根据需要推动器可加附加装置，应与厂家联系确定。

3. YPZ$_2$ Ⅰ、Ⅱ、Ⅲ符合德国 DIN 15435 标准。使用过程中，可始终保持两侧瓦块退距均等。

4. D_2 为理论摩擦直径，摩擦因数 μ=0.4。D_3 为允许联轴器最大外径，S 为每侧瓦块退距。最大制动转矩＝最大制动力×(D_2/2)/1000。

5. 江西华伍制动电器股份有限公司生产类似产品，其型号为 YP1、YP2、YP3，与表中Ⅰ、Ⅱ、Ⅲ型对应，对应型号安装尺寸相同。江西华伍公司还生产 YP11、YP21、YP31、YP32、YP41 等电力液压盘式制动器，具体型号、参数与尺寸与厂家联系。

6. 上述两生产厂家产品结构、主要参数与 JB/T 7020 相同，但个别参数及尺寸与标准有差别。

第 7 篇

YPZ₂ 电力液压推杆盘式制动器（中心高 h_1 代号 Ⅳ、Ⅴ、Ⅵ）

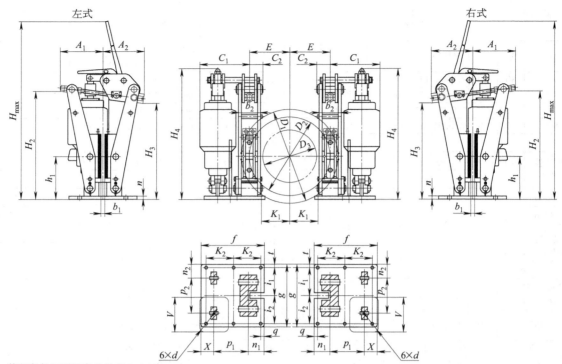

使用条件和型号意义见表 7-4-37。

表 7-4-48 技术参数与尺寸

										Ⅳ型													/mm		
推动器型号	h_1	H_2	H_3	H_4	b_2	d	f	g	H_{max}	i_1	i_2	K_2	A_1	A_2	n_1	n_2	p_1	p_2	V	q	n	C_2	C_1	X	t
Ed23/5	160	400	340	500	56	14	230	270	612	80	150	100	208	198	52	40	133	130	200	14	15	60	215	80	20
Ed30/5																			197						

与制动器有关的尺寸							技术参数								
制动器直径 D_1	b_1	D_2	D_3	E	K_1	S	配套推动器			最大制动力/N	制动盘直径 D_1						整机质量/kg
							型号	输入功率/W	额定电流/A		250	280	315	355	400	450	500	
250	20	200	110	98	61								最大制动转矩/N·m					
280	20	230	140	113	76	0.9					最大制动转矩/N·m							
315	20	260	170	130	93	±	Ed23/5	165	0.52	2000	200	230	260	300	345	395	445	71
355	20	300	210	150	113	0.2	Ed30/5	200	0.46	2700	280	310	355	410	470	540	610	75
400	20	345	255	173	135													
450	20	395	305	197	160													
500	20	445	355	222	185													

										Ⅴ型													/mm		
推动器型号	h_1	H_2	H_3	H_4	b_2	d	f	g	H_{max}	i_1	i_2	K_2	A_1	A_2	n_1	n_2	p_1	p_2	V	q	n	C_2	C_1	X	t
Ed50/6	230	537	474	645	75	18	330	360	1100	145	145	130	275	228	90	110	165	177	254	25	18	80	260	95	35
Ed80/6																									

与制动器有关的尺寸							技术参数									
制动器直径 D_1	b_1	D_2	D_3	E	K_1	S	配套推动器			最大制动力/N	制动盘直径 D_1						整机质量/kg
							型号	输入功率/W	额定电流/A		355	400	450	500	560	630	
355	30	275	155	137.5	72.5								最大制动转矩/N·m				
400	30	320	200	160	95	0.9	Ed50/6	210	0.48	6800	935	1085	1255	1425	1630	1870	97
450	30	370	250	185	120	±	Ed80/6	330	1.42	10000		1600	1850	2100	2400	2750	104
500	30	420	300	210	145	0.2											
560	30	480	360	240	175												
630	30	550	430	275	210												

续表

推动器型号	h_1	H_2	H_3	H_4	b_2	d	f	g	H_{max}	i_1	i_2	K_2	A_1	A_2	n_1	n_2	p_1	p_2	V	q	n	C_2	C_1	X	t
														VI型									/mm		
Ed121/6 Ed201/6 Ed301/6	280	699	636	835	108	27	390	430	1500	180	180	160	285	265	102	140	210	195	260	22	20	108	330	120	35

与制动器有关的尺寸

制动器直径 D_1	b_1	D_2	D_3	E	K_1	S
450	30	350	170	175	95	
500	30	400	240	200	120	
560	30	460	300	230	150	
630	30	530	370	265	185	0.9 ± 0.2
710	30	610	450	305	225	
800	30	700	540	350	270	
900	30	800	640	400	320	
1000	30	900	740	450	370	
1100	30	1000	840	500	420	

技术参数

配套推动器				制动盘直径 D_1									整机质量/kg
型号	输入功率/W	额定电流/A	最大制动力/N	450	500	560	630	710	800	900	1000	1100	
				最大制动转矩/N·m									
Ed121/6	330	1.44	15400	2700	3100	3550	4100	4700	5400				220
Ed201/6	450	1.45	24900	4300	5000	5750	6600	7600	8800				220
Ed301/6	550	1.46	36600				9700	11200	12800	14700	16500	18150	220

注：S 表示每侧瓦块的退距。

注：见表 7-4-47。

YPL11 系列二步式电力液压盘式制动器

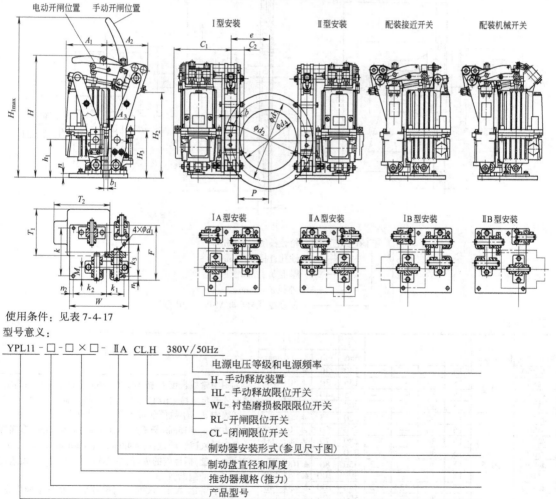

使用条件：见表 7-4-17

型号意义：

YPL11 - □ - □ × □ - ⅡA CL.H 380V/50Hz

- 电源电压等级和电源频率
- H- 手动释放装置
- HL- 手动释放限位开关
- WL- 衬垫磨损极限限位开关
- RL- 开闸限位开关
- CL- 闭闸限位开关
- 制动器安装形式（参见尺寸图）
- 制动盘直径和厚度
- 推动器规格（推力）
- 产品型号

订货示例：YPL11-220-315*20ⅠB. RL. WL. H

表 7-4-49 　　　　　　　　　　　　　　参数与尺寸　　　　　　　　　　　　　　mm

推动器型号	h_1	H	H_1	H_2	H_3	b	k	k_1	k_2	k_3	d_1	n	n_1	n_2	F	W	M	A_1 A型	A_1 B型	A_2	A_3	C_1 A型	C_1 B型	C_2	T_1 A型	T_1 B型	T_2 A型	T_2 B型
Ed220-50	160	515	685	360	195	52	200	80	150	135	14	15	15	20	230	270	52	195	185	190	135	265	280	65	197	160	160	197
Ed300-50	160	515	685	360	195	52	200	80	150	135	14	15	15	20	230	270	52	195	185	190	135	265	280	65	197	160	160	197

与制动盘有关的尺寸

制动盘径 d_2	b_1	s	d_3	d_4	e	p
250	20		195	100	97.5	60
280	20		225	130	112.5	75
315	20	0.7~0.9	260	160	130	92.5
355	20		300	205	150	112.5
400	20		345	250	172.5	135
450	20		395	300	197.5	160
500	20		445	350	222.5	185

技术参数

配套推动器型号	功率/W	额定电流/A	质量/kg	250	280	315	355	400	450	500	整机质量/kg
				最大制动转矩（第一步/第二步）/N·m							
Ed220-50	120	0.38	10	90/110	105/125	120/140	135/165	155/190	180/215	200/245	92
Ed300-50	250	0.78	14	120/150	140/170	160/195	180/230	210/260	240/300	270/340	95

s—每侧瓦块退距；d_4—允许最大的联轴器外径

注：1. 生产厂家：江西华伍制动器股份有限公司。

2. 此类制动器适用于大车行走机构，第一步制动转矩用于停车制动，延时增加第二步制动转矩用于防风制动。

制动盘 （摘自 JB/T 7019—1993）

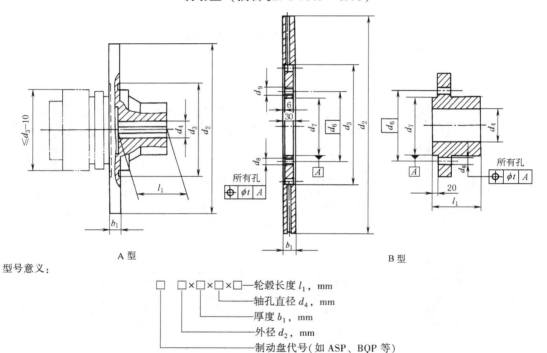

A 型　　　　　　　　　　　　　　　　B 型

型号意义：

□ □×□×□×□—轮毂长度 l_1，mm
　　　　　　　轴孔直径 d_4，mm
　　　　　　　厚度 b_1，mm
　　　　　　　外径 d_2，mm
　　　　　　　制动盘代号（如 ASP、BQP 等）

表 7-4-50 　　　　　　　　　　　　　　　　　　　　　　　　　　　　　　mm

	d_2 基本尺寸	极限偏差	b_1				d_3 max	d_4(H7) min	d_4(H7)	d_4(H7) max	说　明
A 型	▲250	±0.2	15	—	—	—	140	30	▲50	70	①图中轮毂长度 l_1 按 GB/T 1569 中的伸长系列确定，键槽型式及尺寸按 GB/T 3852 中长圆柱形轴孔确定
	280		15	—	—	—	155	30	▲50	70	
	▲315		15	30	—	—	175	40	▲60	80	②表中 d_2、d_4 数值前带▲者应优先采用
	355		15	30	—	—	200	50	▲60	80	③表中 b_1=15mm 只有实体制动盘；b_1=30mm 有实体制动盘和通风道制动盘；b_1=42mm、b_1=80mm、b_1=112mm 无实体制动盘，括号内的 b_1 值推荐用于外径 d_2 的线速度大于 40m/s 的制动盘
	▲400		15	30	—	80	220	55	▲80	90	
	450		15	30	—	—	250	60	▲80	100	
	▲500		15	30	—	80	280	70	▲80	100	
	560		15	30	—	—	310	80	▲100	125	
	▲630	±0.5	15	30	—	112	350	80	▲100	125	④表中当 d_2 大于 1000mm 时推荐采用 R10 系列优先数，b_1 等于 30mm（线速度小于 40m/s）
	710		15	30	—	—	390	100	▲120	140	
	▲800		15	30	(42)	112	440	100	▲120	140	
	900		—	30	(42)	—	500	125	▲140	160	
	▲1000		—	30	(42)	—	560	125	▲140	160	

d_2		b_1	d_6	d_7 $\left(\dfrac{\text{H7}}{\text{f}_7}\right)$	d_8			d_9	t	每个螺栓的拧紧力矩/N·m	说 明
基本尺寸	极限偏差				孔径	螺孔个数	螺孔直径				
▲315	±0.2	30	105	85	10.5	9	M10	M10	0.3	51	
355			125	105	13	9	M12	M12		89	
▲400	±0.5	30	140	115	17	9	M16	M16	0.4	215	
450			146	120	17	12	M16	M16		215	
▲500			190	160	21	12	M20	M20		420	
560	±0.5	30	190	160	21	12	M20	M20	0.5	420	
▲630			205	170	21	12	M20	M20		420	
710			230	190	25	12	M24	M24		725	
▲800	±0.5	30 (42)	260	220	25	12	M24	M24	0.5	725	
900			260	220	25	12	M24	M24		725	
▲1000			260	220	25	12	M24	M24		725	

表左侧标注：B 型

说明栏：
①B 型图中 L_1 与表中 d_2、b_1 的说明同 A 型以及尺寸 d_3 和 d_4 见 A 型
②图中 d_9 为方便更换制动盘，在制动盘 d_6 圆周上设置了 3 个螺孔 d_9，与 d_8 错开，均匀分布
③表中 d_8 孔用螺栓的强度等级不低于 GB/T 3098.1《紧固件机械性能螺栓、螺钉和螺柱》中的 8.8 级，按表中给定的拧紧力矩拧紧
④d_2 大于 1000mm 时，推荐采用 R10 系列优先数，b_1 等于 30mm（线速度小于 40m/s）

第 **7** 篇

注：1. 本表只适用于单盘式盘式制动器的制动盘。

2. 制动盘按结构分为 A 型与 B 型。A 型是盘与轮毂为一整体，分为实体制动盘（代号为 S）、直通风道制动盘（代号为 Z）和曲线通风道制动盘（代号为 Q），其代号分别为：ASP、AZP、AQP；B 型为盘与轮毂可拆卸连接，盘也分实体、直道通风道制动盘，曲线通风制动盘，其代号分别为：BSP、BZP、BQP。

3. 制动盘不要求与图示结构完全相符，但必须符合所给定的尺寸。

4. 制动盘的材料分铸造与锻造（或钢板割制）。铸造时其牌号有：ZG310-570、ZG42Cr1Mo、QT450-10、QT600-3；锻造时其牌号有：45、60、35CrMoV。

5. d_4、d_7 的圆度公差为其直径公差的 1/2，盘摩擦面对轴孔中心线的全跳动为轴孔的公差。

6. 盘摩擦表面粗糙度 Ra 为 3.2μm，d_4 和 d_7 表面粗糙度 Ra 为 1.6μm，d_8 及其他部位表面粗糙度 Ra 为 6.3μm。

7. 铸造和锻造的钢质材料制动盘进行调质处理时，硬度为 273~302HB。摩擦表面如需淬火，淬硬层深度为 2~3mm，硬度为 35~45HRC。

8. 制动盘需要作静平衡，静平衡应使制动盘在其外径上的偏心残留量小于下列两值中的较大值：
a. 0.005kg；b. 制动盘和相匹配轮毂等附件重量的 0.2%。

SB 系列液压钳盘式（安全）制动器

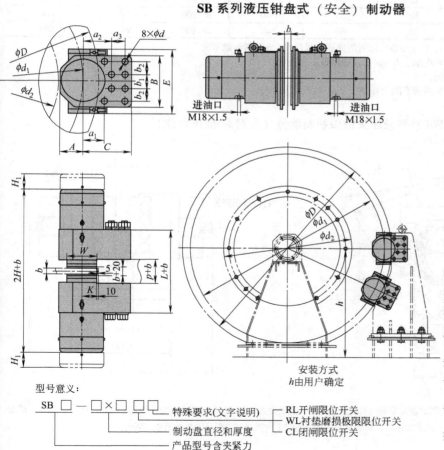

进油口 M18×1.5　　进油口 M18×1.5

安装方式
h 由用户确定

型号意义：

SB □ — □ × □ □ □ 特殊要求(文字说明)
　　　　　　　　　　　　RL开闸限位开关
　　　　　　　　　　　WL衬垫磨损极限位开关
　　　　　　　　　　CL闭闸限位开关
　　　　制动盘直径和厚度
　　产品型号含夹紧力

应用范围：

1. 大中型起重机、港口装卸机械起升机构以及臂架俯仰机构低速轴的紧急安全制动。

2. 矿用卷扬机、提升机工作制动和紧急安全制动。

3. 大中型倾斜式皮带运输机驱动机构的工作制动和紧急安全制动。

4. 缆车和索缆起重机驱动机构的安全制动。

主要设计特点：

1. 常闭式设计，安全可靠；特制碟簧施力制动，液压驱动释放。

2. 动作灵敏，闭合（上闸）时间短。

3. 出厂时均设置有开闸限位开关和衬垫磨损极限位开关，可进行联锁保护和故障显示（采用 PLC 控制时）。

4. 高性能无石棉硬质摩擦衬垫，摩擦因数稳定，不损伤制动盘且对水介质和盐雾（海水）不敏感。

5. 合理的密封结构设计和进口名牌密封件。效果好、寿命长。

6. 安装位置灵活，使用、调整、维护简单。

表 7-4-51   **SB 系列安全制动器技术参数与尺寸**

产品型号	夹紧力 F /kN	释放压力 /MPa	松闸油量 /mL	退距/mm	摩擦因数 μ 静态	摩擦因数 μ 动态	安装螺栓/性能等级/安装 扭矩/N·m	不含支架质量 /kg
SB50	50	11	30	1-2			8×M20、10.9、680	90
SB100	100	12	50	1-2			8×M24、10.9、1200	150
SB160	160	12	70	1-2			8×M30、10.9、2200	310
SB250	250	13	95	1-2	0.4	0.36	8×M36、10.9、3540	452
SB315	315	14	115	1-2			8×M36、10.9、3540	672
SB400	400	12	170	1-2			8×M48、10.9、7400	1100
SB500	500	14	170	1-2			8×M48、10.9、7400	1200

尺寸/mm

产品型号	A	a_1	a_2	a_3	b_1	b_2	B	C	d	K	P	L	E	W	H	H_1
SB50	77	77	90	38	38	38	154	150	20.5	56	102	300	240	110	310	80
SB100	95	95	105	45	55	45	190	180	25	71	102	348	286	140	360	85
SB160	110	120	135	65	70	65	260	235	31	87	106	412	370	170	410	95
SB250	130	120	160	75	80	75	300	275	37	87	106	456	370	170	470	110
SB315	140	175	205	85	90	82.5	335	330	37	137	106	476	410	270	500	110
SB400	170	180	220	120	110	110	440	420	50	137	142	602	546	270	560	115
SB500	170	180	220	120	110	110	440	420	50	137	142	682	542	270	600	115

与制动盘有关尺寸/mm

产品型号	b			D	d_1	d_{2max}
SB50	30	36	40	≥500	D-120	D-300
SB100	30	36	40	≥500	D-150	D-380
SB160	30	36	40	≥600	D-180	D-440
SB250	30	36	40	≥600	D-180	D-480
SB315	30	36	40	≥1200	D-280	D-600
SB400、SB500	30	36	40	≥1800	D-280	D-660

注：1. d_1 为理论摩擦直径，d_2 为允许最大的卷筒或联接毂外径，b 为制动盘厚度。

2. 一副制动钳的制动转矩 $M = F \cdot \mu \cdot d_1$（$\mu$ 为摩擦因数）。

3. 此类制动器需另配液控系统。

4. 生产厂家为江西华伍制动器股份有限公司。

SH 系列液压失效保护制动器（弹簧制-液压释放）

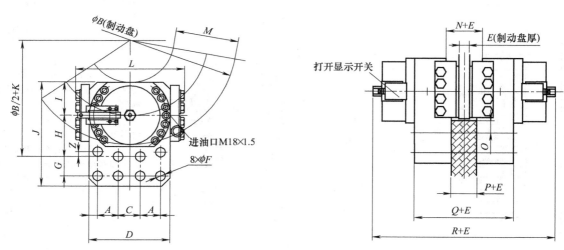

1. 应用

SH 系列失效保护盘式制动器与鼓式制动器相比具有结构紧凑、制动力大、安装方便等优点，它主要用于起重、运输、冶金、矿山、港口、建筑机械、电缆、吊索设备、风力发电机、纺织机械等各行业的多种机械驱动配套的机械制动或减速。

2. 主要特点

· 制动力大，维修费用低，带衬垫磨损自动补偿装置（制动力矩稳定），响应时间短。

· 安装公差大：制动盘端面跳动，最大值±0.2mm。底座相对于盘的垂直度偏差，最大值±4‰。制动盘相对于底座的中心距偏差，最大值±2.5mm。

3. 使用条件

① 环境温度：−20~50℃。② 周围工作环境中不得有易燃、易爆气体。③ 空气相对湿度不大于90%。④ 使用地点的海拔高度符合 GB755—2008。⑤ 户外雨雪侵蚀或有腐蚀性气体和介质应采用防腐型产品。

4. 根据用户不同的需求，可加装下列装置

· 衬垫磨损显示（通过显示开关或衬垫里的磨损线实现）。· 制动显示（通过显示开关实现）。· 手动释放显示（通过显示开关实现）。· 特殊应用。· 用于盘温非常高时的烧结衬垫，特种衬垫（无火星等）。· 特殊盘（厚度、直径、材料等），有特殊需要时与厂家联系。

表 7-4-52 技术参数与尺寸

制动器型号		ST10SH	ST16SH	ST25SH	ST40SH		符号	ST10SH	ST16SH	ST25SH	ST40SH
基本参数	制动力矩公式/N·m	制动转矩=制动力×(φB/2−M+1) B 单位为 m				外形尺寸/mm	A	45	65	72	100
	额定制动力/kN（一副钳的夹紧力×摩擦系数×2）	81	150	200	288		C	45	70	90	100
	夹紧动力/kN	120	220	280	400		D	190	260	302	367
	进油口尺寸	进油口均为 M18×1.5					F	25	32	32	41
	间隙/mm	2	1		2		G	55	65	65	100
	工作压力/MPa	13	15		19		H	130	135	150	219
	ST10SH 匹配液压站型号	YZ1-20-10					I	95	110	130	168
	ST16、25、40SH 匹配液压站型号	一拖一、一拖二：YZ1-20-10 一拖四：YZ1-20-20					J	300	345	380	522
							K	45	45	60	119
	油缸容积/mL	275	360	560	810		L	315	370	400	462
	响应时间/s	0.2					M	190	205	220	268
	完全释放移位容量/mL	32	21	88	31		N	88	88	88	90
	质量/kg	203	264	338	428		O	35	35	50	100
ST10SH 连接件：8 个螺栓 M24 等级 12.9 上紧力矩 1000N·m							P	48	48	48	50
ST16SH 连接件：8 个螺栓 M30 等级 12.9 上紧力矩 1350N·m							Q	304	308	308	326
ST25SH 连接件：8 个螺栓 M30 等级 12.9 上紧力矩 1500N·m							R	536	560	606	635
ST40SH 连接件：8 个螺栓 M39 等级 12.9 上紧力矩 5000N·m							Z	10	—	—	—

注：生产厂：1. 焦作金箍制动器股份有限公司。产品更新时数据有可能变化，选用时及时与厂家联系。

2. 该公司还生产 ST25SH-A 型，制动力分别为 230kN、200kN、180kN、150kN。

HKPZ 系列液压盘式制动装置

（Ⅰ）轴承座连接

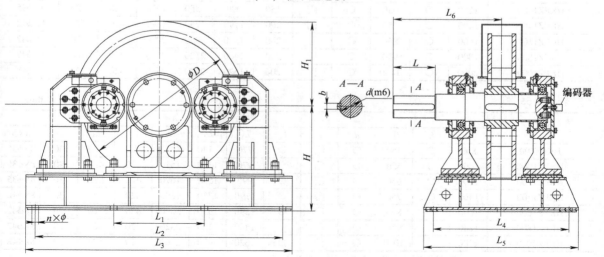

表 7-4-53

型 号	参数/mm											
	D	H	H_1	d	b	L	L_1	L_2	L_3	L_4	L_5	L_6	$n×\phi$
HKPZ800	800	575	455	120	32	220	470	1280	1380	710	810	570	10×φ35
HKPZ1000	1000	575	530	120	32	220	470	1410	1510	710	810	570	10×φ35
HKPZ1200	1200	680	650	160	40	300	580	1704	1824	710	810	650	10×φ35
HKPZ1400	1400	820	800	240	56	350	695	1895	2000	730	850	687	10×φ42

注：1. 本制动器由矿山盘式制动器液压控制单元组成。用于大型机电设备的可控制制动。

2. 用户根据实际使用情况，确定所需要的制动转矩，然后参照表 7-4-56，选择相应的制动头规格，制动头数量及所匹配的制动盘盘径。

3. 连接方式：Ⅰ为轴承座连接，Ⅱ为胀套连接，Ⅲ为键连接，具体安装尺寸见表 7-4-57。

4. 液压控制单元：NH 为普通（非防爆）高配、NC 为普通（非防爆）普配、BH 为防爆高配、BC 为防爆普配。其中高配规格重要液压与电控元器件均采用进口，普配元器件均采用国内知名厂家产品，液压站安装尺寸见图。

5. 可选项内选填液压站电压数值，不填表示默认液压站电压为 380V。

6. 当选用胀套连接或键连接时，用户应根据表 2 提供相应的订货尺寸。

7. 制动器数量与最大制动力矩匹配关系，2/4/6。

8. 制动力矩没有考虑备用系数，选用时，上运带式输送机考虑 1.5 倍，下运带式输送机考虑 2 倍以上的备用系数。

9. 当采用非防爆环境时，转速可相应提高。

10. 订货标记：

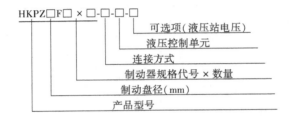

订货示例：

HKPZ1200F40×2-Ⅱ-NC 表示 HKPZ 系列盘径 1200mm，制动头型号为 HZT-40，2 台，胀套连接方式，非防爆普通配置制动装置，液压控制单元电压为 380V。

11. 生产厂家：江西华伍制动器股份有限公司。

表 7-4-54   mm

型号	参数											
	D	H	H_1	d	L	L_0	L_1	L_2	L_3	L_4	L_5	$n×\phi$
HKPZ800	800	○	450	○	□	180	770	1170	1310	320	420	8×φ35
HKPZ1000	1000	○	550	○	□	180	970	1370	1510	320	420	8×φ35
HKPZ1200	1200	○	650	○	□	180	990	1550	1670	420	520	8×φ35
HKPZ1400	1400	○	750	○	□	200	1190	1750	1890	420	520	8×φ42
HKPZ1600	1600	○	850	○	□	200	1390	1950	2090	420	520	8×φ42
HKPZ1800	1800	○	950	○	□	200	1400	2120	2320	420	520	8×φ42
HKPZ2000	2000	○	1050	○	□	200	1620	2420	2560	420	520	8×φ48

表 7-4-55   mm

型号	参数												
	D	H	H_1	d	L	L_0	L_1	L_2	L_3	L_4	L_5	b	$n×\phi$
HKPZ800	800	○	450	○	□	○	770	1170	1310	320	420	30	8×φ35
HKPZ1000	1000	○	550	○	□	○	970	1370	1510	320	420	30	8×φ35
HKPZ1200	1200	○	650	○	□		990	1550	1670	420	520	30	8×φ35
HKPZ1400	1400	○	750	○	□		1190	1750	1890	420	520	30	8×φ42
HKPZ1600	1600	○	850	○	□		1390	1950	2090	420	520	30	8×φ42
HKPZ1800	1800	○	950	○	□		1400	2120	2320	420	520	30	8×φ42
HKPZ2000	2000	○	1050	○	□		1620	2420	2560	420	520	30	8×φ48

注：○—订货尺寸；□—跟液压制动头型号有关，详见下表。

（Ⅱ）胀套连接

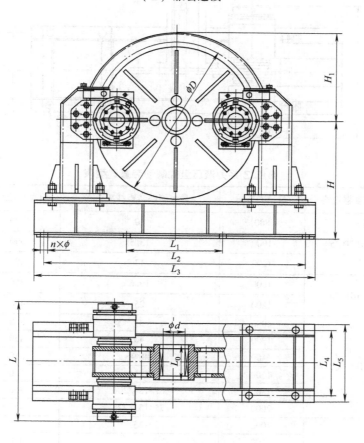

（Ⅲ）键连接

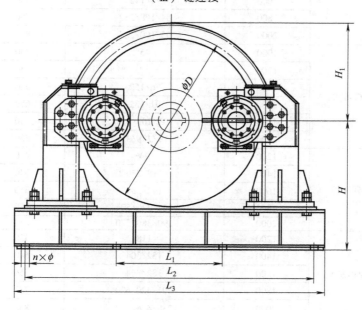

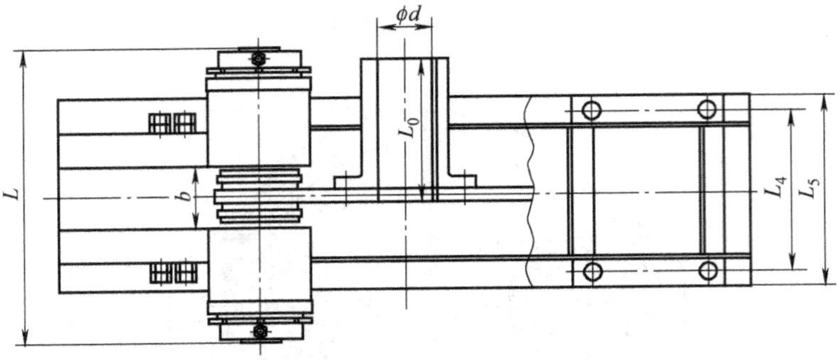

表 7-4-56   **HKPZ 系列液压盘式制动装置选型表**

制动器规格代号	制动器规格	盘径 D/mm	最大制动转矩/kN·m	制动半径/mm	最高转速/r·min^{-1}
25	HZT-25	800	10	290	200
		1000	13.5	390	170
		1200	17	490	140
40	HZT-40	1000	19.6	350	170
		1200	25	450	140
63	HZT-63	1000	31	350	170
		1200	40	450	140
		1400	48/96	550	120
		1600	57/114	660	105
		1800	67/134/201	760	95
		2000	75/151/225	860	85
80	HZT-80	1000	36	330	170
		1200	47	430	140
		1400	59/118	540	120
		1600	71/142	650	105
		1800	84/168/252	750	95
		2000	95/190/285	850	85
100	HZT-100	1000	45	330	170
		1200	59	430	140
		1400	76/152	540	120
		1600	91/182	650	105
		1800	105/201/315	750	95
		2000	119/238/357	850	85
160	HZT-160	1200	94	430	140
		1400	118/236	540	120
		1600	142/284	650	105
		1800	168/336/504	750	95
		2000	190/380/570	850	85
200	HZT-200	1200	118	430	140
		1400	152/304	540	120
		1600	182/364	650	105
		1800	201/420/630	750	95
		2000	238/476/714	850	85

制动器规格代号	制动器规格	盘径 D/mm	最大制动转矩/kN·m	制动半径/mm	最高转速/r·min^{-1}
250	HZT-250	1200	147	430	140
		1400	190/380	540	120
		1600	227/455	650	105
		1800	262/525/787	750	95
		2000	297/595/892	850	85
315	HZT-315	1200	187	430	140
		1400	235/469	540	120
		1600	282/545	650	105
		1800	326/652/978	750	95
		2000	369/739/1108	850	85

表 7-4-57　　　　　　不同制动器规格及连接方式所对应的制动器宽度(L)

连接方式	制动器型号								
	HZT-25	HZT-40	HZT-63	HZT-80	HZT-100	HZT-160	HZT-200	HZT-250	HZT-315
胀套连接	648	648	798	798	798	920	920	1070	1070
键连接	600	600	678	678	678	830	830	990	990

液压控制单元外形及安装尺寸

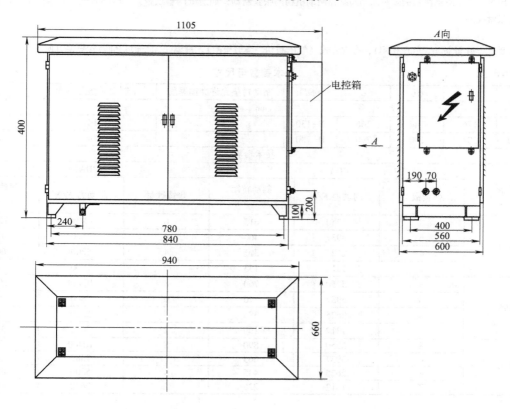

PDA 系列气动盘式制动器（有常闭式和常开式）

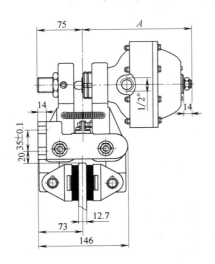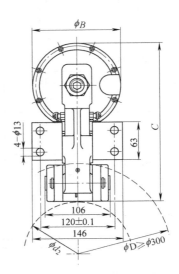

使用条件：

1. 环境温度-20~60℃。

2. 最大工作压力：7bar。

3. 气源要求：入气包的压缩空气应干燥、洁净无腐蚀性气体。

4. 可水平轴或垂直轴安装方式，最好是水平安装，制动器应对称布置。

5. 根据需要可设置松闸限位开关和衬垫磨损限位开关。

应用：

广泛用于中小型驱动机构的停车制动与减速制动机构的张紧制动，如造纸厂卷纸张紧，印刷时纸的张紧控制，钢板钢丝卷张机构的张紧控制。

特点：

有常闭式（弹簧制动，气压松闸），有常开式（气压制动，弹簧松闸）。衬垫（无石棉）插装式更换方便。

表 7-4-58 技术参数与尺寸

型 号	A	ϕB	C	ϕd	制动衬垫允许磨损厚度	制动衬垫总厚度	质量/kg
					mm		
PDA5	176	144	266	D-130	11	14	12
PDA10	204	190	290	D-130	11	14	15.5

技术参数

制动盘径	PDA5			PDA10		
	弹簧数量	制动力 F/N	制动转矩 $M/N\cdot m$	弹簧数量	制动力 F/N	制动转矩 $M/N\cdot m$
300	8	5250	615	8	10400	1215
	6	3937	460	6	7800	910
	4	2625	305	4	5200	605
	2	1312	153	2	2600	305
356	8	5250	760	8	10400	1500
	6	3937	570	6	7800	1125
	4	2625	380	4	5200	750
	2	1312	190	2	2600	375
406	8	5250	890	8	10400	1760
	6	3937	665	6	7800	1325
	4	2625	445	4	5200	880
	2	1312	225	2	2600	440

技术参数						
制动盘径	PDA5			PDA10		
	弹簧数量	制动力 F/N	制动转矩 $M/N \cdot m$	弹簧数量	制动力 F/N	制动转矩 $M/N \cdot m$
457	8	5250	1025	8	10400	2030
	6	3937	770	6	7800	1525
	4	2625	510	4	5200	1015
	2	1312	255	2	2600	505
514	8	5250	1175	8	10400	2330
	6	3937	880	6	7800	1745
	4	2625	585	4	5200	1165
	2	1312	295	2	2600	585
610	8	5250	1430	8	10400	2830
	6	3937	1070	6	7800	2120
	4	2625	715	4	5200	1415
	2	1312	360	2	2600	710
711	8	5250	1690	8	10400	3350
	6	3937	1265	6	7800	2510
	4	2625	845	4	5200	1675
	2	1312	425	2	2600	840

特别提示:表中所列制动力和制动转矩,对于新制动衬垫,只有在衬垫与制动盘良好磨合(贴合面积达30%以上)后方可达到。

操作气压及气量				
制动弹簧数	8	6	4	2
最小释放(闸)气压/bar	5	3.8	2.5	1.3
气量/dm³	PDA5:0.3, PDA10:0.7			

注: 生产厂家为江西华伍制动器股份有限公司。该公司还生产弹簧制动-气压松闸的型号有 PDB、PDC、PDD 及 PDE 系列,气压制动-弹簧松闸的型号有 PDCA 系列。

QP12.7、CQP12.7系列气动盘式制动器

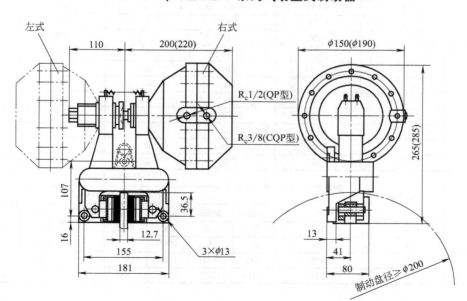

表 7-4-59　　　　　　　　　　　　　技术参数与尺寸

型号		额定制动力/N（八根弹簧）	制动盘有效半径/m	额定制动转矩/N·m	工作气体容量/cm³	总气体容量/cm³	质量/kg
QP12.7	QP12.7-A	6400	制动盘半径-0.03	额定制动力×有效半径	273	553	24
	QP12.7-B	4800			140	293	20

型号		额定制动力/N	制动盘有效半径/m	额定制动转矩/N·m	工作气体容量/cm³	总气体容量/cm³	质量/kg
CQP12.7	CQP12.7-A	1788×工作气压	制动盘半径-0.03	额定制动力×有效半径	273	553	23
	CQP12.7-B	1055×工作气压			140	293	19

	QP12.7-A			QP12.7-B		
制动盘径/mm	弹簧数量/根	额定制动力/N	制动转矩/N·m	弹簧数量/根	额定制动力/N	制动转矩/N·m
φ250	8	6400	605	8	4800	455
	6	4800	455	6	3600	340
	4	3200	300	4	2400	225
	2	1600	150	2	1200	110
φ300	8	6400	765	8	4800	575
	6	4800	575	6	3600	430
	4	3200	380	4	2400	285
	2	1600	190	2	1200	140
φ356	8	6400	945	8	4800	710
	6	4800	710	6	3600	530
	4	3200	470	4	2400	355
	2	1600	235	2	1200	175
φ406	8	6400	1105	8	4800	830
	6	4800	830	6	3600	620
	4	3200	550	4	2400	415
	2	1600	275	2	1200	205
φ457	8	6400	1270	8	4800	950
	6	4800	950	6	3600	710
	4	3200	635	4	2400	475
	2	1600	315	2	1200	235
φ514	8	6400	1450	8	4800	1085
	6	4800	1085	6	3600	815
	4	3200	725	4	2400	540
	2	1600	360	2	1200	270
φ610	8	6400	1760	8	4800	1320
	6	4800	1320	6	3600	990
	4	3200	880	4	2400	660
	2	1600	440	2	1200	330
φ711	8	6400	2080	8	4800	1560
	6	4800	1560	6	3600	1170
	4	3200	1040	4	2400	780
	2	1600	520	2	1200	390

型号	气压/bar	额定制动力/N	额定制动转矩/N·m							
			制动盘径/mm							
			φ250	φ300	φ356	φ406	φ457	φ514	φ610	φ711
CQP12.7-A	3	5364	505	640	790	925	1060	1215	1475	1745
	4	7152	675	855	1055	1235	1415	1620	1965	2325
	5	8940	845	1070	1320	1545	1770	2025	2455	2905
	6	10728	1015	1285	1585	1855	2125	2435	2950	3490

第 7 篇

续表

型号	气压/bar	额定制动力/N	额定制动转矩/N·m 制动盘径/mm							
			φ250	φ300	φ356	φ406	φ457	φ514	φ610	φ711
CQP12.7-B	3	3165	300	375	465	545	625	715	870	1030
	4	4220	400	505	620	730	835	955	1160	1370
	5	5275	500	630	780	910	1045	1195	1450	1715
	6	6330	600	755	935	1095	1255	1435	1740	2060

注: 1. 生产厂为焦作金箍制动器股份有限公司。

2. QP12.7 为弹簧制动气压释放, CQP12.7 为气压制动弹簧释放。

3. 该公司还生产 QPL 和 CQPL 立式型号。

5.1.2 全盘式制动器结构及产品

全盘式制动器结构紧凑, 摩擦面积大、制动转矩大, 但散热条件差, 装拆不如点盘式方便, 采用扇形摩擦片 (图 7-4-13) 较全环摩擦片更换方便。改变垫片厚度可调节弹簧的压缩量, 可调节制动转矩。径向尺寸有限时, 可采用多盘式来增大制动转矩。多用于电动机上。

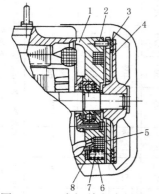

图 7-4-12 常闭单盘式制动器

1—尾盖; 2—柱销; 3—摩擦环; 4—风扇;
5—动铁芯; 6—弹簧; 7—线圈; 8—垫片

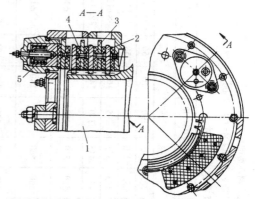

图 7-4-13 多盘式制动器

1—转动轴; 2—动盘; 3—定盘;
4—摩擦片; 5—弹簧

图 7-4-12 为常闭单盘式制动器, 动铁芯 5 兼作制动盘, 可沿柱销做轴向移动, 风扇 4 上装有摩擦环 3, 电机尾盖 1 上装有线圈 7 和弹簧 6, 线圈 7 通电后, 动铁芯 5 被吸合而松闸, 转子运转。图 7-4-13 为采用扇形摩擦片的多盘式制动器, 当线圈 (图中未示出) 通电后, 弹簧 5 被压缩, 动片与定片间出现间隙, 松闸。

QPZ 常开型气动盘式制动器 (摘自 JB/T 10469.1—2004)

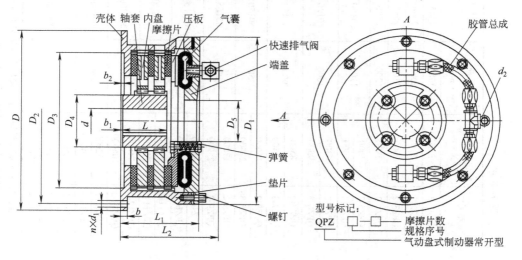

标记示例：

额定制动转矩为 5600N·m，型号为 QPZ5-3 轴孔直径 d=80mm 常开型的气动盘式制动器的标记为：

QPZ5-3 制动器 80JB/T 10469.1—2004

表 7-4-60　技术参数与尺寸

型号	额定制动转矩 /N·m	许用转速 n_p/ r·min⁻¹	d(H7)	L	L_1	L_2	D	D_1	D_2	D3(H8)	D_4	D_5	$n×d_1$	d_2	b	b_1	b_2	转动惯量 /kg·m²	质量 /kg
										/mm									
QPZ1-2	315	2500	1445	82	132	195	220	225	203	190	70	50	4×φ9		6	1.5	2	0.017	20
QPZ22-2	710	2000	2556	82	160	220	310	285	280	220	90	58	6×φ14		13	6	8	0.044	32
QPZ3-2	1600	1500	2565	110	165	225	400	375	375	295	105	95	6×φ18	Rc1/2	16	10	6	0.200	75
QPZ4-2	2800	1200	2590	114	216	276	470	445	445	370	140	125	8×φ14		16	10	10	0.450	105
QPZ5-2	4000	1100	35100	120	210	270	540	510	510	410	150	155	12×φ18		16	10	10	0.825	148
QPZ5-3	5600			165	256	318												1.230	162
QPZ26-2	6300	1000	50120	120	235	295	590	560	560	470	180	195	12×φ18		16	10	11	1.345	171
QPZ26-3	9500			120	263	325								Rc3/4				1.997	210
QPZ27-2	8500	900	50150	130	260	320	685	632	648	540	230	235	12×φ18		19	8	19	2.5	264
QPZ27-3	12500			178	294	355												4.0	330
QOZ28-2	15000	750	50150	130	257	320	760	735	730	620	230	335	12×φ18		19	6	19	4.5	365
QPZ28-3	22400			190	314	375												6.75	465
QPZ29-2	17000	720	65165	175	259	325	830	790	800	700	230	335	16×φ9		19	6	19	8.5	426
QPZ29-3	25000			202	318	380												12.6	540
QPZ10-2	31500	640	65185	137	280	340	935	885	900	775	255	380	18×φ22		19	6	19	15.1	640
QPZ10-3	47500			190	320	380												19.5	795
QPZ11-2	50000	550	150230	229	330	390	1105	1045	1065	925	305	570	18×φ22	Rc1¼	22	5	16	29.5	905
QPZ11-3	75000			314	410	480												44.7	1180
QPZ12-2	71000	450	200260	190	259	320	1320	1250	1250	1070	405	605	24×φ26		30	0	16	65	1040
QOZ12-3	106000			267	336	400												92	1680
QPZ13-2	132000	400	250360	223	248	310	1440	1445	1372	1320	610	610	24×φ26		30	0	16	140	2050
QPZ13-3	200000			260	448	510	1535		1472									211	2530
QPZ14-2	280000	380	280480	238	448	510	1790	1790	1689	1590	685	775	24×φ32		32	0	16	400	4100
QPZ14-3	450000			260	575	645												600	5300
QPZ14-4	560000			473	690	760												800	6500

注：1. 额定制动转矩，系气囊压力为 0.5MPa 时的转矩。2. 工作环境温度为-20~80℃。3. 动摩擦因数 μ0.39（100℃时）、0.41（150℃时）、0.42（200℃时）。4. 键槽型式尺寸按 GB/T 3852 的规定。5. QPZ1QPZ3 为一个进气口，无胶管总成，其 d_2 为快速排气阀的接口尺寸。6. 轴套孔与轴的配合为 H7/u6（d≤45130），H7/u6（d>130480）7. 生产厂：中国重型机械研究院机械装备厂、襄州市联轴器厂、焦作市联轴器厂、焦作金箍制动器股份有限公司。

QPBZ 常闭型气动盘式制动器（摘自 JB/T 10469.2—2004）

标记示例：

额定制动转矩为 80000N·m，型号为 QPBZ12-3，轴孔直径 $d=200mm$ 的常闭型气动盘式制动器的标记为：

QPBZ12-3 制动器 2000 JB/T 10469.2—2004

型号标记：QPBZ □ — □

气动盘式制动器　常闭式
规格序号
摩擦片数

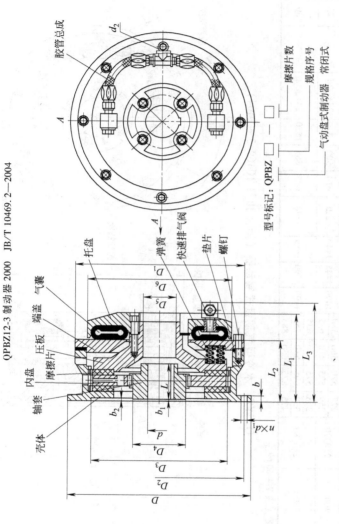

胶管总成

托盘
弹簧
垫片
螺钉
气囊
端盖
气囊
压板
摩擦片
内盘
轴套
壳体
快速排气阀

表 7-4-61　技术参数与尺寸

型号	额定制动转矩 /N·m	许用转速 n_p/ r·min⁻¹	d(H7)	L	L_1	L_2	L_3	D	D_1	D_2	D3(H8)	D_4	D_5	D_6	$n×d_1$	d_2	b	b_1	b_2	转动惯量 /kg·m²	质量 /kg
											/mm										
QPBZ1-2	500	2500	1545	82	165	165	225	220	225	203	190	70	50	225	4×φ9	R_c1/2	6	1.6	2	0.017	25
QPBZ2-2	900	2000	2556	82	190	160	250	310	285	280	220	90	50	240	6×φ14		13	6	6	0.0447	37
QPBZ3-2	1400	1500	2565	110	218	200	280	400	375	375	295	100	75	305	6×φ18		16	6	9.5	0.200	95
QPBZ4-2	3550	1200	3590	114	255	215	315	470	445	445	370	140	100	375	8×φ18		16	10	9.5	0.450	135
QPBZ5-2	5000	1100	35100	120	270	225	330	540	510	510	410	150	110	415	12×φ18		16	10	9.5	0.825	204
QPBZ6-2	7500	1000	50120	120	275	235	335	590	560	560	470	180	125	495	12×φ18		16	11	95	1.345	216
QPBZ7-2	9500	900	50150	130	305	360	365	685	635	648	540	230	155	550	12×φ18	R_c3/4	19	19	8	2.5	341
QPBZ7-3	14000		50150	178	355	395	415													4.0	367

续表

型号	额定制动转矩/N·m	许用射速 n_p/r·min⁻¹	d(H7)	L	L_1	L_2	L_3	D	D_1	D_2	D3(H8)	D_4	D_5	D_6	$n×d_1$	d_2	b	b_1	b_2	转动质量/kg·m²	质量/kg
												/mm									
QPBZ8-2	14000	750	50150	130	310	260	370	760	740	730	620	230	210	685	12×φ18	Rc1¼	19	19	6	4.5	435
QPBZ8-3	20000			190	370	305	430													6.75	550
QPBZ29-2	19000	720	65165	175	320	280	380	830	790	800	700	230	210	685	12×φ18		19	19	6	8.5	552
QPBZ29-3	28000			202	370	325	430													12.6	630
QPBZ10-2	35500	640	65230	136	330	265	390	940	885	900	775	255	210	815	18×φ22		19	19	6	15.1	728
QPBZ10-3	37000			257	395	340	455													19.5	1000
QPBZ11-2	47500	550	150230	230	385	330	445	1105	1045	1065	925	305	325	975	18×φ22		22	16	6	29.5	1230
QPBZ11-3	67000			314	520	410	580													44.7	1480
QPBZ12-2	53000	450	200255	190	420	260	480	1320	1250	1250	1070	410	520	1120	24×φ26		25	15	6	65	1820
QPBZ12-3	80000			267	485	335	545													92	2248
QPBZ13-2	170000	400	250370	223	520	360	580	1490	1445	1440	1220	610	500	1320	24×φ26		25	15	6	140	3025
QPBZ13-3	250000			259	575	410	635													211	3375
QPBZ14-2	224000	380	280480	238	575	410	635	1790	1790	1689	1590	685	665	1530	24×φ32		30	12	6	400	5000
QPBZ14-3	315000			359	695	530	755													600	7500
QPBZ14-4	400000			473	825	660	885													800	9980

注：有关技术要求和制造厂家见表 7-4-60 的注。

QPWZ 水冷型气动盘式制动器（摘自 JB/T 10469.3—2004）

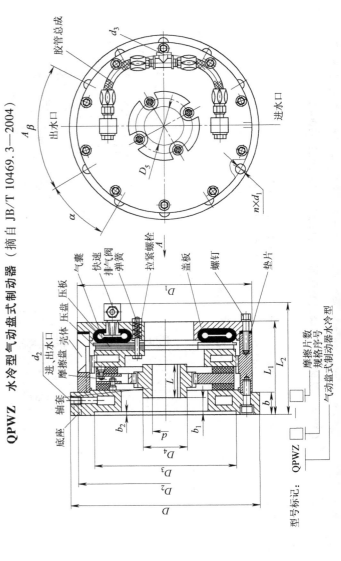

型号标记：QPWZ □ — □ — □
气动盘式制动器水冷型
规格序号
摩擦片数

标记示例：

额定转矩为14200N·m，轴孔直径 $d=90$mm 的水冷却气动盘式制动器的标记为：

QPWZ8-2 制动器 90 JB/T 10469.3—2004

表7-4-62 技术参数与尺寸

型号	额定制动转矩/N·m	许用转速 n_P/r·min⁻¹	d(H7)	L	L_1	L_2	D	D_1	D_2	D_3(H8)	D_4	D_5	α	β	$n\times d_1$	d_2	d_3	b	b_1	b_2	转动惯量/kg·m²	质量/kg	水流量/L·min⁻¹
QPWZ1-1	100	2800	15~25	22	108	170	180	165	140	140	45	50	90°	90°	4×φ9	R_c1/8		32	32	4	0.00125	10.6	4
QPWZ2-1	315	2500	15~45	50	145	205	220	203	190	190	70	50	90°	90°	4×φ9	R_c1/4		30	20	4	0.02	21	6
QPWZ2-2	630	2500	15~45	112	198	260	225	203	190	190	70	50	90°	90°	4×φ9	R_c1/4		30	32	4	0.03	31	8
QPWZ3-1	560	2000	25~56	50	172	235	310	285	220	220	90	55	60°	120°	4×φ14	R_c1/2		38	30	6	0.0225	36	8
QPWZ3-2	1120	2000	25~56	102	225	285	285	280	220	220	90	55	60°	120°	4×φ14	R_c1/2		38	30	6	0.0375	50	12
QPWZ4-1	1250	1500	25~65	70	188	250	400	375	295	295	105	82	60°	120°	4×φ18	R_c1/2	R_c1/2	38	20	6	0.113	78	12
QPWZ4-2	2500	1500	25~65	122	240	300	375	375	295	295	105	82	60°	120°	4×φ18	R_c1/2		38	20	6	0.25	90	17
QPWZ5-1	2240	1200	25~90	95	215	275	470	445	370	370	140	125	45°	90°	6×φ18	R_c1/2		45	28	6	0.45	125	13
QPWZ5-2	4480	1200	25~71	143	268	330	445	445	370	370	110	125	45°	90°	6×φ18	R_c1/2		45	45	6	0.625	145	21
QPWZ6-1	3150	1100	35~100	102	220	280	540	510	410	410	150	150	30°	60°	10×φ18	R_c1/2		45	24	6	0.495	168	18
QPWZ6-2	6300	1100	35~120	143	285	345	510	510	410	410	180	150	30°	60°	10×φ18	R_c3/4		45	24	6	0.72	250	25
QPWZ7-1	5000	1000	35~120	102	288	290	590	560	470	470	180	200	30°	60°	10×φ18	R_c1/2		45	28	6	0.75	95	21
QPWZ7-2	11000	1000	35~100	165	285	345	560	560	470	470	150	200	30°	60°	10×φ18	R_c3/4	R_c3/4	45	42	6	0.90	2650	32
QPWZ8-1	7100	900	50~150	102	245	305	685	635	540	540	230	235	30°	60°	10×φ18	R_c1/2		45	32	6	1.6	265	30
QPWZ8-2	14200	900	50~140	165	302	365	635	648	540	540	230	235	30°	60°	10×φ18	R_c3/4		45	32	6	1.75	315	48
QPWZ9-1	7500	750	50~150	102	225	320	760	740	620	620	230	235	30°	60°	10×φ18	R_c3/4		45	35	6	2.85	360	45
QPWZ9-2	15000	750	50~140	205	315	375	730	730	620	620	205	235	30°	60°	10×φ18	R_c3/4		45	35	6	3.00	465	67
QPWZ10-1	13200	720	65~160	115	255	320	830	790	700	700	230	335	22.5°	45°	14×φ18	R_c3/4		50	30	6	5.0	395	57
QPWZ10-2	26400	720	65~260	240	310	370	800	800	700	700	230	335	22.5°	45°	14×φ18	R_c3/4		50	30	6	9.2	560	90
QPWZ11-1	26500	640	65~260	128	285	345	840	885	900	775	405	380	20°	40°	16×φ22	R_c3/4	R_c1¼	50	35	6	7.65	615	65
QPWZ11-2	53000	640	65~260	205	425	485	900	900	775	775	405	380	20°	40°	16×φ22	R_c3/4		50	50	6	18.0	9.30	105
QPWZ12-1	40000	550	150~220	145	305	365	1105	1045	1065	925	305	475	20°	40°	16×φ22	R_c1¼		60	30	6	16.8	810	90
QPWZ12-2	80000	550	150~220	280	445	505	1065	1065	925	925	305	475	20°	40°	16×φ22	R_c1¼		60	30	6	33	1200	145
QPWZ13-1	56000	450	200~250	145	305	365	1320	1250	1250	1070	405	615	15°	30°	22×φ26	R_c1¼		60	30	6	31.5	960	110
QPWZ13-2	112000	450	200~250	285	445	505	1250	1250	1070	1070	405	615	15°	30°	22×φ26	R_c1¼		60	30	6	70	1310	180
QPWZ14-2	212000	400	250~360	320	485	545	1490	1445	1440	1220	550	640	15°	30°	22×φ26	R_c1¼		60	15	6	148	2250	250

注：1. QPWZ1、QPWZ1QPWZ4为一个进气口，无胶管总成，其 d_3 为快速排气阀的接口尺寸。
2. 其余技术要求与生产厂家见表7-4-60。

ZPQ 气动盘式制动器

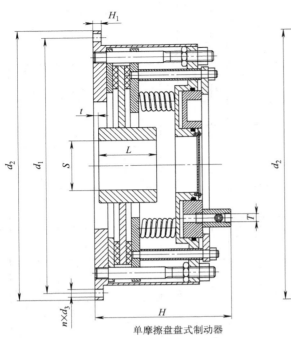

单摩擦盘盘式制动器

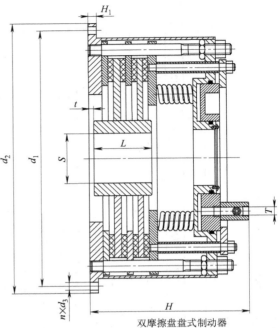

双摩擦盘盘式制动器

使用条件

1. 环境温度：-40~100℃。

2. 相对湿度：≤90%

3. 开闸气压：0.5MPa。

订货示例：

摩擦盘数量为1，摩擦盘直径为200mm 的气动盘式制动器的标记为：ZPQ1200 制动器

摩擦盘数量为2，摩擦盘直径为200mm 的气动盘式制动器的标记为：ZPQ2200 制动器

型号意义

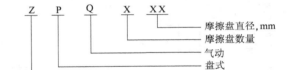

Z — 制动器
P — 盘式
Q — 气动
X — 摩擦盘数量
XX — 摩擦盘直径,mm

表 7-4-63　　　　　　　ZPQ 系列气动盘式制动器技术参数和尺寸

型号	摩擦盘直径/mm	制动力矩/N·m		摩擦盘转动惯量/kg·m²	许用转速/r·min⁻¹	气源极限压力/MPa		适用轴径S/mm	轮毂长度 L/mm		d_1/mm	d_2/mm	$n \times d_3$/mm	H/mm	H_1/mm	t/mm	T	质量/kg
		最大值	额定值			最小值	最大值		短轴伸	长轴伸								
ZPQ1200	200	355	315	0.0132	2315	0.5	0.75	25~48	24~54	42~82	292	315	8×11	124	12	3	Rc3/8	30
ZPQ2200	200	710	560	0.0264	2315	0.5	0.75	25~48	24~54	42~82	292	315	8×11	156	12	3	Rc3/8	36
ZPQ1250	250	800	710	0.0325	1775	0.5	0.75	48~65	54~70	82~105	362	390	12×13.5	147	16	4	Rc3/8	50
ZPQ2250	250	1600	1250	0.0650	1775	0.5	0.75	48~65	54~70	82~105	362	390	12×13.5	186	16	4	Rc3/8	60
ZPQ1315	315	1800	1400	0.0869	1470	0.5	0.75	56~80	54~90	82~130	445	480	8×17.5	166	19	5	Rc1/2	85
ZPQ2315	315	2500	1800	0.1738	1470	0.5	0.75	56~80	54~90	82~130	445	480	8×17.5	205	19	5	Rc1/2	100
ZPQ1400	400	3150	2800	0.2426	1100	0.5	0.75	60~110	70~120	105~165	532	565	12×17.5	199	19	5	Rc1/2	140
ZPQ2400	400	6300	5000	0.4852	1100	0.5	0.75	60~110	70~120	105~165	532	565	12×17.5	245	19	5	Rc1/2	170
ZPQ1500	500	7100	6300	0.6411	875	0.5	0.75	70~130	70~150	105~200	660	700	12×22	228	22	6	Rc3/4	250
ZPQ2500	500	14000	11200	1.2822	875	0.5	0.75	65~130	70~150	105~200	660	700	12×22	282	22	6	Rc3/4	295
ZPQ1630	630	11200	10000	1.7512	675	0.5	0.75	85~140	90~150	130~200	815	860	16×22	263	22	6	Rc3/4	435
ZPQ2630	630	22400	18000	3.5024	675	0.5	0.75	85~140	90~150	130~200	815	860	16×22	331	22	6	Rc3/4	540

注：1. 生产厂家：江西华伍制动器股份有限公司。

2. 此系列产品符合《JB/T 8435-2006 气动盘式制动器》标准。

3. 适用于矿山、冶金、工程和船舶等机械。

5.1.3　锥盘式制动器结构

　　锥盘式是全盘式的变型，图 7-4-14 为应用于电动机的锥盘式制动器结构。当电动机启动时，产生一轴向磁拉力。推动锥形转子向右，并压缩弹簧 2，使得带风扇叶片的内锥盘 5 与电机壳后端盖的外锥盘 3 脱开接触，于是松闸，电机运转。反之，紧闸，电机停止。

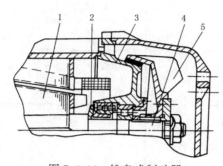

图 7-4-14　锥盘式制动器

1—电动机；2—弹簧；3—电动机尾盖外锥盘；4—电动机轴；5—电机风扇及内锥盘

5.2　盘式制动器的设计计算

表 7-4-64

计算简图	计算内容	计算公式	说　明
圆盘式	轴向推力 F 摩擦盘有效半径 R_e	$F = \dfrac{T}{n\mu R_e}$（N） $R_e = \dfrac{2}{3}\dfrac{R_y^3 - R_n^3}{R_y^2 - R_n^2}$（mm） 当 $R_y \leqslant 1.8 R_n$ 时，可取 $R_e = \dfrac{R_y + R_n}{2}$（mm） $m = \dfrac{4F}{p'\pi d^2}$	T——计算制动转矩，N·mm R_y, R_n——有效摩擦面的外、内半径，mm，R_y 取 $1.2 \sim 2.5 R_n$，R_n 取结构允许的最小值 n——摩擦副数目 μ——摩擦因数，见表 7-4-5 p'——工作油压，MPa d——活塞直径，mm R——点盘中心到制动盘旋转中心的距离，mm P——每副点盘装置的推力，N A'——单缸的摩擦块面积，mm² A——摩擦面积总和，mm² p_p——许用压强，MPa，见表 7-4-5 m——分泵或液压缸个数 S——制动安全系数，见表 7-4-3 C——弹簧刚度，N/mm ε——退距，mm n_1——蝶形弹簧数目 W——缸内各运动部分的摩擦阻力，N d_1——活塞轴径，mm W_1——弹簧外力，N D——液压缸内径，mm R_y', R_n'——摩擦面的外、内半径，mm取 $R_y' = (1.2 \sim 1.6)R_n'$，$R_n'$ 由结构限制决定
点盘常开式	总轴向推力 F 点盘装置的副数 X 摩擦块的压强 p	$F = \dfrac{T}{\mu R}$（N） $X = \dfrac{F}{P}$ $P = pA'$（N） $p = \dfrac{F}{A} \leqslant p_p$（MPa）	
点盘常闭式	总轴向推力 F 单缸正压力 F_1 松闸时作用在弹簧上的力 F_2	$F = S\dfrac{T}{\mu R}$（N） $F_1 = \dfrac{F}{m}$（N） $F_2 = F_1 + W_1$（N） $W_1 = \dfrac{C\varepsilon}{n_1} + W$ $D = \sqrt{\dfrac{4F_1}{\pi p'} + d_1^2}$（mm） $p = \dfrac{F_1}{A'} \leqslant p_p$（MPa）	

计算简图	计算内容	计算公式	说　明
锥盘式 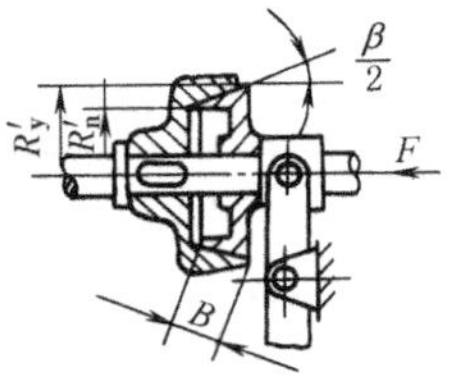	轴向推力 F 摩擦锥面有效宽度 B	$$F = \frac{T\sin\frac{\beta}{2}}{\mu R_e} \quad (N)$$ $$R_e = \frac{R_y' + R_n'}{2} \quad (mm)$$ $$B \geqslant \frac{F}{2\pi R_e \sin\frac{\beta}{2} p_p} \quad (mm)$$	ρ——摩擦角 $\dfrac{\beta}{2} > \rho + (2^\circ \sim 3^\circ)$ T_t——载荷转矩，$N \cdot mm$ R_0——蜗轮节圆半径，mm r——$\dfrac{1}{2}$螺纹中径，mm α——螺纹升角，$(^\circ)$，$\alpha = 12^\circ \sim 25^\circ$ ρ'——螺纹副摩擦角，润滑条件 好时 $\rho' = 2^\circ \sim 3^\circ$ R_1——摩擦盘 1 的平均半径，mm R_2——摩擦盘 2 的平均半径，mm η_1, i_1——由电动机到制动轴的效 率和传动比 T_1——螺旋式载荷自制制动器 摩擦面间的摩擦转矩 $T_1 = (0.15 \sim 0.5) T_t$ T''——螺旋副的摩擦阻转矩 通常 $T'' = (0.1 \sim 0.3) T_t$ 通常 $T_0 \approx (0.3 \sim 0.6) T_t$
蜗杆式载荷自制 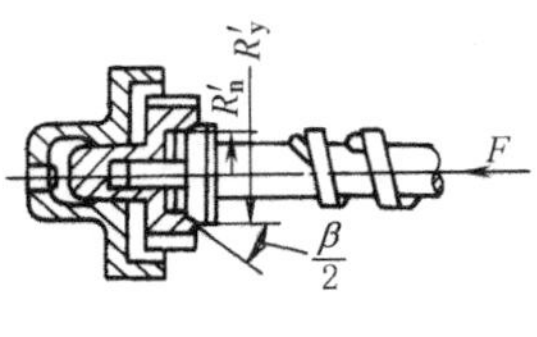	轴向推力 F	$$F = \frac{T_t}{R_0} \quad (N)$$ （其他计算同锥盘式）	
螺旋式载荷自制 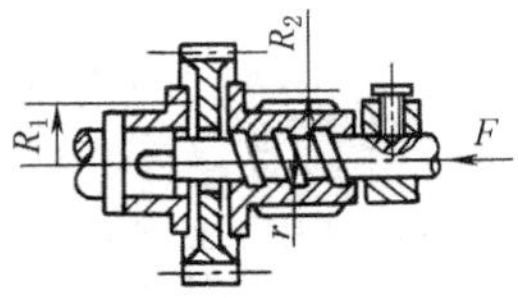	轴向推力 F 保证重物悬吊条件 重物下降所需转 矩 T_0	$$F = \frac{T_t}{r\tan(\alpha+\rho') + \mu R_2} \quad (N)$$ $$\mu(R_1 + R_2) \geqslant [r\tan(\alpha+\rho') + \mu R_1]\eta_1^2$$ $$T_0 = (T_1 - T')\frac{1}{i_1\eta_1} \quad (N \cdot mm)$$	

6　其他制动器

6.1　磁粉制动器

6.1.1　磁粉制动器的结构及工作原理

　　磁粉制动器主要利用磁粉磁化时所产生的剪力来制动，其特点是磁粉链抗剪力与磁粉磁化程度成正比，即制动转矩的大小与绕组中的励磁电流的大小成正比。但电流大到使磁粉达到磁饱和时，转矩增长速度就会减慢，见图 7-4-15，此外，磁粉的装满程度也影响转矩的特性。不宜超转矩、超转速使用。适合空载启动和过载保护。

　　图 7-4-16 为一磁粉制动器。为了便于安装激磁绕组 3，固定部分做成装配式，由 2 及 5 组成。固定与转动部分薄壁圆筒 7 之间的间隙中填充磁粉。由转动部分薄壁圆筒 7 与非磁性铸铁套筒 1 铆接成被制动件。为了防止磁通短路，特装一非磁性圆盘 4。固定部分 2 上铸有散热片，由风扇 8 强迫通风冷却。

　　这种制动器体积小，质量轻，具有恒转矩性，制动平稳，励磁功率小且制动转矩与转动件的转速无关。但磁粉会引起零件磨损。用于机械设备的制动，张力控制和调节转矩等自动控制及各种机器的驱动系统中。

有关安装使用说明见相关产品说明书。

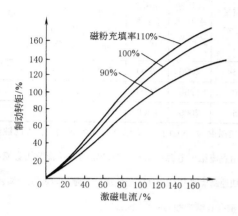

图 7-4-15　制动转矩与激磁电流特性

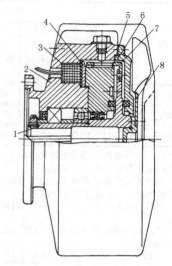

图 7-4-16　磁粉制动器
1—非磁性铸铁套筒；2,5—固定部分；
3—激磁绕组；4—非磁性圆盘；6—磁粉；
7—薄壁圆筒；8—风扇

6.1.2　磁粉制动器的性能参数及产品尺寸

FZ 型磁粉制动器（摘自 GB/T 26662—2011）

表 7-4-65　　　　　　磁粉制动器的基本性能参数（摘自 GB/T 26662—2011）

型　号	公称转矩 T_n /N·m	75℃时线圈			许用同步转速 n_p /r·min^{-1}	转动惯量 J/kg·m^2	自冷式	风冷式		液冷式	
		最大励磁电压 U_m /V	最大励磁电流 I_m /A	时间常数 T_{ir} /s			许用滑差功率 P_p/W ≥	许用滑差功率 P_p/W ≥	风量 /m^3·min^{-1}	许用滑差功率 P_p/W	液量 /L·min^{-1}
FZ0.5□	0.5	≤0.40	≤0.035			$2.69×10^{-4}$	8	—	—	—	—
PZ1□	1	≤0.54	≤0.04			$7.1×10^{-4}$	15	—	—	—	—
FZ2.5□	2.5	≤0.64	≤0.052			$1.34×10^{-3}$	40	—	—	—	—
FZ5□	5	≤1.2	≤0.066		1500	$3.0×10^{-3}$	70	—	—	—	—
FZ10□	10	≤1.4	≤0.11			$5.7×10^{-3}$	110	200	0.2	—	—
FZ25□·□/□	25	≤1.9	≤0.11	24		$1.79×10^{-2}$	150	340	0.4	—	—
FZ50□·□/□	50	≤2.8	≤0.12			$4.71×10^{-2}$	260	400	0.7	1200	3.0
FZ100□·□/□	100	≤3.6	≤0.23			$1.57×10^{-1}$	420	800	1.2	2500	6.0
FZ200□·□/□	200	≤3.8	≤0.33	1000		$4.15×10^{-1}$	720	1400	1.6	3800	9.0
FZ400□·□/□	400	≤5.0	≤0.44			1.09	900	2100	2.0	5200	15

第
7
篇

型　号	公称转矩 T_n /N·m	75℃时线圈 最大励磁电压 U_m /V	最大励磁电流 I_m /A	时间常数 T_{ir} /s	许用同步转速 n_p /r·min⁻¹	转动惯量 J/kg·m²	自冷式 许用滑差功率 P_p/W ≥	风冷式 许用滑差功率 P_p/W ≥	风量 /m³·min⁻¹	液冷式 许用滑差功率 P_p/W	液量 /L·min⁻¹
FZ630□·□/□	630	80	≤1.6	≤0.47	1000	2.13	1000	2800	2.4	—	—
FZ1000□·□/□	1000		≤1.8	≤0.57	750	3.70	1200	3900	3.2	—	—
FZ2000□·□/□	2000		≤2.2	≤0.80		9.75	2000	6300	5.0	—	—

注：1. 工作条件：环境温度-5~40℃，空气最大相对湿度为90%（平均温度为25℃时），周围介质无爆炸危险，无腐蚀金属，无破坏绝缘的尘埃，无油雾；

2. 制动器用于海拔高度不超过2500m。用于制动或快速制动的产品采用直流稳压电源；用于调节转矩的产品推荐用直流可调恒流电源或专用的电子微控制品。

3. 产品的安全系数 K_s：一般制动用制动器 $K_s>1.3$；调节制动器 $K_s>1.5$；快速制动器 $K_s>2.0$（安全系数 K_s 是最大转矩与公称转矩之比）。

4. 磁粉制动器的轴伸按 GB/T 1569 的规定，键按 GB/T 1095 的规定，轴孔和键槽按 GB/T 3852 的规定。

5. 型号意义：

```
FZ □ □ ·□/□ □ GB/T 26662—2011
                      标准号
                      冷却型式代号（自冷代号省略；
                      强迫通风冷却代号 F；液冷却代号 Y；电风扇冷却代号 S）
                      连接型式代号（轴连接止口支撑式代号省略；轴连接机座支撑式代号 J；
                      空心轴连接止口支撑式代号 K；空心轴连接机座支撑式，代号 Z）
                      转子结构型式代号（柱形转子代号省略；杯形转子代号 B；
                      筒形转子代号 T，盘形转子代号 P）
                      公称转矩代号
                      磁粉制动器代号
```

6. 生产厂家为北京古德高机电技术有限公司、浙江亚太机电股份有限公司、江苏海安中工机电制造有限公司、南通市航天机电自动控制有限公司。

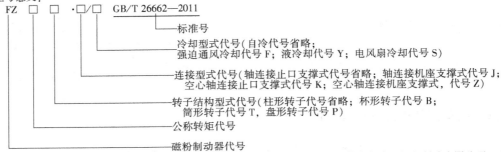

轴连接止口支撑式（代号省略）　　　　　　轴连接机座支撑式（代号J）

表 7-4-66　　轴连接、止口支撑式和机座支撑式制动器主要尺寸（GB/T 26662—2011）　　　mm

型　　号		外形尺寸 L_0	D	连接尺寸 d (h7)	L	b (p7)	t	止口式安装尺寸 D_1	D_2 (g7)	L_1	n	d_0	l_0	机座支撑式安装尺寸 L_2	L_3	L_4	L_5	H	H_1	d_1
FZ2.5□	FZ2.5□.J	104	120	10	20	3	11.2	64	42	8	6	M5	10	70	50	120	100	80	8	7
FZ5□	FZ5□.J	114	134	12	25	4	13.5	64	42	10	6	M5	10	70	50	140	120	90	10	7
FZ10□	FZ10□.J	129	152	14	25	5	16	64	42	13	6	M6	10	90	60	150	120	100	13	10
FZ25□	FZ25□.J	148	182	20	36	6	22.5	78	55	18	6	M6	10	100	70	180	150	120	15	12
FZ50□	FZ50□.J	182	219	25	42	8	28	100	74	23	6	M6	10	110	80	210	180	145	15	12

型　　号		外形尺寸		连接尺寸				止口式安装尺寸						机座支撑式安装尺寸						
		L_0	D	d (h7)	L	b (p7)	t	D_1	D_2 (g7)	L_1	n	d_0	l_0	L_2	L_3	L_4	L_5	H	H_1	d_1
FZ100□	FZ100□.J	232	290	30	58	8	33	140	100	25	6	M10	15	140	100	290	250	185	20	12
FZ200□	FZ200□.J	267	335	35	58	10	38	150	110	25	6	M10	15	160	120	330	280	210	22	15
FZ400□	FZ400□.J	329	398	45	82	14	48.5	200	130	33	6	M10	20	180	130	390	330	250	27	19
FZ630□	FZ630□.J	395	480	60	105	18	64	410	460	35	6×2	M12	25	210	150	480	410	290	33	24
FZ1000□	FZ1000□.J	435	540	70	105	20	74.5	460	510	40	6×2	M12	25	220	160	540	470	330	38	24
FZ2000□	FZ2000□.J	525	660	80	130	22	85	560	630	40	6×2	M12	30	230	170	660	580	390	45	24

注：表中 D、L_0、H_1 为推荐尺寸。

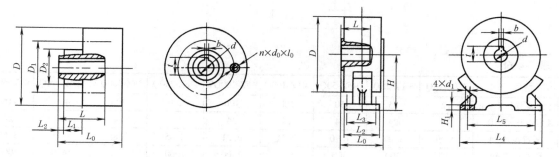

空心轴连接止口支撑式(外壳不旋转，代号K)　　　　空心轴连接机座支撑式(代号Z)

表 7-4-67　空心轴连接、止口支撑式和机座支撑式制动器主要尺寸（GB/T 26662—2011）　　mm

	型　　号	外形尺寸		安　装　尺　寸							连接尺寸			
		L_0	D	D_1	D_2	L_1	L_2	n	d_0	l_0	d (H7)	L	b (F7)	t
止口支撑式	FZ5□.K	80	130	90	70	10	2	6	M5	10	12	27	4	13.8
	FZ10□.K	90	160	94	74	13	2	6	M6	10	13	30	6	20.8
	FZ25□.K	100	180	120	100	15	2	6	M6	10	20	38	6	22.8
	FZ50□.K	120	220	130	110	23	4	6	M6	10	30	60	8	33.3
	FZ100□.K	140	290	150	110	25	4	6	M10	15	35	60	10	38.3
	FZ200□.K	165	340	200	160	25	6	6	M10	15	45	84	14	48.8
	FZ400□.K	210	398	200	160	33	6	6	M12	20	50	84	14	53.8

	型　　号	外形尺寸		连接尺寸				安　装　尺　寸						
		L_0	D	d (H7)	L	b (F7)	t	L_2	L_3	L_4	L_5	H	H_1	d_1
机座支撑式	FZ5□.Z	72	130	12	27	4	13.8	70	50	140	120	90	10	7
	FZ10□.Z	79	160	18	30	6	20.8	90	60	150	120	100	13	10
	FZ25□.Z	87	180	20	38	6	22.8	100	70	180	150	120	15	12
	FZ50□.Z	101	220	30	60	8	33.3	110	80	210	180	145	15	12
	FZ100□.Z	119	290	35	60	10	38.3	140	100	290	250	185	20	12
	FZ200□.Z	146	340	45	84	14	48.8	160	120	330	280	210	22	15
	FZ400□.Z	183	398	50	84	14	53.8	180	130	390	330	250	27	19

注：1. L_0、D 为推荐尺寸。

2. 止口支撑式中空心轴配合长度不小于 L。

3. 止口支撑式中空心轴可为通孔，也可为不通孔。

4. 机座支撑式 L_0、D 为推荐尺寸。

第 7 篇

MFZ 型单出轴双风扇冷却式磁粉制动器

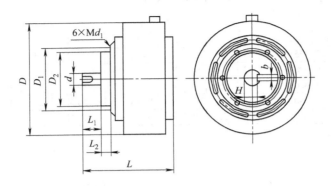

表 7-4-68

型号		MFZ-12Q	MFZ-25Q	MFZ-50Q	MFZ-100Q	MFZ-100QW	MFZ-200Q	MFZ-200QW	MFZ-400Q	MFZ-600Q
技术参数	公称转矩/N·m	12	25	50	100	100	200	200	400	600
	额定电压/V(DC)	24	24	24	24	24	24	24	24	24
	额定电流/A	0.99	1.21	1.70	2.21	2.21	2.85	2.85	3.31	3.65
	滑差功率/W	130	300	500	800	1500	1000	1700	1600	3000
	许用最高转速/r·min^{-1}	1600	1600	1600	1400	1400	1400	1400	1200	1200
外形及安装尺寸	L	136	161	204	230	230	275	275	420	300
	L_1	30	40	55	65	65	70	70	82	100
	L_2	15	20	25	25	25	30	30	20	20
	D	152	182	220	280	280	330	330	402	410
	D_1	62	85	105	120	120	145	145	180	200
	D_2(h6)	50	70	85	90	90	120	120	140	175
	d(H7)	16	20	25	30	30	35	35	45	50
	d_1	5	5	6	8	8	10	10	10	12
	b(N9)	5	6	8	8	8	10	10	12	14
	H	13	16.5	21	26	26	30	30	39.5	44.5

注：生产厂为北京古德高机电技术有限公司，该公司还生产空心轴自冷式、空心轴散热片冷却式，单伸轴散热片冷却式及空心轴外壳旋转式等磁粉制动器。

FZ-DJ/Y2 型水冷磁粉制动器

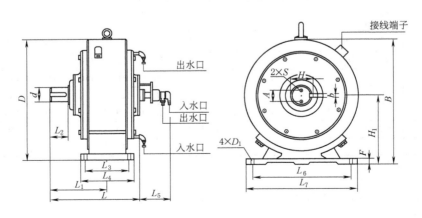

表 7-4-69

mm

型号	L	L₁	L₂	L₃	L₄	L₅	L₆	L₇	D	D₁	S	A	F	H₁	B	轴		
																H ($^0_{-0.3}$)	b	d (h7)
FZ400DJ/Y1I	270	170	60	140	180	—	290	330	400	13	—	—	20	235	435	43	12	40
FZ630DJ/Y2	350	223	100	180	220	135	340	400	460	18	—	—	26	272	502	53.5	14	50
FZ1500DJ/Y2	420	260	100	220	260	135	408	470	490	18	—	—	28	300	545	85	22	80
FZ2000DJ/Y2	540	330	130	250	300	135	460	520	570	22	—	—	30	408	693	95	25	90
FZ3000DJ/Y2	632	410	140	340	400	198	590	650	760	26	M10	50	42	465	845	106	28	100
FZ4000DJ/Y2	655	420	140	300	400	198	700	800	820	33	M10	50	45	480	890	106	28	100

主要尺寸

型号	额定转矩 /N·m	线圈(20℃)			允许滑差功率/W		允许转速 /r·min⁻¹	磁粉量 /g
		电压/V	电流/A	功率/W	水量 /L·min⁻¹	散热率/W		
FZ400DJ/Y1I	400	24	2.69	64.5	15	5000	1000	300
FZ630DJ/Y2	630	24	3.13	75	2×15	7500	1000	490
FZ1500DJ/Y2	1500	36	3	108	2×20	10000	1000	650
FZ2000DJ/Y2	2000	36	6	216	2×25	12000	1000	950
FZ3000DJ/Y2	3000	48	4/75℃	192/75℃	2×30	20000	800	3000
FZ4000DJ/Y2	4000	48	6/75℃	288/75℃	2×30	30000	750	4000

性能参数

生产厂：山东莱州磁粉离合器厂，南通市航天机电自动控制有限公司。

空心轴外壳旋转式磁粉制动器

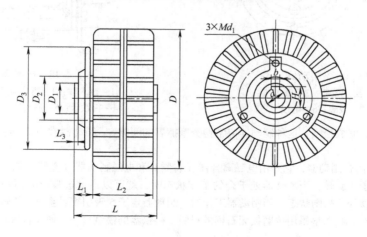

表 7-4-70

	型号		MFZ-25KX	MFZ-50KX	MFZ-100KX
技术参数	公称转矩/N·m		25	50	100
	额定电压/V(DC)		24	24	24
	额定电流/A		0.92	1.19	1.65
	滑差功率/W		510	780	960
	许用最高转速/r·min⁻¹		1600	1600	1600
外形及安装尺寸	L	mm	99	116	145
	L_1		28	28.5	33
	L_2		66	84	108
	L_3		5	5	5
	D		188	236	280
	$D_1(h6)$		100	110	125
	D_2		140	150	150
	D_3		170	195	250
	$d(H7)$		20	30	35
	d_1		3×M10	3×M10	6×M8
	$b(JS9)$		6	8	8
	H		22.8	33.3	38.3

生产厂：北京古德高机电技术有限公司，南通市航天机电自动控制有限公司。

6.2　电磁制动器和电磁离合制动器

6.2.1　简介

　　电磁制动器或电磁离合制动器的转矩是通过干摩擦面的摩擦产生，其电磁铁线圈由 24V 直流电控制。图 7-4-17是制动器安装在轴上的一种典型结构，定子 4 安装在机架（图中未示出）上并固定之，轴与法兰轮毂 2 连接，相对于定子 4 只能转动，无轴向移动。当轴需要制动时，给定子线圈 5 通电，定子产生的磁力牵引衔铁盘 1 压向摩擦垫 3（预应力弹簧张紧），完成轴的制动过程。当需要松闸时，定子断电，磁力消失，衔铁盘 1 在预应

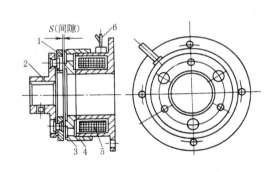

图 7-4-17　电磁制动器

1—衔铁盘；2—法兰轮毂；3—摩擦垫；
4—定子；5—线圈；6—电线

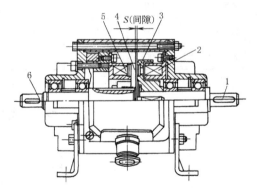

图 7-4-18　电磁离合制动器

1—输入轴；2—离合器定子；3—转子；
4—衔铁盘；5—制动器定子；6—输出轴

力弹簧的牵引下复位，完成松闸。这种制动器应常检查摩擦副的间隙 S。制动器常用于包装机械、纺织机械、自动门等机械中。

　　图 7-4-18 为电磁离合制动器，它是由电磁离合器（右侧）和电磁制动器（左侧）组成。其输入轴 1 同电动机相连，使离合器转子 3 旋转；当离合器处于合的工作状态时，就可以通过被吸引的衔铁盘 4 带动输出轴 6 转动，此时，左侧制动器处于松闸状态。当制动器工作时，制动器定子 5 吸引衔铁盘 4，使输出轴 6 制动，此时离合器处于离的工作状态。摩擦垫采用抗磨损无石棉的材料，衔铁盘的惯量很小，使装置有高的操作频率，能实现

快速反应。可将三相异步电动机装在输入轴，或将减速器装在输出轴，实现模块式设计的多种传动型式。天津机床电器有限公司已有电磁制动器与电磁离合制动器的系列产品。本篇第 3 章第 5.4.3 节中有其部分产品。

6.2.2 电磁制动器产品

DHD2 快速型失电制动器

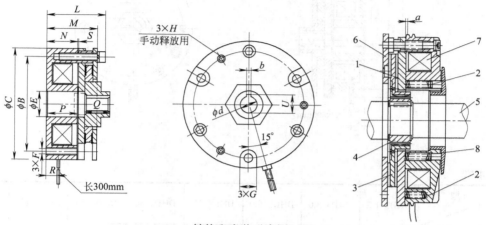

结构和安装示意图

1—衔铁；2—制动压紧弹簧；3—制动盘；4—带键轴套；5—被制动的轴；6—法兰盘；
7—激磁线圈；8—制动转矩调整螺母；a—间隙

表 7-4-71

参数	型号	DHD2-2		DHD2-4		DHD2-8		DHD2-16		DHD2-30		DHD2-50		DHD2-100		DHD2-200	
静摩擦转矩/N·m		2		4		8		16		30		50		100		200	
励磁电压/V（DC）		24	90	24	90	24	90	24	90	24	90	24	90	24	90	24	90
功率（20℃）/W		10		13		15		18		23		27		33		45	
接通（释放）时间/ms		35		45		55		70		100		120		180		250	
断开（制动）时间/ms		12				15		25		35		50		65		90	
质量/kg		0.5		0.85		1.2		1.9		3.6		5.2		7.9		12.3	
B	mm	68		74		85		108		112		130		150		170	
C		77		85		97		117		125		145		165		187	
E		20				25		40		49				62			
F		4.5				5.5				6.6				9			
G		8				11				14				18			
H		—								M5				M6			
L		30		32		35		41		53.5		56.5		71		81	
P		18		16		14		15		16		18		22		21	
M		25.5		27.5		29.5		34.5		46		49		61		71	
N		15		16		17		19.5		26		27		32		37	
Q		8		12		16		20		25				30		40	
R		7		7.5		8.5				11		14		17		21	
S		0.15~0.25												0.2~0.3			
d		12				14		19		24				28		32	
b		4				5		6				8				10	
U		13.8				16.3		21.8				27.3		31.3		35.8	

注：1. 弹簧（弹簧表示在安装示意图中）制动，通电松闸。特别适用于有制动功能的电机配套和断电后有保持制动要求的机械设备，如升降机等。带六方孔的制动板套在六方套上，可左右滑动。

2. 生产厂家为北京古德高机电技术有限公司。

DHD3 间隙可调型失电制动器

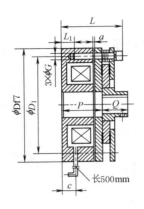
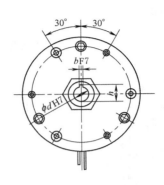

表 7-4-72

参数 \ 型号	DHD3-1.2	DHD3-3.0	DHD3-6.0	DHD3-15	DHD3-30	DHD3-60	DHD3-120	DHD3-240
静摩擦转矩/N·m	1.2	3.0	6.0	15	30	60	120	240
励磁电压/V(DC)	80							
功率(20℃)/W	8	12	15	20	28	32		36
接通(释放)时间/ms	40		50	70	100	120		250
断开(制动)时间/ms	30			40	50	70		50
质量/kg	1.3	1.7	2.8	3.2	5.3	7.3	8.4	14
Df7	80	90	100	120	140	165		200
D_1	70	80	88	106	124	146		178
G	8		9.5		12.5	15.5		19
L	44	48	53	63	72	77	94	112
P	27	30	34	39	46	48		58
Q	17	18	19	24	26	29	40	45
L_1	7	10		15				27
c	8		7	9	12			10
a	0.25~0.75						0.5~1.0	
ϕdH7	8	10	14	18	22	28	32	42
bF7	3	4	5	6	8		10	12
h	9.4	11.8	16.3	20.8	25.3	31.3	35.3	45.3

注：同表 7-4-71 注。

DHD4、DHD5 手动释放型失电制动器（DHD4 为转矩可调、DHD5 为转矩不可调）

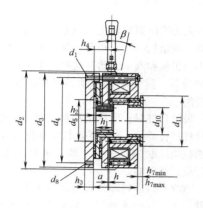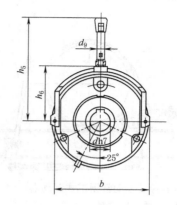

表 7-4-73

型 号 参 数	DHD$\frac{4}{5}$-4	DHD$\frac{4}{5}$-8	DHD$\frac{4}{5}$-16	DHD$\frac{4}{5}$-32	DHD$\frac{4}{5}$-60	DHD$\frac{4}{5}$-80	DHD$\frac{4}{5}$-150	DHD$\frac{4}{5}$-260	DHD$\frac{4}{5}$-400
静摩擦转矩/N·m	≥4	≥8	≥16	≥40	≥60	≥80	≥150	≥260	≥400
励磁电压/V(DC)				24、96、103、170、180、190、205					
功率(20℃)/W	20	25	30	40	50	55	85	100	110
最高转速/r·min^{-1}				3000			1500		
接通(释放)时间/ms	45	60	73	111	213	221	272	—	375
断开(制动)时间/ms	29	32	47	57	38	53	85	—	219
h	36.3	42.8	48.4	54.9	65.5	72.5	83.1	97.6	105.7
h_1	18	20	20	25	30	30	35	40	50
h_2	1.0	1.5	2	2	2	2.25	2.75	3.5	4.5
h_3	6	7	9	11	11	11	11	11	12.5
h_4	16	16.5	28	30	33	38	41	48	58
h_5	98	111	121	140	165	196	242	276	280
h_6	54.5	63	74	85	98	113	124	140	172
β	9°~12°	9°~12°	9°~12°	9°~12°	9°~12°	9°~12°	9°~12°	9°~12°	9°~12°
h_{7min}	3	4	5	5	5	6	6	8	8
h_{7max}	5.5	6	9.5	10	11	11.5	15	18	18
$a_{标准}$	0.2	0.2	0.2	0.3	0.3	0.3	0.4	0.4	0.5
$a_{极限}$	0.4	0.4	0.4	0.5	0.5	0.5	0.8	0.8	0.8
b	88	106.5	132	152	169	194.5	222	258	308
dh7	11、12	11、12、 14、15	11、12、14、 15、20	20、25	20、25、30	25、30、 35、38	30、35、 40、45	35、40、 45、50	40、45、50、 55、60、65、70
d_1	3×M4	3×M5	3×M6	3×M6	3×M8	3×M8	6×M8	6×M10	6×M10
d_2	91	109	134	155	169	195	222	259	308
d_3	87	105	130	150	165	190	217	254	302
d_4	72	90	112	132	145	170	196	230	278
d_5	31	41	45	52	55	70	77	90	120
d_8	3~4.5	3~5.5	3~7	3~7	3~9	3~9	6~9	6~11	6~11
d_9	8	8	10	10	12	12	14	14	16
d_{10}	24	26	35	40	52	52	62	72	85
d_{11}	52	60	73	82	92	112	116	135	173

注：1. 手动释放机构、防尘罩、法兰为选购件。

2. 功率（20°）（W）表中数字是指 V_{DC} = 2.4 伏下的电功率。

3. 同表 7-4-71 注。

第 7 篇

6.3 人力操纵制动器

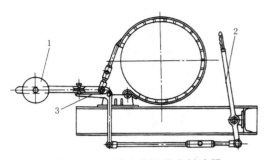

图 7-4-19 手动常闭带式制动器
1—重锤；2—手柄；3—弯杆

人力操纵制动器主要通过杠杆操纵，其优点是结构简单，质量轻，工作可靠。缺点是增力范围小，一般用于小型机械和汽车手动制动器。图 7-4-19 为手动常闭带式制动器，重锤 1 使制动器紧闸，操纵手柄 2 使制动器松闸。

设计杠杆时，应尽量使杠杆受拉，按最大操纵力来设计杠杆传动比。一般手动杠杆操纵力取 160~200N，用脚踏板操纵取 250~300N。表 7-4-74 为 RWK 系列脚踏式常开块式制动器。

TWZ（B）系列脚踏式制动器为人力操纵的常开式制动器，主要用于各种中、小型起重机大车运行机构的减速制动，也可用于其他机械用来减速用。TWZ 产品安装尺寸符合 JB/ZQ 4388—2006，TWZ（B）产品安装尺寸符合 JB/T 7021—2006

型号意义：

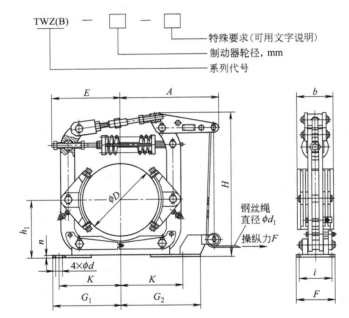

表 7-4-74   mm

型号	最大操纵力 F/N	最大制动转矩/N·m	D	h_1	K	i	d	n	b	G_1	G_2	F	E	A	d_1	H	质量/kg
TWZ-200	320	230	200	170	175 190	60	18	8	90	210	265	100	205	325	4	460	23
TWZB-200	320	200		160	145	55	14	10	70	165	225	90	205	325	4	450	25
TWZ-300	370	500	300	240	250 270	80	22	12	140	300	300	130	290	405	4	600	60
TWZB-315	370	500	315	230	220	80	18	12	110	245	300	115	290	405	4	590	63

注：生产厂家为焦作金箍制动器有限公司。

　　图 7-4-20 为脚踏操纵液体传力的常开内张蹄式制动器。这种制动器是脚踏操纵，通过液体传力控制制动蹄 5 压紧制动鼓 7 产生制动转矩。由于结构紧凑，人力控制方便，广泛用于各种运输车辆。内张蹄式制动器的结构与计算可参阅有关书籍。

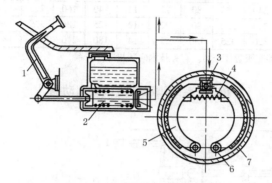

图 7-4-20　脚踏式常开内张蹄式制动器
1—脚踏杠杆；2—液压制动泵；3—制动分泵；
4—拉簧；5—制动蹄；6—支承销；7—制动鼓

TYWZ$_2$ 系列脚踏液压鼓式制动器

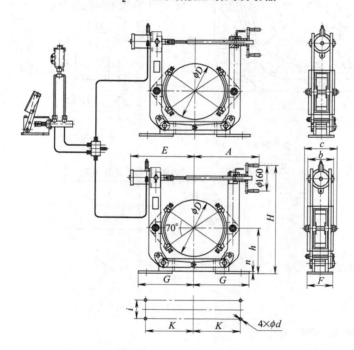

应用与特点：

　　TYWZ$_2$ 系列脚踏液压鼓式制动器，主要用于中、小型起重机大车运行平稳减速制动、定位准确，也可用于人工控制的其他机械。是常开式制动器，无需电源。

　　使用条件：

　　环境温度：-20~50℃。

　　周围工作环境中不得有易燃、易爆及腐蚀性气体，否则应采用防腐型产品，空气相对湿度不大于 90%。

型号意义：

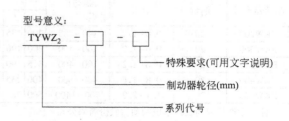

特殊要求(可用文字说明)

制动器轮径(mm)

系列代号

表 7-4-75

mm

型号	制动转矩/N·m	D	h	K	i	d	n	b	c	G	F	E	A	H	质量/kg
TYWZ$_2$-200	0~200	200	170	175	60	17	10	90	135	195	100	300	320	440	42
TYWZ$_2$-300	0~400	300	240	250	80	22	12	140	160	275	130	360	380	610	56
TYWZ$_2$-315	0~400	315	240	250	80	22	12	125	186	275	130	375	390	610	60
TYWZ$_2$-400	0~800	400	320	325	130	22	14	180	210	380	180	445	445	780	84

注：生产厂家为焦作金箍制动器有限责任公司。有关技术问题与厂家联系。

RKW 系列脚踏液压鼓式制动器

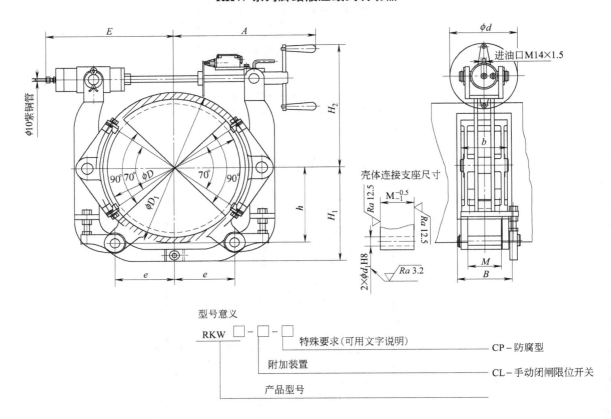

订货示例：RKW200-CL. CP

使用条件：

1. 环境温度：-25~50℃。
2. 相对湿度：≤90%
3. 安装方式：水平（卧式）安装。

表 7-4-76

制动器型号	油量	油压	制动转矩/N·m	安装及外形尺寸/mm												质量/kg
				D	h	e	b	E	A	H_1	H_2	d	D_1	B	M	d_1	
RKW200	20	0.6~1.2	140~280	200	135	108	70	330	329	163	290	205	240	90	60	20	33
RKW300	20	0.6~1.2	200~400	300	190	135	110	340	385	240	350	205	380	125	100	30	42
RKW315	20	0.6~1.2	200~400	315	190	135	110	340	385	240	350	205	380	125	100	30	40
RKW400	20	0.8~1.6	400~800	400	235	177	140	395	425	295	385	205	470	165	100	30	50
RKW500	20	1.1~2.2	700~1400	500	280	195	180	410	455	345	475	205	570	200	100	30	52

注：生产厂家为江西华伍制动器股份有限公司。

JTB02A 脚踏泵

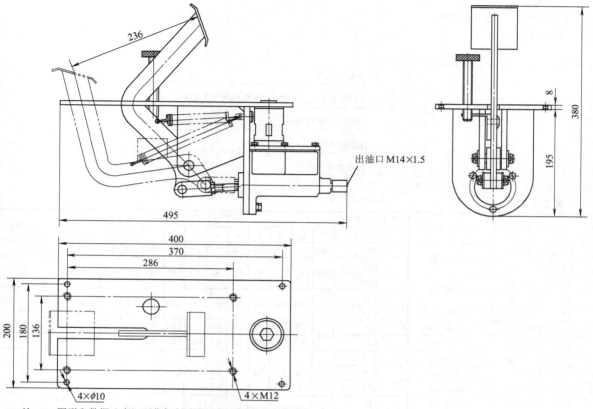

出油口 M14×1.5

4×φ10   4×M12

第 **7** 篇

注：1. 图形和数据选自江西华伍制动器股份有限公司产品样本。

2. 一台脚踏泵最多可驱动两台脚踏液压鼓式制动器。

3. 此系列制动器需另配动力装置。

YWKD 系列脚踏变频电力液压鼓式制动器

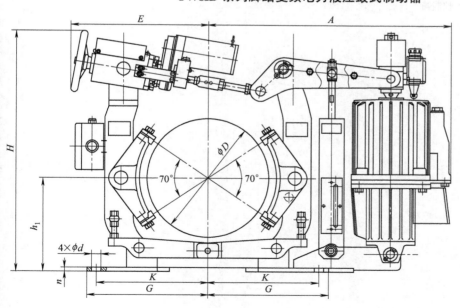

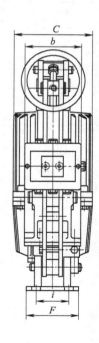

使用条件：

1. 环境温度：−25～50℃。

2. 相对湿度：≤90%。

3. 电压等级：三相 380V50Hz。

型号意义：

YWKD □-□-□□

变频控制柜

电源频率和电压等级(380V.50Hz时可不标)

变频推动器推力(N)

制动轮直径

制动器系列代号

订货示例：YKWD400-800-EV1.5

表 7-4-77

制动器型号	推动器型号	制动转矩/N·m	安装及外形尺寸/mm													质量/kg
			D	h_1	K	i	d	n	b	F	G	E	H	A	C	
YWKD160-220	Ed220-50	100	160	132	130	55	14	6	65	90	150	310	500	440		82
YWKD200-220		140	200	160	145	55	14	8	70	90	165	310	565	450	160	88
YWKD200-300	Ed300-50	224														
YWKD250-300		250	250	190	180	65	18	10	90	100	200	310	615	600		96
YWKD250-500	Ed300-50	450													195	100
YWKD300-300	Ed300-50	315	300	225	220	80	18	10	125	110	245				160	116
YWKD300-500	Ed500-60	630		240	250	80	22	10	140	130	295				195	128
YWKD315-300	Ed300-50	315	315	230	220	80	18	10	110	110	245	335	615	600	160	116
YWKD315-500	Ed500-60	560														128
YWKD315-800	Ed800-60	900													195	130
YWKD400-500	Ed500-60	710	400	280	270	100	22	12	140	140	300	370	730	675		151
YWKD400-800	Ed800-60	1120														153
YWKD500-800		1400	500	340	325	130	22	16	180	180	365	435	870	805		215
YWKD500-1250	Ed1250-60	2240												795	240	223

注：1. 生产厂家为江西华伍制动器股份有限公司。

2. 此系列产品需另配电气控制箱。

参 考 文 献

第1章

[1] 机械工程手册、电机工程手册编委会. 机械工程手册：机械零部件设计. 第2版, 北京：机械工业出版社, 1996.

[2] 余梦生, 吴宗泽主编. 机械零部件手册：造型设计指南. 北京：机械工业出版社, 1996.

[3] 辛一行主编. 现代机械设备设计手册：第1卷. 北京：机械工业出版社, 1996.

[4] 机械设计手册编委会. 机械设计手册. 第3版. 第3卷. 北京：机械工业出版社, 2004.

[5] ［苏］皮萨连科等著. 材料力学手册. 范钦珊, 朱祖成译. 北京：中国建筑工业出版社, 1985.

第2章

[1] 《重型机械标准》编写委员会编. 重型机械标准：第3卷. 北京：中国标准出版社, 1998.

[2] 周明衡主编. 联轴器选用手册. 北京：化学工业出版社, 2001.

[3] 童祖楹等. 液力偶合器. 上海：上海交通大学出版社, 1988.

第3章

[1] 机械工程手册, 电气工程手册编委会. 机械工程手册：机械零部件设计. 第2版. 北京：机械工业出版社, 1996.

[2] 机械设计手册编委会. 机械设计手册. 第3版. 北京：机械工业出版社, 2004.

[3] 现代实用机床设计手册编委会. 现代实用机床设计手册. 北京：机械工业出版社, 2006.

[4] 机械传动装置选用手册编委会. 机械传动装置选用手册. 北京：机械工业出版社, 1999.

[5] 阮忠唐主编. 联轴器、离合器设计与选用指南. 北京：化学工业出版社, 2006.

第4章

[1] 机械工程手册, 电气工程手册编委会. 机械工程手册：机械零部件设计. 第2版. 北京：机械工业出版社, 1996.

[2] 机械设计手册编委会. 机械设计手册. 第3版. 北京：机械工业出版社, 2004.

[3] 机械传动装置选用手册编委会. 机械传动装置选用手册. 北京：机械工业出版社, 1999.